LEHRBUCH DER DRAHTLOSEN NACHRICHTENTECHNIK

HERAUSGEGEBEN VON

NICOLAI v. KORSHENEWSKY UND WILHELM T. RUNGE
STOCKHOLM · ULM a/D

ZWEITER BAND

ANTENNEN
UND AUSBREITUNG

ZWEITE VERBESSERTE AUFLAGE

Springer-Verlag Berlin Heidelberg GmbH

1956

ANTENNEN UND AUSBREITUNG

BEARBEITET VON

K. FRÄNZ UND H. LASSEN

ZWEITE VERBESSERTE AUFLAGE

DES VON L. BERGMANN UND H. LASSEN BEARBEITETEN
BANDES: AUSSTRAHLUNG, AUSBREITUNG UND AUFNAHME
ELEKTROMAGNETISCHER WELLEN

MIT 293 ABBILDUNGEN

Springer-Verlag Berlin Heidelberg GmbH

1956

ISBN 978-3-540-02068-4   ISBN 978-3-642-48930-3 (eBook)
DOI 10.1007/978-3-642-48930-3

Inhaltsverzeichnis.

Ausbreitung elektromagnetischer Wellen.

Von Professor Dr. H. Lassen.

Physikalisches Institut der Freien Universität Berlin.

Ausstrahlung und Aufnahme elektromagnetischer Wellen.

Von Professor Dr. K. Fränz, San Isidro (Argentinien).

Inhaltsverzeichnis.

Ausbreitung elektromagnetischer Wellen.

Von Professor **Dr. H. Lassen**.

Physikalisches Institut der Freien Universität Berlin[1].

Einleitung.

Bei der drahtlosen Fernübertragung über die Erde mit elektromagnetischen Wellen haben wir im Gegensatz zu der Übertragung längs Leitungen mit einem von der Natur in allen seinen Eigenschaften gegebenen Übertragungsweg zu rechnen. Die technische Pionierarbeit der drahtlosen Telegraphie ist in den großen Etappen (etwa lange Wellen, kurze Wellen, Rundfunkwellen, Ultrakurzwellen) ohne eine genaue Vorkenntnis des Übertragungsweges geleistet worden. Erst eine große Summe von praktischen Betriebserfahrungen und praktische und theoretische Forschungsarbeit haben ein immer klareres Bild von den Ausbreitungsvorgängen und den Eigenschaften des Übertragungsweges entstehen lassen, das in seiner Vielseitigkeit auch ein allgemeines Interesse beanspruchen darf. Der Ausbreitungsweg enthält eine Reihe von technischen Möglichkeiten, die heute durch Verwendung aller Wellenlängen und geeigneter Sende- und Empfangsmethoden im wesentlichen als ausgenutzt oder doch als bekannt gelten können. Sie übertreffen bei weitem die ursprünglichen Hoffnungen. Andere Erwartungen, die im Laufe der Entwicklung entstanden, haben sich dagegen nicht in vollem Umfang erfüllt. So wird z. B. der transozeanischen Bildtelegraphie mit kurzen Wellen bezüglich der Telegraphiergeschwindigkeit durch das Vorhandensein von Echoerscheinungen eine Grenze gesetzt.

Die Wellen dringen infolge der starken Absorption nur wenig in die Erde ein. Die Eigenschaften des Erdbodens (Leitfähigkeit, Dielektrizitätskonstante) sind aber neben der Oberflächengestalt der Erde bestimmend für die Ausbreitung an der Erdoberfläche entlang (Bodenwelle). Bereits seit den Anfängen der drahtlosen Telegraphie erkannte man in immer stärkerem Maße den großen Einfluß der in der hohen und höchsten Atmosphäre befindlichen ionisierten Schichten (Ionosphäre), welche die in den freien Raum ausgestrahlten Wellen reflektieren (Luftwelle). Es ergaben sich interessante Zusammenhänge mit dem Erdmagnetismus, dem Nordlicht und der Sonnentätigkeit. Der Einfluß der Ionosphäre erstreckt sich auf die Ausbreitung im gesamten Wellengebiet der drahtlosen Telegraphie mit Ausnahme der ultrakurzen Wellen, welche in der Ionosphäre nicht mehr reflektiert werden. Bei den ultrakurzen Wellen macht sich jedoch eine Brechung in der unteren Atmosphäre (Troposphäre) bemerkbar.

Die Darstellung beschränkt sich in der Hauptsache auf diejenigen Ausbreitungsvorgänge, die etwa für die praktische Nachrichtenübertragung von

---

[1] Beim Studium der Literatur und bei der Abfassung einzelner Abschnitte haben mich die Herren Dipl.-Phys. Gerald Grawert und Kurt Wittenbecher tatkräftig unterstützt, Herr Wittenbecher außerdem beim Lesen der Korrektur. Beiden Herren bin ich hierfür zu großem Dank verpflichtet, den ich hiermit zum Ausdruck bringen möchte.

H. Lassen.

Bedeutung sind. Im theoretischen Teil I wird zunächst in den Abschnitten B, C, D das Grundproblem der Wellenausbreitung, nämlich der Einfluß des Erdbodens und der Kugelgestalt der Erde, behandelt. Das schwierige Problem der Ausbreitung über die Erdkugel (Beugung, ohne den Einfluß der Atmosphäre) darf heute im wesentlichen als gelöst gelten. Die weiteren Abschnitte E, F, G behandeln den Einfluß der Ionosphäre auf die Wellenausbreitung und die Brechung in der unteren Atmosphäre.

Der Teil II behandelt die Ausbreitung in den einzelnen Wellenlängengebieten, für die gleiche oder ähnliche Ausbreitungsbedingungen herrschen, und zwar für die mittleren und langen Wellen, die kurzen Wellen und die ultrakurzen Wellen. Von besonderer Bedeutung ist die Feldstärke in Abhängigkeit von der Entfernung bzw. dem Ort auf und über der Erde. Hier liegen eingehende Messungen in allen Wellengebieten vor. Wegen der Schwankungen müssen zeitliche Mittelwerte angegeben werden. Weitere Beobachtungen betreffen die Abhängigkeit der mittleren Feldstärke von der Tages- und Jahreszeit und den Zusammenhang mit den magnetischen Störungen und der Sonnentätigkeit. Die in allen Wellenlängengebieten infolge der Mitwirkung der Atmosphäre bzw. Ionosphäre auftretenden Schwunderscheinungen werden eingehend behandelt.

Die Ionosphäre ist für die Wellenausbreitung im gesamten Wellengebiet mit Ausnahme der ultrakurzen Wellen von ausschlaggebender Bedeutung. Aus diesem Grunde wird der Ionosphärenforschung ein besonderer Teil III gewidmet.

Im Teil IV werden die atmosphärischen und extraterrestrischen Strahlungen behandelt.

Es ist von vornherein klar, daß eine vollständige quantitative Übereinstimmung von Theorie und Beobachtung nicht auf allen Gebieten erwartet werden kann. Die Theorie muß von gewissen vereinfachten Annahmen ausgehen, die z. B. darin bestehen, daß die Erde als vollkommen glatt und homogen angenommen wird, während in der Praxis mit abnehmender Wellenlänge die Unebenheiten der Oberfläche, die Vegetation usw. sich immer mehr bemerkbar machen und in manchen Fällen ausschlaggebend sein können. Leitfähigkeit und Dielektrizitätskonstante der Erdoberfläche sind nicht genau bekannt, örtlichen und zeitlichen Änderungen unterworfen, und die Theorie rechnet mit mittleren Annahmen über diese Größen. Unregelmäßige zeitliche und örtliche Schwankungen treten in ganz besonderem Maße bei denjenigen Ausbreitungsvorgängen auf, an denen die Atmosphäre und Ionosphäre beteiligt sind. Man kann aber sagen, daß sich heute die hauptsächlichen Ausbreitungsvorgänge theoretisch erklären lassen und auch in wesentlichen Punkten eine genügende quantitative Übereinstimmung zwischen Theorie und Praxis hergestellt ist.

I. Allgemeine Theorie der Wellenausbreitung.

A. Die Ausbreitung in homogenen Körpern.

1. Die Feldgleichungen. Einführung der komplexen Rechnung. Komplexer Brechungsindex.

Die Theorie der Ausbreitung elektromagnetischer Wellen geht von den Feldgleichungen aus [108, 224, 69][1] ($\mu = 1$)

$$\begin{aligned} \frac{\varepsilon}{c}\frac{\partial \mathfrak{E}}{\partial t} + \frac{4\pi\sigma}{c}\mathfrak{E} &= \operatorname{rot}\mathfrak{H}, \\ -\frac{1}{c}\frac{\partial \mathfrak{H}}{\partial t} &= \operatorname{rot}\mathfrak{E} \end{aligned} \right\} \tag{1}$$

(Gausssche Einheiten, s. S. 207).

Im Vakuum ist $\varepsilon = 1$, $\sigma = 0$, hier breiten sich die Wellen ungehindert aus. Beim Auftreffen auf materielle Körper und bei der Ausbreitung in diesen findet eine Beeinflussung des Ausbreitungsvorganges statt, es treten die bekannten Erscheinungen der Reflexion, Brechung, Absorption usw. auf. Die Ausbreitungsvorgänge der drahtlosen Telegraphie spielen sich ab in der Erde, in der Atmosphäre und der Ionosphäre und an der Grenze zwischen diesen Medien. Die für die Ausbreitung maßgebenden Materialkonstanten sind die in den Feldgleichungen auftretende Leitfähigkeit σ und Dielektrizitätskonstante ε. Die Tatsache, daß die Größen ε und σ in den verschiedenen Fällen nicht genau bekannt oder Schwankungen unterworfen sind, bildet eine wesentliche Schwierigkeit bei der theoretischen Erfassung der Ausbreitungsvorgänge.

Wir betrachten allgemein einfach periodische Wellenvorgänge. Wir haben dann z. B. einen zeitlichen Verlauf der Feldstärke

$$\mathfrak{E} = E \cos \omega t.$$

Dies sei eine Lösung der Feldgleichungen. Eine mathematische Lösung ist auch $iE \sin \omega t$, d. h. auch

$$\mathfrak{E} = E(\cos \omega t + i \sin \omega t) = E\,e^{i\omega t}. \tag{2}$$

Wir vereinfachen die mathematische Behandlung wesentlich, indem wir die Feldgrößen komplex darstellen. Eine physikalische Lösung erhalten wir durch den Übergang zum reellen Teil. Das Rechnen mit komplexen Größen entspricht dem in der Wechselstromtechnik bekannten Vektordiagramm. Hier werden Ströme und Spannungen derselben Frequenz nach Größe und Phase eingezeichnet und vektoriell zusammengesetzt. Denkt man sich das Vektordiagramm rotierend, so erhält man den Augenblickswert durch Projektion auf einen Durchmesser des Vektordiagramms. Im allgemeinen läßt man aber die Zeitabhängigkeit fort. Das ruhende Vektordiagramm gibt dann die Amplitude und relative Phase der einzelnen Größen. Die Ebene des Vektordiagramms entspricht der Ebene der komplexen Zahlen.

Wir betrachten z. B. die Ausbreitung einer ebenen Welle in einem Halbleiter. Hier unterscheiden sich die Feldstärken $\mathfrak{E}$ und $\mathfrak{H}$ bekanntlich um einen komplexen Faktor. Wir können etwa schreiben

$$\mathfrak{H} = (a - b\,i)\,\mathfrak{E} = \sqrt{a^2 + b^2}\,e^{-i\varphi}\,\mathfrak{E}, \qquad \operatorname{tg}\varphi = \frac{b}{a}.$$

---

[1] Die schrägen Zahlen in eckigen Klammern beziehen sich auf das Literaturverzeichnis am Schluß des Beitrages.

Ist z. B. $\mathfrak{E} = E\,e^{i\omega t}$, so ist

$$\mathfrak{H} = \sqrt{a^2 + b^2}\; E\,e^{i(\omega t - \varphi)} = H\,e^{i\omega t}.$$

Der komplexe Faktor bedeutet also physikalisch, daß $\mathfrak{H}$ und $\mathfrak{E}$ sich in der Amplitude um den Faktor $\sqrt{a^2 + b^2}$ unterscheiden und daß $\mathfrak{H}$ um den Winkel φ in der Phase nacheilt. E und H sind von der Zeit unabhängige Ortsfunktionen und im allgemeinen komplex.

Nach Gl. (2) ist

$$\mathfrak{E} = -\frac{i}{\omega}\,\frac{\partial\,\mathfrak{E}}{\partial\,t}.$$

Damit können wir der linken Seite der ersten Feldgleichung die einfache Form geben

$$\frac{1}{c}\left(\varepsilon - \frac{4\pi i\sigma}{\omega}\right)\frac{\partial\,\mathfrak{E}}{\partial\,t} = \frac{\bar\varepsilon}{c}\,\frac{\partial\,\mathfrak{E}}{\partial\,t}.$$

Die Größe $\hfill (3)$

$$\bar\varepsilon = \mathfrak{n}^2 = \varepsilon - \frac{4\pi i\sigma}{\omega}$$

bezeichnen wir als *komplexe Dielektrizitätskonstante*, $\mathfrak{n}$ nennen wir den *komplexen Brechungsindex*. Die Bedeutung dieser Größe werden wir auf S. 6 kennenlernen.

Wir eliminieren in bekannter Weise in den Feldgleichungen die Feldstärke $\mathfrak{H}$ und erhalten für $\mathfrak{E}$ die Differentialgleichung

$$\frac{\varepsilon}{c^2}\,\frac{\partial^2\,\mathfrak{E}}{\partial\,t^2} + \frac{4\pi\sigma}{c^2}\,\frac{\partial\,\mathfrak{E}}{\partial\,t} = \Delta\,\mathfrak{E}. \tag{4}$$

Setzen wir hierin den Ausdruck Gl. (2) für $\mathfrak{E}$ ein, so erhalten wir

$$\Delta E + \frac{\omega^2}{c^2}\,\bar\varepsilon\,E = 0.$$

Dieselbe Gleichung gilt auch für H und die übrigen Feldgrößen. Wir schreiben sie deshalb allgemein

$$\Delta u + k^2 u = 0, \qquad k^2 = \frac{\omega^2}{c^2}\,\bar\varepsilon \tag{5}$$

und bezeichnen sie als *Wellengleichung*. Die Konstante k wird als Wellenzahl bezeichnet.

Eine Lösung der Wellengleichung (5) ist der Ausdruck

$$u = \frac{A\,e^{-ikr}}{r}, \tag{6}$$

welcher eine vom Nullpunkt ($r = 0$) sich ausbreitende Kugelwelle darstellt. Wir haben hierbei den Zeitfaktor mit $e^{+i\omega t}$ angesetzt. Wir werden später in Anlehnung an grundlegende Arbeiten die vom Nullpunkt ausgehende Kugelwelle

$$u = \frac{A\,e^{+ikr}}{r} \tag{7}$$

schreiben. Dies setzt dann voraus, daß der Zeitfaktor mit $e^{-i\omega t}$ angesetzt wird.

In vielen Fällen genügt zur Betrachtung irgendwelcher Ausbreitungsvorgänge in größerer Entfernung von der Antenne die Vorstellung, daß sich an der betreffenden Stelle eine ebene Welle ausbreitet. Eine in der positiven x-Richtung sich ausbreitende ebene Welle wird in komplexer Form dargestellt durch

$$u = A\, e^{-i\,k\,x}. \tag{8}$$

Dieser Ausdruck ist ebenfalls eine Lösung der Wellengleichung. Indem wir den zeitlichen Verlauf durch Hinzufügen des Faktors $e^{i\omega t}$ berücksichtigen, erhalten wir als Ausdruck für die Welle

$$u = A\, e^{i(\omega t - k x)}. \tag{8a}$$

2. Die Ausbreitung im Isolator.

Im Isolator ist $\sigma = 0$, $\bar{\varepsilon} = \varepsilon$, also $k = \dfrac{\omega}{c}\sqrt{\varepsilon} = \dfrac{\omega}{c}\,n$, wo der Brechungsindex n reell ist. Wir können also z. B. für die elektrische Feldstärke einer ebenen homogenen Welle schreiben

$$\mathfrak{E} = E\, e^{i\omega\left(t - \frac{n}{c}x\right)}. \tag{9}$$

Dies ist eine Welle, welche sich mit der Phasengeschwindigkeit

$$v = \frac{c}{n} = \frac{\omega}{k} \tag{10}$$

längs der positiven x-Achse fortpflanzt. Im Vakuum, praktisch auch in der Luft, ist $n = 1$, also die Phasengeschwindigkeit gleich der Lichtgeschwindigkeit. Die allgemeine Form ist die elliptisch polarisierte Welle, bei welcher der Endpunkt des Vektors $\mathfrak{E}$ auf einer Ellipse umläuft, und zwar in jeder Periode einmal. Die beiden Grenzfälle sind die linear und zirkular polarisierte Welle. Dem direkten Feld einer linearen Antenne entspricht die linear polarisierte Welle, bei welcher der Feldvektor in einer Geraden schwingt. In der linear polarisierten Welle stehen $\mathfrak{E}$ und $\mathfrak{H}$ aufeinander senkrecht, sie bilden mit der Fortpflanzungsrichtung in der Reihenfolge $\mathfrak{E}$, $\mathfrak{H}$, x ein Rechtssystem (Abb. 1). Dies folgt aus den Feldgleichungen, und es ist

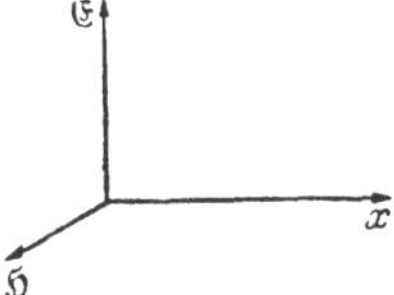

Abb. 1. Richtung der Feldvektoren $\mathfrak{E}$ und $\mathfrak{H}$ in der linear polarisierten Welle.

$$|\mathfrak{H}| = \sqrt{\varepsilon}\,|\mathfrak{E}|. \tag{11}$$

Die in der Volumeneinheit enthaltene Energie der Welle ist

$$U = \frac{1}{8\pi}(\varepsilon\,\mathfrak{E}^2 + \mathfrak{H}^2). \tag{12}$$

In der ebenen Welle ist nach Gl. (11) $\mathfrak{H}^2 = \varepsilon\mathfrak{E}^2$, also die Energie zur Hälfte elektrischer, zur Hälfte magnetischer Natur. Die Energieströmung pro Sekunde durch die Flächeneinheit (1 cm²) senkrecht zur Fortpflanzungsrichtung (Leistung) ist gegeben durch

$$v\,U = \frac{c}{4\pi}\sqrt{\varepsilon}\,\mathfrak{E}^2 = \frac{c}{4\pi}\,|\mathfrak{E}||\mathfrak{H}|. \tag{13}$$

Wir stellen sie allgemein in bekannter Weise durch den POYNTINGschen Strahlungsvektor dar

$$\mathfrak{S} = \frac{c}{4\pi}[\mathfrak{E}, \mathfrak{H}] \tag{14}$$

(Vektorprodukt). Dieser hat die Richtung der Ausbreitung. Die Strahlungsleistung durch eine Fläche schief zur Ausbreitungsrichtung ist durch die zu dieser Fläche senkrechte Komponente von $\mathfrak{S}$ gegeben.

3. Die Ausbreitung in Körpern mit Leitfähigkeit (Halbleitern).

Die Erde ist ein Körper, bei dem sowohl die Dielektrizitätskonstante ε als auch die Leitfähigkeit σ einen Einfluß auf die Wellenausbreitung haben. Man bezeichnet solche Körper als Halbleiter. Unter Einführung der komplexen Dielektrizitätskonstante bleiben die Gleichungen formal dieselben wie für den Isolator, nur daß die Dielektrizitätskonstante $(\bar{\varepsilon})$ jetzt komplex ist. Wir erhalten demnach für die linear polarisierte ebene Welle

$$\mathfrak{E} = E\, e^{\,i\,\omega\left(t - \frac{\mathfrak{n}}{c} x\right)}, \tag{15}$$

wo $\mathfrak{n} = \sqrt{\bar{\varepsilon}}$ jetzt komplex ist und $\bar{\varepsilon}$ durch Gl. (3) gegeben ist. Wir setzen

$$\mathfrak{n} = n - i\varkappa. \tag{16}$$

Dann ist

$$\mathfrak{E} = E\, e^{-\frac{\omega\varkappa}{c} x}\, e^{\,i\,\omega\left(t - \frac{n}{c} x\right)}. \tag{17}$$

Der reelle Brechungsindex n bestimmt also die Phase, der imaginäre Teil $- i\varkappa$ die Dämpfung der Welle. Die Phasengeschwindigkeit ist wieder

$$v = \frac{c}{n}.$$

Die Amplitude der elektrischen Feldstärke nimmt beim Durchlaufen der Strecke x ab um den Faktor e^{-Kx}. Wir bezeichnen

$$K = \frac{\omega}{c}\varkappa \tag{18}$$

als den *Dämpfungsfaktor*.

Im allgemeinen sind für ein bestimmtes Medium die Dielektrizitätskonstante ε und die Leitfähigkeit σ gegeben und hieraus n und $\varkappa$ zu berechnen. Aus Gl.(3) u. (16) folgt

$$\left.\begin{aligned} n^2 &= \sqrt{\frac{\varepsilon^2}{4} + 4\pi^2\left(\frac{\sigma}{\omega}\right)^2} + \frac{\varepsilon}{2}, \\ \varkappa^2 &= \sqrt{\frac{\varepsilon^2}{4} + 4\pi^2\left(\frac{\sigma}{\omega}\right)^2} - \frac{\varepsilon}{2}. \end{aligned}\right\} \tag{19}$$

Im Falle der Ausbreitung in der Erde sind die Werte für ε und σ von Ort zu Ort verschieden und zeitlich nicht konstant. Außerdem ist es wahrscheinlich, daß für hohe Frequenzen diese Materialkonstanten andere sind als für niedrige.

Aus Gl. (19) folgt, daß das Verhalten eines Halbleiters, z. B. des Erdbodens, auch unter Annahme konstanter Werte ε und σ von der Frequenz abhängt. Mit zunehmender Frequenz tritt in Gl. (19) der zweite Summand unter der Wurzel immer mehr hinter dem ersten zurück. Die Wellenausbreitung wird also bei genügend hohen Frequenzen vorwiegend durch die Dielektrizitätskonstante bestimmt, umgekehrt bei niedrigen Frequenzen vorwiegend durch die Leitfähigkeit. Letzteres gilt besonders dort, wo die Leitfähigkeit σ an sich groß ist, z. B. bei Seewasser.

4. Der komplexe Brechungsindex eines homogenen ionisierten Gases.

Wir betrachten die Wellenausbreitung in einem homogenen ionisierten Gas. Praktisch interessiert uns hierbei die Ausbreitung in der Ionosphäre. Hier sind ε und σ nicht bekannt. Infolge der großen Verdünnung der Gase in den hohen Atmosphärenschichten ist es praktisch nicht möglich, entsprechende Werte für ε und σ durch Messungen an ionisierten Gasen im Laboratorium zu gewinnen. Wir sind darauf angewiesen, den komplexen Brechungsindex in der aus der Theorie der optischen Dispersion bekannten Weise zu berechnen. Der in den Feldgleichungen durch ε und σ gekennzeichnete Einfluß der Materie auf die Wellenausbreitung kommt bekanntlich dadurch zustande, daß in der Materie elektrisch geladene Teilchen (hier freie Elektronen und Ionen) vorhanden sind, welche im Felde der Welle Schwingungen ausführen und auf die Welle zurückwirken. Wir haben also bei der Berechnung des Brechungsindex von den Schwingungen der elektrisch geladenen Teilchen auszugehen. Zunächst geben wir der ersten Feldgleichung eine geeignete Form. Die linke Seite dieser Gleichung stellt die Gesamtstromdichte dar, die sich aus dem Verschiebungsstrom $\varepsilon \dfrac{\partial \mathfrak{E}}{\partial t}$ und dem Leitungsstrom $\dfrac{4\pi}{c} \, \sigma \, \mathfrak{E}$ zusammensetzt. Für die Gesamtstromdichte haben wir hier zu setzen

$$\frac{1}{c} \frac{\partial \mathfrak{E}}{\partial t} + \frac{4\pi}{c} \cdot N e \, \dot{s} = \frac{1}{c} \frac{\partial}{\partial t} (\mathfrak{E} + 4\pi N e s) \tag{20}$$

(N = Dichte, e = Ladung, s = Elongation, $\dot{s}$ = Geschwindigkeit der geladenen Teilchen). Die Stromdichte setzt sich also zusammen aus dem Verschiebungsstrom im Vakuum und dem durch die Schwingungen der geladenen Teilchen gegebenen Strom. Wir vergleichen mit Gl. (3) und setzen entsprechend

$$\mathfrak{E} + 4\pi N e s = \mathfrak{E} + 4\pi \mathfrak{P} = \mathfrak{n}^2 \mathfrak{E} = \mathfrak{D}.$$

Hierin ist

$$4\pi \mathfrak{P} = (\mathfrak{n}^2 - 1)\, \mathfrak{E} = 4\pi N e s, \tag{21}$$

$\mathfrak{P}$ die Polarisation der Volumeneinheit und $\mathfrak{D}$ die komplexe dielektrische Verschiebung.

Wir nehmen nur eine Art von geladenen Teilchen an. Dieses habe die Masse m, sei durch eine Kraft $-k\,s$ an eine Ruhelage gebunden und erfahre die Reibungskraft $-h\,\dot{s}$. Dann lautet die Bewegungsgleichung der im Felde der Welle erzwungenen Schwingung

$$m\,\ddot{s} + h\,\dot{s} + k\,s = e\,\mathfrak{E} = e E \, e^{i\omega t}. \tag{22}$$

Es ist verschiedentlich diskutiert worden, ob für die auf die Ladungsträger wirkende Kraft

$$e\,\mathfrak{E} \quad \text{oder} \quad e\left(\mathfrak{E} + \frac{4\pi}{3}\,\mathfrak{P}\right)$$

anzusetzen sei. Diese Frage ist von praktischer Bedeutung, da die Lage der Nullstellen des Brechungsindex und damit der Reflexionsstellen der in die Ionosphäre eindringenden Wellen von dem Ansatz für die Kraft abhängt. In der Ionosphäre haben wir es mit freien Ionen oder Elektronen zu tun. Da diese regellos verteilt sind und diese regellose Verteilung im Felde der Welle nicht geändert wird, üben sie im Mittel keine Kraft aufeinander aus. Da ferner die Polarisation der Moleküle zu vernachlässigen ist, setzen wir $\mathfrak{K} = e\,\mathfrak{E}$. Mit dem Ansatz

$$s = s_0\, e^{i\omega t}$$

erhalten wir durch Einsetzen in Gl. (22) die stationäre Lösung

$$s = \frac{\dfrac{e}{m}}{\omega_e^2 - \omega^2 + i\,\omega\,S}\,\mathfrak{E}, \qquad (23)$$

worin

$$\omega_e^2 = \frac{k}{m}, \quad S = \frac{h}{m}$$

gesetzt wurde. Damit wird

$$4\pi\,\mathfrak{P} = (\mathfrak{n}^2 - 1)\,\mathfrak{E} = \frac{4\pi N\dfrac{e^2}{m}}{\omega_e^2 - \omega^2 + i\,\omega\,S}\,\mathfrak{E}$$

oder

$$\mathfrak{n}^2 = 1 + \frac{4\pi N\dfrac{e^2}{m}}{\omega_e^2 - \omega^2 + i\,\omega\,S}. \qquad (24)$$

ω_e ist die Eigenfrequenz des mit der Kraft $-k\,s$ an die Ruhelage gebundenen „Oszillators". Im normalen Fall der Optik ist $\omega < \omega_e$, der Brechungsindex also größer als 1, und er nimmt mit der Frequenz zu (normale Dispersion). Wir betrachten hier nur freie Ladungsträger, deren Einfluß im verdünnten Gas den der im Atom gebundenen Elektronen weit überwiegt. Für $\omega_e = 0$ folgt

$$\mathfrak{n}^2 = 1 - \frac{4\pi N\dfrac{e^2}{m}}{\omega^2 - i\,\omega\,S} = 1 - \frac{4\pi N\dfrac{e^2}{m}}{\omega^2 + S^2}\left(1 + i\,\frac{S}{\omega}\right). \qquad (25)$$

Wir sehen, daß der reelle Teil von $\mathfrak{n}^2$ immer kleiner ist als 1 und null und negativ werden kann. Letzteres ist für die in der Ionosphäre herrschenden Trägerdichten (N) erst im Frequenzgebiet der drahtlosen Telegraphie der Fall ($f < 10^8\,\mathrm{Hz}$). Das Verhalten entspricht der anomalen Dispersion in der Optik für $\omega > \omega_e$. In dem hier vorliegenden Fall ist $\omega_e = 0$, so daß wir im ganzen Frequenzgebiet „anomale Dispersion" haben. Für die hohen Frequenzen des Lichtes ist $\mathfrak{n} = 1$. Die Ionosphäre ist für das sichtbare Licht durchlässig, nicht aber für die längeren Wellen der drahtlosen Telegraphie.

Daß der Brechungsindex kleiner ist als 1, ist anschaulich zu verstehen. Sehen wir von der Dämpfung ab ($S = 0$), so wird für die freien Ladungsträger ($\omega_e = 0$) die Polarisation

$$4\pi\,\mathfrak{P} = -\frac{4\pi N\dfrac{e^2}{m}}{\omega^2}\,\mathfrak{E}.$$

Sie ist also der Feldstärke entgegengerichtet und bewirkt aus diesem Grunde eine Verkleinerung des Brechungsindex.

Die Dämpfung ist durch die Zusammenstöße der Träger mit den Gasmolekülen gegeben. Man kann zeigen, daß der auf Grund dieser Vorstellung berechnete Dämpfungsfaktor S der Zahl der Zusammenstöße des Trägers mit den Gasmolekülen pro Sekunde (Stoßzahl) gleichzusetzen ist [124].

In Gl. (25) steht die Masse m des Elektrizitätsträgers im Nenner. Er ist also um so wirksamer, je kleiner seine Masse. In Frage kommen in der Ionosphäre freie Elektronen, Sauerstoff- oder Stickstoff-Atom- oder Molekülionen u. a. Entsprechend dem Massenverhältnis hat z. B. ein Elektron einen rd. 29000mal größeren Einfluß als etwa ein Sauerstoffatomion, d.h., ein Elektron hat dieselbe Wirkung wie 29000 Sauerstoffatomionen. Der Einfluß der Elektronen ist also auch dann überwiegend, wenn sie in viel geringerer Zahl vorkommen als die Ionen. Maßgebend ist das Verhältnis N/m.

Wir kürzen ab:

$$\left.\begin{aligned}
1 - \frac{4\,\pi\,N\,\dfrac{e^2}{m}}{\omega^2 + S^2} &= n_a^2, \\[2ex]
\frac{4\,\pi\,N\,\dfrac{e^2}{m}}{\omega^2 + S^2}\,\frac{S}{\omega} &= \varkappa_a.
\end{aligned}\right\} \tag{26}$$

Dann erhalten wir für n und $\varkappa$ ($\mathfrak{n} = n - i\,\varkappa$)

$$\left.\begin{aligned}
n^2 &= \tfrac{1}{2}\left(\sqrt{n_a^4 + \varkappa_a^2} + n_a^2\right), \\[1ex]
\varkappa^2 &= \tfrac{1}{2}\left(\sqrt{n_a^4 + \varkappa_a^2} - n_a^2\right).
\end{aligned}\right\} \tag{27}$$

Für kleine Dämpfung ($S = 0$, $\varkappa_a = 0$) wird $\varkappa = 0$ und der Brechungsindex reell:

$$\mathfrak{n}^2 = n_a^2 = 1 - \frac{4\,\pi\,N\,\dfrac{e^2}{m}}{\omega^2}. \tag{28}$$

5. Die Ausbreitung in einem homogenen ionisierten Gas unter dem Einfluß eines äußeren Magnetfeldes bei beliebiger Ausbreitungsrichtung.

Die Ausbreitung in einem ionisierten Gas erfährt eine wesentliche Änderung, wenn ein äußeres Magnetfeld (Erdmagnetfeld) vorhanden ist. Diese kommt dadurch zustande, daß das Magnetfeld die durch die elektrische Welle hervorgerufenen Schwingungen der Ladungsträger derart beeinflußt, daß sich die Ladungsträger im allgemeinen auf Ellipsenbahnen bewegen. Die Verhältnisse sind am einfachsten bei Ausbreitung parallel oder senkrecht zum Erdmagnetfeld. Wir betrachten den allgemeinen Fall der Ausbreitung in beliebiger Richtung zum Magnetfeld [*125, 71, 126, 72*].

a) Der komplexe Brechungsindex.

Zur Berechnung des komplexen Brechungsindex haben wir wieder von den Bewegungsgleichungen der Ladungsträger auszugehen. Wir nehmen nur eine Art von Ladungsträgern an, und zwar kommen hier nur Elektronen in Frage (s. S. 14f.). Ohne Einschränkung der Allgemeinheit legen wir die z-Achse parallel zur Wellennormale (Ausbreitungsrichtung) und die yz-Ebene parallel zum konstanten Magnetfeld H (Abb. 2). Für die auf die Träger wirkende Kraft haben wir jetzt zu setzen [*131*]

$$\mathfrak{K} = e\left(\mathfrak{E} + \frac{1}{c}\,[\mathfrak{v}, H]\right).$$

Die Bewegungsgleichungen der freien Ladungsträger lauten in Komponentenform ($H_x = 0$)

$$\left.\begin{aligned}
m\,\ddot\xi + h\,\dot\xi &= e\left[\mathfrak{E}_x + \frac{1}{c}\,(\dot\eta\,H_L - \dot\zeta\,H_T)\right], \\[1ex]
m\,\ddot\eta + h\,\dot\eta &= e\left[\mathfrak{E}_y - \frac{1}{c}\,\dot\xi\,H_L\right], \\[1ex]
m\,\ddot\zeta + h\,\dot\zeta &= e\left[\mathfrak{E}_z + \frac{1}{c}\,\dot\xi\,H_T\right].
\end{aligned}\right\} \tag{29}$$

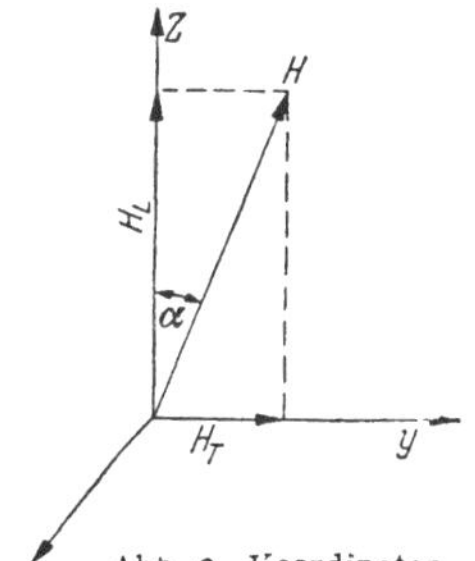

Abb. 2. Koordinaten. H_L = longitudinale, H_T = transversale Komponente des konstanten Magnetfeldes H; z in Richtung der Wellennormale.

Wir führen periodische Lösungen $e^{i\omega t}$ ein und erhalten

$$\begin{aligned}
\frac{e}{m}\,\mathfrak{E}_x &= -\omega^2\xi + \frac{h}{m}\,i\,\omega\,\xi - \frac{e}{m\,c}\,H_L\,i\,\omega\,\eta + \frac{e}{m\,c}\,H_T\,i\,\omega\,\zeta, \\[2mm]
\frac{e}{m}\,\mathfrak{E}_y &= -\omega^2\eta + \frac{h}{m}\,i\,\omega\,\eta + \frac{e}{m\,c}\,H_L\,i\,\omega\,\xi, \\[2mm]
\frac{e}{m}\,\mathfrak{E}_z &= -\omega^2\zeta + \frac{h}{m}\,i\,\omega\,\zeta - \frac{e}{m\,c}\,H_T\,i\,\omega\,\xi.
\end{aligned} \qquad (30)$$

Es ist $H_L = H\cos\alpha$, $H_T = H\sin\alpha$. α ist der Winkel zwischen der Wellennormale und der positiven Richtung des Magnetfeldes, welche beim Erdmagnetfeld von Süden nach Norden zeigt. Wir führen folgende Abkürzungen ein:

$$\begin{aligned}
\omega_0^2 &= \frac{4\pi N e^2}{m}, & p &= \omega^2 - i\,\omega\,S, & \frac{h}{m} &= S, \\[2mm]
\omega_H &= -\frac{eH}{m\,c}, & \omega_T &= -\frac{eH_T}{m\,c}, & \omega_L &= -\frac{eH_L}{m\,c}
\end{aligned} \qquad (31)$$

und erhalten aus Gl. (30)

$$\begin{aligned}
\frac{e}{m}\,\mathfrak{E}_x &= -p\,\xi + i\,\omega\,\omega_L\,\eta - i\,\omega\,\omega_T\,\zeta, \\[2mm]
\frac{e}{m}\,\mathfrak{E}_y &= -p\,\eta - i\,\omega\,\omega_L\,\xi, \\[2mm]
\frac{e}{m}\,\mathfrak{E}_z &= -p\,\zeta + i\,\omega\,\omega_T\,\xi.
\end{aligned} \qquad (32)$$

Aus Gl. (21) folgt

$$\frac{e}{m}\,\mathfrak{E}_x = \frac{\omega_0^2}{n^2-1}\,\xi, \qquad \frac{e}{m}\,\mathfrak{E}_y = \frac{\omega_0^2}{n^2-1}\,\eta. \qquad (33)$$

Wegen der Transversalität der Welle ist nach Gl. (48)

$$\mathfrak{E}_z = -4\pi\,\mathfrak{P}_z = -4\pi N e\,\zeta.$$

Also ist

$$\frac{e}{m}\,\mathfrak{E}_z = -\frac{4\pi N e^2}{m}\,\zeta = -\omega_0^2\,\zeta.$$

Damit erhalten wir aus der zweiten und dritten Gl. (32)

$$\eta = -\frac{i\,\omega\,\omega_L}{\dfrac{\omega_0^2}{n^2-1}+p}\,\xi, \qquad \zeta = \frac{i\,\omega\,\omega_T}{p-\omega_0^2}\,\xi \qquad (34)$$

und hiermit aus der ersten

$$\frac{\omega_0^2}{n^2-1}\,\xi = -p\,\xi + \frac{\omega^2\,\omega_L^2}{\dfrac{\omega_0^2}{n^2-1}+p}\,\xi + \frac{\omega^2\,\omega_T^2}{p-\omega_0^2}\,\xi$$

oder

$$\left(\frac{\omega_0^2}{n^2-1}+p-\frac{\omega^2\,\omega_T^2}{p-\omega_0^2}\right)\left(\frac{\omega_0^2}{n^2-1}+p\right) = \omega^2\,\omega_L^2.$$

Dies ist eine quadratische Gleichung für $\dfrac{1}{n^2-1}$:

$$\left(\frac{1}{n^2-1}\right)^2 + \left(\frac{2p}{\omega_0^2}-\frac{\omega^2\,\omega_T^2}{\omega_0^2(p-\omega_0^2)}\right)\frac{1}{n^2-1} + \left(\frac{p^2}{\omega_0^4}-\frac{\omega^2\,\omega_L^2}{\omega_0^4}-\frac{p\,\omega^2\,\omega_T^2}{\omega_0^4(p-\omega_0^2)}\right) = 0 \;.$$

mit der Lösung

$$\frac{1}{\mathfrak{n}^2-1} = -\frac{p}{\omega_0^2} + \frac{\omega^2\,\omega_T^2}{2\,\omega_0^2(p-\omega_0^2)} \pm \sqrt{\left(\frac{\omega^2\,\omega_T^2}{2\,\omega_0^2(p-\omega_0^2)}\right)^2 + \frac{\omega^2\,\omega_L^2}{\omega_0^4}}\,.$$

Hieraus folgt

$$\mathfrak{n}^2 = 1 - \frac{\omega_0^2}{p - \dfrac{\omega^2\,\omega_T^2}{2\,(p-\omega_0^2)} \mp \sqrt{\left(\dfrac{\omega^2\,\omega_T^2}{2\,(p-\omega_0^2)}\right)^2 + \omega^2\,\omega_L^2}}\,. \tag{35}$$

Bei fehlendem äußeren Feld ($H = 0$) ist $\omega_T = \omega_L = 0$, also

$$\mathfrak{n}^2 = 1 - \frac{\omega_0^2}{p}$$

in Übereinstimmung mit Gl. (25).

Es ergeben sich zwei Werte für den Brechungsindex, welche den beiden Vorzeichen vor der Wurzel entsprechen. In einem ionisierten Gas, das unter dem Einfluß eines äußeren Magnetfeldes steht, breiten sich also im allgemeinen zwei Wellen aus, die einen verschiedenen komplexen Brechungsindex, also verschiedene Ausbreitungsgeschwindigkeiten und Dämpfung haben (*Doppelbrechung*). Man bezeichnet im allgemeinen die Welle, welche dem negativen Vorzeichen entspricht, als *außerordentliche* Welle, die zweite als *ordentliche* Welle; die entsprechenden Brechungsindizes bezeichnen wir mit $\mathfrak{n}_1$ und $\mathfrak{n}_2$.

Im Ausdruck für $\mathfrak{n}^2$ steht die Größe

$$p = \omega^2 - i\,\omega\,S = \omega^2\left(1 - i\,\frac{S}{\omega}\right);$$

$\mathfrak{n}^2$ ist also im allgemeinen entsprechend der durch die Stoßzahl S gegebenen Dämpfung komplex. In einer Höhe, in welcher der Druck P (in mm Hg) herrscht, können wir zur Abschätzung setzen [70]

$$S = 3{,}5 \cdot 10^8 P. \tag{36}$$

Oberhalb 100 km Höhe ist etwa $P < 10^{-3}$, also $S < 3{,}5 \cdot 10^5$. Für $\omega = \omega_H = 8{,}9 \cdot 10^6$ folgt $\frac{S}{\omega} = 4 \cdot 10^{-2}$. Der imaginäre Bestandteil ist also für Wellen unter 200 m und Höhen über 100 km klein, und wir erhalten einen annähernden Wert für den Brechungsindex, indem wir $S = 0$ setzen, d. h. die Dämpfung vernachlässigen. Dann ist $p = \omega^2$ und

$$\mathfrak{n}^2 = 1 - \frac{\omega_0^2}{\omega^2 - \dfrac{\omega^2\,\omega_T^2}{2\,(\omega^2-\omega_0^2)} \mp \sqrt{\left(\dfrac{\omega^2\,\omega_T^2}{2\,(\omega^2-\omega_0^2)}\right)^2 + \omega^2\,\omega_L^2}}\,. \tag{37}$$

Abhängigkeit von der Elektronendichte. Abb. 3 a bis d zeigt für $f = 3{,}57$ MHz ($\lambda = 84$ m) als Beispiel den Verlauf der komplexen Brechungsindizes nach Gl. (37) in Abhängigkeit von der Elektronendichte N, die nach Gl. (31) in ω_0^2 enthalten ist. Das Quadrat des Brechungsindex ist immer reell, es kann positiv oder negativ sein. Der Brechungsindex ist also entweder reell oder rein imaginär. Das Quadrat des Brechungsindex der a.o. Welle ($\mathfrak{n}_1^2$) geht vom Wert 1 bei $N = 0$ durch Null zu negativen Werten, springt dann von $-\infty$ auf $+\infty$ und geht nochmals durch Null endgültig zu negativen Werten über. $\mathfrak{n}_2^2$ (o. Welle) geht vom Wert 1 durch Null zu negativen Werten. $\mathfrak{n}_1^2$ hat also zwei Nullstellen und eine

Unendlichkeitsstelle, $\mathfrak{n}_2^2$ eine Nullstelle. Dieser Verlauf gilt allgemein für $\omega > \omega_H$ (etwa $\lambda < 210$ m), wenn wir den Fall $\alpha = 0$ ausschließen (vgl. Abb. 3a).

Die Lage der *Nullstellen* ist unabhängig von der Ausbreitungsrichtung, welche nur die sonstige Gestalt der Kurven beeinflußt. Mit wachsender Elektronendichte liegen die Nullstellen der Reihenfolge nach an den Stellen

$$\left.\begin{aligned}
\omega_0^2 &= \omega(\omega - \omega_H) \qquad (\mathfrak{n}_1,\ \text{a.o. Welle}), \\
\omega_0^2 &= \omega^2 \qquad\qquad\ \ (\mathfrak{n}_2,\ \text{o. Welle}), \\
\omega_0^2 &= \omega(\omega + \omega_H) \qquad (\mathfrak{n}_1).
\end{aligned}\right\} \qquad (38)$$

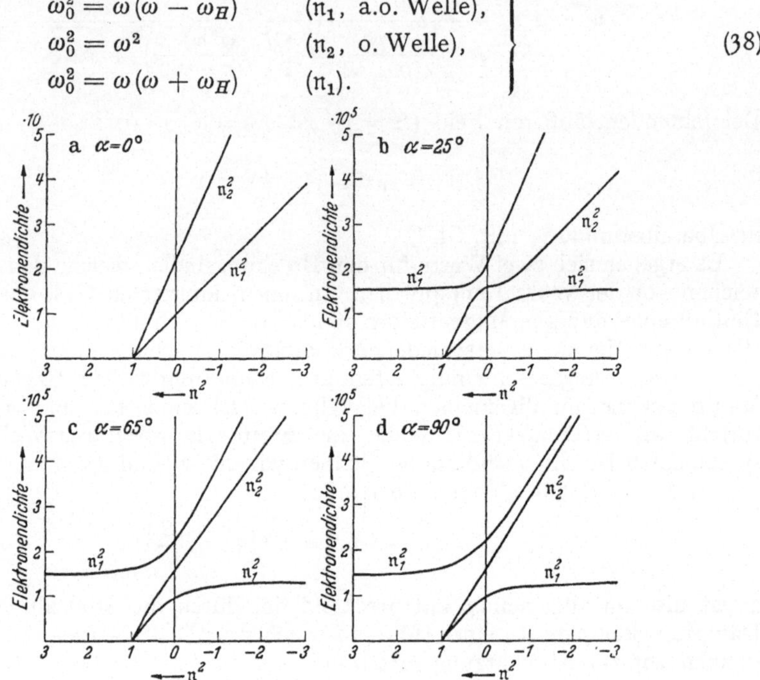

Abb. 3. Quadrat der komplexen Brechungsindizes in Abhängigkeit von der Elektronendichte N für $\alpha = 0°,\ 25°,\ 65°,\ 90°$; $f = 3{,}57$ MHz ($\lambda = 84$ m) [72].

Die *Unendlichkeitsstelle* von $\mathfrak{n}_1^2$ liegt bei

$$\omega_0^2 = \omega^2\,\frac{\omega^2 - \omega_H^2}{\omega^2 - \omega_H^2 \cos^2\alpha}. \qquad (39)$$

Ihre Lage verschiebt sich also mit der Ausbreitungsrichtung. Sie liegt zwischen $\omega_0^2 = \omega^2$ (für $\cos\alpha = 1$) und $\omega_0^2 = \omega^2 - \omega_H^2$ (für $\cos\alpha = 0$).

Der reelle Teil n des komplexen Brechungsindex $\mathfrak{n}$ bestimmt die Phase, der imaginäre Teil $-i\varkappa$ die Dämpfung der Welle. Mit Hilfe von Gl. (16) folgt

$$\mathfrak{n}^2 = (n - i\varkappa)^2 = (n^2 - \varkappa^2) - 2i n\varkappa. \qquad (40)$$

Für diejenigen Gebiete, wo $\mathfrak{n}^2$ positiv reell ist, folgt

$$\mathfrak{n}^2 = n^2, \qquad \varkappa = 0.$$

Wo $\mathfrak{n}^2$ negativ ist, folgt

$$\mathfrak{n}^2 = -\varkappa^2, \qquad n = 0.$$

In denjenigen Gebieten, wo $\mathfrak{n}^2$ positiv ist, stimmt also der komplexe Brechungsindex mit dem reellen überein ($\mathfrak{n} = n$), die Dämpfung ist gering. Diese Gebiete allein kommen praktisch für die Wellenausbreitung in Frage. In den Gebieten, wo n^2 negativ ist, ist der komplexe Brechungsindex, absolut genommen, gleich dem Absorptionsindex ($n = -i\,\varkappa$), der reelle Brechungsindex ist praktisch null. Der Absorptionsindex erreicht hier hohe Werte, so daß die Wellen nur wenig eindringen. Abb. 4 zeigt den Verlauf der Größen n_1^2 und $\varkappa_1^2$ mit der Elektronendichte für $\alpha = 65°$, $f = 3{,}57$ MHz, d. h. $\lambda = 84$ m (a.o. Welle). Die gestrichelt gezeichneten Kurven für $\varkappa_1^2$ entsprechen den in das positive Gebiet umgeklappten negativen Ästen der Kurven für n_1^2 in Abb. 3 c. In Wirklichkeit werden n_1^2 bzw. n_1^2 und $\varkappa_1^2$ an der Unendlichkeitsstelle nicht unendlich. Hier spielt die Dämpfung, die wir sonst vernachlässigen können, eine entscheidende Rolle, und die Kurven überschneiden sich an dieser Stelle. n_1^2 und $\varkappa_1^2$ erreichen dabei abnorm hohe Werte, ein Vielfaches von 100 [71].

Abhängigkeit von der Frequenz. Für $\omega > \omega_H$, d. h. etwa $f > 1{,}4$ MHz oder $\lambda < 210$ m, ist die Abgängigkeit von n und $\varkappa$ von der Elektronendichte eine ähnliche wie in Abb. 4. Betrachtet man allgemein n und $\varkappa$ in Abhängigkeit von der Elektronendichte für verschiedene Frequenzen, so kann man 3 Typen von *Dispersionsgebieten* unterscheiden [85]:

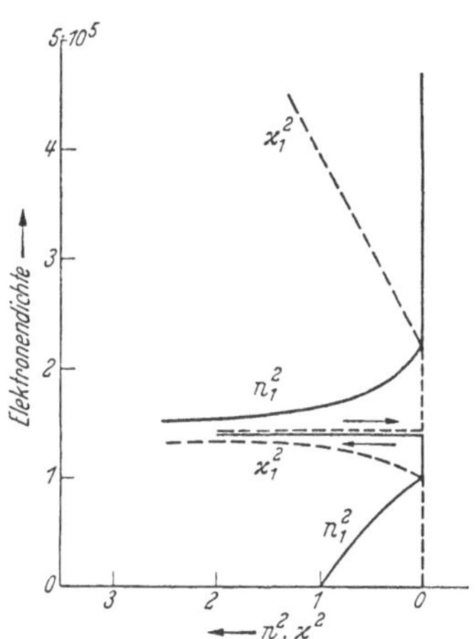

Abb. 4. Quadrat des reellen Brechungsindex (n_1^2) und des Absorptionskoeffizienten ($\varkappa_1^2$) für die a.o. Welle in Abhängigkeit von der Elektronendichte N. $\alpha = 65°$; $f = 3{,}57$ MHz ($\lambda = 84$ m) [71].

$$
\begin{aligned}
&1.\ \omega > \omega_H, \\
&2.\ \omega_H \cos\alpha < \omega < \omega_H, \\
&3.\ \omega < \omega_H \cos\alpha.
\end{aligned}
\qquad (41)
$$

Die Dispersionskurven aller Frequenzen innerhalb eines Bereiches haben ähnlichen Verlauf. Berücksichtigt man die Dämpfung, so sind die Dispersionskurven grundsätzlich verschieden, je nachdem ob die Stoßzahl unterhalb oder oberhalb einer „kritischen" Stoßzahl

$$
S_{\text{krit}} = \frac{\sin^2\alpha}{\cos\alpha}\,\frac{\omega_H}{2}
\qquad (42)
$$

liegt. Für München und senkrechten Einfall ist z. B. $H = 0{,}458$ Gauß, $\alpha = 26°$ 30', also $S_{\text{krit}} = 9 \cdot 10^5$. Stoßzahlen dieser Größe sind in der unteren Ionosphäre etwa unter 100 km Höhe als möglich anzusehen.

Die für die Abgrenzung der Dispersionsgebiete maßgebende Größe

$$
\omega_H = 2\pi f_H = \left| \frac{e\,H}{m\,c} \right|
\qquad (43)
$$

tritt mit dem Charakter einer Eigenschwingung auf. Dies erkennt man z. B., indem man (Gl. 32) nach ξ, η, ζ auflöst. Es ergibt sich z. B., wenn man die Dämpfung vernachlässigt,

$$
\xi = -\frac{\dfrac{e}{m}}{\omega^2(\omega^2 - \omega_H^2)}\,(\omega^2\,\mathfrak{E}_x + i\,\omega\,\omega_L\,\mathfrak{E}_y - i\,\omega\,\omega_T\,\mathfrak{E}_z).
$$

Wir bezeichnen ω_H als *magnetische Rotationsfrequenz*. Die physikalische Bedeutung erkennen wir, wenn wir z. B. als vereinfachten Fall die Bewegung eines Ladungsträgers senkrecht zur Richtung des magnetischen Feldes betrachten.

Der Ladungsträger rotiert dann auf einem Kreis mit der Kreisfrequenz bzw. Winkelgeschwindigkeit ω_H. Die Rotationsfrequenz ist also durch das Magnetfeld gegeben. Bei größerer Geschwindigkeit wird der Kreis größer, die Rotationsfrequenz bleibt dieselbe. Stimmt die Frequenz der Welle mit der Rotationsfrequenz überein ($\omega = \omega_H$), dann erhält der Ladungsträger besonders große Amplituden (*Resonanz* [*125*]). Für Elektronen und ein Magnetfeld von 0,5 Gauß ($e = 4{,}8 \cdot 10^{-10}$ stat. Einh., $m = 9 \cdot 10^{-28}$ g) folgt

$$\omega_H = 8{,}9 \cdot 10^6, \tag{44}$$

bzw.

$$\lambda_H = \frac{2\pi c}{\omega_H} = 210\,\text{m}. \tag{44a}$$

Man hat früher angenommen, daß die geringe Reichweite der Wellen um 200 m auf den Einfluß des Erdmagnetfeldes zurückzuführen sei. Die geringe Bodenreichweite erklärt sich aber durch die mit abnehmender Wellenlänge stark zunehmende Absorption in der Erde (vgl. S. 29). Die charakteristischen Erscheinungen, welche auf den Einfluß des Erdmagnetfeldes zurückzuführen sind, werden besonders bei etwas kürzeren Wellen beobachtet, welche tief in die Ionosphäre eindringen. Für hohe Frequenzen ($\omega \gg \omega_H$) bzw. kürzeste Wellen verschwindet der Einfluß des Erdmagnetfeldes. In den Bewegungsgleichungen (32) sieht man, daß dann die mit ω_L bzw. ω_T behafteten Glieder klein werden gegen die mit dem Faktor $p = \omega^2$ behafteten, so daß die Gleichungen in die ohne Magnetfeld geltenden übergehen.

Der typische Verlauf der Brechungsindizes (Quadrat) mit der Elektronendichte im Dispersionsgebiet $\omega > \omega_H$ wird in Abb. 3 in einem Beispiel gezeigt. Um die Verhältnisse für andere Frequenzen in diesem Gebiet zu kennzeichnen, stellen wir mit Hilfe von Gl. (38) die Lage der Nullstellen in Abhängigkeit von der Frequenz dar. Mit Hilfe von $\omega_0^2 = 4\pi N e^2/m$ erhalten wir aus Gl. (38) an der Nullstelle

$$\left.\begin{array}{ll}
N = \dfrac{\pi m}{e^2}\, f(f - f_H) & \text{(a. o. Welle),} \\[2.2ex]
N = \dfrac{\pi m}{e^2}\, f^2 & \text{(o. Welle),} \\[2.2ex]
N = \dfrac{\pi m}{e^2}\, f(f + f_H) & \text{(a. o. Welle),}
\end{array}\right\} \tag{45}$$

Mit $m = 9 \cdot 10^{-28}$ g, $e = 4{,}8 \cdot 10^{-10}$ stat. Einh. folgt

$$\left.\begin{array}{l}
N = 1{,}24 \cdot 10^{-8}\, f(f - f_H), \\[1.5ex]
N = 1{,}24 \cdot 10^{-8}\, f^2, \\[1.5ex]
N = 1{,}24 \cdot 10^{-8}\, f(f + f_H).
\end{array}\right\} \tag{45a}$$

Diese Beziehungen sind für $f_H = 1{,}3$ MHz in Abb. 5 dargestellt. Wie man sieht, rücken die Nullstellen mit wachsender Frequenz in bezug auf die zugehörige Elektronendichte immer näher zusammen. Dies entspricht der oben erwähnten Tatsache, daß die Doppelbrechung mit wachsender Frequenz immer weniger in Erscheinung tritt.

Für die leichtesten Ionen, die Wasserstoffatomionen ($m = 1{,}65 \cdot 10^{-24}$ g), wird $\omega_H = 4{,}46 \cdot 10^3$, also sehr klein. Die entsprechende Resonanzfrequenz ist 710 Hz, liegt also im Tonfrequenzgebiet. Wir sehen daraus, daß im Frequenzgebiet der drahtlosen Telegraphie das Erdmagnetfeld nur dann eine Rolle spielt, wenn freie Elektronen vorhanden sind. Wir berücksichtigen deshalb hier nur Elektronen und verstehen unter N die Elektronendichte (Zahl der freien Elektronen im cm³). Die praktisch beobachtete Doppelbrechung ist umgekehrt ein Zeichen dafür, daß freie Elektronen in entsprechender Zahl vorhanden sind.

Neben den Elektronen werden in der Ionosphäre auch Ionen vorhanden sein. Wenn auch das Magnetfeld auf die Bewegung der Ionen praktisch keinen Einfluß ausübt, so werden doch durch die Anwesenheit dieser Ionen Abänderungen hervorgerufen, auf die hier nicht näher eingegangen sei [86].

b) Die Schwingungsform.

Mit Hilfe von Gl. (20) und (21) können wir die MAXWELLschen Gleichungen schreiben

$$\left.\begin{aligned} \frac{1}{c}\,\frac{\partial \mathfrak{D}}{\partial t} &= \operatorname{rot}\mathfrak{H}, \\ -\frac{1}{c}\,\frac{\partial \mathfrak{H}}{\partial t} &= \operatorname{rot}\mathfrak{E}. \end{aligned}\right\} \tag{46}$$

Indem wir für die sich in der z-Richtung ausbreitenden ebenen Wellen periodische Lösungen

$$e^{\,i\omega\left(t-\frac{\mathfrak{n}}{c}z\right)}$$

einführen und differenzieren, erhalten wir

$$\left(\frac{\partial}{\partial x}=\frac{\partial}{\partial y}=0\right)$$

$$\left.\begin{aligned} \mathfrak{D}_x &= \mathfrak{n}\,\mathfrak{H}_y, & \mathfrak{H}_x &= -\mathfrak{n}\,\mathfrak{E}_y, \\ \mathfrak{D}_y &= -\mathfrak{n}\,\mathfrak{H}_x, & \mathfrak{H}_y &= \mathfrak{n}\,\mathfrak{E}_x, \\ \mathfrak{D}_z &= 0, & \mathfrak{H}_z &= 0. \end{aligned}\right\} \tag{47}$$

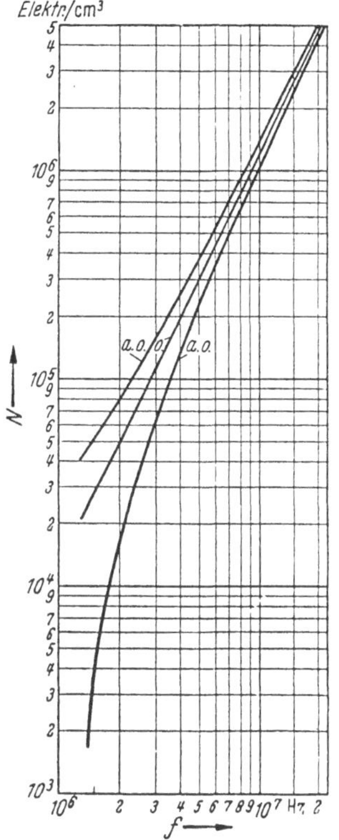

Abb. 5. Elektronendichte N an den Nullstellen der Brechungsindizes in Abhängigkeit von der Frequenz f nach (45a). $f_H = 1{,}3$ MHz.

Das letzte Gleichungspaar besagt, daß die Wellen transversal sind in bezug auf $\mathfrak{D}$ und $\mathfrak{H}$. Aus $\mathfrak{D}_z = 0$ folgt nach Gl. (21)

$$\mathfrak{E}_z + 4\pi\,\mathfrak{P}_z = 0 \quad \text{oder} \quad \mathfrak{E}_z = -4\pi\,\mathfrak{P}_z = -4\pi\,N\,e\,\zeta. \tag{48}$$

Da der Elektronenstrom im allgemeinen eine Komponente (ζ) in der z-Richtung hat, hat die elektrische Feldstärke im allgemeinen eine longitudinale Komponente ($\mathfrak{E}_z$), welche der durch die Einwirkung des Magnetfeldes bewirkten longitudinalen Elongation der Elektronen proportional ist. Wir beziehen deshalb die Schwingungsform, wie auch in der Optik üblich, auf die magnetische Feldstärke. Aus Gl. (21) u. (47) folgt

$$\frac{\mathfrak{H}_x}{\mathfrak{H}_y} = -\frac{\mathfrak{E}_y}{\mathfrak{E}_x} = -\frac{\eta}{\xi}. \tag{49}$$

Mit Hilfe von Gl. (34) folgt demnach

$$\frac{\mathfrak{H}_x}{\mathfrak{H}_y} = \frac{i\,\omega\,\omega_L}{\dfrac{\omega_0^2}{\mathfrak{n}^2-1}+p}. \tag{50}$$

Durch Einsetzen von $\mathfrak{n}^2$ erhält man

$$\frac{\mathfrak{H}_x}{\mathfrak{H}_y} = i \frac{\omega\,\omega_L}{\dfrac{\omega^2\,\omega_T^2}{2\,(p-\omega_0^2)} \pm \sqrt{\left(\dfrac{\omega^2\,\omega_T^2}{2\,(p-\omega_0^2)}\right)^2 + \omega^2\,\omega_L^2}}$$

$$= i \frac{2\,(p-\omega_0^2)\,\dfrac{\omega\,\omega_L}{\omega^2\,\omega_T^2}}{1 \pm \sqrt{1 + \left(\dfrac{2\,(p-\omega_0^2)}{\omega^2\,\omega_T^2}\right)^2 \omega^3\,\omega_L^2}}\,, \tag{51}$$

$$\boxed{\frac{\mathfrak{H}_x}{\mathfrak{H}_y} = i \frac{\dfrac{2\,(p-\omega_0^2)}{\omega\,\omega_H}\,\dfrac{\cos\alpha}{\sin^2\alpha}}{1 \pm \sqrt{1 + \left(\dfrac{2\,(p-\omega_0^2)}{\omega\,\omega_H}\right)^2 \dfrac{\cos^2\alpha}{\sin^4\alpha}}}\,.} \tag{52}$$

Das positive Vorzeichen vor der Wurzel entspricht der a. o., das negative der
o. Welle. Indem wir $2\,(p-\omega_0^2)\,\dfrac{\omega\,\omega_L}{\omega^2\omega_T^2} = r$ abkürzen, erhalten wir für die beiden
Wellen, die wir durch den Index oben unterscheiden,

$$\frac{\mathfrak{H}_x^{(1)}}{\mathfrak{H}_y^{(1)}}\,\frac{\mathfrak{H}_x^{(2)}}{\mathfrak{H}_y^{(2)}} = -\,\frac{r}{1 + \sqrt{1 + r^2}}\,\frac{r}{1 - \sqrt{1 + r^2}} = 1\,. \tag{53}$$

Wir berücksichtigen wie oben, daß die Dämpfung in Höhen oberhalb 100 km
klein ist, und setzen angenähert $p = \omega^2$. Dann folgt aus Gl. (52) für die a. o. Welle

$$\frac{\mathfrak{H}_x^{(1)}}{\mathfrak{H}_y^{(1)}} = i \frac{\dfrac{2\,(\omega^2-\omega_0^2)}{\omega\,\omega_H}\,\dfrac{\cos\alpha}{\sin^2\alpha}}{1 + \sqrt{1 + \left(\dfrac{2\,(\omega^2-\omega_0^2)}{\omega.\,\omega_H}\right)^2 \dfrac{\cos^2\alpha}{\sin^4\alpha}}} = i\,a\,; \tag{54}$$

a ist dann reell, $\mathfrak{H}_x^{(1)}/\mathfrak{H}_y^{(1)}$ also rein imaginär. Die Komponenten der magnetischen
Feldstärke in den zur xy-Ebene parallelen Wellenebenen sind also verschieden
groß und um $\dfrac{\pi}{2}$ in der Phase gegeneinander verschoben. Der Endpunkt des Feldvektors beschreibt demnach eine Ellipse, die während einer Periode einmal
durchlaufen wird. Die Wellen sind also *elliptisch polarisiert*, und zwar sind die
Ellipsen im Koordinatensystem xyz auf die Hauptachsen bezogen. $|a|$ ist das
Achsenverhältnis der Schwingungsellipsen. Wegen Gl. (53) liegen die Ellipsen für
beide Wellen gekreuzt und werden im entgegengesetzten Sinne durchlaufen.
Da $0 \leq a \leq 1$, so liegt für die a.o. Welle (1) die große Achse der Ellipse in der
y-Richtung, für die o. Welle (2) in der x-Richtung. Die Dämpfung bewirkt, daß
die Hauptachsen der Ellipsen in entgegengesetztem Sinn aus der y- und x-Achse
herausgedreht werden. Die Neigung ist aber gering und braucht hier nicht berücksichtigt zu werden [71].

Mit Hilfe von Gl. (49) folgt

$$\frac{\mathfrak{E}_x^{(1)}}{\mathfrak{E}_y^{(1)}} = \frac{i}{a}\,, \qquad \frac{\mathfrak{E}_x^{(2)}}{\mathfrak{E}_y^{(2)}} = -\,i\,a\,. \tag{55}$$

Der Vergleich mit Gl. (54) zeigt, daß die Projektion des (nicht transversalen)
Vektors $\mathfrak{E}$ in der Wellenebene eine Ellipse mit gleichem Umlaufsinn und gleichem

Achsenverhältnis wie $\mathfrak{H}$ beschreibt. Die Achsen liegen gegenüber $\mathfrak{H}$ vertauscht. Gl. (49) besagt, daß $\mathfrak{E}$ und $\mathfrak{H}$ aufeinander senkrecht stehen. Nach Gl. (21) ist

$$\frac{\xi}{\eta} = \frac{\mathfrak{E}_x}{\mathfrak{E}_y} \, . \tag{56}$$

Die Projektion der (ebenfalls nicht transversalen) Elektronenbahn auf die Wellenebene ist also eine Ellipse, welche gleiches Achsenverhältnis, gleiche Lage

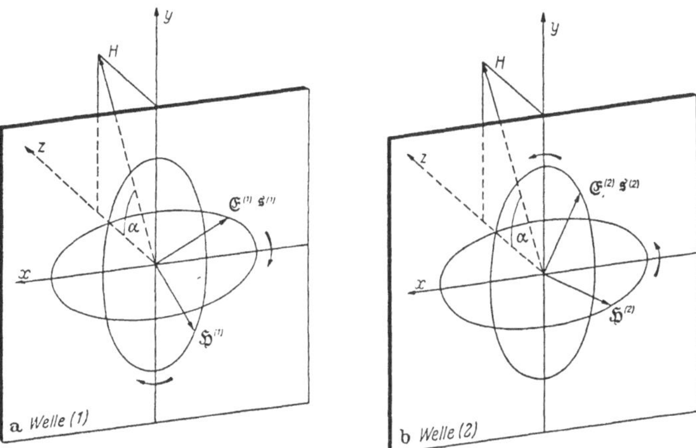

Abb. 6. Schwingungsellipsen der magnetischen und elektrischen Feldstärke und die Elektronenbahnen [*126*].

der großen Achse und gleichen Umlaufsinn hat wie die Ellipse des elektrischen Feldvektors in dieser Ebene. Abb. 6 zeigt die Schwingungsellipsen für die beiden Wellen in der Wellenebene $(x\,y)$. Die große Achse ist für alle Größen $(\mathfrak{E}, \mathfrak{H}, \mathfrak{z})$ gleich groß gezeichnet. Der Polarisationszustand hängt in starkem Maße von der Elektronendichte ab, welche in ω_0^2 enthalten ist (vgl. Abb. 8). Wir betrachten hier den in der Ionosphäre vorwiegend vorkommenden Fall, daß $\omega_0^2 < \omega^2$ ist. Dann ist a positiv. Diesem Fall entspricht der in Abb. 6 gezeichnete Umlaufsinn.

Für eine Welle liegen die Schwingungsellipsen von $\mathfrak{E}$ und $\mathfrak{H}$ gekreuzt. Für eine Feldstärke $(\mathfrak{E}$ bzw. $\mathfrak{H})$ liegen die Ellipsen der beiden Wellen gekreuzt.

Wie sich aus den vorstehenden Beziehungen weiter ableiten läßt, schwingen die Elektronen und der elektrische Feldvektor in Ebenen, welche gegen die Wellenebene verschieden stark geneigt sind [*126*], und zwar ergeben sich diese Ebenen durch eine

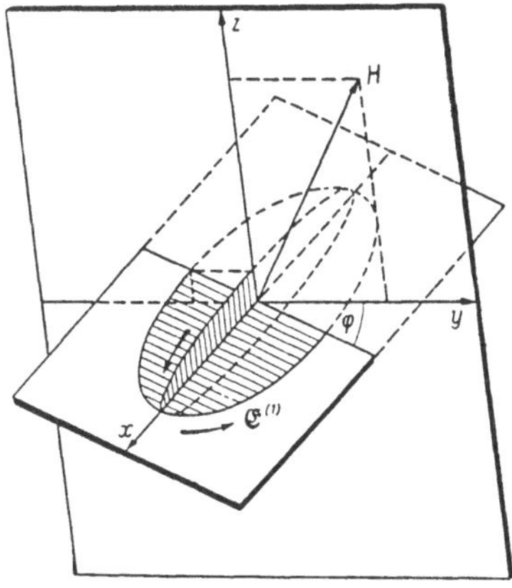

Abb. 7. Neigung der Schwingungsebene bzw. -ellipse des elektrischen Feldvektors gegen die Wellenebene $(x\,y)$, Welle (1)[*126*].

Drehung der Wellenebene um die x-Achse. Diese Drehung hat für die Welle (1) negativen, für die Welle (2) positiven Drehsinn. Der Umlaufsinn ist für beide Wellen entgegengesetzt, wie man aus dem Umlaufsinn in der $x\,y$-Ebene erkennt. In der $z\,x$-Ebene ist der Umlaufsinn für beide Wellen derselbe, da die Schwingungsebenen im entgegengesetzten Sinne aus der Wellenebene herausgedreht sind. Abb. 7 zeigt als Beispiel die Neigung der Schwingungsebene bzw. -ellipse

des elektrischen Feldvektors gegen die Wellenebene für die Welle (1). Im
Spezialfall der Ausbreitung parallel zum äußeren Magnetfeld sind $\mathfrak{E}$ und $\mathfrak{H}$ in
der Wellenebene mit gleichem Umlaufsinn zirkular polarisiert. Longitudinale
Komponenten von $\mathfrak{z}$ und $\mathfrak{E}$ sind nicht vorhanden, da die Kräfte $e[\mathfrak{v}\,\mathfrak{H}]$ parallel
zur Wellenebene liegen. Mit wachsendem α werden die Elektronenbahn und
die Ebene des elektrischen Feldvektors aus der Wellenebene für die beiden
Wellen in verschiedenem Sinne herausgedreht. Der Vorgang ist für beide Wellen
verschieden und kann hier nicht näher diskutiert werden.

Der POYNTINGsche Vektor der Energieströmung ist durch Gl. (14) gegeben,
seine Richtung ist durch $\mathfrak{E}$ und $\mathfrak{H}$ bestimmt. Da $\mathfrak{E}$ aus der Wellenebene heraus-
fällt, weicht die Richtung von $\mathfrak{S}$ im allgemeinen von der Richtung der Wellennormale z ab. Wie man aus Abb. 7 ersieht, hat diese Abweichung während einer
Periode zweimal ein Maximum und zweimal den Wert Null. Letzteres ist der
Fall, wenn $\mathfrak{E}$ parallel zur x-Achse liegt. $\mathfrak{D}$, $\mathfrak{E}$, z, $\mathfrak{S}$ liegen jedoch stets in einer
Ebene.

Das Achsenverhältnis $|a|$ hängt von der Frequenz (ω), der Elektronendichte
(ω_0^2) und der Richtung zum Magnetfeld (α) ab. Wir nehmen als Beispiel $\lambda = 84$ m
und stellen in Abb. 8 die nach Gl. (54) berechnete Größe a für $\alpha = 25°$, $65°$, $90°$

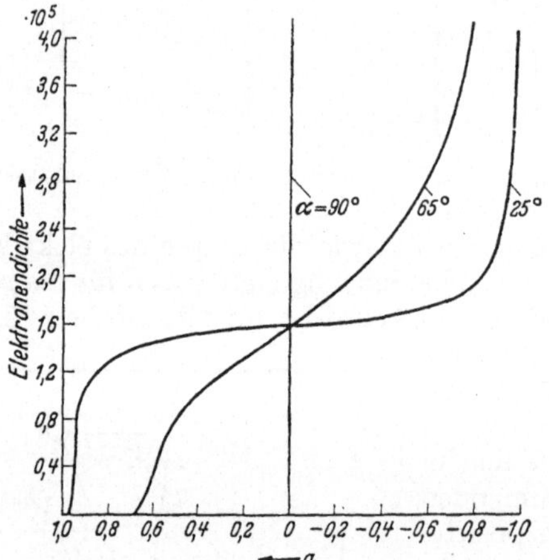

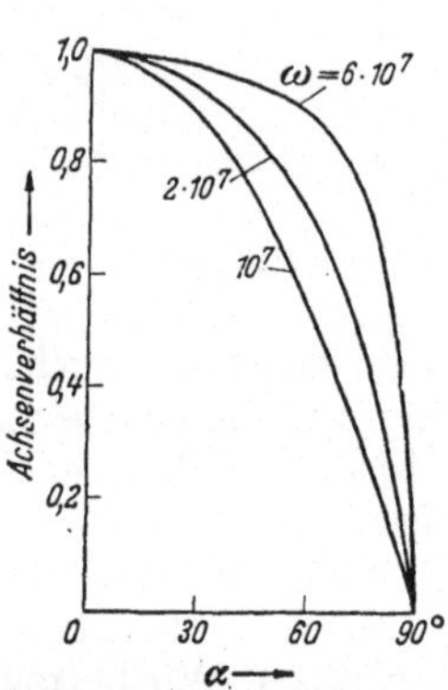

Abb. 8. a in Abhängigkeit von der Elektronendichte
für verschiedene Winkel der Wellennormale gegen
das Erdmagnetfeld ($\alpha = 25°$, $65°$, $90°$). $|a|$ ist das
Achsenverhältnis der Schwingungsellipsen und für
beide Wellen gleich. $f = 3{,}57$ MHz ($\lambda = 84$ m) [72].

Abb. 9. Achsenverhältnis a_0
der Schwingungsellipsen an
der Erdoberfläche in Abhängigkeit vom Winkel α der
Wellennormale gegen das Erdmagnetfeld für verschiedene
Frequenzen ($\omega = 10^7$, $2 \cdot 10^7$,
$6 \cdot 10^7$ 1/sec bzw. $\lambda = 189$,
94, 31 m) [72].

als Parameter in Abhängigkeit von der Elektronendichte dar. $a = 1$ bedeutet
zirkulare, $a = 0$ lineare Polarisation. Umkehr des Vorzeichens von a bedeutet
Umkehr des Umlaufsinnes. Die Schwingungsellipsen schrumpfen also mit wachsender Elektronendichte immer mehr zusammen, gehen für $\omega_0^2 = \omega^2$ in den
linearen Zustand über und verbreitern sich dann wieder unter Umkehr des
Umlaufsinnes. Bei großen Elektronendichten strebt das Achsenverhältnis dem
Wert 1 zu, die Schwingung wird dann wieder zirkular.

Das Vorangehende bezieht sich auf die Ausbreitung der Wellen im ionisierten
Gas, die für die theoretische Behandlung der Doppelbrechung in der Ionosphäre
von grundlegender Bedeutung ist. Unmittelbar praktisch interessiert der *Polarisationszustand der aus der Ionosphäre auf die Erde zurückkehrenden Wellen*. Diese
kommen am Erdboden mit derselben Schwingungsform an, die sie beim Verlassen
der Ionosphäre hatten [71]. Im unteren Teil der Ionosphäre ist die Elektronen-

dichte gering, so daß man für Wellen unter 200 m ω_0^2 neben ω^2 vernachlässigen kann. Für $\omega^2 = 0$ folgt aus Gl. (54) für die a. o. Welle

$$\frac{\mathfrak{H}_x^{(1)}}{\mathfrak{H}_y^{(1)}} = i\,\frac{\dfrac{2\,\omega}{\omega_H}\,\dfrac{\cos\alpha}{\sin^2\alpha}}{1 + \sqrt{1 + \left(\dfrac{2\,\omega}{\omega_H}\,\dfrac{\cos\alpha}{\sin^2\alpha}\right)^2}} = i\,a_0. \tag{57}$$

Abb. 9 zeigt das nach dieser Formel berechnete Achsenverhältnis a_0 für die Frequenzen $\omega = 10^7,\ 2\cdot 10^7,\ 6\cdot 10^7\,\mathrm{Hz}$ ($\lambda = 188,\ 94,\ 31$ m). Die Schwingungsellipsen verbreitern sich mit abnehmender Wellenlänge. Bei 31 m Wellenlänge haben wir bereits im Winkelbereich von 0 bis 60° annähernd zirkulare Polarisation ($a_0 = 1$).

Der Umlaufsinn der Schwingungen ist durch das Vorzeichen von a_0 bestimmt. In a_0 tritt der Faktor $\cos\alpha$ auf. α ist der Winkel der Wellennormale mit der positiven Richtung des Erdmagnetfeldes. $+H$ ist diejenige Richtung der magnetischen Kraftlinien, welche auf der Erde von Norden nach Süden weist. $\cos\alpha$ kann positiv oder negativ sein. Umkehr des Vorzeichens bedeutet aber Umkehr des Umlaufsinnes der Schwingungsellipse. Da sich das Koordinatensystem bei Umkehr der Fortpflanzungsrichtung mit umdreht, bleibt der Umlaufsinn, absolut im Raume betrachtet, hierbei derselbe. Er ist durch die Richtung des Erdmagnetfeldes, unabhängig von der Ausbreitungsrichtung, fest gegeben. Blickt man von oben auf eine Uhr, so ist auf der nördlichen Halbkugel der Umlaufsinn der Welle (1) im Sinne des Uhrzeigers. Auf der südlichen Halbkugel ist er wegen der entgegengesetzten Richtung der magnetischen Kraftlinien umgekehrt. Die Welle (2) hat umgekehrten Umlaufsinn [72].

B. Die Zennecksche Oberflächenwelle.

1. Allgemeine Lösung.

Eine einfache Vorstellung über die Ausbreitung der elektromagnetischen Wellen längs der Erdoberfläche ist die Annahme einer *Oberflächenwelle* [253, 231]. Wir legen die als eben angenommene Oberfläche in die $x\,y$-Ebene und betrachten eine parallel x fortschreitende Welle (Abb. 10). Ein wesentliches Merkmal einer Oberflächenwelle ist die Konzentration der Energieströmung in der Nähe der Grenzfläche. Die Amplituden der Feldstärken nehmen mit wachsender Entfernung z von der Grenzfläche ab, und wir machen dementsprechend für die Zennecksche Oberflächenwelle den Ansatz [108]

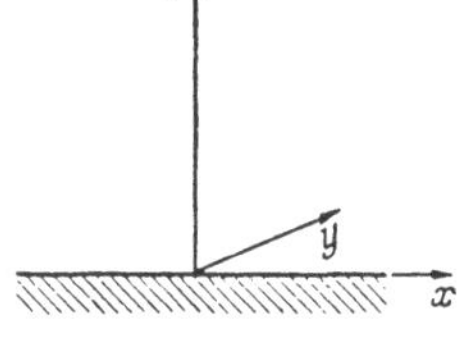

Abb. 10. Die Koordinaten der Oberflächenwelle.

$$\mathfrak{H}_x = \mathfrak{H}_z = \mathfrak{E}_y = 0, \qquad \mathfrak{H}_y = H_y(z)\,e^{i\omega\left(t - \frac{x}{v}\right)},$$
$$\mathfrak{E}_x = E_x(z)\,e^{i\omega\left(t - \frac{x}{v}\right)}, \qquad \mathfrak{E}_z = E_z(z)\,e^{i\omega\left(t - \frac{x}{v}\right)} \tag{58}$$

(inhomogene Welle). v ist eine komplexe Größe. Mit diesem Ansatz ergeben die Feldgleichungen in Komponentenform

$$E_x(z) = +i\,\frac{c}{\varepsilon\,\omega}\,\frac{d\,H_y}{d\,z}, \tag{59}$$

2*

$$E_z(z) = - \frac{c}{\mathfrak{v}\,\bar{\varepsilon}}\, H_y, \tag{60}$$

$$0 = \frac{d^2 H_y}{dz^2} - \left[\omega^2 \left(\frac{1}{\mathfrak{v}^2} - \frac{\bar{\varepsilon}}{c^2}\right)\right] H_y. \tag{61}$$

Gl. (61) hat eine Lösung der Form

$$\left. \begin{aligned} H_y &= B\, e^{\mathfrak{w}z}, \\ \mathfrak{w} &= \pm \sqrt{\omega^2 \left(\frac{1}{\mathfrak{v}^2} - \frac{\bar{\varepsilon}}{c^2}\right)}. \end{aligned} \right\} \tag{62}$$

Unter Berücksichtigung der Grenzbedingung schreiben wir die Lösung für Luft $(z > 0)$

$$\mathfrak{H}_y^{(0)} = B\, e^{-\mathfrak{w}_0 z}\, e^{i\omega\left(t - \frac{x}{\mathfrak{v}}\right)} \tag{63}$$

und für den Erdraum $(z < 0)$

$$\mathfrak{H}_y = B\, e^{+\mathfrak{w}z}\, e^{i\omega\left(t - \frac{x}{\mathfrak{v}}\right)}. \tag{64}$$

Die Tangentialkomponente von $\mathfrak{E}$ erhält man aus Gl. (59) u. (62) zu

$$\mathfrak{E}_x^{(0)} = - \frac{i\,c\,\mathfrak{w}_0}{\omega\,\bar{\varepsilon}_0}\, B\, e^{-\mathfrak{w}_0 z}\, e^{i\omega\left(t - \frac{x}{\mathfrak{v}}\right)} \quad \text{für } z > 0, \tag{65}$$

$$\mathfrak{E}_x = + \frac{i\,c\,\mathfrak{w}}{\omega\,\bar{\varepsilon}}\, B\, e^{+\mathfrak{w}z}\, e^{i\omega\left(t - \frac{x}{\mathfrak{v}}\right)} \quad \text{für } z < 0. \tag{66}$$

An der Grenze ist $\mathfrak{E}_x^{(0)} = \mathfrak{E}_x$, also

$$- \frac{c\,\mathfrak{w}_0}{\omega\,\bar{\varepsilon}_0} = \frac{c\,\mathfrak{w}}{\omega\,\bar{\varepsilon}}$$

oder

$$\mathfrak{w} = - \mathfrak{w}_0\, \frac{\bar{\varepsilon}}{\bar{\varepsilon}_0} \tag{67}$$

Aus Gl. (62) u. (67) folgt

$$\left. \begin{aligned} \frac{\omega^2}{\mathfrak{v}^2} - \mathfrak{w}_0^2 &= \frac{\omega^2\,\bar{\varepsilon}_0}{c^2}, \\ \frac{\omega^2}{\mathfrak{v}^2} - \mathfrak{w}_0^2\, \frac{\bar{\varepsilon}^2}{\bar{\varepsilon}_0^2} &= \frac{\omega^2\,\bar{\varepsilon}}{c^2}. \end{aligned} \right\} \tag{68}$$

Hieraus folgt

$$\mathfrak{w}_0 = \pm \frac{i\,\omega\,\bar{\varepsilon}_0}{c} \sqrt{\frac{1}{\bar{\varepsilon}_0 + \bar{\varepsilon}}}, \tag{69}$$

$$\frac{1}{\mathfrak{v}} = \pm \frac{1}{c} \sqrt{\frac{\bar{\varepsilon}\,\bar{\varepsilon}_0}{\bar{\varepsilon}_0 + \bar{\varepsilon}}}. \tag{70}$$

Durch die Gl. (67), (69), (70) sind die in den Gleichungen für die Feldstärken auftretenden Größen $\mathfrak{w}$, $\mathfrak{w}_0$ und $\mathfrak{v}$ bestimmt. Wir diskutieren im folgenden einige besondere Eigenschaften der Oberflächenwelle.

2. Die Richtung des elektrischen Feldes.

Die elektrische Feldstärke liegt in den Ebenen parallel zur zx-Ebene und hat eine Komponente in der Fortpflanzungsrichtung $(\mathfrak{E}_x)$. Wir betrachten die Richtung der Feldstärke in der Nähe der Oberfläche. Aus Gl. (60), (63) u. (65) folgt $(\bar{\varepsilon}_0 = 1)$

$$\frac{\mathfrak{E}_x^{(0)}}{\mathfrak{E}_z^{(0)}} = + \frac{i\,\mathfrak{w}_0\,\mathfrak{v}}{\omega} = - \sqrt{\frac{1}{\bar{\varepsilon}}} = - \frac{1}{\mathfrak{n}}. \tag{71}$$

Da $\bar{\varepsilon}$ komplex ist, ist das Verhältnis der Komponenten komplex, d. h., $\mathfrak{E}_x^{(0)}$ und $\mathfrak{E}_z^{(0)}$ sind nach Betrag und Phase verschieden. Sie bilden räumlich miteinander einen rechten Winkel. Der Endpunkt des Feldvektors ($\mathfrak{E}$ in Abb. 11) beschreibt demnach während einer Periode eine Ellipse. Die Feldstärke ist elliptisch polarisiert („elektrisches Drehfeld"), aber nicht in gewöhnlichem Sinne. Die Ellipse liegt hier in einer Ebene, welche die Fortpflanzungsrichtung enthält. Die mittlere Lage der Ellipse, gegeben durch die große Hauptachse, ist im Sinne der Fortpflanzungsrichtung nach vorn geneigt. Die Neigung ist am größten bei trockenem Boden und kann hier etwa bis zu $30°$ betragen. Bei Seewasser ist die Neigung gering, und mit wachsender Leitfähigkeit geht das Feld in ein reines Wechselfeld über, die Kraftlinien stellen sich senkrecht zur Leiterfläche ein [254]. Für den Erdraum folgt ($\bar{\varepsilon}_0 = 1$)

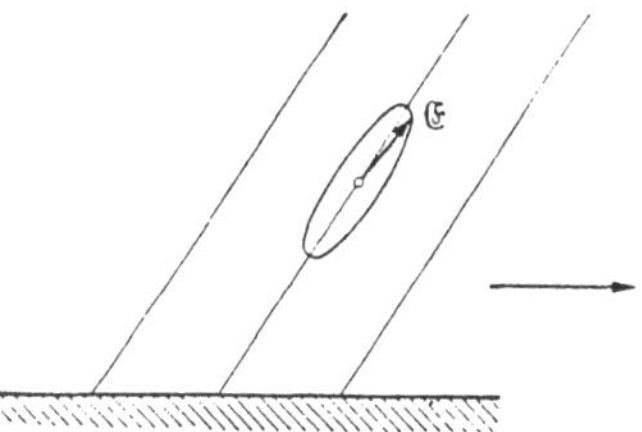

Abb. 11. Elektrisches Drehfeld der Oberflächenwelle.

$$\frac{\mathfrak{E}_x}{\mathfrak{E}_z} = -\frac{i\,\mathfrak{w}\,\mathfrak{v}}{c} = -\sqrt{\bar{\varepsilon}} = \frac{1}{\dfrac{\mathfrak{E}_x^{(0)}}{\mathfrak{E}_z^{(0)}}}. \tag{72}$$

Hier verläuft die Ellipse also umgekehrt überwiegend parallel zur Oberfläche des Leiters. Der POYNTINGsche Vektor steht senkrecht auf $\mathfrak{E}$ und $\mathfrak{H}$. Er ist also in der Luft gegen die Erdoberfläche etwas geneigt. In der Erde ist diese Neigung sehr viel stärker. Wir sehen davon ab, daß die elektrische Feldstärke während einer Periode ihre Richtung ändert (Ellipse) und stellen die POYNTINGschen Vektoren in Abb. 12 schematisch dar. Die Oberflächenwelle erscheint als eine schräg einfallende Welle, welche zum Einfallslot hin gebrochen wird. Im Fall sehr großer Leitfähigkeit verläuft $\mathfrak{S}_0$ annähernd parallel zur Erdoberfläche, $\mathfrak{S}$ senkrecht nach unten.

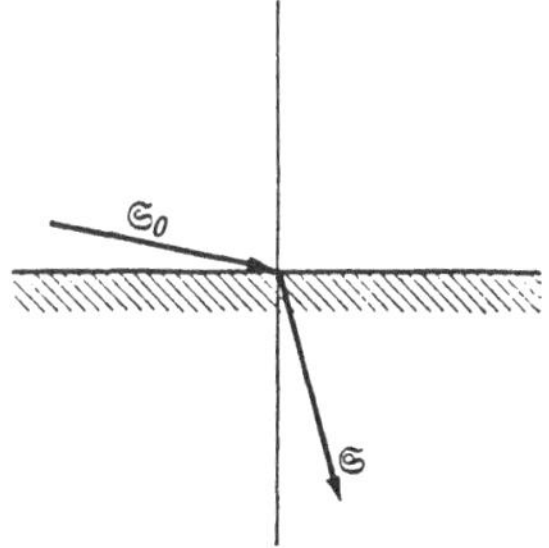

Abb. 12. Der POYNTINGsche Vektor der Oberflächenwelle.

3. Das Eindringen in die Erde.

Die Welle wird beim Eindringen in die Erde absorbiert, und die Feldstärken nehmen mit der Tiefe rasch ab. Für die Absorption ist maßgebend der Faktor

$$e^{\mathrm{Re}(\mathfrak{w})\cdot z}, \tag{73}$$

($\mathrm{Re}(\mathfrak{w}) =$ reeller Teil von $\mathfrak{w}$). Nach Gl. (67) u. (69) ist ($\bar{\varepsilon}_0 = 1$)

$$\mathfrak{w} = -\mathfrak{w}_0\frac{\bar{\varepsilon}}{\bar{\varepsilon}_0} = -\frac{i\,\omega\,\bar{\varepsilon}}{c}\sqrt{\frac{1}{1+\bar{\varepsilon}}}. \tag{74}$$

Im allgemeinen ist $\bar{\varepsilon}$ sehr groß, so daß wir schreiben können

$$\mathfrak{w} \approx -\frac{i\,\omega}{c}\sqrt{\bar{\varepsilon}}. \tag{75}$$

Dies ergibt dieselbe Dämpfung wie für eine Welle, welche von der Oberfläche senkrecht nach unten in die Erde eindringt, was praktisch auch bei großen Werten von $\bar{\varepsilon}$ der Fall ist. Wir betrachten den Fall, daß der Leitungsstrom groß gegen den Verschiebungsstrom ist $\left(\dfrac{4\pi\sigma}{\omega} \gg \varepsilon\right)$. Dann folgt

$$\mathfrak{w} = -\frac{i\,\omega}{c}\sqrt{\frac{4\pi\sigma}{\omega}}\,\frac{1+i}{\sqrt{2}},$$

und für den Dämpfungsfaktor

$$K = \frac{1}{c}\sqrt{2\pi\,\sigma\,\omega} = 2\pi\sqrt{\frac{\sigma}{c\,\lambda}} \qquad (\sigma \text{ in Gaussschen Einh.}), \qquad (76)$$

oder

$$K = 2\pi\sqrt{\frac{c\,\sigma}{\lambda}} \qquad (\sigma \text{ in el.-magn. Einh.}). \qquad (76a)$$

Die Dämpfung ist gegeben durch $(z < 0)$

$$e^{+\,Kz}.$$

Die Amplitude ist also auf den Wert $e^{-2\pi}\left(\sim \frac{1}{500}\right)$ abgeklungen in der Tiefe

$$d_{\mathrm{cm}} = \frac{2\pi}{K} = \sqrt{\frac{\lambda_{\mathrm{cm}}}{c\,\sigma_{\mathrm{el.-mgn.}}}}\,. \qquad (77)$$

Dies ist die bekannte Formel für die *Eindringtiefe* von elektrischen Wellen in Metalle, wo ebenfalls der Leitungsstrom groß ist gegen den Verschiebungsstrom.

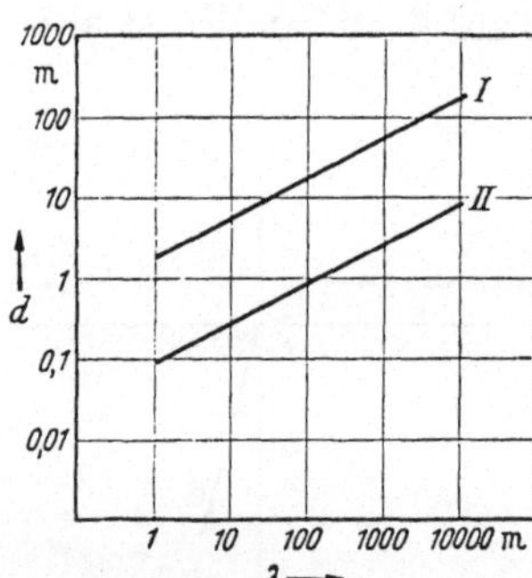

Abb. 13. Eindringtiefe elektrischer Wellen, berechnet nach Gl. (77). I. Erdboden ($\sigma = 10^{-13}$ el.-magn. Einh.), II. Seewasser ($\sigma = 4 \cdot 10^{-11}$ el.-magn. Einh.).

Die Eindringtiefe wächst proportional mit der Wurzel aus der Wellenlänge. Abb. 13 zeigt die nach Gl. (77) berechnete Eindringtiefe für Seewasser ($\sigma = 4 \cdot 10^{-11}$ el.-magn. Einh.) und Erdboden mittlerer Beschaffenheit ($\sigma = 10^{-13}$ el.-magn. Einh.). Wir sehen, daß z. B. für 100 m Wellenlänge die Eindringtiefe im Seewasser etwa 0,9 m, im Erdboden etwa 18 m beträgt. Verhältnismäßig dringen die Wellen also sehr wenig ein, und es kommt hierin die starke Dämpfung zum Ausdruck, welche der in die Erde eindringende Teil der Welle erleidet. Diese Dämpfung ist nach Gl. (76) um so stärker, je größer die Leitfähigkeit. Sie ist nicht zu verwechseln mit der Ausbreitungsdämpfung der Oberflächenwelle, welche nach Gl. (80) mit wachsender Leitfähigkeit der Erde abnimmt. Die Eindringtiefe nimmt nach Gl. (77) mit wachsender Leitfähigkeit ebenfalls ab, so daß also abnehmende Eindringtiefe und abnehmende Ausbreitungsdämpfung einander entsprechen.

4. Die Ausbreitungsdämpfung der Oberflächenwelle.

Die Dämpfung der Oberflächenwelle in Richtung der Ausbreitung wird durch den imaginären Teil des Brechungsindex bestimmt. Dieser ist nach Gl. (70) mit $\bar{\varepsilon}_0 = 1$

$$\mathfrak{n} = \frac{c}{\mathfrak{v}} = \sqrt{\frac{\bar{\varepsilon}}{1 + \bar{\varepsilon}}}\,. \qquad (78)$$

Für große Werte von $\bar{\varepsilon}$ und $\dfrac{4\pi\sigma}{\omega} \gg \varepsilon$ können wir angenähert setzen

$$\mathfrak{n} \approx 1 - \frac{1}{2\bar{\varepsilon}} = 1 - \frac{i\,c}{4\,\sigma\,\lambda} = n - i\varkappa. \qquad (79)$$

Also ist der Dämpfungsfaktor

$$K = \frac{\omega}{c}\,\varkappa = \frac{\pi c}{2\,\sigma\,\lambda^2}\,. \qquad (80)$$

Die Abnahme der Amplitude ist gegeben durch den Faktor

$$e^{-Kx} = e^{-\frac{\pi c}{2\,\sigma\,\lambda^2}\,x} = e^{-\varrho}\,. \qquad (81)$$

Der im Exponenten stehende Ausdruck ist identisch mit der in der exakten Theorie von SOMMERFELD auftretenden Größe ϱ, der „numerischen Entfernung". Aus Gl. (99) folgt nämlich

$$\varrho = \frac{1}{2}\,\frac{\omega^2\,r}{c\,\sigma_{\mathrm{rat.}}} = \frac{1}{2}\,\frac{\pi c}{\lambda^2\,\sigma_{\mathrm{Gauß}}}\,r\,. \qquad (81\,a)$$

Es ergibt sich also bereits hier genau wie in der exakten Theorie das Ergebnis, daß für die Ausbreitung große Wellenlänge und große Leitfähigkeit günstig sind, die kleine Werte von ϱ ergeben. Zum Unterschied von unserer jetzigen Darstellung ergibt die exakte Theorie, daß die Amplitude nicht wie $e^{-\varrho}$, sondern nach einer komplizierteren Funktion $f(\varrho)$ mit wachsender numerischer Entfernung abnimmt (S. 27, Gl. (98)). Unsere bisherige Betrachtung gibt aber die Verhältnisse qualitativ bereits richtig wieder. Numerische Feldstärkeberechnungen werden wir erst im Anschluß an die SOMMERFELDsche Theorie ausführen.

5. Oberflächenwelle und Raumwelle.

Durch die obenstehenden Berechnungen ist gezeigt worden, daß eine Oberflächenwelle möglich ist, d. h. den Feldgleichungen genügt. Es fehlt jedoch noch der Nachweis, daß diese an sich mögliche Wellenform bei der Erregung eines Strahlungsfeldes durch eine an der Erdoberfläche befindliche Antenne auch tatsächlich entsteht. Dieser Nachweis schien durch die ursprüngliche SOMMERFELDsche Theorie erbracht zu sein. Diese ergab die Auftrennung der von der Antenne ausgehenden Gesamtwelle in zwei Wellen, von denen die eine den Charakter einer Raumwelle (E prop. $1/r$) hatte, die zweite aber mit der ZENNECKschen Oberflächenwelle (E prop. $1/\sqrt{r}$) identisch war. Es lag nun weiter der Gedanke nahe, daß die Ausbreitung der Wellen über die Erdkugel in Form von Oberflächenwellen erfolgt, die an der Erdoberfläche entlang gleiten und, wie eine Drahtwelle am Draht, der Krümmung der Erde zu folgen vermögen, während demgegenüber die Raumwellen in großen Entfernungen verschwinden.

Gegen eine solche Vorstellung lassen sich Einwände erheben [*248, 155*]. Mathematisch sind diese darin begründet, daß eine Auftrennung des Integrationsweges in der komplexen Ebene, welche die beiden Teillösungen ergibt, unter den vorliegenden Bedingungen nicht zulässig ist. Man hat vielmehr die von der Antenne ausgehende Gesamtwelle zu betrachten. Die Frage der Oberflächenwelle ist bis in die neueste Zeit hinein diskutiert worden; auf Einzelheiten kann hier nicht näher eingegangen werden [*154, 156, 93, 87, 157*].

Die ZENNECKschen Berechnungen behalten unabhängig von der Entscheidung in dieser Frage ihre große geschichtliche Bedeutung. Mit einem Gültigkeitsbereich bis zu solchen Entfernungen, in denen die Erdkrümmung noch keine wesentliche Rolle spielt, erklären sie grundsätzlich die Zunahme der Reichweite mit wachsender Wellenlänge. Sie geben außerdem eine anschauliche Vorstellung über die Ausbreitung der Wellen am Erdboden entlang.

C. Die Ausbreitung über die ebene Erde (Theorie von A. Sommerfeld).

1. Allgemeine Lösung.

Wir haben ebene Wellen betrachtet. In praktischen Fällen gehen die Wellen von einer Strahlungsquelle aus, deren Abmessungen klein sind gegen die zu überbrückenden Entfernungen. Erst in größeren Entfernungen können wir Ausschnitte aus der kugelförmigen Wellenfront angenähert als ebene Wellen ansehen. Hertz hat in seiner Arbeit über „Die Kräfte elektrischer Schwingungen" eine Lösung der Feldgleichungen gefunden, welche das Wellenfeld im ganzen Raum darstellt und zum Strahler in Beziehung setzt. Der Hertzsche Strahler ist ein punktförmiger Dipol, welcher sich im homogenen Raum, z. B. in Luft, befindet. Nach Hertz kann man die Komponenten der elektrischen und magnetischen Feldstärken im Strahlungsfeld durch eine einzige Funktion Π, die Hertzsche Funktion, darstellen. Die Feldstärken leiten sich durch einfache Differentiation aus der Funktion Π ab. Die Hertzsche Funktion ist:

$$\Pi = \frac{e^{+ikR}}{R},$$

wo R den Abstand vom Dipol bedeutet. Das positive Vorzeichen im Exponenten deutet an, daß hier der Zeitfaktor $e^{-i\omega t}$ angenommen ist (vgl. S. 4).

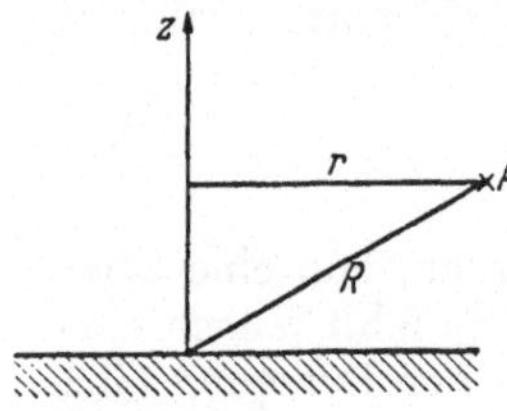

Abb. 14. Die Koordinaten.

In unserem Falle befindet sich die Antenne, die wir als vertikal annehmen, nicht im freien Raum, sondern an der Grenze zwischen den Medien Luft und Erde, die ganz verschiedene Eigenschaften haben. Es müssen daher zwei Lösungen angegeben werden, eine für den Luftraum und eine für die Erde. Diese müssen den Feldgleichungen und den Grenzbedingungen genügen. Unter Annahme einer ebenen Erde geschieht die Lösung [224] dem Problem entsprechend in Zylinderkoordinaten (r, φ, z) (Abb. 14). Der Sender ist als punktförmiger Dipol angenommen und befinde sich im Punkt $z = r = 0$. Das Feld ist symmetrisch zur z-Achse. Die magnetischen Kraftlinien verlaufen in Kreisen um die z-Achse, die elektrischen Kraftlinien in Ebenen durch die Achse. Da die Antenne praktisch eine endliche Ausdehnung hat, verzichtet die Theorie auf die Darstellung der Verhältnisse in unmittelbarer Nähe der Antenne.

Das Feld wird durch einen Hertzschen Vektor dargestellt, welcher überall die Richtung der z-Achse hat und von φ unabhängig ist:

$$\Pi = \Pi_z(r, z).$$

Ist Π bekannt, dann leiten sich die Komponenten der Feldstärken in folgender Weise ab:

$$E_r = \frac{\partial^2 \Pi}{\partial r\, \partial z}, \quad E_\varphi = 0, \quad E_z = k^2\Pi + \frac{\partial^2 \Pi}{\partial z^2} = -\frac{1}{r}\frac{\partial}{\partial r}\left(r\frac{\partial \Pi}{\partial r}\right), \left.\begin{array}{c} \\ \\ \end{array}\right\}$$
$$H_r = H_z = 0, \quad H_\varphi = -i\,\frac{\varepsilon\omega + i\sigma}{c}\,\frac{\partial \Pi}{\partial r}. \tag{82}$$

Die Funktion Π ist als Lösung der Wellengleichung zu bestimmen:

$$\Delta\Pi + k_0^2\,\Pi = 0 \quad \text{für} \quad z > 0, \left.\begin{array}{c} \\ \end{array}\right\}$$
$$\Delta\Pi + k^2\,\Pi = 0 \quad \text{für} \quad z < 0. \tag{83}$$

k_0 und k bedeuten die Wellenzahl für Luft bzw. Erde. Es ist

$$\left.\begin{aligned}
k = k_0 &= \frac{\omega}{c} && \text{für Luft} \quad (z > 0), \\
k^2 &= \frac{\omega^2}{c^2}\left(\varepsilon + \frac{i\,\sigma}{\omega}\right)^{*} && \text{für Erde} \quad (z < 0).
\end{aligned}\right\} \tag{83a}$$

Die Grenzbedingungen fordern, daß die tangentiellen Komponenten der Feldstärken, also H_φ und E_r, auf beiden Seiten der Trennungsfläche gleich sein müssen. Dies ergibt mit Hilfe von Gl. (82)

$$\left.\begin{aligned}
k_0^2\,\Pi_0 &= k^2\,\Pi, \\
\frac{\partial_0\Pi}{\partial z} &= \frac{\partial\Pi}{\partial z},
\end{aligned}\right\} \tag{84}$$

wobei der Index 0 den Wert von Π in Luft bezeichnet.

Die unserem Problem entsprechenden Lösungen der Wellengleichung sind Zylinderfunktionen. Der allgemeine Lösungsansatz ist (je eine Lösung für Luft und Erde)

$$\left.\begin{aligned}
\Pi_0 &= C_0\,\frac{e^{i k_0 R}}{R} + \int\limits_0^{\infty} f_0(p)\,J(p r)\,e^{-\sqrt{p^2 - k_0^2}\,z}\,dp, \\
\Pi &= C\,\frac{e^{i k R}}{R} + \int\limits_0^{\infty} f(p)\,J(p r)\,e^{+\sqrt{p^2 - k^2}\,z}\,dp.
\end{aligned}\right\} \tag{85}$$

Hierin bedeutet J die Besselsche Funktion vom Index 0, p ist ein willkürlicher Parameter und $f(p)$ eine willkürliche Funktion, die durch die Erfüllung der Grenzbedingungen bestimmt wird. Man bezeichnet den ersten Teil dieser Ausdrücke als die *primäre Erregung*. Er entspricht dem Feld eines Dipols im homogenen Medium. Der zweite Teil wird als *sekundäre Erregung* bezeichnet. Er stellt diejenige Abänderung dar, welche das Feld dadurch erfährt, daß sich die Antenne an der Grenze zwischen den beiden Medien Luft und Erde befindet.

Unter der praktisch zutreffenden Annahme, daß $|k| \gg |k_0|$ ist, ergibt sich für das Feld in der Luft in unmittelbarer Nähe der Erdoberfläche ($z = 0$) folgende Lösung [224]:

$$\Pi_{z=0} = \frac{2\,e^{i k_0 r}}{r}\,y(\varrho), \tag{86}$$

worin

$$y(\varrho) = 1 + i\,\sqrt{\pi\,\varrho}\,e^{-\varrho} - 2\,\sqrt{\varrho}\,e^{-\varrho}\int\limits_0^{\sqrt{\varrho}} e^{y^2}\,dy \tag{87}$$

ist und

$$\varrho = k_0\left(1 - \sqrt{\frac{k^2}{k_0^2 + k^2}}\right) i\,r \approx \frac{k_0^2}{k^2}\,\frac{i\,k_0\,r}{2} \tag{88}$$

die bekannte Sommerfeldsche *numerische Entfernung*.

---

* Der von Gl. (3) abweichende Ausdruck in der Klammer ergibt sich daraus, daß hier der Zeitfaktor $e^{-i\omega t}$ angenommen ist und σ in rationellen Einheiten gemessen wird.

2. Der Idealfall unendlich großer Leitfähigkeit der Erde.

Für unendlich große Leitfähigkeit der Erde ist $\varrho = 0$ und $y(\varrho) = 1$. Dann ist

$$\Pi = \frac{2\,e^{i\,k_0\,r}}{r}. \tag{89}$$

Die vertikale elektrische und die horizontale magnetische Feldstärke berechnen wir, indem wir Gl. (89) in Gl. (82) einsetzen. Da sich $1/r$ nur langsam mit r ändert, brauchen wir nur den Faktor $e^{i\,k_0\,r}$ zu differenzieren. Wir erhalten

$$|E_z| = |H_\varphi| = \frac{2\,k_0^2}{r} = \frac{2\,\omega^2}{c^2\,r}. \tag{90}$$

In der bisherigen Rechnung wurde entsprechend dem Ansatz $e^{i\,k\,r}/r$ das Moment des Dipols zu 1 angenommen. Der Dipol habe die Länge h und seine Enden eine periodische Aufladung Q. Das Moment des Dipols ist

$$M = Q\,h = \frac{I\,h}{\omega}. \tag{91}$$

Hierbei ist h als klein gegen die Wellenlänge angenommen, und wir werden im praktischen Fall unter h die wirksame Höhe der Antenne verstehen. I sei der effektive Antennenstrom. Dann sind nach Gl. (90) die effektiven Feldstärken

$$E = H = \frac{2\,\omega}{c^2\,r}\,I\,h. \tag{92}$$

Wir führen mit $\omega = \dfrac{2\,\pi\,c}{\lambda}$ die Wellenlänge ein. Messen wir ferner den Strom in Ampere, die elektrische Feldstärke in mV/m, die Entfernung $r = D$ in km, dann ist

$$E = 120\pi\,\frac{h}{\lambda}\,\frac{I_{\mathrm{Amp}}}{D_{\mathrm{km}}}\,\frac{\mathrm{mV}}{\mathrm{m}}. \tag{93}$$

Dies ist die effektive Feldstärke eines vertikalen Dipols auf ebener Erde von unendlich großer Leitfähigkeit. Es ist der doppelte Wert derjenigen Feldstärke, welche man für einen im freien Raum befindlichen Dipol mit derselben wirksamen Höhe und Stromstärke in der Äquatorebene des Dipols erhält.

In Gl. (93) führen wir die Strahlungsleistung N_S (zeitlicher Mittelwert) ein. Diese ist, da die Feldstärken verdoppelt sind, die Ausstrahlung aber nur in den Halbraum über der Erde erfolgt, doppelt so groß wie die Strahlungsleistung eines im freien Raum befindlichen Dipols mit gleicher Stromstärke. Messen wir N_S in kW, I in Ampere, dann ist

$$N_S = 160\,\pi^2\,\frac{h^2}{\lambda^2}\,I^2 \cdot 10^{-3}\ \mathrm{kW}. \tag{94}$$

Mit Hilfe von Gl. (94) u. (93) folgt für die effektive Feldstärke

$$E = 300 \cdot \sqrt{N_{S\,(\mathrm{kW})}}\,\frac{1}{D_{\mathrm{km}}}\,\frac{\mathrm{mV}}{\mathrm{m}}. \tag{95}$$

3. Endformeln bei endlicher Leitfähigkeit der Erde. Die Dämpfungsfunktion. Abhängigkeit von den Erdbodeneigenschaften und der Wellenlänge.

Bei der praktisch gegebenen endlichen Leitfähigkeit der Erde ist das Feld aus Gl. (86) zu berechnen. Da sich $y(\varrho)/r$ nur langsam mit r ändert, genügt es, bei der Berechnung der Feldstärken nur den Faktor $e^{i k_0 r}$ zu differenzieren. Wir erhalten

$$|E_z| = |H_\varphi| = \frac{2 k_0^2}{r} f(\varrho),\qquad(96)$$

worin

$$|y(\varrho)| = f(\varrho)$$

gesetzt ist. Die Feldstärke für endliche Leitfähigkeit ergibt sich also aus der für unendliche Leitfähigkeit durch Multiplikation mit $f(\varrho)$. Wir erhalten demnach die praktische Endformel, indem wir Gl. (93) u. (95) mit $f(\varrho)$ multiplizieren:

$$E = 120\,\pi \, \frac{h}{\lambda} \, \frac{I_{\text{Amp}}}{D_{\text{kW}}} f(\varrho) \, \frac{\text{mV}}{\text{m}}\qquad(97)$$

bzw.

$$E = 300 \cdot \sqrt{N_{S(\text{kW})}} \, \frac{1}{D_{\text{km}}} f(\varrho) \, \frac{\text{mV}}{\text{m}}.\qquad(98)$$

Für unendlich gut leitende Erde ist $f(\varrho) = 1$, für endliche Leitfähigkeit <1. Dies ist dadurch gegeben, daß infolge der endlichen Leitfähigkeit die Wellen in die Erde eindringen und dort absorbiert werden. Die Folge ist eine entsprechende Dämpfung der an der Erdoberfläche entlang sich ausbreitenden Welle. Wir bezeichnen $f(\varrho)$ als *Dämpfungsfunktion*.

G l. (98) gilt für den HERTzschen Dipol, der eine halbkreisförmige Vertikalcharakteristik hat. Bei den z. B. im Rundfunk tatsächlich verwendeten Vertikalantennen ist die Charakteristik vom Verhältnis der Antennenhöhe h zur Wellenlänge λ abhängig. Diese Abweichung muß durch einen Korrekturfaktor k berücksichtigt werden, so daß:

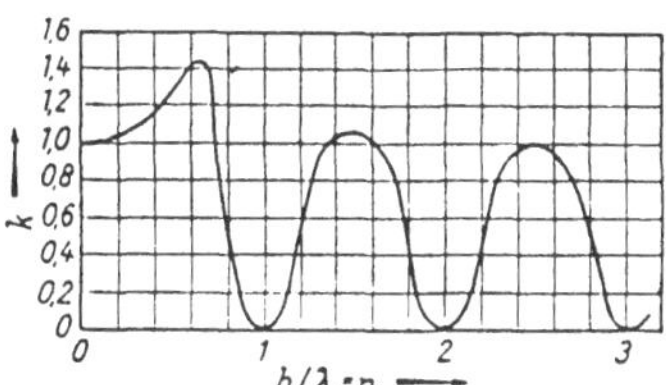

Abb. 15. Korrekturfaktor k für die Bodenfeldstärke einer Sendeantenne mit nicht-halbkreisförmiger Vertikalcharakteristik in Abhängigkeit von $n = h/\lambda =$ Antennenhöhe/Wellenlänge [91].

$$\boxed{E = 300 \cdot \sqrt{N_{S(\text{kW})}} \, \frac{1}{D_{\text{km}}} k \, f(\varrho).}\qquad(98\,\text{a})$$

Der Faktor k ist in Abb. 15 dargestellt [91].

Wenn wir die ultrakurzen Wellen außer Betracht lassen, ist in dem Ausdruck (83 a) $\frac{\sigma}{\omega} \gg \varepsilon$, d. h., es ist der Leitungsstrom groß gegen den Verschiebungsstrom, so daß wir annähernd schreiben können

$$\bar\varepsilon = \frac{i\,\sigma}{\omega}.$$

Dann ist ϱ reell, und man erhält aus Gl. (88)

$$\varrho = \frac{1}{2} \, \frac{\omega^2 \, r}{\sigma \, c}.\qquad(99)$$

Die Ausbreitungsdämpfung ist um so größer, je größer ϱ ist. Da die Leitfähigkeit für Seewasser sehr viel größer ist als die des Erdbodens, sind die Ausbreitungsbedingungen über Seewasser günstiger als über Land. Über Land ist die Ausbreitung um so günstiger, je größer die Leitfähigkeit, so daß auf verschiedenen Übertragungsstrecken verschiedene Ausbreitungsdämpfung zu erwarten ist.

Die Abhängigkeit der numerischen Entfernung von der Wellenlänge ist quadratisch, d. h., mit wachsender Wellenlänge nimmt die Reichweite stark zu. Es ist bekannt, daß die erste Periode der drahtlosen Telegraphie für die Überbrückung großer Entfernungen lange Wellen verwendete, die sich als günstig erwiesen. Unsere Theorie kann nur zum Teil als Erklärung hierfür herangezogen werden, da, abgesehen von dem Einfluß der Ionosphäre, bei sehr großen Entfernungen die Krümmung der Erde als wesentlicher Faktor mitwirkt. Wir beziehen die SOMMERFELDsche Theorie vielmehr auf die Ausbreitung in solchen Entfernungen, in denen man die Erde als annähernd eben ansehen kann, z. B. auf die Bodenreichweite von Rundfunkwellen, und führen im folgenden eine entsprechende Zahlenrechnung aus.

4. Zahlenrechnung.

Für eine numerische Berechnung kann die Dämpfungsfunktion $f(\varrho)$ bis auf einige Prozent dargestellt werden durch [234]

$$f(\varrho) = \frac{2 + 0,3\,\varrho}{2 + \varrho + 0,6\,\varrho^2}. \tag{100}$$

Für große Werte von $\varrho\,(\varrho \gg 20)$ ist annähernd

$$f(\varrho) = \frac{1}{2\,\varrho}. \tag{101}$$

Abb. 16 zeigt $f(\varrho)$ als Funktion von $\varrho \cdot f(\varrho)$ sinkt vom Wert 1 für $\varrho = 0$ auf 0,01 für $\varrho = 50$. Abb. 17 zeigt die nach Gl. (98) berechnete Empfangsfeldstärke für

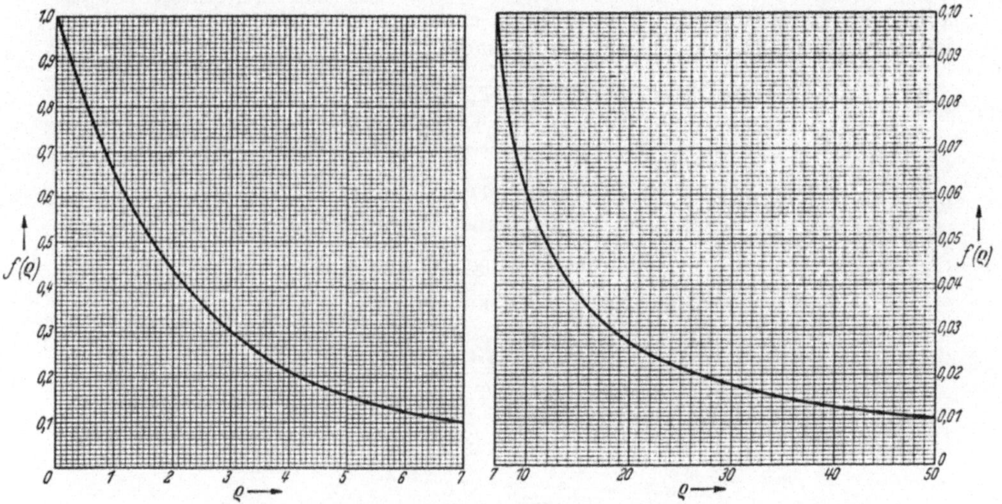

Abb. 16. Die Dämpfungsfunktion in Abhängigkeit von der numerischen Entfernung ϱ [234].

die Frequenzen 0,15, 0,3, 0,5, 1,5 MHz (λ = 2000, 1000, 600, 200 m) und Erdboden mittlerer Beschaffenheit (σ = 10^{-13} el.-magn. Einh.). Die Kurve 300/D gilt für $\sigma = \infty$. Die gestrichelten Kurven gelten unter Berücksichtigung der Erdkrümmung. Sie sind aus Abb. 26 übernommen und zum Vergleich mit ein-

gezeichnet. Die Abweichung der nach der SOMMERFELDschen Theorie berechneten ausgezogenen Kurven von der 300/D-Kurve ist allein durch die Absorption in der Erde bedingt. Wir erkennen, daß mit abnehmender Wellenlänge immer mehr die Absorption der bestimmende Faktor wird, während der Einfluß der Erdkrümmung in dem betrachteten Entfernungsbereich geringer ist. Bei 200 m Wellenlänge ist die Absorption bereits sehr stark, sie bewirkt z. B. in 300 km Entfernung eine Abnahme der Feldstärke um etwa zwei Größenordnungen gegenüber der 300/D-Kurve, welche ohne Absorption ($\varrho = 0$) gilt. Wegen dieser ungünstigen Ausbreitungsbedingungen für diese kürzesten Rundfunkwellen ist vorgeschlagen worden, diese nicht für den Rundfunk, sondern für den Verkehr auf dem Meer zu benutzen. Indem wir für Meerwasser den Leitfähigkeitswert 4 · 10^{-11} el.-magn. Einh. annehmen, erhalten wir für 300 km Entfernung und 200 m Wellenlänge den Wert $\varrho = 0,98$ für die numerische Entfernung, d. h., der Einfluß der Absorption ist praktisch zu vernachlässigen, was für längere Wellen erst recht gilt.

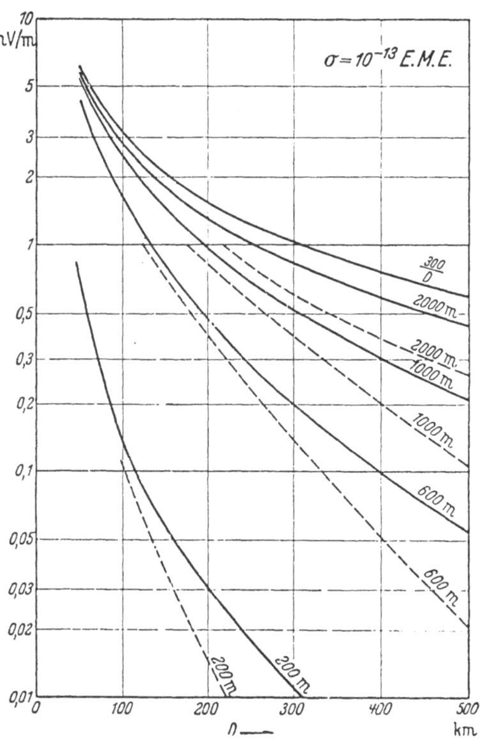

Abb. 17. Feldstärke, berechnet nach der Theorie von SOMMERFELD für Erdboden mittlerer Beschaffenheit (σ = 10^{-13} el.-magn. Einh.). Die gestrichelten Kurven gelten bei Berücksichtigung der Erdkrümmung; sie sind aus Abb. 26 entnommen und zum Vergleich eingezeichnet.

Ähnlichkeitsgesetz: Die numerische Entfernung ist proportional $1/\lambda^2\,\sigma$. Wir finden also gleiche Werte der Dämpfungsfunktion für gleiche Werte von $\lambda^2\,\sigma$. Die Kurven in Abb. 17 sind für σ = 10^{-13} berechnet. Die Kurve für 2000 m und σ = 10^{-13} gilt z. B. auch für λ = 200 m und σ = 10^{-11}, so daß wir mit Hilfe der Kurven auch den Einfluß verschiedener Leitfähigkeiten überblicken können.

D. Die Ausbreitung über die Erdkugel
(Theorie von B. VAN DER POL und H. BREMMER).

1. Allgemeine Lösung.

In der bisherigen Darstellung wurde die Erde als eben angesehen. Es konnte hierbei der große Einfluß des Erdbodens (Absorption) auf die Ausbreitung gezeigt werden. Bei der Ausbreitung in größeren Entfernungen muß die Kugelgestalt

der Erde berücksichtigt werden. Der geschichtlichen Entwicklung der drahtlosen Telegraphie entsprechend handelte es sich zunächst um die Erklärung der
großen Reichweiten der langen Wellen, die vor der Entdeckung der großen
Reichweiten der kurzen Wellen im Jahre 1924 allein geeignet erschienen, große
Entfernungen zu überbrücken. Das Problem der Wellenausbreitung über die
kugelförmige Erde ist neuerdings durch die wachsende Verwendung der ultrakurzen und Dezimeterwellen wieder in den Vordergrund gerückt. Bei diesen
kurzen und kürzesten Wellen spielt auch bei kleinen Reichweiten, z. B. unter
100 km, die Krümmung der Erde eine Rolle, naturgemäß um so mehr, je kürzer
die Welle ist.

Die folgenden Ableitungen führen, ausgehend von einer allgemeinen Darstellung des Problems, auf Formeln für das Strahlungsfeld eines Senders, die sich
für alle praktisch vorkommenden Wellenlängen numerisch auswerten lassen (vgl. [*224, 235, 236, 237, 238*]).

Ein elektrischer Dipol mit vertikaler Achse befinde sich in der Nähe oder unmittelbar auf der Erdoberfläche. Die jetzt als kugelförmig an-genommene Erde sei homogen und habe die Leit-fähigkeit σ und die Dielektrizitätskonstante ε. Ein Einfluß der Atmosphäre wird nicht in Betracht gezogen ($\sigma_0 = 0$, $\bar{\varepsilon}_0 = 1$). Das Problem unter-scheidet sich von dem für ebene Erde dadurch, daß jetzt die Kugelgestalt der Erde berücksich-tigt wird. Dementsprechend werden Kugel-

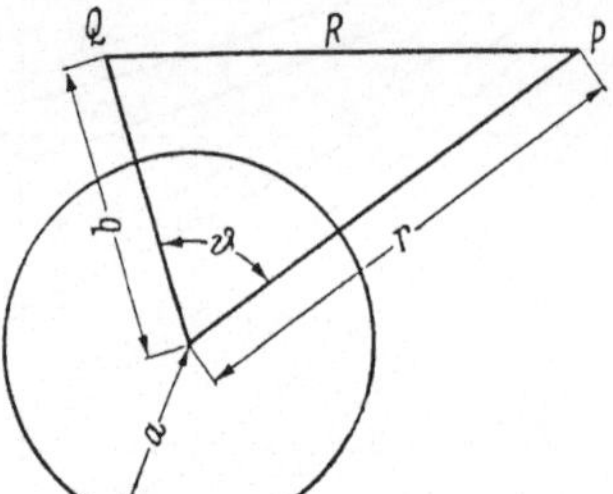

Abb. 18. Die Koordinaten.

koordinaten (r, ϑ, φ) eingeführt (Abb. 18). Der Sender befinde sich im Punkt Q
($\vartheta = 0$, $r = b$). Es soll die Feldstärke in einem beliebigen Punkt P(r, ϑ) bestimmt werden, welcher die Entfernung R vom Sender hat. a ist der Erdradius.
Das Feld ist symmetrisch zu dem durch die Antenne gehenden Erddurchmesser.
Die magnetischen Kraftlinien verlaufen in Kreisen um diesen Durchmesser, die
elektrischen Kraftlinien in den Meridianebenen. Die Feldstärken sind gegeben
durch ($\partial/\partial \varphi = 0$):

$$H_r = H_\vartheta = 0, \qquad H_\varphi = - \frac{i\,c}{\omega}\,k^2\,\frac{\partial \Pi}{\partial \vartheta}, \left.\rule{0pt}{40pt}\right\}$$
$$E_r = k^2\,r\,\Pi + \frac{\partial^2}{\partial r^2}\,(r\,\Pi), \qquad E_\vartheta = \frac{1}{r}\,\frac{\partial^2\,(r\,\Pi)}{\partial r\,\partial \vartheta}, \qquad E_\varphi = 0. \tag{102}$$

k ist durch Gl. (83a) gegeben. Wenn der radiale HERTZsche Vektor Π bekannt
ist, kann die Feldstärke nach Gl. (102) durch Differentiation berechnet werden.
Die Funktion Π und auch die Feldkomponenten genügen der Wellengleichung

$$\Delta \Pi + k_0^2\,\Pi = 0 \quad \text{für} \quad r > a, \left.\rule{0pt}{24pt}\right\}$$
$$\Delta \Pi + k^2\,\Pi = 0 \quad \text{für} \quad r < a. \tag{103}$$

Die Grenzbedingungen fordern die Stetigkeit der tangentiellen Komponenten
E_ϑ und H_φ an der Erdoberfläche, d. h. nach Gl. (102) von

$$\frac{\partial}{\partial r}\,(r\,\Pi) \quad \text{und} \quad k^2\,\Pi$$

für $r = a$. Die Integration der Differentialgleichung (103) erfolgt durch Produkte von Partikularlösungen, welche von je einer Variabeln (r, ϑ) abhängen, ähnlich wie im ebenen Fall. Die Wellengleichung lautet in Polarkoordinaten $(\partial/\partial\varphi = 0)$

$$\frac{1}{r^2}\frac{\partial}{\partial r}\left(r^2\frac{\partial \Pi}{\partial r}\right) + \frac{1}{r^2 \sin\vartheta}\frac{\partial}{\partial \vartheta}\left(\sin\vartheta\,\frac{\partial \Pi}{\partial \vartheta}\right) + k^2\,\Pi = 0.$$

Die Lösungen haben die Form

$$f(r)\,P_n(\cos\vartheta),$$

wo P_n Kugelfunktionen sind und die $f(r)$ sich durch Einsetzen in die Differentialgleichung als Zylinderfunktion bestimmen.

Die vollständige Lösung für das Feld in Luft läßt sich in folgender Form angeben [235]:

$$\Pi = \Pi_{prim} + \Pi_{sec}$$
$$= \frac{e^{i k_0 R}}{i\,k_0\,R} + \sum_{n=0}^{\infty}(2n+1)\,R_n\,\frac{\psi_n(k_0\,a)}{\zeta_n^{(1)}(k_0\,a)}\,\zeta_n^{(1)}(k_0\,b)\,\zeta_n^{(1)}(k_0\,r)\,P_n(\cos\vartheta)\quad \text{für } r > a. \quad (104)$$

In dieser Reihe enthalten die Koeffizienten der Kugelfunktionen $P_n(\cos\vartheta)$ je 12 BESSEL-Funktionen der Ordnung $n + \tfrac{1}{2}$, die wie folgt gegeben sind:

$$\left.\begin{aligned}
\zeta_n^{(1)}(x) &= \sqrt{\frac{\pi}{2\,x}}\,H_{n+\frac{1}{2}}^{(1)}(x),\\[2mm]
\zeta_n^{(2)}(x) &= \sqrt{\frac{\pi}{2\,x}}\,H_{n+\frac{1}{2}}^{(2)}(x),\\[2mm]
\psi_n(x) &= \sqrt{\frac{\pi}{2\,x}}\,J_{n+\frac{1}{2}}(x).
\end{aligned}\right\} \quad (105)$$

H sind die HANKELschen Funktionen, und es besteht die Beziehung

$$\psi_n(x) = \tfrac{1}{2}\left(\zeta_n^{(1)}(x) + \zeta_n^{(2)}(x)\right). \quad (105\,\text{a})$$

$\zeta_n^{(1)}$ hat den Charakter einer vom Zentrum ausgehenden, $\zeta_n^{(2)}$ den einer zum Zentrum hingehenden Welle und $\psi_n(x)$ den einer stehenden Welle. Ferner ist

$$R_n = \frac{-\left[\dfrac{1}{x}\dfrac{d}{d x}\log\{x\,\psi_n(x)\}\right]_{x=k_0 a} + \left[\dfrac{1}{x}\dfrac{d}{d x}\log\{x\,\psi_n(x)\}\right]_{x=k a}}{\left[\dfrac{1}{x}\dfrac{d}{d x}\log\{x\,\zeta_n^{(1)}(x)\}\right]_{x=k_0 a} - \left[\dfrac{1}{x}\dfrac{d}{d x}\log\{x\,\psi_n(x)\}\right]_{x=k a}}. \quad (106)$$

In Gl. (104) haben Π_{prim} und Π_{sec} dieselbe Bedeutung der *primären* und *sekundären Erregung* wie im ebenen Fall, wobei hier die primäre Erregung mit $e^{i k_0 R}/i\,k_0\,R$ angesetzt wurde. Ist die Reihe Gl. (104) bekannt, dann ist die radiale elektrische Feldkomponente in der Umgebung der Kugel gegeben durch (vgl. Gl. (86) u. (98))

$$|E_r| = \frac{300}{D_{\text{km}}}\sqrt{N_{S(\text{kW})}}\left|\frac{\Pi}{2\Pi_{\text{prim}}}\right|\frac{\text{mV}}{\text{m}}. \quad (107)$$

N_S ist hierin (vgl. S. 26) diejenige Leistung in kW, welche der Dipol ausstrahlen würde, wenn er bei gleichem Strom auf der Erde aufgestellt würde. Der Ausdruck für Π ist symmetrisch in b und r, so daß Sender und Empfänger miteinander vertauscht werden können.

Die Lösung Gl. (104) ist allgemein. Sie enthält den Fall, daß die Wellenlänge groß gegen den Kugelumfang ist, wie z. B. bei der Lichtstreuung in kolloidalen Lösungen. Sie enthält aber auch den hier vorliegenden Fall, wo die Wellenlänge klein ist gegen den Kugeldurchmesser. Im ersteren Fall konvergiert die Reihe sehr schnell, so daß wenige Glieder genügen. In unserem Fall konvergiert die Reihe äußerst langsam und ist für eine numerische Berechnung nicht brauchbar. Sie wird deshalb zunächst in ein komplexes Integral umgewandelt. Im Fall der Wellenausbreitung über die Erdkugel ergibt sich angenähert folgendes Integral für das Feld auf der Erdoberfläche $(r = a)$:

$$\Pi = \frac{1}{(k_0\,a)^3} \int_L \frac{n\,dn}{\cos\,(n\,\pi)} \; \frac{\zeta^{(1)}_{n-\frac{1}{2}}(k_0\,b)}{\zeta^{(1)}_{n-\frac{1}{2}}(k_0\,a)} \; \frac{1}{N_{n-\frac{1}{2}}} \, P_{n-\frac{1}{2}}\{\cos\,(\pi - \vartheta)\}, \quad (108)$$

wobei der Integrationsweg L in der komplexen n-Ebene ganz im ersten Quadranten liegt und alle Pole einschließt, welche die Nullstellen n_s von $N_{n-\frac{1}{2}}$ sind. Es ist

$$N_n(x,\,y) = \left[\frac{1}{x}\,\frac{d}{dx}\log\{x\,\zeta^{(1)}_n(x)\}\right]_{x\,=\,l_0 a} - \left[\frac{1}{y}\,\frac{d}{dy}\log\{y\,\psi_n(y)\}\right]_{y\,=\,k a} \quad (109)$$

Die weitere Behandlung des Integrals Gl. (108) ergibt die rasch konvergierende Reihe [235]

$$\Pi = \frac{2\,\sqrt{2\,\pi}\,e^{\frac{3}{1}\,i\pi}}{(k_0\,a)^3\,\sqrt{\sin\vartheta}} \sum_{s\,=\,0}^{\infty} \frac{\zeta^{(1)}_{n_s-\frac{1}{2}}(k_0\,b)}{\zeta^{(1)}_{n_s-\frac{1}{2}}(k_0\,a)} \; \frac{n_s^{\frac{1}{2}}\,e^{i n_s\vartheta}}{\left(\dfrac{\partial N_{n-\frac{1}{2}}}{\partial n}\right)_{n\,=\,n_s}}. \quad (110)$$

Diese Gleichung wird für die numerische Berechnung benutzt. Die Empfangsantenne ist als auf der Erdoberfläche befindlich angenommen.

2. Darstellung des Feldes als Summe der primären und der an der Erdoberfläche reflektierten Welle.

Die vorhergehend abgeleitete Reihe für das Feld konvergiert rasch jenseits des Horizontes, während die Konvergenz innerhalb der optischen Sicht nicht befriedigend ist. In anderer Weise lassen sich Formeln ableiten, welche insbesondere auch die Berechnung des Feldes in kleinen Entfernungen ermöglichen sollen [235]. Man geht hierbei in anschaulicher Vorstellung von der primären Welle aus, die an der Erdoberfläche reflektiert und gebrochen wird. Wie im ebenen Fall läßt sich die primäre Erregung als Summe der Partikularlösungen darstellen, wovon auch bei der Ableitung der allgemeinen Lösung Gl. (110) Gebrauch gemacht wurde. Es ist für $r < b$

$$\frac{e^{i k_0 R}}{i\,k_0\,R} = \sum_{n\,=\,0}^{\infty} (2n + 1)\,\zeta^{(1)}_n(k_0\,b)\,\psi_n(k_0\,r)\,P_n(\cos\vartheta). \quad (111)$$

Nach Gl. (105a) können wir uns vorstellen, daß das primäre Feld auslaufende Wellen $\zeta^{(1)}$ und einlaufende $\zeta^{(2)}$ enthält. Der einlaufende Teil ist

$$I^e_{-1} = \tfrac{1}{2} \sum_{n\,=\,0}^{\infty} (2n + 1)\,\zeta^{(1)}_n(k_0\,b)\,\zeta^{(2)}_n(k_0\,r)\,P_n(\cos\vartheta). \quad (112)$$

Beim Auftreffen auf die Erde erfolgt Reflexion und Brechung. Die reflektierte Welle ist

$$O^e_{-1} = \frac{1}{2} \sum_{n=0}^{\infty} (2n + 1) R_{11} \zeta_n^{(1)}(k_0 b) \zeta_n^{(2)}(k_0 a) \cdot \frac{\zeta_n^{(1)}(k_0 r)}{\zeta_n^{(1)}(k_0 a)} P_n(\cos \vartheta), \qquad (113)$$

wobei der Ausdruck, wie zu ersehen ist, so gewählt ist, daß der Reflexionskoeffizient R_{11} das Verhältnis der reflektierten zur einfallenden Welle für $r = a$ bedeutet[1]. Die gebrochene, in die Kugel eintretende Welle ergibt nach ein-, zwei-, ...-maliger Zickzackreflexion zwischen Kugelmittelpunkt und Kugeloberfläche weitere Beiträge O^e_0, O^e_1... zum Feld außerhalb der Kugel. Diese sind jedoch in dem hier betrachteten Fall zu vernachlässigen, da die in die Erde eindringende Welle in kurzer Entfernung absorbiert wird. Es folgt also

$$\Pi \approx I^e_{-1} + O^e_{-1}.$$

In ähnlicher Weise wie oben wird diese Reihe in eine rasch konvergierende Reihe umgewandelt:

$$\Pi = \frac{4\pi i}{(k_0 a)^3} \sum_{s=0}^{\infty} \frac{n_s e^{i n_s \pi}}{\left(\frac{\partial M_{n-\frac{1}{2}}}{\partial n}\right)_{n=n_s}} \frac{\zeta_{n_s-\frac{1}{2}}^{(1)}(k_0 b) \zeta_{n_s-\frac{1}{2}}^{(1)}(k_0 r)}{\left\{\zeta_{n_s-\frac{1}{2}}^{(1)}(k_0 a)\right\}^2} P_{n_s-\frac{1}{2}}\{\cos(\pi - \vartheta)\}. \quad (114)$$

Hierin sind die n_s die Nullstellen von

$$M_n = \left[\frac{1}{x}\frac{d}{dx}\log\{x \zeta_n^{(1)}(x)\}\right]_{x=k_0 a} - \left[\frac{1}{y}\frac{d}{dy}\log\{y \zeta_n^{(2)}(y)\}\right]_{y=ka}. \qquad (115)$$

Dieser Ausdruck ist nur wenig verschieden von dem Ausdruck N_n Gl. (109). Die einfallende und reflektierte Welle I^e_{-1} und O^e_{-1} sind nicht als geometrisch-optische Strahlen vorzustellen. Sie entsprechen einer strengen Lösung der Wellengleichung und haben ihre Beugungseigenschaften vollkommen beibehalten. Sie geben deshalb auch Beiträge zum Feld in Punkten, welche unter dem Horizont des Senders liegen.

Für Punkte über dem Horizont ergibt sich für die reflektierte Welle folgende Annäherungsformel:

$$O^e_{-1} = \alpha_{11} R_{11} \frac{e^{i k_0 (R_1 + R_2)}}{i k_0 (R_1 + R_2)}, \qquad (116)$$

worin

$$\alpha_{11} = \frac{a(R_1 + R_2) \sqrt{\sin \tau_2 \cos \tau_2}}{\sqrt{b r} \sin \vartheta (R_1 r \cos \tau_4 + R_2 b \cos \tau_1)}. \quad (117)$$

Die Bedeutung der Variabeln τ und R geht aus Abb. 19 hervor. Aus Gl. (116) ist zu ersehen, daß die reflektierte Welle nicht als einfaches Produkt von einfallender Welle und Reflexionskoeffizient gegeben ist, sondern daß noch ein Faktor α_{11} auftritt, der als „Divergenzfaktor" bezeichnet wird. Dies ist so zu verstehen,

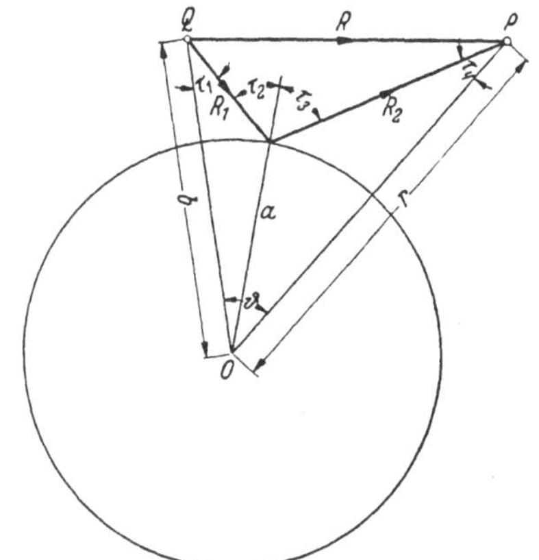

Abb. 19. Interferenz der direkten und der an der Erdoberfläche reflektierten Welle [235].

---

[1] Der „sphärische" Reflexionskoeffizient R_{11} wird hier nicht behandelt. Näheres siehe [235] und [238].

daß die Divergenz zweier benachbarter Strahlen bei der Reflexion vergrößert wird, da diese an einer gekrümmten Oberfläche erfolgt. Infolge der vergrößerten Divergenz wird die Amplitude der reflektierten Welle verkleinert. Indem wir in derselben Annäherung

$$I^e_{-1} \approx \Pi_{\text{prim}} = \frac{e^{i k_0 R}}{i k_0 R}$$

setzen, erhalten wir als Annäherung für das Gesamtfeld innerhalb der optischen Sicht

$$\Pi \approx I^e_{-1} + O^e_{-1} \approx \frac{e^{i k_0 R}}{i k_0 R} \left(1 + \alpha_{11} R_{11} e^{i k_0 (R_1 + R_2 - R)}\right). \tag{118}$$

Diese Formel stellt eine Erweiterung der bekannten geometrisch-optischen Formel dar, bei der $\alpha_{11} = 1$ und statt des „sphärischen" Reflexionskoeffizienten R_{11} der gewöhnliche Reflexionskoeffizient für ebene Begrenzungsflächen eingesetzt ist (vgl. S. 44, Gl. (129)). Der Unterschied zwischen dem sphärischen und dem ebenen Reflexionskoeffizienten ist z. B. für ultrakurze Wellen und Boden mittlerer Leitfähigkeit ($\sigma = 10^{-13}$ el.-magn. Einh., $\varepsilon = 4$) gering. Für längere Wellen und Reflexion an einem Boden höherer Leitfähigkeit ist dies nicht mehr der Fall. So ergibt sich z. B. für unendlich große Leitfähigkeit bei streifendem Einfall für den sphärischen Reflexionskoeffizienten der Wert $e^{-\frac{i\pi}{3}}$ statt $+1$ im ebenen Fall [238].

3. Praktische Formel für beliebige Leitfähigkeit, Dielektrizitätskonstante und Wellenlänge. Sender und Empfänger auf der Erde.

Die Berechnung geht von Gl. (110) aus, und es wird zur Vereinfachung angenommen, daß sich Sender und Empfänger auf dem Erdboden befinden ($b = r = a$). Für die numerische Berechnung ist die Kenntnis der Nullstellen n_s von $N_{n-\frac{1}{2}}$ und von $\partial N_{n-\frac{1}{2}}/\partial n$ an diesen Nullstellen notwendig. Um diese zu erhalten, werden Annäherungsformeln für die BESSELschen Funktionen benutzt. Für die beiden Grenzfälle der vollkommen reflektierenden und der stark absorbierenden Kugel ergeben sich verhältnismäßig einfache Endformeln [235]. Im Fall beliebiger Erdbodeneigenschaften sind die Verhältnisse komplizierter. Wir wollen für diesen praktisch wichtigen Fall eine Formel ableiten. Mit ($z = k_0 a$)

$$n_s = z + \tau_s z^{\frac{1}{3}},$$

$$\left(\frac{\partial N_{n-\frac{1}{2}}}{\partial n}\right)_{n = n_s} \approx \frac{1}{z^{\frac{5}{3}}} \left(-2\tau_s + \frac{1}{\delta^2}\right)$$

folgt aus Gl. (110)

$$\Pi = \frac{2 e^{i k_0 D}}{i k_0 D} \sqrt{2\pi i \chi} \sum_{s=0}^{\infty} \frac{e^{i \tau_s \chi}}{\left(2\tau_s - \frac{1}{\delta^2}\right)}. \tag{119}$$

Mit Hilfe von Gl. (107) ergibt sich für die radiale Komponente der elektrischen Feldstärke bei N_S kW Ausstrahlung

$$|E_r| = \frac{300}{D_{\text{km}}} \sqrt{N_{S(\text{kW})}} \sqrt{2\pi \chi} \left| \sum_{s=0}^{\infty} \frac{e^{i \tau_s \chi}}{\left(2\tau_s - \frac{1}{\delta^2}\right)} \right| \frac{\text{mV}}{\text{m}}. \tag{120}$$

Hierin ist

$$\chi = \sqrt[3]{\frac{2\pi a}{\lambda}}\,\vartheta = \sqrt[3]{\frac{2\pi}{a^2\lambda}}\,D \qquad (\lambda,\,D \text{ in cm}),$$

$$\delta = \frac{\dfrac{i\,k^2}{k_0^2}}{(k_0\,a)^{\frac{1}{3}}\sqrt{\dfrac{k^2}{k_0^2}-1}}. \tag{121}$$

$\tau_0,\tau_1,\tau_2\ldots$ sind komplexe Größen, die ausschließlich von der komplexen Größe δ in einer komplizierten Weise abhängen. Für größere Entfernungen konvergiert die Reihe rasch, so daß wenige Glieder der Reihe ausreichen. In Tab. 1 ist für zwei verschiedene Annahmen über den Erdboden angegeben, wieviel Glieder für eine Genauigkeit von mehr als 10% notwendig sind. Die Berechnung ist hiernach am einfachsten für große Entfernungen. Gl. (120) gilt zwar auch noch in der Nähe des Senders, jedoch ist dann eine zu große Anzahl von Gliedern erforderlich. Mit drei Gliedern erhält man bereits einen befriedigenden Anschluß an die Formeln für ebene Erde.

Tabelle 1. *Anzahl der notwendigen Glieder der Reihe Gl.(120) für eine Genauigkeit von mehr als 10%.*

| Meerwasser $\sigma = 4\cdot 10^{-11}$, $\varepsilon = 80$ | | | | | | Boden mittl. Beschaffenheit $\sigma = 10^{-13}$, $\varepsilon = 4$ | | | | | |
λ_{m} \ D_{km}	25	50	100	200	500	λ_{m} \ D_{km}	25	50	100	200	500
1	2	1	1	1	1	1	2	1	1	1	1
10	5	3	1	1	1	10	4	2	1	1	1
100	3	2	1	1	1	100	—	4	2	1	1
1000	3	2	2	1	1	1000	4	3	2	2	1
10000	5	4	3	2	1	10000	5	4	3	2	1
20000	5	4	3	2	1	20000	5	4	3	2	1

Die folgende Berechnung beschränkt sich auf zwei Glieder, so daß die Kenntnis von τ_0 und τ_1 genügt. Wir setzen

$$\tau_0 = \alpha_0 + i\,\beta_0,$$

$$\tau_1 = \alpha_1 + i\,\beta_1.$$

Die α und β hängen von der komplexen Größe δ ab. Wir schreiben

$$\delta = K\,e^{i\left(\frac{3}{4}\pi - \psi\right)},$$

worin die Phase $\frac{3}{4}\pi$ eingeführt ist, damit $\psi = 0$ dem praktisch häufig vorkommenden Fall des vernachlässigbaren Verschiebungsstromes entspricht $\left(\varepsilon \ll \dfrac{\sigma}{\omega}\right)$. Im letzteren Fall wird $\delta = K\,e^{\frac{3}{4}i\pi}$, und K kann wie folgt ausgedrückt werden:

$$K = \frac{i\,k}{k_0}\,\frac{e^{-\frac{3}{4}i\pi}}{\left(\dfrac{2\pi a}{\lambda}\right)^{\frac{1}{3}}} = 0{,}2265 \cdot 10^7\,\sigma^{\frac{1}{2}}_{\text{el.-magn.}}\,\lambda^{\frac{5}{6}}_{\text{km}}.$$

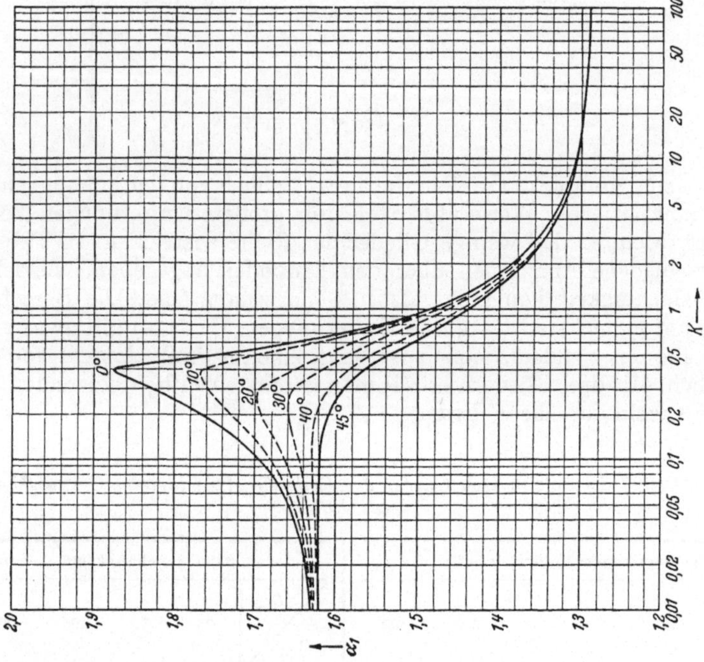

Abb. 21. $\mathrm{Re}\,\tau_1 = \alpha_1$ als Funktion von $|\delta| = K$ [237].

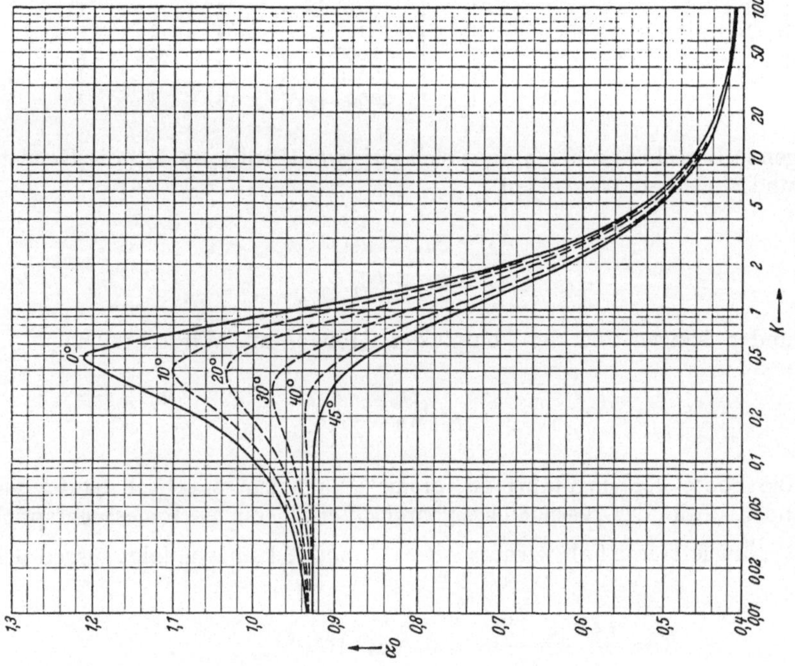

Abb. 20. $\mathrm{Re}\,\tau_0 = \alpha_0$ als Funktion von $|\delta| = K$ [237].

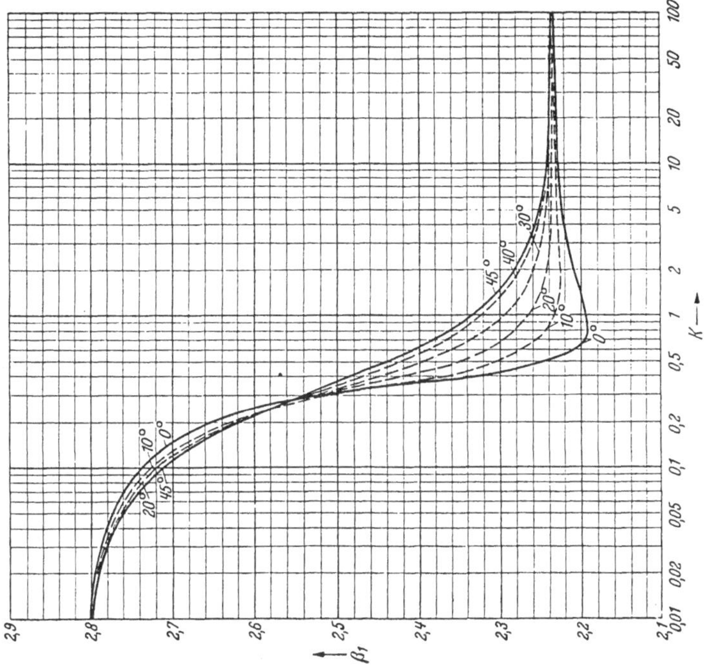

Abb. 23. Im $\tau_1 = \beta_1$ als Funktion von $|\delta| = K$ [237].

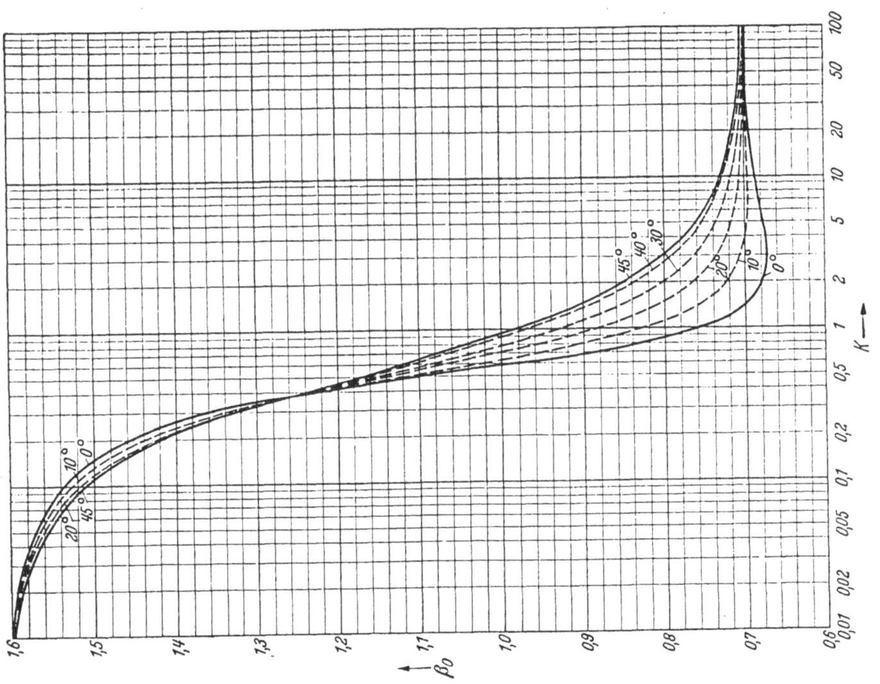

Abb. 22. Im $\tau_0 = \beta_0$ als Funktion von $|\delta| = K$ [237].

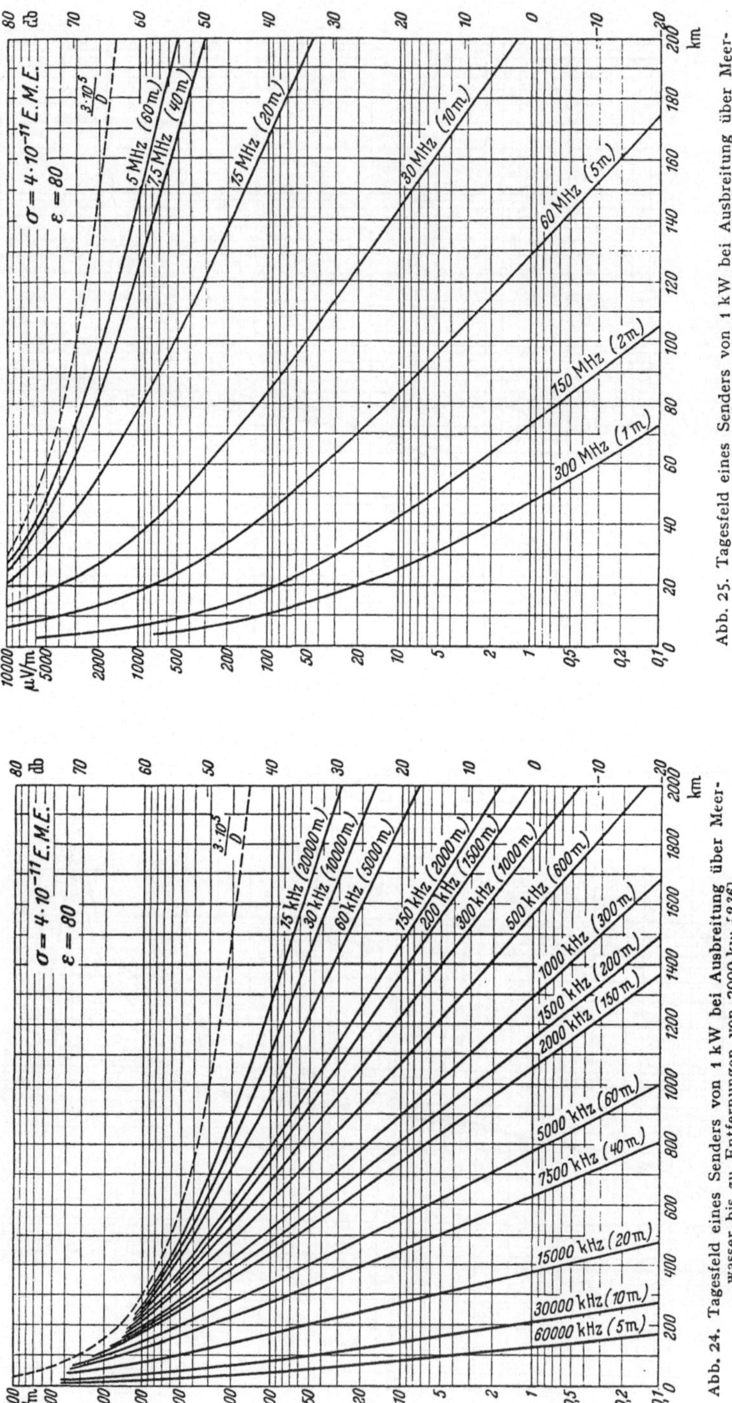

Abb. 25. Tagesfeld eines Senders von 1 kW bei Ausbreitung über Meerwasser bis zu Entfernungen von 200 km [236].

Abb. 24. Tagesfeld eines Senders von 1 kW bei Ausbreitung über Meerwasser bis zu Entfernungen von 2000 km [236].

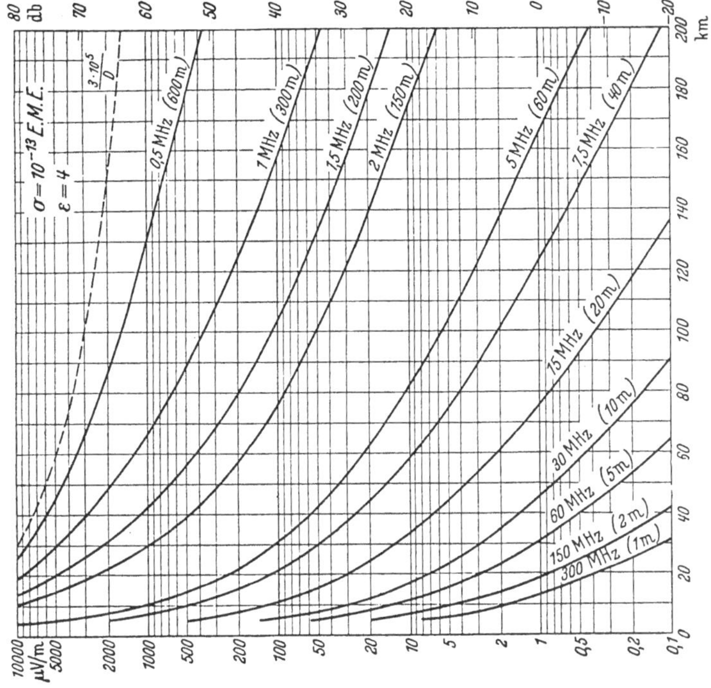

Abb. 27. Tagesfeld eines Senders von 1 kW bei Ausbreitung über Boden von mittlerer Beschaffenheit bis zu Entfernungen von 200 km [236].

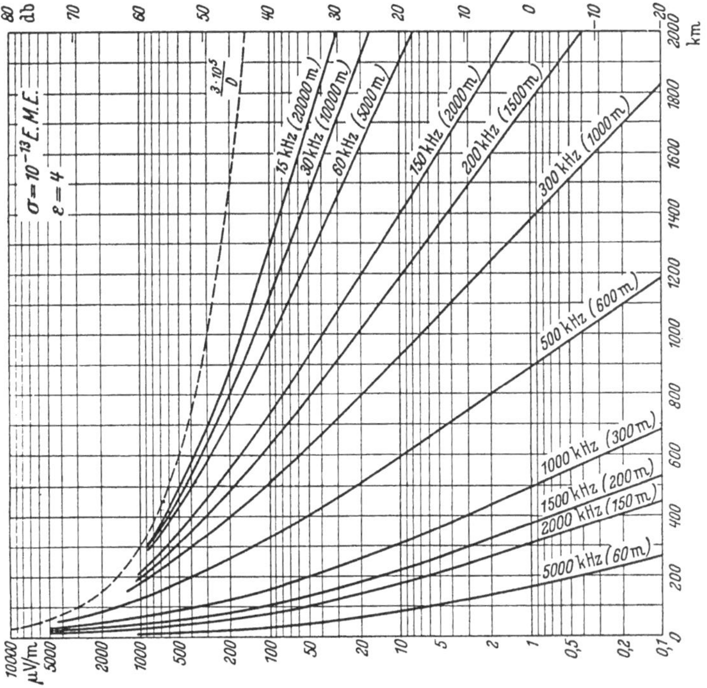

Abb. 26. Tagesfeld eines Senders von 1 kW bei Ausbreitung über Boden von mittlerer Beschaffenheit bis zu Entfernungen von 2000 km [236].

Ist der Verschiebungsstrom nicht zu vernachlässigen, dann berechnen sich der absolute Wert K und die Phase ψ aus

$$K = 0{,}002924\,\lambda_m^{\frac{1}{3}}\,\frac{\sqrt{\varepsilon^2 + 36 \cdot 10^{24}\,\sigma_{\text{el.-magn.}}^2\,\lambda_m^2}}{\sqrt[4]{(\varepsilon - 1)^2 + 36 \cdot 10^{24}\,\sigma_{\text{el.-magn.}}^2\,\lambda_m^2}}\,,$$

$$\psi = \operatorname{arc\,tg}\left(\frac{\varepsilon}{6 \cdot 10^{12}\,\sigma_{\text{el.-magn.}}\,\lambda_m}\right) - \frac{1}{2}\operatorname{arc\,tg}\left(\frac{\varepsilon - 1}{6 \cdot 10^{12}\,\sigma_{\text{el.-magn.}}\,\lambda_m}\right).$$

In Abb. 20 bis 23 sind die Werte von α_0, α_1, β_0, β_1 als Funktion von $K = |\delta|$ mit dem Parameter ψ angegeben.

Als Anwendung dieser Theorie seien einige auf Grund obiger Formeln berechnete Kurven für das Strahlungsfeld eines Senders von 1 kW Leistung wiedergegeben. Die Kurven Abb. 24 u. 25 beziehen sich auf Ausbreitung über Meerwasser ($\sigma = 4 \cdot 10^{-11}$ el.-magn. Einh., $\varepsilon = 80$). Die Kurven Abb. 26 u. 27 gelten für Ausbreitung über Boden von mittlerer Beschaffenheit ($\sigma = 10^{-13}$ el.-magn. Einh., $\varepsilon = 4$). Die Kurven überdecken das ganze Wellengebiet von 1 m bis 20 km. Als besonders bemerkenswert ersehen wir durch Vergleich von Abb. 24 u. 25 mit 26 u. 27, daß, insbesondere für kurze Wellen, der Einfluß der Leitfähigkeit erheblich ist, und daß für die betrachteten Entfernungen die Absorption der Wellen infolge der endlichen Leitfähigkeit der Erde von wesentlich größerem Einfluß ist als die Erdkrümmung (vgl. S. 29, Abb. 17).

4. Die Ausbreitung in großen Entfernungen.

Die Reihe Gl. (120) kann noch weiter vereinfacht werden, wenn man solche Entfernungen betrachtet, in denen das erste Glied eine hinreichende Näherung gibt und außerdem der dielektrische Verschiebungsstrom vernachlässigbar ist ($\sigma_{\text{el.-magn.}}\,\lambda_m \gg \varepsilon \cdot 10^{-11}$). Man erhält dann [237]

$$E_r = \frac{300}{D}\,\sqrt{N_{S\,(\text{kW})}}\,F\,\frac{\text{mV}}{\text{m}}\,, \tag{122}$$

worin

$$F = 0{,}2905\,\frac{\sqrt{D}}{\lambda^{\frac{1}{6}}}\,\frac{e^{-0{,}0537\,\beta_0\,\frac{D}{\lambda^{1/3}}}}{\sqrt{\alpha_0^2 + \left(\beta_0 - \dfrac{9{,}75 \cdot 10^{-9}}{\sigma\,\lambda^{\frac{5}{3}}}\right)^2}} \tag{123}$$

und D in km, λ in m, σ in el.-magn. Einh. zu messen sind.

Der Faktor β_0 im Exponenten nimmt nach Abb. 22 für wachsende Werte von K und damit der Leitfähigkeit ab. Er hat aber ein Minimum und steigt nach unendlich hoher Leitfähigkeit wieder etwas an. Die größte Feldstärke ergibt sich also nicht bei sehr großer Leitfähigkeit, sondern bei einer mittleren Leitfähigkeit, welche dem Minimum von β_0 entspricht. Als Folge hiervon ist z. B. in Abb. 26 (Boden mittlerer Beschaffenheit) für $D = 2000$ km und eine Wellenlänge von $\lambda = 20$ km das Feld 4 % stärker als in Abb. 24 (Meerwasser). Für Meerwasser ($\sigma = 4 \cdot 10^{-11}$ el.-magn. Einh.) und $\lambda = 1$ km folgt $K = 14$, so daß wir also für längere Wellen praktisch den Wert $\beta_0 = 0{,}7$ annehmen können. Damit folgt für den Dämpfungsfaktor

$$e^{-0{,}0537\,\beta_0\,\frac{D_{\text{km}}}{\lambda_m^{1/3}}} = e^{-0{,}00376\,\frac{D_{\text{km}}}{\lambda_{\text{km}}^{1/3}}}\,. \tag{124}$$

Dies ist der seit langem bekannte Ausdruck für den Dämpfungsfaktor bei Ausbreitung über eine Erde von unendlich großer Leitfähigkeit in großen Entfernungen. In der empirischen Formel von AUSTIN-COHEN lautet der Dämpfungsfaktor (vgl. S. 95, Gl. (246))

$$e^{-0,0014\frac{D_{km}}{\lambda_{km}^{0,6}}}. \tag{125}$$

Der theoretische Dämpfungsfaktor im Exponenten ist hiernach viel größer als der aus den Beobachtungen abgeleitete. Man hat hieraus den Schluß gezogen, daß bei der Ausbreitung der langen Wellen in großen Entfernungen auch am Tage die Ionosphäre eine wesentliche Rolle spielt. Es wird hierbei auch auf den Unterschied hingewiesen, daß in der theoretischen Formel $\lambda^{\frac{1}{3}}$, in der empirischen $\lambda^{0,6}$ vorkommt. Wir kommen hierauf auf S. 76f. zurück.

5. Erhöhte Aufstellung des Senders und Empfängers.

Der Einfluß erhöhter Aufstellung ist durch die in Gl. (114) auftretenden Faktoren

$$\left.\begin{aligned}
f_s(h_1) &= \frac{\zeta^{(1)}_{n_s-\frac{1}{2}}(k_0 b)}{\zeta^{(1)}_{n_s-\frac{1}{2}}(k_0 a)}, \\[2ex]
f_s(h_2) &= \frac{\zeta^{(1)}_{n_s-\frac{1}{2}}(k_0 r)}{\zeta^{(1)}_{n_s-\frac{1}{2}}(k_0 a)}
\end{aligned}\right\} \tag{126}$$

gegeben, die als *Höhenfaktoren* bezeichnet werden und mit denen jedes Glied der Reihe zu multiplizieren ist. Der Faktor $f_s(h_2)$ für den Empfänger unterscheidet sich von dem Faktor $f_s(h_1)$ für den Sender nur dadurch, daß r statt b eingesetzt ist. Die Erhöhung des Senders ergibt das gleiche Resultat wie die Erhöhung des Empfängers. Benutzen wir Gl. (126) zur Erweiterung von Gl. (119), so folgt

$$\Pi = \frac{2 e^{i k_0 D}}{i k_0 D} \sqrt{2\pi i \chi} \sum_{s=0}^{\infty} f_s(h_1) f_s(h_2) \frac{e^{i \tau_s \chi}}{\left(2\tau_s - \dfrac{1}{\delta^2}\right)}. \tag{127}$$

Für die numerische Berechnung werden in den Höhenfaktoren die BESSELschen Funktionen durch Annäherungsformeln ersetzt. Diese sind verschieden, je nachdem ob

$$h_{\mathrm{m}} > \quad \text{oder} \quad < 56\lambda^{\frac{2}{3}}.$$

Für $h > 56\lambda^{\frac{2}{3}}$ und für ultrakurze Wellen, wo $|\delta| \ll 1$, folgt

$$f_s(h_1) = \frac{3}{4}\sqrt{\frac{2}{\pi}}\,\frac{e^{-\frac{i\pi}{4}+\frac{i}{3}(\chi_1^2-2\tau_s)^{3/2}}}{\delta\tau_{s,0}\sqrt[4]{\chi_1^2-2\tau_s}\left[J'_{\frac{1}{3}}\left(\frac{1}{3}|2\tau_{s,0}|^{\frac{3}{2}}\right)+J'_{-\frac{1}{3}}\left(\frac{1}{3}|2\tau_{s,0}|^{\frac{3}{2}}\right)\right]},$$

worin für $s \geqq 4$ die Summe $J'_{\frac{1}{3}}+J'_{-\frac{1}{3}}$ durch

$$\frac{(-1)^{s+1}\sqrt{6}}{\pi\sqrt{s+\dfrac{3}{4}}}$$

angenähert werden kann. Für $h < 56\lambda^{\frac{2}{3}}$ folgt

$$f_s(h_1) \approx 1 + \left(1 - \frac{\delta}{z^{\frac{2}{3}}}\right)\frac{k_0 h_1}{z^{\frac{1}{3}}\delta} - (1 - z^{\frac{2}{3}}\delta\tau_s)\frac{k_0^2 h_1^2}{z^{\frac{4}{3}}\delta}. \tag{128}$$

Abb. 28 zeigt die Größe Π/Π_{prim} für $\lambda = 0,7$ m, $h_1 = h_2 = 100$ m und $\sigma = 10^{-13}$, $\varepsilon = 4$ (Boden mittlerer Beschaffenheit). Π/Π_{prim} wird als *Abschwächungsfaktor* bezeichnet. Es ist der Faktor, mit welchem das Feld infolge der Anwesenheit der Erde multipliziert werden muß. Die Berechnung erfolgt in der Nähe und jenseits des Horizontes mit Hilfe der Reihe Gl. (127). Innerhalb der optischen Sicht wird die geometrisch-optische Formel Gl. (118) benutzt. Die nach beiden Formeln berechneten Werte gehen in der Nähe des Horizontes gut ineinander über. Bis zur Schattengrenze treten Maxima und Minima auf, welche auf die Interferenz der direkten und der an der Erde reflektierten Strahlung zurückzuführen sind. Am Sender ist der geometrische Gangunterschied gleich

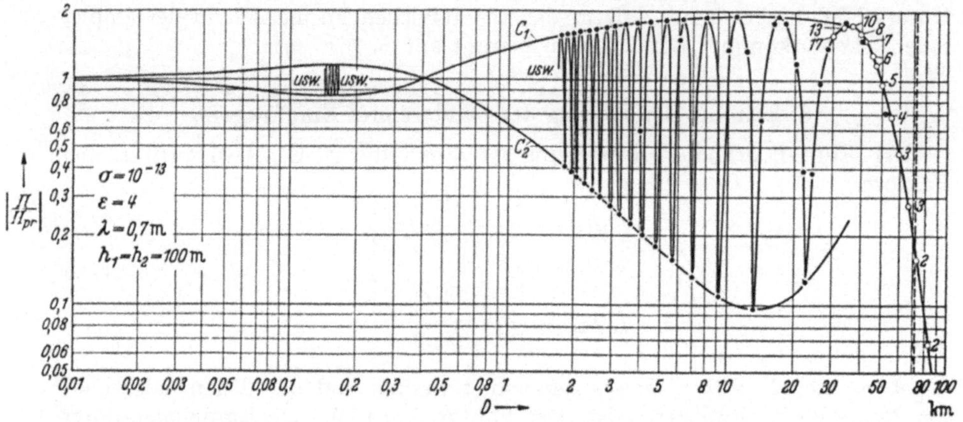

Abb. 28. Das Beispiel ($f = 430$ MHz bzw. $\lambda = 0,7$ m) zeigt die Interferenzerscheinung in der optischen Sicht und den Übergang der nach der geometrisch optischen Formel (118) berechneten Werte (•) zu den mit Hilfe der Reihe (127) berechneten Werten (o) [*238*].

der doppelten Höhe des Senders. Beim letzten Maximum in der Nähe des Horizontes ist er $\lambda/2$ und ergibt zusammen mit dem bei flacher Strahlung bei der Reflexion auftretenden Phasensprung von 180° einen wirksamen Gangunterschied λ. Weitere Interferenzmaxima in größeren Entfernungen können nicht mehr auftreten, der geometrische Gangunterschied geht gegen Null. Zwischen dem äußersten Maximum und dem Sender liegen eine große Anzahl von Maxima und Minima, welche nacheinander Änderungen des Gangunterschiedes um $\lambda/2$ entsprechen und an Häufigkeit in Richtung auf den Sender zunehmen. In Abb. 28 hat Π/Π_{prim} in der Nähe des Senders den Wert 1. Mit wachsender Entfernung liegen die Interferenzmaxima auf einer Kurve C_1, welche durch $\Pi/\Pi_{\text{prim}} = 1 + \alpha_{11}|R_{11}|$ gegeben ist, und die Minima auf einer Kurve $C_2 : 1 - \alpha_{11}|R_{11}|$. Der Abstand $2\,\alpha_{11}|R_{11}|$ zwischen C_1 und C_2 ist zunächst klein, hat bei 0,4 km ein Minimum und wächst dann erst auf größere Werte an. Es kommt hierin die mit wachsender Entfernung und entsprechend zunehmenden Einfallswinkeln veränderliche Stärke der reflektierten Strahlung zum Ausdruck. Der Reflexionskoeffizient hat nach Abb. 48 bei mittleren Einfallswinkeln ein Minimum, um dann bei flacher Einstrahlung gegen -1 zu gehen (vollkommene Reflexion). Bei ebener Erde ($\alpha_{11} = 1$) und flacher Einstrahlung würde im Maximum $\Pi/\Pi_{\text{prim}} = 2$, im Minimum $\Pi/\Pi_{\text{prim}} = 0$ sein. Die mit Hilfe von Gl. (127) berechneten Werte sind als offene Kreise gezeichnet. Die Zahlen neben diesen Kreisen geben die Zahl der Glieder an, die notwendig sind, um eine Genauigkeit von 1% zu erreichen. Diese Zahl geht vom Wert 1 jenseits des Horizontes rapide auf

10 bis 17 in der Nähe des ersten Interferenzmaximums, und es wird deshalb zweckmäßig innerhalb der optischen Sicht die einfachere geometrisch-optische Formel benutzt.

Abb. 29 u. 30 zeigen den Abschwächungsfaktor für die Frequenzen 43, 430, 4300, 43000 MHz ($\lambda = 7$ m, 0,7 m, 7 cm, 7 mm) bei Ausbreitung über Boden mittlerer Beschaffenheit. Abb. 29 entspricht dem Fall, daß Sender und Empfänger sich in 100 m Höhe befinden. Abb. 30 zeigt das Feld am Boden für einen

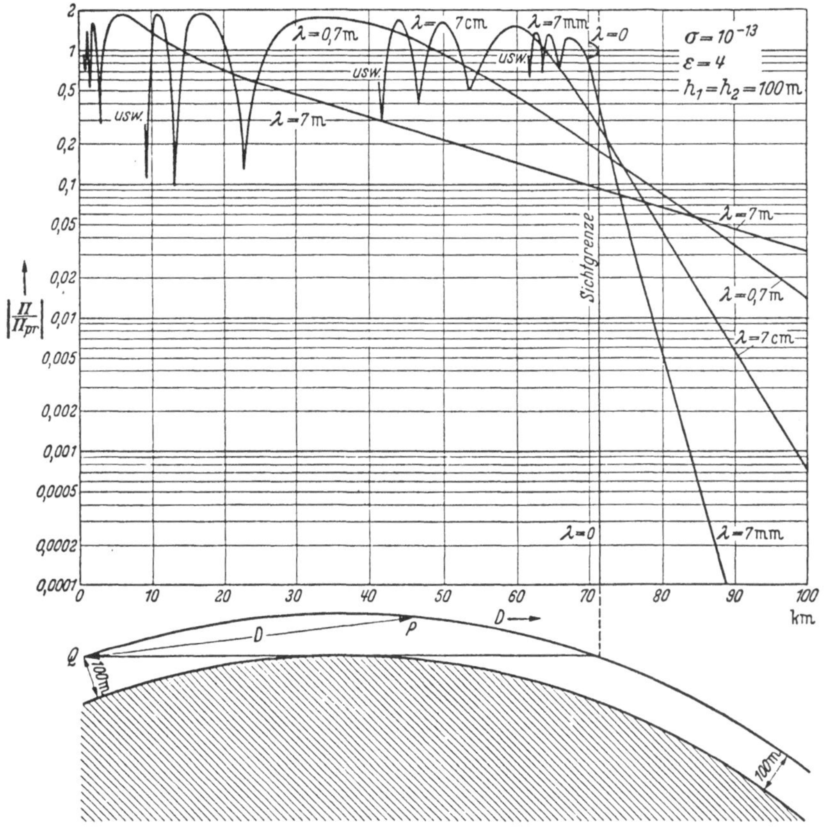

Abb. 29. Der Abschwächungsfaktor für ultrakurze Wellen. Sender und Empfänger in 100 m Höhe. Ausbreitung über Boden mittlerer Beschaffenheit [238].

in 100 m Höhe befindlichen Sender. Die optische Sichtweite beträgt im ersten Fall 72 km, im zweiten 36 km. Es ist besonders zu beachten, daß in diesen Entfernungen keine Unstetigkeit im Verlauf der Kurven auftritt. Insbesondere die 7-m-Welle reicht weit in den geometrisch optischen Schatten hinein. Je kürzer die Welle, um so rascher fällt die Feldstärke jenseits des Horizontes ab. Erst bei Wellen unter 1 cm ergibt sich am Horizont eine scharfe Grenze mit einem rapiden Abfall der Feldstärke. In Abb. 29 beginnt der endgültige Abfall beim letzten Interferenzmaximum. Dieses liegt um so näher der Schattengrenze, je kürzer die Wellenlänge ist, und liegt an der Schattengrenze für $\lambda \to 0$, in welchem Fall das Feld dort plötzlich aufhört.

In die Formeln für das Feld bzw. die Abschwächungsfaktoren geht die Leitfähigkeit und die Dielektrizitätskonstante ein. In den dargestellten Berechnungen wurde $\sigma = 10^{-13}$ el.-magn. Einh. und $\varepsilon = 4$ gesetzt. Man nimmt an, daß diese Werte einem Boden von mittlerer Leitfähigkeit entsprechen. Messungen an Seewasser im Gebiet sehr hoher Frequenzen ($>$1000 MHz) ergeben eine Frequenzabhängigkeit von ε und σ. ε nimmt vom Wert 80 bei 2000 MHz ab auf

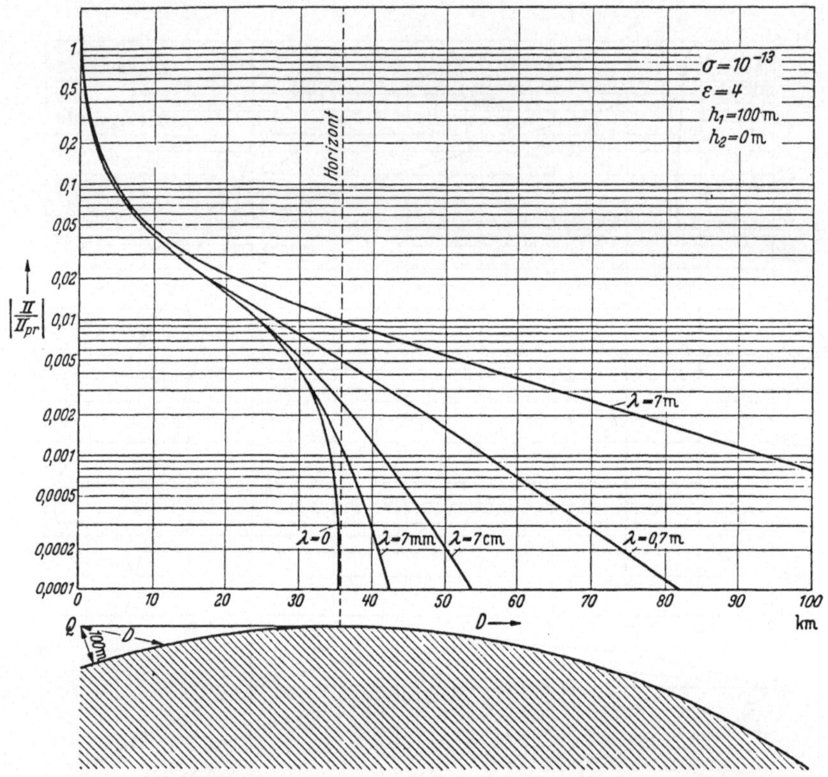

Abb. 30. Der Abschwächungsfaktor für ultrakurze Wellen für das Feld an der Erdoberfläche. Sender in 100 m Höhe. Ausbreitung über Boden mittlerer Beschaffenheit [238].

etwa 20 bei 30000 MHz; die Leitfähigkeit nimmt umgekehrt zu (vgl. Abb. 124) [41, 74]. Im Gebiet der Mikrowellen muß man also allgemein mit einer Frequenzabhängigkeit der Dielektrizitätskonstante und der Leitfähigkeit rechnen, so daß man die Werte bei niedrigeren Frequenzen nicht ohne weiteres übernehmen kann.

Eine besonders einfache und vielfach angewendete Form erhält die Reflexionsformel Gl. (118), wenn wir die Erde als eben ansehen ($\alpha_{11} = 1$) und sehr flache Strahlen betrachten. In diesem Fall ($\cos\varphi \to 0$) ist nach Gl. (188) der Reflexionskoeffizient -1. Für die resultierende Feldstärke folgt nach Gl. (107) und (118) bei 1 kW Ausstrahlung

$$E = \frac{150}{D_{\mathrm{km}}}\left|\left(1 - e^{i\frac{2\pi}{\lambda}\varDelta}\right)\right|\;\frac{\mathrm{mV}}{\mathrm{m}}, \tag{129}$$

worin Δ den geometrischen Gangunterschied bedeutet. In reeller Form folgt hieraus

$$E = \frac{300}{D_{\text{km}}} \left| \sin \left(\frac{\pi}{\lambda} \Delta \right) \right| \frac{\text{mV}}{\text{m}}. \tag{130}$$

Bei diesen Berechnungen wird die Erde als glatte reflektierende Fläche angesehen, während sie doch im Vergleich mit den ultrakurzen Wellenlängen im allgemeinen eine erhebliche Rauhigkeit aufweist. Trotzdem kommt, wie die Erfahrung zeigt, wenigstens bei flachen Einstrahlungswinkeln, eine regelmäßige Reflexion zustande. Ein optisches Analogon hierzu ist die Reflexion von mattem weißem Papier bei nahezu streifender Inzidenz. In einem leicht zylindrisch gebogenen Papier erblickt man bei streifender Beobachtung z. B. die Umrisse von entfernten Gegenständen, die sich vom Himmel abheben.

6. Die optische Sichtweite.

In Abb. 31 sei S ein Sender, der sich in der Höhe h_1 über dem Erdboden befindet. Für einen an der Erdoberfläche befindlichen Empfänger ist die Sichtgrenze durch den Berührungspunkt der von S an die Erde gelegten Tangente gegeben (Horizont, Punkt E_1). Wir setzen angenähert

$$\cos \Phi_1 = 1 - \frac{\Phi_1^2}{2}.$$

Ferner ist $(h_1 \ll a)$

$$\cos \Phi_1 = 1 - \frac{h_1}{a}.$$

Also folgt

$$\Phi_1 = \sqrt{\frac{2 h_1}{a}}.$$

Für die Sichtweite folgt

$$A_1 = a \, \Phi_1 = \sqrt{2 a h_1}.$$

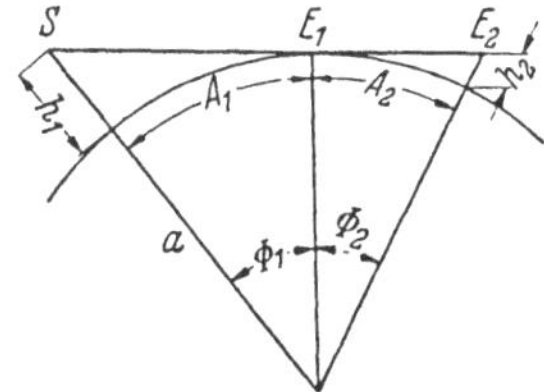

Abb. 31. $A_1 =$ Sichtweite des Senders, $A_2 =$ Sichtweite des Empfängers, $A_1 + A_2 =$ Sichtweite bei erhöhter Aufstellung von Sender und Empfänger.

Indem wir hierin $a = 6370$ km setzen und h_1 in Metern messen, erhalten wir

$$A_1 = 3{,}57 \sqrt{h_{1\,(\text{m})}} \ \text{km}.$$

Befindet sich der Empfänger in einer Höhe h_2, dann ist die Sichtweite (vgl. Abb. 31)

$$A = A_1 + A_2 = 3{,}57 \left(\sqrt{h_{1\,(\text{m})}} + \sqrt{h_{2\,(\text{m})}} \right) \ \text{km}. \tag{131}$$

Für $h_1 = 100$ m, $h_2 = 0$ folgt $A = 35{,}7$ km, für $h_1 = h_2 = 100$ m folgt $A = 71{,}4$ km.

E. Die Ionosphäre.

Die Ionosphäre übt im ganzen Wellengebiet der drahtlosen Telegraphie mit Ausnahme der ultrakurzen Wellen einen Einfluß auf die Wellen aus, indem sie die in den Raum hinausgestrahlten Wellen zur Erde reflektiert. Für die Theorie der Wellenausbreitung ist es notwendig zu wissen, in welcher Anzahl die wirksamen Elektrizitätsträger in der Atmosphäre verteilt und welcher Art sie sind (Elektronen, Ionen). Die Atmosphäre ist der Untersuchung mit Radiosonden bis in Höhen von etwa 40 km zugänglich. Die Ionendichte ist in diesem unteren Teil der Atmosphäre zu gering, um einen Einfluß auf die elektrischen Wellen auszuüben. In größeren Höhen ist die Atmosphäre ebenfalls ionisiert, aber erst in großen Höhen, sagen wir oberhalb 80 km, haben wir diejenigen stark ionisierten Schichten zu suchen, in denen die Wellen reflektiert werden und die wir insgesamt als *Ionosphäre* bezeichnen. Als Ursache der Ionisierung sehen wir Wellen- und Korpuskularstrahlen an, die von außen her in die Erdatmosphäre eindringen. Die vollständige Berechnung des elektrischen Zustandes der Ionosphäre scheitert an der Unsicherheit unserer Kenntnis der in der oberen Atmosphäre herrschenden Verhältnisse (Zusammensetzung, Druck, Temperatur). Um so mehr wird es aber unser Bestreben sein, die physikalischen Vorstellungen und Kenntnisse soweit wie möglich heranzuziehen, um die Theorie der Wellenausbreitung von vornherein auf eine fruchtbare Grundlage zu stellen. Auf diese Weise gewinnen wir dann auch umgekehrt in den Wellen ein wichtiges Mittel zur Erforschung der höheren Atmosphärenschichten.

Das Studium der Ionosphäre gibt ferner Aufschlüsse über diejenigen Strahlungen außerirdischen Ursprungs, welche infolge von Absorption in der Atmosphäre die Erdoberfläche nicht erreichen, wie z. B. das ultraviolette Licht der Sonne. Es stellt eine Verbindung her zu den Vorgängen auf der Sonne und im Weltenraum, welche die ionisierenden Strahlungen erzeugen. An der Bearbeitung dieses vielseitigen Gebietes sind neben dem speziellen Ionosphärenforscher der Physiker, Geophysiker, Astrophysiker und der Radioingenieur interessiert.

1. Die Atmosphäre.

Man unterscheidet drei Hauptgebiete der Atmosphäre: Die *Troposphäre* (0 bis 12 km), die *Stratosphäre* (12 bis 80 km) und die *Ionosphäre* (80 bis 800 km). Tab. 2 zeigt die Zusammensetzung der Luft am Erdboden.

Tabelle 2. *Zusammensetzung der Luft am Boden für die Hauptbestandteile* N_2, O_2, He, H_2 [96].

Bestandteil	Molekulargewicht	Volumenprozente	Partikaldruck in mm Hg	Höhenkonstante (273° K) in km
Luft	28,6	100	760	7,99
N_2	28,02	78,08	593,4	8,261
O_2	32,00	20,95	159,2	7,229
He	4,0	$5 \cdot 10^{-4}$	0,0040	58,420
H_2	2,02	$(<10^{-3})$	$<0,01$	114,980

Die Temperatur nimmt innerhalb der Troposphäre ab bis auf rd. $-50°$ C, wie aus Ballon- und Radiosondenaufstiegen bekannt ist[1]. Während man früher die Temperatur in größeren Höhen als unverändert annahm, zeichnet sich heute auf Grund von Berechnungen und Messungen ein anderer Verlauf ab [163, 194]. Abb. 32 zeigt das Ergebnis von Messungen mit V2-Raketen, durch welche die früheren Berechnungen eine grundsätzliche Bestätigung erfahren, wenn auch die Meßgenauigkeit nicht zu hoch eingeschätzt werden darf. Man muß also mit einem Temperaturanstieg in der Stratosphäre bis zu einem Maximum in 50 bis 60 km Höhe mit Temperaturen von 275 bis 320° K rechnen. Anschließend fällt die Temperatur wieder ab bis auf etwa 180 bis 220° K in rd. 80 km Höhe, um dann wieder anzusteigen, so daß in rd. 100 km eine Temperatur von etwa 250 bis 275° K herrscht, wobei die Meßwerte in dieser Höhe besonders unsicher sind. Der Temperaturanstieg findet offenbar in solchen Gebieten statt, in denen

---

[1] Die Zustandsgrößen der Atmosphäre hängen von der Jahreszeit und der Breite ab. Die angegebenen Werte sollen nur einen ungefähren Anhalt geben und solche Unterschiede nicht berücksichtigen.

Licht von der Sonne in besonders starkem Maße absorbiert wird. In 50 bis 60 km Höhe ist es die Ozonabsorption, in Höhen über 100 km absorbieren die Gase der Luft vollkommen das sehr kurzwellige Ultraviolett. Die Annahmen über die Temperatur in noch größeren Höhen, wie sie z. B. aus Ionosphärenmessungen abgeleitet werden, gehen bis zu etwa 1200° K, teilweise sogar bis zu 2000° K. Von großem Interesse ist in diesem Zusammenhang, daß sonnenbelichtete Nordlichter in der Nähe der Schattengrenze bis zu Höhen von 800 km beobachtet wurden, während auf der Nachtseite die obere Grenze bei 300 km liegt [97]. Die untere Grenze verschiebt sich in der sonnenbelichteten Atmosphäre ebenfalls nach oben, etwa von 100 auf 120 bis 140 km. Nimmt man an, daß diese Verschiebung der Nordlichter nach oben auf eine Auflockerung der Atmosphäre infolge einer höheren Temperatur am Tage zurückzuführen ist, so errechnen sich hieraus Temperaturen von 800 bis 1000° K in Höhen oberhalb 100 km [6], während die aus spektroskopischen Messungen abgeleiteten Temperaturen bei etwa 2250°K liegen. Es sei jedoch erwähnt, daß auch andere Deutungen möglich sind [240].

Die barometrische Höhenformel ist das elementare Grundgesetz zur Berechnung der Druckverteilung in der Atmosphäre. Herrscht in der Höhe h der Druck p, so gilt [96]

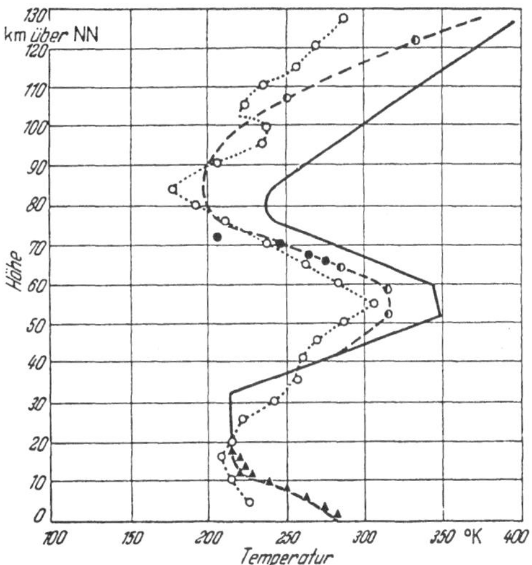

Abb. 32. Temperaturverlauf in der Atmosphäre. Gestrichelte und punktierte Kurve: aus Messungen bei Raketenaufstiegen (White Sands, Neu Mexiko) bestimmter Temperaturverlauf, ausgezogene Kurve: angenommener Temperaturverlauf für Normalatmosphäre [165].

$$\frac{dp}{p} = - \frac{dh}{H}. \tag{132}$$

H ist die sogenannte *Höhe der homogenen Atmosphäre*. Hierunter versteht man die Höhe einer gedachten Atmosphäre, welche bei durchweg konstanter Dichte und Temperatur den gleichen Druck ergibt. Wir bezeichnen hier H als *Höhenkonstante*. Es ist

$$H = \frac{RT}{Mg} = 0{,}848 \cdot 10^5 \frac{T}{M} \text{ cm} = 0{,}848 \frac{T}{M} \text{ km}, \tag{133}$$

$M =$ Molekulargewicht, $R = 8{,}315 \cdot 10^7$ erg grad^{-1} Mol^{-1} = universelle Gaskonstante, $g = 981$ cm sec^{-2}, $T =$ abs. Temperatur. Die einfachste Annahme ist, daß infolge von Luftbewegungen in allen Höhen eine Durchmischung der Luft stattfindet, so daß die Zusammensetzung überall dieselbe ist. Nimmt man ferner konstante Temperatur an, so folgt aus Gl. (132) durch Integration:

$$\ln \frac{p}{p_0} = - \frac{h}{H}, \tag{134}$$

worin p_0 der Druck am Ausgangsort (z. B. am Erdboden) ist. Für den dekadischen Logarithmus gilt

$$\lg \frac{p}{p_0} = - \frac{h}{2{,}3\,H} = - \frac{h}{H'}. \tag{134a}$$

Hierin ist

$$H' = 2{,}3\,H = 1{,}95\,\frac{T}{M}\ \text{km}. \tag{135}$$

Im Höhenintervall H' sinkt der Druck um den Faktor $1/10$. Wir bezeichnen H' als *dekadische Höhenkonstante*. Berücksichtigt man die Änderung der Temperatur mit der Höhe, so kann man für passend gewählte Höhenbereiche eine mittlere Temperatur annehmen und die Berechnung schrittweise durchführen.

Dem Fall der vollkommenen Durchmischung steht der entgegengesetzte Grenzfall gegenüber, daß die Luft als vollkommen ruhend angenommen wird. In diesem Fall findet mit wachsender Höhe eine *Entmischung* der Gase der Luft statt. In einem ruhenden Gasgemisch, das unter dem Einfluß der Schwerkraft steht, sind nach dem Gesetz von DALTON die Partialdrucke p_i der einzelnen Gase voneinander unabhängig und gegeben durch

$$\lg \frac{p_i}{p_{i0}} = -\,\frac{h}{H'_i}; \qquad H'_i = 1{,}95\,\frac{T}{M_i}\ \text{km}. \tag{136}$$

Der Gesamtdruck ist dann in jeder Höhe gegeben durch $p = \sum p_i$. Maßgebend für die Abnahme des Druckes bzw. der Partialdrucke mit der Höhe ist die Höhenkonstante, die in Tab. 2 eingetragen ist. Die Höhenkonstante ist für die leichten Gase sehr viel größer, die Druckabnahme mit der Höhe erfolgt also sehr viel langsamer. Die leichten Gase treten also immer mehr hervor und können in großen Höhen schließlich überwiegen. Um die Verhältnisse besser übersehen zu können, stellen wir in Abb. 33 als Beispiel eine mit Hilfe von Tab. 2 berechnete Atmosphäre dar, bei welcher der Einfachheit halber eine konstante Temperatur von $273\,^\circ$K angenommen wurde. Vergleicht man die Kurve für Luft bis 120 km mit den mit V 2-Geschossen gemessenen Werten [165] (die Messungen sollen etwa auf den Faktor 2 unsicher sein), so findet man die gemessenen Werte etwas kleiner, aber noch innerhalb derselben Größenordnung. Die berechnete Kurve kann deshalb als vorläufiger Anhalt für die Bewertung des Druckes in 0 bis 100 km Höhe gelten. Weitere Messungen, auch in anderen Breiten,

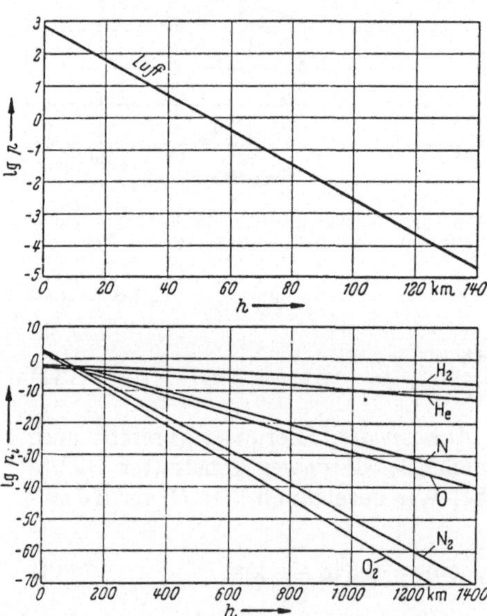

Abb. 33. Luftdruck und Partialdrucke von N_2, O_2, He, H_2, N und O in einer Atmosphäre konstanter Temperatur (mmHg).

sind abzuwarten. Infolge der starken Bestrahlung durch das ultraviolette Licht der Sonne muß man damit rechnen, daß der Sauerstoff oberhalb 100 km Höhe vollkommen zu atomarem Sauerstoff dissoziiert ist, bei Stickstoff ist die Dissoziation vermutlich nur eine teilweise. Der sich unter der Annahme einer vollkommenen Dissoziation dieser beiden Gase ergebende Druck ist in Abb. 33 ebenfalls eingezeichnet. Die dekadische Höhenkonstante der atomaren Gase ist doppelt so groß, der Druck nimmt entsprechend langsamer ab. Höhere Temperatur als die angenommene ergibt nach Gl. (135) ebenfalls eine langsamere

Abnahme. Für $T = 546°$ K ist die dekadische Höhenkonstante verdoppelt. Bei den der Abb. 33 zugrunde liegenden Annahmen treten oberhalb 100 km die leichten Gase immer mehr hervor und überwiegen bald vollständig. Die Höhe, in welcher dieser Umschlag erfolgt, hängt außer vom Partialdruck am Boden wesentlich von der Höhe ab, in welcher die Entmischung einsetzt. Der früheren allgemeinen Auffassung, welche mit dem Beginn der Entmischung in etwa 12 km Höhe rechnete, stehen heute eine Reihe von auseinanderliegenden Vorstellungen gegenüber, die aber alle darin übereinstimmen, daß die untere Entmischungsgrenze in größere Höhe zu verlegen ist, wenn überhaupt eine Entmischung stattfindet. Je weiter oben die Entmischung einsetzt, um so niedriger berechnet sich der Druck der leichten Gase in großen Höhen.

Ein direkter Nachweis der Bestandteile der hohen Atmosphäre ergibt sich aus den spektroskopischen Beobachtungen des Nordlichtes und des Nachthimmelslichtes [97, 164]. In Höhen oberhalb 100 km wird nur noch atomarer Sauerstoff beobachtet, während die Atomspektren beim Stickstoff gegenüber den Molekülspektren nur sehr schwach auftreten, so daß wir auf eine nur geringe Dissoziation des Stickstoffs schließen müssen. Interessant ist, daß auch Wasserstoff gelegentlich im Nordlicht erscheint (Wasserstoffschauer) [241]. Ein sicherer Beweis für das wesentliche Vorkommen oder Nichtvorkommen von leichten Gasen in der hohen Atmosphäre ist damit noch nicht erbracht worden. Im Kubikzentimeter Luft sind unter Normalbedingungen $2,7 \cdot 10^{19}$ Moleküle vorhanden. Entsprechend der Kurve für Luft in Abb. 33 ist also in Höhen über 400 km ($p < 10^{-17}$ mm Hg) weniger als ein Molekül pro Volumeneinheit vorhanden. Für atomaren Sauerstoff sind es weniger als 10^5 Moleküle. Die Intensität des Nordlichtes ist von der unteren bis zur oberen Grenze von derselben Größenordnung. Hieraus kann man den Schluß ziehen, daß die Dichteabnahme mit der Höhe eine langsame ist. Die Beobachtungen mit Radiowellen geben den gleichen Hinweis. Will man zur Erklärung nicht zur Annahme sehr hoher Temperaturen greifen oder grundsätzlich andere Vorstellungen heranziehen [240], so wird man die Anwesenheit der leichten Gase Helium oder Wasserstoff in Betracht ziehen müssen.

2. Die Absorption der ionisierenden Strahlung in der Atmosphäre. Normalschicht.

Als Ionisatoren in den hohen Luftschichten kommen in der Hauptsache das ultraviolette Licht der Sonne und Korpuskelstrahlen in Frage. Wir machen die Annahme, daß eine Strahlung nur von einem der in der Luft enthaltenen Gase absorbiert werde. a_0 sei das Absorptionsvermögen dieses Gases an der Erdoberfläche bzw. für $h = 0$. Das Absorptionsvermögen in beliebiger Höhe (a) ist dem Druck proportional:

$$a = a_0\, e^{-\frac{h}{H}}. \tag{137}$$

Die Strahlung falle unter dem Zenitwinkel ϑ (senkrechter Einfall $\vartheta = 0$) in die Erdatmosphäre ein. Ihre Intensität in der Höhe h sei I, die Anfangsintensität (für $h = \infty$) sei I_∞. Infolge der Absorption nimmt die Intensität zwischen h und $h + dh$, d. h. auf der Wegstrecke $dh/\cos\vartheta$ ab um [128]

$$dI = a\, I\, \frac{dh}{\cos\vartheta} = a_0\, e^{-\frac{h}{H}}\, I\, \frac{dh}{\cos\vartheta}. \tag{138}$$

Also ist

$$I = I_\infty \, e^{-\frac{a_0 H}{\cos \vartheta}} \, e^{-\frac{h}{H}} \; . \tag{139}$$

Die *Ionisierungsstärke* (q), d. h. die Zahl der pro Sekunde und cm³ neugebildeten Ionenpaare, ist der Absorption proportional [*124*]:

$$q = k \, \frac{d I}{d h} \cos \vartheta = k \, a \, I = k \, a_0 \, I_\infty \, e^{-\frac{h}{H} - \frac{a_0 H}{\cos \vartheta} \, e^{-\frac{h}{H}}} \; . \tag{140}$$

Die Ionisierungsstärke hat ein Maximum (q_m) in einer Höhe h_m. Diese berechnet sich aus $\frac{dq}{dh} = 0$ zu [*70, 124*]

$$h_m = H \ln \frac{a_0 H}{\cos \vartheta} \; . \tag{141}$$

Dieser maximale Wert ist

$$q_m = \frac{k \, I_\infty \cos \vartheta}{H \, e} = q_{m\perp} \cos \vartheta \; ; \tag{142}$$

$q_{m\perp}$ ist die maximale Ionisierungsstärke für senkrechten Einfall der Strahlung. Mit Hilfe von Gl. (141) u. (142) kann man für Gl. (140) schreiben [*161*]

$$q = q_m \, e^{1 + \frac{h_m - h}{H} - e^{\frac{h_m - h}{H}}} \; . \tag{143}$$

Bezeichnet man mit $h_{m\perp}$ den Wert von h_m bei senkrechtem Einfall $(\vartheta = 0)$, so ist

$$h_m = h_{m\perp} + H \ln \frac{1}{\cos \vartheta} \; . \tag{144}$$

Die Erde wurde als eben betrachtet. Berücksichtigt man die Krümmung der Erde, so ergeben sich selbst für große Werte von ϑ nur geringfügige Änderungen, die wir hier vernachlässigen [*70*].

Aus Gl. (143) u. (142) erhalten wir

$$\frac{q}{q_{m\perp}} = \cos \vartheta \, e^{1 + \frac{h_m - h}{H} - e^{\frac{h_m - h}{H}}} \tag{145}$$

oder, indem wir h_m nach Gl. (144) einsetzen,

$$\frac{q}{q_{m\perp}} = e^{1 + \frac{h_{m\perp} - h}{H} - \sec \vartheta \, e^{\frac{h_{m\perp} - h}{H}}} \tag{145a}$$

In dieser Beziehung ist die Ionisierungsstärke bei beliebigem Einfallswinkel der Strahlung auf das Maximum bei senkrechtem Einfall bezogen. Gl. (145) ist in Abb. 34 für verschiedene Zenitwinkel der Strahlung in Abhängigkeit von $\frac{h_m - h}{H}$ dargestellt. Die Ionisierungsstärke hat für alle Winkel den gleichen Verlauf, sie ist jedoch bei Einfall der Strahlung unter dem Winkel ϑ gegenüber dem senkrechten Einfall um den Faktor $\cos \vartheta$ geringer. Sie nimmt von unten nach oben zu bis zu einem Maximum, um dann wieder abzunehmen. Das Auftreten des Maximums hat folgende einfache Erklärung: In großen Höhen findet keine Ionisierung statt, weil die Gase sehr verdünnt sind, in niedrigen Höhen deshalb nicht, weil die Strahlung absorbiert ist; dazwischen liegt das Maximum. Wir bezeichnen eine solche durch regelmäßige Absorption einer Strahlung entstehende Schicht als *Normalschicht.*

Für $\dfrac{h_m - h}{H} = 2$ ist die ionisierende Strahlung praktisch vollkommen absorbiert. Wir bezeichnen

$$C = h_m - h = 2H \tag{146}$$

als *Ionisierungsschichtdicke.* Es ist die Dicke der Schicht von der unteren Grenze bis zum Maximum. Die gesamte Ausdehnung ist etwa das $2\frac{1}{2}$fache davon, also etwa $5\,H$. Die Ionisierungsschichtdicken für $273°\,$K sind die doppelten Werte

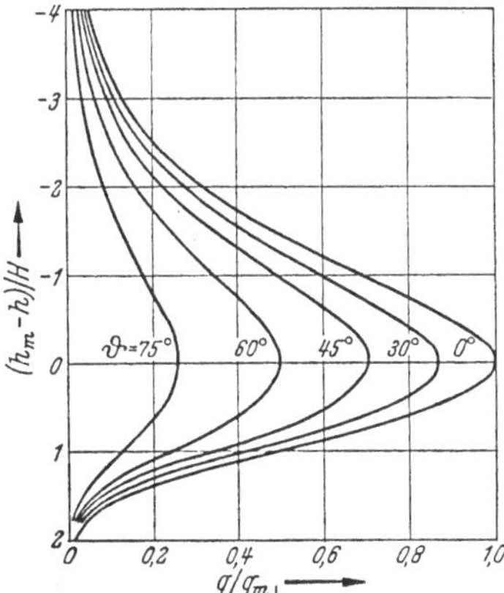

Abb. 34. Relative Ionisierungsstärke $q/q_{m\perp}$ der Normalschicht in Abhängigkeit von $(h_m - h)/H$ für verschiedene Zenitwinkel ϑ, nach Gl. (145).

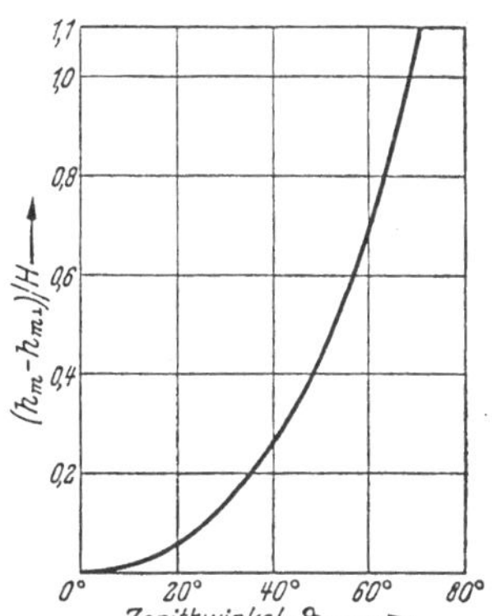

Abb. 35. Unterschied der Höhe maximaler Ionisierung bei schrägem Einfall gegenüber der bei senkrechtem Einfall.

der Höhenkonstante H in Tab. 2. Wir sehen, daß die theoretischen Schichtdicken der Gase Helium und Wasserstoff um eine Größenordnung größer sind als die von Stickstoff und Sauerstoff, die nahezu übereinstimmen. Die bisherige Berechnung bedeutet, daß eine in die Atmosphäre einfallende Strahlung in einer bestimmten Schichtdicke ionisiert und daß diese Schichtdicke bei gegebener Temperatur nach Gl. (133) nur vom Molekulargewicht des Gases abhängt, in welchem die Absorption erfolgt. Die Tatsache, daß die mit elektrischen Wellen beobachteten Schichtdicken in der unteren Ionosphäre (um 100 km) von der Größenordnung 10 km, im oberen Teil (über 200 km) aber von der Größenordnung 100 km sind (vgl. S. 184f.), legt den Gedanken nahe, daß die obere Ionosphäre durch Ionisierung eines leichten Gases, die untere durch Ionisierung der Stickstoff-Sauerstoff-Atmosphäre zustande kommen.

Die Höhe der Schicht ist durch Gl. (141) gegeben. Sie ist um so größer, je größer der Absorptionskoeffizient (a_0) und damit auch der Druck am Boden sind. Die Schicht liegt ebenfalls höher, oder besser gesagt, die Ionisierung erfolgt in größeren Höhen, wenn die ionisierenden Strahlen schräg einfallen. Unabhängig hiervon ist die Ionisierungsschichtdicke. Nach Gl. (144) ist

$$\frac{h_m - h_{m\perp}}{H} = \ln \frac{1}{\cos\vartheta}\,. \tag{144a}$$

4*

Es ist dies der Unterschied der Höhe maximaler Ionisierung bei schrägem Einfall der Strahlung gegenüber der bei senkrechtem Einfall, gemessen in der Einheit H. Abb. 35 zeigt diese Größe in Abhängigkeit von ϑ. Die Höhe der maximalen Ionisierung nimmt mit wachsendem ϑ erst langsam, dann rascher zu. Die Zunahme erreicht bei etwa 70° den Betrag $H\left(\dfrac{h_m - h_{m\perp}}{H} = 1\right)$. Große Höhenunterschiede gegenüber dem senkrechten Einfall ergeben sich also insbesondere morgens und abends und in der Nähe der Pole. Die Ionisierungsstärke ist bei 70° nur noch $^1/_3$ des Wertes bei senkrechtem Einfall.

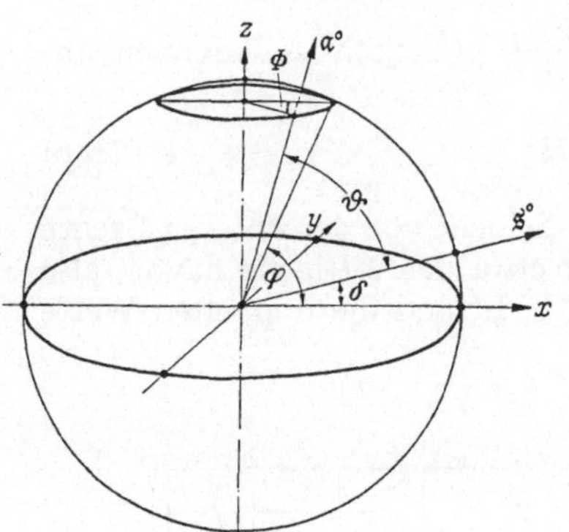

Abb. 36. Koordinatensystem und Einheitsvektoren zur Berechnung des Zenitwinkels ϑ.

Berechnung des Zenitwinkels ϑ. Der Zenitwinkel hängt von der geographischen Breite, der Tages- und der Jahreszeit ab. Wir beziehen uns auf ein vom Erdmittelpunkt ausgehendes, rotierendes Koordinatensystem, dessen xy-Ebene in der Äquatorebene liegt und der Sonne derart folgt, daß diese immer in der zx-Ebene liegt. Es seien (Abb. 36)

Φ die mit der Tageszeit veränderliche geographische Länge, bezogen auf den in der zx-Ebene liegenden Mittagsmeridian,
φ die geographische Breite des Beobachtungsortes,
$\theta = (90° - \varphi)$ der Winkelabstand vom Pol,
$i,\, j,\, \mathfrak{k}$ die Einheitsvektoren in Richtung der Koordinatenachsen $x,\, y,\, z$,
$\mathfrak{s}^0$ der Einheitsvektor in Richtung auf die Sonne,
$\mathfrak{a}^0$ der Einheitsvektor in Zenitrichtung.

Dann ist

$$\left.\begin{aligned}\mathfrak{s}^0 &= i\cos\delta + \mathfrak{k}\sin\delta, \\ \mathfrak{a}^0 &= i\cos\varphi\cos\Phi + j\cos\varphi\sin\Phi + \mathfrak{k}\sin\varphi.\end{aligned}\right\} \tag{147}$$

Das innere Produkt dieser Vektoren ergibt die gesuchte Winkelfunktion:

$$\begin{aligned}\cos\vartheta = \cos(\mathfrak{s}^0, \mathfrak{a}^0) &= \cos\delta\cos\varphi\cos\Phi + \sin\delta\sin\varphi \\ &= \cos\delta\sin\theta\,\cos\Phi + \sin\delta\cos\theta.\end{aligned} \tag{148}$$

Für die Mittagszeit ($\Phi = 0$) folgt

$$\cos\vartheta = \cos\delta\sin\theta + \sin\delta\cos\theta = \sin(\theta + \delta)$$

oder

$$\vartheta = \frac{\pi}{2} - (\theta + \delta). \tag{149}$$

Die Deklination δ ist $+23{,}5°$ zur Sommersonnenwende, 0 zur Tag- und Nachtgleiche und $-23{,}5°$ zur Wintersonnenwende. Die geographische Länge nach der oben gegebenen Definition ist

$$\Phi = \frac{2\pi t}{86\,400}. \tag{150}$$

In Abb. 37 ist der Kosinus des Zenitwinkels ϑ nach Gl. (148) für verschiedene geographische Breiten φ und Deklinationen δ in Abhängigkeit von Φ, das bedeutet in Abhängigkeit von der Tageszeit, graphisch dargestellt. Die Kurven sollen für verschiedene Orte, Jahres- und Tageszeiten einen Überblick über den Sonnenstand, der als wichtige Größe in die Gl. (145) für die Ionisierungsstärke eingeht, geben. Mit Hilfe von Gl. (150), (148), (145) kann man die relative Ionisierungsstärke, bezogen auf die bei senkrechtem Einfall, für jeden Ort auf der Erde und jede Tages- und Jahreszeit berechnen.

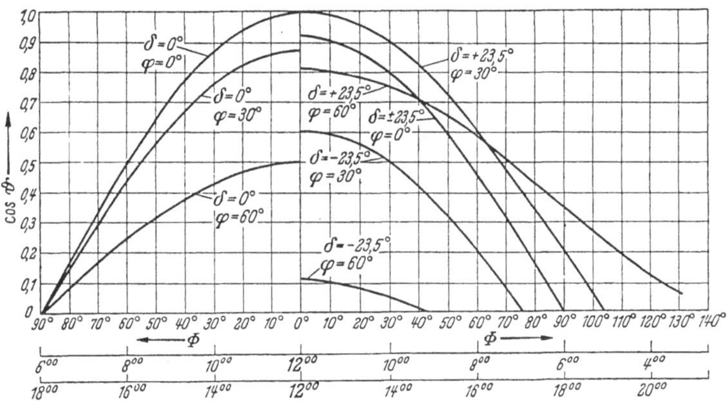

Abb. 37. Kosinus des Zenitwinkels ϑ in Abhängigkeit von der Tageszeit für verschiedene geographische Breiten und Jahreszeiten.

3. Die Wiedervereinigung von positiven und negativen Ladungsträgern.

Die *Ionisierungsstärke* bestimmt die Erzeugung der Elektrizitätsträger, und zwar gibt sie die Zahl der pro Sekunde und cm³ *erzeugten* Trägerpaare oder Träger eines Vorzeichens an. Als *Trägerdichte* bezeichnen wir die Zahl der in jedem Augenblick *vorhandenen* Träger. Um die Trägerdichte zu berechnen, müssen wir neben der Trägererzeugung weitere Prozesse berücksichtigen, von denen der wichtigste die *Wiedervereinigung* von positiven und negativen Trägern ist. Wir dürfen annehmen, daß in der Volumeneinheit gleichviel positive und negative Träger vorhanden sind. Bezeichnen wir mit N die Zahl der Träger eines Vorzeichens, so gilt, wenn im Gas ein Ionisator mit der Ionisierungsstärke q wirksam ist und nur die Wiedervereinigung als weiterer Prozeß berücksichtigt wird, für den zeitlichen Verlauf der Trägerdichte

$$\frac{dN}{dt} = q - \alpha N^2.\tag{151}$$

αN^2 ist die Zahl der pro Sekunde infolge der Wiedervereinigung neutralisierten Ladungen, α der Koeffizient der Wiedervereinigung. α ist bis zu Drucken von 100 mm Hg hinunter gemessen und hier dem Druck proportional. Für Luft und 0° C, 760 mm Hg ist

$$\alpha = \alpha_0 = 1,7 \cdot 10^{-6}.\tag{151a}$$

Auf Grund theoretischer Überlegungen ist damit zu rechnen, daß evtl. bei den niedrigen Drucken in der hohen Atmosphäre α nicht immer weiter mit dem Druck (d. h. mit der Höhe) abnimmt, sondern konstant ist ($\alpha = 10^{-10}$) [161]. Wir betrachten deshalb die Verhältnisse, die sich aus der Annahme eines konstanten Wertes von α ergeben.

Die Ionisierungsstärke q ist nach Gl. (145) für die von der Sonne kommenden Ionisatoren vom Sonnenstand abhängig (cos ϑ). Mit Hilfe dieser Beziehung ließe sich aus Gl. (151) der Verlauf der Trägerdichte in Abhängigkeit von der Tages- und Jahreszeit und dem Ort auf der Erde berechnen. Wir verzichten an dieser Stelle auf eine solche allgemeine und nur auf unsichere Annahmen zu gründende Diskussion des Ionisationszustandes und versuchen, durch vereinfachte Betrachtungen einen Überblick zu gewinnen. Der Zenitwinkel ändert sich um

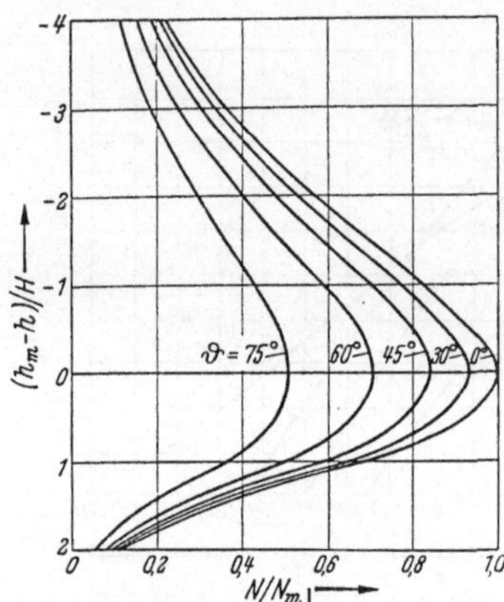

Abb. 38. Relative Trägerdichte $N/N_{m\perp}$ in Abhängigkeit von der Höhe in Einheiten $(h_{m\perp} - h)/H$. nach Gl. 153). Konstanter Wiedervereinigungskoeffizient.

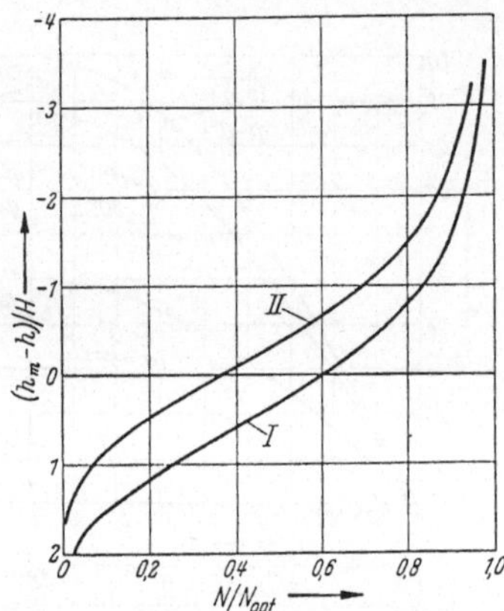

Abb. 39. Kurve I: Relative Trägerdichte N/N_{opt} in Abhängigkeit von $(h_m - h)/H$ für Wiedervereinigungskoeffizient $\alpha = \sigma_0 \cdot e^{-h/H}$. Kurve II: Relative Elektronendichte bei Vernachlässigung der Wiedervereinigung gegenüber der Anlagerung; Anlagerungskoeffizient $\beta = \beta_0 \cdot e^{-h/H}$ (zu S. 57).

die Mittagszeit herum während einer Reihe von Stunden verhältnismäßig wenig, so daß wir ihn angenähert als konstant ansehen können. Wir wollen annehmen, daß in dieser Zeit die Ionendichte einen stationären Zustand erreicht. Dann ist $\dfrac{dN}{dt} = 0$ und

$$N = \sqrt{\frac{q}{\alpha}}. \tag{152}$$

Bei dauernder konstanter Ionisierung wächst die Trägerdichte nicht unbegrenzt an, sie strebt dem durch Gl. (152) gegebenen Grenzwert zu. Für die relative Trägerdichte, bezogen auf die maximale Trägerdichte bei senkrechtem Einfall der Strahlung, folgt

$$\frac{N}{N_{m\perp}} = \sqrt{\frac{q}{q_{m\perp}}} = \sqrt{\cos\vartheta \; e^{1+\frac{h_m-h}{H} - e^{\frac{h_m-h}{H}}}} \tag{153}$$

bzw.

$$\frac{N}{N_{m\perp}} = \sqrt{e^{1+\frac{h_{m\perp}-h}{H} - \sec\vartheta \, e^{\frac{h_{m\perp}-h}{H}}}} \tag{153a}$$

Abb. 38 zeigt die relative Trägerdichte in Abhängigkeit von der Höhe mit dem Zenitwinkel ϑ als Parameter nach Gl. (153). Man erhält diese Kurven, indem man aus den Kurvenwerten von Abb. 34 die Wurzel zieht. Die absolute Höhe der Schicht verschiebt sich bei schiefem Einfall gegenüber dem Wert bei senkrechtem Einfall um einen Betrag, der wie bei der Ionisierungsstärke aus Abb. 35 abzulesen ist.

Unter der Annahme, daß der Koeffizient der Wiedervereinigung proportional mit dem Druck abnimmt:

$$\alpha = \alpha_0\, e^{-\frac{h}{H}},\tag{154}$$

ergibt sich der Verlauf der Trägerdichte in der Schicht zu

oder

$$N = \sqrt{\frac{q}{\alpha}} = \sqrt{\frac{q_m}{\alpha_0}\, e^{1+\frac{h_m}{H}-e^{\frac{h_m-h}{H}}}}\tag{155}$$

$$\frac{N}{N_{\mathrm{opt}}} = \sqrt{e^{-e^{\frac{h_m-h}{H}}}}\tag{156}$$

mit

$$N_{\mathrm{opt}} = \sqrt{\frac{q_m\, e}{\alpha_0\, e^{-\frac{h_m}{H}}}}\,.\tag{156a}$$

Die Beziehung Gl. (156) ist in Abb. 39, Kurve I, dargestellt. Die Trägerdichte steigt nach oben hin an bis zu einem optimalen Wert, welcher nach Gl. (156a) $\sqrt{e}$ mal größer ist als der Wert an der Stelle maximaler Ionisierung. Von einer Höhe ab, in welcher alle Moleküle oder Atome ionisiert sind, muß die Trägerdichte allerdings wieder abnehmen. Wie man aus Abb. 39 ersieht, ist die Schichtdicke von der unteren Grenze bis zum angenäherten Erreichen des optimalen Wertes der Trägerdichte etwa 3 mal so groß wie bei Annahme eines konstanten Wiedervereinigungskoeffizienten (vgl. Abb. 38).

Für das Verhältnis der maximalen Trägerdichte zur Sommer- und Wintersonnenwende folgt

$$\frac{N_s}{N_w} = \sqrt{\frac{\cos\vartheta_s}{\cos\vartheta_w}} = \sqrt{\frac{\sin(\theta+23{,}5°)}{\sin(\theta-23{,}5°)}}\,.\tag{157}$$

Für eine Breite von $51{,}5°$ ($\theta = 38{,}5°$) folgt z. B. der Wert 1,84. Mit Annäherung an den Äquator nimmt dieses Verhältnis ab. Diese einfache Beziehung wird durch Messungen an der E- und F_1-Schicht bestätigt (vgl. S. 180f.).

Um den zeitlichen Verlauf der Trägerdichte N zu erhalten, müssen wir Gl. (151) integrieren, wobei zu berücksichtigen wäre, daß q in seiner Abhängigkeit vom Sonnenstand eine Funktion der Zeit ist. Um einen ungefähren Überblick zu erhalten, wollen wir die grobe Annahme machen, daß q am Tage konstant ist. q ändert sich besonders stark während der Morgen- und Abendstunden. Andererseits ist aber q während dieser Zeiten verhältnismäßig klein. Den Hauptbeitrag zur Ionisation liefern die mittleren Tagesstunden, in denen q sich weniger stark ändert. Zur Zeit $t = 0$ sei $N = N_0$. Dann ergibt die Integration von Gl. (151)

$$N = \sqrt{\frac{q}{\alpha}}\, \mathfrak{Tg}\left\{\mathfrak{Ar\,Tg}\, N_0 \sqrt{\frac{\alpha}{q}} + \sqrt{\alpha q}\, t\right\}.\tag{158}$$

Nach genügend langer Zeit erreicht die Trägerdichte am Tage den durch Gl. (152) gegebenen Endwert.

Während der Nacht ist $q = 0$. Die Integration von Gl. (151) ergibt

$$\frac{1}{N} - \frac{1}{N_0} = \alpha t$$

oder

$$N = \frac{N_0}{1 + N_0 \alpha t}.\tag{159}$$

Als Beispiel nehmen wir an, daß in einer Schicht der Ionosphäre, etwa in der F-Schicht, am Tage die maximale Trägerdichte $1,3 \cdot 10^6$ herrsche (Zahl der positiven Ionen und gleichgroße Zahl von Elektronen). Für den zeitlichen Verlauf soll die Wiedervereinigung maßgebend sein, die Anlagerung von freien Elektronen an Gasmoleküle dagegen keine Rolle spielen. Wir berechnen die zeitliche Abnahme während der Nacht (als Beispiel 10 Std.) nach Gl. (159) und den Anstieg am Tage nach Gl. (158). Abb. 40 zeigt das Ergebnis der Berechnung, für die der Wiedervereinigungskoeffizient zu $8,6 \cdot 10^{-11}$ angenommen wurde. Wir sehen, daß die Abnahme und der Anstieg zunächst rasch, dann langsamer erfolgen. Während der Nacht nimmt die Trägerdichte (entsprechend dem für α angenommenen Wert) auf einen Bruchteil ab. Den Beobachtungen mit elektrischen Wellen entspricht eine Abnahme auf den vierten bis fünften Teil. Auf jeden Fall bleibt wegen der langsamen Wiedervereinigung infolge des niedrigen Luftdruckes über Nacht eine genügende Trägerdichte bestehen. Besondere Ionisatoren, die während der Nacht wirksam sind, wie man sie früher annehmen zu müssen glaubte, erweisen sich als nicht notwendig.

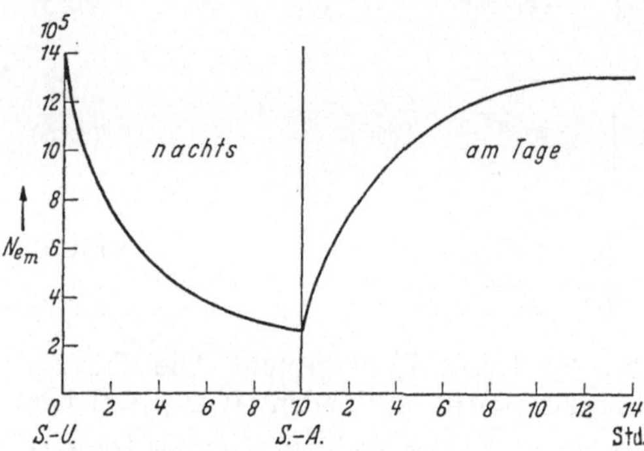

Abb. 40. Maximale Elektronendichte N_{e_m} in Abhängigkeit von der Tageszeit. F-Schicht [70].

4. Freie Elektronen. Anlagerung.

Für die Wellenausbreitung ist es wichtig zu wissen, in welchem Maße freie Elektronen vorhanden sind, da die spezifische Ladung e/m wirksam ist und diese für das leichteste Ion, das Wasserstoffatomion, bereits etwa 2000fach kleiner ist als für ein Elektron. Beim Ionisierungsprozeß entstehen zunächst positive Ionen und freie Elektronen. Die Bildung von negativen Ionen erfolgt durch Anlagerung von freien Elektronen an neutrale Gasmoleküle. Hierzu zeigen die verschiedenen Gase eine verschiedene Neigung („Elektronenaffinität"). In einer Reihe mit steigender Elektronenaffinität kann man die Bestandteile der Luft wie folgt ordnen: Helium, Stickstoff, Wasserstoff, Sauerstoff. Die Affinität von Helium und Stickstoff ist praktisch null, in Wasserstoff ist sie klein, wenn nicht auch null, und nur in Sauerstoff ist sie stark ausgeprägt. Die zeitliche Änderung der Elektronendichte ist durch folgende Gleichung bestimmt:

$$\frac{dN_e}{dt} = q - \alpha N N_e - \beta N_e.\tag{160}$$

N ist die Dichte der positiven Ionen, N_e die Dichte der freien Elektronen. $\alpha N N_e$ freie Elektronen gehen pro Sekunde durch Wiedervereinigung, βN_e durch Anlagerung als solche verloren. Der Anlagerungskoeffizient β ist der Zahl der Zusammenstöße der Elektronen mit den Gasmolekülen und damit dem Druck des anlagerungsfähigen Gases proportional. Im stationären Zustand ist

$$\frac{dN_e}{dt} = 0, \quad N = \sqrt{\frac{q}{\alpha}},$$

also

$$N_e = \frac{q}{\sqrt{q\,\alpha} + \beta}. \tag{161}$$

Ist die Anlagerung zu vernachlässigen, so erhalten wir ($\beta = 0$) die Beziehung Gl. (152), und das Maximum der Elektronendichte fällt gemäß Abb. 38 mit dem Maximum der Ionisierungsstärke zusammen. Ist für die Elektronenbilanz aber hauptsächlich die Anlagerung maßgebend, so ist annähernd

$$N_e = \frac{q}{\beta}. \tag{161a}$$

β ist der Zahl der anlagernden Atome oder Moleküle und damit dem Druck proportional. Wir setzen

$$\beta = \beta_0\, e^{-\frac{h}{H}} \tag{162}$$

und erhalten in ähnlicher Weise wie Gl. (156)

$$\frac{N}{N_{e,\text{opt}}} = e^{-e^{\frac{h_m - h}{H}}} \tag{163}$$

mit

$$N_{e,\text{opt}} = \frac{q_m\, e}{\beta_0\, e^{-\frac{h_m}{H}}}. \tag{163a}$$

Die relative Elektronendichte nach Gl. (163) ist in Abb. 39, Kurve II, eingetragen. Die optimale Elektronendichte ist nach Gl. (163a) e-mal so groß wie an der Stelle maximaler Ionisierung. Findet Anlagerung statt, so haben wir ein Gemisch von positiven und negativen Ionen und freien Elektronen. Die Zahl der freien Elektronen ist am Tage durch Gl. (161) gegeben, die Gesamtzahl der positiven und negativen Träger immer durch Gl. (152). In der Nacht ($q = 0$) folgt durch Integration von Gl. (160), da jetzt N ebenfalls infolge der Wiedervereinigung mit der Zeit abnimmt, für die zeitliche Abnahme der Elektronendichte

$$N_e = \frac{N_{e0}}{1 + N_0\,\alpha\, t}\, e^{-\beta t}. \tag{164}$$

In der unteren Atmosphäre würde man zunächst wegen der ausgeprägten Elektronenaffinität des Sauerstoffs mit einer erheblichen Anlagerung der Elektronen rechnen. Die Echomessungen haben ergeben, daß für den zeitlichen Verlauf mit der Tages- und Jahreszeit offenbar die Wiedervereinigung von positiven und negativen Ladungen maßgebend ist. Wir müssen also, auch wegen der beobachteten magnetischen Doppelbrechung, annehmen, daß freie Elektronen in beträchtlichem Maße vorhanden sind. Dies gilt um so mehr für die obere Ionosphäre.

5. Das ultraviolette Licht der Sonne als regelmäßiger Ionisator.

Voranstehend wurde eine einfache Vorstellung von der Entstehung und der Struktur einer ionisierten Schicht in der hohen Atmosphäre entwickelt. Die Ionisierung der Atmosphäre ergibt eine inhomogene Schichtung, bei der die Trägerdichte von unten nach oben stetig zunimmt bis zu einem Maximum und dann wieder abnimmt (Abb. 38 oder Abb. 39). Bei der Frage nach den ionisierenden Strahlungen (Ionisatoren) muß man berücksichtigen, daß die Beobachtung das Vorhandensein von mehreren solchen Schichten ergeben hat. Man unterscheidet im allgemeinen vier Schichten, die E_1- und E_2-Schicht in 100 km Höhe und darüber, die F_1- und F_2-Schicht etwa oberhalb 200 km Höhe.

Als wesentlicher und regelmäßiger Ionisator ist das ultraviolette Licht der Sonne anzusehen [124]. Dieses ist, wie LENARD (1900) gezeigt hat, imstande, verschiedene Gase zu ionisieren, und zwar durch direkte Einwirkung auf das Gasmolekül selbst. Nach den Vorstellungen der Quantentheorie ionisiert nur solches Licht, dessen Wellenlänge kürzer ist als eine Grenzwellenlänge λ_m. Diese hängt mit der Ionisierungsspannung V des Gases zusammen durch

$$\lambda_m = \frac{12400}{V} \qquad (\lambda \text{ in Å, } V \text{ in Volt}). \qquad (165)$$

Tab. 3 zeigt die Ionisierungsspannungen der drei in Frage kommenden Gase und die entsprechenden Grenzwellenlängen.

Tabelle 3. *Ionisierungsspannungen und Grenzwellenlängen der Gase der Luft.*

Gas	N_2	N	O_2	O	H_2	H	He
Ionisierungsspannung (Volt).	15,51	14,55	12,2	13,62	15,43	13,59	24,56
Grenzwellenlänge (Å). . . .	799	852	1016	910	803	912	505

Die Werte entsprechen der Abspaltung eines Elektrons aus dem Grundzustand der Atome bzw. Moleküle. Die Ionisierungsspannungen liegen über 10 V, so daß nur das Spektrum unter 1200 Å in Frage kommt. Dieser im äußersten Ultravioett liegende Spektralbereich ist dem Experiment schwer zugänglich, und für die weitere Beurteilung der Verhältnisse in der Ionosphäre stehen noch nicht genügend Daten zur Verfügung. Man kann durch Berechnung zeigen, daß eine den Beobachtungen entsprechende genügend starke Ionisierung durch das ultraviolette Licht der Sonne denkbar ist [70]. Dies gilt für die Gase Sauerstoff, Stickstoff und Wasserstoff, während eine ins Gewicht fallende Ionisierung von Helium wegen der hohen Ionisierungsspannung ausgeschlossen erscheint. Der Vollständigkeit halber sei darauf hingewiesen, daß auch noch andere Ionisierungsprozesse vorkommen können, z. B. Dissoziation und Ionisierung (vgl. [122]). Es wurde oben schon darauf hingewiesen, daß man infolge der großen Verdünnung der Gase und der intensiven Bestrahlung durch das gesamte Spektrum der Sonne damit rechnen muß, daß sich die Gase oberhalb gewisser Höhen zum Teil oder ganz im atomaren Zustand befinden und wegen der kleineren Ionisierungsspannung erst recht genügend stark ionisiert werden können. Die experimentell erwiesene Bildung mehrerer Schichten durch das ultraviolette Licht in verschiedenen Höhen muß nach Tab. 3 dadurch erklärt werden, daß bestimmte Gebiete des ultravioletten Spektrums in verschiedenen Gasen der Atmosphäre absorbiert werden. Die verschiedenen Werte des Absorptionskoeffizienten und des Partialdruckes der einzelnen Gase ergeben verschiedene Höhen der Schichten.

Wir haben bisher angenommen, daß die Ladungsträger sich nicht sehr weit von ihrem Entstehungsort entfernen, so daß überall etwa gleich viel positive und negative Ladungsträger vorhanden sind. Die Schichten befinden sich dann dort, wo die Ladungsträger gebildet wurden, und weisen die Struktur auf, welche durch die Entstehung gegeben ist. Die durch das ultraviolette Licht abgespaltenen Elektronen besitzen eine geringe Voltgeschwindigkeit und werden durch Diffusion von den Orten hoher zu denen geringer Dichte nur geringe Wege zurücklegen.

L. VEGARD [240] kommt auf Grund der Nordlichtbeobachtung zu einer interessanten andersartigen Vorstellung. Er nimmt an, daß die Sonne neben der kurzwelligen Temperaturstrahlung (ultraviolettes Licht) eine sehr kurzwellige Strahlung von der Art der weichen Röntgenstrahlen aussendet. Hierbei entstehen rasche Sekundärstrahlen, die auf Grund ihrer hohen Geschwindigkeit in sehr große Höhen wandern und dort eine die Erde umhüllende ständige Elektronenwolke bilden, welche VEGARD mit der F_2-Schicht identifiziert. Die F_1-Schicht wird nach seiner Auffassung vom ultravioletten Licht der Sonne gebildet. Bezüglich weiterer Vorstellungen über Entstehungsursachen und weiterer Einzelheiten verweisen wir auf zusammenfassende Darstellungen [70, 161, 27, 52, 191, 145].

Der Absorptionskoeffizient: Wir definieren den Absorptionskoeffizienten K, indem wir die Abnahme der Intensität in einem homogenen Gas unter Normalbedingungen (0° C, 760 mm Hg) durch folgendes Gesetz darstellen:

$$I = I_0 \, e^{-K\,r}. \tag{166}$$

Kennt man den Absorptionskoeffizienten und den Partialdruck des betreffenden Gases, so kann man nach Gl. (141) die Höhe des Maximums der Schicht und nach Gl. (153) ihren Verlauf mit der Höhe berechnen. Eine solche Berechnung wurde erstmalig vom Verfasser vorgenommen. Das Ergebnis dieser Berechnung (berechnet wurde die Ionisierungsstärke für senkrechten Einfall der Strahlung in Luft allgemein, ohne Berücksichtigung eines einzelnen Gases) ist in Abb. 41 dargestellt. Es ergibt sich eine Schicht, die etwa in 100 km Höhe beginnt und in etwa 112 km Höhe ihr Maximum hat. An dieser Stelle liegt der stärkste Abfall der Intensität der ionisierenden Strahlung. In mittleren Breiten würde die Schicht am Sommermittag rd. 0,5 bis 0,8 H, d. h. rd. 5 bis 8 km höher liegen.

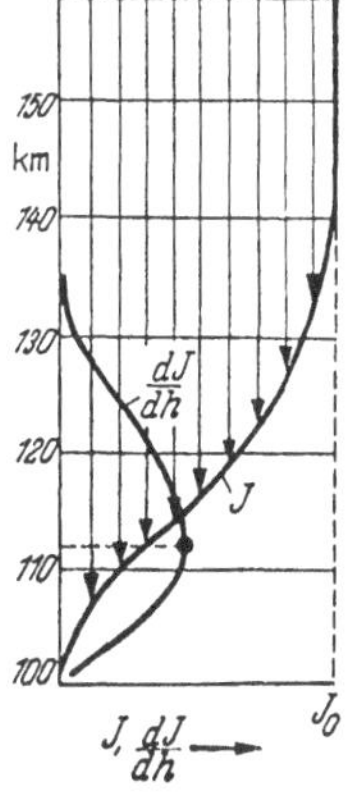

Abb. 41. Berechnete Ionosphärenschicht (E-Schicht). I = Intensität der ionisierenden Strahlung, dI/dh = Ionisierungsstärke [124].

Als Absorptionskoeffizient wurde ein Wert 2,7 cm^{-1} angenommen, der aus den Messungen von LENARD und RAMSAUER abgeleitet wurde [129]. Aus neueren Messungen [207] ergibt sich ein erheblich höherer Wert des Absorptionskoeffizienten für ultraviolettes Licht, nämlich rd. 300 cm^{-1} für Stickstoff und rd. 100 für Sauerstoff.

6. Unregelmäßige Ionisierung. Der Zusammenhang mit den Schwankungen des Erdmagnetfeldes, dem Polarlicht und der Sonnentätigkeit.

Die tagesperiodische Schwankung des Erdmagnetfeldes hat schon lange, bevor es eine drahtlose Telegraphie gab, zur Annahme einer leitenden Schicht in großen Höhen geführt (STEWART 1878, SCHUSTER 1886). Die Erklärung dieser Schwankung ist folgende: Infolge der vorwiegend horizontalen tagesperiodischen

Bewegungen der Atmosphäre (hervorgerufen durch Erwärmung und Abkühlung, Ebbe- und Flutkräfte) verschiebt sich die Atmosphäre relativ zum Erdmagnetfeld, wodurch in der leitenden Schicht Ströme induziert werden. Man spricht vom „atmosphärischen Dynamo". Das Magnetfeld der Erde ist der feststehende Magnet, die Atmosphäre der bewegte Anker. Die leitende Schicht entspricht den Wicklungen, in denen die Ströme fließen. Für den Hauptstromwirbel über der Tageshalbkugel ergibt sich eine Stromstärke von der Größenordnung 100000 A. Das magnetische Feld dieser Ströme liefert einen Beitrag zum Erdmagnetfeld. Die Höhenlage der wirksamen Schicht läßt sich aus den erdmagnetischen Beobachtungen allein nicht ableiten. Man wird zunächst annehmen, daß die gesamte Ionosphäre beteiligt ist.

Sowohl im Zustand der Ionosphäre als auch im Erdmagnetfeld sind die regelmäßigen, dem Sonnenstand parallel laufenden Schwankungen stark überdeckt von unregelmäßigen Änderungen, die in vielen Fällen gleichzeitig auftreten. Besonders bekannt sind diejenigen Änderungen, als deren Ursache wir geladene *Korpuskularstrahlen* annehmen, die mit hoher Geschwindigkeit von der Sonne her in die Erdatmosphäre eindringen. Unter der Einwirkung des Erdmagnets beschreiben diese Strahlen bei Annäherung an die Erde gekrümmte Bahnen, und sie werden vorwiegend in die Nähe der Pole abgelenkt, wo sie das Nordlicht erzeugen (Theorie von BIRKELAND und STÖRMER, vgl. [5]). Diese Störungen der Ionosphäre und des Erdmagnetfeldes sind deshalb in der Nähe der Pole am größten und nehmen nach dem Äquator zu an Häufigkeit ab. Die Natur der Strahlen ist nicht mit Sicherheit bekannt. Sie können auf den gekrümmten Bahnen auch die Nachtseite der Erde erreichen.

Bei einer anderen sehr interessanten Störung der Ionosphäre, der MÖGEL-*schen Kurzstörung* (vgl. S. 128), die ihre Ursache ebenfalls in einer besonderen Strahlung von der Sonne hat, ist ein Zusammenhang mit magnetischen Störungen nicht immer festzustellen. Man wendet hier das Interesse besonders den Vorgängen auf der Sonne zu, welche die Störungen in vielen Fällen begleiten. Die starke Änderung der mittleren Trägerdichte der Ionosphäre mit der elfjährigen Sonnenfleckenperiode deutet auf allgemeine Zusammenhänge hin. Wenn ein solcher Zusammenhang bei den einzelnen Vorgängen nicht immer beobachtet wird, so kann dies seinen Grund darin haben, daß der entsprechende Vorgang auf der Sonne zufällig nicht beobachtet wurde oder aber daß er mit den zur Verfügung stehenden Mitteln nicht zu beobachten ist. Die laufende Beobachtung der Ionosphäre wird weitere Tatsachen erbringen und unter Umständen zur Entdeckung der Wirkung von Strahlungen der Sonne führen, die uns bisher nicht bekannt geworden sind. Man wird sich ferner bei den beobachteten Veränderungen der Ionosphäre die Frage vorlegen müssen, ob und welche Änderungen des Erdmagnetfeldes in den einzelnen Fällen zu erwarten sind und ob diese von den vorhandenen erdmagnetischen Apparaten angezeigt werden. Die Sonnentätigkeit wird als gemeinsame Ursache der Ionosphären- und erdmagnetischen Störungen ein besonderes Interesse beanspruchen.

F. Der Einfluß der Ionosphäre auf die Wellenausbreitung.

Die Bedeutung der Ionosphäre für die Ausbreitung elektromagnetischer Wellen über die Erde liegt darin, daß die Wellen in gewissen Frequenzbereichen von der Ionosphäre reflektiert werden. Die Bodenwelle ist charakterisiert durch ihre verhältnismäßig beschränkte Reichweite und große Konstanz der Empfangsverhältnisse. Demgegenüber ergeben die an der Ionosphäre reflektierten und sich vorwiegend im Luftraum zwischen Erde und Ionosphäre ausbreitenden

Luftwellen zum Teil erheblich größere Reichweiten. Ihre Feldstärke ist aber großen zeitlichen Schwankungen unterworfen, welche durch entsprechende zeitliche Schwankungen im Zustand der Ionosphäre bedingt sind.

Als bestimmende Größe für die Ausbreitung elektromagnetischer Wellen betrachten wir den komplexen Brechungsindex (vgl. S. 4). Der Brechungsindex eines ionisierten Gases (Ionosphäre) ist durch Gl. (28) gegeben, wenn wir die Dämpfung und die Einwirkung des Magnetfeldes nicht in Betracht ziehen. Wir sehen aus dieser Formel, daß für genügend hohe Frequenzen der Brechungsindex 1 wird. Die entsprechenden Wellen gehen ungehindert durch die Ionosphäre hindurch. Mit abnehmender Frequenz weicht der Brechungsindex immer mehr von 1 ab, sein Quadrat kann null und negativ werden. Es tritt dann eine Reflexion der Wellen auf, so daß die in den Raum hinausgestrahlten Wellen zur Erde zurückgelangen und zu großen Reichweiten Anlaß geben. Die Frequenz, bei welcher die Reflexion einsetzt, ist durch die Trägerdichte in der Ionosphäre gegeben. Da diese zeitlich und mit dem Ort auf der Erde sich ändert, ist die obere Grenze des an der Ionosphäre reflektierten Frequenzgebietes nicht fest gegeben. Sie liegt im Mittel am Tage etwa bei 30 MHz ($\lambda = 10$ m). Es ist dies eine Frequenz, welche zu Beginn der drahtlosen Telegraphie außerhalb des praktisch verwendbaren Frequenzbereiches lag. Durch die Entwicklung der Hochvakuumröhren sind aber sehr viel höhere Frequenzen für die Praxis verwendbar gemacht worden. Man bezeichnet die Wellen über 30 MHz ($\lambda < 10$ m) als ultrakurze Wellen. Es sind dies diejenigen Wellen, bei denen eine regelmäßige und für die Praxis nutzbare Reflexion an der Ionosphäre nicht stattfindet. Wohl kann es gelegentlich bei besonders starker Ionisation vorkommen, daß ultrakurze Wellen etwa bis 60 MHz (5 m) an der Ionosphäre reflektiert werden. Praktisch wird jedoch die Ausbreitung dieser Wellen durch die Beugung an der Erde und die Brechung in der unteren Atmosphäre bestimmt. Wir behandeln demnach hier die Ausbreitung der Wellen bis zu 30 MHz (also $\lambda > 10$ m). Infolge der in Gl. (28) zum Ausdruck kommenden quadratischen Abhängigkeit des Brechungsindex von der Frequenz ändern sich die Ausbreitungsbedingungen in der Ionosphäre rasch mit wachsender Wellenlänge. Man teilt das Wellengebiet über 10 m im allgemeinen ein in die kurzen Wellen (30 bis 1,5 MHz bzw. 10 bis 200 m), die mittleren Wellen (1,5 bis 0,15 MHz bzw. 200 bis 2000 m) und die langen Wellen (150 bis 15 KHz bzw. 2000 bis 20000 m). Bereits im Gebiet der kurzen Wellen ist die Ausbreitung in der Ionosphäre eine wesentlich andere für Wellen unter 3 MHz, d. h. über 100 m, als z. B. für die kürzeren Wellen. Besonders eingehend werden wir die Ausbreitung der kurzen Wellen von etwa 30 bis 6 MHz (10 bis 50 m Wellenlänge) behandeln, deren große, die ganze Erde umfassende Reichweiten nur auf der Reflexion an der Ionosphäre beruhen, während die Bodenwelle keine Rolle spielt.

1. Die Gültigkeit des Brechungsgesetzes für die Ausbreitung der kurzen Wellen in der Ionosphäre.

Die Annahme, daß die Ionosphäre dadurch entsteht, daß ionisierende Strahlungen von außen her in die Erdatmosphäre eindringen, ergibt ein bestimmtes Bild vom Aufbau der Ionosphäre. Sie besteht aus einer bzw. mehreren Schichten, in denen die Trägerdichte von unten nach oben zunimmt bis zu einem Maximum und dann wieder abnimmt. In der Richtung parallel zur Erdoberfläche findet ebenfalls eine wenn auch nur langsame Änderung der Trägerdichte statt, die in der Hauptsache durch den Sonnenstand gegeben ist. Wir vernachlässigen diese Änderung und machen für die Berechnung die Annahme, daß die Trägerdichte auf zur Erde konzentrischen Kugeloberflächen konstant ist. Die Ionosphäre ist demnach ein *inhomogenes Medium* mit einer parallel zur Erdoberfläche verlaufenden Schichtung. Die Theorie hat die Feldgleichungen für dieses inhomogene Medium zu lösen, indem sie den Brechungsindex als Funktion einer Koordinate, nämlich der Höhe, einführt. Wir wollen auf dieses komplizierte Problem hier nicht näher eingehen (vgl. [*69, 70*]). Bei den kurzen Wellen können wir die Annahme machen, daß die Änderung des Brechungsindex auf dem Wege einer Wellenlänge gering ist, und die Dämpfung vernachlässigen. Infolge des allmählichen Übergangs findet beim Eintritt in die Ionosphäre keine Reflexion statt. Die Wellen dringen in die Ionosphäre ein, und für die Ausbreitung in der Ionosphäre lassen sich folgende einfache Gesetzmäßigkeiten ableiten:

1. Die Wellennormale befolgt das Brechungsgesetz.

2. Eine Reflexion findet infolge der stetigen Änderung des Brechungsindex längs des Weges der Wellen im allgemeinen nicht statt bis zu einer bestimmten Stelle, und hier tritt dann Totalreflexion auf. Diese Stelle (Reflexionsstelle) ist diejenige, an der nach dem Brechungsgesetz die Wellennormale streifend zur Schichtung verläuft. Bei senkrechter Inzidenz findet die Reflexion an der Stelle $n = 0$ statt.

Infolge dieser einfachen Gesetze können wir bei der Behandlung der Kurzwellenausbreitung eine den Methoden der geometrischen Optik entsprechende geometrische Betrachtungsweise anwenden. Die von der Sendeantenne ausgehende Kugelwelle stellen wir uns als Strahlenbündel vor und berechnen die einzelnen Strahlenwege.

Das Brechungsgesetz lautet für ein ebenes geschichtetes Medium

$$n \sin \varphi = \text{konst.}, \tag{167}$$

worin φ an jeder Stelle der Winkel des Strahles mit dem Einfallslot ist. Unterhalb der Ionosphäre ist $n = 1$. Verstehen wir deshalb unter φ_0 den Einfallswinkel in die Ionosphäre und unter ψ den Winkel, den der Strahl am Sender mit der Erdoberfläche einschließt, dann ist

$$n \sin \varphi = \sin \varphi_0 = \cos \psi. \tag{167a}$$

Berücksichtigen wir die Krümmung der Erde, dann erhält das Brechungsgesetz die Form [*70*]

$$n \, r \sin \varphi = \text{konst.} \tag{168}$$

($r = $ Entfernung vom Erdmittelpunkt). An der Erdoberfläche ist $r = R$ (Erdradius), $\sin \varphi = \cos \psi$, $n = 1$. Also ist

$$n \, r \sin \varphi = R \cos \psi. \tag{168a}$$

Ist h die Höhe über dem Erdboden, also $r = R + h$, so folgt

$$n \sin \varphi = \frac{R}{R+h} \cos \psi = \frac{\cos \psi}{1 + \dfrac{h}{R}}. \tag{168b}$$

Für $R = \infty$ erhalten wir Gl. (167a) für ebene Erde.

Der Weg eines Strahles ist in Abb. 42 schematisch dargestellt. Dem Brechungsgesetz entsprechend wird beim Eindringen in die Ionosphäre der Strahl vom Einfallslot weggebrochen, verläuft im höchsten Punkt, d. h. an der Reflexionsstelle, streifend zur Schichtung und kehrt auf einem spiegelbildlich symmetrischen Weg zur Erde zurück.

Die hier zugrunde gelegte Annahme, daß in der Ionosphäre die Trägerdichte von unten nach oben langsam zunimmt und parallel zur Erde geschichtet ist, entspricht dem normalen Ionisationszustand. Bei bestimmten Störungen wird man aber auch eine wesentliche Änderung der Struktur der Ionosphäre in Betracht ziehen müssen. Es kann dies z. B. eine Wolkenbildung sein oder eine abnorm starke bzw. abnorm geringe Änderung

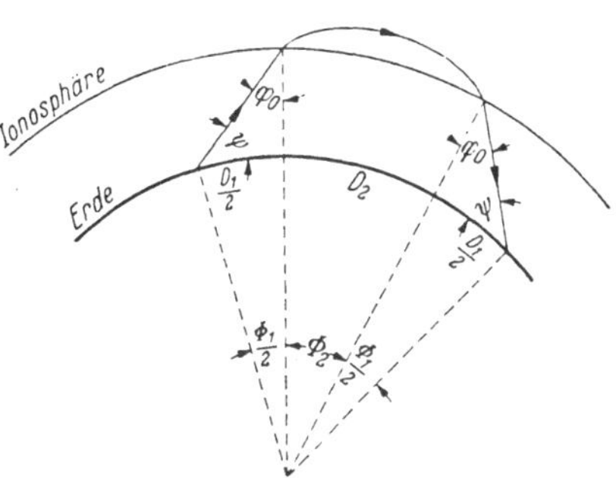

Abb. 42. Weg eines Strahles längs der Erdoberfläche. $D = D_1 + D_2$ [70].

der Trägerdichte mit der Höhe. In solchen Fällen sind unsere Betrachtungen nicht anwendbar, und es werden besondere Berechnungen notwendig sein.

2. Die Reichweite der kurzen Wellen bei einmaliger Reflexion in der Ionosphäre.

Diejenige Entfernung längs der Erdoberfläche, in welcher ein unter bestimmtem Winkel vom Sender ausgehender Strahl zur Erde zurückkehrt, nennen wir seine Reichweite D. Es ist

$$D = D_1 + D_2, \qquad (169)$$

wo D_2 dem gekrümmten Weg des Strahles in der Ionosphäre, D_1 dem geradlinigen Weg zwischen Erde und Ionosphäre (Abb. 42) entsprechen. Zur Berechnung von D_2 müssen wir den Brechungsindex n als Funktion der Höhe kennen. Wir vernachlässigen den Einfluß des Erdmagnetfeldes und der Dämpfung und setzen nach Gl. (28)

$$n^2 = 1 - \frac{4\pi N \dfrac{e^2}{m}}{\omega^2} = 1 - \frac{f_0^2}{f^2} \qquad (170)$$

mit

$$f_0^2 = \frac{N e^2}{\pi m}. \qquad (171)$$

Der Verlauf der Trägerdichte N ist durch Gl. (153) bzw. Abb. 38 als Funktion der Höhe gegeben. Für die Reflexion der Wellen ist nur der Teil der Schicht unterhalb des Maximums maßgebend. Hier läßt sich die Trägerdichte mit guter Annäherung durch eine *parabolische Ersatzschicht* darstellen [70]:

$$N = N_m(2\zeta - \zeta^2). \qquad (172)$$

Hierin ist $\zeta = \dfrac{z}{C}$ die *relative Höhe* in der Schicht, z die Höhe in der Schicht, gerechnet von der unteren Grenze (Entfernung vom Erdmittelpunkt r_0), und C die halbe Schichtdicke, so daß in der Ionosphäre für die Entfernung vom Erdmittelpunkt gilt

$$r = r_0 + z = r_0 + C\zeta. \qquad (173)$$

Es folgt

$$n^2 = 1 - \frac{f_k^2}{f^2}(2\zeta - \zeta), \tag{174}$$

wobei

$$f_k^2 = \frac{N_m\, e^2}{\pi\, m} \tag{175}$$

die später einzuführende kritische Frequenz ohne Magnetfeld bzw. auch der ordentlichen Welle ist. Zur Berechnung von D_2 gehen wir von der identischen Gleichung

$$\operatorname{tg}\varphi = \frac{\sin\varphi}{\cos\varphi} = \frac{\sin\varphi}{\sqrt{1 - \sin^2\varphi}}$$

aus. Nach dem Brechungsgesetz Gl. (168) ist

$$\sin\varphi = \frac{n_0\, r_0}{n\, r}\sin\varphi_0.$$

Also ist

$$\operatorname{tg}\varphi = \frac{n_0\, r_0 \sin\varphi_0}{\sqrt{n^2\, r^2 - n_0^2\, r_0^2 \sin^2\varphi_0}}.$$

Nun ist

$$\operatorname{tg}\varphi = r\frac{d\Phi}{dr}, \qquad d\Phi = \frac{dr}{r}\operatorname{tg}\varphi.$$

Also wird mit $n_0 = 1$

$$\Phi_2 = \int \frac{r_0 \sin\varphi_0}{\sqrt{n^2\, r^4 - r^2\, r_0^2 \sin^2\varphi_0}}\, dr, \tag{176}$$

und es ist dann

$$D_2 = R\,\Phi_2.$$

Indem wir $r = r_0 + z$ einführen und beachten, daß $\frac{z}{r_0} \ll 1$ ist, können wir das Integral näherungsweise überführen in

$$D_2 = R\frac{\sin\varphi_0}{r_0}\int \frac{dz}{\sqrt{\cos^2\varphi_0 - \left(\frac{2}{C}\frac{f_k^2}{f^2} - \frac{2}{r_0}\sin^2\varphi_0\right)z + \frac{1}{C}\frac{f_k^2}{f^2}z^2}}. \tag{177}$$

Für ebene Erde $(r = r_0 = R = \infty)$ wird

$$D_2 = \sin\varphi_0\int \frac{dz}{\sqrt{\cos^2\varphi_0 - \frac{2}{C}\frac{f_k^2}{f^2}z + \frac{1}{C}\frac{f_k^2}{f^2}z^2}}. \tag{178}$$

Die Integration ergibt

$$D_2 = \alpha\, C \sin\varphi_0 \ln\frac{1 + \alpha\cos\varphi_0}{1 - \alpha\cos\varphi_0} \tag{178a}$$

mit $\alpha = f/f_k$. Das Integral für gekrümmte Erde Gl. (177) stimmt formal mit dem für ebene Erde überein. Die Integration ergibt analog

$$D_2 = \frac{R}{r_0}\alpha'\, C \sin\varphi_0 \ln\frac{1 + \alpha'\cos\varphi_0}{1 - \alpha'\cos\varphi_0} \tag{177a}$$

mit

$$\alpha' = \frac{\alpha}{1 - \frac{C}{r_0}\frac{f^2}{f_k^2}\sin^2\varphi_0}. \tag{179}$$

Die Krümmung der Erde ergibt also gegenüber einer als eben angenommenen Erde ein mit abnehmender Frequenz kleiner werdendes Korrektionsglied. Treibt man die Näherung noch weiter, so treten weitere Korrektionsglieder auf, die bei der Berechnung der Feldstärke eine Fokussierung bei flacher Ausstrahlung (großen Reichweiten) ergeben [187]. Indem wir entsprechende Ausdrücke für D_1 hinzufügen, erhalten wir nach Gl. (169) für die Reichweite bei ebener Erde (h_0 = Höhe der Ionosphäre über dem Erdboden)

$$D = 2h_0 \,\mathrm{tg}\,\varphi_0 + \alpha\,C \sin\varphi_0 \ln \frac{1 + \alpha \cos\varphi_0}{1 - \alpha \cos\varphi_0}. \tag{180}$$

und bei Berücksichtigung der Erdkrümmung angenähert

$$D = R\,\Phi_1 + \frac{R}{R + h_0}\,\alpha'C \sin\varphi_0 \ln \frac{1 + \alpha' \cos\varphi_0}{1 - \alpha' \cos\varphi_0}. \tag{181}$$

Die Reichweite wurde nach Gl. (181) für verschiedene Frequenzen in Abhängigkeit vom Einfallswinkel φ_0 berechnet und das Resultat in Abb. 43 dargestellt, wobei statt des Winkels φ_0 der Ausstrahlungswinkel ψ eingeführt wurde. Für die Berechnung müssen bestimmte Annahmen für die in Gl. (181) vorkommenden Größen gemacht werden. Die halbe Schichtdicke wurde zu $C = 200$ km und die Höhe der unteren Grenze der Schicht ebenfalls zu 200 km angenommen. Die Mitwirkung darunterliegender Schichten wird nicht in Rechnung gezogen. Für die maximale Trägerdichte setzen wir $N_m = 1{,}3 \cdot 10^6$ Elektronen pro cm³, was etwa einem maximal am Tage vorkommenden Wert entspricht.

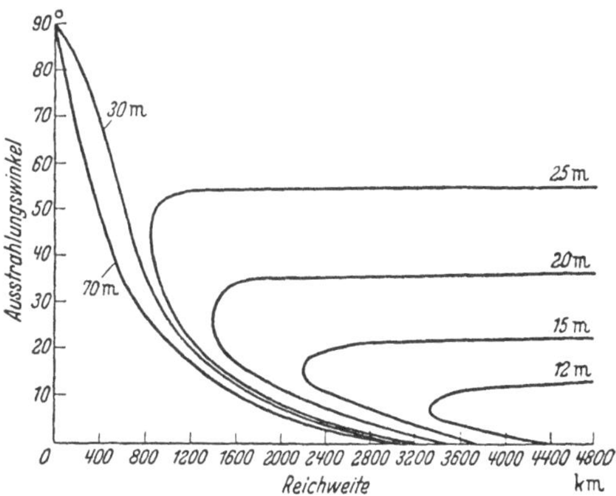

Abb. 43. Reichweite in Abhängigkeit vom Ausstrahlungswinkel ψ für verschiedene Wellenlängen am Tage [70].

Wie aus der Abb. 43 zu ersehen ist, ändert sich die Reichweitenkurve bei Frequenzen zwischen 10 und 4,3 MHz (Wellenlängen 30 bis 70 m) nur wenig. Diese Wellen dringen nur in geringem Maße in die ionisierte Schicht ein; die Reichweite wird hauptsächlich durch den von der Frequenz unabhängigen Weg außerhalb der Schicht bestimmt. Im Wellengebiet zwischen 30 und 10 MHz ($\lambda = 10$ bis 30 m) dagegen bemerken wir eine starke Änderung der Reichweitenkurve mit der Frequenz. Dieses Gebiet ist dadurch charakterisiert, daß die Wellen tief in die Schicht eindringen. Bei stärkerer oder geringerer Ionisation verschiebt sich dies Gebiet nach kürzeren bzw. längeren Wellen.

Für jede Frequenz in Abb. 43 existiert ein *Grenzausstrahlungswinkel*, der z. B. bei 20 MHz ($\lambda = 15$ m) etwa 20° beträgt. Strahlen, welche unter größerem Winkel vom Sender ausgehen, werden nicht mehr zur Erde zurückreflektiert. In der drahtlosen Telegraphie war man nach anfänglichen Versuchen mit längeren Wellen (etwa 70 m) sehr bald zu den kürzesten Wellen übergegangen (am Tage unter 20 m). Auch zeigte sich das Bestreben, durch Bündelung der Strahlen den Empfang zu verbessern. Vom Standpunkt der Theorie aus hat der Verfasser im Jahre 1926 für die kürzesten Wellen die Forderung einer *flachen*

Ausstrahlung abgeleitet [*124*]. Dies hat sich dann in den nächsten Jahren in der Praxis als richtig erwiesen und ist hier von großer Bedeutung geworden. Die modernen Richtstrahler, welche die ganze Energie in einen wenig zur Erde geneigten Raumwinkel hinausstrahlen, sind ein typisches Kennzeichen der Kurzwellentelegraphie.

Betrachtet man in Abb. 43 die Reichweitenkurve für eine bestimmte Frequenz, so sieht man, daß die Reichweite von einem relativ großen Wert bei horizontaler Ausstrahlung (3000 bis 4000 km) mit wachsendem Ausstrahlungswinkel zunächst abnimmt bis zu einem Minimum und dann in einem kleinen Winkelbereich sehr schnell auf hohe Werte anwächst. Wie dies zustande kommt, sehen wir aus Abb. 44, wo der Strahlengang für eine mittlere Frequenz aus Abb. 43 schematisch dargestellt ist. Der Weg der Welle außerhalb der Schicht

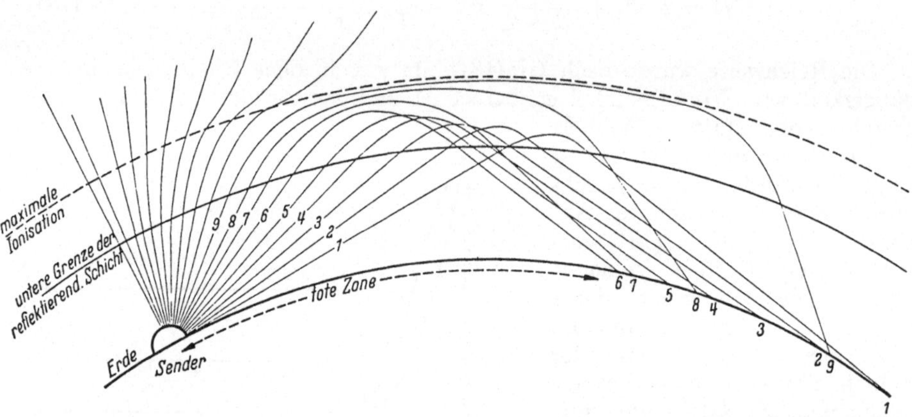

Abb. 44. Schematische Darstellung des Strahlenganges bei einmaliger Reflexion in der Ionosphäre für eine kurze Welle [*70*].

nimmt mit wachsendem Ausstrahlungswinkel zunächst schnell, dann immer langsamer ab, der Weg in der Schicht aber umgekehrt zunächst langsam, dann immer schneller zu. Die Reichweite als Summe beider durchläuft ein Minimum, welches der Sprungentfernung entspricht. Die großen Reichweiten in der Nähe des Grenzausstrahlungswinkels kommen dadurch zustande, daß die Strahlen bis in die Nähe des Maximums der Schicht vordringen, wo sich die Trägerdichte und damit der Brechungsindex nur wenig mit der Höhe ändern. Hier erfährt der Strahl nur eine geringe Krümmung und kann weite Wege annähernd parallel zur Erdoberfläche zurücklegen.

Bei Berücksichtigung des Erdmagnetfeldes nehmen die Strahlenwege (sowohl des o. als auch des a.o. Strahls) in der Ionosphäre eine kompliziertere Gestalt an. Ein genaueres Bild dieses Strahlverlaufs ist in neueren Arbeiten entwickelt worden, auf die hier nicht näher eingegangen werden kann [*172, 173, 174*].

Denjenigen Teil der Strahlung, für den die Reichweite mit wachsendem Ausstrahlungswinkel abnimmt (Strahl 1 bis 6), bezeichnen wir als *Nahstrahlung*, den in einem relativ kleinen Winkelbereich liegenden Teil, in welchem die Reichweite mit wachsendem Ausstrahlungswinkel zunimmt (Strahl 7 bis 9), als *Fernstrahlung*. Die Fernstrahlung ist derjenige Teil, welcher lange Wege in der Ionosphäre zurücklegt. Die Nahstrahlung pflanzt sich hauptsächlich zwischen der Erde und der reflektierenden Schicht fort. Es wurde nun zunächst angenommen, und dies war viele Jahre hindurch die allgemeine Auffassung, daß die Fernübertragung mit kurzen Wellen auf dem Wege der Fernstrahlung, also auf langen Wegen in der Schicht annähernd parallel zur Erdoberfläche, erfolgt. Die Nahstrahlung erreicht bei einmaliger Reflexion an der Schicht im Höchstfall, nämlich bei horizontaler Abstrahlung, eine Reichweite von etwa 4000 km. Größere Entfernungen kann die Nahstrahlung nur auf dem Wege der mehrfachen Reflexion zwischen Erde und Ionosphäre erreichen (Zickzackreflexion). Die wichtige Frage, ob Fernstrahlung oder Zickzackreflexion, läßt sich mit Hilfe der folgenden Feldstärkenberechnung entscheiden.

3. Die Feldstärke der kurzen Wellen bei einmaliger Reflexion in der Ionosphäre.

Wir führen die Feldstärkenberechnung unter Anwendung der bisherigen geometrischen Betrachtungsweise aus [70, 72]. Das räumliche Strahlungsdiagramm sei halbkugelförmig, und die Strahlungsleistung betrage 1 kW. Wir denken uns um den Sender eine Halbkugel vom Radius ϱ. Die durch die Flächeneinheit (1 cm²) dieser Kugel fließende Leistung sei N_1. Dann wird in den zu $d\psi$ gehörenden räumlichen Kegelwinkel (Abb. 45) ausgestrahlt

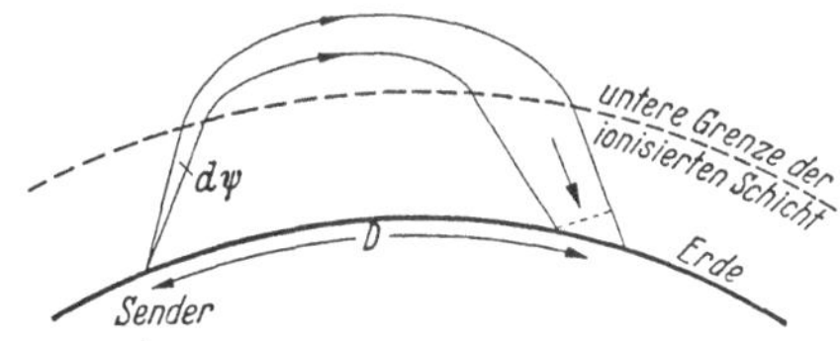

Abb. 45. Die Ausbreitung der in den zu $d\psi$ gehörenden räumlichen Kegelwinkel ausgestrahlten Energie [70, 72].

$$dN_\psi = 2\varrho^2\pi \cos\psi\, d\psi\, N_1.$$

Diese Leistung ist am Empfänger im Abstand D gegeben durch

$$dN_D = 2R \sin\left(\frac{D}{R}\right)\pi\, dD \sin\psi\, N_2.$$

N_2 ist die Leistung, welche durch 1 cm² senkrecht zur Strahlenrichtung fließt. Es folgt aus $dN_\psi = dN_D$

$$N_2 = N_1\,\varrho^2 \operatorname{ctg}\psi\, \frac{1}{R\sin\left(\dfrac{D}{R}\right)}\, \frac{d\psi}{dD}.$$

Nun ist nach Gl. (13), S. 5,

$$N = \frac{c}{4\pi}E^2,$$

also

$$E_2 = E_1\varrho\sqrt{\operatorname{ctg}\psi\, \frac{1}{R\sin\left(\dfrac{D}{R}\right)}\, \frac{d\psi}{dD}}. \tag{182}$$

Die gesamte vom Sender ausgestrahlte Leistung ist ($F =$ Oberfläche der Halbkugel vom Radius ϱ)

$$\int_F N_1\, dF = \frac{c}{4\pi}E_1^2\, 2\varrho^2\pi = \frac{c}{2}E_1^2\varrho^2.$$

Diese haben wir zu 1 kW $= 10^{10}$ erg/sec angenommen. Also folgt

$$E_1\varrho = \sqrt{\frac{2\cdot 10^{10}}{c}} = 0{,}817.$$

Für 1 kW Strahlungsleistung folgt demnach für die Feldstärke am Empfänger

$$E = 0{,}817 \sqrt{\frac{\operatorname{ctg}\psi}{R\sin\left(\dfrac{D}{R}\right)}\cdot\frac{d\psi}{dD}}\ \text{el.-stat. Einh.} \\[4mm] = 2{,}45\cdot10^7 \sqrt{\frac{\operatorname{ctg}\psi}{R\sin\left(\dfrac{D}{R}\right)}\,\frac{1}{\dfrac{dD}{d\psi}}}\ \frac{\text{mV}}{\text{m}}. \tag{183}$$

Die Feldstärke ist der Größe $\sqrt{\dfrac{dD}{d\psi}}$ umgekehrt proportional. Dies ist ohne weiteres einzusehen, denn je stärker sich D mit ψ ändert, auf ein um so größeres ringförmiges Gebiet verteilt sich die in einen festen Winkelraum ausgestrahlte Energie, um so kleiner wird die Feldstärke. Zur endgültigen Berechnung müssen

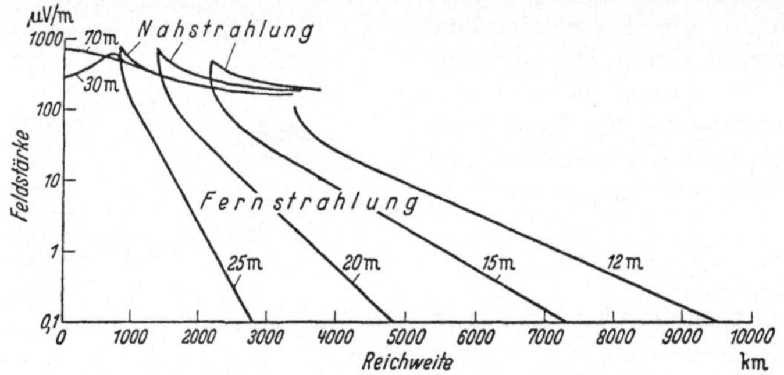

Abb. 46. Elektrische Feldstärke in Abhängigkeit· von der Reichweite für verschiedene Wellenlängen. Einmalige Reflexion an der Schicht. 1 kW Senderleistung, ungerichtete Ausstrahlung [70].

wir in Gl. (183) den allgemeinen Ausdruck Gl. (181) für die Reichweite einsetzen [70]. In dieser Weise wurde die Feldstärke für die Frequenzen 25, 20, 15, 12, 10, 4,3 MHz ($\lambda = 12$, 15, 20, 25, 30 und 70 m) berechnet und in Abb. 46 eingetragen. Eine besonders große Feldstärke tritt am Rande der toten Zone auf. Dort ist $\dfrac{dD}{d\psi}$ sehr klein (vgl. Abb. 43). Man spricht von einer Fokussierung. Setzt man für D eine Näherungsformel mit weiteren Korrektionsgliedern ein, so ergibt sich neben der Fokussierung der Wellen am Rande der toten Zone eine weitere Fokussierung für flache Ausstrahlung [187]. Die Kurven für 12 bis 25 m bestehen aus zwei Kurvenästen. Der obere Ast entspricht jeweils der Nahstrahlung, der untere der Fernstrahlung. Wenn wir die unmittelbare Nähe der toten Zone ausschließen, lassen sich folgende Annäherungsformeln angeben:

Fernstrahlung: Die Fernstrahlung liegt in einem relativ kleinen Winkelbereich. Es ist $dD/d\psi \approx dD_2/d\psi$, und es folgt für die Feldstärke ein Ausdruck von der Form [70]

$$E \approx \frac{C_1}{\sqrt{R\sin\left(\dfrac{D}{R}\right)}}\,e^{-C_2\frac{D}{l}}, \tag{184}$$

wobei wir auf die Bedeutung der Konstanten C_1 und C_2 hier nicht näher eingehen wollen. Die Feldstärke nimmt also mit wachsender Entfernung exponentiell ab. Dies entspricht vollkommen dem unteren geradlinigen Teil der Kurven in Abb. 46, der durch Gl. (184) richtig wiedergegeben wird. Die Abnahme erfolgt rascher für längere Wellen.

Nahstrahlung: In einiger Entfernung von der toten Zone können wir den relativ kurzen Weg in der Schicht vernachlässigen und angenähert setzen $(D = D_1)$

$$D = \frac{2h_0}{\operatorname{tg}\psi} = 2h_0 \operatorname{ctg}\psi,$$

worin h_0 die Höhe der unteren Grenze der Schicht bedeutet. Also ist

$$\frac{dD}{d\psi} = \frac{2h_0}{\sin^2\psi} = \frac{D}{\operatorname{ctg}\psi\sin^2\psi}.$$

Aus Gl. (183) folgt dann

$$E = \frac{2{,}45 \cdot 10^7 \cos\psi}{\sqrt{DR\sin\left(\dfrac{D}{R}\right)}} \frac{\mathrm{mV}}{\mathrm{m}}. \tag{185}$$

Diese Formel gibt mit großer Genauigkeit den Verlauf der 70-m-Kurve wieder. Wir sehen, daß sie außer in unmittelbarer Nähe der toten Zone auch recht gut den Nahstrahlungsast der kurzen Wellen wiedergibt.

4. Die Reflexion an der Erdoberfläche.

Trifft eine elektromagnetische Welle auf eine Trennungsfläche zwischen zwei verschiedenen Medien, so tritt im ersten Medium eine reflektierte, im zweiten eine durchgehende gebrochene Welle auf. Wir interessieren uns hier nur für die reflektierte Welle. Ist die Trennungsfläche, die wir als eben ansehen, genügend groß gegen die Wellenlänge, so können wir unmittelbar die in der Optik bekannten Gesetze anwenden. Wir betrachten die elektrische Feldstärke der Welle. Die Komponenten der einfallenden und reflektierten Welle parallel zur Einfallsebene seien E_p und R_p, die hierzu senkrechten Komponenten E_s und R_s (Abb. 47). Die reflektierte Welle ist gegenüber der einfallenden geschwächt, und wir schreiben

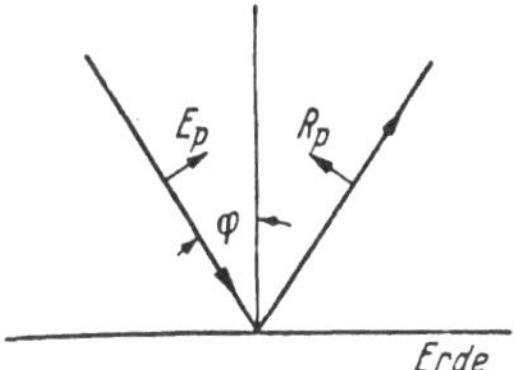

Abb. 47. Reflexion an der Erde. Einfallsebene, $\varphi =$ Einfallswinkel.

$$R_p = \mathfrak{r}_p E_p, \qquad R_s = \mathfrak{r}_s E_s.$$

Die *Reflexionskoeffizienten* $\mathfrak{r}_p$ und $\mathfrak{r}_s$ sind gegeben durch [69]

$$\mathfrak{r}_p = \frac{\mathfrak{n}_2 c_1 - \mathfrak{n}_1 c_2}{\mathfrak{n}_2 c_1 + \mathfrak{n}_1 c_2}, \qquad \mathfrak{r}_s = \frac{\mathfrak{n}_1 c_1 - \mathfrak{n}_2 c_2}{\mathfrak{n}_1 c_1 + \mathfrak{n}_2 c_2}, \tag{186}$$

worin

$$c_1 = \cos\varphi, \qquad c_2 = \sqrt{1 - \frac{\mathfrak{n}_1^2}{\mathfrak{n}_2^2}\sin^2\varphi}. \tag{187}$$

$\mathfrak{n}_1$ und $\mathfrak{n}_2$ sind die komplexen Brechungsindizes der beiden Medien, φ der Einfallswinkel. Diese Formeln gelten allgemein. In unserem besonderen Fall, daß die Wellen in der Luft (Medium 1) an der Erdoberfläche (Medium 2) reflektiert werden, ist $\mathfrak{n}_1 = 1$. Schreiben wir ferner $\mathfrak{n}_2 = \mathfrak{n}$, so folgt

$$\left.\begin{aligned}
\mathfrak{r}_p &= \frac{\mathfrak{n}^2 \cos\varphi - \sqrt{\mathfrak{n}^2 - \sin^2\varphi}}{\mathfrak{n}^2 \cos\varphi + \sqrt{\mathfrak{n}^2 - \sin^2\varphi}}, \\[2ex]
\mathfrak{r}_s &= \frac{\cos\varphi - \sqrt{\mathfrak{n}^2 - \sin^2\varphi}}{\cos\varphi + \sqrt{\mathfrak{n}^2 - \sin^2\varphi}}.
\end{aligned}\right\} \tag{188}$$

Da $\mathfrak{n}$ komplex ist, sind auch die Reflexionskoeffizienten komplex. Dies bedeutet, daß die reflektierte Welle gegenüber der einfallenden in der Amplitude geschwächt (Reflexionsverlust) ist und einen Phasensprung erleidet. Wir berechnen für die Erdoberfläche das Reflexionsvermögen

$$|\mathfrak{r}|^2 = \left|\frac{R}{E}\right|^2$$

mit Hilfe der Zahlenangaben von Tab. 4 für eine Wellenlänge von 20 m. Es ist $\mathfrak{n} = n - i\varkappa$, und n und $\varkappa$ sind aus ε und σ berechnet. Abb. 48 zeigt das berechnete Reflexionsvermögen in Abhängigkeit vom Einfallswinkel φ.

Tabelle 4

	σ (el.-stat. Einh.)	ε	n	$\varkappa$
Seewasser	$1,8 \cdot 10^{10}$	80	34,6	34,6
Nasser Boden	$6,3 \cdot 10^{7}$	8	3,1	1,3
Trockener Boden	$9 \ \cdot 10^{5}$	4	2	0

Das Reflexionsvermögen ist für beide Komponenten verschieden und hängt vom Einfallswinkel ab. Für die s-Komponente ist die Reflexion in allen drei Fällen am schwächsten bei senkrechter Inzidenz, sie nimmt mit wachsendem Einfallswinkel schnell zu. Für den Einfallswinkel 75° und trockenen Boden ist $|\mathfrak{r}_s|^2 = 0,55$, d. h., die Energie wird mit 55%, die Feldstärke mit 74% reflektiert (nasser Boden 87%). Bei flacher Inzidenz reflektiert also selbst trockener Boden die parallel zur Erdoberfläche schwingende Komponente relativ gut. Für Seewasser ist die Reflexion dieser Komponente im ganzen Winkelbereich fast vollkommen (für die Feldstärke 97 bis 100%). Die Kurven für die p-Komponente durchlaufen ein Minimum. Die kleinsten Werte, bezogen auf die Feldstärke, sind 40, 22 und 17% für Seewasser, nassen bzw. trockenen Boden.

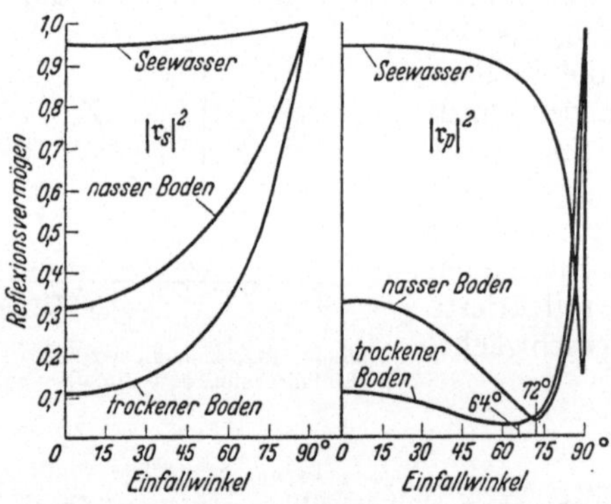

Abb. 48. Reflexionsvermögen des Erdbodens in Abhängigkeit vom Einfallswinkel. $|\mathfrak{r}_s|^2$: Elektrische Feldstärke senkrecht zur Einfallsebene; $|\mathfrak{r}_p|^2 =$ Elektrische Feldstärke parallel zur Einfallsebene [70].

5. Fernübertragung durch Zickzackreflexion.
Berechnung der Feldstärke für kurze Wellen.

Da die Wellen an der Erde reflektiert werden, ist der Fall zu betrachten, daß die Wellen mehrere Reflexionen nacheinander an der Ionosphäre und der Erde erleiden. $D^{(1)}$ sei die Reichweite nach einer Reflexion an der Schicht. Nach m solcher Reflexionen ist die Reichweite

$$D^{(m)} = m\,D^{(1)}. \tag{189}$$

Aus Gl. (183) folgt also für die Feldstärke bei vollkommener Reflexion ($|\mathfrak{r}|^2 = 1$)

$$E^{(m)} = 2{,}45 \cdot 10^7 \sqrt{\frac{\operatorname{ctg}\psi}{R\sin\left(\dfrac{D}{R}\right)}\,\frac{d\psi}{m\,d\,D^{(1)}}}$$

$$= 2{,}45 \cdot 10^7 \sqrt{\frac{\operatorname{ctg}\psi}{R\sin\left(\dfrac{D^{(1)}}{R}\right)}\,\frac{d\psi}{d\,D^{(1)}}}\sqrt{\frac{\sin\left(\dfrac{D^{(1)}}{R}\right)}{m\sin\left(\dfrac{D}{R}\right)}}$$

$$= E^{(1)} \sqrt{\frac{\sin\left(\dfrac{D^{(1)}}{R}\right)}{m\sin\left(m\,\dfrac{D^{(1)}}{R}\right)}}\;. \qquad\qquad (190)$$

Die Feldstärke $E^{(1)}$ ist bekannt und in Abb. 46 für verschiedene Frequenzen dargestellt. Wir erhalten hieraus mit Hilfe von Gl. (190) in einfacher Weise die Feldstärke nach m-facher Reflexion an der Ionosphäre. Wir berücksichtigen noch die Verluste bei der Reflexion an der Erdoberfläche und erhalten

$$E^{(m)} = E^{(1)}\,|\mathfrak{r}|^{m!-1} \sqrt{\frac{\sin\left(\dfrac{D^{(1)}}{R}\right)}{m\sin\left(m\,\dfrac{D^{(1)}}{R}\right)}}\;. \qquad\qquad (191)$$

Für ebene Erde ($R = \infty$) und $|\mathfrak{r}|^2 = 1$ würde folgen

$$E^{(m)} = \frac{1}{m}\,E^{(1)}.$$

Die Energie breitet sich dann einfach nach m Reflexionen an der Ionosphäre über eine m^2-fach größere Fläche aus als nach einer Reflexion. Wir greifen in

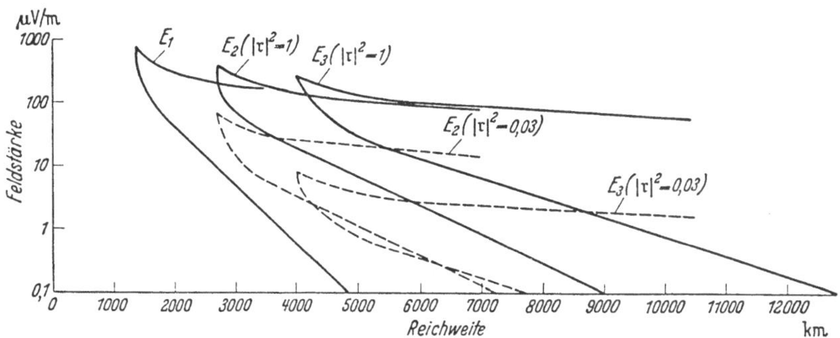

Abb. 49. Elektrische Feldstärke in Abhängigkeit von der Reichweite, berechnet nach (191) für 15 MHz ($\lambda = 20$ m) am Tage. Die Kurven E_1, E_2, E_3 entsprechen einer ein-, zwei-, dreimaligen Reflexion an der Ionosphäre. $|\mathfrak{r}|^2 =$ Reflexionsvermögen. Die beiden Werte von $|\mathfrak{r}|^2$ entsprechen dem größten und kleinsten in Abb. 48 vorkommenden Wert. 1 kW, ungerichtete Ausstrahlung [70].

Abb. 46 die Feldstärkenkurve für $\lambda = 20$ m heraus und berechnen mit Hilfe von Gl. (191) die Feldstärke für ein-, zwei- und dreimalige Reflexion an der Ionosphäre (Abb. 49). Für das Reflexionsvermögen wurden zwei verschiedene Werte $|\mathfrak{r}|^2 = 1$ und 0,03 gewählt, was etwa einem größten und kleinsten praktisch vorkommenden Wert entsprechen mag (vgl. Abb. 48). Wir erhalten in den beiden entsprechenden Kurvenfolgen eine obere und untere Grenze für die Empfangsfeldstärke. Wir weisen noch besonders darauf hin, daß die Feldstärke aus der räumlichen Ausbreitung der Energie berechnet wurde. Zusätzliche Verluste wurden nur bei der Reflexion an der Erde berücksichtigt, die Reflexion an der Ionosphäre aber als verlustfrei angenommen.

Die Betrachtung von Abb. 49 lehrt unmittelbar, daß für die Fernübertragung mit kurzen Wellen die einmal reflektierte Fernstrahlung nicht in Frage kommt. Bereits in 4000 km Entfernung verschwindet ihre Feldstärke unter dem Niveau von $1\,\frac{\mu\mathrm{V}}{\mathrm{m}}$. Wir dürfen schließen, daß die Fernübertragung auf dem Wege der Zickzackreflexion zwischen der Ionosphäre und der Erde zustande kommt, und hier überwiegt, wie Abb. 49 zeigt, die mehrfach reflektierte Nahstrahlung über die mehrfach reflektierte Fernstrahlung.

Charakteristisch ist die langsame Abnahme der Feldstärke mit der Entfernung. In großen Entfernungen ergeben sich Feldstärken, welche je nach der Leitfähigkeit des Erdbodens zwischen 10 bis 100 $\frac{\mu\mathrm{V}}{\mathrm{m}}$ liegen. Bei horizontaler Polarisation der elektrischen Feldstärke ist nach Abb. 48 das Reflexionsvermögen des Seewassers im ganzen Winkelbereich größer als das des Erdbodens. Für Ausbreitung über Seewasser sind deshalb größere Feldstärken zu erwarten, deren Werte näher bei den oberen Kurven liegen mögen. Bei vertikaler Polarisation sind die Verhältnisse weniger übersichtlich, da für die in Frage kommenden großen Einfallswinkel das Reflexionsvermögen stark vom Einfallswinkel abhängt. Das Reflexionsvermögen ist bei flacher Strahlung (großen Einfallswinkeln) im Mittel für elektrisch horizontal polarisierte Wellen größer als für vertikale Polarisation, so daß günstigere Bedingungen für elektrisch horizontal polarisierte Wellen vorliegen.

6. Die Dämpfung in der Ionosphäre.

Bei der Berechnung der Feldstärke am Empfänger ist neben der geometrischen Strahlenverdünnung eine Dämpfung der Strahlen in der Ionosphäre zu berücksichtigen, die bei Durchlaufen eines Wegstückes dz gegeben ist durch einen Faktor

$$e^{-K\,dz}.$$

Der Dämpfungsfaktor im Exponenten ist dabei

$$K = \frac{\omega}{c}\,\varkappa,$$

und $\varkappa$ ist durch Gl. (27) u. (26) gegeben. Er wird bestimmt durch die Stoßzahl S. Diese hängt von der Temperatur und der Art des Gases und der Ladungsträger ab (Elektronen, Ionen). Genaue Angaben können nicht gemacht werden. Um einen Anhaltspunkt zu haben, setzen wir für die Stoßzahl der Elektronen nach Gl. (36)

$$S = 3,5 \cdot 10^8\,P.$$

P ist der Druck in mm Hg und aus Abb. 33 zu entnehmen. Für Ionen als Ladungsträger sind die Stoßzahlen um mehr als eine Größenordnung geringer. In 200 km Höhe ist der Druck etwa 10^{-6} mm Hg. Also folgt für die Stoßzahl der Elektronen $3,5 \cdot 10^2$. In 100 km Höhe ist der Druck etwa 10^{-3} mm Hg, die

Stoßzahl also etwa $3{,}5 \cdot 10^5$. Für die kurzen und mittleren Wellen können wir deshalb in den Ausdrücken für n_a und $\varkappa_a$ im Nenner S gegen ω vernachlässigen. Wir erhalten

$$\left.\begin{aligned} n_a^2 &= 1 - \frac{\dfrac{4\pi N e^2}{m}}{\omega^2}, \\[2ex] \varkappa_a &= \frac{\dfrac{4\pi N e^2}{m}}{\omega^2}\,\frac{S}{\omega}. \end{aligned}\right\} \tag{192}$$

Für kurze Wellen ($\omega > 2 \cdot 10^7$) ist außer in der unmittelbaren Nähe der Stelle $n_a^2 = 0$ die Größe $\varkappa_a$ klein gegen n_a, und wir erhalten

$$\left.\begin{aligned} n &= n_a, \\[2ex] \varkappa &= \frac{1}{n_a}\,\frac{\dfrac{2\pi N e^2}{m}}{\omega^2}\,\frac{S}{\omega}. \end{aligned}\right\} \tag{193}$$

Der Dämpfungsfaktor ist dann:

$$K = \frac{1}{n_a}\,\frac{2\pi N e^2}{m\,c\,\omega^2}\,S = \frac{1}{n_a}\,\frac{N e^2}{2\pi c^3 m}\,S\,\lambda^2. \tag{194}$$

Für die bei großen Reichweiten verwendeten kürzesten Wellen weicht der Brechungsindex n_a längs des ganzen Ausbreitungsweges nicht sehr erheblich von 1 ab. Wir setzen $n_a = 1$, ferner $e = 4{,}8 \cdot 10^{-10}$, $m = 9 \cdot 10^{-28}$, $c = 3 \cdot 10^{10}$ und erhalten

$$K = 1{,}5 \cdot 10^{24}\,NS\lambda^2. \tag{195}$$

Der reziproke Wert $1/K$ gibt diejenige Strecke (in cm), längs der eine Welle in einem homogenen ionisierten Medium von der Elektronendichte N auf den e-ten Teil gedämpft wird. Für die untere Ionosphäre am Tage (E-Schicht) setzen wir etwa $N = 2 \cdot 10^5$ und erhalten für die Frequenz 20 MHz ($\lambda = 15$ m) mit $S = 3{,}5 \cdot 10^5$

$$\frac{1}{K} \approx 40 \text{ km.}$$

Für die obere Ionosphäre setzen wir $N = 10^6$ und erhalten mit $S = 350$ für $f = 20$ MHz ($\lambda = 15$ m)

$$\frac{1}{K} \approx 8000 \text{ km.}$$

Die in der oberen Ionosphäre reflektierten Wellen legen dort etwa Wege von 200 bis 1000 km zurück. Die Dämpfung ist also zu vernachlässigen. In der unteren Ionosphäre legen die Wellen beim Durchgang zu der oberen Schicht etwa Wege von 100 km zurück, hier kann also die Dämpfung bereits bei den kürzesten Wellen merklich sein. Der Dämpfungsfaktor wächst quadratisch mit der Wellenlänge und ist für 50 m Wellenlänge mehr als 10fach größer. Die Dämpfung nimmt erheblich zu, wenn die dämpfende Schicht sich in noch niedrigeren Höhen befindet, da der Druck und damit die Stoßzahl nach unten hin rasch zunehmen.

Die Abschätzung ergibt also, daß, wenn überhaupt praktisch eine Dämpfung vorhanden ist, diese hauptsächlich in der unteren Schicht stattfinden wird. Kürzere Wellen sind günstiger als längere, da die Dämpfung mit wachsender Wellenlänge rasch zunimmt. Der Dämpfungsfaktor in der Ionosphäre ist nach Gl. (194) der Stoßzahl und diese nach Gl. (36) dem Druck proportional. Letzterer nimmt unterhalb 100 km auf rd. je 20 km um den Faktor 10 zu (vgl. Abb. 33), so daß die Stoßzahl nach unten rasch zunimmt. Dies ist der Grund für die allgemein verbreitete Annahme, daß die Dämpfung der durch die E-Schicht hindurchgehenden und an der F-Schicht reflektierten kürzeren Wellen und die Absorption der mittleren Wellen am Tage in der D-Schicht, d. h. in dem Gebiet unterhalb der E-Schicht, erfolgen. Jedoch ist hier die Trägerdichte sehr viel geringer als in der E-Schicht. Dies wirkt im Sinne einer Verkleinerung der Absorption, und die ganze Frage bedarf einer weiteren Klärung.

Dämpfung in einer Normalschicht. Wir betrachten noch den besonderen Fall, daß eine senkrecht einfallende Welle an der F-Schicht reflektiert wird und daß sie beim Passieren der darunter liegenden Normalschicht (E-Schicht) durch Absorption eine Schwächung erfährt. Wir stellen diese durch einen scheinbaren Reflexionskoeffizienten ϱ dar. Da die Schicht zweimal durchlaufen wird, folgt für ϱ

$$\varrho = e^{-2\int K\,dh} = e^{-\delta} \tag{196}$$

mit

$$\delta = 2\int K\,dh, \tag{196a}$$

wobei das Integral über die absorbierende Schicht zu erstrecken ist. Wir setzen K nach Gl. (194) ein und erhalten, indem wir wieder $n_a = 1$ setzen,

$$\delta = \frac{4\pi e^2}{m\,c\,\omega^2}\int N\,S\,dh. \tag{197}$$

Trägerdichte N und Stoßzahl S sind Funktionen der Höhe. Wir setzen nach Gl. (153a)

$$N = N_{m\perp}\sqrt{e^{1+z-e^z\sec\vartheta}}. \tag{198}$$

Für S nehmen wir einen druckproportionalen, exponentiellen Verlauf mit der Höhe an:

$$S = S_0\,e^z, \qquad z = \frac{h_{m\perp}-h}{H}. \tag{199}$$

Damit erhalten wir [*9*]

$$\delta = \frac{4\pi e^2\,N_{m\perp}\,S_0\,H}{m\,c\,\omega^2}\int\limits_{-\infty}^{+\infty} e^{\frac{1}{2}(1+3z-e^z\sec\vartheta)}\,dz$$

$$= \frac{51{,}93\,e^2\,N_{m\perp}\,S_0\,H}{m\,c}\,\frac{1}{\omega^2}\cos^{\frac{3}{2}}\vartheta. \tag{200}$$

Der natürliche Logarithmus des scheinbaren Reflexionskoeffizienten ändert sich hiernach mit dem Sonnenstand (Zenitwinkel ϑ) proportional $\cos^{\frac{3}{2}}\vartheta$ (vgl. S. 191).

Will man das Erdmagnetfeld berücksichtigen, so kann man in mittleren und höheren Breiten angenähert mit Ausbreitung parallel zum Erdmagnetfeld rechnen. Für den Brechungsindex erhält man in diesem Spezialfall aus Gl. (37) annähernd

$$\mathfrak{n}^2 = 1 - \frac{\dfrac{4\,\pi\,N\,e^2}{m}}{(\omega^2 \mp \omega\,\omega_L) - i\,\omega\,S} \, . \tag{201}$$

Das positive bzw. negative Zeichen entspricht der o. bzw. a.o. Welle. Wir erhalten dann analog

$$\delta = \frac{51,93\,e^2\,N_{m\perp}\,S_0\,H}{m\,c}\,\frac{1}{(\omega \mp \omega_L)^2}\,\cos^{\frac{3}{2}} \vartheta \, . \tag{202}$$

7. Die Ausbreitung mittlerer und langer Wellen.

a) Die Feldstärke der Luftwelle bei einmaliger Reflexion an der Ionosphäre.

Die mittleren und langen Wellen werden in der Nähe der unteren Grenze der Ionosphäre reflektiert. Wir wollen annehmen, daß eine vollkommene Reflexion an einer scharf begrenzten Schicht erfolgt, und berechnen für Entfernungen bis 1000 km die Feldstärke der einmal an der Ionosphäre reflektierten Luftwelle für 1 kW Leistung. Wir berücksichtigen die Strahlungscharakteristik der Antennen. Diese werden als vertikale Dipole angenommen. Dementsprechend setzen wir für die Empfangsfeldstärke in Abhängigkeit vom Ausstrahlungswinkel ψ

$$E = E_0 \cos^2 \psi,$$

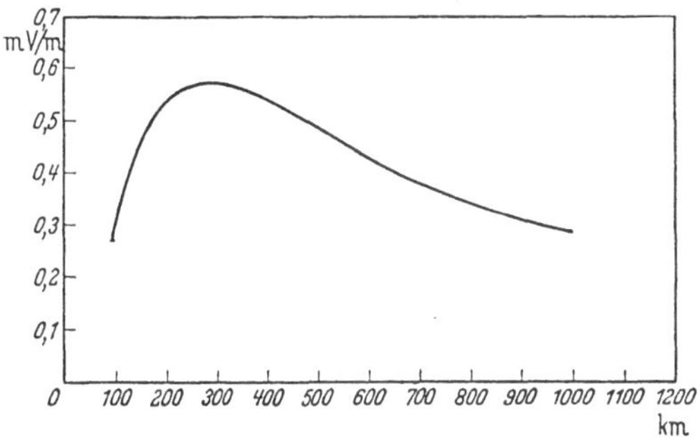

Abb. 50. Feldstärke der Luftwelle mittlerer und langer Wellen, berechnet unter der Annahme einer einmaligen, verlustfreien Reflexion an einer scharf begrenzten Schicht in 100 km Höhe (1 kW).

indem wir berücksichtigen, daß die Sende- und Empfangsantenne eine durch den Faktor $\cos \psi$ gegebene Vertikalcharakteristik haben. E_0 ist die Feldstärke in horizontaler Richtung ($\psi = 0$). Für den vertikalen Dipol und 1 kW Leistung können wir nach Gl. (95), S. 26, $E_0 = 300/D'$ setzen und erhalten

$$E = \frac{300}{D'_{km}}\cos^2 \psi \ \ \frac{mV}{m}\, . \tag{203}$$

Hierin ist D' die Weglänge vom Sender über die Ionosphäre zum Empfänger. Mit $D' = D/\cos \psi$ folgt

$$E = \frac{300}{D_{km}}\cos^3 \psi \ \ \frac{mV}{m}\, . \tag{204}$$

Gl. (204) ist ähnlich Gl. (185). Aus Gl. (185) folgt, indem wir $\sin\left(\dfrac{D}{R}\right) = \dfrac{D}{R}$ setzen und D in km messen, $E = \dfrac{245\cos\psi}{D_{km}}\dfrac{mV}{m}$. Für die horizontale Richtung folgt $E = \dfrac{245}{D_{km}}$. Der abweichende Zahlenfaktor folgt daraus, daß bei der Ableitung von Gl. (185) eine nach allen Richtungen gleichmäßige Ausstrahlung angenommen wurde.

Es ist weiter

$$\operatorname{tg} \psi = \frac{2\,h_0}{D} \tag{204a}$$

(h_0 = Höhe der reflektierenden Schicht). Abb. 50 zeigt die nach Gl. (204) u. (204a) berechnete Feldstärke in Abhängigkeit von der Entfernung, wobei die

Höhe der reflektierenden Schicht zu 100 km angenommen wurde. Sie hat ein breites Maximum in einigen 100 km Entfernung. Man kann in 100 bis 800 km Entfernung mit einem ungefähren Wert von 0,5 mV/m rechnen. In kleineren Entfernungen als 100 km nimmt die Feldstärke rasch ab, da die Strahlung bei Annäherung an die vertikale Richtung rasch abnimmt. In größeren Entfernungen ist die langsame Abnahme durch den Faktor $1/D$ gegeben. Für N_S kW Strahlungsleistung ist die Feldstärke mit $\sqrt{N_S}$ zu multiplizieren. Die berechneten Werte sind größte Werte, die auftreten können, da eine Dämpfung nicht angenommen wurde.

b) Die Dämpfung der Wellen beim Entlanggleiten an der Erde und an der Ionosphäre.

Wir gehen nunmehr von der Vorstellung aus, daß sich die Wellen in der Luftschicht zwischen Erde und Ionosphäre ausbreiten. Infolge der Absorption an den leitenden Begrenzungsflächen des Ausbreitungsraumes erleiden die Wellen eine Dämpfung, die wir durch die Funktion e^{-KD} beschreiben. Für den Dämpfungsfaktor K sind die Leitfähigkeiten σ_E und σ_I der Erde bzw. der Ionosphäre bestimmend, und zwar ist nach WATSON [247]

$$K = \frac{1}{4\sqrt{c}\; h_0 \sqrt{\lambda}} \left(\frac{1}{\sqrt{\sigma_E}} + \frac{1}{\sqrt{\sigma_I}} \right); \tag{205}$$

h_0 ist hierbei in derselben Einheit zu messen wie D, für die übrigen Größen sind die Werte im el.-magn. cgs-System einzusetzen. Wenn wir λ in km messen ($\lambda_{cm} = 10^5 \lambda_{km}$), so wird

$$K = \frac{1}{4\sqrt{30}\cdot 10^7 h_0 \sqrt{\lambda}} \left(\frac{1}{\sqrt{\sigma_E}} + \frac{1}{\sqrt{\sigma_I}} \right) = \frac{4,6\cdot 10^{-9}}{h_0 \sqrt{\lambda}} \left(\frac{1}{\sqrt{\sigma_E}} + \frac{1}{\sqrt{\sigma_I}} \right) \frac{1}{km}.$$

Rechnen wir mit $h_0 = 100$ km und $\sigma_E = 4\cdot 10^{11}$ el.-magn. Einh. (Leitfähigkeit von Meerwasser), so wird

$$K = \frac{4,6\cdot 10^{-11}}{\sqrt{\lambda}} \left(1,6\cdot 10^5 + \frac{1}{\sqrt{\sigma_I}} \right) \frac{1}{km}.$$

Der AUSTINschen Formel [s. u., Gl. (207)] entnehmen wir den empirischen Wert des Dämpfungsfaktors

$$K = \frac{1,4\cdot 10^{-3}}{\lambda^{0,6}} \frac{1}{km}.$$

Damit der theoretische und der empirische Dämpfungsfaktor übereinstimmen, d. h.

$$\frac{4,6\cdot 10^{-11}}{\sqrt{\lambda}} \left(1,6\cdot 10^5 + \frac{1}{\sqrt{\sigma_I}} \right) = \frac{1,4\cdot 10^{-3}}{\lambda^{0,6}}$$

ist, muß bei $\lambda = 5,4$ km die Leitfähigkeit der Ionosphäre $\sigma_I = 1,5\cdot 10^{-15}$ el.-magn. Einh. betragen. Wegen $\sigma_I \ll \sigma_E$ vereinfacht sich der Ausdruck für den Dämpfungsfaktor zu

$$K = \frac{4,6\cdot 10^{-9}}{h_0 \sqrt{\lambda\,\sigma_I}} = \frac{4,6\cdot 10^{-11}}{\sqrt{\lambda\,\sigma_I}} \frac{1}{km}. \tag{205a}$$

Es ist nun aber zu berücksichtigen, daß die Leitfähigkeit der Ionosphäre im allgemeinen von der Wellenlänge abhängig ist. Für die Ionosphäre als ionisiertes Gas gilt

$$\sigma_I = \frac{N\,e^2}{m}\,\frac{S}{\omega^2 + S^2}\,. \tag{206}$$

Mit den Werten $e = 1{,}6 \cdot 10^{-18}$ el.-magn. Einh. und $m = 9{,}1 \cdot 10^{-28}$ g für Elektronen als Ladungsträger folgt

$$\sigma_I = 2{,}8 \cdot 10^{-13} N\,\frac{S}{\omega^2 + S^2}\quad \text{el.-magn. Einh.}$$

In der Höhe $h_0 = 100$ km herrscht nach Abb. 33 ein Druck von etwa $p = 10^{-3}$ mm Hg, und zu diesem Druck gehört nach Gl. (36) die Stoßzahl $S = 3{,}5 \cdot 10^5$ 1/sec. Damit wird

$$\sigma_I = 9{,}9 \cdot 10^{-8} N\,\frac{1}{\omega^2 + 1{,}2 \cdot 10^{11}} = 8{,}0 \cdot 10^{-19} N\,\frac{\lambda^2}{\lambda^2 + 29}\quad \text{el.-magn. Einh.,}$$

wobei λ in km zu messen ist. Rechnen wir mit der Wellenlänge $\lambda = 5{,}4$ km, für die $\omega = S$ ist, und mit dem oben berechneten Wert $\sigma_I = 1{,}5 \cdot 10^{-15}$ el.-magn. Einh., so finden wir als Elektronendichte in der unteren Ionosphäre $N = 3{,}7 \cdot 10^3$ 1/cm³. Mit diesem Wert für N ergibt sich

$$\sigma_I = 3{,}0 \cdot 10^{-15}\,\frac{\lambda^2}{\lambda^2 + 29}\quad \text{el.-magn. Einh.} \tag{206a}$$

In folgenden drei Fällen läßt sich diese Gleichung durch Näherungsformeln ersetzen:

a) Für $\lambda \ll 5{,}4$ km $\quad$ wird $\sigma_I \sim \lambda^2$ $\quad$ und damit $K \sim 1/\lambda^{3/2}$;
$\quad$ bzw. $\omega \gg S$

b) für 2 km $< \lambda < 15$ km $\quad$ wird $\sigma_I \sim \lambda$ $\quad$ und damit $K \sim 1/\lambda$;
$\quad$ bzw. $3\,S > \omega > S/3$

c) für $\lambda \gg 5{,}4$ km $\quad$ wird $\sigma_I = \text{konst.}$ $\quad$ und damit $K \sim 1/\lambda^{1/2}$.
$\quad$ bzw. $\omega \ll S$

c) Die Feldstärke in großen Entfernungen.

Zur Darstellung der Feldstärke mittlerer und langer Wellen in großen Entfernungen benutzte man vielfach die halbempirische AUSTIN sche Formel

$$E = \frac{300}{D}\,\sqrt{\frac{\Phi}{\sin\Phi}}\,\sqrt{N_S}\,e^{-0{,}0014\,D/\lambda^{0{,}6}}\quad \frac{\text{mV}}{\text{m}} \tag{207}$$

(D und λ sind in km zu messen, N_S in kW). Diese Formel entsteht aus Gl. (95), indem man annimmt, daß die vom Sender ausgestrahlte Halbkugelwelle als Oberflächenwelle an der Erdoberfläche entlanggleitet und so der Krümmung der Erde zu folgen vermag. Gegenüber dem in Gl. (95) dargestellten Fall der ebenen Erde verteilt sich an der Erdoberfläche bei gegebener Entfernung D die Energie jetzt über eine um den Faktor $\sin\Phi/\Phi$ verkleinerte Fläche, so daß mit $\Phi/\sin\Phi$ zu multiplizieren ist. Der weiter hinzugefügte Faktor (Exponentialfunktion) wurde wohl ursprünglich so aufgefaßt, daß die Welle nicht vollständig von der Erdoberfläche mitgeführt wird, so daß noch eine Zerstreuung der Energie in den Raum hinaus stattfindet.

Neue Berechnungen der Feldstärke berücksichtigen den Einfluß der Ionosphäre. Entsprechend der Vorstellung, daß die Energie der Wellen in dem Raum zwischen Erde und Ionosphäre zusammengehalten wird, haben wir es dann statt mit geführten Kugelwellen in größeren Entfernungen mit geführten Zylinderwellen zu tun, so daß die Feldstärke nicht mit $1/D$, sondern mit $1/\sqrt{D}$ abnimmt. Nach ZINKE [255] gilt für die Feldstärke

$$E = \frac{134}{\sqrt{h_0\,D}}\,\sqrt{\frac{\Phi}{\sin\Phi}}\,\sqrt{N_S}\,e^{-KD}\,\frac{\mathrm{mV}}{\mathrm{m}}\,; \qquad (208)$$

mit $h_0 = 100$ km bekommen wir

$$E = \frac{13{,}4}{\sqrt{D}}\,\sqrt{\frac{\Phi}{\sin\Phi}}\,\sqrt{N_S}\,e^{-KD}\,\frac{\mathrm{mV}}{\mathrm{m}}\,. \qquad (208\,\mathrm{a})$$

Als Dämpfungsfaktor K hat man die aus der WATSONschen Theorie nach Gl. (205a) u. (206a) berechneten Werte einzusetzen.

Haben wir es mit sehr langen Wellen zu tun (λ von der Größenordnung der Höhe der Ionosphäre und darüber), so beeinflußt die Ionosphäre schon das Nahfeld des Senders. Es ist zu erwarten, daß dadurch die Ausbreitungsfunktion eine veränderte Form annimmt. Eine Formel, welche die Ausbreitung sehr langer Wellen ($\lambda > h_0/2 = 50$ km) beschreibt, ist von SCHUMANN [213, 214] hergeleitet worden. Sie lautet

$$E = \frac{300}{h_0\,\sqrt{D}}\,\sqrt{\lambda}\,\sqrt{\frac{\Phi}{\sin\Phi}}\,\sqrt{N_S}\left(1 - \frac{10^{-3}h_0^3}{\lambda^2}\right)e^{-KD}\,\frac{\mathrm{mV}}{\mathrm{m}} \qquad (209)$$

bzw. mit $h_0 = 100$ km

$$E = \frac{3}{\sqrt{D}}\,\sqrt{\lambda}\,\sqrt{\frac{\Phi}{\sin\Phi}}\,\sqrt{N_S}\left(1 - \frac{10^3}{\lambda^2}\right)e^{-KD}\,\frac{\mathrm{mV}}{\mathrm{m}}\,. \qquad (209\,\mathrm{a})$$

K ist wieder der nach der WATSONschen Theorie berechnete Dämpfungsfaktor. Für genügend lange Wellen kann $1 - 10^3/\lambda^2 \approx 1$ gesetzt werden, so daß dieser Faktor unwesentlich wird. Der wichtigste Unterschied gegenüber den Formeln (207) bzw. (208) und (208a) besteht darin, daß die Wellenlänge nicht nur im Dämpfungsfaktor vorkommt, sondern auch im Amplitudenfaktor. Dadurch ergibt sich eine bedeutend stärkere Bevorzugung der längsten Wellen bei der Ausbreitung, als es aus den anderen Formeln gefolgert werden konnte. Für einen Vergleich der Formeln von AUSTIN, ZINKE und SCHUMANN sind in Abbildung 51 die nach den drei Formeln berechneten Feldstärken in 10000 km Entfernung als Funktion der Wellenlänge dargestellt.

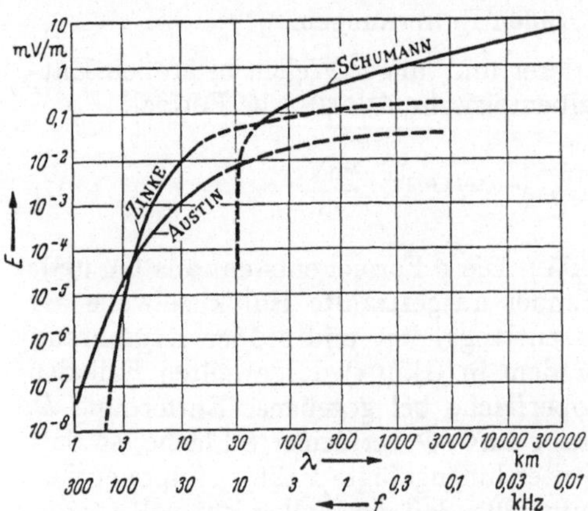

Abb. 51. Feldstärke langer Wellen in 10000 km Entfernung vom Sender in Abhängigkeit von der Wellenlänge (bzw. Frequenz), berechnet nach den Formeln (207), (208) und (209). $N_S = 1$ kW. Die ausgezogenen Teile der Kurven kennzeichnen den anzunehmenden Gültigkeitsbereich.

G. Die Brechung in der unteren Atmosphäre.

1. Der Brechungsindex der Luft.

Im Gebiet der ultrakurzen Wellen haben wir infolge der starken Absorption in der Erdoberfläche eine geringe Bodenreichweite. Bei diesen Wellen findet keine Reflexion in der Ionosphäre statt. Hier kann aber eine andere Wirkung der Atmosphäre, nämlich eine Brechung der zur Erdoberfläche annähernd parallelen Strahlen, von praktischer Bedeutung sein. Indem wir annehmen, daß eine Absorption in der Atmosphäre nicht stattfindet, schreiben wir für den reellen Brechungsindex

$$n = \sqrt{\varepsilon} .$$

Aus zahlreichen Experimenten hat sich für feuchte Luft folgende Formel ergeben [41, 217]:

$$(n - 1)\, 10^6 = \frac{79}{T} \left(P_1 + P_2 + \frac{4800}{T}\, P_2 \right) = \frac{79}{T} \left(P + \frac{4800}{T}\, P_2 \right) , \qquad (210)$$

T = absolute Temperatur,
P_1 = Partialdruck der trockenen Luft in mb,
P_2 = Partialdruck des Wasserdampfes in mb,
P = Druck der feuchten Luft in mb.

In der oberen Klammer entsprechen P_1 dem Beitrag der trockenen Luft, die beiden übrigen Glieder dem Beitrag des Wasserdampfes, und $n - 1$ entspricht der Summe dieser beiden Beiträge. Eine zahlenmäßige Berechnung zeigt, daß der durch den Wasserdampf gegebene Beitrag erheblich größer ist, so daß also der Wasserdampf für die Brechung der ultrakurzen Wellen wesentlich maßgebend ist. Eine Frequenzabhängigkeit ist bis zu den höchsten hier betrachteten Frequenzen nicht in Betracht zu ziehen.

Der Brechungsindex nimmt mit der Höhe über dem Erdboden ab. Da die Phasengeschwindigkeit $v = \dfrac{c}{n}$ dem Brechungsindex umgekehrt proportional ist, nimmt sie nach oben hin zu. Im Fall der ultrakurzen Wellen ($f > 30$ MHz) haben wir es im allgemeinen mit einer Ausbreitung in annähernd horizontaler Richtung zu tun. Da die Phasengeschwindigkeit nach oben hin zunimmt, erfolgt eine Brechung zur Erde hin. Es ist dies ein ähnlicher Vorgang, wie er bei den kurzen Wellen in der Ionosphäre stattfindet, wo allerdings die Krümmung der Strahlen eine viel größere ist.

2. Darstellung der normalen Ausbreitungsverhältnisse durch einen vergrößerten äquivalenten Erdradius.

Das Brechungsgesetz lautet unter Berücksichtigung der Erdkrümmung nach Gl. (168)

$$n\, r \sin \varphi = n_0\, r_0 \sin \varphi_0 . \qquad (211)$$

Der Index 0 entspricht einer willkürlich zu wählenden Höhe. In einer normalen Atmosphäre nehmen Temperatur, Druck und Wasserdampfgehalt mit der Höhe ab. Die Ausbreitung der ultrakurzen und Mikrowellen findet in den meisten Fällen in geringen Höhen bis zu wenigen Kilometern statt. Hier kann man mit guter Annäherung eine lineare Abnahme des Brechungsindex mit der Höhe annehmen, mit einem Gradienten

$$\frac{d n}{d h} = - 0{,}039 \cdot 10^{-6} \ \mathrm{m}^{-1} . \qquad (212)$$

Hat der Brechungsindex diesen Gradienten, so spricht man von einer *Normal-atmosphäre*. Dieser Fall ist gegeben in einer Atmosphäre mit einer Temperatur-abnahme von 0,65° C pro 100 m und einer Dampfdruckabnahme von 1 mb auf 300 m.

Mit

$$n = n_0 + \frac{dn}{dh} h \tag{213}$$

und $r = r_0 + h = r_0\left(1 + \frac{h}{r_0}\right)$ erhalten wir aus Gl. (211), indem wir in zweiter Ordnung kleine Glieder vernachlässigen,

$$\left[1 + \left(\frac{1}{r_0} + \frac{dn}{dh}\right) h\right] \sin\varphi = \sin\varphi_0. \tag{214}$$

Da $\frac{dn}{dh}$ negativ ist, wirkt also der lineare Gradient des Brechungsindex wie eine Verminderung der Krümmung $1/r_0$ der Erde. Wir wählen jetzt als r_0 den Radius R der Erde, setzen

$$\frac{1}{R} + \frac{dn}{dh} = \frac{1}{kR} = \frac{1}{R'} \tag{215}$$

und bezeichnen $R' = kR$ als den *äquivalenten Erdradius* [206]. Der Krümmungs-radius des gebrochenen Strahles ist für Strahlen, die annähernd parallel zur Erdoberfläche sind,

$$\varrho = \frac{n}{\dfrac{dn}{dh}} \approx - \frac{1}{\dfrac{dn}{dh}}. \tag{216}$$

Also ist

$$\frac{1}{R} - \frac{1}{\varrho} = \frac{1}{kR} \tag{217}$$

und

$$k = \frac{1}{1 - \dfrac{R}{\varrho}} = \frac{1}{1 + R\dfrac{dn}{dh}}. \tag{218}$$

Mit $R = 6370$ km folgt, wenn man dn/dh nach Gl. (212) einsetzt,

$$k = \tfrac{4}{3} = 1,33. \tag{219}$$

Dies ist ein für mittlere Breiten geltender mittlerer Wert. Im allgemeinen mögen die Werte zwischen 1,2 bei trockener und 1,5 bei stark feuchter Luft liegen. In arktischen Gebieten ist k in der Regel etwas kleiner ($\tfrac{1}{3}$ bis $\tfrac{6}{5}$), in tropischen Gebieten etwas größer ($\tfrac{4}{3}$ bis $\tfrac{3}{2}$) [41]. Tab. 5 zeigt die Häufigkeitsverteilung von k-Werten nach Messungen der Aerologischen Station Flensburg-Meierwik in 3 Monaten des Jahres 1951. Normale Werte kommen am häufigsten vor, unternormale wenig, übernormale mit dem Wert 2 auch recht oft [2].

Tabelle 5. *Häufigkeitsverteilung der k-Werte [2].*

k-Wert		1	4/3	2	3	5	10	∞
September	Anzahl	3	61	38	7	8	1	2
	%	2	51	31	6	7	1	2
Oktober	Anzahl	0	75	34	6	1	0	0
	%	0	64	30	5	1	0	0
November	Anzahl	3	83	14	0	0	0	0
	%	3	83	14	0	0	0	0

Damit ein annähernd horizontaler Strahl dieselbe Krümmung hat wie die Erde, muß $\dfrac{dn}{dh} = \dfrac{1}{R} = 1{,}57 \cdot 10^{-7}$ m^{-1} sein.

Den Einfluß der Brechung kann man bei Feldberechnungen nunmehr berücksichtigen, indem man den Erdradius durch den äquivalenten Radius ersetzt, die Entfernungen längs der Erdoberfläche und die Höhen aber unverändert läßt. Man kann also die für die homogene, nicht brechende Atmosphäre abgeleiteten Formeln auch für die brechende Atmosphäre benutzen, indem man für den Erdradius den äquivalenten Radius einsetzt. Die Brauchbarkeit dieser Methode bei normalen Ausbreitungsbedingungen auch für nichtoptische Strecken ist durch besondere Berechnungen nachgewiesen worden [143]. Die optische Sichtweite (vgl. S. 45) vergrößert sich um den Faktor $\sqrt{k}$. Das Anwachsen der Feldstärke mit k zeigt Abb. 52. Hier ist die für verschiedene Entfernungen als Parameter berechnete Feldstärke eines Ultrakurzwellensenders als Funktion des k-Wertes dargestellt [2]. Das Anwachsen von k wirkt sich naturgemäß bei größeren Entfernungen stärker aus. Bei einem k-Wert vom Betrage 3 werden die berechneten Feldstärken bei Ausbreitung über Land nie erreicht, während dies bei Ausbreitung über See annähernd der Fall ist. Hierbei kommt ein Einfluß der Geländebeschaffenheit zum Ausdruck.

Für $\dfrac{dn}{dh} = 0$ geht Gl. (214) in den Ausdruck für eine homogene Atmosphäre über, in der geradlinige Ausbreitung gegeben ist. Setzt man zur Berücksichtigung der Brechung den äquivalenten Erdradius nach Gl. (215) ein, so ist der Ausdruck formal derselbe. In einer entsprechenden Darstellung erscheinen deshalb die in Wirklichkeit infolge der Brechung gekrümmten Strahlen als gerade Linien. Die Strahlen sind also weniger stark gekrümmt als die Erdoberfläche und werden deshalb unter den angenommenen normalen Bedingungen nicht zur Erde zurückkehren.

Wir haben hier eine geometrisch optische Betrachtungsweise angewendet. Dies ist gestattet, da der Brechungsindex sich nur wenig mit der Höhe ändert.

Den Wert $k = \tfrac{4}{3}$ bezeichnen wir als *Normalfall* (engl. *standard case*), jedoch soll dieser Ausdruck auch benutzt werden, um allgemein eine Atmosphäre mit linearem Verlauf des Brechungsindex zu bezeichnen, wobei k etwas vom Wert $\tfrac{4}{3}$ abweichen kann. Die Erfahrung zeigt, daß der lineare Verlauf häufig vorkommt, insbesondere, wenn man nur Höhen von einigen Kilometern betrachtet.

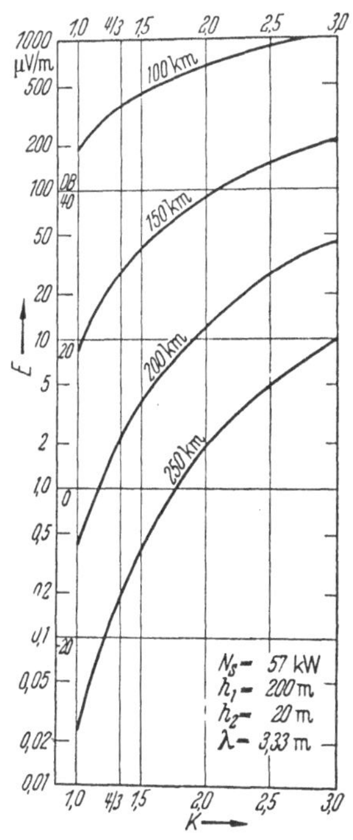

Abb. 52. Berechnete Feldstärke des UKW-Senders Hamburg ($\lambda = 3{,}33$ m) für verschiedene Entfernungen und k-Werte [2].

3. Berechnung der Strahlenbahnen.

Berechnet man unter bestimmten Annahmen über den Wassergehalt der Luft den Brechungsindex bzw. die Größe $n^2 - 1$ für 0 bis 10 km Höhe, also für einen verhältnismäßig großen Höhenbereich, so ergibt sich ein Verlauf, den man nur in erster Näherung als linear ansehen kann, jedoch genauer durch einen quadratischen Ausdruck

$$n^2 - 1 = a + b\,h + c\,h^2 \tag{220}$$

darstellen kann (wie es in ähnlicher Weise bei der Ausbreitung in der Ionosphäre der Fall ist).

Für die Bahnkurven ergibt sich folgende Differentialgleichung (h = Höhe über dem Erdboden, D = Entfernung längs der Erdoberfläche, R = Erdradius) [*171*]:

$$\frac{d^2 h}{d D^2} = \frac{1}{R} + \frac{1}{n} \frac{d n}{d h}, \qquad (221)$$

und das Integral:

$$D = \int\limits_{h_1}^{h_2} \frac{d h}{\sqrt{B h + c h^2 + C_1}}$$

$$= \left[\frac{1}{\sqrt{c}} \, \mathfrak{Ar} \, \mathfrak{Cof} \left\{ \frac{h + \dfrac{B}{2 c}}{\sqrt{\dfrac{B^2}{4 c^2} - \dfrac{C_1}{c}}} \right\} \right]_{h_1}^{h_2}, \qquad (222)$$

worin $B = b + \dfrac{2}{R} = b + 3{,}14 \cdot 10^{-4}$ ist.

Es wird ein beliebiger Strahl betrachtet. Dieser verläuft in der Verlängerung irgendwo parallel zur Erdoberfläche. Der Abstand von der Erdoberfläche an dieser Stelle wird als Minimalhöhe $h_{\min}$ bezeichnet. Hier berührt der Strahl einen zur Erde konzentrischen Kreis. $h_{\min}$ kann allgemein positiv, null oder negativ sein. Im ersten Fall verläuft der Strahl ganz außerhalb der Erde, im zweiten Fall berührt er die Erde und im dritten Fall würde er einen konzentrischen Kreis innerhalb der Erde berühren, wobei der Verlauf innerhalb der Erde fiktiv ist. Wir gehen nun so vor, daß wir das Integral Gl. (222) mit $h_{\min}$ als unterer Grenze ausführen. $h_{\min}$ ist gegeben durch

$$\frac{d h}{d D} = 0 = \sqrt{B\, h_{\min} + c\, h^2_{\min} + C_1}. \qquad (223)$$

Also folgt

$$h_{\min} = -\frac{B}{2 c} + \sqrt{\frac{B^2}{4 c^2} - \frac{C_1}{c}}. \qquad (224)$$

Das Integral wird hiermit an der unteren Grenze null, und es folgt

$$D = \frac{1}{\sqrt{c}} \, \mathfrak{Ar} \, \mathfrak{Cof} \, \frac{h + \dfrac{B}{2 c}}{\sqrt{\dfrac{B^2}{4 c^2} - \dfrac{C_1}{c}}}, \qquad h = -\frac{B}{2 c} + \sqrt{\frac{B^2}{4 c^2} - \frac{C_1}{c}} \, \mathfrak{Cof}\, (\sqrt{c}\, D), \left.\begin{array}{c} \\ \\ \\ \\ \end{array}\right\} \quad (225)$$

$$\frac{d h}{d D} = \sqrt{B h + c h^2 + C_1}.$$

Man erhält nun in folgender Weise das durch einen Punkt (Sender) gehende Strahlenbündel. In Abb. 53 sind die allgemein mit $h_{\min}$ als Parameter berechneten Strahlenbahnen (h als Funktion der Entfernung D) dargestellt. In Abb. 54 ist $d h/d D$ als Funktion von h mit $h_{\min}$ als Parameter dargestellt. Die Ordinate zeigt hier den Winkel $\alpha = \mathrm{arc\,tg} \left(\dfrac{d h}{d D} \right)$ in Graden. α ist der Winkel der Strahlenrichtung mit der horizontalen Richtung. Will man nun z. B. den Strahl zeichnen, der in 4000 m Höhe die Neigung $\alpha = 0{,}9°$ hat, so entnimmt man aus Abb. 54, daß dies der Strahl mit $h_{\min} = 3000$ m ist (Punkt a). Aus Abb. 53 kann dann der Verlauf des Strahls entnommen werden, den man in diesem Fall von $h = 4000$ m an zeichnen würde, d. h. vom Punkt a an.

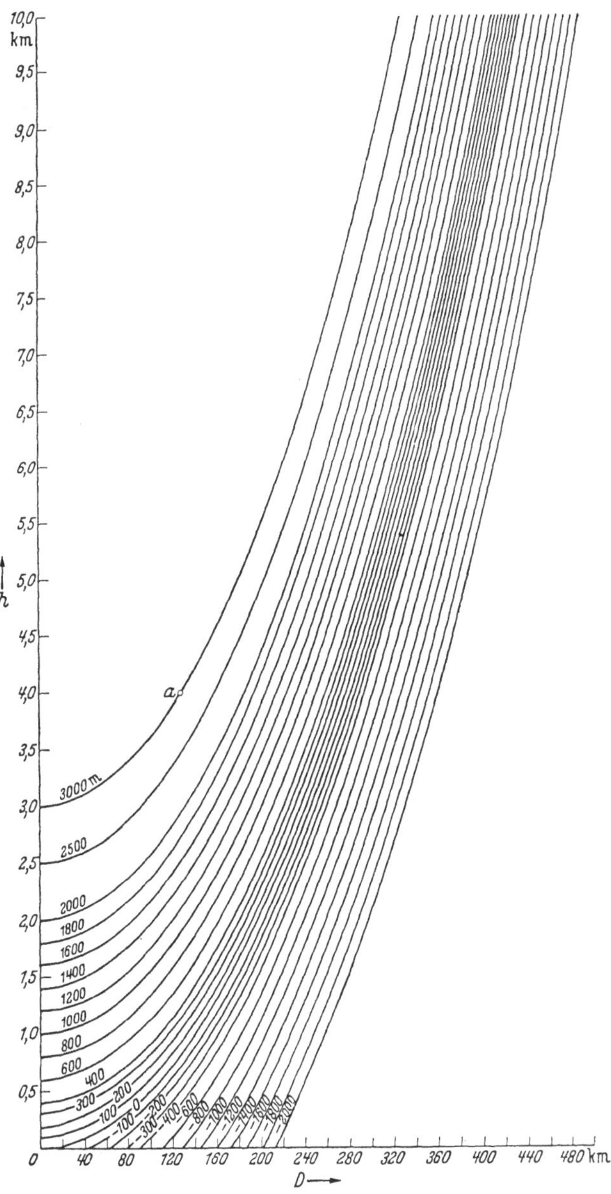

Abb. 53. Die Strahlenbahn als Funktion der Höhe für verschiedene $h_{\min}$ [171].

Abb. 55a und b zeigt das Strahlenbündel für einen Sender in 1000 m Höhe über dem Erdboden mit und ohne Brechung. Die Darstellung ist wie folgt zu verstehen: Horizontal wird geradlinig die Tangente vom Sender an die Erdoberfläche angetragen. Senkrecht dazu werden die Höhen in stark überhöhtem Maßstab gezeichnet. Für flache Strahlen gehen geradlinige Strahlen mit genügen-

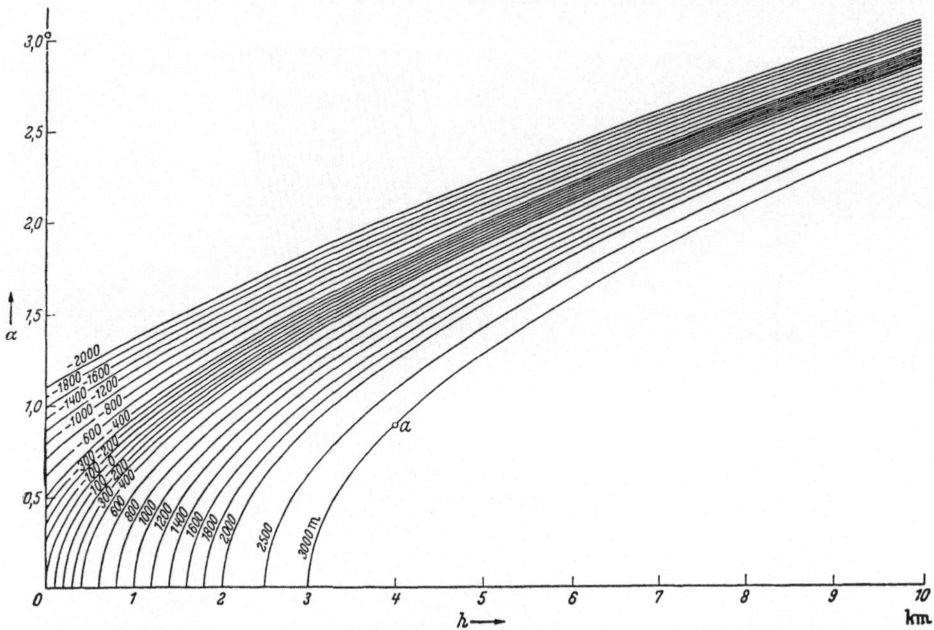

Abb. 54. Neigungswinkel der Strahlen $\alpha = \mathrm{arctg}\,(dh/dD)$ in Abhängigkeit von der Höhe für verschiedene h_{min} [171].

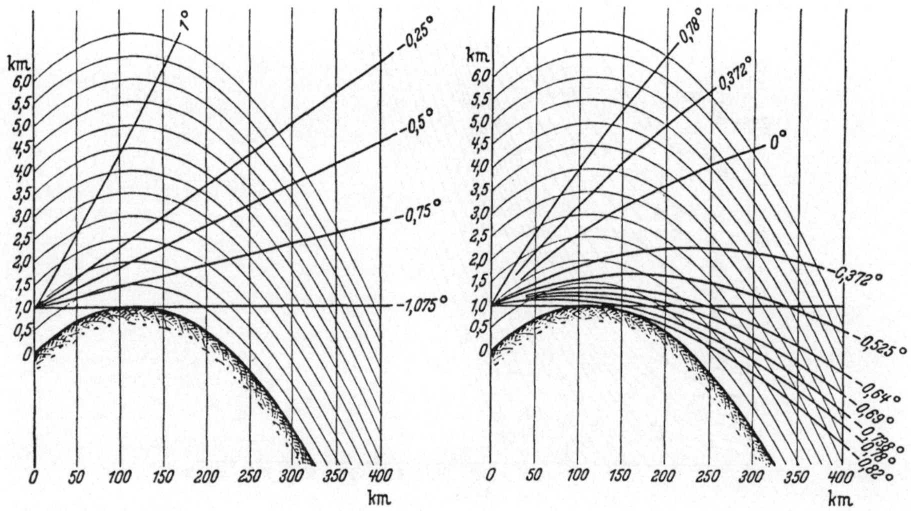

Abb. 55. a) Ungebrochens Strahlenbündel. b) Gebrochenes Strahlenbündel. Sender 1000 m über dem Reflexionsgelände [171].

der Näherung in Gerade über. Die Zahlen an den einzelnen Geraden bedeuten die Abstrahlungswinkel in Graden. Da dem Abstrahlungswinkel 0 ein Strahl zugeordnet ist, der am Sender horizontal verläuft, entspricht der Erdtangente ein negativer Winkel. Abb. 55 bzeigt das gebrochene Strahlenbündel. Der unterste Strahl reicht beträchtlich in das Gebiet des geometrisch optischen Schattens hinein. Der Strahlengang ist von der Wellenlänge unabhängig, da für n keine Frequenzabhängigkeit angenommen wird.

Der Einfluß der Brechung ist um so geringer, je steiler die Strahlen verlaufen. Wie die Rechnung zeigt, kann für einen Winkel von $1,5°$ die Brechung vernachlässigt werden. Der Einfluß des Wasserdampfgehaltes ist beträchtlich. So ergibt verschieden starke Feuchtigkeit für die Höhe eines tangentialen Strahles in 300 km Entfernung Höhenunterschiede von 550 m.

4. Vertikaldiagramme der Feldstärke.

Wir führen mit Hilfe der berechneten Strahlenbahnen Feldstärkeberechnungen aus. Hierzu ist eine Kenntnis des Strahlungsdiagramms notwendig, das wir uns durch Interferenz eines direkten und eines an der Erde reflektierten Strahles entstanden denken. Da nur sehr flache Strahlen betrachtet werden, wird Gl. (130) benutzt. In denjenigen Fällen, in denen in einer bestimmten Entfernung die Feldstärke als Funktion der Höhe betrachtet wird, ergibt sich in tangentialer Richtung die Feldstärke 0, da $\varDelta = 0$ ist. Mit wachsender Höhe wächst der geometrische Gangunterschied an, und die Feldstärke wächst an bis zu einem Maximum für $\varDelta = \lambda/2$. Die Feldstärke ist hier doppelt so groß als bei Ausbreitung im freien Raum. Es folgt mit wachsender Höhe ein Minimum und weitere Maxima und Minima. Hier wird nur das unterste Maximum des Strahlungsdiagramms betrachtet. Wir führen die Berechnung für einen $\lambda/2$-Dipol mit 1 A im Strombauch aus.

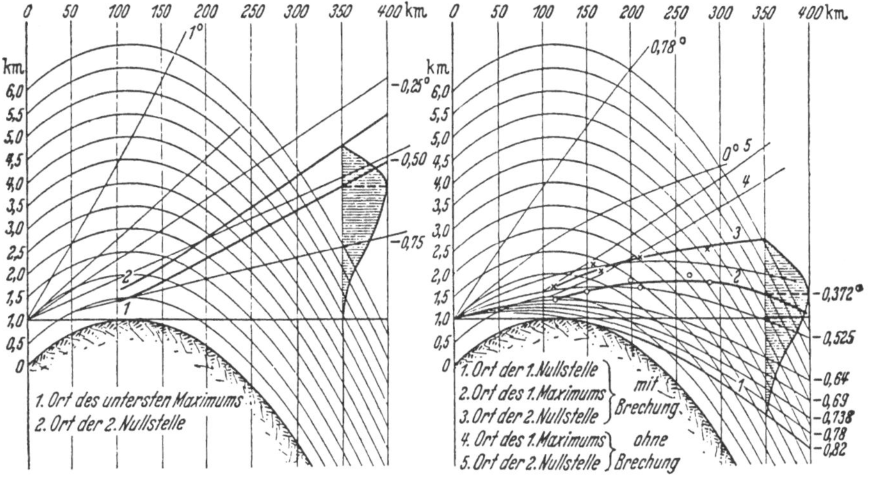

Abb. 56. a) Ungebrochenes Strahlenbündel. b) Gebrochenes Strahlenbündel. Sender 1000 m über dem Erdboden. $f = 41,84$ MHz ($\lambda = 7,17$ m) [171].

Abb. 56a und b zeigt den berechneten Strahlenverlauf und das Vertikaldiagramm der Feldstärke für $\lambda = 7,17$ m. Wir sehen links die Verhältnisse für eine homogene, rechts für eine brechende Atmosphäre, und es ist sehr anschaulich zu sehen, wie durch die Brechung das untere Strahlungsmaximum in den geometrisch optischen Schatten hineingebrochen wird.

Abb. 57 zeigt berechnete Vertikaldiagramme für verschiedene Entfernungen. Bis zu einer bestimmten Höhe ist die Feldstärke null. In dieser Höhe verläuft bei der jeweiligen Entfernung der unterste Strahl, und anschließend folgt das unterste Strahlungsmaximum. Die Kurven für $\lambda = 4,1$ m sind steiler, da für das Diagramm die Größe $\varDelta/\lambda$ maßgebend ist und $\varDelta$ von λ unabhängig ist. Der

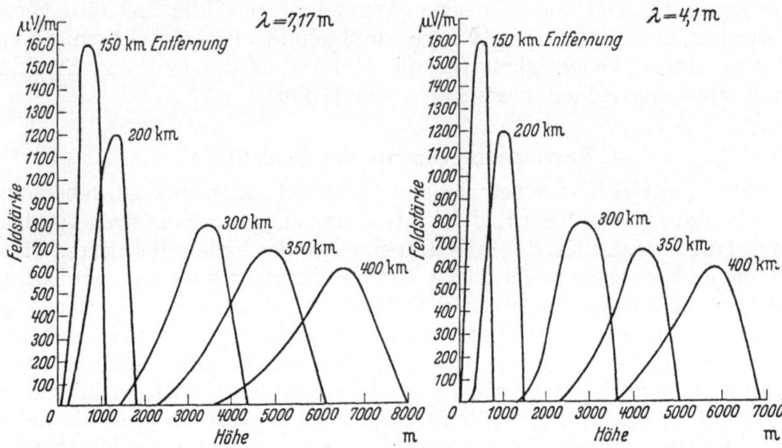

Abb. 57. Feldstärke als Funktion der Höhe in fester Entfernnug vom Sender. $\lambda/2$-Dipol, 1 Amp., ~73,2 W, Sender 1000 m über dem Erdboden [171].

mit wachsendem Abstrahlungswinkel anwachsende Gangunterschied wirkt sich bei kürzeren Wellen rascher aus.

5. Anomale Ausbreitungsverhältnisse.

a) Inversionen.

Weicht der Brechungsindex wesentlich von dem normalen Verlauf ab, so liegen anomale Ausbreitungsverhältnisse vor. Solche Änderungen kommen sehr häufig vor, und sie sind für die Ultrakurzwellen von ähnlich großer Bedeutung wie die unregelmäßigen Schwankungen in der Ionosphäre für die kurzen Wellen. Es hat sich in den letzten Jahren das neue umfangreiche Gebiet der *Radio-meteorologie* entwickelt, welches sich mit der Einwirkung der Atmosphäre auf die Wellenausbreitung befaßt und die meteorologischen Ursachen zu erforschen versucht. Gegenüber der Ionosphärenforschung besteht hier der Vorteil, daß die unterste Atmosphäre durch Ballonaufstiege der Beobachtung direkt zugänglich ist. Es liegt umfangreiches Beobachtungsmaterial vor, das zum Teil schon in Buchform zusammengefaßt wurde [*41, 111, 166*].

Bei den anomalen Ausbreitungsverhältnissen spielen im besonderen die Inversionen eine Rolle. In den Inversionsschichten dreht sich der Verlauf mit der Höhe gegenüber dem normalen Verlauf um.

Die Temperatur nimmt z. B. unter normalen Verhältnissen mit der Höhe um rd. 0,5° C je 100 m ab. In einer Temperaturinversion erfolgt sprunghaft eine Temperaturzunahme. Man erhält einen Überblick, indem man die allgemeinen Ergebnisse von 17586 Fesselballonaufstiegen betrachtet, die in den Jahren 1903 bis 1925 ausgeführt wurden [*101*]. Hierbei werden nur größere Sprünge, solche über 3° C, berücksichtigt. Inversionen niedriger Intensität (3 bis 4,9° C) kommen am häufigsten vor, die Häufigkeit nimmt mit wachsender Intensität ab. Sie ist im Sommer geringer als im Winter, und dieser Unterschied ist um so stärker, je größer die Inversion ist. Inversionen $>10°$ C treten praktisch nur im Winter auf. Bezüglich der Höhenverteilung ergibt sich, daß im Höhenbereich 0 bis 240 m weitaus mehr Inversionen liegen als in weiter oben liegenden Höhenbereichen. Die Bodeninversionen kommen also am häufigsten vor. Die Zahl der Inversionen in Höhenbereichen bis zu etwa 2000 m ist aber auch noch beachtlich, besonders in bezug auf Inversionen niedriger Intensität (3 bis $7,9°$ C). Der jahreszeitliche Gang ist in größeren Höhen ein anderer, er ist nahezu umgekehrt.

Die Temperatur ist nur einer der Faktoren, welche den Brechungsindex bestimmen. Für die Wellenausbreitung muß man den Brechungsindex selbst als Funktion der Höhe kennen. Wir schreiben das Brechungsgesetz (211), indem wir statt des Einfallswinkels φ den Glanzwinkel α einführen $(\alpha = 90° - \varphi)$,

$$n\,r\,\cos\alpha = n_0 r_0 \cos\alpha_0. \tag{226}$$

Der jeweilige Glanzwinkel α ist außer von n auch von der Höhe direkt abhängig, die in $r = R + h$ ($R = $ Erdradius) enthalten ist. Da nur kleine Winkel α in Frage kommen, setzen wir $\cos\alpha \approx 1 - \frac{1}{2}\alpha^2$. Unter Vernachlässigung von in zweiter Ordnung kleinen Größen erhalten wir

$$n - n_0 + \frac{1}{R}\,(h - h_0) = \frac{1}{2}\,(\alpha^2 - \alpha_0^2). \tag{227}$$

Wir führen einen *modifizierten Brechungsindex*

$$N = n\left(1 + \frac{h}{R}\right) \approx n + \frac{h}{R} \tag{228}$$

ein und erhalten

$$N - N_0 = \frac{1}{2}\,(\alpha^2 - \alpha_0^2). \tag{229}$$

Hieraus folgt

$$\alpha = \sqrt{2}\,\sqrt{N - N_0 + \frac{\alpha_0^2}{2}}\ . \tag{230}$$

Der modifizierte Brechungsindex ist maßgebend für die Brechung, in ihm ist der Einfluß der Erdkrümmung (h/R) mit enthalten. N muß als Funktion der Höhe bekannt sein. Zur Kennzeichnung der brechenden Eigenschaften der Atmosphäre benutzt man im allgemeinen den *Brechungsmodul*

$$M = (N - 1)\,10^6 = \left(n - 1 + \frac{h}{R}\right)10^6. \tag{231}$$

Das Brechungsgesetz lautet dann

$$M - M_0 = \frac{1}{2}\,10^6(\alpha^2 - \alpha_0^2). \tag{232}$$

Die Höhenabhängigkeit von M ist einmal direkt durch das Glied h/R gegeben, und außerdem ist n eine Funktion der Höhe. Der Brechungsindex nimmt unter normalen Verhältnissen mit der Höhe ab (s. oben), jedoch überwiegt das Glied h/R, so daß M linear mit der Höhe zunimmt. Wenn jedoch entgegen dem normalen Verhalten die Temperatur mit der Höhe ansteigt (Temperaturinversion) und dieser Anstieg stark genug ist, so überwiegt die Abnahme von n mit der Höhe und M nimmt in der Inversionsschicht mit der Höhe ab (*M-Inversion*).

Eine genügend starke Abnahme der Feuchtigkeit hat dieselbe Wirkung. Entsprechende Änderungen der Feuchtigkeit in der unteren Atmosphäre kommen häufig vor, und sie beeinflussen vorwiegend den Verlauf des Brechungsindex und damit auch von M.

Eine besonders starke Wirkung ergibt sich, wenn eine vertikale Temperaturzunahme mit einer Wasserdampfabnahme gekoppelt ist. Es kann auch bei einer Temperaturabnahme eine Inversion auftreten, wenn die Abnahme durch eine entsprechende Wasserdampfabnahme überkompensiert ist.

Abb. 58 zeigt den Verlauf von M bei einer Normalatmosphäre. Der Gradient der Normalatmosphäre ist $dM/dh = 12$ M-Einheiten pro 100 m oder 36 M-Einheiten pro 1000 ft. Aus Gl. (231) folgt nämlich

$$\frac{dM}{dh} = \left(\frac{dn}{dh} + \frac{1}{R}\right) 10^6 = \left(\frac{1}{R} - \frac{1}{\varrho}\right) 10^6. \tag{233}$$

Setzt man für dn/dh den Wert Gl. (212) für die Normalatmosphäre ein, so erhält man für dM/dh den oben angegebenen Wert. Abb. 59 zeigt Kurven mit M-Inversion. Der absolute Wert von M liegt in der Nähe von 300. Die Kurve setzt

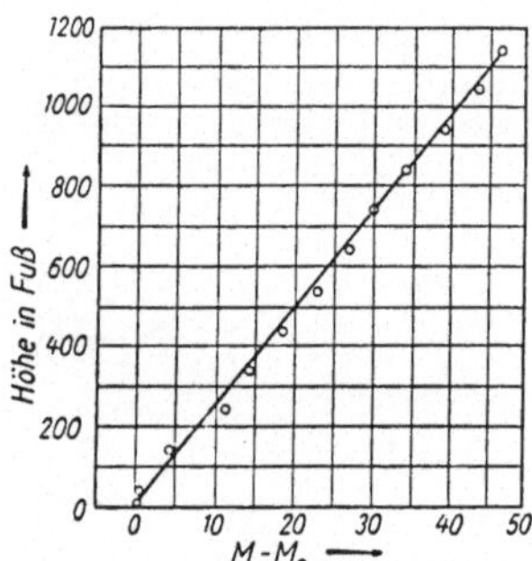

Abb. 58. Brechungsmodul in Abhängigkeit von der Höhe für eine Normalatmosphäre [41].

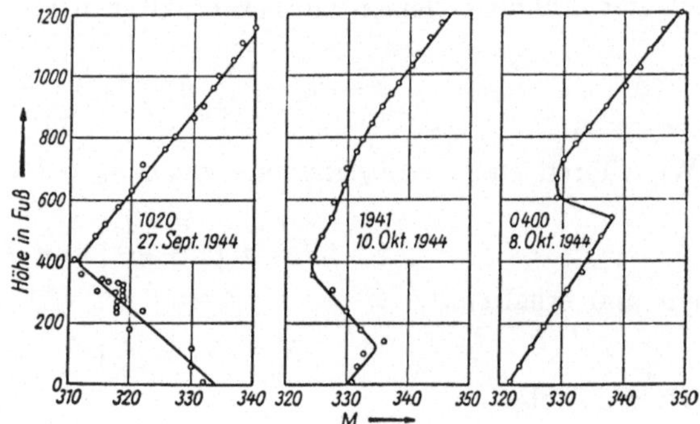

Abb. 59. M-Inversionen (beobachtet in Neuseeland). $M =$ Brechungsmodul, Gl. (231) [41].

sich annähernd aus linearen Stücken zusammen. In den Inversionsgebieten, in denen dM/dh negativ ist, ist nach Gl. (233) die Krümmung der Strahlen $(1/\varrho)$ größer als die Erdkrümmung $(1/R)$ bzw. $|dn/dh| > 1{,}57 \cdot 10^{-7}$ m^{-1}. Der Faktor k ist dann negativ. Die eingezeichneten Meßpunkte geben eine Vorstellung von der Meßgenauigkeit. In großen Höhen gehen die M-Kurven in den linearen Zustand über. In Abb. 59 stellt die erste Kurve eine Bodeninversion dar, die beiden übrigen zeigen freie Inversionen. Die Inversionsgebiete haben in den gezeigten Fällen Höhenausdehnungen von etwa 120, 90 und 60 m. Es kommen jedoch häufig kleinere Dicken von 15 bis 30 m vor.

b) Der atmosphärische Wellenleiter.

Die Gl. (229) ist formal dieselbe wie für ebene Erde. Wir haben somit durch Einführung des modifizierten Brechungsindex das Problem für gekrümmte Erde auf ein solches für ebene Erde zurückgeführt, deren Atmosphäre den Brechungsindex N besitzt. Die relative Krümmung bleibt dieselbe. Sie ergibt sich für die gekrümmte Erde mit Hilfe von Gl. (216) zu

$$\frac{1}{R} - \frac{1}{\varrho} = \frac{1}{R} + \frac{dn}{dh}.$$

Für die „ebene" Erde ist sie

$$\frac{dN}{dh} = \frac{1}{R} + \frac{dn}{dh}.$$

Über der so eingeführten ebenen Erde erhalten Strahlen, die sich über einer gekrümmten Erde geradlinig ausbreiten, eine Krümmung nach oben. Für eine homogene Atmosphäre ($n = 1$) wird nämlich $N = 1 + h/R$, d.h., der modifizierte Brechungsindex nimmt nach oben zu.

Abb. 60 zeigt die Strahlenbahnen bei linearem Verlauf von N. Durch den der Höhe h_1 des Senders entsprechenden Punkt zeichnet man eine vertikale Bezugslinie AB. Zu dem Strahl, welcher unter dem Winkel α_0 vom Sender aus-

geht, zeichnet man links im Abstand $\alpha_0^2/2$ eine parallele Linie, die man die charakteristische Linie des Strahles nennt. In Abb. 60 sind $1, 2$ und 3 die charakteristischen Linien verschiedener Strahlen. Nach Gl. (230) ist der Glanzwinkel des Strahles in irgendeiner Höhe proportional der Quadratwurzel aus dem Abstand der Charakteristik von der N-Kurve für die betreffende Höhe. Dieser Abschnitt wächst

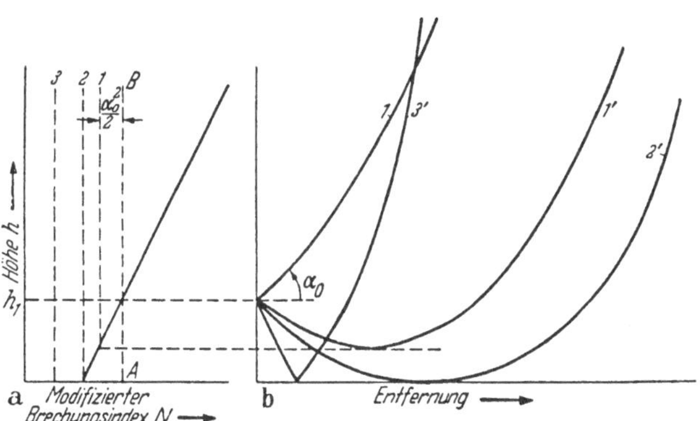

Abb. 60. Strahlenbahnen in einer Normalatmosphäre. N = modifizierter Brechungsindex, Gl. (228) [111].

mit der Höhe so, daß der Strahl 1 immer steiler wird, der Strahl $1'$, der mit dem gleichen absoluten Winkelwert nach unten startet, wird umgekehrt immer flacher. Am Schnittpunkt der charakteristischen Linie mit der N-Kurve verläuft er horizontal. Für eine Kurve $2'$ liegt dieser Schnittpunkt an der Erdoberfläche. Das Gebiet rechts der Kurve $2'$ wird von keinem Strahl erreicht und entspricht dem geometrischen Schattengebiet.

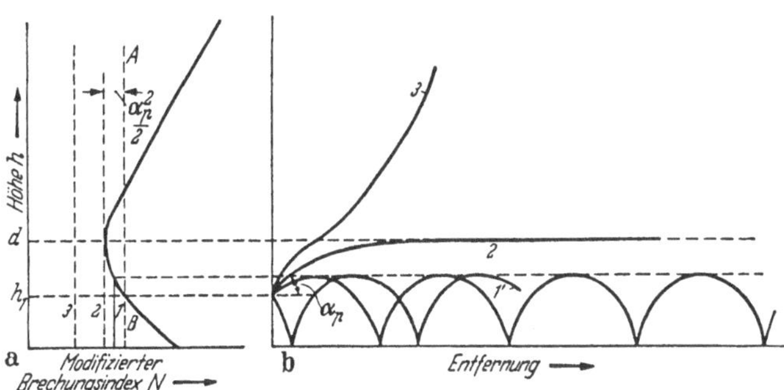

Abb. 61. Strahlenbahnen in einer Atmosphäre mit Bodeninversion (Bodenwellenleiter). N = modifizierter Brechungsindex, Gl. (228) [111].

Abb. 61 entspricht einer Boden-N-Inversion, und der Sender liegt im Inversionsgebiet. Die vertikale Bezugslinie schneidet die N-Kurve in der Höhe des Senders. Die charakteristische Linie 2 berührt die N-Kurve in der Höhe des Minimums der N-Kurve. Ihr Abstand von AB sei $\alpha_p^2/2$. Die Überlegungen sind die gleichen wie bei Abb. 60. Die Strahlen haben die Neigung 0 bzw. verlaufen parallel zur Erdoberfläche dort, wo die zugehörige charakteristische Linie die N-Kurve schneidet bzw. berührt. Das ist für den Strahl 2 mit dem Startwinkel α_p in der Höhe des Minimums der Fall. Alle Strahlen mit kleinerem Startwinkel als α_p kehren bereits in niedrigerer Höhe um und laufen in aufeinanderfolgenden Sprüngen zur Erde und zur selben Höhe zurück. Die charakteristischen Linien der Strahlen mit größeren Startwinkeln als α_p (z. B. Strahl 3) haben keinen Schnittpunkt mit der N-Kurve. Ihr Neigungswinkel hat ein Minimum in der Höhe d, weiter nach oben steigt er wieder an. Es ergibt sich ein Bild ganz ähnlich wie in Abb. 44 für die Ionosphäre. Die Inversionsschicht bildet einen Wellenleiter (engl. duct). Ein Schattengebiet tritt nicht mehr auf, vielmehr ergibt sich längs der Erdoberfläche ein Gebiet hoher Feldstärke, das sich in das Gebiet des geometrischen Schattens hinein erstreckt und Anlaß zu erhöhten Feldstärken und Reichweiten gibt. Die Bodeninversion ergibt einen Bodenwellenleiter.

Abb. 62 zeigt die praktisch vorkommenden Typen von M-Kurven. Kompliziertere M-Kurven kommen selten vor. Das Bild a zeigt den Normalfall, beim Bild b tritt erst in einer gewissen Höhe der lineare Anstieg ein, das Bild c zeigt einen unternormalen Fall. Das Bild d zeigt eine Bodeninversion, die Bilder e und f eine erhöhte Inversion. In den letzten Fällen ergeben sich Wellenleiter. Dieser ist im Fall e ein freier, im Falle d und f ein Bodenwellenleiter. Das Wellenleitergebiet erstreckt sich jeweilig von der oberen Grenze der Inversion bis zu ihrer Projektion auf die M-Kurve. Der Wellenleiter kann also höher sein, als der Dicke der Inversionsschicht entspricht.

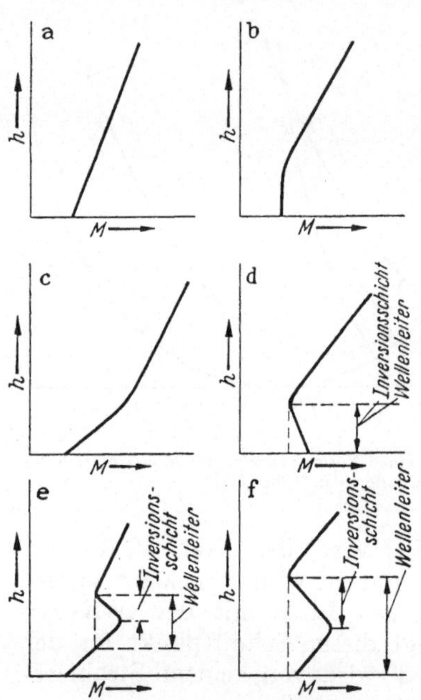

Abb. 62. Praktisch vorkommende Typen von M-Kurven. M = Brechungsmodul, Gl. (231) [41].

Um die in Abb. 61 gezeigten günstigen Übertragungsverhältnisse zu erhalten, erscheint es notwendig, daß Sender und Empfänger innerhalb des Wellenleiters liegen. Bei Bodensendern und -empfängern werden also insbesondere die Bodeninversionen Überreichweiten hervorrufen, und es ist hierbei von Bedeutung, daß Bodeninversionen besonders häufig vorkommen (s. oben). Man muß annehmen, daß die Ausbildung von genügend ausgedehnten und als Wellenleiter wirksamen Inversionsschichten nur über ebenem Boden bzw. über Wasser möglich ist.

Der Sprung ΔM in der M-Kurve ist aus natürlichen Gründen begrenzt. Ein extrem hoher Sprung der Feuchtigkeit tritt auf, wenn eine nahezu gesättigte warme Luftschicht an eine trockene kalte Luftschicht grenzt. $\Delta M = 5$ bis 10 sind Werte, die häufig vorkommen; größte Werte von $\Delta M = 40$ sind im Einzelfall beobachtet worden. Die Dicke einer Inversionsschicht ist häufig 10 bis 30 m (vgl. Abb. 59), größere Dicken können vorkommen.

In Abb. 61 ergibt sich ein Grenzwinkel α_p, den ein Strahl nicht über-schreiten darf, wenn er im Wellenleiter bleiben soll. Für α_p folgt aus Gl. (230) mit $\alpha = 0$ und $\alpha_0 = \alpha_p$

$$\alpha_p = \sqrt{2(M_0 - M)\,10^{-6}}\,. \tag{234}$$

M ist der Wert an der oberen Grenze der Inversion, M_0 der Wert in der Höhe des Senders. Mit z. B. $M_0 - M = 10$ folgt $\alpha_p = 4{,}5 \cdot 10^{-3}$, d. h. etwa $0{,}26°$. Die nähere Betrachtung zeigt, daß die anomalen Ausbreitungsbedingungen nur für Ausstrahlungswinkel bis zu etwa $0{,}5°$ gegeben sind.

Grenzfrequenz: Das Problem des atmosphärischen Wellenleiters hat Ähnlich-keit mit dem des metallischen oder dielektrischen Leiters. Der Wellenleiter hat in diesem Falle 'eine flächenhafte, allseitige Ausdehnung. Ein metallischer Wellenleiter hat bekanntlich eine Grenzfrequenz, unterhalb welcher keine Wellenausbreitung stattfindet. Bei dem atmosphärischen Wellenleiter ergibt die Theorie eine ähnliche untere Grenze. Es ergibt sich jedoch keine scharfe Fre-quenzgrenze, sondern eine allmähliche Abnahme der Übertragung. Dies hängt damit zusammen, daß der atmosphärische Wellenleiter nur nach einer Seite hin (am Erdboden) leitend abgeschlossen ist, während er an der oberen Grenze als halbdurchlässig anzusehen ist. Folgende Formel gibt für einen Bodenwellen-leiter annähernd die maximale Wellenlänge:

$$\lambda_{\max} = 2{,}5\,d\,\sqrt{\Delta M\,10^{-6}}\,. \tag{235}$$

d ist die Höhe des Wellenleiters, ΔM die gesamte Abnahme von M im Wellen-leiter. [41].

6. Reflexion an einer Inversion.

Da die Inversionen im Höhenverlauf sprunghaften Charakter haben, liegt es nahe, eine idealisierte Betrachtung einzuführen, bei welcher die Reflexion an einer solchen Sprungstelle zugrunde gelegt wird. Der Brechungsindex der Atmo-sphäre sei 1 und ändere sich in der Höhe h sprunghaft auf $1 - \delta$. Aus Gl. (188) erhalten wir, indem wir $n = 1 - \delta$, $\alpha_0 = 90° - \varphi$ einsetzen und kleine Größen zweiter Ordnung vernachlässigen,

$$\mathfrak{r} = \mathfrak{r}_p = \mathfrak{r}_s = \frac{\alpha_0 - \sqrt{\alpha_0^2 - 2\delta}}{\alpha_0 + \sqrt{\alpha_0^2 - 2\delta}}\,. \tag{236}$$

Das Brechungsgesetz lautet

$$\cos\alpha_0 = (1 - \delta)\cos\alpha\,. \tag{237}$$

α_0 und α sind die Glanzwinkel der einfallenden und gebrochenen Welle. Für kleine Winkel folgt

$$\alpha^2 = \alpha_0^2 - 2\delta\,, \tag{238}$$

so daß wir auch schreiben können

$$\mathfrak{r} = \frac{\alpha_0 - \alpha}{\alpha_0 + \alpha}\,. \tag{236a}$$

Für den Grenzwinkel der Totalreflexion folgt aus Gl. (238) für $\alpha = 0$

$$\alpha_g = \sqrt{2\delta}\,. \tag{239}$$

Für $\alpha_0 \leqq \alpha_g$ ist $|\mathfrak{r}| = 1$, für $\alpha_0 > \alpha_g$ ist $\mathfrak{r}$ nach Gl. (236) zu berechnen. Für $\alpha_0^2 \gg 2\delta$ kann man schreiben

$$\mathfrak{r} \approx \frac{\delta}{2\alpha_0^2}\,. \tag{236b}$$

Das Reflexionsvermögen nimmt also für größere Glanzwinkel proportional $1/\alpha_0^2$ ab. Die Abb. 63 zeigt den für $\delta = 2 \cdot 10^{-5}$ berechneten Reflexionskoeffizienten in Abhängigkeit vom Glanzwinkel. Der Grenzwinkel der Totalreflexion ist $6{,}3 \cdot 10^{-3}$ ($= 0{,}360°$), hier ist $\mathfrak{r} = 1$. Bei einem Winkel von $1{,}1 \cdot 10^{-2}$ ($= 0{,}57°$) ist $\mathfrak{r} = 0{,}1$ und bei einem zehnfach größeren Winkel bereits kleiner als 0,001.

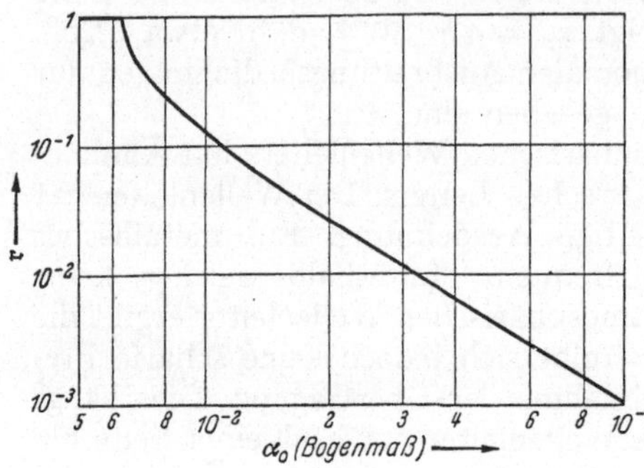

Abb. 63. Reflexionskoeffizient $\mathfrak{r}$ in Abhängigkeit vom Glanzwinkel α für Reflexion an einer Inversion. $\delta = 2 \cdot 10^{-5}$.

Nehmen wir nun an, daß von einem Sender S in der Höhe h_1 über dem Erdboden ein Strahl unter dem Winkel β gegen die Horizontale ausgeht (vgl. Abb. 64) so wird dieser auf die in der Höhe h liegende Inversion unter einem Glanzwinkel α_0 auffallen, für den

$$(R + h)\cos\alpha_0 = (R + h_1)\cos\beta \qquad (240)$$

gilt oder näherungsweise

$$\cos\alpha_0 = \cos\beta\left(1 - \frac{h - h_1}{R}\right). \qquad (240\,\text{a})$$

Da uns nur sehr kleine Glanzwinkel α_0 interessieren und folglich auch β klein gewählt werden muß, können wir für Gl. (240a) unter Vernachlässigung in zweiter Ordnung kleiner Glieder schreiben

$$\alpha_0^2 = \beta^2 + \frac{2(h - h_1)}{R}. \qquad (241)$$

Bei horizontal (unter $\beta = 0$) ausgesendeten Strahlen kann eine Totalreflexion an der Inversion nach Gl. (239) und (241) nur dann auftreten, wenn

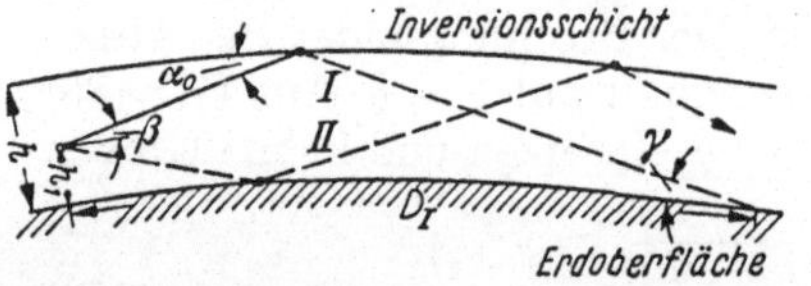

$$\frac{h - h_1}{R} \leqq \delta \qquad (242)$$

ist. Im obigen Beispiel, in dem $\delta = 2 \cdot 10^{-5}$ angesetzt wurde, müßte also $(h - h_1) \leqq 130$ m sein.

Abb. 64. Strahlenverlauf ultrakurzer Wellen zwischen Erde und (idealisierter) Inversionsschicht.

Für den Winkel γ, unter dem der reflektierte Strahl auf die Erdoberfläche wieder auftrifft, ergibt sich analog dem Obigen

$$\gamma^2 = \alpha_0^2 - \frac{2h}{R} = \beta^2 - \frac{2h_1}{R}. \qquad (243)$$

Der an der Inversion reflektierte Strahl wird also die Erde nur dann treffen, wenn für den Ausstrahlungswinkel β die Beziehung $\beta^2 \geqq \dfrac{2h_1}{R}$ gilt.

Die Entfernung D_I ergibt sich zu

$$D_I = R(\alpha_0 - \beta) + R(\alpha_0 - \gamma)$$

$$= R\left\{2\sqrt{\beta^2 + \frac{2(h - h_1)}{R}} - \beta - \sqrt{\beta^2 - \frac{2h_1}{R}}\right\}. \qquad (244)$$

Neben den einmal an der Inversion reflektierten Strahlen dürften für eine Übertragung mit ultrakurzen Wellen in das Gebiet des optischen Schattens hinein noch diejenigen Strahlen in Betracht kommen, die, vom Sender unter einem negativen Erhebungswinkel ausgehend, zunächst am Erdboden und danach einmal an der Inversion reflektiert werden. Die Gl. (240) bis (243) sowie die Anmerkungen dazu gelten auch für diese Strahlen. Für die Entfernung D_{II} tritt an die Stelle von Gl. (244) die Formel

$$D_{II} = 2R(\alpha_0 - \gamma) + R(\beta - \gamma)$$
$$= R\left\{2\sqrt{\beta^2 + \frac{2(h - h_1)}{R}} + \beta - 3\sqrt{\beta^2 - \frac{2h_1}{R}}\right\}. \tag{244a}$$

Feldstärke-Berechnung: Für die Feldstärke eines vertikalen HERTZschen Dipols der Strahlungsleistung N_S kW in Abhängigkeit von der Entfernung D und dem Erhebungswinkel β gilt

$$E = \frac{150\sqrt{N_{S(kW)}}}{D_{km}}\cos\beta \quad \frac{mV}{m}.$$

Beachten wir nun, daß wir bei der Reflexion an einer Inversion nur sehr flach ausgesendete Strahlen zu betrachten brauchen, so folgt mit $\cos\beta \approx 1$ und $D \approx D_I$ bzw. D_{II} für die Empfangsfeldstärke des Strahls I bzw. II

$$\left.\begin{array}{l} E_I = \dfrac{150\sqrt{N_{S(kW)}}\,\mathfrak{r}}{D_{I\,(km)}} \quad \dfrac{mV}{m}, \\[2ex] E_{II} = \dfrac{150\sqrt{N_{S(kW)}}\,\mathfrak{r}\,\mathfrak{r}_{Erde}}{D_{II\,(km)}} \quad \dfrac{mV}{m}. \end{array}\right\} \tag{245}$$

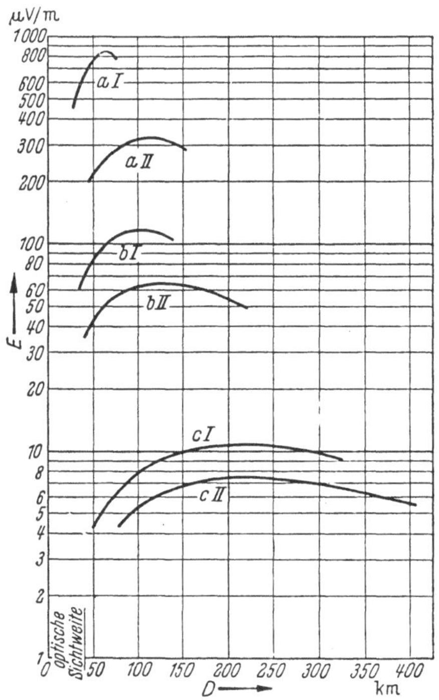

Abb. 65. Feldstärke der an einer Inversion ($\delta = 2\cdot 10^{-5}$) reflektierten ultrakurzen Wellen. Sender (1 kW) in 100 m Höhe. Inversionsschicht in a) 200, b) 500, c) 2100 m Höhe. I, II vgl. Abb. 64.

Will man berücksichtigen, daß unterhalb der Inversionsschicht die normale Strahlenbrechung in der Atmosphäre eintritt, so hat man in den Formeln für α_0, γ und D an Stelle von R den äquivalenten Erdradius (vgl. S. 80) für die numerische Berechnung einzusetzen.

Die Abb. 65 zeigt das Ergebnis einer Berechnung der Feldstärke unter folgenden Annahmen: Der Sender mit der Leistung $N_S = 1$ kW befindet sich in $h_1 = 100$ m Höhe über dem Erdboden. Die reflektierende Inversionsschicht liegt a) 200 m, b) 500 m, c) 2100 m hoch, wobei δ jeweils gleich $2\cdot 10^{-5}$ gesetzt ist. Für den an der Erde reflektierten Strahl II wurde $\mathfrak{r}_{Erde} = 0{,}75$ gesetzt. Für R wurde ein äquivalenter Erdradius von 8000 km gewählt. Die optische Sichtweite beträgt 40 km. Man erkennt aus der Abb. 65, daß eine Inversionsschicht (a) in 200 m Höhe hohe Feldstärken über die optische Sicht hinaus bis zu etwa 74 km (Strahl I) bzw. 154 km (Strahl II) zur Folge hat. Die Inversionsschicht (b) in 500 m Höhe führt zu Feldstärken zwischen 40 und 115 μV/m in Entfernungen bis zu 140 km (I) bzw. 220 km (II). Auch die Inversionsschicht (c) in 2100 m Höhe müßte — die notwendige horizontale Ausdehnung über dem Erdboden vorausgesetzt — einen einwandfreien Empfang der ultrakurzen Wellen bis zu 410 km Entfernung (Strahl *II*) ermöglichen. Die Änderung der Feldstärke mit der Entfernung ist besonders für diesen letzten Fall gering.

Diese idealisierte Betrachtungsweise zeigt, daß die häufig beobachteten Überreichweiten der ultrakurzen Wellen bis zu etwa 400 km ohne Schwierigkeiten durch Reflexion an einer Inversionsschicht erklärt werden können.

II. Die Wellenausbreitung in den verschiedenen Frequenzbereichen.

Die drahtlose Telegraphie hat im Laufe ihrer Entwicklung einen immer größeren Frequenzbereich für die Nachrichtenübermittlung nutzbar gemacht, der sich heute etwa von $3 \cdot 10^{10}$ bis $1,5 \cdot 10^4$ Hz (0,01 bis 20000 m) erstreckt. Die praktische Erfahrung ergibt in Übereinstimmung mit der Theorie eine außerordentlich starke Änderung der Ausbreitungsbedingungen mit der Frequenz. Diese Änderung erfolgt im allgemeinen stetig. Sie ist besonders stark im Gebiet der kurzen Wellen etwa oberhalb 10 m, wo bei flacher Ausstrahlung die Reflexion an der Ionosphäre einsetzt und zu enorm großen Reichweiten Anlaß gibt. Das Einsetzen dieser Reflexion, in Abhängigkeit von der Frequenz betrachtet, erfolgt sogar sprunghaft, jedoch ist die entsprechende untere Grenzfrequenz durch den jeweiligen Ionisationszustand der Atmosphäre bedingt, sie schwankt etwa zwischen 60 und 15 MHz ($\lambda = 5$ bis 20 m).

Wir werden zweckmäßig die praktischen Ergebnisse nach bestimmten Frequenzbereichen zusammenstellen, innerhalb derer ähnliche Ausbreitungsgesetze herrschen. Wir unterscheiden

mittlere und lange Wellen	1,5 bis 0,015 MHz (200	bis 20000m),
kurze Wellen	30 bis 1,5 MHz (10	bis 200 m),
ultrakurze und Dezimeterwellen . . .	30000 bis 30 MHz (0,01 bis	10 m).

Eine scharfe Abgrenzung der einzelnen Frequenzbereiche läßt sich nicht durchführen, die Zahlenangaben sollen nur die Gebiete ungefähr abgrenzen. Die mittleren und langen Wellen sind durch eine praktisch brauchbare, mit wachsender Wellenlänge zunehmende Bodenreichweite charakterisiert. Der Einfluß der Ionosphäre tritt hier bei den mittleren Wellen und insbesondere in der Nacht deutlich in Erscheinung. Im Gebiet der kurzen Wellen tritt die mit wachsender Frequenz immer kleiner werdende Bodenreichweite an praktischer Bedeutung zurück. Hier interessieren besonders die großen Reichweiten, die durch eine weitgehend verlustfreie Reflexion an der Ionosphäre bedingt sind. Im Gebiet der ultrakurzen und Dezimeterwellen findet eine Reflexion an der Ionosphäre nicht mehr statt. Die Ausbreitung wird durch die Beugung an der Erde und die Brechung in der unteren Atmosphäre bestimmt und folgt bei erhöhter Aufstellung der Antennen und mit abnehmender Wellenlänge immer mehr optischen Gesetzen. Die Reichweiten sind dementsprechend klein und mit der Entfernung des Horizonts vergleichbar.

A. Die Ausbreitung der mittleren und langen Wellen (1,5 bis 0,015 MHz bzw. 200 bis 20000 m).

1. Die Ausbreitung langer Wellen in großen Entfernungen über Seewasser.

Abhängigkeit von der Entfernung. Die Überbrückung großer Entfernungen, z. B. Europa—Amerika, hat zunächst zur Verwendung langer Wellen von mehreren

Kilometern Länge geführt, die sich als günstig erwiesen. Es wurden frühzeitig Messungen zwischen einer amerikanischen Küstenstation und Schiffen auf dem Atlantischen Ozean mit Wellen von einigen Kilometern durchgeführt [24, 25]. Messungen über Seewasser lassen übersichtliche Resultate erwarten, da die Meeresoberfläche glatt und von gleichbleibender homogener Beschaffenheit ist. Es zeigte sich von vornherein, daß die empfangenen Signale starken und unregelmäßigen Schwankungen unterworfen sind. Um den allgemeinen Verlauf mit der Entfernung festzustellen, müssen deshalb Durchschnittswerte gebildet werden. Abb. 66 zeigt das Ergebnis einer solchen Messung. Die Kurve für die durchschnittlichen Tageswerte läßt sich durch die bereits auf S. 77 behandelte halbempirische Formel darstellen

$$E = \frac{300}{D}\sqrt{N_{S,(\mathrm{kW})}}\, e^{-0,0014\,\frac{D}{\lambda^{0,6}}}\ \frac{\mathrm{mV}}{\mathrm{m}} \qquad (D,\ \lambda \text{ in km}). \qquad (246)$$

Diese Formel wurde in einer großen Anzahl von Messungen bis zu Entfernungen von 6000 bis 7000 km bestätigt. Sie gibt auch die Signalstärke richtig wieder,

mit der europäische Stationen, z. B. Nauen, in Amerika empfangen wurden. Man muß dabei berücksichtigen, daß die Formel nur durchschnittliche Tageswerte darstellt und daß die Beobachtung an einzelnen Tagen mehr als zehnmal größere und kleinere Werte ergeben kann. Starke Absorptionen können vorübergehend für die Dauer einiger Stunden die Signale auf 1% oder weniger ihres normalen Wertes herabdrücken.

Die Nachtwerte in Abb. 66 liegen höher als die Tageswerte. Sie zeigen im Gegensatz zu den Tageswerten keine Gesetzmäßigkeit, sondern liegen unregelmäßig verstreut. Sie liegen manchmal dicht bei der Kurve, die man ohne den exponentiellen Dämpfungsfaktor erhält.

Berechnen wir die Feldstärke für 2000 m Wellenlänge über Seewasser

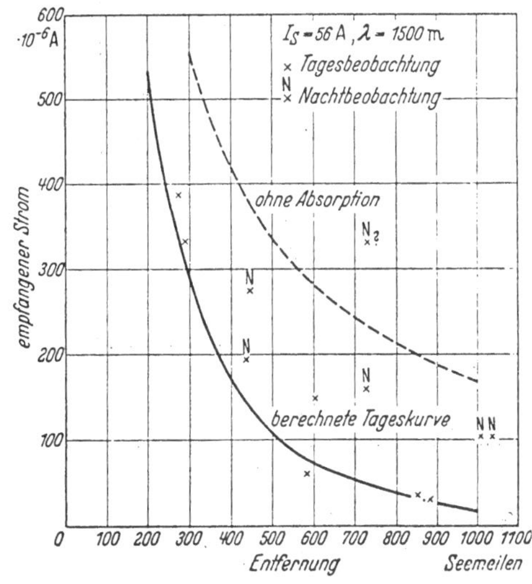

Abb. 66. Empfangsstromstärke in Abhängigkeit von der Entfernung bei Ausbreitung über Seewasser [26].

nach Gl. (246), so ergibt sich z. B. für 2000 km der Wert 0,018. Wir sehen, daß der Wert in Abb. 24 erheblich niedriger liegt. Die bei Ausbreitung über Seewasser beobachteten Werte liegen also erheblich höher als den nach der Beugungstheorie berechneten Werten entspricht. Dies deuten wir so, daß am Tage, insbesondere in größeren Entfernungen, auch bei den langen Wellen ein Einfluß der Ionosphäre auf die Wellenausbreitung vorhanden ist, welcher die Empfangsfeldstärke erhöht. Die Wellen werden in dem Gebiet zwischen Ionosphäre und Erde geführt. Die hierbei auftretende Absorption erfolgt, wie die theoretischen Überlegungen zeigen, in der Hauptsache an der unteren Grenze der Ionosphäre (vgl. S. 76). Diese Dämpfung ist in der Nacht geringer, wodurch sich die höheren Nachtwerte erklären.

Abhängigkeit von der Tages- und Jahreszeit. Weitere systematische Beobachtungen über 24 Stunden in verschiedenen Jahreszeiten wurden für Wellenlängen von 5 bis 20 km zwischen Amerika und England ausgeführt [66]. Aus diesen Beobachtungen ergibt sich ein charakteristischer Verlauf der Empfangsfeldstärke mit der Tageszeit. Abb. 67, untere Kurve, zeigt als Beispiel die Empfangsfeldstärke eines amerikanischen Senders in England (20 kW Senderleistung, $D = 5482$ km, $\lambda = 5{,}3$ km). Die Kurve ist ein Mittelwert über mehrere

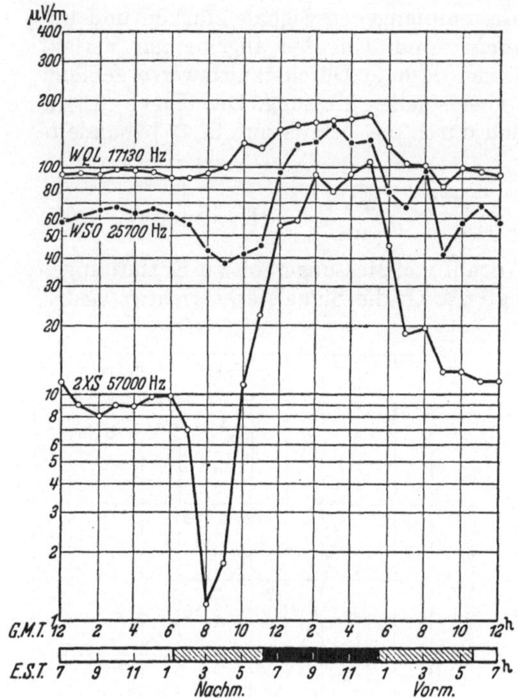

Abb. 67. Täglicher Verlauf der Feldstärke amerikanischer Stationen in England. Monatliche Mittelwerte, September 1923 [66].

Tageskurven im Monat September. Der untere Streifen zeigt die Tages- und Nachtverhältnisse längs des Übertragungsweges. Schwarz bedeutet Dunkelheit längs des ganzen Weges, weiß Helligkeit. Es ergibt sich folgendes Bild:

1. Eine verhältnismäßig konstante Feldstärke herrscht während der Tageslichtzeit vor.

2. Eine starke Abnahme begleitet den Sonnenuntergang zwischen den beiden Enden der Strecke.

3. In der Nachtperiode folgt ein starkes Ansteigen der Feldstärke zu hohen Werten, die bis zum Beginn der Helligkeit anhalten.

4. Bei Sonnenaufgang auf der östlichen Station fällt die Feldstärke rasch auf den niedrigen Tageswert ab, wobei auch ein

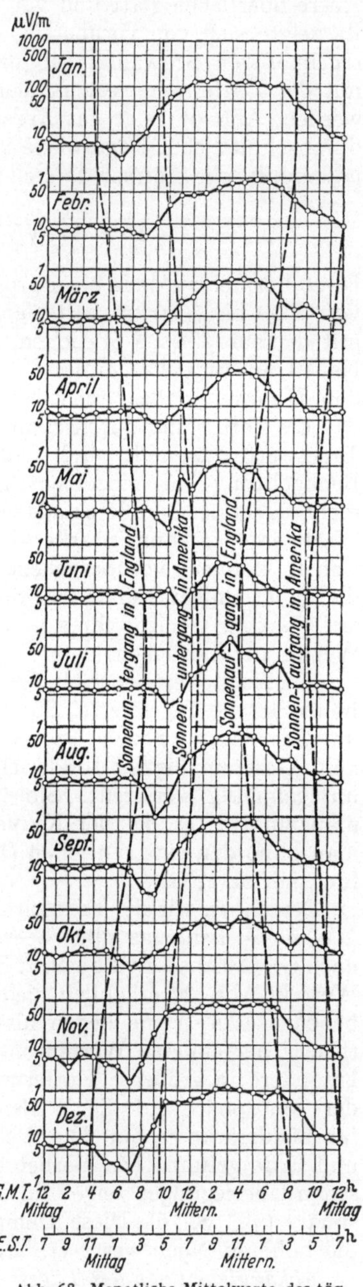

Abb. 68. Monatliche Mittelwerte des täglichen Verlaufs der Feldstärke. Sender in New York, 20,8 kW, $\lambda = 5{,}48$ km, Empfänger in England [66].

Minimum auftreten kann, das im allgemeinen weniger tief ist als am Abend. Die oberen Kurven für längere Wellen ($\lambda = 12$ km und $17,5$ km) zeigen eine erheblich geringere tägliche Schwankung. Bezeichnen wir die höheren Nachtwerte als normal und erklären wir die niedrigen Werte am Tage durch eine Dämpfung, so ist diese Dämpfung für längere Wellen geringer.

In Abb. 68 sind die Monatsmittelwertskurven für ein ganzes Jahr zusammengestellt, wobei die Zeiten des Sonnenauf- und -untergangs mit eingetragen sind. Wir sehen, daß die hohen Nachtwerte im ganzen Jahr auftreten. Entsprechend den längeren Nächten im Winter treten hier die Nachtwerte während einer längeren Zeit auf. Die Tageswerte zeigen im Lauf des Jahres eine verhältnismäßig geringe Änderung.

2. Durchschnittswerte für die Feldstärke der mittleren Wellen (1,5 bis 0,15 MHz bzw. 200 bis 2000 m).

a) Tageswerte.

Die mittleren Wellen sind von besonderem allgemeinen Interesse, weil sie für den Rundfunk verwendet werden. Wir bezeichnen sie aus diesem Grunde auch als *Rundfunkwellen*. Bei der Ausbreitung über Land müssen wir in Betracht ziehen, daß die Bodeneigenschaften, insbesondere die Leitfähigkeit, einen starken Einfluß auf die Ausbreitung ausüben. In den in Abb. 26 und 27 dargestellten Feldstärkekurven ist eine Leitfähigkeit des Bodens von 10^{-13} el.-magn. Einh. angenommen. Man kann diese Kurven für die hauptsächlich in Frage kommenden mittleren und kleinen Entfernungen als maßgebend für die im Mittel zu erwartenden Feldstärken ansehen. Die im Rundfunkwellengebiet gemessenen Leitfähigkeitswerte liegen je nach der Art des Bodens zwischen 10^{-12} und 10^{-14} el.-magn. Einh. [57, 234]. Ein Wert von 10^{-12} el.-magn. Einh. wird etwa für flaches Sumpfland, ein solcher von 10^{-14} el.-magn. Einh. für sandigen, trockenen Boden zutreffen. Eine Feststellung von allgemeinerer Bedeutung ist die, daß bestimmten geologischen Oberflächenformationen recht gut definierte Leitfähigkeitswerte mit verhältnismäßig geringer Streuung zugeordnet werden können, so daß sich die Möglichkeit eröffnet, unter Zuhilfenahme von geologischen Karten Leitfähigkeitskarten zu entwerfen [94]. Die Leitfähigkeiten können durch Anwendung der Formel von Sommerfeld (S. 27) auf die gemessenen Feldstärkewerte bestimmt werden.

Stellt man sich bei der Planung eines neuen Senders die Aufgabe, den zu erwartenden Verlauf der Feldstärke in der Umgebung zu bestimmen, so ist dies rechnerisch schon deswegen nicht möglich, weil die Leitfähigkeit des Bodens im allgemeinen nicht genau bekannt und außerdem von Ort zu Ort verschieden ist. Einen weiteren Einfluß übt die Oberflächenform aus, z. B. die Welligkeit des Bodens, Wälder, Großstädte u. a. Man muß deshalb praktische Messungen zu Hilfe nehmen. In *Stadtgebieten* findet eine starke Dämpfung der Wellen statt. Diese wird sich besonders in dem nicht seltenen Fall bemerkbar machen, daß der Sender in der Nähe einer großen Stadt steht. In diesem Fall tritt eine Schwächung in denjenigen Richtungen auf, die vom Sender aus durch das Stadtgebiet hindurchführen. Höhenzüge rufen eine ähnliche Wirkung hervor.

b) Nachtwerte.

In der Nacht tritt, insbesondere in großen Entfernungen, eine große Erhöhung der Feldstärke auf. Diese ist darauf zurückzuführen, daß in der Nacht infolge Verschwindens der Absorption (vgl. S. 190) eine in der Ionosphäre reflektierte Welle auftritt, die wir als indirekte oder Luftwelle bezeichnen. Die Feldstärke der Luftwelle ist weitgehend von der Wellenlänge unabhängig. Da die Feldstärke in der Nacht stark schwankt, unterscheidet man zur näheren Kennzeichnung *Mittelwerte* und *Quasi-Maximum-Werte.* Diese sind als diejenigen Werte definiert, welche von den Augenblickswerten in 50 bzw. in 5 % der Zeit überschritten werden. Die Maximalwerte sind als Angabe nicht brauchbar, da sie selten vorkommen und von der Beobachtungsdauer abhängen.

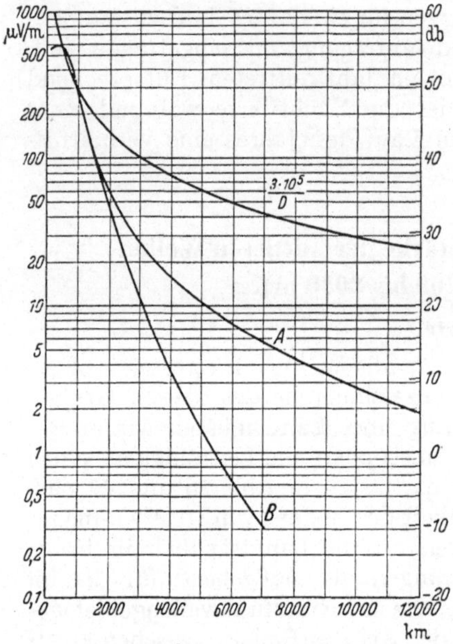

Abb. 69, 70 und 71 zeigen die Quasi-Maximum-Werte in Abhängigkeit von der Entfernung. Die Mittelwerte betragen etwa das 0,35 fache der Maximumwerte. Abb. 69 zeigt die Quasi-Maximum-Werte bis 12000 km für Nacht längs der ganzen Übertragungsstrecke. Diesen Kurven liegen die Ergebnisse von zahlreichen Versuchen zugrunde, die in einer Zeit von mehr als vier Jahren ausgeführt wurden. Das in großen Entfernungen beobachtete Feld zeigt starke Unterschiede, je nachdem ob die Übertragungsstrecke mehr oder weniger nahe den magnetischen Polen verläuft. Kurve A bezieht sich auf Strecken, welche weit weg von den magnetischen Polen verlaufen, z. B. von Nord- nach Südamerika oder Europa nach Mittelamerika bzw. Südamerika. Kurve B bezieht sich auf Übertragungsstrecken, welche nahe dem magnetischen Polen verlaufen, z. B. vom

Abb. 69. Quasi-Maximum-Werte der Feldstärke in großen Entfernungen für Nacht längs des Übertragungsweges. $\lambda = 200$ bis 2000 m, 1 kW. Kurve A: Ausbreitung in großer Entfernung von den magnetischen Polen. Kurve B: Ausbreitung in der Nähe der magnetischen Pole [195].

nördlichen Nordamerika nach Nord- oder Mitteleuropa. Im ersten Fall liegen die Strecken vorwiegend in nord-südlicher, im zweiten in ost-westlicher Richtung bzw. umgekehrt. Über Strecken, welche die magnetischen Pole berühren, und über solche auf der südlichen Halbkugel liegen noch nicht genügend Beobachtungsergebnisse vor.

Abb. 70 u. 71 zeigen die Quasi-Maximum-Werte für Entfernungen bis 2400 km. In kleinen Entfernungen herrscht die Bodenwelle vor. Diese ist für die beiden Grenzen des betrachteten Wellenbereichs (200 und 2000 m) berechnet, und zwar in Abb. 70 für eine Leitfähigkeit von $4 \cdot 10^{-11}$ (Seewasser) und in Abb. 71 für eine Leitfähigkeit von 10^{-13} (Erdboden). Die Luftwelle hat ein breites Maximum etwa zwischen 200 bis 800 km mit einem größten Wert von etwa 0,7 mV/m in 500 km Entfernung. Dies stimmt genügend genau mit der theoretischen Kurve in Abb. 50 überein. In den kleinen Entfernungen hat die Luftwelle kleine Werte, da die Antennen in nahezu vertikaler Richtung wenig ausstrahlen. Hier ist das Feld durch die Bodenwelle bestimmt. Infolge der Absorption nimmt die Bodenwelle, welche in der Nacht dieselbe Feldstärke hat wie am Tage, mit der Entfernung rasch ab, und in größeren Entfernungen haben wir nur noch die Luftwelle, welche verhältnismäßig langsam mit der Entfernung abnimmt. Im Übergangsgebiet, wo die Kurven gestrichelt gezeichnet sind, treten beide Wellen in vergleichbarer Stärke auf. Die Kurven stellen die Quasi-Maximum-Werte dar. Die mittleren Werte der Luftwelle sind etwa das 0,35fache, so daß also die mittlere Feldstärke in 500 km Entfernung etwa 0,2 mV/m beträgt.

Die Kurven geben die Empfangsfeldstärken für 1 kW Senderleistung. Es ist nun noch von Interesse, zu wissen, welche absoluten Feldstärken etwa für einen störungsfreien Rundfunkempfang notwendig sind. Man kann die praktisch vorkommenden Empfangsbedingungen in folgende drei Klassen einteilen [57]:

A-Empfang: $E > 10\ \text{mV/m}$.

Der Empfang ist in 99% aller Fälle störungsfrei, selbst in Industriegebieten.

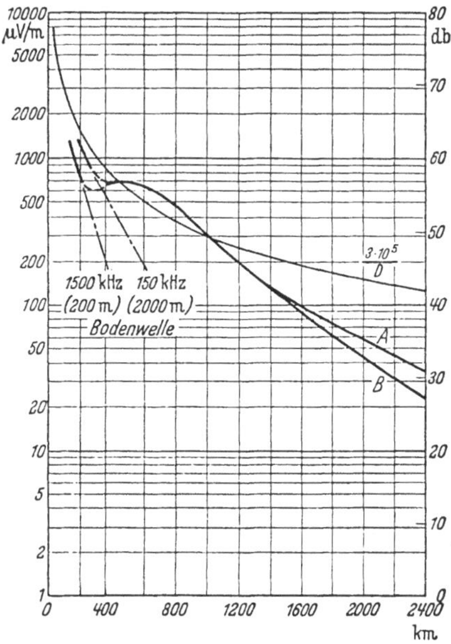

Abb. 70. Quasi-Maximum-Werte der Feldstärke in der Nacht für Entfernungen bis 2400 km bei Ausbreitung über Seewasser ($\sigma = 4 \cdot 10^{-11}$ el.-magn. Einh.). $\lambda = 200$ bis 2000 m, 1 kW. Kurve A: Ausbreitung in großer Entfernung von den magnetischen Polen. Kurve B: Ausbreitung in der Nähe der magnetischen Pole [195].

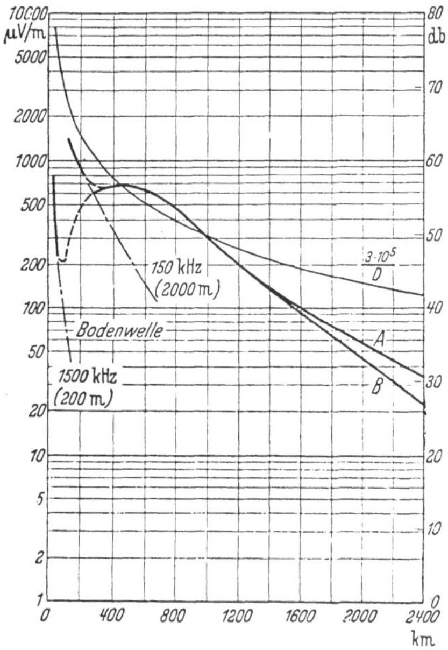

Abb. 71. Quasi-Maximum-Werte der Feldstärke in der Nacht für Entfernungen bis 2400 km bei Ausbreitung über Erdboden ($\sigma = 10^{-13}$ el.-magn. Einh.). $\lambda = 200$ bis 2000 km, 1 kW. Kurve A: Ausbreitung in großer Entfernung von den magnetischen Polen. Kurve B: Ausbreitung in der Nähe der magnetischen Pole [195].

Lokale Gewitter, elektromedizinische Apparate, Straßenbahnen bringen nur in seltenen Fällen unerwünschte Geräusche.

B-Empfang: $10 > E > 5\ \text{mV/m}$.

Der Empfang ist auf dem Lande und in Vorstädten störungsfrei. Störungen können auftreten in der Nähe von Straßenbahnen, elektromedizinischen Apparaten usw. Atmosphärische Störungen werden sich in etwa 5% der Zeit bemerkbar machen.

C-Empfang: $5 > E > 2,5\ \text{mV/m}$.

Der Empfang leidet immer unter Störungen, kann aber in ländlichen Bezirken noch brauchbar sein. Atmosphärische Störungen mögen sich etwa während 20% der Zeit unangenehm bemerkbar machen, und zwar hauptsächlich im Sommer.

Die Empfangsfeldstärke von Rundfunksendern sollte hiernach also mindestens etwa 2,5 mV/m betragen.

3. Schwunderscheinungen bei mittleren Wellen.

Eine der Hauptursachen der Schwunderscheinungen ist in allen Wellengebieten die Interferenz von Wellen, welche auf verschiedenen und zeitlich veränderlichen Laufwegen vom Sender zum Empfänger gelangen. Weitere Ursachen sind die Veränderung des Polarisationszustandes und eine Veränderung der Absorption längs des Ausbreitungsweges. Die Bodenwelle können wir als weitgehend konstant ansehen. In Entfernungen von einigen hundert Kilometern können wir annehmen, daß die Tagesfeldstärke praktisch durch die Bodenwelle gegeben ist, die am Tage und in der Nacht eine annähernd gleiche Feldstärke hat.

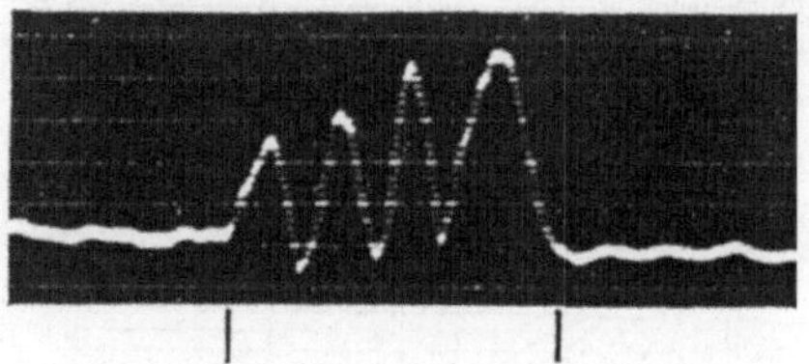

Abb. 72. Interferenz von Boden- und Luftwelle
bei kurzzeitiger Wellenlängenänderung.
$\lambda = 386{,}5$ m; Entfernung 236 km. Änderung 5 m
in etwa 3 sec [15].

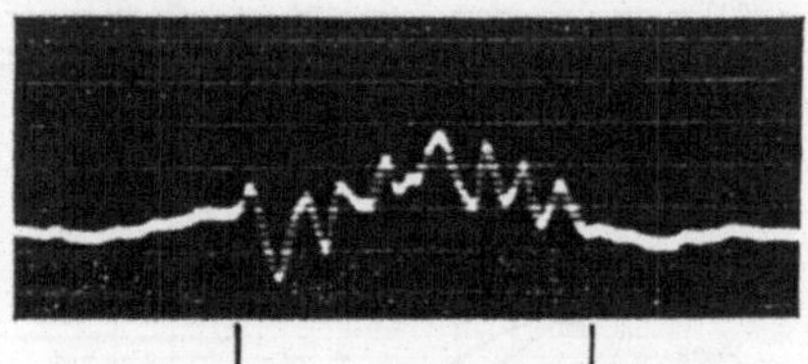

Abb. 73. Interferenz von Boden- und Luftwelle
bei kurzzeitiger Wellenlängenänderung.
$\lambda = 386{,}5$ m; Entfernung 236 km. Wellenlängenänderung 10 m, 10 sec später [15].

Eine Dauerregistrierung mit 760 kHz ($\lambda \approx 400$ m) ergab z. B. als größte Unterschiede der Tagesfeldstärke im Laufe eines Jahres 30 % [115]. Die Schwunderscheinungen traten hauptsächlich in der Nacht im Zusammenhang mit dem Auftreten der aus der Ionosphäre reflektierten Luftwelle auf. Die Einteilung des Senderfeldes in ein dem Sender zunächst gelegenes *Bodenwellengebiet*, ein folgendes *Übergangsgebiet* (Boden- und Luftwelle von annähernd gleicher Feldstärke) und ein *Luftwellengebiet* (vgl. Abb. 70 u. 71) ist für die Schwunderscheinungen von Bedeutung, indem die Schwunderscheinungen hauptsächlich in den beiden letzteren Gebieten auftreten. Im Übergangsgebiet spielt die Interferenz zwischen Boden- und Luftwelle eine wesentliche Rolle und im Luftwellengebiet die Interferenz zwischen Luftwellen, die auf verschiedenen Wegen zum Empfänger gelangen.

Es sind Versuche ausgeführt worden, welche direkt die Interferenz zwischen Boden- und Luftwelle zeigen [15]. Bei einem dieser Versuche wird z. B. ein Sender von 386,5 m Wellenlänge in 236 km Entfernung empfangen. Die Wellenlänge wird um 2,30 Uhr vormittags in etwa 3 sec um 5 m geändert, das Signal gleichgerichtet und mit einem Galvanometer registriert (Abb. 72). Es treten dann eine bestimmte Anzahl Maxima und Minima auf. Abb. 73 zeigt dasselbe für eine Wellenlängenänderung von 10 m. Die Zahl der Maxima und Minima ist hier doppelt so groß. Der Beginn der beiden Registrierungen liegt nur 10 sec auseinander. Diese Bilder sind typisch für die mittlere Nachtzeit. Abb. 72 zeigt eine ziemlich starke reflektierte Welle, die aber nach 10 sec in Abb. 73 bereits erheblich schwächer ist. Es können also in kurzer Zeit beträchtliche Schwankungen in der Intensität der reflektierten Welle auftreten. Nach Sonnenaufgang nimmt die Intensität der reflektierten Strahlung stetig ab, und etwa 1 Stunde nach Sonnenaufgang ist der Effekt nicht mehr nachweisbar. Aus der Frequenzänderung und der Zahl der beobachteten Maxima und Minima kann man die Höhe der reflektierenden Schicht berechnen (vgl. S. 152), die sich zu etwa 100 km ergibt. Es wird hierbei angenommen, daß die mit der Bodenwelle zur Interferenz kommende Luftwelle eine einmalige Reflexion an der Ionosphäre erleidet. Denken wir uns nun den praktischen Fall, daß mit konstanter Wellenlänge gesendet wird, so genügt es, daß der Weg der Luftwelle sich um eine halbe Wellenlänge ändert, um die Empfangsintensität von einem Maximum zu einem Minimum oder umgekehrt zu ändern. Solche kleine Wegänderungen entstehen durch zeitliche Änderungen im Zustand der Ionosphäre, die sich in fortwährender Unruhe befindet.

Bei einem Telephoniesender wird nicht eine einzelne Frequenz, sondern ein Frequenzband übertragen. Erleidet das ganze Frequenzband eine Schwächung, so spricht man von einem *Gesamtschwund.* Sind nur bestimmte schmale Frequenzgebiete geschwächt, dann spricht man von einem *selektiven Schwund.* Die Interferenz zwischen Boden- und Luftwelle ergibt einen selektiven Schwund. Bei den soeben beschriebenen Versuchen wird ein schmales Frequenzband in kurzer Zeit überstrichen. Wir sehen aus Abb. 72 u. 73, daß sich für wenig auseinanderliegende Frequenzen Maxima und Minima ergeben. Eine Wellenlängenänderung von 5 m bei einer Wellenlänge von 386,5 m entspricht einer Frequenzbandbreite von etwa 10000 Hz. Innerhalb einer Bandbreite von der Breite des Tonfrequenzgebietes liegen also bereits mehrere Maxima und Minima der resultierenden Feldstärke.

Auch andere Untersuchungen von Schwunderscheinungen [34] führten auf das allgemeine Ergebnis, daß der Schwund nur in der Nacht auftritt, während

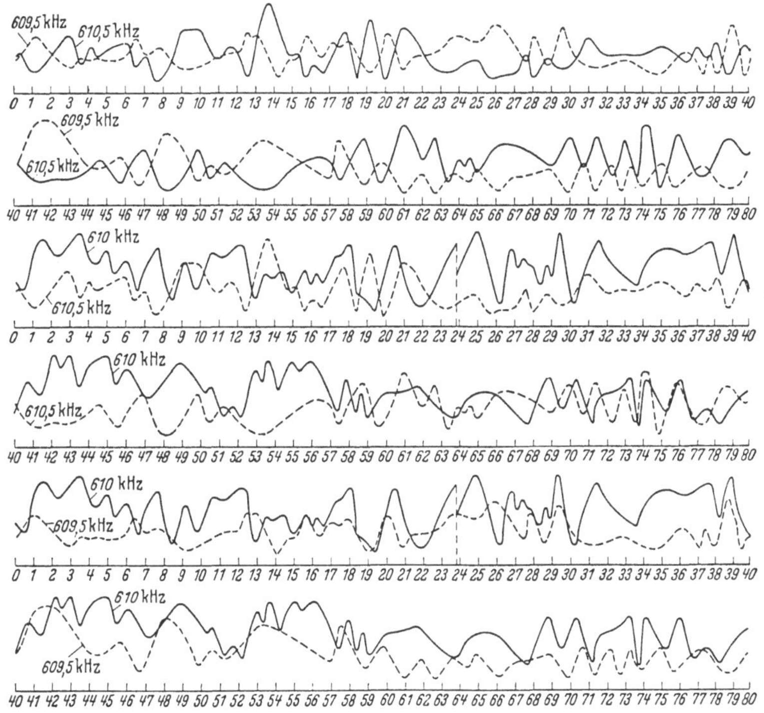

Abb. 74. Zeitlicher Verlauf der Amplitude der drei Frequenzen einer mit 500 Hz modulierten Welle. 610 kHz bzw. $\lambda = 492$ m. Die Zahlen längs der Zeitachse entsprechen Abständen von 25 sec [34].

am Tage die Lautstärke konstant ist. Auffällig ist dabei insbesondere, daß die nächtlichen Schwankungen dort am größten sind, wo am Tage infolge der Geländeverhältnisse örtliche Feldstärkenminima beobachtet werden.

Ein besonderer Versuch ist folgender: Die Frequenz 610 kHz wird mit einem Ton von 500 Hz moduliert, so daß also die Frequenzen 610 kHz (Trägerwelle) und die obere und untere Seitenfrequenz 610,5 und 609,5 kHz entstehen. Aus diesen Frequenzen werden am Empfänger durch Überlagerung drei Niederfrequenzen gebildet und diese getrennt oszillographiert. In Abb. 74 ist der besseren Übersicht halber der zeitliche Verlauf der Amplituden von den Oszillogrammen abgezeichnet. Für die Frequenzen mit einem Unterschied von 500 Hz (610,5 und 610 kHz bzw. 610 und 609,5 kHz) sind die Schwundzeiten verschieden, und sie stehen in keinem sichtbaren Zusammenhang. Die Kurven mit 1000 Hz Frequenzdifferenz (609,5 und 610,5 kHz) zeigen eine auffallende Beziehung, da die Maxima und Minima während längerer Zeit regelmäßig einander entgegengesetzt sind. Die Bodenentfernung beträgt 110 km. Man kann hieraus und aus der Gegenläufigkeit der Schwunderscheinung bei den beiden um 1000 Hz verschiedenen Frequenzen ableiten, daß der Wegunterschied der interferierenden Wellen etwa 135 km und die Höhe der reflektierenden Schicht etwa 100 km beträgt. Im ganzen zeigt sich auch hier innerhalb von relativ kleinen Frequenzbereichen die starke Abhängigkeit des Schwundes von der Frequenz, da der Verlauf bei diesen drei eng benachbarten Frequenzen stark verschieden ist. Die Zeit zwischen zwei Maxima ist etwa 1 min. Indem wir die Vorstellung beibehalten, daß es sich um eine Interferenz der Bodenwelle mit der Luftwelle handelt, können wir aus Abb. 74 entnehmen, daß sich der Laufweg der Luftwelle im Mittel etwa um eine Wellenlänge (etwa 500 m) pro Minute ändert.

Bei einem mit Musik oder Sprache modulierten Sender können also durch Interferenz der Bodenwelle mit der Luftwelle selektive Schwunderscheinungen auftreten, so daß bestimmte schmale Frequenzgebiete innerhalb des Frequenzbandes geschwächt sind, andere aber ein Maximum besitzen. Die Lage der Minima ist aber nicht zeitlich konstant, sie ändert sich vielmehr dauernd. Grundsätzlich kann man sich vorstellen, daß mehrere Luftwellen mit verschiedenen Laufwegen ankommen, z. B. solche mit einmaliger, zweimaliger usw. Reflexion an der Ionosphäre. Die Tatsache, daß die Lautstärkeschwankungen einen großen Amplitudenbereich stetig überdecken, deutet darauf hin, daß in der Hauptsache nur zwei Laufwege praktisch mitwirken. Im allgemeinen wird dies die Bodenwelle und die einmal reflektierte Luftwelle sein, wie dies durch den berechneten Wegunterschied auch wahrscheinlich gemacht wird.

In großen Entfernungen kann eine Interferenz zwischen Boden- und Luftwelle nicht mehr zur Erklärung der Schwunderscheinungen herangezogen werden, da hier eine Bodenwelle praktisch nicht mehr vorhanden ist, so etwa bei Registrierungen der Lautstärke der Sender Langenberg (468,8 m) und Oslo (461,5 m) in Königsberg [110] während der Wintermonate abends in der Zeit zwischen 20 bis 22 Uhr. Am Tage ist die Lautstärke so gering, daß Messungen nicht vorgenommen werden können. Dies bedeutet aber, daß auch in der Nacht die Bodenwelle, für die wir am Tage und in der Nacht annähernd gleiche Werte annehmen müssen, gegenüber der Luftwelle sehr gering ist. Die auftretenden Schwankungen können also nur durch die Luftwelle selbst verursacht sein. Die Entfernung beträgt für Langenberg etwa 1100 km, für Oslo etwa 800 km, und wir ersehen auch aus Abb. 71, daß wir uns in diesen Entfernungen im Luftwellengebiet befinden. Die Registrierkurven zeigen eine große Veränderlichkeit. Vergleicht man aber den allgemeinen Charakter des Kurvenverlaufs für Oslo und Langenberg am gleichen Tage, so ist eine deutliche Beziehung zwischen beiden zu erkennen. „Ruhige" und „unruhige" Tage, solche mit zeitlicher Konstanz oder mit dauernden Änderungen treten für beide Sender gemeinsam auf. Aus der Gemeinsamkeit im Gang der mittleren Intensität und der Übereinstimmung im allgemeinen Charakter der Registrierkurven folgt, daß die für die Schwankungen maßgebenden Änderungen der Ionosphäre entweder solche in der Umgebung des Empfangsortes sind, oder daß diese Änderungen in großen Gebieten von vielen hundert Kilometern gleichzeitig stattfinden. Auch müssen die Änderungen langsamer Natur sein, da der allgemeine Kurvencharakter stundenlang erhalten bleibt.

In Abb. 75 zeigen die beiden Oszillogramme vom 19. III. 1928 eine verhältnismäßig langsame Änderung der Feldstärke, die beiden vom 4. IV. 1928 sehr

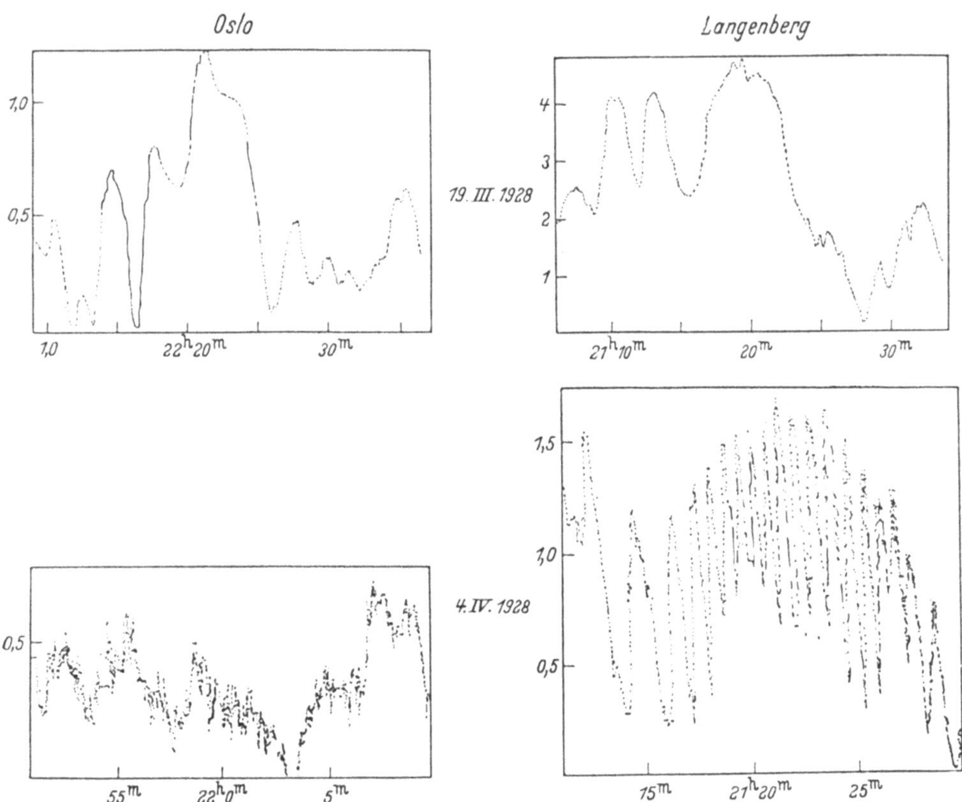

Abb. 75. Registrierung der Nachtfeldstärke der Sender Oslo ($\lambda = 461,5$ m, $D \approx 800$ km) und Langenberg ($\lambda = 468,8$ m, $D \approx 1100$ km) in Königsberg [110].

rasche Änderungen. Für den Sender Langenberg treten hier etwa 13 Schwankungen in einer Zeit von 10 min auf, so daß die Periode etwa 0,8 min beträgt. Die Amplitude der Schwankung kann in manchen Fällen gering sein, in anderen Fällen treten ausgesprochene Schwunderscheinungen bis zum völligen Verschwinden auf.

Abb. 76 zeigt die oszillographische Aufnahme des Schwundverlaufs verschiedener Sender in Berlin [31]. Die Oszillogramme zeigen, daß auch der Fall eintreten kann, daß ein Sender fast frei von Schwunderscheinungen aufgenommen wird, während gleichzeitig der Empfang aus anderer Richtung vollkommen gestört ist. Ein Vergleich der Aufnahmen von Mühlacker in den beiden Oszillogrammen zeigt, daß die Schwunderscheinungen desselben Senders stark verschieden sein können. Im oberen Bild ist die Schwunderscheinung unregelmäßig, im unteren tritt ein regelmäßiges vollständiges Verlöschen mit kurzer Periode (etwa 10 sec) auf, was auf Interferenz von zwei Wellen von annähernd gleicher Intensität hindeutet.

Als Ursache der Schwunderscheinungen kommen die Interferenz von Luftwellen mit verschiedenen Laufwegen, wechselnde Absorptions- und Reflexionsbedingungen und Änderungen des Polarisationszustandes in Frage. Echomessungen mit 530 m Wellenlänge [*83, 88*] ergaben, daß die Intensität der Echos und

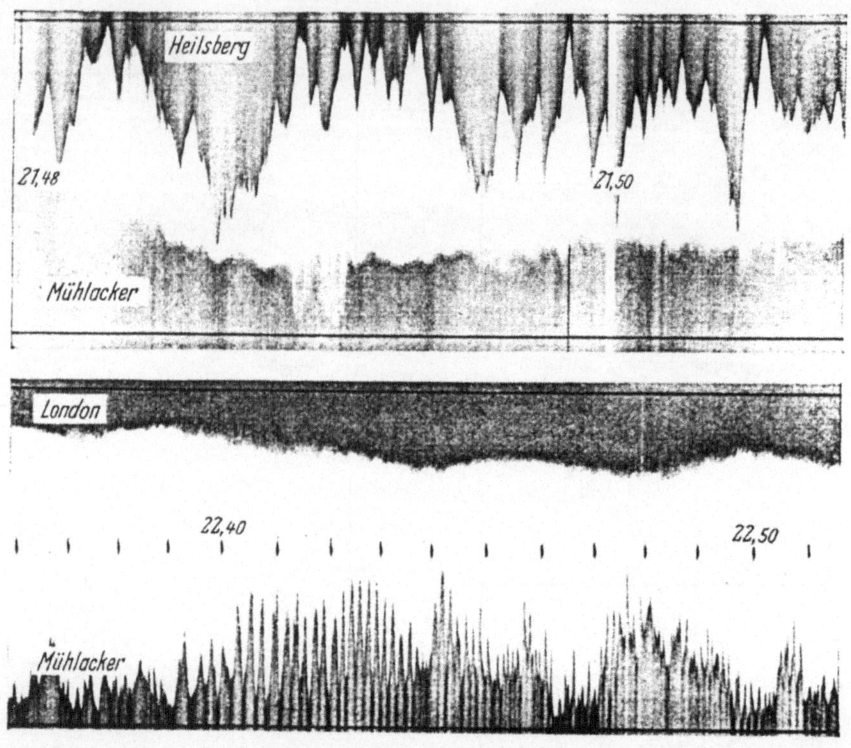

Abb. 76. Oszillographische Aufnahme des Schwundverlaufs verschiedener Stationen in Berlin [*31*].

der Polarisationszustand fortwährenden Veränderungen unterworfen sind. Die Zeit, während der eine erhebliche Veränderung der Stärke der Echos auftrat, schwankte zwischen 1 sec bis zu mehreren Minuten, was etwa mit den bei der Übertragung mit Rundfunkwellen beobachteten Schwundperioden übereinstimmt. Die Tatsache, daß der Sender Rom in Berlin und umgekehrt die Berliner Sender in Italien fast schwundfrei gehört werden, deutet auch darauf hin, daß die Interferenz zwischen mehrfach reflektierten Luftwellen eine Rolle spielt. Man muß in diesem Fall annehmen, daß die Ausbildung einer zweimal reflektierten Luftwelle infolge der diffusen Reflexion an den dazwischenliegenden Alpen nicht zustande kommt.

4. Praktische Folgerungen aus den Ausbreitungsbedingungen.
Schwundmindernde Antennen.

Wegen der hohen Anforderungen bezüglich Störungsfreiheit ist für den Rundfunk eine verhältnismäßig hohe Empfangsfeldstärke von einigen Millivolt pro Meter erforderlich. Bei den mittleren Wellen sinkt im günstigsten Fall

($\lambda = 2000$ m) bei Ausbreitung über Land bereits etwa in 100 km Entfernung für 1 kW Ausstrahlung nach Abb. 17 die Feldstärke unter 3 mV/m. Die Feldstärke der Luftwelle (Quasimaximum) beträgt in einigen hundert Kilometern Entfernung etwa 0,6 mV/m. Dieser Wert ist für die Bodenwelle von $\lambda = 2000$ m über Land nach Abb. 26 etwa in 300 km Entfernung erreicht. Das Bodenwellengebiet (Gebiet, in welchem die Bodenwelle stärker ist als die Luftwelle) hat, also einen Radius von etwa 300 km. Steigert man die Senderleistung auf N kW, so bleibt die Ausdehnung des Bodenwellengebietes unter sonst gleichen Bedingungen dieselbe, da alle Feldstärkenwerte, die der Bodenwelle und der Luftwelle, mit $\sqrt{N}$ zu multiplizieren sind. Am Rande des Bodenwellengebietes herrscht für $N = 1$ kW die Feldstärke 0,6 mV/m. Um im ganzen Bodenwellengebiet günstige Empfangsbedingungen zu schaffen, müssen wir diese Feldstärke etwa verzehnfachen, d. h. eine Senderleistung von der Größe 100 kW anwenden. Das mit schwund- und störungsfreiem Empfang versorgte Gebiet ist dann bei dieser längeren Welle am größten, bei kürzeren Wellen ist es entsprechend kleiner. Eine weitere Steigerung der Leistung vergrößert zwar die Tagesreichweite; in den Abendstunden und in der Nacht, d. h. in den hauptsächlichen Stunden des Rundfunkempfangs, ist sie ohne praktischen Erfolg. Man kann jedoch eine weitere Verbesserung erzielen, indem man Antennen baut, bei denen durch besondere Maßnahmen die Steilstrahlung möglichst weitgehend unterdrückt und die horizontale Strahlung verstärkt wird. Dies hat eine Vergrößerung des schwundfreien Bodenwellengebietes zur Folge.

5. Der Zusammenhang der Ausbreitung der langen Wellen mit den erdmagnetischen Störungen und der Sonnenfleckenzahl.

Da die Ausbreitung auch der langen Wellen durch die Reflexion an der Ionosphäre mit bedingt ist, ist eine Beziehung der Ausbreitung zu denjenigen magnetischen Störungen zu erwarten, die wir auf den Einfluß von Korpuskularstrahlen von der Sonne zurückführen. Es ist ferner ein Zusammenhang mit der Sonnenaktivität zu erwarten. Durch Beobachtungen über viele Jahre wird dies bestätigt [26]. Allgemein wird festgestellt, daß die Empfindlichkeit der Übertragung gegenüber magnetischen Störungen mit wachsender Wellenlänge abnimmt. Unter 60 m Wellenlänge sind im allgemeinen schon geringe magnetische Störungen mit Übertragungsstörungen verbunden. In diesem Wellengebiet scheint der Effekt immer eine Lautstärkenerniedrigung zu sein. Im Wellengebiet von 200 bis 500 m ist der bemerkenswerteste Effekt der magnetischen Störungen eine Erniedrigung der Nachtlautstärke, während über Tageszeiteffekte keine Beobachtungen vorliegen. Bei einer Wellen-

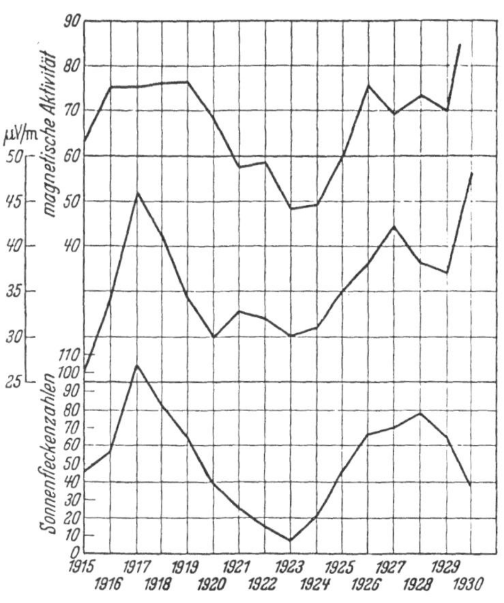

Abb. 77. Jährliche Mittelwerte der transatlantischen Tageszeit-Signalstärke für Wellen von 10000 bis 20000 m in Vergleich mit den jährlichen Mittelwerten der Sonnenfleckenzahl und der magnetischen Aktivität von 1915 bis 1930 [26].

länge von etwa 5000 m sind die magnetischen Störungen begleitet, und zwar vorwiegend mit einer Verzögerung von 1 bis 3 Tagen, von einer Tageszeiterhöhung der Signalstärke um etwa 30 bis 75 % und einer Nachtzeiterniedrigung mit allmählichem Anstieg zu normalen Bedingungen. Bei sehr großen Wellenlängen, über 10000 m, ist der Einfluß der magnetischen Störungen viel weniger ausgeprägt, so daß sich die Erscheinung im einzelnen weniger nach weisen läßt. Wohl ergibt sich ein deutlicher Zusammenhang zwischen den jährlichen Mittelwerten der magnetischen Aktivität, der Sonnenfleckenzahl und den transozeanischen Signalstärken (Abb. 77). Bemerkenswert ist das große Ansteigen der Signalstärke im Jahre 1930 und das Anwachsen der magnetischen Aktivität trotz abnehmender Zahl der Sonnenflecken. Die Tageszeitsignalstärken beginnen im März 1930 steil anzusteigen, erreichen ein Maximum im August und sind im Februar 1931 noch übernormal. Im Sommer 1930 war die Kurzwellenübertragung die schwächste bisher beobachtete, womit der entgegengesetzte Effekt der magnetischen Aktivität bei langen und kurzen Wellen gezeigt ist.

Die Zunahme der Feldstärke von Langwellenstationen zur Zeit magnetischer Stürme ist auf das Anwachsen der Ionisation in der Ionosphäre zurückzuführen, die eine bessere Reflexion an der unteren Ionosphäre ergeben. Die kurzen Wellen dagegen werden durch die wachsende Ionisation in tieferen Schichten geschwächt, da sie durch diese Schichten hindurchgehen und absorbiert werden.

B. Die Ausbreitung der kurzen Wellen
(30 bis 1,5 MHz bzw. 10 bis 200 m).

Die Erfahrungen mit mittleren und langen Wellen hatten ergeben, daß für große Reichweiten, insbesondere zur Überbrückung transozeanischer Entfernungen, lange Wellen besonders geeignet sind. Nachdem man vereinzelt auch schon in den Jahren vorher mit kurzen Wellen große Reichweiten erzielt hatte, setzte etwa im Jahre 1924 der Siegeszug der kurzen Wellen ein. Mit diesen Wellen ließen sich im Gegensatz zur bisherigen Erfahrung große Reichweiten erzielen. Es ergab sich schließlich, daß unter besonders günstigen Umständen die Kurzwellensignale den Erdball mehrfach zu umkreisen vermögen. Diese großen Reichweiten kommen dadurch zustande, daß die Wellen an der Ionosphäre reflektiert werden, und die Reflexionsbedingungen an der Ionosphäre müssen für die kurzen Wellen besonders günstig sein. Auch die längeren Wellen werden an der Ionosphäre reflektiert, jedoch findet hierbei gleichzeitig auch eine starke Absorption statt, die bei den kurzen Wellen auch am Tage scheinbar nicht mehr vorhanden ist. Daß für die kurzen Wellen andersartige und besonders günstige Ausbreitungsbedingungen vorliegen, konnte aus der bisherigen Erfahrung nicht gefolgert werden. Die große Reichweite der kurzen Wellen konnte nur dadurch entdeckt werden, daß praktische Sendeversuche mit diesen Wellen unternommen wurden. Daß dies erst in einem verhältnismäßig späten Stadium der drahtlosen Telegraphie geschehen ist, kann nur zum Teil darauf zurückzuführen sein, daß die Erfahrungen mit langen Wellen solchen Versuchen entgegenstanden. Man wird vielmehr auch berücksichtigen müssen, daß die Erzeugung und der Empfang solcher hohen Frequenzen einen entsprechenden Stand der Röhrentechnik zur Voraussetzung hat und nur mit einer entsprechenden Entwicklung von Sende- und Empfangsröhren Hand in Hand gehen konnte. In Deutschland wurde vor allem von der Firma Telefunken nach der Entdeckung der kurzen Wellen im Jahre 1924 der Ausbau dieses wichtigen neuen Zweiges in Angriff genommen. Es wurde mit Röhrensendern für Wellen von 100 bis 10 m der Betrieb nach Buenos Aires (12000 km), Bandoeng (Java, 11000 km), Osaka (Japan, 9000 km) aufgenommen. Bereits im Jahre 1925 konnten wichtige Ergebnisse über die Ausbreitungsverhältnisse mitgeteilt werden [197]. Als charakteristische Merkmale wurden erkannt das Auftreten von plötzlichen starken Schwankungen in der Lautstärke, große Unterschiede zwischen Tag- und Nachtfeldstärke bei derselben Wellenlänge, das Vorhandensein von günstigen Wellenlängen, der Wechsel der günstigen Wellen mit der Tages- und Nachtzeit und schließlich die toten Zonen. Nach anfänglichen Versuchen mit 70 m Wellenlänge ging man sehr bald zu kürzeren Wellenlängen (40, 25 bis 28, 16 bis 19, zeitweise 13 m) über, die sich als günstiger erwiesen.

1. Die Lautstärke in Abhängigkeit von der Entfernung.
Sprungentfernung. Tote Zone. Flackerzone.

Wir werfen zunächst den Blick auf den Verlauf der Lautstärke mit der Entfernung. Berücksichtigt man, daß in der Praxis Entfernungen von der Größenordnung 10000 km in Frage kommen und daß die Feldstärke dauernden zeitlichen Schwankungen unterworfen ist, so erkennt man, daß es nicht ganz einfach ist, zu brauchbaren Ergebnissen für das ganze Kurzwellengebiet und alle Reichweiten zu kommen. Abb. 78 zeigt das Ergebnis von Messungen für eine Senderleistung von 10 kW und Helligkeit längs des ganzen Weges [56]. Bei 3 MHz ($\lambda = 100$ m) fällt die Feldstärke längs des ganzen Weges ab, wie dies auch

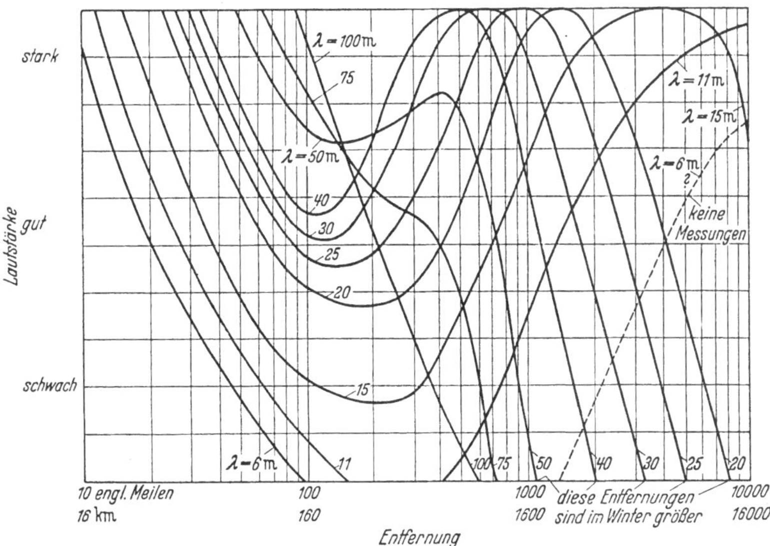

Abb. 78. Lautstärkekurven für verschiedene kurze Wellen, bei Helligkeit längs des ganzen Weges. 10 kW [56].

bei längeren Wellen am Tage der Fall ist. Aber schon bei 4 MHz ($\lambda = 75$ m) und bei kürzeren Wellen in immer steigendem Maße sehen wir einen Wiederanstieg in größeren Entfernungen, so daß man z. B. bei $f = 20$ MHz ($\lambda = 15$ m) in 16000 km Entfernung noch ein starkes Signal erhält. Die Erklärung ist die,

daß in kleineren Entfernungen die Feldstärke durch die direkt an der Erdoberfläche entlanggehende Bodenwelle bestimmt ist, die bald absorbiert wird. In
größeren Entfernungen haben wir die aus der Ionosphäre reflektierte Welle
(Luftwelle). Da die Bodenwelle mit wachsender Frequenz eine immer geringere
Reichweite hat, die Luftwelle aber immer später einsetzt, werden aus den Feld-
stärkeminima ausgeprägte Schwächungszonen und schließlich „tote Zonen". Die
Tatsache, daß am Tage bei Frequenzen über 3 MHz in Gegensatz zu den niedrigeren Frequenzen eine starke Reflexion aus der Ionosphäre auftritt, erklärt sich
durch die starke Abnahme der Dämpfung in der Ionosphäre mit zunehmender
Frequenz.

Abb. 79 zeigt die entsprechenden Feldstärkekurven während der Nacht. Für
kleine Entfernungen liegen die Kurven wenig verändert, da die Bodenwelle wenig

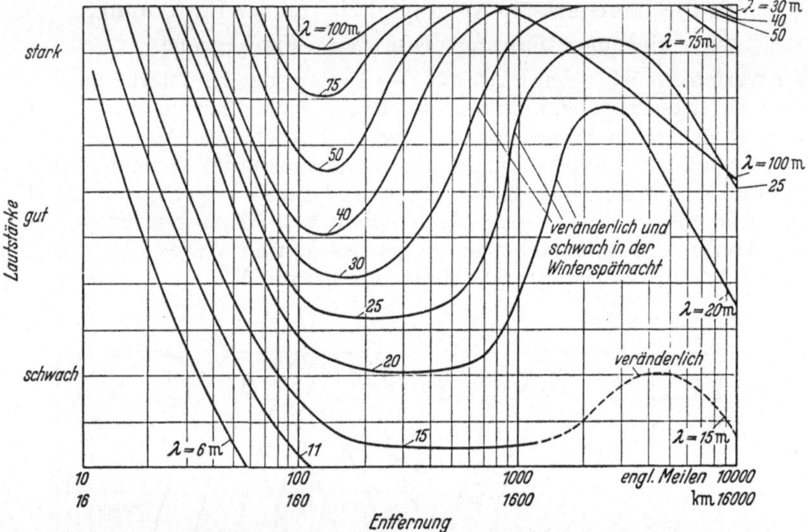

Abb. 79. Lautstärkekurven für verschiedene kurze Wellen bei Dunkelheit längs des ganzen Weges. 10 kW [56].

von der Tageszeit abhängt. Für die großen Entfernungen verschieben sich die
Verhältnisse insgesamt zu niedrigeren Frequenzen. Die Frequenz 20 MHz
($\lambda = 15$ m) fällt für große Entfernungen praktisch aus, während jetzt die
Frequenzen von 12 bis 7,5 MHz (25 bis 40 m) große Lautstärken geben. Nunmehr tritt auch bei 3 MHz (100 m) eine starke Luftwelle auf. Dies entspricht der
Erfahrung bei mittleren Wellen und erklärt sich durch den Fortfall der Absorption in der Ionosphäre während der Nacht infolge einer raschen Abnahme
der Ionisation in der absorbierenden Schicht. Auf die durch die Abnahme der
Ionisation gegebene Verschiebung zu längeren Wellen kommen wir in Abschn. 2
zurück.

Einen Anhaltspunkt für die zu erwartenden Feldstärken erhalten wir mit
Hilfe von Gl. (185) u. (191). Hierdurch wird mit genügender Genauigkeit, abgesehen von der Nähe der toten Zone, die Feldstärke der Nahstrahlung für alle
Frequenzen dargestellt. In Abb. 80 ist die hiermit berechnete Feldstärke dargestellt, und zwar wurde für die obere Kurve der Reflexionskoeffizient an der
Erdoberfläche zu 1, für die untere zu 0,5 angesetzt. Die maximale Reichweite
bei einmaliger Reflexion an der Ionosphäre wurde zu 2500 km angenommen.

Für mehrfache Reflexion in größeren Entfernungen ergeben sich die entsprechenden abgesetzten Feldstärkenkurven, wobei nur diejenigen Kurvenstücke gezeichnet sind, welche im jeweiligen Entfernungsbereich die größten Feldstärken ergeben. Durch die Kurvenstücke ist eine mittlere Kurve hindurchgelegt. Dies

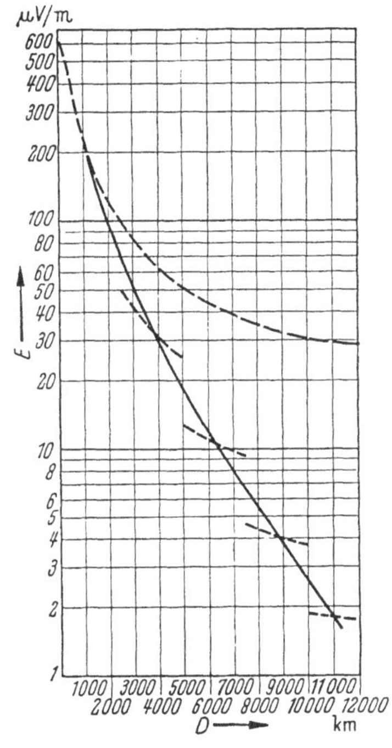

Abb. 80. Feldstärke für kurze Wellen in Abhängigkeit von der Entfernung (nach der Theorie zu erwartende mittlere Werte). Obere Kurve: Reflexionskoeffizient der Erde = 1, Untere Kurve: Reflexionskoeffizient der Erde = 0,5.

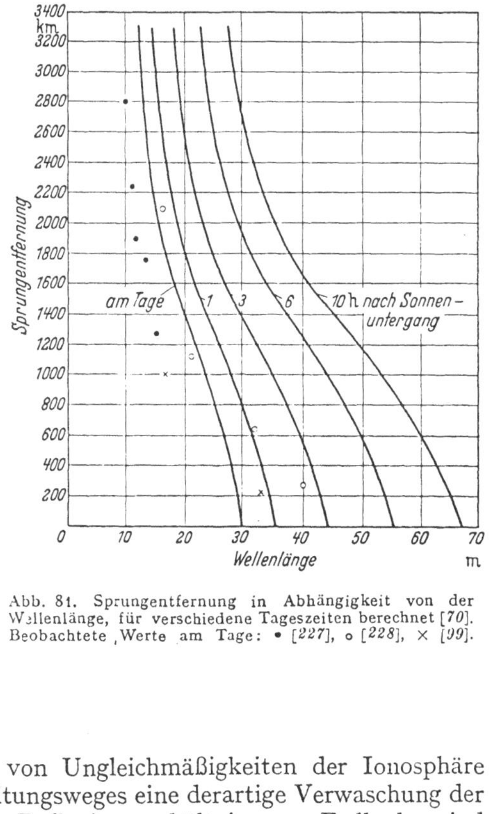

Abb. 81. Sprungentfernung in Abhängigkeit von der Wellenlänge, für verschiedene Tageszeiten berechnet [70]. Beobachtete Werte am Tage: • [227], o [228], × [99].

erscheint gerechtfertigt, da infolge von Ungleichmäßigkeiten der Ionosphäre und des Erdbodens längs des Ausbreitungsweges eine derartige Verwaschung der Feldstärkenwerte eintreten wird. Die Reflexionsverhältnisse am Erdboden sind am übersichtlichsten und günstigsten bei horizontaler elektrischer Polarisation (vgl. Abb. 48). Der Wert 0,5 für den Reflexionskoeffizienten entspricht etwa dem kleinsten Wert, welcher bei nicht zu großem Erhebungswinkel und trockenem Boden auftritt. Bei Ausbreitung vorwiegend über trockenem Boden sind also Feldstärken in der Nähe der unteren Kurve, über Seewasser in der Nähe der oberen Kurve zu erwarten.

Sprungentfernung. Da das charakteristische Anwendungsgebiet für kurze Wellen die Übertragung in große Entfernungen ist, in denen nur die Luftwelle wirksam wird, interessiert im besonderen Maß diejenige Entfernung, in welcher die Luftwelle einsetzt. Abb. 81 zeigt diese sogenannte Sprungentfernung, berechnet in Abhängigkeit von der Frequenz. Die Werte für die Tageskurve sind der Abb. 43 entnommen; die eingezeichneten am Tage beobachteten Werte zeigen einen ähnlichen Verlauf. Eine genaue quantitative Übereinstimmung ist nicht zu erwarten, weil die Sprungentfernung infolge der räumlichen und zeitlichen Schwankungen im Ionisationszustand der Ionosphäre entsprechenden Schwankungen unterworfen sein wird.

Mit Frequenzen über 30 MHz ($\lambda < 10$ m) wird nur vereinzelt ein Empfang in großen Entfernungen erreicht. Um die Mittagszeit werden die kleinsten Werte der Sprungentfernung beobachtet, morgens und abends sind die Werte größer. Zur Zeit von magnetischen Stürmen verringern sich die Sprungentfernungen, und zwar zum Teil um erhebliche Beträge [227]. Dies ist eine Folge der stärkeren Ionisation, die im allgemeinen eine Verringerung der Sprungentfernung bewirken wird.

Tote Zone. Ist die Sprungentfernung größer als die Bodenreichweite, dann tritt eine tote Zone auf. Dies ist nach Abb. 78 am Tage etwa bei Frequenzen über 15 MHz der Fall. In welchem Maße in der toten Zone ein wenn auch nur schwacher Empfang möglich ist, wird naturgemäß zum Teil von der Senderleistung abhängen. Charakterisiert ist die tote Zone durch die bereits stark gedämpfte Bodenwelle und durch das Fehlen einer aus der Ionosphäre reflektierten Luftwelle.

Flackerzone. Die Verhältnisse kurz außerhalb der Sprungentfernung sind u. a. auch durch Feldstärkeregistrierungen eingehend untersucht worden [17, 92]. Die Beobachtungen werden in der Zeit ausgeführt, in der (abends oder morgens) der Rand der toten Zone über den Beobachtungsort hinwegwandert, in der also das Aussetzen oder Einsetzen der Luftwelle vor sich geht. Abb. 82 zeigt

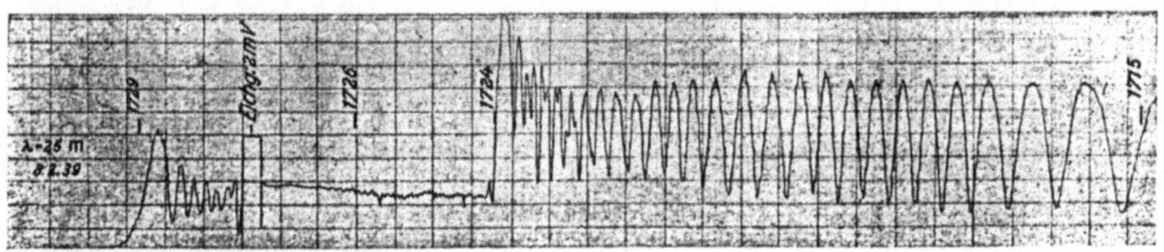

Abb. 82. Feldstärkeregistrierung beim Aussetzen der Luftwelle in den Abendstunden [*92*].

als Beispiel eine Feldstärkeregistrierung beim Aussetzen der Luftwelle in den Abendstunden. In der vorangehenden Tageszeit (der Empfänger liegt weit außerhalb der Sprungentfernung) war der Schwund vorwiegend regelmäßig mit einer mittleren Schwundperiode von etwa 1 min, wie es Abb. 82 bis 17.15 Uhr zeigt. Ab 17.15 Uhr wird der Schwund allmählich schneller. Gleichzeitig tritt eine Verzerrung des vorher glatten Schwundverlaufs auf. Um 17.24 Uhr erfolgt nach einem vorangehenden leichten Steigen der mittleren Feldstärke und einem letzten steilen Maximum ein plötzliches Absinken auf einen kleineren, aber bis auf schwache Schwankungen konstanten Wert. Dieser Zeitraum beträgt etwa 4 min, er kann in anderen Fällen bis zu 15 min ausfüllen. Anschließend treten wieder wachsende Schwebungen und zuletzt ähnlich wie bei 17.24 Uhr ein steiles Anwachsen der Feldstärke auf. Der Vorgang wiederholt sich regelmäßig beim Aussetzen der Luftwelle und tritt beim Einsetzen der Luftwelle in umgekehrter Richtung auf. Die Erklärung ergibt sich aus Abb. 46 zwanglos unter zusätzlicher Berücksichtigung der magnetischen Aufspaltung. In zeitlicher Reihenfolge haben wir zunächst eine Interferenz zwischen der a.o. und o. Welle. Um 17.24 Uhr verschwindet die o. Welle. Kurz vorher erhält ihre Fernstrahlung eine mit der Nahstrahlung vergleichbare Feldstärke. Sie tritt als Interferenzpartner hinzu und bewirkt die beobachtete Verzerrung der Schwebungen. Das Anwachsen der

Feldstärke beim Verschwinden der o. Welle entspricht dem in Abb. 46 ersichtlichen hohen Wert der Feldstärke am Rande der toten Zone. Nach Verschwinden der o. Welle bleibt die nahezu zirkular polarisierte (vgl. Abb. 9) a.o. Welle zurück. Die vor dem Verschwinden der a.o. Welle auftretende Schwebung entspricht einer Interferenz der Fernstrahlung der a.o. Welle mit der Nahstrahlung. An anderer Stelle wird die Beobachtung gemacht, daß der Empfang in der kritischen Zeit im Verlauf von wenigen Sekunden und zum Teil in Bruchteilen von Sekunden im Verhältnis 1:1000 und mehr schwankt [117]. Dies kann auch so zustande kommen, daß infolge der zeitlichen Schwankungen in der Ionosphäre der Rand der toten Zone hin und her pendelt. Der Empfänger liegt dann kurz hintereinander innerhalb und außerhalb der toten Zone.

2. Die Abhängigkeit von der Tages- und Jahreszeit. Günstige Frequenzen.

Eine systematische Beobachtung der Lautstärke führte dazu, drei für die Übertragung auf große Entfernungen günstige Frequenz- bzw. Wellenbereiche zu unterscheiden [182]:

Tageswellen . . . . 30 bis 16,7 MHz, 10 bis 18 m,
Übergangswellen . . . . 16,7 bis 12,5 MHz, 18 bis 24 m,
Nachtwellen . . . . 12,5 bis 7,5 MHz, 24 bis 40 m,

wobei für einen 24stündigen Betrieb im allgemeinen eine Tages- und eine Nachtwelle genügen. Während die Tageswellen am Tage eine gute Übertragung geben, fallen diese Wellen in der Nacht aus. Die Erklärung ist, daß infolge abnehmender Trägerdichte diese Wellen während der Nacht durch die Ionosphäre hindurchgehen. Eine Reflexion an der Ionosphäre findet dann erst bei den etwas längeren Übergangs- oder Nachtwellen statt. Allgemein erweisen sich zu jeder Zeit solche Wellen als günstig, die in der Nähe der unteren Grenzwelle liegen. Die etwas längeren Wellen werden zwar auch in der Ionosphäre reflektiert, jedoch werden die Übertragungsverhältnisse mit wachsender Wellenlänge ungünstiger. Dies ist zum Teil durch eine mit wachsender Wellenlänge stark zunehmende Dämpfung der Wellen in der unteren Ionosphäre zu erklären. Wir müssen annehmen, daß die kurzen Wellen im allgemeinen die untere Ionosphäre (100 km) durchdringen und in der oberen Ionosphäre (200 km und darüber) reflektiert werden. Infolge der großen Höhe der Reflexionsstelle ist dann nur eine verhältnismäßig geringe Anzahl von Zickzackreflexionen zur Überbrückung großer Strecken erforderlich. Mit wachsender Wellenlänge wächst zunächst die Dämpfung, und dann tritt bei den in Frage kommenden flachen Ausstrahlungswinkeln bald eine Reflexion an der unteren Ionosphäre auf, wodurch sich die Zahl der notwendigen Zickzackreflexionen für eine bestimmte Reichweite etwa verdoppelt und die Verluste sich entsprechend erhöhen [70]. Die Nachtwellen sind etwas mehr als doppelt so groß als die Tageswellen. Dies entspricht einer Abnahme der Ionisierung auf etwa $^1/_4$ bis $^1/_5$ des Tageswertes. Das Produkt $N \frac{1}{f^2}$, das den Brechungsindex bestimmt, bleibt dann etwa konstant.

Wir betrachten jetzt nähere Einzelheiten an Hand der Abb. 83, die in übersichtlicher Weise den Verlauf der Empfangslautstärke in Abhängigkeit von der Tages- und Jahreszeit auf der Linie New York—Berlin zeigt. Dargestellt sind die monatlichen Durchschnittswerte der Hörbarkeit in Wien-Einheiten. Die für jeden Monat verfügbare Ordinatenhöhe entspricht 5000 Wien, Werte über 4000 Wien sind nicht dargestellt. Die praktisch auftretenden starken Schwankungen und Störungen kommen in der Darstellung nicht zum Ausdruck. Im oberen Teil ist die 16-m-Tageswelle, im unteren Teil die 43-m-Nachtwelle dargestellt. Der Empfang in Berlin ($\lambda = 16$ m) setzt während des ganzen Jahres etwa mit Sonnenaufgang in New York ein, d. h. mit Beginn der gemeinsamen Helligkeit des Weges, während in Berlin die Sonne schon 5 bis 6 Stunden früher aufgegangen ist. Mit Hilfe unserer Vorstellung über die Ionosphäre ergibt sich folgende Erklärung. Bei der Reflexion der Wellen wirkt infolge der flachen Strahlung der Teil der Ionosphäre über und in der Nähe des Senders oder Empfängers nicht mit, sondern nur Gebiete in mehr als 1000 bis 2000 km Entfernung. In dem betrachteten Fall wird das Gebiet 1000 bis 2000 km östlich von New York

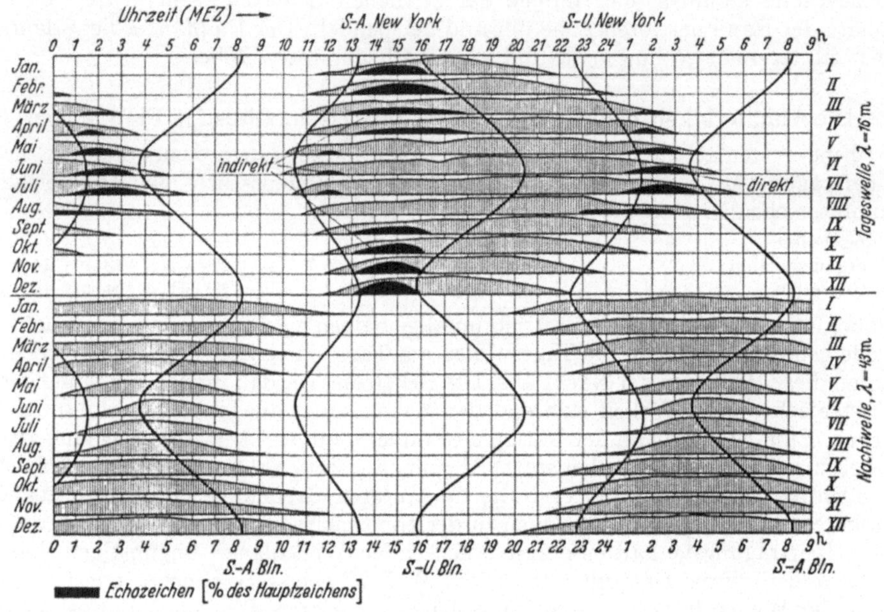

Abb. 83. Monatliche Durchschnittswerte der Lautstärke in Abhängigkeit von der Tageszeit auf der Linie New York—Berlin [182].

etwa 1 Stunde vor Sonnenaufgang in New York von den Sonnenstrahlen getroffen und hat dann etwa bis zum Sonnenaufgang die zur Reflexion erforderliche Elektronendichte erreicht, so daß aus diesem Grunde Sonnenaufgang in New York und Einsetzen der Signale etwa gleichzeitig eintreten. Der Empfang steigt allmählich an und erreicht erst nach 1 bis 2 Stunden die normale Lautstärke. Daß die Lautstärke erst klein ist und dann allmählich zunimmt, müssen wir dadurch erklären, daß zunächst nur solche Strahlen reflektiert werden, welche annähernd horizontal verlaufen, also nur Strahlen in einem sehr kleinen Winkelbereich. Ein zu kleiner Winkelbereich ist aber wegen der schwankenden Reflexionsbedingungen in der Ionosphäre und der diffusen Reflexion an der Erde ungünstig. Mit zunehmender Ionisation wird dieser Winkelbereich größer und die Übertragung entsprechend besser (vgl. S. 117).

Der Anstieg der Empfangslautstärken erfolgt in den Sommermonaten rasch, im Winter dagegen ganz allmählich. Dies entspricht der verschieden starken Einwirkung der ionisierenden Sonnenstrahlen im Sommer und im Winter. Das Aussetzen des Empfangs erfolgt im Winter etwa mit Sonnenuntergang in New York. In den Sommermonaten reicht der Empfang dagegen in die gemeinsame Nachtzeit hinein. Insgesamt zeigt die günstige Übertragungszeit gegenüber der Zeit der Helligkeit längs des ganzes Weges besonders anschaulich die zeitliche Verzögerung, welche sich aus dem Ansteigen der Ionisierung morgens und dem allmählichen Abklingen abends ergibt.

Die schwarz markierten Lautstärken zeigen Doppelzeichen an, die wir gesondert besprechen (S. 117f.).

Im unteren Teil von Abb. 83 sind die Lautstärken der 43-m-Nachtwelle eingetragen. Das Einsetzen der Übertragung erfolgt parallel mit dem Sonnenuntergang in New York. Wir haben oben die Dämpfung und Reflexion in der unteren Ionosphäre als wahrscheinliche Ursache für das Aussetzen dieser längeren Wellen am Tage angegeben. Die Ionisierung der unteren Ionosphäre nimmt abends rasch ab, da hier der Gasdruck relativ hoch ist, so daß die dämpfende Wirkung nach Sonnenuntergang bald aufhört. Wir sehen, daß, besonders im Winter, die Nachtwelle bereits mehrere Stunden vor Sonnenuntergang in New York, d. h. vor gemeinsamer Dunkelheit, einsetzt. Morgens setzt die Nachtwelle etwa parallel mit dem Sonnenaufgang in Berlin aus und bereits vor gemeinsamer Helligkeit in Berlin und New York. Auch hier ist eine zeitliche Verschiebung der günstigen Verkehrszeiten gegenüber der Zeit gemeinsamer Dunkelheit deutlich erkennbar, besonders in den Sommermonaten.

Wir beschränken uns auf den betrachteten Fall, in welchem die Linie in west-östlicher Richtung liegt. Auf anderen Linien ergeben sich ähnliche Verhältnisse. Bei einer Linie, welche von Norden nach Süden verläuft, ist zu berücksichtigen, daß die Sonnenaufgänge am Sender und Empfänger in viel kürzerer Zeit aufeinanderfolgen und z. B. auch gleichzeitig stattfinden können.

Günstige Frequenzen. Durch zeitlich und räumlich ausgedehnte Versuche wurden die zu jeder Tages- und Jahreszeit gehörenden günstigen Frequenzen festgestellt. So wurden von Amerika aus in 6 Jahren mit 19 Sendern Reichweiten von 3700 bis 18400 km überdeckt [*179*]. Bei konstanter Wellenlänge ändern sich die Verhältnisse in der im vorstehenden Abschnitt geschilderten Weise mit der Tageszeit. Für jede Frequenz ergibt sich eine günstige Tageszeit, und umgekehrt kann man daraus schließen, daß für jede Tageszeit eine bestimmte Frequenz im Durchschnitt (wegen der fortlaufenden Störungen und Schwankungen müssen wir Durchschnittswerte betrachten) die besten Übertragungsbedingungen ergibt. Diese

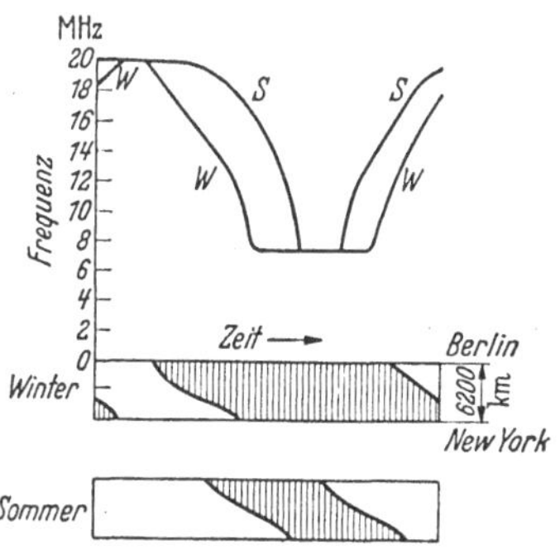

Abb. 84. Günstige Frequenz für die Linie New York—Berlin in Abhängigkeit von der Tageszeit. W = Winter, S = Sommer [*179*].

optimalen Frequenzen sind naturgemäß am Tage größer als in der Nacht, mit stetigem Übergang. Abb. 84 zeigt nach den genannten Beobachtungen den Verlauf der optimalen Frequenz für die Strecke New York—Berlin für Sommer und Winter in Abhängigkeit von der Tageszeit. Die Kurven zeigen zwischen Winter und Sommer einen großen Unterschied. Dies entspricht dem Umstand, daß die Strecke auf der nördlichen Halbkugel liegt und daß sich deshalb große jahreszeitliche Unterschiede in der Sonnenbestrahlung ergeben. Im unteren Teil von Abb. 84 ist die Verteilung von Helligkeit und Dunkelheit längs der Strecke in Abhängigkeit von der Tageszeit angegeben, die im Sommer eine erheblich längere Zeit der Helligkeit ergibt. Während der Zeit, wo auf der ganzen Strecke Tag oder Nacht herrscht, ist die günstige Frequenz teilweise konstant, und zwar am Tage 20, in der Nacht 7,5 MHz. Dies entspricht einer Tageswelle von 15 m, einer Nachtwelle von 40 m. Bemerkenswert ist, daß diese Werte im Sommer und Winter dieselben, d. h. von der Jahreszeit wenig abhängig sind. Die jahreszeitlichen Unterschiede sind also weniger durch die veränderte Sonnenhöhe bedingt als durch die andere tageszeitliche Verteilung von Helligkeit und Dunkelheit im Sommer und im Winter. Die günstige Frequenz nimmt mit wachsender Entfernung etwas zu, sie liegt z. B. für die Strecke New York—Moskau (7100 km) zwischen 8 bis 21 MHz. Bei anderen Strecken ist der Unterschied zwischen Sommer und Winter in der Verteilung von Helligkeit und Dunkelheit längs des Ausbreitungsweges weniger ausgeprägt. Dies trifft z. B. für die Strecke New York—Sidney (Australien, 16000 km) zu, die über den Äquator geht. Hier ist der Verlauf der optimalen Frequenz mit der Tageszeit im Sommer und Winter annähernd derselbe.

Das Vorhandensein einer günstigen Frequenz läßt sich ohne weiteres erklären. Dämpfung und Reflexion in der unteren Ionosphäre erfordern möglichst hohe Frequenzen. Andererseits darf man die Frequenz nicht zu hoch wählen, weil dann der Ausstrahlungswinkelbereich, in welchem eine Reflexion in der Ionosphäre stattfindet, zu klein wird. Es ergibt sich deshalb ein Optimum bei einer Frequenz, welche so viel kleiner ist als die Grenzfrequenz, daß der nutzbare Ausstrahlungswinkelbereich genügend groß ist. Nimmt man z. B. 30 MHz ($\lambda = 10$ m) als Grenzfrequenz an, dann hat die Frequenz 20 MHz ($\lambda = 15$ m) einen nutzbaren theoretischen Ausstrahlungswinkelbereich von etwa $20°$ (vgl. Abb. 43, S. 65), und dies wäre dann ungefähr die günstige Frequenz.

3. Mehrfachzeichen ($\Delta t \approx 10^{-3}$ sec).

Die Bildtelegraphie geschieht bekanntlich durch rasch aufeinanderfolgende Signale von sehr kurzer Dauer. Diese Zeichen kommen verbreitert an, wenn man das Übertragungstempo steigert. Ein Signal von $6 \cdot 10^{-4}$ sec Dauer kam z. B. mit 3 bis $5 \cdot 10^{-3}$ sec Dauer an (Nauen—Buenos Aires, $f = 20$ MHz). Bei hohem Auflösungsvermögen der Apparatur löst sich das verbreiterte Empfangssignal in einzelne Zeichen auf [198]. Ein gesendetes Signal ergibt also mehrere Empfangssignale, die wir als *Hauptsignal* und *Echosignale* bezeichnen. Wir müssen deshalb annehmen, daß die Ausbreitung der Kurzwellen auf mehreren Wegen geschieht. Die Mehrfachzeichen finden ihre Erklärung durch die im Teil I (Abschn. F 5) behandelte Vorstellung, daß die kurzen Wellen sich durch Zickzackreflexion zwischen Ionosphäre und Erde ausbreiten, wofür aus energetischen Gründen nur die Nahstrahlung in Frage kommt. Das Auftreten der Mehrfachzeichen ist umgekehrt eine wichtige Bestätigung für die Zickzackreflexion, wie die folgende Betrachtung noch deutlicher zeigen wird.

Zeitdifferenz zwischen den Echozeichen. Die Nahstrahlung kann bei einmaliger Reflexion an der Ionosphäre nur Entfernungen von 3000 bis 4000 km zurücklegen. Zur Überbrückung einer beliebigen Entfernung sei die Mindestzahl von n Reflexionen an der Ionosphäre (Schritten) erforderlich. Dies entspricht dem Hauptsignal. Die Echozeichen legen die Entfernung in $n + 1$, $n + 2$, ... Schritten zurück. Die entsprechenden Wege sind immer länger, und daraus ergeben sich die Zeitdifferenzen zwischen dem Eintreffen der einzelnen Echosignale. Bei einer Bildübertragung Amerika—England (5500 km, $f = 13{,}6$ MHz, $\lambda = 22$ m) wurden am Tage 4 bis 5 Echozeichen beobachtet. Die Zeitdifferenz zwischen aufeinanderfolgenden Signalen lag zwischen 0,7 bis $1{,}2 \cdot 10^{-3}$ sec, die letzten Zeichen lagen weiter auseinander als die ersten [59]. Die späteren Echosignale sind gewöhnlich schwächer als die ersten. Dies entspricht der größeren Zahl von Zickzackreflexionen bei den späteren Echosignalen, woraus sich entsprechend größere Reflexionsverluste ergeben. Abb. 85 zeigt für den angegebenen Fall die berechneten Mehrfachwege; es ergeben sich 4 Signale [70]. Mit wachsendem

Ausstrahlungswinkel dringen die Wellen immer weiter in die Ionosphäre ein, noch steilere Strahlen werden von der Ionosphäre nicht mehr reflektiert. Das Hauptsignal entspricht zwei Reflexionen an der Ionosphäre, es folgen die Echosignale mit 3, 4 und 5 Reflexionen. Allgemein legt das Hauptsignal die Entfernung Sender—Empfänger annähernd in der Zeit

$$T_n = \frac{D}{c}\,\frac{1}{\cos\psi_n} \qquad (247)$$

(D = Reichweite, c = Lichtgeschwindigkeit, ψ_n = Ausstrahlungswinkel) zurück. Die Zeitdifferenz zwischen dem Eintreffen des Hauptsignals und des m-ten (letzten) Echosignals bezeichnen wir als *Echodauer*. Für diese folgt

$$\Delta T = T_{n+m} - T_n = \frac{D}{c}\left(\frac{1}{\cos\psi_{n+m}} - \frac{1}{\cos\psi_n}\right). \qquad (248)$$

Im allgemeinen kann man annehmen, daß ψ_n klein, also annähernd $\cos\psi_n = 1$ ist. Dann folgt

$$\Delta T = \frac{D}{c}\left(\frac{1}{\cos\psi_{n+m}} - 1\right). \qquad (248a)$$

Setzt man nun für den in Abb. 85 dargestellten Fall die den vorkommenden Mehrfachwegen entsprechenden Ausstrahlungswinkel in Gl. (248) ein, so berechnen sich die Zeitdifferenzen aufeinanderfolgender Signale zu 0,3, 0,7 und

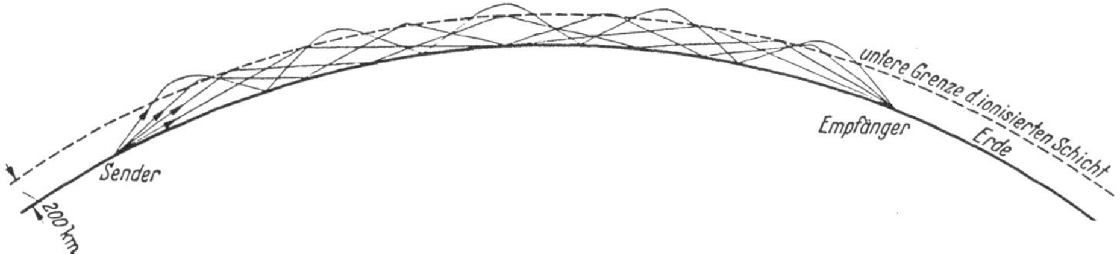

Abb. 85. Mehrfachwege, berechnet für eine Reichweite von 5500 km. f = 13,5 MHz (λ = 22 m). Maßstab 1:40 Millionen. Die Höhe der reflektierenden Schicht (untere Grenze in 200 km Höhe) ist im richtigen Verhältnis zum Erdradius gezeichnet. Am Empfänger kommen nacheinander 4 Signale an [70].

$1,1\cdot 10^{-3}$ sec, in guter Übereinstimmung mit der Beobachtung. Diese Berechnung entspricht dem idealisierten Fall, daß die Erde eine glatte Fläche ist und die Ionosphäre aus einer zeitlich nicht veränderlichen, über die ganze Entfernung gleichmäßigen Schicht besteht. Der Zustand der Ionosphäre ist aber in Wirklichkeit zum Teil raschen Schwankungen unterworfen. Der Weg der Strahlen unterliegt entsprechenden Schwankungen. Die Mehrfachzeichen kommen deshalb nicht mit festen, sondern während eines größeren Teiles der Zeit mit unregelmäßig schwankenden Zeitabständen an.

Ausstrahlungswinkelbereich. Die Gl. (248a) kann man dazu benutzen, den maximalen Ausstrahlungswinkel zu berechnen, unter dem noch eine Reflexion an der Ionosphäre stattfindet. Dieser Winkel kennzeichnet den Ausstrahlungswinkelbereich. Es ist

$$\cos\psi_{n+m} = \frac{1}{1 + \dfrac{c\,\Delta T}{D}}. \qquad (249)$$

8*

Aus den bei der obengenannten Übertragung Amerika—England gemessenen Werten für die Echodauer ΔT ergibt sich der Mittelwert von $31°$ und ein maximaler Wert von $35°$. Unserer in Abb. 85 dargestellten theoretischen Berechnung entspricht ein größter Ausstrahlungswinkel von $30°$, der etwa mit dem beobachteten Mittelwert übereinstimmt. Das für die kurzen Wellen theoretisch abgeleitete Vorhandensein eines oberen Grenzwinkels der nutzbaren, d. h. an der Ionosphäre reflektierten Strahlung (vgl. Abb. 43) hat somit hier eine experimentelle Bestätigung gefunden.

Die Einfallswinkel der einzelnen Mehrfachzeichen, von denen wir annehmen dürfen, daß sie etwa mit den entsprechenden Ausstrahlungswinkeln übereinstimmen, sind mit besonderen Antennen und Empfangseinrichtungen gemessen

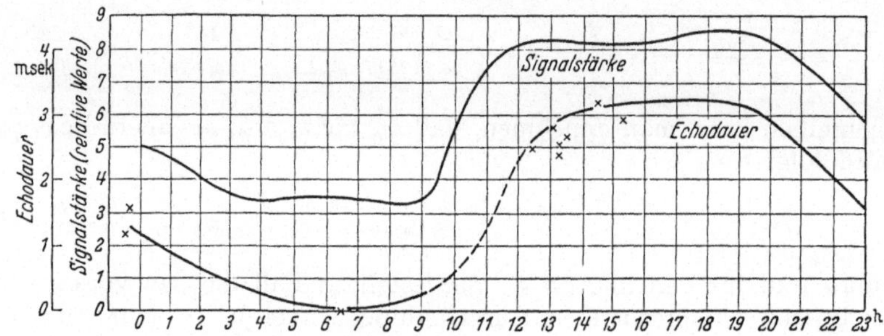

Abb. 86. Echodauer und Signalstärke bei der Übertragung New York—England im Verlauf eines Tages (Ortszeit). $f = 13{,}6\ \text{MHz}$ $(\lambda = 22\ \text{m})$ [59].

worden [211]. Es ergibt sich jeweils gleichzeitig eine Anzahl (bis zu 5) von bestimmten Einfallswinkeln, z. B. bei 13 MHz $15{,}41°$, $19{,}7°$ und $24{,}82°$, welche einer wachsenden Zahl von Schritten entsprechen. Die Beobachtung, daß einem größeren Einfallswinkel eine größere Verzögerung entspricht, wird bei solchen Messungen bestätigt [78].

Echodauer und Signalstärke. In Abb. 86 ist die beobachtete Echodauer in Abhängigkeit von der Tageszeit dargestellt. Die größte Echodauer ergibt sich im Laufe des Tages. Während der Nacht nimmt die Echodauer immer weiter ab. Dies ist so zu verstehen, daß am Tage die Ionisation am stärksten ist. Stärkere Ionisation bedeutet aber einen größeren Ausstrahlungswinkelbereich und damit eine größere Anzahl von möglichen Mehrfachwegen und eine größere Echodauer. Setzen wir für $f = 13{,}6\ \text{MHz}$ den Winkel $\psi = 35°$ ein, so erhalten wir aus Gl. (248a) eine Echodauer von $3{,}7 \cdot 10^{-3}$ sec. Für $f = 20\ \text{MHz}$ können wir nach Abb. 43 etwa $\psi = 20°$ annehmen. Dann folgt $\Delta T = 0{,}9 \cdot 10^{-3}$ sec. Dies ist von praktischer Bedeutung für die Bildtelegraphie. Die Echodauer begrenzt die Telegraphiergeschwindigkeit. Die Echodauer ist bei 20 MHz nur etwa $^1/_4$ von dem Wert bei 13,6 MHz. Es kann deshalb bei der höheren Frequenz eine viermal größere Telegraphiergeschwindigkeit angewendet werden. Zusammengefaßt bedeuten höhere Frequenz oder bei gegebener Frequenz geringere Ionisation (während der Nacht) einen kleineren Ausstrahlungswinkelbereich und damit eine kleinere Zahl von möglichen Mehrfachwegen, d. h. kleinere Echozeit.

Wie aus Abb. 86 zu ersehen ist, hat die Signalstärke den gleichen Verlauf mit der Tageszeit wie die Echodauer. Um dies zu verstehen, überlegen wir uns, daß die praktisch vorhandene Rauhigkeit der Erdoberfläche Anlaß zu diffuser Reflexion gibt. Hierdurch wird die Empfangsstärke nicht wesentlich geändert werden. Die diffuse Reflexion und die Unregelmäßigkeiten in der Ionosphäre haben aber zur Folge, daß die am Empfänger ankommende Energie nicht einem ganz bestimmten Winkel am Sender entspricht, sondern einem räumlichen Winkelbereich entstammt. (Es erscheint deshalb nicht als nützlich, die vertikale Bündelung der Wellen über ein bestimmtes Maß hinaus zu steigern.) Ein wachsender Winkelbereich der Ausstrahlung läßt also größere Signalstärke erwarten, und dieser Fall liegt am Tage vor. Signalstärke und Echodauer laufen also parallel, weil sie in gleicher Weise vom Ausstrahlungswinkelbereich abhängen.

4. Rund-um-die-Erde-Signale.

Wir haben im vorhergehenden Abschnitt gesehen, daß ein sehr kurzes Signal, das auf dem direkten Weg vom Sender zum Empfänger gelangt, sich bei genügendem Auflösungsvermögen der Empfangsapparatur in einzelne Echosignale auflöst. Diese Zeichen haben den Empfänger in einer verschiedenen Zahl von Schritten (Zickzackreflexionen) erreicht, ihr zeitlicher Abstand ist dementsprechend von der Größenordnung einer Millisekunde, ihre Entdeckung blieb der Bildtelegraphie mit ihren kurzen Signalen und ihrer hohen Telegraphiergeschwindigkeit vorbehalten. Eine zweite Art von Echozeichen besitzt Zeitverzögerungen von der Größenordnung $^1/_{10}$ sec. Sie werden bei der normalen Telegraphie

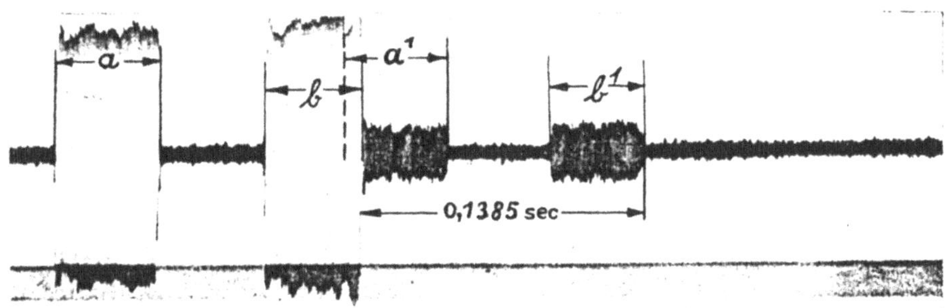

Abb. 87. Rund-um-die-Erde-Signale auf der Linie Buenos Aires—Berlin. a und b Hauptzeichen, a^1 und b^1 Echozeichen mit noch einem Umlauf um die Erde [183].

beobachtet, wo Zeichenbreite und Zeichenabstand von der Größenordnung $^1/_{10}$ sec sind. [180, 181, 182, 183]. Diese Echozeichen treten zu bestimmten Zeiten auf; sie sind z. B. in Abb. 83 schwarz markiert und treten bei den höheren Tagesfrequenzen auf. Abb. 87 zeigt das in Geltow bei Berlin aufgenommene Oszillogramm zweier in Rio de Janeiro ($f = 19{,}2$ MHz) gesendeter Zeichen. Es kommen zunächst zwei Hauptzeichen a und b an, welche auf dem kürzesten Weg längs des Großkreises zum Empfänger gelangen. Es folgen dann mit einer Zeitverzögerung von 0,1385 sec die Zeichen a^1 und b^1, welche die Erde noch einmal im selben Sinne umlaufen. In anderen Fällen wird die rückwärtige Richtung bevorzugt. Während also an sich schon die kurzen Wellen durch ihre großen Reichweiten in Erstaunen setzen, haben wir hier die Tatsache, daß sie in bestimmten Zeiten die Erde einmal, ja mehrere Male zu umkreisen vermögen. Die günstigsten Frequenzen in dieser Hinsicht liegen bei 18 bis 20 MHz, wo bis zu fünf Echozeichen nachgewiesen wurden. Erdumläufe im Frequenzbereich von 18 bis 20 MHz werden nur dann beobachtet, wenn der durch den Sender und Empfänger hindurchgehende Großkreis in der Dämmerungszone liegt. Dies ist wohl so zu erklären, daß in der Dämmerungszone die Ionisation in der Ionosphäre überall noch groß genug ist, um die kurzen Wellen zu reflektieren,

andererseits aber die Dämpfung in der unteren Ionosphäre in dieser Zone relativ
gering ist.

Die Umlaufzeit eines Signals um die Erde ist mit sehr großer Genauigkeit
gemessen worden [*102, 103*]. Die Zeit für einen vollen Erdumlauf ergibt sich als
Mittelwert von 218 Meßwerten zu 0,137788 sec. Bemerkenswert ist, daß dieser
Mittelwert auch bei der genannten hohen Meßgenauigkeit von der Frequenz,
der Tages- und Jahreszeit und der Himmelsrichtung unabhängig ist. Abb. 88
zeigt die Verteilung der einzelnen Meßwerte für außereuropäische Stationen
(große Entfernungen). Der größte Teil der Meßwerte liegt zwischen 0,1370 und
0,1384 sec. Diese Zeiten entsprechen unter der Annahme der Lichtgeschwindigkeit Laufwegen von 41000 und 41500 km. Im Vergleich zu einer Ausbreitung
an der Erdoberfläche entlang (Laufweg 40000 km, Zeit 0,1334 sec) sind die zugehörigen Umwegfaktoren 1,028 und 1,037. Die Eigenschaften der Rund-um-
die-Erde-Signale lassen sich durch die Vorstellung der Ausbreitung durch Zickzackreflexion zwischen Erde und Ionosphäre zwanglos erklären und sind ein

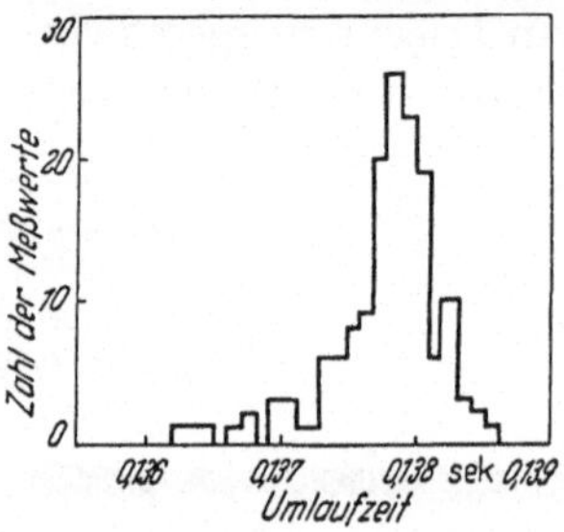

Abb. 88. Verteilung der Zeiten für
volle Erdumläufe von Signalen
[*127*].

weiterer Beweis für diese Vorstellung [*127*]. Wie
aus den Echolotungen hervorgeht, schwankt die
mittlere Höhe der F-Schicht in 24 Stunden etwa
zwischen 200 km mitten am Tage und 300 km in
der Nacht (untere Grenze). Unter der Annahme
einer Zickzackreflexion und bei horizontaler Abstrahlung berechnet sich bei 200 km bzw. 300 km
Höhe der Umwegfaktor zu 1,021 bzw. 1,031. Bei
6° Abstrahlungswinkel sind die entsprechenden
Umwegfaktoren 1,032 bzw. 1,043. Vergleicht man
diese Zahlen miteinander und mit dem oben
angegebenen Schwankungsbereich der Messungen,
so erkennt man, daß große Schwankungen in der
Höhe der Ionosphäre (50%) durchaus mit den

beobachteten Schwankungen des Umwegfaktors verträglich sind. Die Änderung
des Umwegfaktors mit der Höhe ist gering, die Unabhängigkeit von der Tageszeit also verständlich. Der aus den Umwegfaktoren abzuleitende Ausstrahlungswinkelbereich liegt für 200 km Höhe der Ionosphäre bei 6°, für 300 km
bei 4°. Eine Kurzwellenausbreitung in kleineren Entfernungen (bis 10000 km)
hat einen Ausstrahlungswinkelbereich von 30 bis 40° (vgl. S. 65). Für das Zustandekommen eines kleinen Ausstrahlungswinkels bei den Umlaufzeichen sind
hauptsächlich zwei Umstände maßgebend:

1. Die Nähe der Grenzfrequenz bedingt an sich schon einen kleinen Ausstrahlungswinkelbereich. Steilere Strahlen gehen durch die Ionosphäre hindurch
und werden nicht reflektiert.

2. Ein Signal kann grundsätzlich in n, $n + 1$, $n + 2$, ... Schritten vom
Sender zum Empfänger gelangen. Schon bei kleinen Entfernungen (vgl. S. 114)
beobachtet man, daß die Mehrfachzeichen mit wachsender Ordnungszahl in der
Amplitude abnehmen, was durch die größere Zahl von Schritten bedingt ist.
Bei einem zusätzlichen Umlauf um die Erde werden deshalb praktisch nur noch
die Reflexionen niedrigerer Ordnungszahl übrigbleiben, und diese entsprechen
einem niedrigen Ausstrahlungswinkelbereich. Bei kleinerem Winkelbereich ist
auch die Echodauer (Zeit zwischen dem Eintreffen des ersten und letzten Mehr-
fachzeichens innerhalb eines Umlaufsignals) klein. Im Grenzfall kommt nur
noch ein Zeichen an. Bei der hier gegebenen Signaldauer (Größenordnung
$^1/_{10}$ sec) und einer Echodauer von etwa 1 msec überlagern sich die Mehrfachzeichen
fast vollkommen und geben Anlaß zu einer Verwaschung des Signals, die um so

stärker ist, je größer die Zahl der Mehrfachsignale. Dies entspricht vollkommen der Beobachtung, nach der die Wiedergabe des Signals mit wachsender Entfernung besser und sauberer wird. In größeren Entfernungen haben wir kleineren Ausstrahlungswinkelbereich und damit kleinere Echodauer und geringere Verwaschung des Signals.

Die Vorstellung, daß die Signale die Erdumkreisung auf langen Wegen in der ionisierten Schicht annähernd parallel zur Erdoberfläche ausführen, ist unwahrscheinlich, da bei einer solchen Ausbreitung (Fernstrahlung, vgl. S. 71) die Feldstärke rasch mit der Entfernung abnimmt und sich bereits für den direkten Weg vom Sender zum Empfänger zu kleine Feldstärken ergeben. Auch müßten sich bei der Ausbreitung in der Ionosphäre mit Gruppengeschwindigkeit im Frequenzbereich von 18 bis 20 MHz Unterschiede in der Echozeit von 5 % ergeben, die nicht beobachtet wurden.

5. Schwunderscheinungen durch Interferenz.

Die Feldstärkeschwankungen sind im Kurzwellengebiet intensiver und häufiger als bei längeren Wellen. Dies ist erklärlich, da diese Wellen in die Ionosphäre eindringen und deshalb auf Schwankungen in der Ionosphäre entsprechend stärker reagieren als längere Wellen, welche an der unteren Grenze der Ionosphäre reflektiert werden. Allgemeine Ursache solcher Schwankungen sind die Interferenz von Strahlen mit verschiedenen Wegen, Änderungen der Polarisation und Absorption in der Ionosphäre. Die auf Absorption zurückzuführenden Schwunderscheinungen unterscheiden sich im allgemeinen durch ihre längere Dauer, welche Minuten, Stunden oder Tage betragen kann. Solche Schwunderscheinungen werden in den Abschnitten 7 und 8 behandelt. Die durch Interferenz und Polarisationsänderungen verursachten Schwankungen sind im allgemeinen von kurzer Dauer. Im Dezember 1930 wurde auf zwei Tageswellen der Nord- und Südamerikalinie in den beiden Empfangsanlagen von Transradio in Geltow und Beelitz eine *Schwundstatistik* durchgeführt, um die Dauer und die Häufigkeit dieser kurzen Schwunderscheinungen festzustellen [*147*]. Die Untersuchungen wurden mit zwei unmodulierten Betriebssendern ausgeführt, so daß also der Schwund der Trägerwelle beobachtet wird (New York 14,815 MHz, Buenos Aires 20,520 MHz). Die oszillographischen Aufnahmen wurden im allgemeinen alle Stunden zwischen 10 bis 16 Uhr ausgeführt. Es zeigte sich, daß die Schwunddauer bei normalen und mittleren Bedingungen zwischen $1/4$ und 5 sec liegt. Als Dauer ist hierbei die Zeit zwischen dem Ein- und Aussetzen der Schwunderscheinung bezeichnet. Für die Statistik wird die Stärke der Schwankungen in drei Gruppen eingeteilt. Schwankungen, die zwischen 100 und 70 % der Maximalamplitude liegen, werden nicht gerechnet. Schwankungen zwischen 70 bis 40 % der jeweiligen Maximalamplitude werden mit I, zwischen 40 bis 10 % mit II und unter 10 % mit III bezeichnet. Die stärksten Schwunderscheinungen, bei denen der Empfang ganz verschwinden kann, sind also mit III

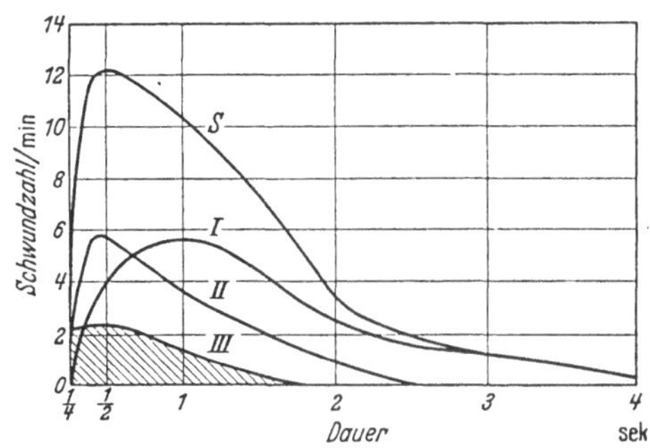

Abb. 89. Schwundhäufigkeit und Schwunddauer an einem magnetisch gestörten Tage. Sender: New York, $\lambda = 20$ m; Empfänger: Geltow [*147*].

bezeichnet. Die Schwundzahlen werden für diese drei Gruppen einzeln angegeben und sind auf die Minute reduziert. Für die mittlere Zeitdauer wurden folgende Zeiten angewendet: $^1/_4$, $^1/_2$, 1, 2, 3, 4, 5 sec. Abb. 89 zeigt die Schwundzahlen von New York in Geltow als Tagesmittelwerte vom 3. XII. 1930, wo besonders schlechte Bedingungen herrschten. Abb. 90 gibt die Verhältnisse an einem normalen Tage wieder (8. XII. 1930), während Abb. 91 die Mittelwerte aus allen

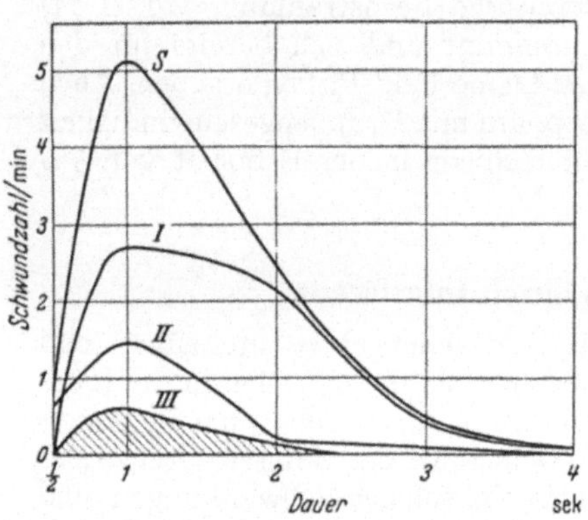

Abb. 90. Schwundhäufigkeit und Schwunddauer an einem normalen Tage [*147*].

Abb. 91. Mittlere Schwundhäufigkeit auf der Tageswelle New York—Geltow für Dezember 1930 [*147*].

Tagesmitteln im Dezember 1930 darstellt. S ist jeweils die Summe der drei Werte. Man erkennt, daß die Schwunderscheinungen von 1 sec Dauer bei normalen und mittleren Bedingungen am häufigsten sind. Bei schlechten Bedingungen verschiebt sich das Maximum zu kürzerer Dauer. Es wird aber darauf

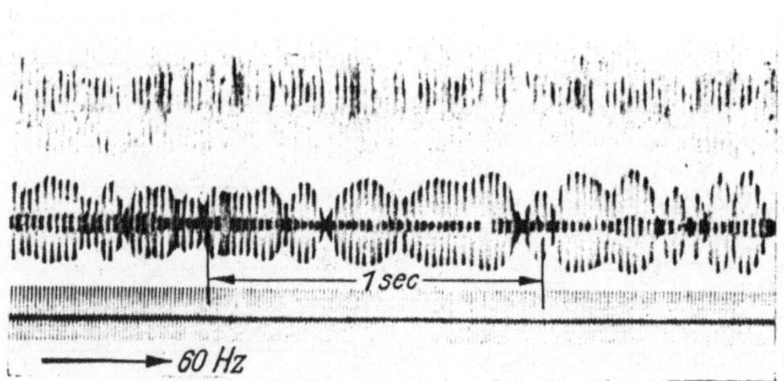

Abb. 92. Schwunderscheinungen von sehr kurzer Dauer auf der New-Yorker Tageswelle während starker magnetischer Störungen. Oberes Oszillogramm: Empfänger in Beelitz (starker Störpegel), unteres Oszillogramm: Empfänger in Geltow [*147*].

hingewiesen, daß unter besonders ungünstigen Verhältnissen, wie bei starken magnetischen Störungen, die Schwunddauer noch viel kürzer als $^1/_4$ sec sein kann und daß Schwunderscheinungen von $^1/_{100}$ sec und darunter nachgewiesen wurden. Abb. 92 zeigt eine oszillographische Aufnahme der New-Yorker Tageswelle während der starken Störungen am 25. XI. 1930. Man findet, daß ebenso wie die in Kap. 7, S. 126, behandelten Störungen auch der Interferenzschwund mit der erdmagnetischen Tätigkeit zusammenhängt. Erhöhte magnetische Tätigkeit entspricht erhöhten Schwundzahlen und erhöhter Schwundstärke, und diese Übereinstimmung ist um so besser, je näher der Übertragungsweg den magnetischen Polen liegt.

Eine weitere charakteristische Eigenschaft des Interferenzschwundes tritt in Erscheinung, wenn moduliert gesendet wird. Dies entspricht der gleichzeitigen Übertragung von mehreren dicht benachbarten Frequenzen. Die Abb. 93 zeigt als Beispiel eine vergrößerte oszillographische Aufnahme eines Tonfrequenzbandes, das während eingehender Untersuchungen dieses Schwundes bei der Kurzwellentelephonie zwischen Nordamerika und England [178] in folgender Weise aufgenommen worden ist: Die Versuche werden meistens am Tage ausgeführt, die hauptsächlich benutzten Frequenzen sind 13 und 18 MHz ($\lambda = 23$ und 16,7 m). Zum besonderen Zweck des Schwundstudiums werden die Trägerwellen mit 11 bis 12 Tonfrequenzen zwischen 425 und 2295 Hz gleichzeitig moduliert. Der Abstand der einzelnen Frequenzen ist 170 Hz, es wird also das Tonfrequenzgebiet gleichmäßig überdeckt. Am Empfänger werden nach Gleichrichtung die Tonfrequenzen durch Filter getrennt und mittels rotierender Schalter kurz nacheinander zur Beobachtung gebracht. Die Zeitdauer der Aufnahme

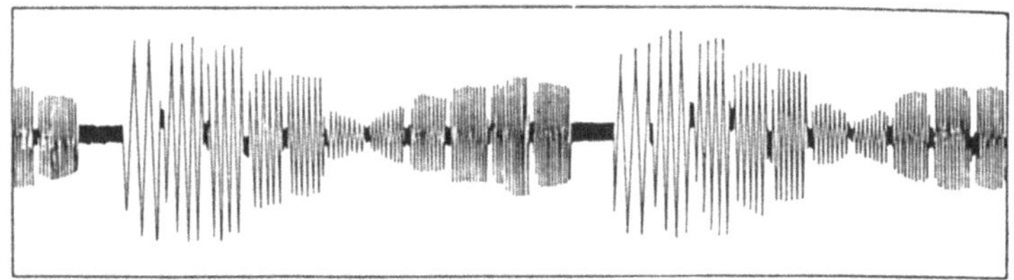

Abb. 93. Oszillogramm zum Studium der Schwunderscheinung bei Kurzwellen [178].

eines Bandes ist etwas weniger als $^1/_{12}$ sec. Wir bemerken in der Mitte ein Minimum. In weniger als 1000 Hz Abstand ergeben sich ein Maximum und Minimum des Empfangs. Die Schwunderscheinung besitzt also eine ausgesprochene Selektivität. Der Verlauf der empfangenen Amplituden im Frequenzband ist häufig von der Form wie in Abb. 93, häufig aber auch von anderer Form und ist starken zeitlichen Schwankungen unterworfen. Die Erscheinung ändert sich regelmäßig mit der Tageszeit. Abb. 94 zeigt eine Aufnahme um 11 Uhr vormittags und um 14.50 Uhr nachmittags ($\lambda = 16,3$ m). Die zeitliche Reihenfolge der Bilder ist in den Spalten von oben nach unten ($12^1/_2$ Bilder pro sec). Wir sehen, daß nachmittags die Abstände der Minima erheblich geringer sind. Die normalen Schwundperioden liegen (wie aus umfangreichem Beobachtungsmaterial [178] zu entnehmen ist) etwa zwischen 5 und 100 pro min. Die Schwankungen sind teils stehend, teils wandern die Minima durch das Frequenzband hindurch.

Die Beobachtung geschieht auf der Niederfrequenzseite des Empfängers. Die Ursache liegt auf dem hochfrequenten Übertragungswege. Man kann die Erscheinungen zum großen Teil erklären, wenn man annimmt, daß die am Sender ausgestrahlten Wellen auf mehreren Wegen mit unterschiedlicher Laufzeit zum Empfänger gelangen, wobei die Wegunterschiede gewöhnlich zwischen 50 und 300 km zu liegen scheinen. Im allgemeinen muß für die beobachtete Strecke das Zusammenwirken von drei Laufwegen angenommen werden. Man muß außerdem in Betracht ziehen, daß die Amplituden der auf verschiedenen Laufwegen ankommenden Wellen Veränderungen unterworfen sind, die z. B. durch veränderliche Absorption oder veränderliche Polarisation verursacht sind.

Es ist mit ziemlicher Sicherheit anzunehmen, daß es sich bei den verschiedenen Laufwegen um dieselben handelt, die wir bei den Echozeichen in der Bildtelegraphie kennengelernt haben. Im Fall der Bildtelegraphie mit raschem Tempo (Dauer des Zeichens klein gegen die Echozeit von etwa 10^{-3} sec) kommen die verschiedenen Echozeichen nacheinander an, so daß eine Interferenz nicht stattfindet. Bei längerer Zeichendauer, etwa in der normalen Telegraphie oder wie hier bei Aussenden eines Dauertones, überlappen sich die Echozeichen und kommen zur Interferenz. Der Interferenzschwund tritt somit als Folge des normalen Ausbreitungsvorganges der kurzen Wellen auf, und die bei der Interferenz mitwirkenden Komponenten entsprechen den Echozeichen bei der Bildtelegraphie. Auch hier wird ein Zusammenhang mit der mittleren Feldstärke beobachtet, und zwar sind die Schwunderscheinungen dann besonders stark, wenn die Feldstärke groß ist. Ein gewisser regelmäßiger Verlauf mit der Tages- und Jahreszeit liegt ebenfalls im Sinne unserer Erklärung. Nach anderen Beobachtungen nehmen die Schwunderscheinungen 2 bis 4 Stunden vor dem Ende der günstigen Übertragungszeit, insbesondere bei den Tages- und Übergangswellen, an Häufigkeit und Stärke ab [147]. Dies entspricht der abnehmenden Zahl von Mehrfachwegen bei abnehmender Ionisation, die ja ebenfalls auch eine Abnahme der Echozeit zur Folge hat. Für höhere Frequenzen sind die beobachteten Erscheinungen im allgemeinen einfacher, ein Zeichen, daß die Zahl der Mehrfachwege mit wachsender Frequenz abnimmt. Dies stimmt ebenfalls mit den Echobeobachtungen bei der Bildtelegraphie überein.

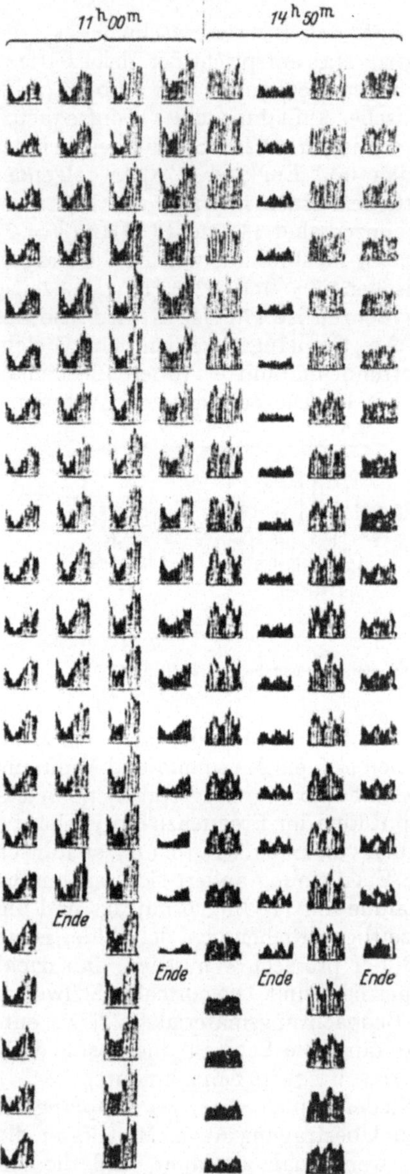

Die durch mehrfache Laufwege entstehenden selektiven Schwunderscheinungen werden auf allen Kurzwellenverbindungen auftreten. Im einzelnen mögen die Erscheinungen etwas verschieden sein, z. B. bedingt durch verschiedene Amplitudenbeziehungen der auf den einzelnen Laufwegen ankommenden Wellen auf Grund verschiedener Bodenverhältnisse längs der Übertragungsstrecke.

Abb. 94. Oszillogramm zum Studium der Schwunderscheinung. $f = 18,4$ MHz ($\lambda = 16,3$ m), moduliert mit 11 bis 12 Tonfrequenzen zwischen 425 und 2295 Hz. $12^{1}/_{2}$ Bilder pro sec, Reihenfolge in den Spalten von oben nach unten [178].

Schwundmindernde Antennen. Man kann den Interferenzschwund naturgemäß stark herabsetzen bzw. beseitigen, wenn man nur einen der Mehrfachwege für die Übertragung ausnutzt. Dies erreicht man mit sogenannten Musa-Antennen (multiple unit steerable antenna), welche vertikal stark gebündelt und auf die zu dem entsprechenden Mehrfachweg gehörende Einfallsrichtung eingestellt sind [*77, 177*].

6. Schwunderscheinungen durch Änderung des Polarisationszustandes.

Eine linear polarisierte Welle wird in einer linearen Antenne dann die größte Zeichenstärke ergeben, wenn das elektrische Feld der Welle in Richtung der Antenne schwingt. Dreht sich die Schwingungsrichtung des Gesamtfeldes am Empfänger gegenüber der Antenne, dann wird jeweils die Komponente der Feldstärke in Richtung der Antenne zur Wirkung kommen, und die Zeichenstärke wird abnehmen. Sie wird dann am geringsten sein, wenn beide Richtungen aufeinander senkrecht stehen. Eine solche Drehung der Polarisationsebene kann bei denjenigen Wellen auftreten, die in der Ionosphäre reflektiert werden. Die Theorie besagt, daß diese Wellen im allgemeinen eine elliptische Polarisation besitzen. Bei den kurzen Wellen unter 30 m ist der Polarisationszustand der einzelnen durch Doppelbrechung entstehenden Wellen (abgesehen von dem Fall, daß die Wellen senkrecht oder nahezu senkrecht zum Erdmagnetfeld aus der Ionosphäre austreten) annähernd zirkular (Abb. 9). Ist die eine Welle stark gedämpft, so wird eine Welle mit annähernd zirkularer Polarisation übrigbleiben. Kommen beide Wellen, die mit entgegengesetztem Umlaufsinn zirkular polarisiert sind, annähernd mit gleicher Amplitude an, so setzen sie sich zu einer linear polarisierten Welle zusammen. Infolge der Schwankungen in der Ionosphäre wird der gegenseitige Gangunterschied der beiden Wellen schwanken, und dies wird eine Drehung der Polarisationsrichtung zur Folge haben. Es ist dies also auch wieder ein Interferenzvorgang, wobei auch wieder Strahlen mit verschiedenen Laufwegen zur Interferenz kommen. Verschiedene Laufwege sind hier durch die verschiedene Phasengeschwindigkeit der beiden Wellen gegeben. Im allgemeinen wird man annehmen müssen, daß die Interferenz- und Polarisationsschwunderscheinungen gleichzeitig auftreten; nur in besonderen Fällen werden beide zu trennen sein. Beobachtet man einen Polarisationsschwund gleichzeitig an zwei zueinander und zur Strahlenrichtung senkrechten Empfangsantennen, so muß der Verlauf an beiden Antennen entgegengesetzt sein. Wenn die Schwingungsrichtung sich dreht, stimmt sie erst mit der Richtung der einen, dann mit der Richtung der anderen Antenne überein.

Die einfachsten Verhältnisse liegen nach den bisherigen Versuchen dann vor, wenn Sender und Empfänger nahe beieinanderliegen. So wurden z. B. Versuche unternommen [*118, 119*], bei denen Sender und Empfänger einen Abstand von nur 10 km hatten. Am Sender ($\lambda = 53$ m) wurde tonmoduliert mit zwei zueinander senkrechten Horizontaldipolen abwechselnd gesendet. Zur Unterscheidung gibt die eine Antenne Punkt, die andere Strich. Empfangen wurde ebenfalls mit zwei gekreuzten Horizontaldipolen und der Empfang für beide Antennen einzeln oszillographiert. Abb. 95 zeigt ein solches Oszillogramm. Der mit c bezeichnete Streifen ist ein doppelter Beweis für die Drehung der Polarisationsebene:

1. Wenn der Morsestrich im oberen Oszillogramm ein Minimum der Zeichenstärke hat, so hat er meistens gleichzeitig im unteren Oszillogramm ein Maximum und umgekehrt. Das gleiche gilt, wenn man den Morsepunkt für sich betrachtet.

2. Wenn man jedes der beiden Oszillogramme für sich betrachtet, so sind Punkt und Strich in der Amplitude meist entgegengesetzt. Bei den Streifen *a*

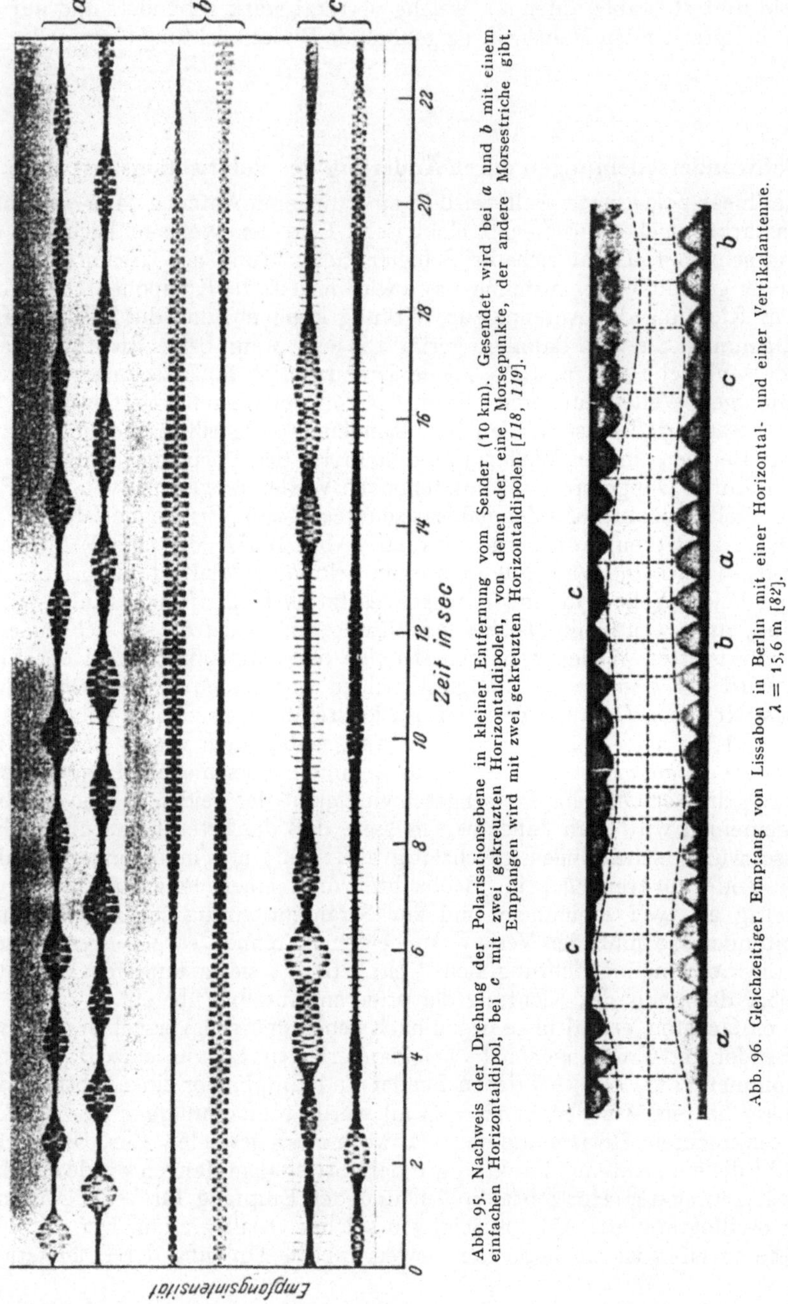

Abb. 95. Nachweis der Drehung der Polarisationsebene in kleiner Entfernung vom Sender (10 km). Gesendet wird bei *a* und *b* mit einem einfachen Horizontaldipol, bei *c* mit zwei gekreuzten Horizontaldipolen, von denen der eine Morsepunkte, der andere Morsestriche gibt. Empfangen wird mit zwei gekreuzten Horizontaldipolen [118, 119].

Abb. 96. Gleichzeitiger Empfang von Lissabon in Berlin mit einer Horizontal- und einer Vertikalantenne. $\lambda = 15{,}6$ m [82].

und *b* wurden Morsestriche mit einem Horizontaldipol gesendet. Nimmt man an, daß die Polarisationsrichtung in einer Richtung umläuft, so sind aus den

Oszillogrammen Umdrehungsgeschwindigkeiten von 1 bis 20 U/min zu entnehmen. Der Streifen a zeigt etwa 15 U/min, der Streifen b etwa 1,5 U/min an. Alle drei Streifen wurden an einem Tage hintereinander aufgenommen.

Wir wenden uns nunmehr Beobachtungen bei Fernübertragung zu. Abb. 96 zeigt ein in Berlin aufgenommenes Oszillogramm eines Kurzwellensenders von Lissabon ($\lambda = 15,6$ m) [82]. Empfangen wird gleichzeitig mit einer Horizontal- und einer unmittelbar benachbarten Vertikalantenne. In beiden Antennen ist ein ziemlich regelmäßiges An- und Abschwellen der Amplitude im Rhythmus von etwa 3 sec zu beobachten. Es treffen auch manchmal Amplitudenmaxima in der einen Antenne mit Minima in der zweiten Antenne zusammen (mit a bezeichnete Stellen). Aber ebensooft treten Maxima in beiden Antennen gleichzeitig auf (mit b bezeichnete Stellen). Dazwischen liegen Unstetigkeitsstellen des kurzzeitigen Schwundes (c). Über die schnelleren Amplitudenschwankungen lagern sich langsamere von rd. 30 sec Dauer. Sie verlaufen in beiden Antennen entgegengesetzt. Diese langsamen Schwankungen können also durch Drehung der Polarisationsebene hervorgerufen sein. Als Erklärung für die schnelleren

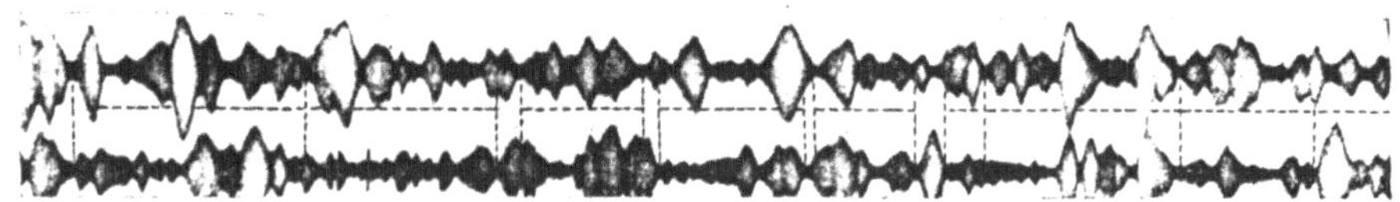

Abb. 97. Gleichzeitiger Empfang von Buenos Aires in Berlin mit vier Horizontal- und vier Vertikaldipolen. $\lambda = 15,03$ m [82].

Schwankungen nimmt man an, daß es sich um eine Interferenz zwischen zwei Strahlen mit verschiedenen Laufwegen handelt, da ebensooft Phasengleichheit und Gegenphase vorkommen. Falls zur Zeit der Aufnahme ein normaler Zustand in der Ionosphäre herrschte, muß man annehmen, daß der Sender nur wenig außerhalb der Sprungentfernung liegt. In diesem Fall sind nur Laufwege mit einmaliger Reflexion an der Ionosphäre möglich. Abb. 44 zeigt, daß in der Nähe der Sprungentfernung zwei verschiedene Laufwege in der Ionosphäre möglich sind. Derselbe Sender wurde auch an einem anderen Ort mit Vertikal- und Horizontalantenne aufgenommen [58]. Eine größere Anzahl von Aufnahmen ergaben Gegenphase der schnelleren Schwankungen auf den beiden Antennen, so daß hier Polarisationsschwund vorliegen dürfte. Ob auch Phasengleichheit beobachtet wurde, wird nicht angegeben.

Bei weit entfernten Sendern, deren Entfernung ein Vielfaches der Sprungentfernung beträgt, ist der Verlauf der Schwunderscheinungen viel unregelmäßiger. Abb. 97 zeigt den gleichzeitigen Empfang von Buenos Aires ($\lambda=15,03$ m, Entfernung rd. 12 000 km) mit Horizontal- und Vertikalantennen. Hier sind Stärke und Dauer des kurzzeitigen Schwundes sehr ungleichmäßig, der Verlauf der Amplitudenschwankungen in beiden Antennen ist stark verschieden und steht in keinem erkennbaren Zusammenhang (vgl. dasselbe Ergebnis in [58]).

Für eine allgemeine Schlußfolgerung mag das vorliegende Beobachtungsmaterial noch nicht ausreichend sein. Wir müssen jedoch zunächst annehmen, daß ausgesprochene Polarisationsschwunderscheinungen nur bei einmaliger Reflexion an der Ionosphäre auftreten und daß diese durch das Auftreten der beiden entgegengesetzt zirkular polarisierten Wellen bedingt sind. Die Rückkehr zirkular polarisierter Wellen aus der Ionosphäre ist durch Versuche festgestellt, bei denen Sender mit etwas längerer Welle beobachtet wurden, die in der Nähe der Sprungentfernung liegen ($\lambda = 27$ und 30 m). Es wird eine zirkulare

Polarisation mit einer Umdrehung im Uhrzeigersinn beobachtet, ein Effekt, der
bei weiter entfernten Sendern nicht gefunden wurde. Dies entspricht dem
theoretischen Polarisationszustand und Umlaufsinn der Welle (*1*), und diese
wird auch nach der Theorie am Rande der toten Zone zunächst reflektiert,
während die Welle (*2*) erst in größerer Entfernung erscheint, wie aus Abb. 98 für
etwas längere Wellen zu ersehen ist [*125*]. Außerhalb der toten Zone kommt man
also zunächst in ein Gebiet, wo nur eine zirkular polarisierte Welle auftritt, dann
in ein Gebiet, wo beide entgegengesetzt zirkular polarisierten Wellen auftreten
und zu Polarisationsschwund Anlaß geben können.
Das Zwischengebiet nimmt mit abnehmender
Wellenlänge ab, so daß es insbesondere bei den
etwas längeren Wellen zu beobachten sein wird.

In größeren Entfernungen setzt sich das Feld
aus einer Reihe von Beiträgen bzw. Wellen zusammen, die durch eine verschiedene Zahl von
Zickzackreflexionen auf verschiedenen Wegen
dorthin gelangen. Diese Wellen werden wieder
elliptische oder zirkulare Polarisation besitzen. Sie
haben aber alle möglichen Phasen- und Amplitudenbeziehungen zueinander und keinen einheitlichen
Umlaufsinn. Berücksichtigt man außerdem die
Schwankungen in der Ionosphäre, so muß man
annehmen, daß kein definierter, insbesondere auch
kein linearer Polarisationszustand zur Ausbildung
kommt und daß in dieser Weise das Fehlen von
regelmäßigen Polarisationsschwunderscheinungen
in großen Entfernungen zu erklären ist.

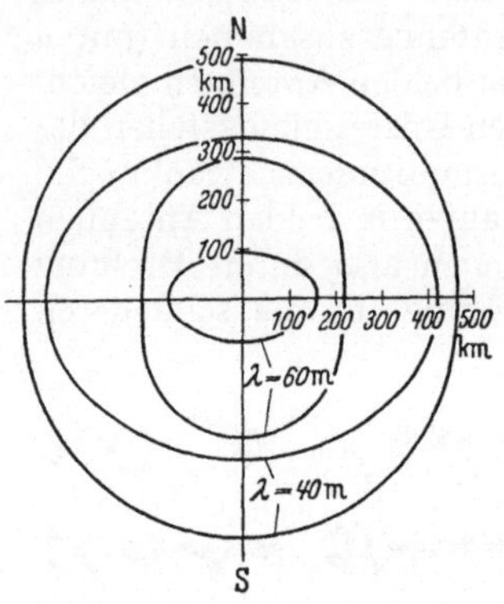

Abb. 98. Sprungentfernungen der
beiden durch magnetische Doppelbrechung entstehenden Wellen, berechnet für 7,5 und 5 MHz (λ = 40
und 60 m). Für jede Frequenz entspricht die innere Kurve der a. o.
Welle (*1*), die äußere der o. Welle (*2*).
NS = Nord-Süd-Richtung [*125*].

Zu den Interferenz- und Polarisationsschwunderscheinungen bemerken wir noch folgendes. Der Schwund von entfernten
Stationen ist an benachbarten Orten verschieden. Gelegentlich wurden schon
Unterschiede in nur 10 m Abstand beobachtet. Im allgemeinen ergeben jedoch
erst weiter auseinanderstehende Antennen merkliche Unterschiede. Dies wird
ausgenutzt, um durch gleichzeitigen Empfang mit mehreren voneinander
abstehenden Antennen die Schwunderscheinung zu vermindern. Für Tageswellen von 15 bis 17 m wird eine ausreichende Schwundverminderung erreicht
durch Kombination von drei gleichen Antennen, die auf den Ecken eines Drei-
ecks von rd. 500 m Seitenlänge aufgestellt sind [*82*]. Die Kombination von
zueinander senkrechten Antennen gibt auch Schwundverminderung. Die
Schwankungen bleiben auch bei solchen Kombinationen bestehen, aber die
Amplituden gehen im allgemeinen nicht in den verschiedenen Antennen gleichzeitig auf Null, so daß auch im Amplitudenminimum immer noch eine genügende
Amplitude bestehenbleibt.

7. Störungen der Kurzwellenausbreitung im Zusammenhang
mit erdmagnetischen Störungen.

In der Kurzwellenausbreitung treten in besonderem Maße unregelmäßige
Störungen auf, die im Zusammenhang mit den magnetischen Störungen und
verwandten Erscheinungen stehen. Die Störungen dauern oft über mehrere
Stunden. In besonders schweren Fällen geht die Empfangfeldstärke fast vollkommen auf Null herab. Ausgedehnte Beobachtungen über diese Störungen
und ihre Beziehungen zu den erdmagnetischen Störungen liegen von der

Empfangsstation Geltow bei Berlin vor [*146*]. Besonders eingehend wird der Empfang von New York beobachtet. Zum Vergleich werden die internationalen Charakterzahlen von De Bilt herangezogen. (An jedem Observatorium wird jeder Tag nach dem Anblick der Registrierkurven als ruhig, bewegt oder gestört — Stufen 0, 1, 2 — klassifiziert. Der Mittelwert für alle Observatorien ist die internationale Charakterzahl, die im Niederländischen Meteorologischen Institut De Bilt fest-gestellt und veröffent-licht wird.) In Abb. 99 geben die ausgezogenen Kurven den Verlauf der internationalen Charak-terzahlen von De Bilt wieder. Die gestrichelte Linie stellt die tägliche Zeitdauer der Kurz-wellenstörungen dar. Es werden also die Tages-mittelwerte der Kurz-wellenstörungen der New-Yorker Sender und die Tagesmittelwerte der magnetischen Störungen auf der ganzen Erde

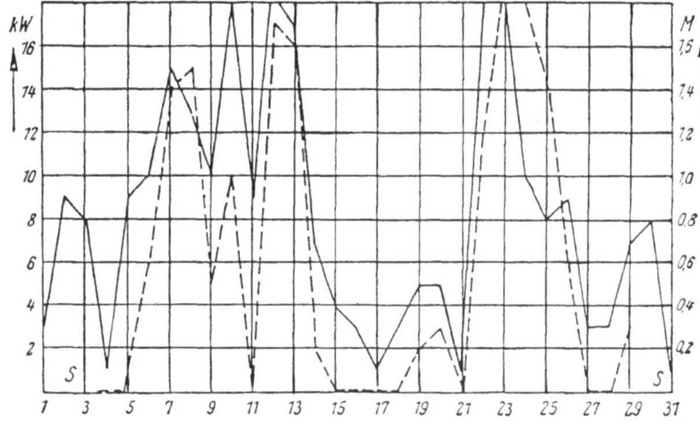

Abb. 99. Tagesmittel der Kurzwellenstörungen auf der Linie New York—Berlin (kW, gestrichelt) im Vergleich zur magnetischen Tätigkeit der Erde (internationale magnetische Charakterzahlen M, ausgezogen) im Oktober 1927 [*146*].

miteinander verglichen, in dem besonderen Fall im Monat Oktober 1927. Die gestörte Zeit des Kurzwellenempfangs verläuft in eindeutiger Weise fast parallel mit dem täglichen Verlauf der internationalen Charakterzahlen, und es treten zwei starke Störgruppen auf. Weitere zahlreiche Beobachtungen geben ein ähnliches Bild, so daß der Zusammenhang beider Störungen als feststehend angesehen werden kann und eine gemeinsame Ursache angenommen werden muß. Die Störungen erstrecken sich oft über eine Reihe von Tagen, und die gestörten Zeiten sind sehr ausgedehnt. So fand z. B. im Jahre 1929 nur in 8 Wochen, d. h. in etwa 15 % der Zeit, eine unbeeinflußte Kurz-wellenausbreitung statt. Im Jahre 1930 wird ein besonders hohes Störniveau beobachtet.

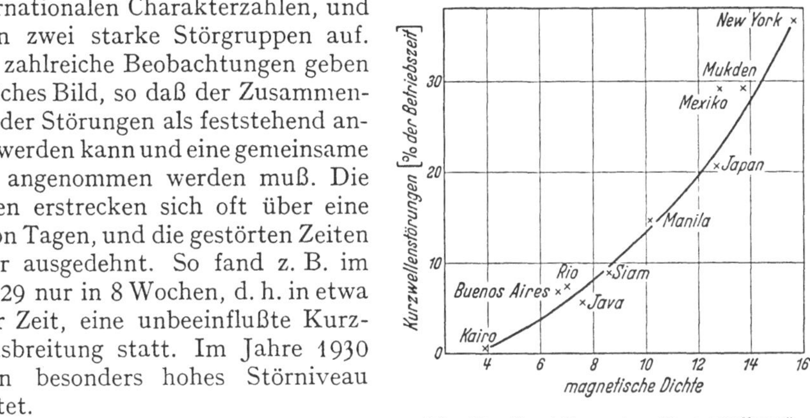

Abb. 100. Darstellung der Kurvenwellenstö-rungen in Prozent der Betriebszeit als Funk-tion der mittleren magnetischen Wegdichte auf den einzelnen Linien (Berlin) für den Monat April 1930 [*146*].

Zur Beobachtung in der Empfangs-anlage Geltow wurden im allgemeinen nur kleinere ungerichtete Antennen benutzt, so daß die Schwächeperioden sehr her-vortreten. Durch Anwendung starker Sender und großer Richtantennen ist es praktisch möglich, auch während der Störungen den Betrieb weitgehend sicherzustellen.

Sehr lehrreich ist ein Vergleich der Kurzwellenstörungen auf den verschie-denen Linien. Abb. 100 zeigt für verschiedene Linien die Kurzwellenstörungen in Prozent der Betriebszeit (Mittelwerte für April 1930). Abszisse ist eine Verhältniszahl („magnetische Dichte"), welche ein Maß für die mittlere Entfernung vom Nordpol ist. Am stärksten gestört ist die Linie Berlin—New York, am wenigsten die südliche Linie Berlin—Kairo. Aus Abb. 100 ergibt sich eindeutig, daß die allgemeinen Kurzwellenstörungen, welche bei magnetischen Störungen auftreten, ganz ähnlich wie die magnetischen Störungen selbst und die Polarlichter nach den Polen zu an Stärke und Zeitdauer zunehmen. Als gemeinsame Ursache nehmen wir Korpuskularstrahlen an, welche von der Sonne her mit hoher Geschwindigkeit in die Erdatmosphäre eindringen und eine verstärkte Ionisation hervorrufen (vgl. S. 60). Die Störungen machen sich durchweg als eine Schwächung des Empfangs bemerkbar, im Gegensatz zu den langen Wellen (vgl. S. 105). Wir erklären diese zunächst durch eine starke Absorption der Wellen beim Passieren der unteren Ionosphäre. Die Korpuskularstrahlen dringen, wie man aus den Nordlichtbeobachtungen entnehmen kann, bis in etwa 80 km Höhe vor, wo die Stoßzahl und damit die Dämpfung besonders groß sind. Eine weitere Ursache der Schwächung der Kurzwellen während der magnetischen Störung ist die Zerstörung der regelmäßigen geschichteten Struktur der oberen Ionosphäre (vgl. S. 187).

8. Die Mögelschen Kurzstörungen.

In den Jahren 1927 bis 1929 wurde eine neue Art von Störungen entdeckt, welche sich von den vorstehend genannten Störungen schon durch ihre kurze Dauer (einige Minuten bis zu einer Stunde) unterscheiden und die deshalb als Kurzstörungen bezeichnet wurden [*146*]. Auch das ganze Verhalten dieser Störungen ist ein anderes. Die Kurzstörungen treten nur auf der belichteten Halbkugel der Erde auf, hier aber auf allen Linien gleichzeitig. Sie sind begleitet von charakteristischen magnetischen Störungen kleiner Amplitude, den sogenannten Bay-Störungen. Man nimmt als Ursache dieser Störungen eine durchdringende, vom Erdfeld nicht ablenkbare Strahlenart an. Gleichzeitige Beeinflussung der mittleren und langen Wellen und die kurze Zeitdauer der Störung deuten darauf hin, daß diese Strahlung tiefe Schichten der Atmosphäre ionisiert. Nach der Störung setzt die Reflexion in den Schichten der Ionosphäre ohne wesentliche Änderungen in den scheinbaren Höhen und Grenzfrequenzen wieder ein; diese selbst werden also nicht beeinflußt, sondern nur infolge der unterhalb der *E*-Schicht stattfindenden Absorption der Beobachtung entzogen. Seit dem Jahre 1934 sind in steigendem Maße Kurzstörungen beobachtet worden. Es wird festgestellt, daß in vielen Fällen gleichzeitig mit dem Beginn der Störungen kurze Sonnenausbrüche (Eruptionen) und auch magnetische Störungen auftreten [*49, 50*]. Die Zahl der beobachteten Störungen wächst seit dem Jahre 1934 von Jahr zu Jahr erheblich an. Dies deutet auf einen Zusammenhang mit der elfjährigen Periode der Sonnentätigkeit hin. Es werden z. B. im Jahre 1934: 1, 1935: 17 und 1936 annähernd 100 Störungen gezählt. Die Sonnenfleckenzahl hat ein Minimum in den Jahren 1933/34 und ein Maximum in den Jahren 1937/38. Die zuerst genannten Beobachtungen liegen etwa im Maximum der vorhergehenden Sonnenfleckenperiode.

Abb. 101 zeigt den Feldstärkenverlauf eines 600 km entfernten Kurzwellensenders während einer Störung (9,57 MHz bzw. 31,3 m). Charakteristisch ist der plötzliche Abfall (etwa innerhalb 1 min) der Feldstärke und das allmähliche Ansteigen nach der Störung. Dieser Verlauf zeigt sich entsprechend bei den Echomessungen. Hierbei tritt die Schwächung der Echozeichen in verschiedener Stärke von einer Schwächung bis zur völligen Auslöschung auf [*29*]. Die Störung verläuft z. B. so, daß beim Einsetzen rasch für alle Frequenzen die Reflexion aufhört. Im weiteren Verlauf erscheint die Reflexion erst für die höheren Frequenzen, und erst nach einigen Stunden, nachdem die Schichten längst wieder normal reflektieren, verschwindet die erhöhte Absorption auch für die niedrigeren Frequenzen. Die Dauer der Störungen ist also für niedrigere Frequenzen länger. Der Verlauf steht mit der Vorstellung im Einklang, daß sich als Ursache der Störung vorübergehend unter der E-Schicht, etwa in 70 bis 100 km Höhe, eine absorbierende Schicht ausbildet (nähere Einzelheiten vgl. z. B. [28]).

Die Kurzstörung wird vorwiegend im Kurzwellenbereich beobachtet (etwa 10 bis 200 m). Bei längeren Wellen wird im allgemeinen zur Zeit einer Kurzstörung keine oder nur eine geringe Änderung der Feldstärke festgestellt. Bei ganz langen

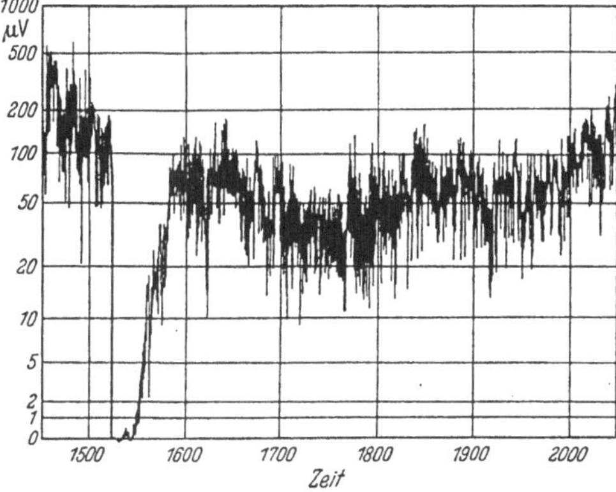

Abb. 101. Oszillogramm der Feldstärke eines 600 km entfernten Senders während einer Kurzstörung. 9,57 MHz ($\lambda = 31,3$ m) [50].

Wellen kann dies unter Umständen eine Erhöhung der Feldstärke sein. Diese längeren Wellen, so müssen wir annehmen, gehen nicht mehr durch die absorbierende Schicht hindurch, sondern werden an ihr reflektiert. Dies ist eine ähnliche Erscheinung wie bei den durch Korpuskularstrahlen hervorgerufenen Störungen.

Die Gleichzeitigkeit des Auftretens der Störungen an verschiedenen Orten der Erde liegt innerhalb einiger Minuten. Sie sind am stärksten am Äquator und mittags und treten bei geringerer Sonnenhöhe schwächer auf.

9. Der Einfluß der 11jährigen Sonnentätigkeitsperiode auf die Kurzwellenausbreitung.

Einen deutlichen Einfluß auf die Ausbreitung der kurzen Wellen übt die bekanntlich in 11jähriger Periode schwankende Sonnentätigkeit aus. Grundsätzlich läßt sich sagen, daß in Jahren geringerer Sonnentätigkeit 1. etwas längere Wellen zur Erzielung optimaler Übertragungsbedingungen erforderlich sind als in Jahren stärkerer Sonnentätigkeit und 2. eine größere Gleichmäßigkeit der Übertragung zu erwarten ist, indem Unterbrechungen durch anhaltenden Schwund seltener auftreten [148, 170]. Die Zunahme der Kurzstörungen mit der Sonnentätigkeit wurde in Abschn. 8 bereits erwähnt. Es ist bemerkenswert, daß die Verschiebung der günstigen Wellenlängen um so größer ist, je größer die „magnetische Dichte" (s. S. 127) längs des Übertragungsweges ist, d. h. je mehr sich die Kurzwellenlinie den Zonen der magnetischen Pole nähert. Wenn man aus den Beobachtungen folgern muß, daß nach dem Minimum der Sonnenfleckenhäufigkeit zu nicht nur die unregelmäßigen Störstrahlungen abnehmen (Abnahme der Kurzwellenstörungen), sondern auch die regelmäßige Strahlung (Verschiebung nach längeren Wellen), so muß man einen regelmäßigen Anteil der Korpuskularstrahlung annehmen, der sich parallel mit der Sonnentätigkeit ändert. Es besteht allerdings auch die Möglichkeit, daß das ultraviolette Licht der Sonne sich mit der Sonnenfleckenperiode ändert (vgl. S. 186).

Die Verschiebung der günstigen Wellen ist bei den Tageswellen kleiner als bei den Nachtwellen. Dies kann man so erklären, daß in der Nacht die gesamte Ionisation an sich geringer ist, so daß die Korpuskularstrahlung stärker ins Gewicht fällt als am Tage.

Der Zusammenhang zwischen kritischer Frequenz der Ionosphärenschichten und der Sonnentätigkeit wird auch auf S. 171 in Verbindung mit der Voraussage von Ionosphärendaten behandelt.

C. Die Ausbreitung der ultrakurzen Wellen.
($f > 30$ MHz bzw. $\lambda < 10$ m)

Mit den ultrakurzen Wellen kehren wir in dasjenige Wellengebiet zurück, das durch die Entdeckung von HEINRICH HERTZ den Ausgangspunkt der elektromagnetischen Wellen bildete. Der bereits von HERTZ benutzte parabolische Reflektor tritt hier wieder in Erscheinung. Bei Anwendung eines genügend großen Öffnungsverhältnisses D/λ des Reflektors kann man eine scheinwerferartige Bündelung erzielen. Hierdurch erreicht man eine millionenfache Energieverstärkung, wodurch die Abnahme des Wirkungsgrades der Sender und Empfänger ausgeglichen wird. Die Bündelung der Wellen gibt die Möglichkeit, den Wellenbündeln eine scharf definierte Richtung zu geben und Richtungen zu messen. Eine wichtige Anwendung ist das Radarverfahren, das z. B. verwendet werden kann, auf Schiffen und Flugzeugen im Nebel oder in der Nacht unsichtbare Hindernisse festzustellen, so daß eine Kollision vermieden wird. Mit gerichteten Antennen kann man die Herkunft von kosmischen Radiowellen bestimmen. Die ultrakurzen Wellen geben die Möglichkeit zur Einrichtung von transportablen Sende- und Empfangseinrichtungen. Gerichtete Ultrakurzwellenverbindungen geben in besonderen Fällen einen geeigneten Ersatz für das Kabel. Die hohe Frequenz gibt die Möglichkeit zur Anwendung von großen Bandbreiten, was für den Impulsbetrieb (Fernsehen, Radar) von Bedeutung ist. Die im Zusammenhang mit Aufgaben der drahtlosen Telegraphie erfolgte rasche Entwicklung, insbesondere auf dem Gebiet der Mikrowellentechnik, hat der Physik neue Arbeitsgebiete eröffnet, wobei vor allem die Mikrowellenspektroskopie zu nennen ist.

In bezug auf die Wellenausbreitung handelt es sich um ein Übergangsgebiet, in welchem mit wachsender Frequenz ein allmählicher Übergang zu annähernd optischen Verhältnissen stattfindet. Die ultrakurzen Wellen werden (abgesehen von den Wellen kurz unterhalb 10 m Wellenlänge in besonderen Fällen) von der Ionosphäre nicht reflektiert. Die Reichweite ist auf Entfernungen von der Größenordnung der Sichtweite beschränkt. Für die Ausbreitung spielt die untere Atmosphäre eine ähnliche Rolle wie die Ionosphäre bei den längeren Wellen. Der Einfluß der Atmosphäre auf die Ultrakurzwellenausbreitung ist theoretisch in Teil I behandelt worden. In den letzten beiden Jahrzehnten ist man durch eine große Zahl von Versuchen bemüht gewesen, diese Frage auch von der experimentellen Seite aus zu klären.

1. Die Feldstärke in Abhängigkeit von der Entfernung und Höhe.

Das Flugzeug gibt die beste Möglichkeit, den räumlichen Verlauf des Feldes auszumessen, wobei insbesondere auch größere Höhen erreicht werden können. Bei solchen Messungen wird entweder bei konstanter Entfernung das Feld in Abhängigkeit von der Höhe gemessen, oder das Feld wird in konstanter Höhe in radialer Richtung zum Sender hin oder von ihm weg abgeflogen. Abb. 102 zeigt zwei im Flugzeug gemessene Vertikaldiagramme für $\lambda = 7{,}17$ m in 148 und 198 km Entfernung [*171*] (Feldstärke in Relativwerten). Die nach der Theorie (vgl. S. 85) be-rechneten Diagramme sind mit eingezeichnet. Die Höhe des Senders über dem Erdboden be-trägt 1000 m, und der Einfluß der Strahlen-brechung in der Atmo-sphäre ist mit berück-sichtigt. Der Theorie liegt die Vorstellung zu-grunde, daß das Feld durch Interferenz eines direkten und eines am Boden reflektierten Strahles entsteht. Es entstehen hierdurch mit wachsendem Erhebungs-

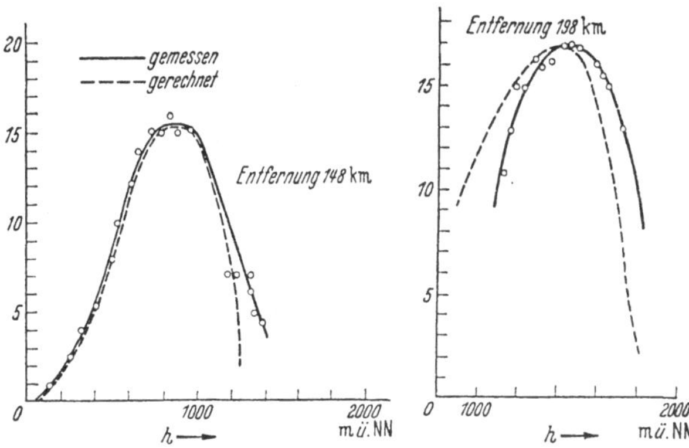

Abb. 102. Beobachtetes und berechnetes Vertikaldiagramm der Feld-stärke für $\lambda = 7{,}17$ m in 148 und 198 km Entfernung. Sender 1000 m über dem Reflexionsgelände [*171*].

winkel Maxima und Minima, und das gemessene Diagramm entspricht dem der Erde zunächst gelegenen Maximum. Die Beobachtungen erstrecken sich über einen längeren Zeitraum, wobei Schwankungen auftreten.

Für eine Reihe weiterer Messungen ist die Lage der beobachteten Null-stellen und Maxima in Abb. 56b eingetragen worden (Kreuze bzw. Punkte). Die Übereinstimmung mit der Berechnung ist ins-gesamt befriedigend. Man kann also sagen, daß die Beobachtungen bei großen Höhen von Sender und Empfänger sich gut durch die Vorstellung wiedergeben lassen, daß das Feld sich aus einer direkten und einer an der Erde reflektierten Welle zusammensetzt und durch die Strahlenbrechung unter die optische Sicht-linie herabgedrückt wird, so daß auch im geometrisch optischen Schatten ein Empfang möglich ist.

Abb. 103 zeigt für $\lambda = 73$ cm die im Flug-zeug gemessene Feldstärke in Abhängigkeit von der Höhe in 116 km Entfernung. Die Feld-stärke nimmt von etwa 20 μV/m in 200 m Höhe zu auf etwa 2000 μV/m in 2000 m Höhe. Beim Passieren der Sichtlinie in etwa 1000 m Höhe tritt kein Sprung auf, jedoch nimmt die Feld-stärke von hier an langsamer nach oben hin zu. Versuche in 180 km Entfernung zeigen, daß in dieser größeren Entfernung die Feld-stärke rascher mit der Höhe anwächst.

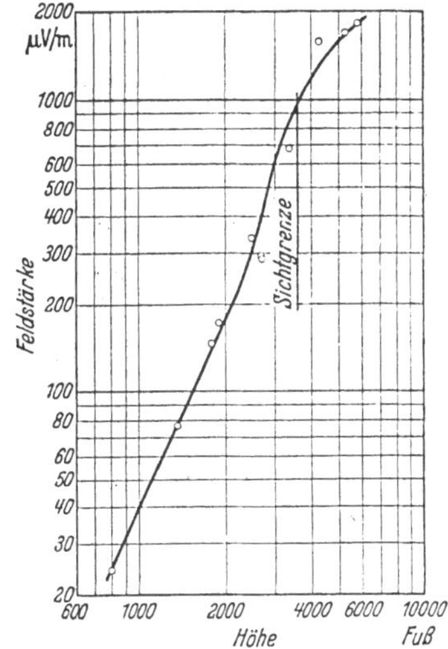

Abb. 103. Feldstärke in Abhängigkeit von der Höhe. $\lambda = 73$ cm, Entfernung 116 km [*230*].

Versuche, bei denen das Feld in radialer Richtung abgeflogen wird, wurden in 2440, 1525, 763 und 305 m Höhe durchgeführt [*62*]. Abb. 104 zeigt das Er-gebnis für 763 m Höhe und $\lambda = 4{,}3$ m. Die gestrichelte Kurve wurde berechnet und die Brechung durch einen vergrößerten äquivalenten Erdradius berücksichtigt. Die theoretische Kurve zeigt Maxima und Minima, wobei die Maxima mit wachsender Entfernung vom Sender immer breiter werden. Dies entspricht grundsätzlich den auf ähnliche Weise berechneten Kurven in Abb. 28 u. 29. Das um 50 km hierin auftretende breite Maximum ist auf Grund der Übereinstimmung zwischen Theorie und Messung eindeutig auf die Mitwirkung der an der Erde reflektierten Strahlung zurückzuführen. Es entspricht einem geometrischen Gangunterschied von einer halben Wellenlänge, zu dem ein Phasensprung um 180° bei der Reflexion hinzukommt. Bei vollkommener Reflexion an der Erde ist die Feldstärke im Maximum doppelt so groß als bei Ausbreitung im freien Raum. Die näher zum Sender gelegenen Maxima heben sich weniger deutlich hervor. Hierbei mögen die Unebenheiten der Erdoberfläche mitwirken, die sich bei steileren Strahlen stärker bemerkbar machen. Entsprechende Messungen mit $\lambda = 73$ cm in rd. 1000 m Höhe ergeben ebenfalls innerhalb der optischen Sicht Maxima und Minima und eine rasche Abnahme der Feldstärke außerhalb der optischen Sicht [230].

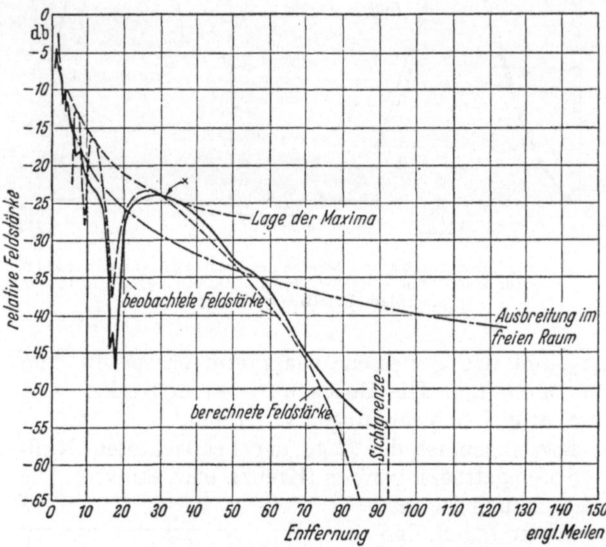

Abb. 104. Feldstärkemessung im Flugzeug. Flug in Richtung auf den Sender in 763 m Höhe. $\lambda = 4{,}3$ m [62].

Die in Abb. 102 und 103 gezeigten Messungen stellen einen Vertikalschnitt, die in Abb. 104 dargestellten Messungen einen Horizontalschnitt durch das Feld eines Meterwellensenders dar. Das in Abb. 102 dargestellte unterste Maximum entspricht dem in Abb. 104 am weitesten entfernt gelegenen breiten Maximum.

Bei der Ausbreitung jenseits des Horizontes treten besondere Erscheinungen auf. Schon bei frühen Reichweitenversuchen mit Dezimeterwellen ($\lambda = 50$ cm, 14 W) auf dem Meer ergab sich bei einer optischen Sichtweite von 84 km auch etwa 10 km hinter dem Horizont eine gute Telephonieverbindung. In noch größeren Entfernungen ergaben sich Schwankungen, insbesondere langsame, tiefe Schwunderscheinungen. In einem Fall konnte das Signal noch in über 200 km Entfernung gehört werden [141]. Auch über Land wurden im Dezimeterwellenbereich große Reichweiten jenseits der optischen Sicht beobachtet. Unterhalb der optischen Sichtlinie treten jedoch auch hier in wachsendem Maße Schwunderscheinungen auf. Es wurde bei einer Senderhöhe von 21 m, Empfängerhöhe von 50 m in 180 km der Sender noch gehört, und der Empfänger lag hierbei etwa 2400 m unter der Sichtlinie [230]. Es wurde hierbei festgestellt, daß die Welle auf dem Wege vom Sender zum Empfänger keine Änderung des Polarisationszustandes erfährt. Abb. 105 zeigt die in 300 m Höhe mit dem Flugzeug gemessene Feldstärke ($\lambda = 4{,}6$ m) [63]. Hinter dem optischen Horizont ergeben sich an verschiedenen Tagen verschiedene Kurven, die aber an allen Tagen abnorm hoch gegenüber der unter Annahme normaler Brechungsverhältnisse theoretisch berechneten Kurve liegen. Die Erhöhung macht sich auch schon innerhalb des Horizontes bemerkbar, und zwar vor allem bei der oberen Kurve, die außerhalb des Horizontes besonders hoch liegt. Mit solchen unregelmäßig auftretenden abnorm hohen Feldstärkewerten sind naturgemäß auch

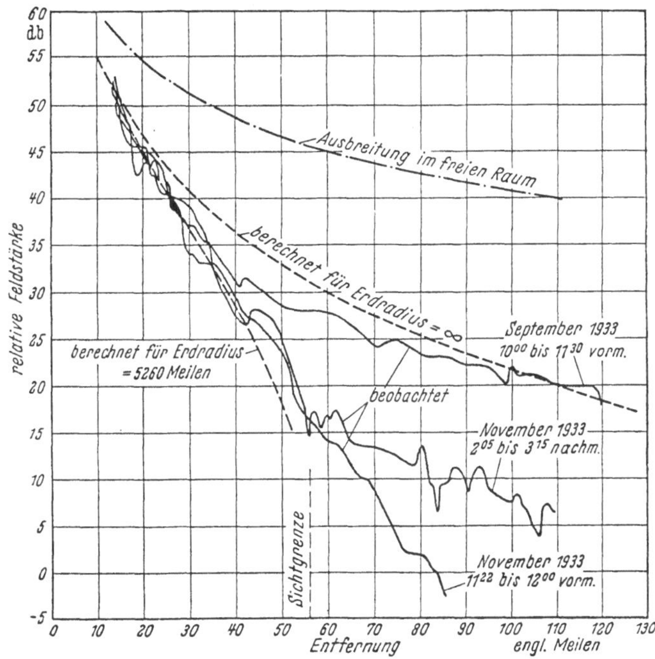

Abb. 105. Feldstärke eines Ultrakurzwellensenders ($\lambda = 4{,}6$ m) in Abhängigkeit von der Entfernung in 300 m Höhe [63].

übernormale Reichweiten verbunden, die man als Überreichweiten bezeichnet. Ähnliche Ergebnisse erhält man auch an anderer Stelle [98], und Abb. 105 ist charakteristisch für den Verlauf des Feldes eines Ultrakurzwellensenders.

Der Zusammenhang der Feldstärke mit den meteorologischen Bedingungen ist mit dem Ultrakurzwellensender Hamburg untersucht worden (89,3 MHz, 10 kW) [1]. Die Entfernung beträgt 150 km, der Empfangsort liegt bei 200 m Senderhöhe etwa 100 km hinter dem Horizont. Große Feldstärken treten stets im Zusammenhang mit starken

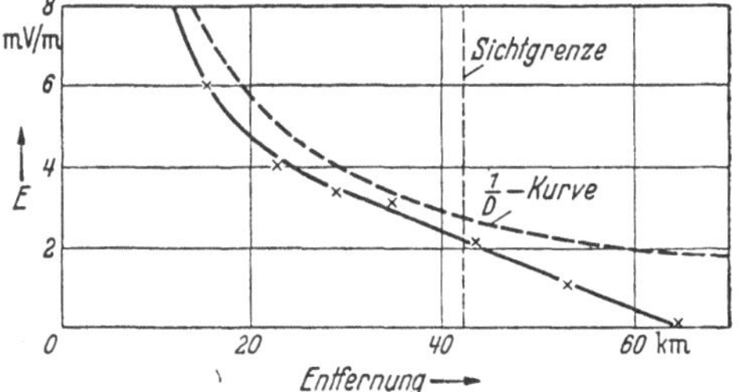

Abb. 106. Feldstärke des Ultrakurzwellensenders Berlin-Witzleben in Abhängigkeit von der Entfernung. $\lambda = 6{,}985$ m, 145 Watt [208].

Bodeninversionen auf. Hierbei spielt augenscheinlich der Gradient des Brechungsmoduls dM/dh eine wichtige Rolle. Inversionen in mittleren Höhen bis zu 800 m führen nur in geringem Maße zu Überreichweiten, Inversionen in 1000 m Höhe führen jedoch wieder zu großen Feldstärken. Letzteres ließe sich dadurch erklären, daß in der Mitte zwischen Sender und Empfänger ab

900 m Höhe diese wieder optisch sichtbar werden. Inversionen über 1,8 km Höhe haben jedoch keinen Einfluß, auch wenn sie noch so stark sind.

Ein besonderes Interesse, z. B. für das Fernsehen, beansprucht das Feld eines Senders, der in einem Stadtgebiet aufgestellt ist. Abb. 106 zeigt die Feldstärke des auf dem Berliner Funkturm (Höhe 138 m) aufgestellten Ultrakurzwellensenders Witzleben ($\lambda = 6{,}985$ m). Der Empfänger befand sich auf dem Dach eines Lastwagens 3 m über dem Erdboden [208]. Innerhalb der optischen Sicht stimmen die Werte annähernd mit der $1/D$-Kurve überein. Sie gehen stetig durch den Horizont und fallen jenseits etwas rascher ab, aber auch im geometrischen Schattengebiet ist ein Empfang möglich, wie dies aus vielen Beobachtungen bekannt ist. Ähnliche Messungen in der Umgebung eines im Innern einer Stadt erhöht aufgestellten Ultrakurzwellensenders zeigt Abb. 107 [107]. Die Höhe des Senders beträgt 400 m, die Wellenlänge 6,8 m. Dargestellt sind die mittleren Feldstärkewerte für Entfernungen bis 200 km. Die

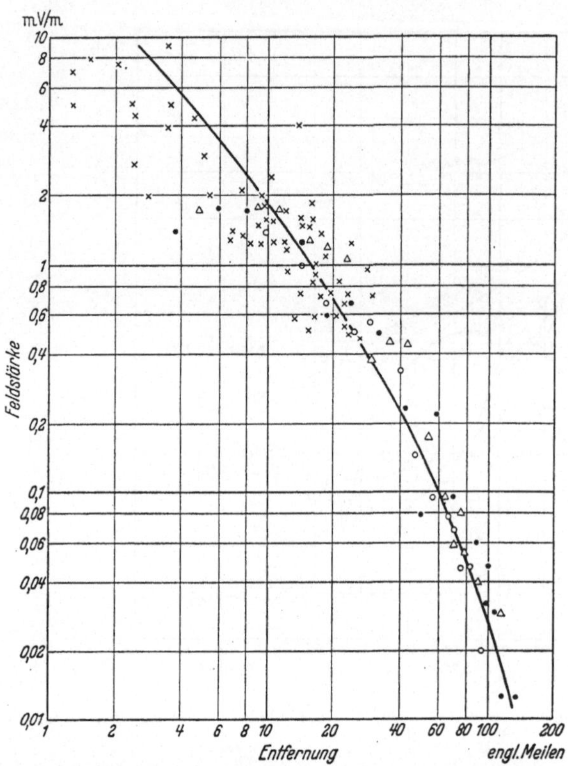

Abb. 107. Feldstärke eines in New York auf einem Hochhaus (400 m) stehenden Senders. λ = 6,8 m, etwa 2 kW. Die verschieden bezeichneten Meßpunkte entsprechen verschiedenen Richtungen [107].

verschieden bezeichneten Meßpunkte beziehen sich auf Messungen in verschiedenen Richtungen. Bei größeren Entfernungen sind erhöhte Meßpunkte ausgewählt worden, um günstige Werte zu erhalten. Die Meßwerte streuen in kleinen Entfernungen mehr als in großen. Für eine störungsfreie Bildübertragung ist eine Mindestfeldstärke notwendig, die zu etwa 1 mV/m angegeben wird. Die nutzbare Reichweite würde also im Fall von Abb. 107 etwa 25 km betragen, demnach groß genug sein, um ein großes Stadtgebiet zu überdecken. Es ergibt sich auch hier ein Empfang jenseits der optischen Sicht, z. B. in 220 und 450 km Entfernung, jedoch ist dieser starken Schwankungen unterworfen. In Abb. 107 sieht man trotz größerer Senderleistung kleinere Feldstärken als in Abb. 106. Man muß deshalb annehmen, daß die Feldstärke eines inmitten einer Stadt aufgestellten Senders stark von den örtlichen Gegebenheiten abhängt. Ein Vergleich mit der Theorie wird schwer möglich sein.

Im Gebiet der Zentimeterwellen liegen ebenfalls Meßergebnisse vor [111]. Bei Messungen in Britisch-Westindien ($\lambda = 3$ bzw. 9 cm) befanden sich die Sender in 9 und 14 m Höhe auf einem Schiff. Die Empfänger befanden sich auf einem Turm unmittelbar an der Küste in Höhen bis zu 30 m. Abb. 108 u. 109

zeigen Messungen für $\lambda = 9$ bzw. 3 cm. Die Ordinate ist die Feldstärke in db, verglichen mit der in 1 m Entfernung von der Antenne. Die Verhältnisse ändern sich von Versuch zu Versuch, die dargestellten Meßergebnisse sind jedoch charakteristisch. Bei 9 cm Wellenlänge ist die Feldstärke immer übernormal, und sie wächst mit wachsender Antennenhöhe. Die Höhenabhängigkeit ergibt sich bis zu Entfernungen von 105 bis 145 km. In größeren Entfernungen war die Feldstärke ziemlich unabhängig von der Höhe und die Dämpfung ziemlich gering. Auch bei 3 cm Wellenlänge ergeben sich bei allen Höhenkombinationen

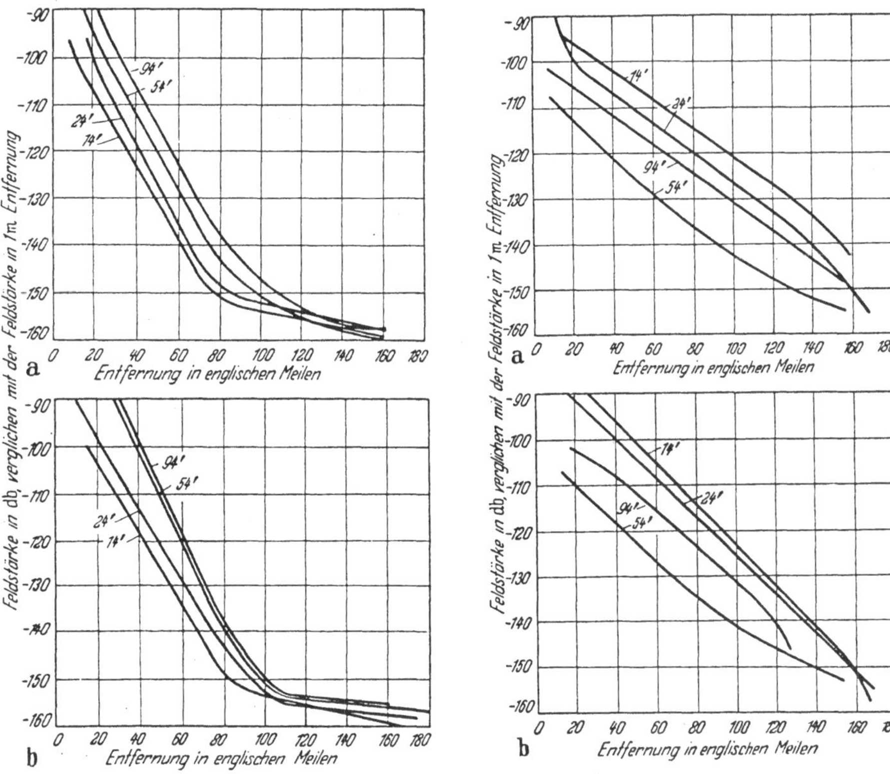

Abb. 108. Feldstärke in Abhängigkeit von der Entfernung für $\lambda = 9$ cm. Sender in a) 5 m, b) 14 m Höhe. Parameter der Kurven ist die Höhe des Empfängers [111].

Abb. 109. Feldstärke in Abhängigkeit von der Entfernung für $\lambda = 3$ cm. Sender in a) 5 m, b) 14 m Höhe. Parameter der Kurven ist die Höhe des Empfängers [111].

übernormale Feldstärken; jedoch wurde bei den niedrigsten Höhen von Sender und Empfänger (bei einigen Versuchen 2 bis 3 m) die größte Feldstärke gemessen. Eine Trennung in zwei Gebiete mit verschiedener Dämpfung wie bei 9 cm wurde nicht beobachtet. Die meteorologischen Messungen zeigten eine Bodeninversion in einer Höhe von etwa 12 m, wie sie über dem Meer häufig vorkommt. Diese soll die Beobachtungen und auch die Unterschiede zwischen 9 und 3 cm erklären.

Abb. 110 u. 111 zeigen Beobachtungen während einer tiefen M-Bodeninversion von etwa 60 m Höhe. Der Sender ($\lambda = 10$ cm) mit vertikaler Polarisation befindet sich 7,5 m über Meereshöhe, der Empfänger befindet sich in einem Flugzeug. Abb. 110 zeigt den Höhenverlauf der Feldstärke in 96 km Entfernung. Die für den gegebenen atmosphärischen Wellenleiter berechneten Feldstärken stimmen ungefähr mit den Beobachtungen überein. Innerhalb des Wellenleiters lag die Feldstärke bis zu 12 db über der für den freien Raum. Das Feld über dem Wellenleiter ist ebenfalls übernormal. Abb. 111 zeigt den horizontalen Verlauf der Feldstärke in 6 m Höhe. Die Feldstärken sind im ganzen Bereich stark übernormal. Bei einem Parallelversuch zu dem in Abb. 111 dargestellten Versuch in 150 m Höhe ergaben sich außerhalb 15 km Entfernung sehr erheblich kleinere Feldstärkenwerte, die unter den Werten für Ausbreitung im freien Raum liegen, wie dies auch aus Abb. 110 für 96 km Entfernung zu ersehen ist. Im ersten Fall liegen Sender und Empfänger innerhalb des Wellenleiters, im zweiten Fall liegt der Empfänger außerhalb. Die in 150 m Höhe gemessenen Werte sind aber immer noch übernormal. Eine starke Bodeninversion ergibt also innerhalb

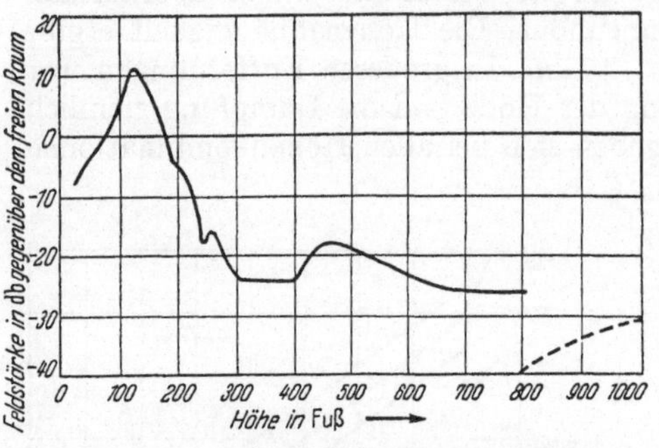

Abb. 110. Feldstärke eines Senders ($\lambda = 10$ cm, $7,5$ m Höhe) in 96 km Entfernung vom Sender während einer M-Bodeninversion (Messung an der Neu-England-Küste). Gestrichelt die für Normalatmosphäre zu erwartende Feldstärke [111].

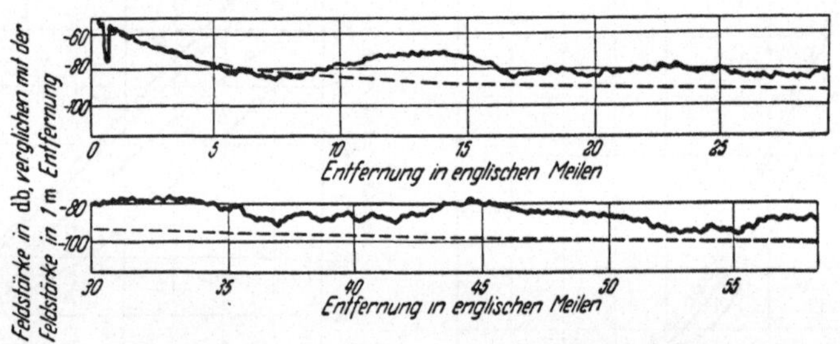

Abb. 111. Feldstärke in Abhängigkeit von der Entfernung in 6 m Höhe während einer Bodeninversion. $\lambda = 10$ cm. Messungen an der Küste von Neu-England [111].

des Wellenleiters Überreichweiten, und auch über dem Wellenleiter sind die Feldstärken und Reichweiten erhöht. Im Zusammenhang mit dem Auftreten einer erhöhten Inversion zwischen 600 bis 900 m Höhe werden im Wellengebiet 4,8 cm bis 9 cm ebenfalls übernormale Feldstärken beobachtet, wobei jenseits des Horizontes die niedrigste Frequenz im allgemeinen die höchsten Feldstärkewerte ergibt und Schwunderscheinungen auftreten. Bei der Ausmessung des Feldes in Abhängigkeit von der Entfernung muß berücksichtigt werden, daß die atmosphärischen Verhältnisse unter Umständen innerhalb der Meßdauer Schwankungen unterworfen sind, welche mit in die Messung eingehen, so daß die Meßresultate ein Gemisch von zeitlicher und räumlicher Änderung sind.

2. Der Einfluß der Bodengestalt auf die Feldstärke.

In der Theorie der Wellenausbreitung betrachtet man die Erdoberfläche als glatt. Der Einfluß des Bodens auf die Wellenausbreitung ist durch die elektrischen Eigenschaften (ε und σ) gegeben. Bei der Ausbreitung über Land tritt mit abnehmender Wellenlänge der Einfluß der Bodengestalt immer mehr hervor. Die Welligkeit des Bodens, die Vegetation, Häuser usw. stellen Hindernisse für die Wellenausbreitung dar. Ist z. B. bei kurzen Meterwellen die optische Sicht zwischen Sender und Empfänger durch Baumgruppen, Häuser und Bodenerhebungen verdeckt, so ergibt sich eine Schwächung der Empfangsfeldstärke [65]. Diese wächst bedeutend, wenn man Sender und Empfänger erhöht und erreicht ein Optimum bei optischer Sicht. Die beobachteten Reichweiten a) bei optischer Sicht, b) bei ebenem, teilweise mit Bäumen bedecktem Gelände, c) bei dichtem Wald verhalten sich wie 25 : 4 : 1.

Den allgemeinen Einfluß der Geländeform und seiner Welligkeit zeigt Abb. 112 [62]. Es ist ein infolge übersichtlicher Geländeverhältnisse besonders übersichtlicher Fall. Das Gelände wird in einer Entfernung von 4 bis 7 km mit dem Empfänger in einem Wagen radial vom Sender weg abgefahren und die Feldstärke registriert. Man sieht deutlich die Abnahme der Feldstärke in den Vertiefungen. In der Nähe von Häusern beobachtet man die im nächsten Abschnitt

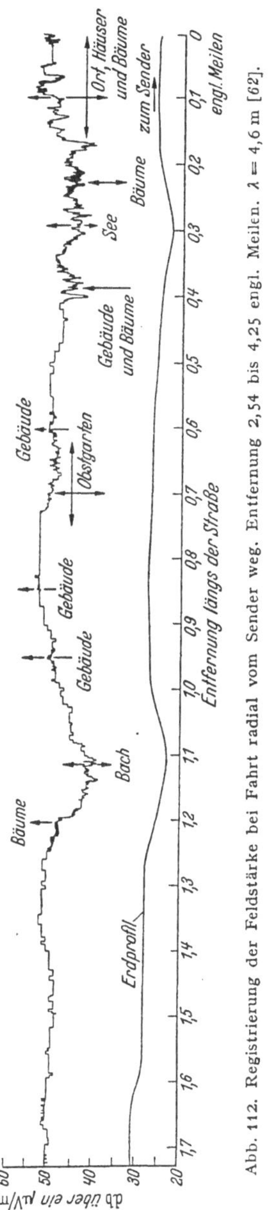

Abb. 112. Registrierung der Feldstärke bei Fahrt radial vom Sender weg. Entfernung 2,54 bis 4,25 engl. Meilen. $\lambda = 4,6$ m [62].

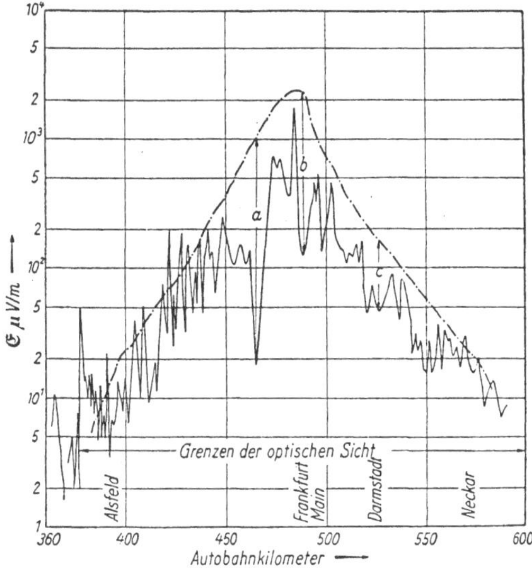

Abb. 113. Feldstärke eines 40-MHz-Senders auf dem großen Feldberg (Taunus) längs der Autobahnstrecke Kassel—Karlsruhe [95].

beschriebene Interferenzerscheinung. In anderen Fällen ist die Bodengestalt unregelmäßiger, und der Verlauf der Feldstärke ist dann weniger übersichtlich. In Abb. 113 ist der Verlauf der Feldstärke eines 40-MHz-Senders auf dem großen Feldberg (Taunus) längs der Autobahnstrecke Kassel—Karlsruhe dargestellt [95]. Die theoretische Kurve ist etwa die obere Hüllkurve für die Meßwerte.

Auch in geringen Höhen über dem Erdboden erhält man unter Umständen Empfangsmaxima, wie sie in Abb. 102 für größere Höhen dargestellt sind [62]. Bei einem entsprechenden Versuch findet die Übertragung zwischen zwei Hügeln in optischer Sicht statt. Die Wellenlänge ist 4,08 m, die Entfernung 63 km, und die gerade Verbindungslinie liegt 160 m über der höchsten Stelle des Zwischengeländes. Die Polarisation ist vertikal. Abb. 114 zeigt die Feldstärke bei Veränderung der Höhe der Empfangsantenne. Eine Höhenänderung von 2 bis 17 m ergibt ein Ansteigen der Feldstärke zu einem Maximum in etwa 10 m Höhe und ein Absinken mit weiter wachsender Höhe. Diese Erscheinung ist ebenfalls durch Interferenz einer direkten und einer am Boden reflektierten Welle zu erklären. Die wirksame Reflexion erfolgt jedoch nicht in der Mitte zwischen Sender und Empfänger, da dies bei der geringen Höhenänderung keine ausreichende Änderung

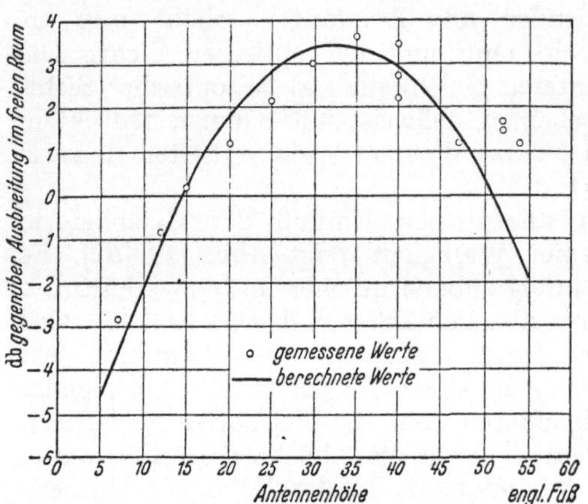

Abb. 114. Abhängigkeit der Empfangsfeldstärke von der Antennenhöhe infolge der Reflexion im umgebenden Gelände. Entfernung 63 km; $\lambda = 4{,}08$ m; vertikale Polarisation [62].

des Gangunterschiedes ergibt. Die Reflexion in der Mitte ergibt vielmehr einen annähernd konstanten Beitrag zur Gesamtfeldstärke. Die wirksame Reflexion erfolgt in geringer Entfernung vom Empfänger am Abhang des Hügels, der im Fall von Abb. 114 eine Neigung von 5,9° hat. Die ausgezogene Kurve ist unter dieser Annahme berechnet und zeigt befriedigende Übereinstimmung. Horizontale Polarisation gibt keinen wesentlichen Unterschied, jedoch ist das Maximum etwas mehr ausgeprägt, was auf eine bessere Reflexion der horizontal polarisierten Welle zurückzuführen ist. Eine ähnliche Abhängigkeit zeigt die Feldstärke auch von der Höhe der Sendeantenne, wobei infolge der größeren Neigung des Senderhügels das Maximum bei etwas niedrigeren Höhen eintritt und ein folgendes Minimum und ein Ansteigen zu einem zweiten Maximum beobachtet wird. Die geschilderten Verhältnisse sind von praktischer Bedeutung, da man in ähnlich liegenden Fällen durch geringe Höhenänderung einen wesentlich verbesserten Empfang erzielen kann. Die in Abb. 102 für 7 m Wellenlänge und in einer Entfernung über 100 km gemessenen Maxima liegen in rd. 1000 m Höhe. Unter Mitwirkung der Reflexion in der Mitte zwischen Sender und Empfänger wird sich ein Maximum in der Nähe der Erdoberfläche dann ergeben, wenn die Wellenlänge und die Entfernung genügend klein sind.

3. Interferenzfelder.

Durch Streuung und Reflexion an irgendwelchen Hindernissen, wie Bäumen, Häusern, Drähten, Metallkonstruktionen u. a., entstehen sekundäre Wellen, die zur Ausbildung von stehenden Wellen Anlaß geben können. Das entstehende Interferenzfeld wird dabei je nach den örtlichen Verhältnissen eine mehr oder weniger unregelmäßige Struktur aufweisen. Solche Interferenzfelder können auch bei längeren Wellen auftreten, wenn entsprechend große Hindernisse vorhanden sind. Sie bilden sich z. B. im Feld von Rundfunksendern aus, welche sich in oder neben einer Großstadt befinden. Die Abstände der Maxima und

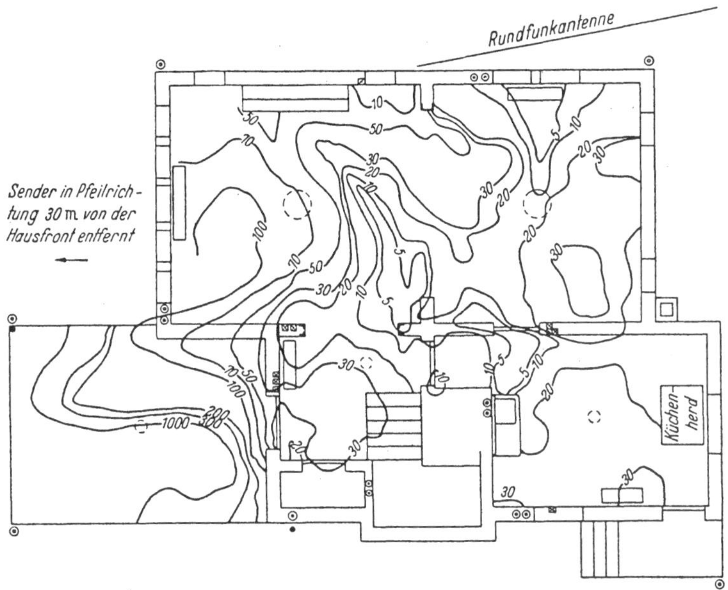

Abb. 115. Feldstärkeverteilung in einer Wohnung. $\lambda = 6$ m [107].

Minima werden etwa mit der Wellenlänge vergleichbar sein. Bei den Meterwellen liegen sie deshalb nahe beieinander, und die Erscheinung ist schon bei ganz kleinen Ortsveränderungen beobachtbar.

Im Innern von Häusern entstehen durch Reflexion an den Wänden, Gegenständen, Personen komplizierte Interferenzfelder, deren Struktur von der Richtung der einfallenden Welle und der Wellenlänge abhängen. Man beobachtet in Abständen von der Größe eines Meters ganz erhebliche Feldstärkeunterschiede, und diese Tatsache ist z. B. bei der Aufstellung einer Empfangsantenne zu berücksichtigen. Es werden in benachbarten Punkten Unterschiede in der Feldstärke wie 50 : 1 beobachtet. Abb. 115 zeigt die Feldstärkeverteilung in einer Wohnung [107]. Hierbei war ein Sender ($\lambda = 6$ m) in der Nähe aufgestellt, und die Messung wurde mit einem geeichten Empfänger ausgeführt. Bei anderer Aufstellung des Senders und bei anderer Wellenlänge ergibt sich eine ganz andere Feldstärkenverteilung.

Regelmäßige Interferenzfelder sind zu erwarten, wenn die Wellen auf alleinstehende Hindernisse auftreffen. Abb. 116 zeigt das theoretische Feld um einen Baum, wobei für die Reflexion ein Phasensprung von 180° angenommen wird. Die Kurven zeigen die ersten fünf Linien des Minimums der Feldstärke. Solche stehenden Wellen wurden praktisch beobachtet [62], indem man

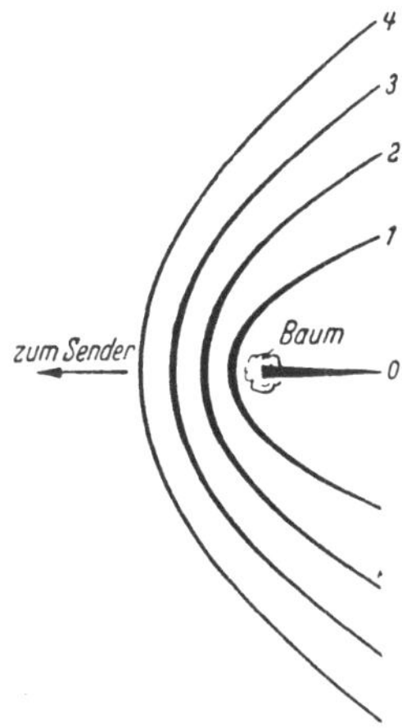

Abb. 116. Stehende Wellen um einen alleinstehenden Baum; Phasensprung bei der Reflexion 180°. Die Kurven zeigen die ersten fünf Linien des Feldstärkeminimums [62].

mit einem Empfänger im Auto um einen Baum herumfuhr. Es wurden Interferenzen bis 16 km Entfernung gefunden. Sie können naturgemäß in allen Entfernungen auftreten.

4. Die Ausbreitung in Stadtgebieten.

In den Stadtgebieten herrschen besondere Ausbreitungsbedingungen vor. Im allgemeinen wird der Sender erhöht über den Häusern aufgestellt sein, während die Empfangsantenne sich innerhalb des Häusermeeres befindet. Der Empfangsort liegt zwar in optischer Sicht, der Empfänger ist aber durch einen Teil der Häuser verdeckt, wodurch naturgemäß eine Schwächung der Wellen stattfindet. Für $\lambda = 1{,}3$ m und eine Höhe des Senders von annähernd 30 m über dem Zentrum der Stadt ist der Empfang in der Stadt im Umkreis von 2,5 km ein-

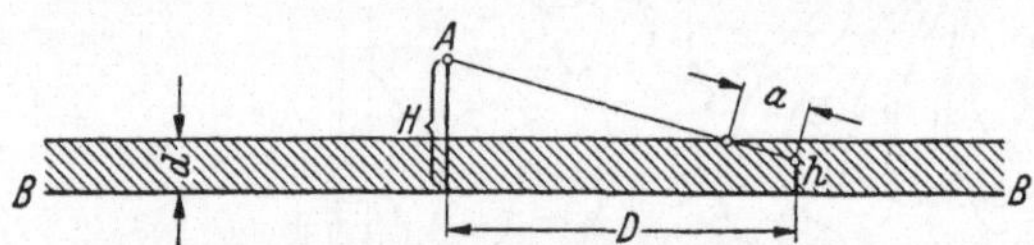

Abb. 117. Idealisierte Darstellung der Ausbreitung von Ultrakurzwellen in Stadtgebieten [210].

wandfrei [65]. Selbst hinter abschirmenden Gebäuden und in engen Straßen ist ein Empfang möglich. Idealisiert kann man die Ausbreitungsverhältnisse durch folgende Betrachtungsweise erfassen [210]: B—B sei in Abb. 117 der Boden. Darüber befindet sich das Häusermeer, das als homogen von der Dicke d angenommen wird. Die Sendeantenne habe die Höhe H, die Empfangsantenne die Höhe h $(h < d)$. Die Entfernung D sei groß gegen H. Dann können wir mit der theoretischen Feldstärke in der Äquatorebene des Sendedipols rechnen. Diese ist für einen Dipol von 1 kW Strahlungsleistung [nach Gl. (107), $\Pi = \Pi_{\text{prim}}$]

$$E = \frac{150}{D_{\text{m}}}\ \frac{\text{V}}{\text{m}}.\tag{250}$$

Durchlaufen die Wellen innerhalb des Häusermeeres eine absorbierende Schichtlänge von

$$a \approx \frac{D\,(d - h)}{H - h},$$

so tritt infolge der Absorption noch ein Schwächungsfaktor hinzu:

$$E = \frac{150}{D_{\text{m}}}\,e^{-KD\frac{d-h}{H-h}}\ \frac{\text{V}}{\text{m}}.\tag{251}$$

Man sieht aus dieser Beziehung, daß es darauf ankommt, h möglichst groß zu machen, d. h. die Empfangsantenne möglichst nahe an der Decke der absorbierenden Schicht anzuordnen. Ferner ist es günstig, die Höhe H möglichst groß zu machen, da sie zur Verkürzung der absorbierenden Strecke a beiträgt. Der Dämpfungsfaktor wurde aus Messungen für $\lambda = 7$ m zu

$$K \approx 0{,}002\ \text{m}^{-1}$$

geschätzt, d. h., die mittlere Dämpfung würde je 500 m innerhalb der Häuser 1 Neper betragen. Beobachtungen zeigen, daß die Dämpfung von der Wellenlänge abhängig ist und von $\lambda \approx 7$ m nach $\lambda \approx 3$ m hin deutlich zunimmt.

5. Zeitlicher Verlauf der Feldstärke. Schwunderscheinungen.

In einer homogenen, zeitlich nicht veränderlichen Atmosphäre ist das Feld durch die Beugung an der Erdkugel bestimmt. Schwankungen könnten auftreten durch Änderung der elektrischen Eigenschaften des Erdbodens (Leitfähigkeit, Dielektrizitätskonstante), z. B. bei Regenfall. Solche Änderungen wären möglich über Land, aber nicht über dem Wasser. Der für die zeitlichen Schwankungen wesentliche Faktor ist der Einfluß der unteren Atmosphäre auf die Wellenausbreitung (Brechung und Reflexion) infolge der zeitlich veränderlichen inhomogenen Struktur der Atmosphäre. Bei kleinen Entfernungen innerhalb der optischen Sicht beobachtet man vorwiegend konstante Feldstärke. Daß auch Schwankungen auftreten können, zeigten die Beobachtungen an einer Dezimeterwellenverbindung, die seit Anfang 1934 den Kanal zwischen Lympne und St. Inglevert überbrückt ($\lambda = 17,4$ cm) [134]. Die Entfernung beträgt 56 km, die Höhe über dem Meeresspiegel bei der ersten Station 117 m, bei der zweiten 150 m. Die beiden Stationen liegen also in optischer Sicht. Eine entsprechende Linie für Versuchszwecke bestand bereits seit 1931 zwischen St. Margarets Bay (bei Dover) und Escalles (bei Calais), Entfernung 35 km, Wellenlänge 18 cm. Beide Linien haben Reflektoren von 3 m Durchmesser, so daß also nahezu optische Bündelung besteht. Die Schwankungen sind gelegentlich kurzzeitig und heftig. Im allgemeinen sind es aber langsame Änderungen der Lautstärke, deren Dauer etwa zwischen 10 min bis zu einigen Stunden beträgt. In einer Beobachtung in den Monaten Mai bis Juni 1931 war die größte Abnahme etwa 40 db, sie wurde 3mal beobachtet. Kleinere Änderungen von 6 bis 30 db kamen häufiger vor und wurden 18mal beobachtet. Die Beobachtungen erstreckten sich über 7 Stunden am Tage an 5 Tagen in der Woche. Als Ursache wird in Ermangelung einer genauen Kenntnis der atmosphärischen Bedingungen die Interferenz eines direkten Strahles mit an der Erdoberfläche reflektierten Strahlen angenommen, deren Weglängen durch Schwankungen in der Atmosphäre verändert werden können. Daß die Atmosphäre eine Rolle spielt, geht daraus hervor, daß konstante atmosphärische Bedingungen eine gute Übertragung ergeben. Die Schwunderscheinungen treten gewöhnlich im Zusammenhang mit starken Temperatur- und Luftdruckschwankungen auf. Solche Schwankungen sind im Sommer häufiger als im Winter, so daß im Sommer eine größere Neigung zu Schwunderscheinungen besteht. Durch Nebel, Regen, Schnee werden diese Wellen nicht beeinflußt. Eine Absorption ist deshalb als Ursache von Schwunderscheinungen nicht anzunehmen. In einigen Fällen wurde beobachtet, daß die Abnahme der Lautstärke die Folge einer zeitlichen Ablenkung des scharf gebündelten Strahles war. Es genügt hierbei infolge der scharfen Bündelung eine sehr geringe Ablenkung von der Größe eines Grades. Es erscheint durchaus möglich, daß eine solche Ablenkung durch Inhomogenitäten in der Atmosphäre verursacht ist. Daß auch lange Strecken innerhalb der optischen Sicht schwundfrei sein können, zeigen Versuche mit 68 cm Wellenlänge (3 bis 4 W) bis zu 80 km über Land. In 80 km Entfernung wurde kein Unterschied zwischen Tag und Nacht festgestellt. Dicker Morgennebel war ohne Einfluß. Schwunderscheinungen wurden nicht festgestellt, und die Resultate lassen schließen, daß eine Absorption nicht stattfindet [149].

In großen Entfernungen, weit jenseits des Horizontes treten immer starke zeitliche Schwankungen auf, wie schon frühzeitig bekannt wurde [141]. Dies ist nicht verwunderlich, da ja die entsprechenden großen Reichweiten überhaupt nur durch übernormale Brechungsverhältnisse in der Atmosphäre zustande kommen, welche den meteorologischen Schwankungen unterworfen sind. Man

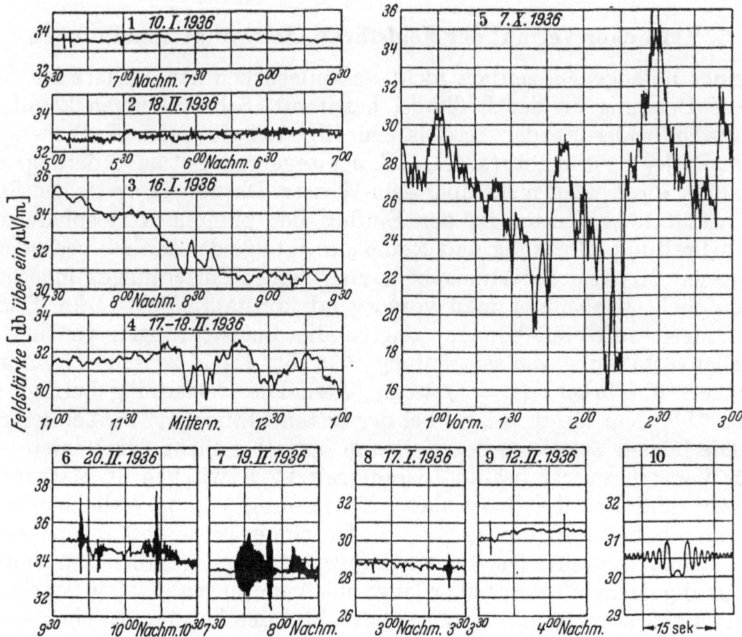

Abb. 118. Feldstärkeschwankungen bei der 2-m-Welle in 60 km Entfernung. |Empfänger kurz unter der optischen Sichtlinie; 4 Watt [42].

kann außerdem ähnlich wie bei der Reflexion in der Ionosphäre annehmen, daß Wellen mit verschiedenen Laufwegen auftreten, welche infolge der gegenseitigen Veränderlichkeit der Laufwege zu Interferenzen Anlaß geben.

Wir zeigen in Abb. 118 einige typische Schwunddiagramme, die mit einer Wellenlänge von 2 m (4 Watt) auf einer Versuchsstrecke von 60,6 km Reichweite aufgenommen wurden [42]. Es wurden über ein ganzes Jahr Dauerregistrierungen der Feldstärke ausgeführt. Sender und Empfänger befinden sich gerade außerhalb der optischen Sichtweite, die 55,0 km beträgt. Der Empfang ist häufig an mehreren Tagen hintereinander konstant (Nr. 1). Nr. 2 zeigt rasche, aber kleine Änderungen. Nr. 3 zeigt ein langsames Abfallen der Feldstärke im Laufe einiger Stunden mit übergelagerten langsamen Schwankungen, deren Periode

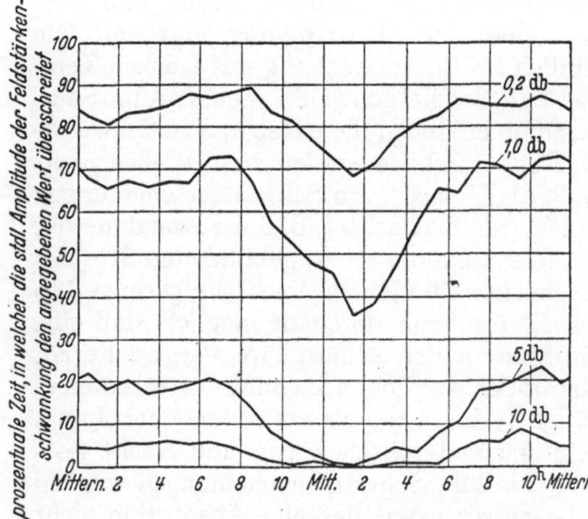

Abb. 119. Tägliche Änderung der Amplitude der Feldstärkeschwankung. 150 MHz ($\lambda = 2$ m). Entfernung 60 km [42].

die Größe von Minuten hat. Der Schwund ist im allgemeinen langsam oder sehr langsam wie in Nr. 3 und 4. Nr. 5 zeigt ein Beispiel mit sehr großer Abnahme der Feldstärke. Nr. 6 bis 10 zeigen einige Beispiele sehr rascher Schwunderscheinungen. Mitunter dauern die Schwankungen bis zu 15 min, in anderen Fällen nur etwa 1 min. Kurze Schwankungen, wie sie in Nr. 9 als Strich markiert sind, zeigt Nr. 10 in vergrößerter Zeitauflösung. Sie bestehen aus 20 bis 30 Einzelschwankungen. Den Schwankungen gemeinsam ist die Symmetrie gegenüber der Mitte.

Die Schwunderscheinungen sind nachts ausgeprägter als am Tage, auch die mittlere Feldstärke ist in der Nacht höher. Abb. 119 zeigt die prozentuale Zeit, in der die stündliche Schwundamplitude größer als ein bei den Kurven angegebener Wert ist. Man sieht, daß das Feld um die Mittagszeit die geringste Schwankung aufweist und daß kleine Schwankungen häufiger sind als große. In der Nacht treten z. B. Schwankungen über 1 db in 70% der Zeit auf, Schwankungen über 5 db aber nur in 20% der Zeit.

Bei einer benachbarten Strecke von gleicher Länge (60 km), bei der infolge anderer Höhe der Antennen optische Sicht herrscht, treten Schwankungen mit gleich großer Apmlitude auf. Die langsamen Schwankungen treten gleichzeitig auf und

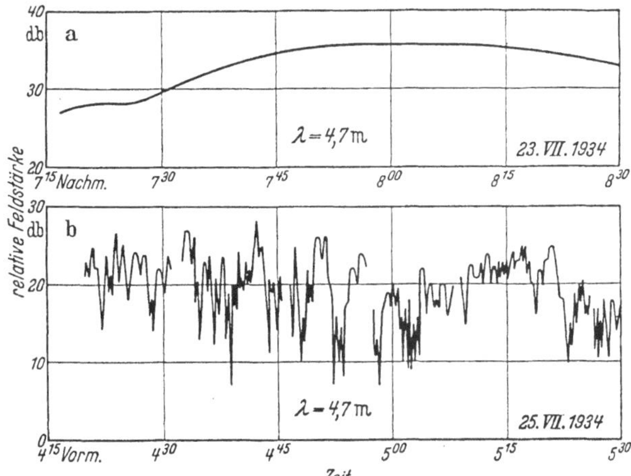

Abb. 120. Grenzfälle des Schwundverlaufes bei Ausbreitung über Seewasser. $\lambda = 4{,}7$ m; Entfernung 112,6 km [64].

haben denselben zeitlichen Verlauf, während die raschen Schwankungen nicht immer identisch sind. Die gleiche Beobachtung macht man bei Messungen mit Mikrowellen (9,6 bis 3 cm) auf nahe gelegenen Strecken, bei denen Entfernungen vom 0,89- bis 8,45fachen des Horizontabstandes überbrückt werden [41]. Hohe Feldstärken erhält man hierbei außerdem auf einer längeren Strecke (322 km) nur, wenn auch die kürzere Strecke (92 km) eine hohe Signalstärke zeigt. Hohe Feldstärke auf der kürzeren Strecke bedeutet aber nicht immer das gleiche für die lange Strecke.

Bei systematischen Beobachtungen über 2 Jahre mit Wellenlängen von 1,5 bis 5 m über Seewasser treten praktisch zu allen Zeiten Schwunderscheinungen auf [64]. Die Entfernung beträgt 112,6 km und ist etwa 3mal größer als die optische Sichtweite. Die Schwundamplituden sind größer und entsprechen im äußersten Fall einem Feldstärkeverhältnis 1 : 100 (40 db). Nur in seltenen Fällen tritt in Zeiten von 1 bis 2 Stunden kein Schwund auf. Einen solchen Fall zeigt Abb. 120a. Abb. 120b zeigt eine besonders rasche Schwunderscheinung und Abb. 121 einen Schwundverlauf von normaler Periode, aber besonders großer Amplitude. Der Verlauf der Schwankungen ist vollkommen unregelmäßig, und es kommt auch vor, daß der Empfang in Zeiten von 1 min verschwindet. Ein Zusammenhang mit dem Wetter und den Wasserwellen konnte nicht festgestellt werden. Die Beispiele zeigen, wie stark die Feldstärke insbesondere bei nichtoptischen Strecken schwankt.

Gleichzeitig mit dem Auftreten einer hohen Feldstärke auf einer nichtoptischen Strecke treten Schwankungen auf einer sonst verhältnismäßig konstanten

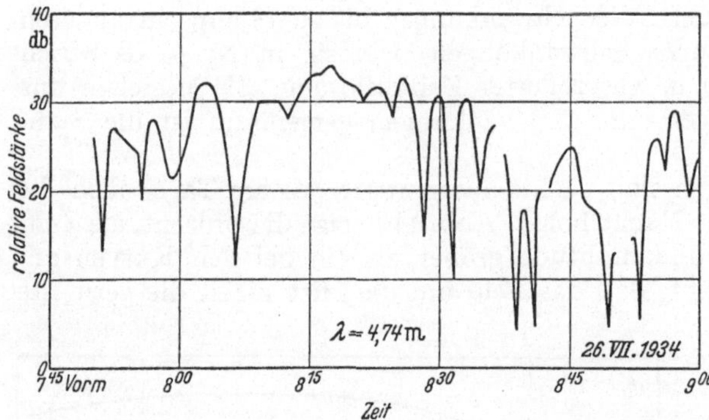

Abb. 121. Schwunderscheinung mit normaler Periode aber ungewöhnlich großer Amplitude. $\lambda = 4{,}7$ m; Entfernung 112,6 km, über Seewasser [64].

Abb. 122 zeigt die Schwankungserscheinungen und gleichzeitig beobachteten M-Kurven für ein Mikrowellengebiet (9 und 3 cm) über Wasser (66 und 35 km).

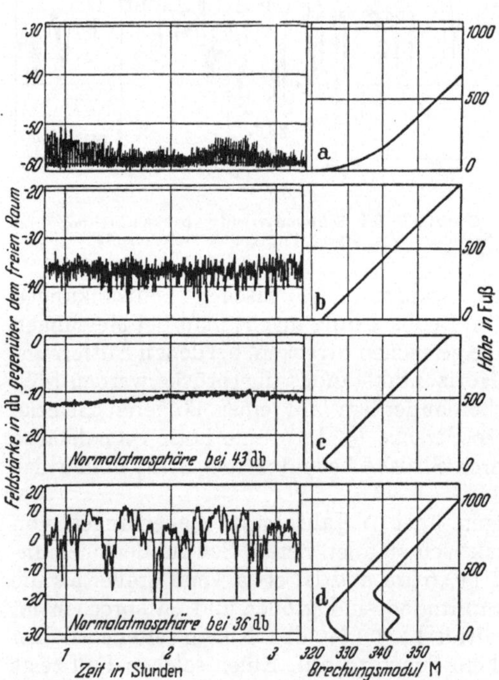

Abb. 122. Schwankungserscheinungen und gleichzeitig beobachteter Verlauf des Brechungsmoduls M mit der Höhe bei Mikrowellen. M-Kurven: a) unternormal, b) normal, c) schwache Bodeninversion, d) tiefe Inversion [111].

optischen Strecke auf. Beide Erscheinungen haben also offenbar die gleiche Ursache [133]. Dies erinnert an die bekannten Verhältnisse bei den Rundfunkwellen, wo abends, verbunden mit dem Auftreten von reflektierten Wellen aus der Ionosphäre, größere Reichweiten und Schwankungen der Feldstärke gleichzeitig beobachtet werden.

a) Im Fall einer unternormalen M-Kurve liegt die Feldstärke unter derjenigen im Normalfall und zeigt rasche „Szintillationen". b) Bei einer normalen oder annähernd normalen Kurve ist die Feldstärke „normal", sie zeigt nur schwache Schwankungen. c) Bei Bodeninversionen ist die Feldstärke übernormal, sie wächst mit wachsender Höhe des Wellenleiters. Die Feldstärke ist ziemlich beständig. d) Bei tiefen Oberflächeninversionen oder freien Inversionen hat die Feldstärke im Mittel nahezu den Wert für den freien Raum. Sie zeigt aber tiefe Schwunderscheinungen bis zu 40 db mit kurzen und langen Perioden von 1 min bis zu einer Stunde. Die Amplitude des Schwundes wächst, und die Periode nimmt ab mit wachsender Stärke der Inversionen. Breite, flache Maxima und scharfe, tiefe Minima sind charakteristisch. Diese Form deutet auf eine Interferenz hin. Bei Mikrowellen erhält man solche ganz klar voneinander getrennte Typen von Schwunderscheinungen. Es finden ziemlich rasche Übergänge von einem Typus zum anderen statt. Bei Meterwellen ist eine solche Einteilung in typische Schwunderscheinungen schwieriger. Auch hier treten im Zusammenhang mit M-Inversionen hohe mittlere Feldstärken auf.

Bei Beobachtungen mit Frequenzen von 45, 475 und 2800 MHz auf einer optischen und nichtoptischen Strecke findet man in beiden Fällen, daß die Stärke der Schwankungen mit wachsender Frequenz erheblich anwächst [41].

6. Absorption der Mikrowellen ($f > 3000$ MHz) in der Atmosphäre.
a) Molekulare Absorption.

Im Gebiet der kurzen Zentimeter- und Millimeterwellen findet eine molekulare Absorption in der Atmosphäre statt, und zwar durch *Sauerstoff* und *Wasserdampf*. Das Sauerstoffmolekül hat ein magnetisches Moment, welches mit dem magnetischen Feld der Welle in Wechselwirkung tritt. Die Berechnung ergibt ein Absorptionsgebiet bei 0,5 cm und bei 0,25 cm Wellenlänge [239] (Abb. 123). Die Absorption ist bis etwa 1 cm Wellenlänge klein (Größenordnung 0,01 db/km) und steigt in der Umgebung von 0,5 cm stark an (über 10 db/km). In Wasserdampf ist die Absorption durch das Dipolmoment des H_2O-Moleküls gegeben, welches mit dem elektrischen Feld der Welle in Wechselwirkung tritt. Die berechneten Absorptionsmaxima liegen bei 1,3 cm (einige Zehntel db/km) und 0,2 cm (über 10 db/km), und es folgt ein weiteres starkes Anwachsen der Absorption im Millimeterwellengebiet. Oberhalb 2 cm ist dagegen die Absorption in Wasserdampf geringer als in Sauerstoff. Die Absorption des Sauerstoffs bei 1,5 cm wurde experimentell nachgewiesen,

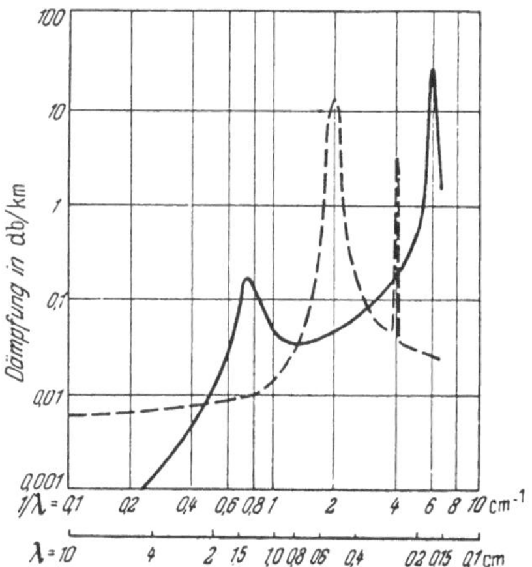

Abb. 123. Berechnete molekulare Absorption in Sauerstoff und Wasserdampf. Meereshöhe 20° C. Ausgezogene Kurve: Wasserdampf (7,5 g/m³), gestrichelte Kurve: Sauerstoff [239].

ebenso die des Wasserdampfes bei 1,3 cm. Die Werte für die Dämpfung sind dem Partialdruck proportional, der Einfluß von Temperaturänderungen kann praktisch vernachlässigt werden.

b) Absorption durch Wassertropfen (Regen, Nebel).

Sind atmosphärische Niederschläge vorhanden, so erfährt die elektromagnetische Welle eine weitere Dämpfung. Diese ist gegeben 1. durch Streuung an den Wassertropfen bzw. Hagelkörnern und Schneeflocken und 2. durch wahre Absorption, d. h. Umwandlung der Energie in Wärme. Wir wenden uns zunächst den experimentellen Ergebnissen zu.

Die Dämpfung in Regen und Nebel wird, wenn wir die Verhältnisse von längeren Wellen herkommend betrachten, erst im kurzen Zentimeterwellengebiet von praktischer Bedeutung. Es ergibt sich ein eindeutiger Zusammenhang zwischen der Dämpfung und der Niederschlagsmenge (in mm/Std.). Eine starke Streuung der Meßwerte erklärt sich schon durch eine im allgemeinen vorhandene und nicht genügend erfaßte räumliche Schwankung der Niederschlagsmenge längs der Meßstrecke. Die Niederschläge schwanken auch zeitlich, und der Regenmesser mißt nur einen zeitlichen Mittelwert der Niederschlagsmenge (z. B. während 1 min), während die Messung des Energieverlustes Momentanwerte liefert. Tab. 6 zeigt das Ergebnis von Messungen auf verschiedenen Meßstrecken von einigen Hundert bis zu einigen Tausend Metern Länge mit Wellenlängen zwischen 0,62 und 3,2 cm. Als Anhaltspunkt für die praktische Anwendung dieser Tabelle sei folgende Zuordnung gegeben: Leichter Regen 1 mm/Std., mittlerer Regen 4 mm/Std., starker Regen 15 mm/Std., Wolkenbruch 40 bis 100 mm/Std. Hieraus ergibt sich z. B. bei starkem Regen als Mittelwert für die Dämpfung bei 3 cm: 0,29 db/km, bei 0,6 cm: 4,7 db/km. Die hierbei gemachte Annahme, daß die Dämpfung (in db/km) der Niederschlagsmenge (in mm/Std.) proportional ist, entspricht genügend genau den Messungen. Die lineare Abhängigkeit der Dämpfung D von der Niederschlagsmenge p kann man allgemeiner darstellen durch

Tabelle 6. *Zusammenfassendes Ergebnis von Dämpfungsmessungen im Wellengebiet zwischen 0,62 und 3,2 cm* [81].

	Dämpfung in db/km pro mm/Std.		
λ_{cm}	Obere Grenze	Untere Grenze	Mittelwert
3,2	0,090	0,012	0,019
1,25	0,40	0,09	0,17
1,25	0,34	0,23	0,25
1,09	0,27	0,15	0,18
0,96	0,25	0,10	0,15
0,62	0,37	0,27	0,31

$$D = k\,p.$$

Hierin ist $k = f(\lambda)$ eine wellenlängenabhängige Konstante, die von der Niederschlagsmenge praktisch unabhängig ist und deren Wert in $\dfrac{\mathrm{db/km}}{\mathrm{mm/Std.}}$ man für die verschiedenen Wellenlängen aus Tab. 6 direkt entnehmen kann. Auf weitere Einzelheiten, auch in bezug auf die Durchführung der Messungen, kann hier nicht näher eingegangen werden [4, *151, 196*].

c) Theoretische Erklärung der Dämpfung.

Die Theorie der Dämpfung in der feuchten Atmosphäre (Regen, Nebel, Wolken, auch Hagel und Schnee) muß den Energieverlust bestimmen, den eine elektromagnetische Welle durch Streuung und Absorption infolge Anwesenheit der Wassertropfen bzw. der Hagelkörner und Schneeflocken erleidet. Die maßgebenden Größen sind die Wellenlänge (etwa 1 bis 10 cm), der Durchmesser und die komplexe Dielektrizitätskonstante des Tropfens ($\mathfrak{n} = n - i\varkappa$, vgl. S. 6). Letztere ist eine Funktion der Wellenlänge und muß deshalb für den Zentimeterwellenbereich besonders gemessen werden. Die Größe der Regentropfen zeigt eine Verteilung; sie liegt je nach der Stärke des Regens vorwiegend zwischen einigen Hundertstel und einigen

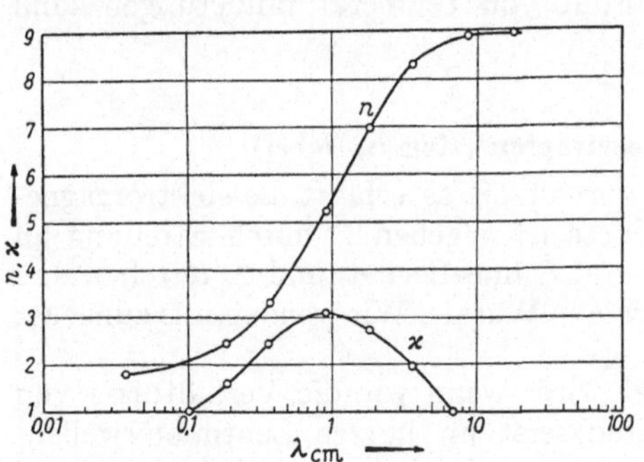

Abb. 124. Brechungsindex n und Absorptionsindex $\varkappa$ des Wassers im Mikrowellengebiet [*74*].

Zehntel Zentimetern. Im Nebel und in Wolken ist die Tropfengröße kleiner als 0,01 cm, z. B. etwa 10^{-4} bis 10^{-3} cm. Die komplexe Dielektrizitätskonstante des Wassers im Zentimeterwellengebiet ist experimentell und in Übereinstimmung mit der Theorie bekannt [*74*]. Abb. 124 zeigt den Brechungsindex n und Absorptionsindex $\varkappa$ in Abhängigkeit von der Wellenlänge. Die Werte gelten etwa

für Zimmertemperatur, und es besteht eine praktisch zu berücksichtigende
Abhängigkeit von der Temperatur [123]. Der hohe Wert des Absorptionsindex
ist zu beachten. Drückt man ihn durch eine Leitfähigkeit σ aus, so ergibt
sich ein Wert von der Größenordnung $3 \cdot 10^{-10}$ el.-magn. Einh. Dieser Wert
ist sehr viel größer als bei niedrigen Frequenzen, wo man für Leitungswasser
den Wert 10^{-13} el.-magn. Einh. anzusetzen hat und selbst Meerwasser mit etwa
$4 \cdot 10^{-11}$ el.-magn. Einh. eine erheblich niedrigere Leitfähigkeit besitzt. Die
hohe Leitfähigkeit des Wassers bei 1 cm Wellenlänge ist durch die Dipolabsorp-
tion bedingt, und es ist hierbei gleichgültig, ob es sich um Leitungswasser oder
destilliertes Wasser handelt.

Die Berechnung der Dämpfung durch Wassertropfen (Kugeln mit gegebenei
Dielektrizitätskonstante und Leitfähigkeit bzw. mit gegebenem n und $\varkappa$) geht
auf eine grundlegende Theorie von G. MIE zurück [142]. Für kleine Tropfen
(klein gegen die Wellenlänge), wie sie in Wolken und im Nebel vorkommen,
kann die Schwächung durch Beugung vernachlässigt werden. Für die Dämpfung
durch Absorption erhält man [74]

$$\beta = \frac{18\pi\,\varepsilon'\,g}{\lambda\,|\,\mathfrak{n}^2 + 2\,|^2}. \tag{252}$$

ε' ist der Imaginärteil der Dielektrizitätskonstante, g die Wassermenge in g/m³
und $\mathfrak{n}$ der komplexe Brechungsindex. Die Dämpfung ist der Wassermenge proportional, und zwar unabhängig von der Tropfengröße, da diese als klein gegen
die Wellenlänge angenommen wurde. Mit Hilfe von Gl. (252) wurden die in
Tab. 7 angegebenen Dämpfungswerte berechnet. 1 g/m³ entspricht einem ziem-

Tabelle 7. *Dämpfung von Zentimeterwellen im Nebel und in Wolken bei einer Wassermenge
von 1 g/m³ [74].*

Wellenlänge (cm)	10	5	2	1	0,5	0,2
Dämpfung (db/km)	$1{,}1 \cdot 10^{-2}$	$4{,}25 \cdot 10^{-2}$	0,26	1,1	4,3	40

lich dichten Nebel, größere Mengen können vorkommen. Mit Hilfe von Tab. 8
erhält man bei gegebener Sichtweite angenähert die Wassermenge [201].

Tabelle 8. *Mittlerer Wert der Wassermenge im Nebel bei gegebener Sichtweite [201].*

Optische Sichtweite (m)	33	66	100	165	250	1000
Wassermenge (g/m³)	2,3	0,85	0,48	0,23	0,13	0,085

Auf die Theorie der Dämpfung durch Regen, bei der größere Tropfen zu
berücksichtigen sind, kann hier nicht näher eingegangen werden. Die Ergebnisse
stimmen zufriedenstellend mit den z. B. in Tab. 6 dargestellten Messungen
überein [81].

7. Niederschlagsechos. Radiometeorologie.

Bei einem Radargerät, das bekanntlich Impulse aussendet und reflektierte
Impulse empfängt, beobachtet man unter bestimmten meteorologischen Bedingungen Echos, welche sich oft über einen beträchtlichen Raum erstrecken,
eine unregelmäßige und diffuse Begrenzung aufweisen und in der Intensität
rasch schwanken. Die Echos entstehen offenbar durch Reflexion an atmosphärischen Niederschlägen. Erhält man nämlich aus einer bestimmten Entfernung
ein Echo, so wird an dieser Stelle auch Regen beobachtet (während das Umgekehrte nicht immer der Fall ist). Man kann grob zwei Arten von Nieder-

schlägen unterscheiden. Bei der ersten ist der Niederschlag lokalisiert. Es handelt sich um einen Niederschlag in instabilen Luftmassen, und hierzu gehören die Gewitter und Schauer. Gewitter und Schauer geben eine besonders große Echo-amplitude. Bei der zweiten Art handelt es sich um räumlich ausgedehnte Niederschläge in stabilen Luftmassen. Niederschlagsechos treten in Entfernungen bis zu einigen hundert Kilometern und in Höhen vom Boden bis etwa 10 km auf. Abb. 125 zeigt das Leuchtschirmbild eines heftigen Sommergewitters in Florida [112]. Es ist hierbei durch eine besondere Schaltung bewirkt, daß nur die stärksten Echos aus der Mitte der Niederschlagssäulen erscheinen. Der Beobachter ist im Zentrum zu denken, und die Lage der reflektierenden Objekte wird in Polarkoordinaten auf dem Schirm dargestellt. Bei den Niederschlägen mit großer räumlicher Ausdehnung kann die Stärke des Regens stark variieren, und die Amplitude der Echos zeigt eine entsprechende Variation. Im allgemeinen sind diese Echos aber von geringerer Amplitude als die von Gewittern und Schauern. Abb. 126 zeigt ein Echo von einem räumlich ausgedehnten Regen.

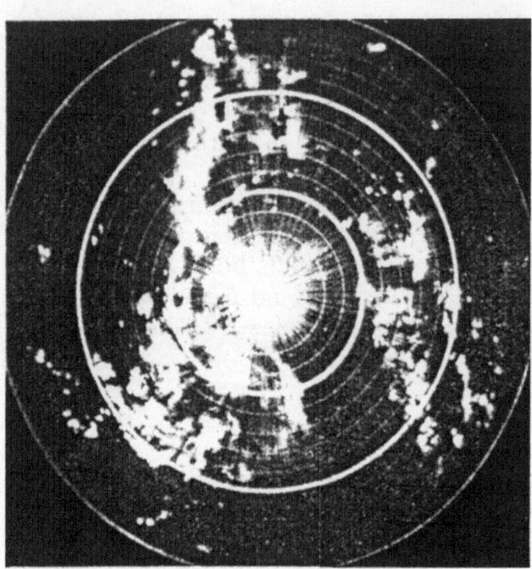

Abb. 125. Radar-Leuchtschirmbild von einem Sommergewitter in Florida. Radialer Entfernungsbereich 225 km [112].

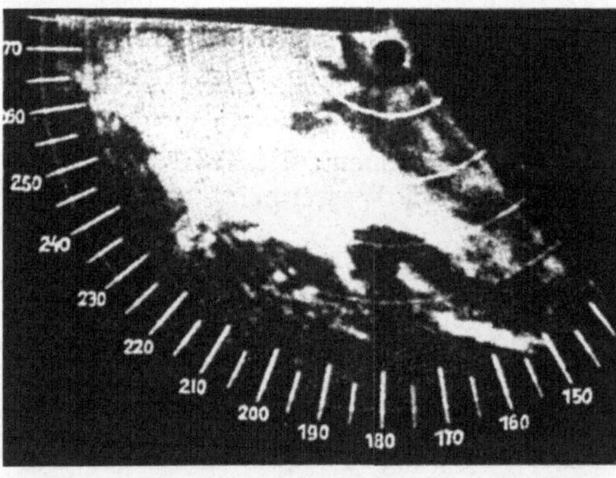

Abb. 126. Radar-Leuchtschirmbild von einem räumlich ausgedehnten Regen. $\lambda = 10$ cm. Abstand zwischen den Kreisen 15 km [112].

Eine besondere Art von Echos wird mit senkrecht nach oben gerichteten Radargeräten beobachtet [47, 76, 89]. Diese Echos („Engel" genannt) sind im allgemeinen scharf, dauern den Bruchteil einer Minute und zeigen nicht die starken Schwankungen der Niederschlagsechos. Da diese Echos bei klarem Wetter auftreten, kann Regen nicht die Ursache sein. Die Echoamplitude ist im allgemeinen gering. Da man von Vögeln Echos erhält, denkt man in einzelnen Fällen an eine solche Erklärung. Auch eine Reflexion an Insektenschwärmen glaubt man nachgewiesen zu haben. In vielen Fällen und besonders im Winter nimmt man als Ursache die Reflexion an einer Inhomogenität in der Atmosphäre an. Der Echointensität nach zu urteilen, muß es sich um eine sprunghafte Inhomogenität von kleiner Ausdehnung handeln (Größenordnung 10 cm). Weitere Untersuchungen werden eine Klärung ergeben.

Das Radargerät stellt ein neues und ergiebiges Instrument für die meteorologische Beobachtung dar, und es hat sich das neue und ausgedehnte Gebiet der *Radiometeorologie* entwickelt [130]. Wie auf anderen Gebieten der Wellenausbreitung wird sich auch hier eine fruchtbare Zusammenarbeit zwischen dem Physiker und dem Geophysiker bzw. Meteorologen ergeben. Die in der Radiometeorologie anzuwendenden Wellenlängen liegen etwa zwischen 1 und 10 cm. Zur Beobachtung von starkem Regenfall wird etwa eine Wellenlänge von 10 cm geeignet sein, bei schwächeren Regen (und entsprechend kleinerer Tropfengröße) eine kürzere Wellenlänge. Neben der Streuung spielt für die Wahl einer geeigneten Wellenlänge auch die Absorption eine Rolle, die mit abnehmender Wellenlänge stark anwächst.

III. Die Ionosphärenforschung.

Die Theorie vermag, gestützt auf Beobachtungsergebnisse, allgemeine Eigenschaften der Ionosphäre anzugeben und zu erklären. Sie kann hierauf aufbauend die allgemeinen Züge der Wellenausbreitung unter dem Einfluß der Ionosphäre befriedigend wiedergeben. In die Vielgestaltigkeit der Zustände in der Ionosphäre und deren Wirkungen auf die Wellenausbreitung vermag sie aber von sich aus nicht einzudringen. Unsere Kenntnis der Ionosphäre fußte zunächst auf den Beobachtungen der drahtlosen Telegraphie. Insbesondere bei den kurzen Wellen haben sich die großen Firmen, in Deutschland Telefunken und Transradio, dadurch verdient gemacht, daß sie das Resultat langjähriger Betriebserfahrungen in übersichtlicher Form veröffentlicht haben. Bedenken wir, daß z. B. eine kurze Welle auf großen Strecken verschiedene Zonen der Erde durchquert und daß längs der Strecke teils Tag, teils Nacht herrschen kann, so sehen wir, daß hier in vielen Fällen mehr eine Art Summenwirkung der Ionosphäre auf die Ausbreitung zum Ausdruck kommt.

Seit der Entdeckung der kurzen Wellen hat sich in steigendem Maße eine selbständige Ionosphärenforschung entwickelt. Es werden, ein optisches Experiment im großen, elektrische Wellen von geeigneter Wellenlänge in die Ionosphäre hinaufgesandt und die reflektierte Welle beobachtet. Die vielseitigen Ergebnisse dieser Forschung dienen zunächst der Erweiterung unserer geophysikalischen Kenntnis der hohen Atmosphärenschichten. Im Zusammenhang mit der Wellenausbreitung müssen wir uns um eine genaue Kenntnis der Ionosphäre bemühen, weil diese einen wesentlichen Bestandteil des Übertragungsweges darstellt, soweit es sich um Wellen im Frequenzgebiet unterhalb etwa 30 MHz handelt.

Dem besonderen Zweck entsprechend steht hier im allgemeinen der Sender nicht sehr weit vom Empfänger (senkrechter Einfall der Wellen). Wir beschreiben im folgenden in den beiden ersten Abschnitten (A und B) die Methoden zur Bestimmung und Voraussage der Ionosphärendaten und in einem dritten Abschnitt (C) die Ergebnisse der Ionosphärenforschung.

A. Scheinbare Höhe,
wahre Höhe und Dicke der Ionosphärenschichten.
1. Die scheinbare Höhe und ihre Messung.

Signalmethode: Die experimentelle Ionosphärenforschung macht es sich im wesentlichen zur Aufgabe, die Höhe und Struktur der Ionosphäre zu bestimmen. Die Meßmethode (Echolotung) entspricht dem Funkmeßverfahren (Radar). Es werden periodische Signale von kurzer Dauer gesendet und an einem im allgemeinen nicht sehr weit vom Sender entfernten Empfänger aufgenommen [*35*]. Die Signale werden auf dem Leuchtschirm einer Elektronenstrahlröhre beobachtet. Die Zeitablenkung ist mit der Signalfrequenz synchronisiert, so daß man ein stehendes Bild erhält. Das zuerst ankommende Signal entspricht der Bodenwelle (direktes Signal), die späteren den Reflexionen der Luftwelle an der Ionosphäre (Echosignal). Aus dem Abstand der Echosignale vom direkten Signal erhält man mit Hilfe der bekannten Geschwindigkeit der Zeitablenkung die Laufzeit der Luftwelle und damit die gesuchte Höhe der reflektierenden Schicht. Die Reflexionshöhen sind von der Größenordnung 100 km (Laufweg 200 km), die zu messenden Zeiten also von der Größenordnung 10^{-3} sec. Die Signaldauer muß je nach der geforderten Genauigkeit etwa 1 bis 2 Größenordnungen niedriger sein. Die Impulsfrequenz ist nach oben hin dadurch begrenzt, daß aus Gründen der Eindeutigkeit während einer Periode der Signalfrequenz alle Echosignale zum Empfänger gelangt sein müssen. Da Höhen bis zu 1000 km (Laufweg 2000 km) beobachtet werden, sollte die Frequenz kleiner als 150 Hz sein, und man nimmt im allgemeinen die Netzfrequenz 50 Hz.

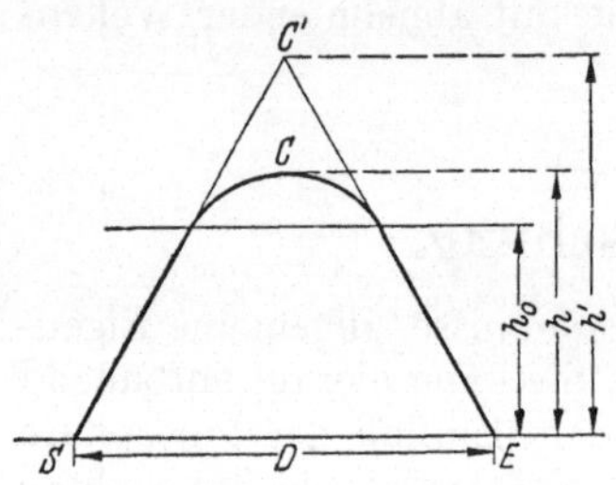

Abb. 127. Wahre Höhe h und scheinbare Höhe h' der Reflexionsstelle. Wahrer Weg SCE und äquivalenter Weg $SC'E$ der Luftwelle. h_0 ist die Höhe der unteren Grenze der ionisierten Schicht.

Die Höhe der Schicht bzw. der Reflexionsstelle ist ein noch näher zu erläuternder Begriff. Der Weg der Signale ist in Abb. 127 dargestellt, wobei wegen der kleinen Entfernung ebene Erde angenommen werden kann. Innerhalb der Ionosphärenschicht nimmt der Brechungsindex nach oben hin ab. Die Welle wird also vom Einfallslot weg gebrochen und durchläuft insgesamt den Weg SCE. Unter der Geschwindigkeit, mit welcher sich die Wellen ausbreiten, haben wir diejenige Geschwindigkeit zu verstehen, mit welcher sich die elektromagnetische Energie ausbreitet. Wir bezeichnen diese als *Signalgeschwindigkeit*. Man kann im vorliegenden Fall annehmen, daß diese gleich der *Gruppengeschwindigkeit* ist. Hierunter versteht man diejenige Geschwindigkeit, mit der sich eine Wellengruppe ausbreitet, die man durch Interferenz von zwei Wellenzügen benachbarter Frequenz erhält (Schwebung). Die Gruppengeschwindigkeit u ist außerhalb der Ionosphäre gleich der Lichtgeschwindigkeit c, welche auch die Phasengeschwindigkeit ist. Innerhalb der Ionosphäre, welche ein dispergierendes Medium darstellt, ist die Gruppengeschwindigkeit von der Lichtgeschwindigkeit verschieden. Hier ist

$$u = \frac{c}{\dfrac{d(n\,\omega)}{d\omega}} = \frac{c\,n}{n^2 + \dfrac{1}{2}\,\omega\,\dfrac{d(n^2)}{d\omega}}. \tag{253}$$

Unter Vernachlässigung des Magnetfeldes und der Dämpfung ist

$$n^2 = 1 - \frac{4\pi\,N\,e^2}{m\,\omega^2}.$$

Dann ist

$$u = c\,n. \tag{254}$$

Will man das Erdmagnetfeld berücksichtigen, so hat man mit dem Ausdruck Gl. (37) für n in die Formel (253) einzugehen. Die Gruppengeschwindigkeit wird dann nicht nur von der Elektronenkonzentration N, sondern auch von der

Stärke und Richtung des Erdmagnetfeldes abhängig sein. Für eine weitere Diskussion vergleiche [*84, 90, 175, 218, 250*].

Da $n < 1$, so ist die Gruppengeschwindigkeit u kleiner als die Lichtgeschwindigkeit c. Die Luftwelle legt also gegenüber der Bodenwelle nicht nur einen längeren Weg zurück, sondern sie erleidet infolge der geringeren Ausbreitungsgeschwindigkeit in der Ionosphäre eine weitere zeitliche Verzögerung. Diese kann insbesondere bei senkrechtem Einfall groß sein, da an der Reflexionsstelle $n = 0$ ist, die Welle also Gebiete durchläuft, in denen n klein ist. Die Zeitverzögerung infolge der niedrigeren Ausbreitungsgeschwindigkeit in der Ionosphäre läßt sich dem Betrage nach geometrisch veranschaulichen. Ist ds ein Element des Weges SCE, so ist mit Hilfe von Gl. (167a) u. (254) der Weg, den das Signal in derselben Zeit mit Lichtgeschwindigkeit durchlaufen würde [*34*]

$$c \int \frac{ds}{u} = \int \frac{ds}{n} = \int \frac{ds \sin \varphi}{\sin \varphi_0} = S C' + C' E. \qquad (255)$$

Das Signal durchläuft also den Weg SCE in derselben Zeit, in welcher es den geradlinigen Weg $SC'E$ mit Lichtgeschwindigkeit durchlaufen würde (*Satz vom äquivalenten Weg*). Dies gilt nur für ebene Erde, d. h. praktisch für nicht zu große Entfernungen. Die Zeitverzögerung der Luftwelle gegenüber der Bodenwelle ist also dieselbe, als würde die Luftwelle an einer nach unten scharf begrenzten Schicht an der Stelle C' reflektiert. Die entsprechende Höhe h' bezeichnen wir als *scheinbare Höhe*. Dies ist diejenige Höhe, welche man aus Laufzeitmessungen erhält, wenn man annimmt, daß die Impulse sich geradlinig mit Lichtgeschwindigkeit ausbreiten. Aus dem gemessenen Laufzeitunterschied Δt folgt für die Laufzeit der Luftwelle

$$\tau = \Delta t + \frac{D}{c}, \qquad (256)$$

wo D/c die Laufzeit der Bodenwelle ist, für die wir Lichtgeschwindigkeit annehmen. Für die scheinbare Höhe der Reflexionsstelle folgt (vgl. Abb. 127)

$$h' = \tfrac{1}{2} \sqrt{(c\,\tau)^2 - D^2}. \qquad (257)$$

Bei senkrechtem Einfall ist $D = 0$, und damit, wie auch unmittelbar einzusehen ist,

$$h' = \tfrac{1}{2} c\,\Delta t. \qquad (257a)$$

Interferenzmethode. Bei einer anderen, weniger benutzten Methode strahlt der Sender einen kontinuierlichen Wellenzug aus. Am Empfänger kommen die Bodenwelle und die an der Ionosphäre reflektierte Luftwelle zur Interferenz. Die Frequenz wird gleichmäßig um einen kleinen Betrag geändert. Hierdurch ändert sich der Gangunterschied der beiden interferierenden Wellen, und es kommen eine Zahl von Maxima und Minima zur Beobachtung [*13, 14*]. Die Luftwelle, welche den Sender mit der Frequenz f verläßt, interferiert mit einer Bodenwelle, welche den Sender wegen des kürzeren Weges später verlassen hat, und zwar mit einer Frequenz $f + \frac{df}{dt} \Delta t$, wo Δt die Laufzeitdifferenz ist. Es ergibt sich die Schwebungsfrequenz

$$\left(f + \frac{df}{dt} \Delta t \right) - f = \frac{df}{dt} \Delta t.$$

Während der gesamten Zeit z der Frequenzänderung erhält man also

$$m = z \frac{df}{dt} \Delta t = \Delta f \, \Delta t$$

Schwebungen, wobei Δf die gesamte Frequenzänderung ist. Also folgt

$$\Delta t = \frac{m}{\Delta f}. \tag{258}$$

Dividiert man also die Zahl der beobachteten Schwebungen m durch den Betrag der Frequenzänderung Δf, so erhält man den Laufzeitunterschied zwischen Luft- und Bodenwelle Δt. Hieraus kann man wie oben die scheinbare Höhe berechnen. Die Ableitung setzt konstante Laufzeit und damit auch konstanten Laufweg im Frequenzbereich voraus. Dies gilt genügend genau, wenn die Wellen nur wenig in die reflektierende Schicht eindringen (also unter 3 MHz).

Die Messung der scheinbaren Höhe beruht auf einer Messung der Laufzeit der elektromagnetischen Energie vom Sender zum Empfänger. Eine zeitlich konstante Welle ist für die Messung nicht brauchbar, da sie keine Anzeige für das Eintreffen der zu einer bestimmten Zeit am Sender ausgestrahlten Energie ergibt. Hierzu ist eine Modulation des Senders erforderlich. Diese ist bei der Signalmethode eine Amplituden-, bei der Interferenzmethode eine Frequenzmodulation.

2. Zusammenhang zwischen wahrer und scheinbarer Höhe für eine parabolische Ersatzschicht.

Es ist üblich, die Meßergebnisse der Echolotung in scheinbaren Höhen h' anzugeben, die unmittelbar gemessen werden. Die Struktur der Ionosphäre läßt sich hieraus nicht unmittelbar ablesen. Ihre Kenntnis ist aber von großer Bedeutung, da die Ionosphäre ein wesentlicher Teil des Übertragungsweges ist. Es ergibt sich das Problem, aus der gemessenen scheinbaren Höhe h' die zugehörigen wahren Höhen h der Reflexionsstelle zu berechnen. Wir beschränken uns auf den wichtigen Frequenzbereich über 1,5 MHz ($f > f_H$), vernachlässigen die Dämpfung und den Einfluß des Erdmagnetfeldes. Nach Gl. (28) schreiben wir den Brechungsindex in der Form

$$n^2 = 1 - \frac{4\pi N e^2}{m \, \omega^2} = 1 - \frac{N e^2}{m \, \pi} \frac{1}{f^2} = 1 - \frac{f_0^2}{f^2} \tag{259}$$

mit

$$f_0^2 = \frac{N e^2}{m \, \pi}. \tag{260}$$

Der theoretische Verlauf der Trägerdichte ist durch Gl. (153) bzw. Abb. 38 als Funktion der Höhe gegeben. Für die Reflexion der Wellen ist nur der Teil der Schicht maßgebend, welcher unterhalb des Maximums liegt. Hier läßt sich die Trägerdichte mit guter Annäherung durch eine *parabolische Ersatzschicht* darstellen [70]:

$$N = N_m (2\zeta - \zeta^2). \tag{261}$$

Hierin ist (vgl. Abb. 128)

$$\zeta = \frac{z}{C} \tag{262}$$

die *relative Höhe* in der Schicht, C die Schichtdicke von der unteren Grenze bis zum Maximum.

Die parabolische Ersatzschicht ist schematisch in Abb. 128 dargestellt. Aus Gl. (259) u. (261) folgt

$$n^2 = 1 - \frac{f_k^2}{f^2}(2\zeta - \zeta^2), \tag{263}$$

wobei

$$f_k^2 = \frac{N_m\,e^2}{m\,\pi} \tag{264}$$

die kritische Frequenz (s. S. 162) ohne Magnetfeld bzw. nach Gl. (45) auch die der ordentlichen Welle ist. Bei senkrechtem Einfall, auf den wir uns hier beschränken, findet die Reflexion an der Stelle $n^2 = 0$ statt. Aus $n^2 = 0$ folgt mit Hilfe von Gl. (263) für die *relative wahre Höhe* der Reflexionsstelle [72]

$$\zeta = 1 - \sqrt{1 - \frac{f^2}{f_k^2}}\,. \tag{265}$$

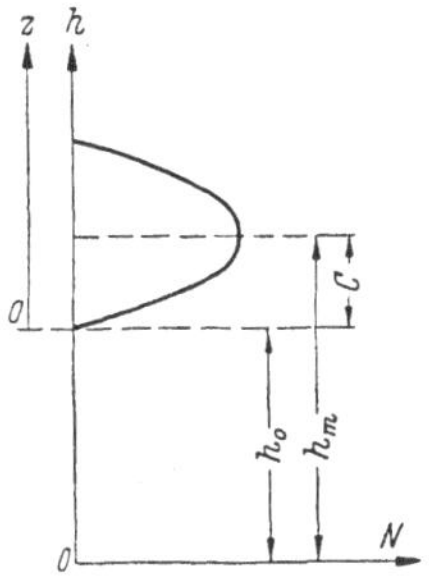

Für die *relative scheinbare Höhe* der Reflexionsstelle folgt

$$\zeta' = \frac{z'}{C} = c\,t = c\int_0^\zeta \frac{d\zeta}{u} = \int_0^\zeta \frac{d\zeta}{n}$$

$$= \int_0^\zeta \frac{d\zeta}{\sqrt{1 - \frac{2f_k^2}{f^2}\zeta + \frac{f_k^2}{f^2}\zeta^2}} = \frac{f}{2f_k}\ln\frac{1+\dfrac{f}{f_k}}{1-\dfrac{f}{f_k}}\,. \tag{266}$$

Abb. 128. Parabolische Ersatzschicht.

Für die scheinbare und wahre Höhe gilt

$$\left.\begin{aligned} h' &= h_0 + z' = h_0 + C\,\zeta',\\ h &= h_0 + z = h_0 + C\,\zeta. \end{aligned}\right\} \tag{267}$$

Wir fassen f/f_k als Parameter auf. Dann geben die beiden Gl. (265) u. (266) in Parameterdarstellung die Abhängigkeit der relativen scheinbaren Höhe von der relativen wahren Höhe der Reflexionsstelle. Diese Abhängigkeit ist in Abb. 129 dargestellt. Wie wir sehen, nimmt die scheinbare Höhe mit wachsendem Eindringen in die Schicht gegenüber der wahren Höhe immer mehr zu. Für $f/f_k = 1$ ist nach Gl. (265) $\zeta = 1$ und nach Gl. (266) $\zeta' = \infty$. Dann findet die Reflexion im Maximum der Schicht statt, die Frequenz ist gleich der kritischen Frequenz und die scheinbare Höhe ist unendlich groß. Für $f/f_k = 0$ ist $\zeta' = \zeta = 0$, die Reflexion findet an der unteren Grenze der Schicht statt, und die scheinbare Höhe stimmt mit der wahren Höhe überein. $f/f_k = 0$ bzw. praktisch $f \ll f_k$ entspricht großen Werten der Trägerdichten bzw. niedrigen Frequenzen. Bei gegebener Trägerdichte muß man genügend niedrige Frequenzen wählen, um eine Reflexion an der unteren Grenze der Schicht zu erhalten.

Die größten scheinbaren Höhen, welche für die höhere Schicht gemessen wurden, sind etwa 700 km. Dies entspricht unter Annahme einer Schichtdicke $C = 200$ km und einer Höhe der unteren Grenze $h_0 = 200$ km einer relativen scheinbaren Höhe

$$\zeta' = \frac{z'}{C} = \frac{700 - 200}{200} = 2{,}5\,,$$

also nach Abb. 129 einer relativen wahren Höhe von 0,85. Hier ist demnach $z = 0,85 \cdot 200 = 170$ km, und die Trägerdichte hat nach Gl. (261) den Wert $N = 0,98\,N_m$. Von hier bis zum Maximum ändert sich die Trägerdichte nur noch um 2%, und in diesem Gebiet steigt die relative scheinbare Höhe von 2,5 bis ∞. In Wirklichkeit wird die Trägerdichte infolge der Diffusion in der Nähe des Maximums noch flacher verlaufen, als unserer Annahme entspricht. Berücksichtigt man außerdem noch Schwankungen im Zustand der Schicht, so wird man wohl annehmen können, daß regelmäßige Reflexionen mit reproduzierbaren scheinbaren Höhen in diesem Gebiet, wo sich die scheinbare Höhe mit der wahren Höhe rapide ändert, wohl kaum vorkommen, daß also die gemessenen scheinbaren Höhen von 700 km etwa die größten sind, die man praktisch für die obere Schicht wird messen können. Hierbei ist außerdem die Tatsache zu berücksichtigen, daß die Dämpfung bei senkrechter Inzidenz in der Nähe der Reflexionsstelle sehr groß wird. Auch bei Berücksichtigung der Dämpfung wird die Reflexion in der Nähe von $n_a = 0$ stattfinden. Für $n_a = 0$ haben wir Gl. (27) anzuwenden. Es wird

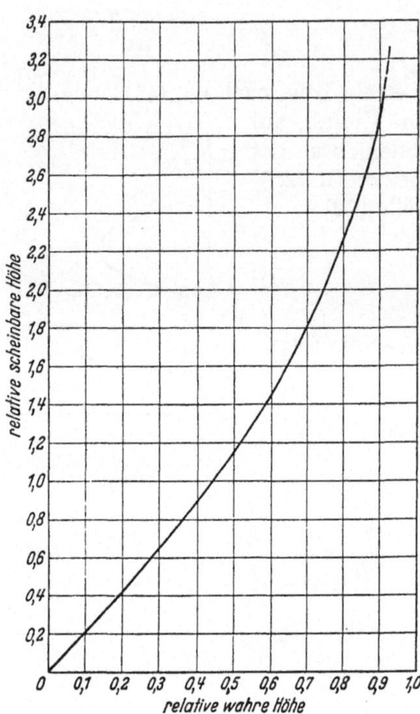

Abb. 129. Relative scheinbare Höhe der Reflexionsstelle in Abhängigkeit von der relativen wahren Höhe in der ionisierten Schicht [27.]

$$n = \varkappa = \sqrt{\dfrac{\dfrac{2\pi N e^2}{m}}{\omega^2}\,\dfrac{S}{\omega}}\,. \qquad (268)$$

Ferner ist für $n_a = 0$

$$\frac{\dfrac{2\pi N e^2}{m}}{\omega^2} = \frac{1 - n_a^2}{2} = \frac{1}{2}\,.$$

Also folgt für den Dämpfungsfaktor an der Stelle $n_a = 0$

$$K = \frac{1}{c}\sqrt{\frac{\omega S}{2}}\,. \qquad (269)$$

Setzen wir wieder für die obere Schicht $S = 3,5 \cdot 10^2$, so erhalten wir für $f = 3,57$ MHz $(\lambda = 84\ \mathrm{m})$

$$\frac{1}{K} \approx 5\ \mathrm{km}.$$

Bei Reflexionen in größeren Höhen durchläuft die Welle immer längere Wege mit kleinen Werten von n, wird also mit größer werdender Reflexionshöhe immer stärker gedämpft, so daß auch hierdurch dem weiteren Anwachsen der scheinbaren Höhe eine Grenze gesetzt wird, die unter Anwendung größerer Senderleistung etwas nach oben verschoben werden mag.

Bestimmt man durch Reflexion genügend langer Wellen die untere Grenze einer Schicht und durch Anwendung kürzerer Wellen die größten beobachtbaren scheinbaren Höhen, so ergibt sich die scheinbare Dicke der Schicht. Nach der vorangehenden Berechnung muß man annehmen, daß diese scheinbare Dicke etwa das 2- bis 3fache der wahren Dicke der Schicht beträgt, gerechnet von der unteren Grenze bis zum Maximum.

3. Scheinbare und wahre Höhe in Abhängigkeit von der Tageszeit (Zahlenbeispiel).

In vielen Fällen wird mit konstanter Wellenlänge die scheinbare Höhe in Abhängigkeit von der Tageszeit, d. h. also bei veränderlichem Wert der Elektronendichte, beobachtet. Maßgebend für den Brechungsindex ist das Produkt $N\,1/f^2$. Abnehmende Werte von N oder $1/f^2$ ergeben größere scheinbare Höhen. Die scheinbare Höhe nimmt also während der Nacht zu. Wir berechnen als Beispiel den Verlauf für $f = 6{,}67\,\text{MHz}$ ($\lambda = 45\,\text{m}$) bei senkrechtem Einfall.

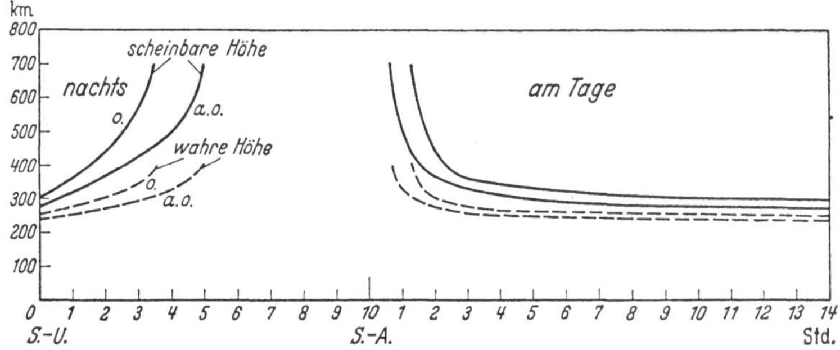

Abb. 130. Scheinbare und wahre Höhe in Abhängigkeit von der Tageszeit, berechnet für 6,67 MHz ($\lambda = 45\,\text{m}$) und eine maximale Elektronendichte am Tage von $1{,}3 \cdot 10^6$ Elektronen/cm³. Die untere Grenze der ionisierten Schicht ist in 200 km Höhe, das Maximum der Ionisation in 400 km Höhe angenommen. Die Berücksichtigung des Erdmagnetfeldes ergibt die Aufspaltung in die o. und a.o Welle.

Die beiden durch Doppelbrechung entstehenden Wellen behandeln wir einzeln als selbständige Wellen. Die Elektronendichten an der Reflexionsstelle sind nach Gl. (286) für die ordentliche und außerordentliche Welle $5{,}46 \cdot 10^5$ bzw. $4{,}3 \cdot 10^2$ Elektronen/cm³. Mit Hilfe der Gl. (261):

$$N = N_m (2\,\zeta - \zeta^2)$$

erhalten wir, indem wir für N den Wert an der Reflexionsstelle einsetzen, für die wahre Höhe der Reflexionsstelle

$$\zeta = 1 - \sqrt{1 - \frac{N}{N_m}}\,, \qquad h = h_0 + C\,\zeta. \tag{270}$$

Die Abhängigkeit der maximalen Elektronendichte N_m von der Tageszeit sei durch Abb. 40 gegeben. Aus Gl. (270) erhalten wir dann für beide Wellen die wahre Höhe in Abhängigkeit von der Tageszeit und mit Hilfe von Abb. 129 die entsprechenden scheinbaren Höhen, gerechnet von der unteren Grenze der Schicht, die in 200 km Höhe angenommen wird. Ferner wird die Dicke der Schicht bis zum Maximum zu $C = 200$ km angenommen, und die maximale Elektronendichte ist nach Abb. 40 zu Beginn der Nacht $N_m = 1{,}3 \cdot 10^6$. Das Ergebnis der Berechnung ist in Abb. 130 dargestellt. Wir sehen, daß die scheinbare Höhe während der Nacht in den ersten Stunden zunächst langsam und dann immer schneller anwächst, während die Abnahme der Ionisation erst schnell, dann langsamer erfolgt. Der Verlauf der scheinbaren Höhe mit der Tageszeit geht also nicht parallel mit der zeitlichen Änderung der Ionisation, was für die Beurteilung von Meßresultaten wichtig ist. Große Änderungen der scheinbaren Höhe können unter Umständen nur kleinen Änderungen der Ionisation entsprechen. Wir sehen, daß die Änderung der scheinbaren Höhe um so rascher erfolgt, je tiefer die Wellen in die Schicht eindringen, sie ist in der Nähe der Durchlässigkeitsgrenze besonders groß. Die Abnahme der scheinbaren Höhe in den Morgenstunden erfolgt rascher als die Zunahme in den Abendstunden, da hier auch gleichzeitig die Ionisation rasch zunimmt. Der gezeichnete Verlauf ist charakteristisch für solche Wellen, welche während eines Teiles der Nacht in der Ionosphäre nicht mehr reflektiert werden. Für entsprechend längere Wellen werden bei gleicher Annahme über den zeitlichen Verlauf der Trägerdichte die eine Komponente, bei noch längerer Welle beide Wellen während der ganzen Nacht reflektiert, und die vorkommenden Höhenänderungen sind dann geringer. Für die Berechnung wurde die Höhe der Schicht als konstant angenommen. Die berechneten Höhenänderungen entsprechen lediglich dem mehr oder weniger tiefen Eindringen der Wellen in die Schicht.

4. Bestimmung der Schichtdicke und wahren Höhe.

Die Echolotungen werden heute vorwiegend so durchgeführt, daß man unter Anwendung der Signalmethode die Frequenz in einem gewissen Bereich in kurzer Zeit kontinuierlich ändert und die scheinbare Höhe in Abhängigkeit von der Frequenz registriert. Man erhält dann sogenannte (h', f)-Kurven (vgl. z. B. Abb. 152). Der Frequenzbereich ist nach Möglichkeit so zu wählen, daß die niedrigste Frequenz an der unteren Grenze der Schicht reflektiert wird, die höchste Frequenz aber durch die Schicht hindurchgeht. Auf jeden Fall muß das letztere der Fall sein. Man tastet damit in kurzer Zeit die ganze Schicht ab und kann aus den Messungen die wesentlichen Daten der Schicht ableiten. Die Auswertung der Messungen kann nach verschiedenen Methoden geschehen [*90*].

a) Parabolische Ersatzschicht.

Unter Zugrundelegung der parabolischen Ersatzschicht ist die relative scheinbare Höhe durch Gl. (266) als Funktion der Frequenz gegeben. Diese Funktion ist in Abb. 131 gezeichnet, sie stellt in reduziertem Maßstab den grundsätzlichen Verlauf einer (h', f)-Kurve dar.

Mit den in Abb. 128 gegebenen Bezeichnungen ist nach Gl. (267)

$$h' = h_0 + C\,\zeta' = h_m + (\zeta' - 1)\,C. \tag{271}$$

Man nimmt nun zwei Werte von f/f_k, bestimmt die zugehörigen Werte von ζ' (die aus Abb. 131 abgelesen werden können) und liest aus der beobachteten (h', f)-Kurve die entsprechenden h'-Werte ab. Dann folgt für die Schichtdicke

$$C = \frac{h_1' - h_2'}{\zeta_1' - \zeta_2'} \tag{272}$$

und für die Höhe des Maximums

$$h_m = h' - (\zeta' - 1)\,C, \tag{273}$$

wobei h' und ζ' zum gleichen Wert von f/f_k gehören. Wählen wir $f/f_k = 0{,}925$ bzw. $0{,}648$, so ist $\zeta_1' = 1{,}5$ und $\zeta_2' = 0{,}5$, also $\zeta_1' - \zeta_2' = 1$ und C gleich der Differenz der zugehörigen scheinbaren Höhen. Diese Berechnung entspricht einem bekannten graphischen Verfahren, bei dem man zunächst die beobachteten scheinbaren Höhen als Funktion von ζ' aufträgt. Dies muß, falls die parabolische Ersatzschicht die wirklichen Verhältnisse genügend genau wiedergibt, nach Gl. (271) eine Gerade geben. Die Steigung dieser Geraden ergibt die Schichtdicke. Der Schnittpunkt mit der h'-Achse ($\zeta' = 0$) ist die Höhe der unteren Grenze der Schicht [16].

Frequenzfaktor. Aus Abb. 131 kann man ablesen, daß für $f/f_k = f^*/f_k = 0{,}83$ $\zeta' = 1$, d. h. gleich der relativen wahren Höhe des Maximums der Schicht wird. Wir nennen $f^*/f_k = k$ den *Frequenzfaktor*, und es ist

$$f^* = k\,f_k. \tag{274}$$

Ist eine beobachtete (h', f)-Kurve gegeben, so kann man mit Hilfe dieser Beziehung die wahre Höhe des Maximums der Schicht bestimmen. Zu diesem Zweck multipliziert man die beobachtete kritische Frequenz mit dem Frequenzfaktor k (für die parabolische Ersatzschicht und ohne Berücksichtigung des Erdmagnetfeldes $k = 0{,}83$) und liest die scheinbare Höhe bei der sich ergebenden Frequenz f^* ab. Diese ist gleich der gesuchten wahren Höhe des Maximums der Schicht [55]. Wir erkennen dies aus Gl. (273). Für $f = f^*$ wird $\zeta' = 1$ und $h' = h_m$. Somit sind die Höhe des Maximums, die Dicke und auch die Höhe der unteren Grenze der Schicht aus den beobachteten (h', f)-Kurven abgeleitet.

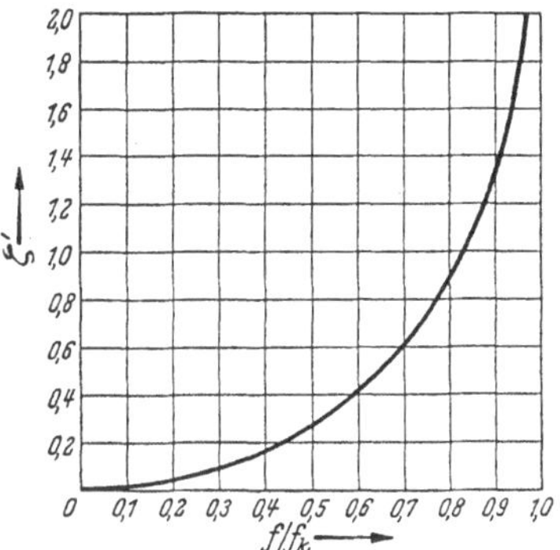

Abb. 131. Relative scheinbare Höhe ζ' in Abhängigkeit von f/f_k für eine parabolische Ersatzschicht nach Gl. (266).

Die Frage, ob eine andere als die parabolische Ersatzschicht brauchbarer ist, soll hier nicht untersucht werden, sie läßt sich zur Zeit auch nicht endgültig beantworten.

b) Normalschicht.

Die theoretische Struktur der Ionsphäre ist durch Gl. (153) bzw. Abb. 38 gegeben. Ob der wirkliche Verlauf der Trägerdichte dieser Normalschicht entspricht, muß dahingestellt bleiben. Bei ihrer Ableitung wurden nur die Ionisierung und die Wiedervereinigung berücksichtigt und eine einfache Annahme über den Verlauf des Druckes mit der Höhe gemacht. Zusätzliche Faktoren können eine Abänderung ergeben (z. B. Temperaturgradient, Diffusion, weitere Elementarprozesse). Legt man jedoch die durch Gl. (153) gegebene Struktur zugrunde und bezeichnen wir als *relative scheinbare Höhe* in der Schicht jetzt die Größe

$$\zeta_H' = \frac{h' - h_m}{H}, \tag{275}$$

so ergibt eine Berechnung den in Abb. 132 dargestellten Verlauf von ζ_H' als Funktion von f/f_k [169]. Für die scheinbare Höhe folgt

$$h' = h_m + \zeta_H' H. \tag{276}$$

Analog Gl. (272) erhält man jetzt für die Höhenkonstante

$$H = \frac{h_1' - h_2'}{\zeta_{H,1}' - \zeta_{H,2}'} \qquad (277)$$

und

$$h_m = h' - \zeta_H' H. \qquad (278)$$

Das graphische Verfahren sieht jetzt so aus, daß man die registrierten h'-Werte als Funktion von ζ_H' darstellt, wobei sich eine Gerade ergeben muß, wenn eine Normalschicht vorliegt. Der Schnittpunkt mit der h'-Achse ergibt h_m, die Neigung ergibt H. Die Dicke der Schicht (vom unteren Rande bis zum Maximum) ist jetzt nicht genau definiert. Sie ist aber durch die Höhenkonstante H bestimmt, und es ist im Vergleich mit der parabolischen Ersatzschicht $2H \approx C$.

Hat man eine experimentelle (h', f)-Kurve vorliegen, so könnte man die gemessenen scheinbaren Höhen einmal als Funktion von ζ' und einmal als Funktion von ζ_H' darstellen. Je nachdem, ob sich im ersten oder zweiten Fall eine Gerade ergibt, wird eine parabolische oder eine Normalschicht vorliegen, wobei noch die Möglichkeit

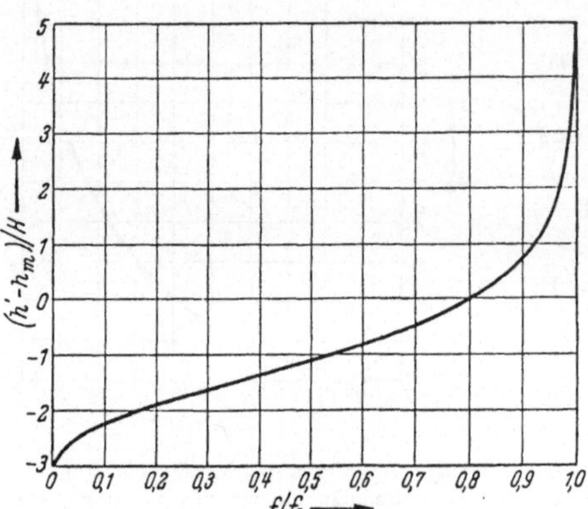

Abb. 132. Relative scheinbare Höhe ζ_H' in Abhängigkeit von f/f_k für eine Normalschicht [169].

offenbleibt, daß keiner der beiden Fälle vorliegt. Es liegen Anzeichen dafür vor, daß die Werte von H, die für größere Werte von f/f_k am Tage berechnet werden, größer sind als die im mittleren Frequenzbereich gefundenen, was eine Abweichung von dem als Normalschicht bezeichneten Verlauf anzeigt [169].

Frequenzfaktor. Aus Abb. 132 ist zu ersehen, daß $h' = h_m$ wird für $f/f_k = 0,81$. Der für die Bestimmung der wahren Höhe des Maximums anzuwendende Frequenzfaktor ist also bei der Normalschicht 0,81 gegenüber 0,83 bei der parabolischen Ersatzschicht. Die Anwendung des Faktors 0,83 ergibt, wie man aus Abb. 132 ablesen kann, einen um $0,14\,H$ zu großen Wert für h_m. Der kleinere Frequenzfaktor ist offenbar auf die größere Verzögerung im unteren Teil der Schicht zurückzuführen, welche dort gegenüber der parabolischen Verteilung breiter ausläuft.

Eine in der Anwendung einfache Methode der Auswertung von Echolotungskurven ist wie folgt gegeben: Man zeichnet eine Zahl von (h', f)-Kurven, die für verschiedene Werte von H als Parameter berechnet sind, auf einer durchsichtigen Schablone auf und sucht durch Vergleich diejenige heraus, welche der beobachteten Kurve am besten entspricht. Auf diese Weise erhält man h_m und H [169]. Ein analoges Verfahren kann man auch mit Hilfe der parabolischen Ersatzschicht oder unter anderen Schichtannahmen durchführen [184].

c) Mehrere Schichten.

Sind mehrere Schichten, z. B. E-, F_1-, F_2-Schicht, vorhanden, so muß man bei der Analyse der oberen Schichten die Verzögerung in den darunterliegenden Schichten berücksichtigen. Dies kann man tun, indem man die Methode der parabolischen Ersatzschicht anwendet und wie folgt vorgeht [33]:

1. Man bestimmt die Höhe und Dicke der E-Schicht.

2. Die beobachteten scheinbaren Höhen der F_1-Schicht werden in bezug auf die Anwesenheit der E-Schicht korrigiert, indem man für die E-Schicht volle parabolische Struktur annimmt. Dann ist die Dicke der Schicht $2\,C$. Die scheinbare Dicke ist $2\,C\,\zeta'$. Man muß also als Korrektur bei der Frequenz f den Differenzbetrag

$$2\,C\,(\zeta' - 1) \tag{279}$$

von der scheinbaren Höhe der F_1-Schicht abziehen. Hierbei ist ζ' als Funktion von f/f_k zu berechnen, wo f_k die beobachtete kritische Frequenz der E-Schicht

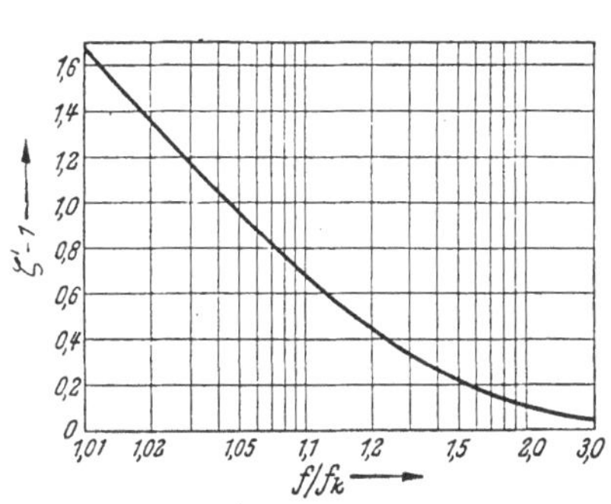

Abb. 133. Korrektionsfaktor $\zeta' - 1$ zur Berücksichtigung der Verzögerung in einer parabolischen Schicht [33].

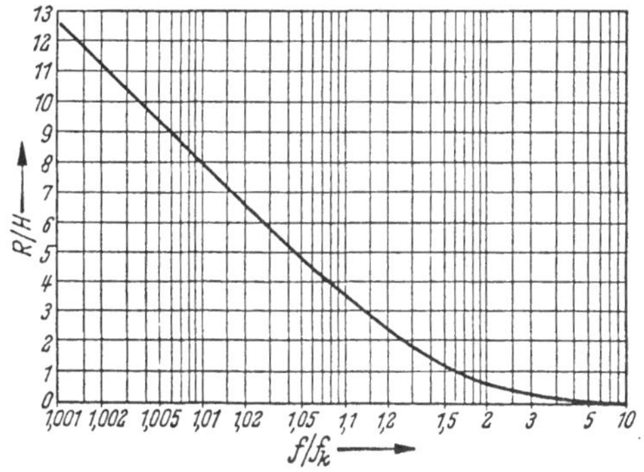

Abb. 134. Korrektionsfaktor R/H zur Berücksichtigung der Verzögerung in einer Normalschicht [169].

und naturgemäß $f > f_k$ ist. Abb. 133 zeigt die Funktion $\zeta' - 1$. Die Verzögerung ist besonders groß in der Nähe der Grenzfrequenz der E-Schicht, sie verschwindet für große Werte von $f\,(f \gg f_{k,\,E})$.

3. Aus der korrigierten F_1-Beobachtung werden Höhe und Dicke der F_1-Schicht bestimmt.

4. Die F_2-Schicht wird in bezug auf die Anwesenheit der E- und F_1-Schicht korrigiert, wobei unter Umständen die Korrektur in bezug auf die E-Schicht zu vernachlässigen ist.

5. Aus der korrigierten F_2-Beobachtung werden Höhe und Dicke der F_2-Schicht bestimmt.

Legt man die Normalschicht zugrunde, so berechnet sich ein Korrektionsfaktor R/H, der in Abb. 134 dargestellt ist [169]. Das für die Verzögerung in der E-Schicht abzuziehende Korrekturglied ist z. B.

$$H_E\left[\frac{R}{H}\right]_E. \tag{280}$$

R/H ist aus Abb. 134 abzulesen, indem für f_k die Grenzfrequenz der E-Schicht einzusetzen ist.

Wesentlich geht in dieses Verfahren eine experimentell in keiner Weise nachprüfbare Annahme über den Trägerdichteverlauf zwischen Trägermaximum der E-Schicht und erster Reflexionsstelle an der F-Schicht ein. Der Fehler, der auf Grund der Nichtübereinstimmung von angenommenem und wahrem Verlauf der Trägerdichte in dem bezeichneten Bereich entstehen kann, ist in einer Arbeit diskutiert worden, auf die hier nicht eingegangen sei [90].

Für Frequenzen, die größer als das Doppelte der kritischen E-Frequenz sind, wird die Korrektur, die nach dem obigen Verfahren an der (h', f)-Kurve der F-Schicht anzubringen wäre, bereits vernachlässigbar klein (vgl. Abb. 133 und 134). Aus den h'-Werten für Frequenzen $f > 2 f_{k,\,E}$ können daher (falls sich die Echolotungskurve genügend weit in diesen Frequenzbereich erstreckt) durch unmittelbare Anwendung der in den Abschnitten a und b beschriebenen Verfahren die Daten der F-Schicht bestimmt werden, ohne daß ein größerer Fehler entsteht [*90*].

d) Strenge Lösung.

Wenn wir von einer strengen Lösung sprechen, so soll dies zunächst bedeuten, daß keine Annahmen über den Schichtverlauf zugrunde gelegt werden. Nach Gl. (255) u. (259) gilt

$$z'(f) = \int\limits_0^z \frac{dz}{\sqrt{1 - \dfrac{f_0^2}{f^2}}} . \tag{281}$$

Dies ist eine ABELsche Integralgleichung mit der Lösung [*7, 48*]

$$z(f) = \frac{2}{\pi} \int\limits_0^f \frac{z'(F)\,dF}{\sqrt{f^2 - F^2}} ; \tag{282}$$

z ist die Höhe in der Schicht, gerechnet von der unteren Grenze, $z'(F)$ die beobachtete Kurve, F ist die laufende Frequenz bzw. Integrationsvariable. Indem man die Integration für genügend viele Werte von f als Parameter durchführt, erhält man die wahre Höhe der Reflexionsstelle als Funktion der Frequenz f. Jedem Wert von f ist die Elektronendichte an der Reflexionsstelle zugeordnet nach der Beziehung $f = \dfrac{N e^2}{m \pi}$, so daß man also die Elektronendichte als Funktion der Höhe erhält. Bei der Durchführung müssen graphische Methoden angewendet werden [*136, 162, 200*]. Man macht zweckmäßig folgende Substitution:

$$F = f \sin\theta$$

und erhält dann

$$z(f) = \frac{2}{\pi} \int\limits_0^{\frac{\pi}{2}} z'(f \sin\theta)\,d\theta . \tag{283}$$

Man transformiert die beobachtete Kurve auf die neue Variable θ und zeichnet z' als Funktion von θ. Der mit einem Planimeter bestimmte Flächeninhalt dieser Kurve zwischen $\theta = 0$ und $\pi/2$ mit $2/\pi$ multipliziert gibt die gesuchte Höhe z.

Bei der Integration muß $z'(F)$ für Frequenzen von $F = 0$ an aufwärts bekannt sein. Die Werte für niedrige Frequenzen, die experimentell nicht bekannt sind, gewinnt man durch Extrapolation. Hierdurch ergibt sich ein Fehler, der mit wachsender Frequenz abnimmt.

Strenggenommen ist dieses Verfahren nur für die unterste registrierte Schicht anwendbar. Die Gl. (282) stellt nämlich nur dann eine Lösung der Integralgleichung (281) dar, wenn im Bereich von 0 bis z die Trägerdichte N und damit auch f_0^2 monoton wachsende Funktionen der Höhe sind.

Für die F-Schicht kann selbstverständlich nach Gl. (282) bzw. (283) ebenfalls eine Funktion $z(f)$ berechnet werden; jedoch stellt diese nicht mehr den wahren Trägerdichteverlauf dar. Vielmehr müssen wiederum Korrekturen angebracht werden, in welche Annahmen über den Verlauf von N im „Ionisationstal" zwischen E-Maximum und erster F-Reflexionsstelle eingehen [90, 137].

Die in diesem Abschnitt 4 beschriebenen Auswertungsverfahren für Echolotungskurven vernachlässigen das Erdmagnetfeld. Will man dieses berücksichtigen, so werden die Verfahren bedeutend komplizierter, da ja die Gruppengeschwindigkeit in diesem Fall vom Erdmagnetfeld abgängig wird (vgl. S. 150) [218, 249]. Lediglich für den a.o. Strahl läßt sich bei Echoregistrierungen in höheren Breiten eine Vereinfachung durchführen, indem man in der Gl. (37) für den Phasenbrechungsindex n die transversale Komponente H_T (bzw. ω_T) des Erdmagnetfeldes vernachlässigen kann [90, 200, 249].

B. Trägerdichte. Kritische Frequenzen. Grenzfrequenzen.

1. Allgemeine Beziehungen.

Wir betrachten kurze Wellen, für welche das Brechungsgesetz gilt. An der Reflexionsstelle verlaufen die Wellen streifend zur Schichtung, d. h., es ist $\sin \varphi = 0$. Nach dem Brechungsgesetz Gl. (168b) gilt deshalb an der Reflexionsstelle

$$n = \frac{\cos \psi}{1 + \dfrac{h}{R}}. \tag{284}$$

Indem wir n nach Gl. (28) einsetzen, erhalten wir für die *spezifische Trägerdichte* an der Reflexionsstelle

$$\frac{N}{m} = \frac{\pi}{e^2} f^2 \left(1 - \frac{\cos^2 \psi}{\left(1 + \dfrac{h}{R} \right)} \right). \tag{285}$$

Kennt man demnach für eine gegebene Frequenz den Ausstrahlungswinkel ψ und die Höhe der Reflexionsstelle h, so kann man die spezifische Trägerdichte N/m an der Reflexionsstelle bestimmen [70, 124]. Die Echolotungen werden vorwiegend bei senkrechtem Einfall der Wellen ausgeführt. Hier ist $\cos \psi = 0$ und damit

$$\frac{N}{m} = \frac{\pi}{e^2} f^2. \tag{285a}$$

Jeder Frequenz ist nach dieser Berechnung die Trägerdichte an der Reflexionsstelle zugeordnet. Durch Echolotung erhält man den Zusammenhang zwischen Frequenz und Reflexionshöhe, so daß die Trägerdichte in Abhängigkeit von der Höhe bestimmt werden kann. Berücksichtigen wir das Erdmagnetfeld, so haben wir zwei Wellen, die in verschiedenen Höhen reflektiert werden. Wir nehmen an, daß die Reflexion auch hier an der Stelle $n = 0$ erfolgt. Mit Hilfe von Gl. (45) erhalten wir für die spezifische Trägerdichte an den Reflexionsstellen dieser beiden Wellen bei gegebener Frequenz

$$\left. \begin{aligned} \frac{N_1}{m} &= \frac{\pi}{e^2} (f^2 - f f_H) \quad \text{a.o. Welle,} \\[2ex] \frac{N_2}{m} &= \frac{\pi}{e^2} f^2 \quad\quad\quad \text{o. Welle.} \end{aligned} \right\} \tag{286}$$

Die zweite Nullstelle der a.o. Welle bei größerer Trägerdichte hat hier keine praktische Bedeutung, da die a.o. Welle bereits an der Stelle reflektiert wird, wo die durch Gl. (286) gegebene Trägerdichte herrscht. Die Trägerdichte an der Reflexionsstelle ist bei gegebener Frequenz für die a.o. Welle geringer als für die o. Welle. Die Reflexionsstelle für die a.o. Welle liegt also im Vergleich mit der o. Welle in niedrigerer Höhe.

Grenzfrequenz und kritische Frequenz. Mit wachsender Frequenz dringen die Wellen immer tiefer in die Schicht ein, da nach Gl. (285a) eine immer größere Trägerdichte für ihre Reflexion erforderlich ist. Die höchste Frequenz, welche bei gegebenem Ausstrahlungswinkel noch in der Schicht reflektiert wird, nennen wir die *Grenzfrequenz* für diesen Winkel. Für die Grenzfrequenz erfolgt die Reflexion offenbar im Maximum der Schicht. Die Grenzfrequenz für senkrechten Einfall nennen wir die *kritische Frequenz*. Bei gegebener maximaler Trägerdichte sind die kritischen Frequenzen der a.o. und o. Welle gegeben durch

$$\left.\begin{aligned}\frac{N_m}{m} &= \frac{\pi}{e^2}\,(f_1^2 - f_1 f_H) \quad \text{a.o. Welle,}\\[2mm]\frac{N_m}{m} &= \frac{\pi}{e^2}\,f_2^2 \qquad\qquad \text{o. Welle.}\end{aligned}\right\} \tag{287}$$

Wird Doppelbrechung beobachtet, so ist dies ein Zeichen, daß in der Ionosphäre freie Elektronen vorhanden und hauptsächlich wirksam sind. Setzen wir dementsprechend $m = 9,1 \cdot 10^{-28}$ g, $e = 4,8 \cdot 10^{-10}$ stat. Einh., so erhalten wir

$$\left.\begin{aligned}N_m &= 1,24 \cdot 10^{-8}\,(f_1^2 - f_1 f_H),\\N_m &= 1,24 \cdot 10^{-8} f_2^2.\end{aligned}\right\} \tag{287a}$$

Durch Messung der kritischen Frequenzen können wir also die maximale Elektronendichte bestimmen.

Aus Gl. (287) folgt durch Division der beiden Gleichungen

$$f_1^2 - f_1 f_H = f_2^2. \tag{288}$$

Hieraus läßt sich die Differenz der beiden kritischen Frequenzen berechnen. Abb. 135 zeigt das Ergebnis einer solchen Berechnung, für die $f_H = 1{,}33$ MHz gesetzt wurde (entspricht 0,47 Gauß). Für Werte der kritischen Frequenz f_2 (o. Welle) zwischen 2 und 10 MHz liegt die Differenz der Grenzfrequenzen zwischen 0,76 und 0,69 MHz. In einem praktischen Fall wurden in Übereinstimmung mit der Berechnung gemessen $f_1 = 5$ MHz und $f_2 = 4{,}25$ MHz, also $f_1 - f_2 = 0{,}75$ MHz [*159*]. Sind die beiden Frequenzen bekannt, so kann man mit Hilfe von Gl. (288) f_H und damit die Stärke des Erdmagnetfeldes in der Ionosphäre berechnen.

Grenzfrequenz bei schiefem Einfall. Mit der Abkürzung Gl. (260) erhalten wir aus Gl. (285)

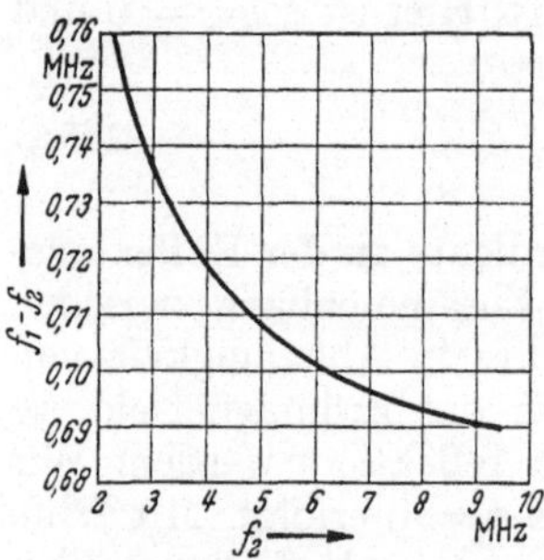

Abb. 135. Differenz der Grenzfrequenzen der a.o. (f_1) und o. Welle (f_2) in Abhängigkeit von der Grenzfrequenz der o. Welle.

$$\frac{f_0}{f} = \sqrt{1 - \frac{\cos^2\psi}{\left(1 + \dfrac{h}{R}\right)^2}}\,. \tag{289}$$

f ist diejenige Frequenz, welche bei Ausstrahlung unter dem Winkel ψ in der Höhe h reflektiert wird, wo die durch f_0 gegebene Trägerdichte herrscht. Bei vertikaler Ausstrahlung wird in der gleichen Höhe die Frequenz f_0 reflektiert. Wir bezeichnen solche Frequenzen, die bei Ausstrahlung unter verschiedenen Winkeln in der gleichen Höhe reflektiert werden, als *äquivalente Frequenzen*. Für ebene Erde ($R = \infty$) wird

$$\frac{f_0}{f} = \sin \psi = \cos \varphi_0$$

oder

$$f = f_0 \sec \varphi_0. \tag{290}$$

Diese Beziehung wird als sec-Gesetz bezeichnet.

Wir betrachten den besonderen Fall, daß die Reflexion im Maximum der Schicht erfolgt. Dann ist $f = f_g$ die Grenzfrequenz für den Winkel ψ und $f_0 = f_k$ die kritische Frequenz. Also folgt

$$\frac{f_k}{f_g} = \sqrt{1 - \frac{\cos^2 \psi}{\left(1 + \dfrac{h_m}{R}\right)^2}}. \tag{291}$$

Die Grenzfrequenz f_g nimmt demnach mit abnehmendem Ausstrahlungswinkel zu, und sie ist um so größer, je geringer die Reflexionshöhe ist. Dies gilt allgemein für die äquivalenten Frequenzen. Bei wachsender Entfernung werden also immer höhere Frequenzen an der Ionosphäre reflektiert und damit für die Übertragung brauchbar. Die höchste Frequenz überhaupt wird bei horizontaler Ausstrahlung reflektiert ($\cos \psi = 1$). Für das Verhältnis der Grenzfrequenz bei horizontaler Ausstrahlung zur kritischen Frequenz folgt $\left(\cos \psi = 1, \dfrac{h_m}{R} \ll 1\right)$

$$\frac{f_{g,\mathrm{hor}}}{f_k} \approx \sqrt{\frac{R}{2\,h_m}} = \frac{56}{\sqrt{h_m}} \qquad (h \text{ in km}). \tag{292}$$

Diese Berechnungen für die Grenzfrequenzen sind unabhängig von irgendwelchen Annahmen über den speziellen Verlauf der Trägerdichte mit der Höhe; sie setzen aber die Gültigkeit des Brechungsgesetzes voraus. Abb. 136 zeigt die Beziehung Gl. (291) für $\psi = 0°$, $5°$, $15°$, $30°$, $60°$, $90°$ in Abhängigkeit von h_m. Für $h_m = 120$ km (E-Schicht) folgt $f_{g,\mathrm{hor}} = 5{,}1\,f_k$, für $h_m = 400$ km (F-Schicht) ist $f_{g,\mathrm{hor}} = 2{,}9\,f_k$. Infolge des größeren Einflusses der Erdkrümmung ist der Faktor in der oberen Ionosphäre kleiner. Die Zahlen zeigen, daß bei horizontaler Ausstrahlung praktisch Frequenzen reflektiert werden, die ein kleines Vielfaches der kritischen Frequenz sind. Kennt man aus der Beobachtung $f_{g,\mathrm{hor}}$ und f_k, so kann man nach Gl. (292) die Höhe des Maximuns h_m berechnen.

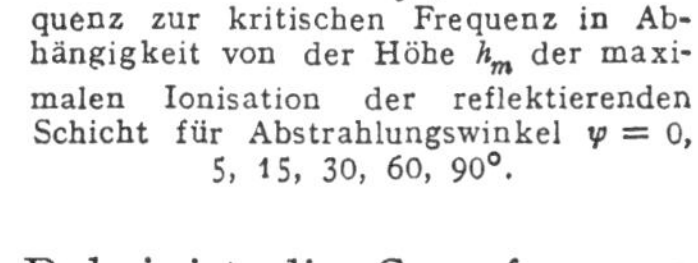

Abb. 136. Verhältnis f_g/f_k der Grenzfrequenz zur kritischen Frequenz in Abhängigkeit von der Höhe h_m der maximalen Ionisation der reflektierenden Schicht für Abstrahlungswinkel $\psi = 0$, 5, 15, 30, 60, 90°.

Bei Berücksichtigung des Erdmagnetfeldes wird die Grenzfrequenz bei schiefem Einfall sowohl für die o. als auch für die a.o. Welle von der Richtung des Magnetfeldes abhängig. Dabei ist die Grenzfrequenz der o. Welle stets kleiner als die der a.o. Welle (für $f > f_H$) [176].

Reflexion an zwei Schichten. Sind mehrere Schichten vorhanden, so muß man im allgemeinen die Grenzfrequenzen und kritischen Frequenzen der einzelnen Schichten unterscheiden. Wir betrachten die Verhältnisse bei zwei Schichten (E und F). In Abb. 137 zeigt die gestrichelte Kurve das Verhältnis f_g/f_k für die F-Schicht für $h_m = 350$ km in Abhängigkeit vom Ausstrahlungs-winkel. Die ausgezogenen Kurven zeigen das Verhältnis f_{gE}/f_{kF} mit $f_{kE}/f_{kF} = 1$; 0,8; 0,6; 0,4; 0,2 als Parameter, wobei h_m für die E-Schicht zu 120 km angenommen wurde. An einer Schicht werden jeweils diejenigen Frequenzen reflektiert, welche unter der entsprechenden Kurve liegen. Bei gegebenem Ausstrahlungswinkel findet die Reflexion an der F-Schicht für solche Frequenzen statt, welche über der jeweiligen Kurve für die E-Schicht, aber unter der Kurve für die F-Schicht liegen. Für $f_{kE}/f_{kF} = 1$ tritt überhaupt keine Reflexion an der F-Schicht auf, sondern nur an der E-Schicht. Dies ist für $f_{k,E}/f_{k,F} = 0,8$ auch im Winkelbereich von 0 bis 15° der Fall. Mit abnehmenden kritischen Frequenzen der E-Schicht tritt im ganzen Winkelbereich für einen nach unten wachsenden Frequenzbereich Reflexion an der F-Schicht auf.

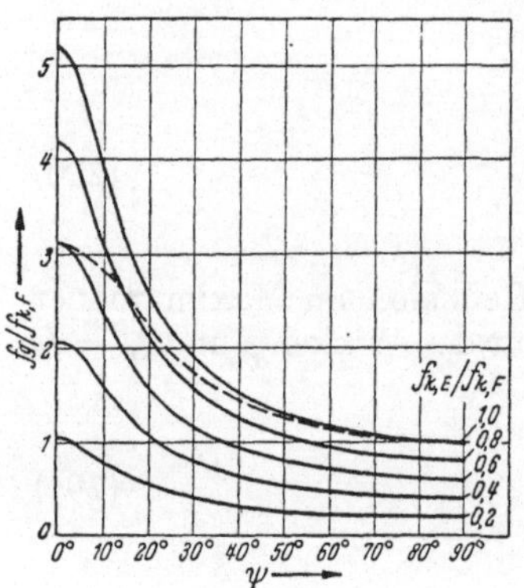

Abb. 137. $f_g/f_{k,F}$ in Abhängigkeit vom Ausstrahlungswinkel ψ. Gestrichelt für eine F-Schicht ($h_m = 350$ km), ausge-zogen für eine E-Schicht ($h_m = 120$ km) bei verschiedenen Werten von $f_{k,E}/f_{k,F}$.

2. Bestimmung der Grenzfrequenzen (MUF) aus den Ionosphärenbeobachtungen.

Für die Praxis ist es von großem Interesse, für vorgegebene Reichweiten die Grenzfrequenzen zu kennen. Diese begrenzen den nutzbaren Frequenz-bereich nach oben hin und bestimmen die zweckmäßig für die Übertragung einzusetzenden Frequenzen. Die englische Bezeichnung ist MUF = maximal usable frequencies. Es sind Methoden entwickelt worden, mit deren Hilfe man diese Grenzfrequenzen aus den bei der Echolotung gewonnenen Ionosphären-daten ableiten kann.

a) Die Methode der parabolischen Ersatzschicht.

Wie man aus Abb. 43 ersieht, gilt für die Grenzfrequenz bei vorgegebener Entfernung [16]

$$\frac{dD}{d\varphi} = 0.$$

Mit Hilfe der für ebene Erde und die parabolische Ersatzschicht geltenden Be-ziehung Gl. (180) folgt

$$\operatorname{tg}^2 \varphi_0 = \left\{ 1 + \frac{C}{2h_0} \alpha \ln \frac{1+\alpha}{1-\alpha} \right\} : \left\{ \frac{x^2}{1-\alpha^2} \frac{C}{h_0} - 1 \right\}, \tag{293}$$

worin

$$\alpha = \frac{f_D}{f_k} \cos \varphi_0. \tag{293a}$$

Für ein vorgegebenes α bestimmt man aus Gl. (293) den Winkel φ_0, aus Gl. (293 a) das zugehörige Frequenzverhältnis f_D/f_k und aus Gl. (180) die zugehörige Reichweite D. f_D ist dann die zur Reichweite D gehörende Grenzfrequenz. f_D/f_k nennen wir den Grenzfrequenzfaktor (engl. MUF-Faktor). Benutzt man die Gl. (181), so erhält man in entsprechender Weise die Grenzfrequenz in

Abhängigkeit von der Reichweite mit Berücksichtigung der Erdkrümmung [17].
In den Formeln kommen die Größen f_k, h_0 und C vor, die man aus der Echo-
lotung erhält. Abb. 138 zeigt den so berechneten Grenzfrequenzfaktor für C/h_0
$= 0{,}2$. Parameter ist die Höhe des Maximums der Schicht. Mit Hilfe solcher

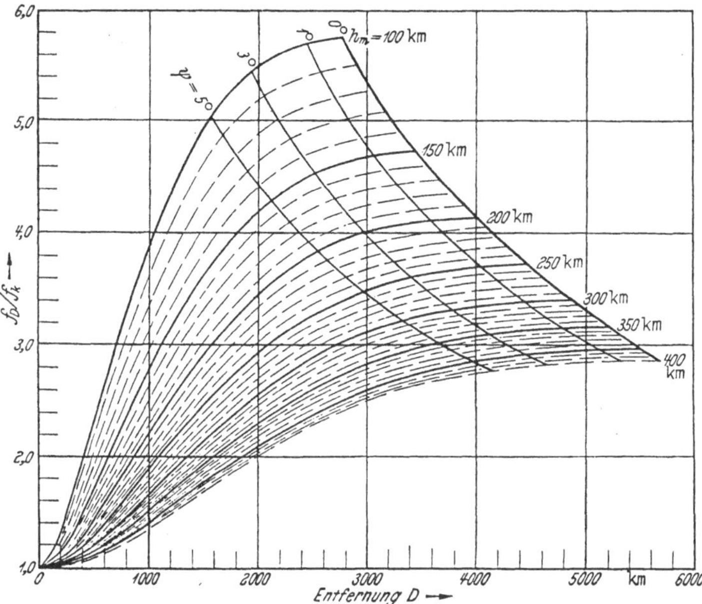

Abb. 138. Grenzfrequenz-(MUF-)Faktor f_D/f_k in Abhängigkeit von der Entfernung D für parabolische Schichten mit $C/h_0 = 0{,}2$ in verschiedenen Höhen ($h_m = h_0 + C$); die Erdkrümmung ist berücksichtigt [17].

Kurven kann man die Grenzfrequenz für jede Entfernung bestimmen. Das
Radio Research Bord in England benutzt diese Methode, um Unterlagen für
Voraussagen der Ausbreitungsbedingungen im Kurzwellenbereich zu gewinnen.
Liegt unterhalb der reflektierenden Schicht eine weitere Ionosphärenschicht,
so ergibt sich eine zusätzliche Vergrößerung der bei der Frequenz f und dem
Ausstrahlungswinkel ψ überbrückten Entfernung. Dies ergibt bei gegebener
Frequenz eine Vergrößerung der Sprungentfernung bzw. bei gegebener Ent-
fernung eine Verminderung der Grenzfrequenz f_D.

b) Die Methode der Übertragungskurven.

α) *Ebene Erde ohne Magnetfeld.* Aus Abb. 127 folgt

$$\operatorname{tg} \varphi_0 = \frac{D}{2h'} \tag{294}$$

und damit aus dem sec-Gesetz Gl. (247)

$$f = f_0 \sqrt{1 + \left(\frac{D}{2h'}\right)^2} \, . \tag{295}$$

h' ist die scheinbare Höhe der Reflexionsstelle für die Frequenz f. Für diese gilt

$$h' = \cos \varphi_0 \int_0^h \frac{dh}{n \cos \varphi} \, . \tag{296}$$

Mit Hilfe des Brechungsgesetzes folgt

$$n \cos \varphi = \sqrt{n^2 - \sin^2 \varphi_0}\,,$$

worin

$$n = \sqrt{1 - \frac{f_0^2}{f^2}} = \sqrt{1 - \frac{f_0^2}{f_\perp^2}\cos^2\varphi_0}\,.$$

Hierbei wurde vom sec-Gesetz Gebrauch gemacht, in dem wir vorübergehend für die äquivalente Frequenz bei senkrechtem Einfall $f_\perp$ statt f_0 schreiben, da f_0 bei der Integration hier eine mit der Höhe variable Größe ist. Es folgt

$$n \cos \varphi = \cos\varphi_0 \sqrt{1 - \frac{f_0^2}{f_\perp^2}} = \cos\varphi_0\, n_\perp.$$

Also ist

$$h' = \int_0^h \frac{dh}{n_\perp} = h'_\perp. \tag{296a}$$

Wellen verschiedener Frequenz, die in derselben wahren Höhe reflektiert werden, haben also auch dieselbe scheinbare Höhe. Diese ist, unabhängig von der Entfernung bzw. dem Einfallswinkel, gleich der bei senkrechtem Einfall $(h'_\perp)$. Gl. (295) schreiben wir jetzt in der Form

$$h' = \frac{\dfrac{D}{2}}{\sqrt{\dfrac{f^2}{f_0^2} - 1}}. \tag{297}$$

Für eine gegebene Entfernung D kann man mit der Übertragungsfrequenz f als Parameter h' in Abhängigkeit von f_0 berechnen. Die Darstellung dieser Beziehung bezeichnen wir als (h', f_0)- oder *Übertragungskurven*. (Die Verhältnisse sind für ebene Erde besonders einfach, da eine Kenntnis der Abhängigkeit der Trägerdichte von der Höhe nicht erforderlich ist.) Abb. 139 zeigt eine beobachtete Echolotungskurve. In das Diagramm sind für verschiedene Parameterfrequenzen die Übertragungskurven eingezeichnet. Jeder Schnittpunkt einer Übertragungskurve

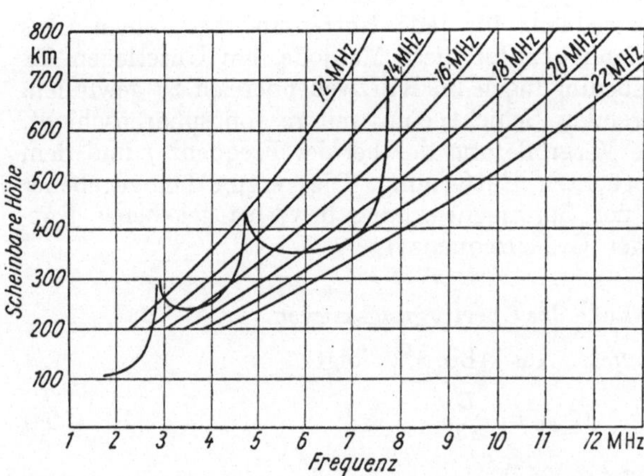

Abb. 139. Echolotungskurve sowie Übertragungskurven für feste Entfernung (2000 km) und verschiedene Übertragungsfrequenzen [152].

mit der Echolotungskurve bezeichnet eine Übertragungsmöglichkeit für die betreffende Frequenz mit einer Reflexion in der durch den Schnittpunkt festgelegten scheinbaren Höhe. Der zugehörige Einfallswinkel φ_0 ergibt sich aus Gl. (294). Wir sehen in der Abb. 139, daß eine der Übertragungskurven die Echolotungskurve gerade tangiert, ihr Parameterwert entspricht der Grenzfrequenz f_D. Unterhalb der

Grenzfrequenz ergeben sich zwei Schnittpunkte der Übertragungskurve mit der Echolotung. Dies entspricht der auf S. 65f. besprochenen Möglichkeit der Übertragung auf zwei verschiedenen Wegen. (Grenzfrequenz f_D in Abb. 139: 20 MHz.)

Abb. 140 zeigt ein Diagramm, bei welchem die Übertragungskurven für eine gegebene Frequenz mit dem Parameter D gezeichnet sind. Der Parameterwert zur Übertragungskurve, welche die Echolotungskurve gerade tangiert, ergibt in diesem Fall die Sprungentfernung für die vorgegebene Frequenz.

Für eine rasche Bestimmung der Grenzfrequenz wird vom $\cos\varphi_0$-Gesetz Gl. (290) Gebrauch gemacht. Die beobachtete Echolotung wird auf halblogarithmischem Papier eingezeichnet, und zwar die Frequenz logarithmisch. Ferner wird als Übertragungskurve die scheinbare Höhe als Funktion von

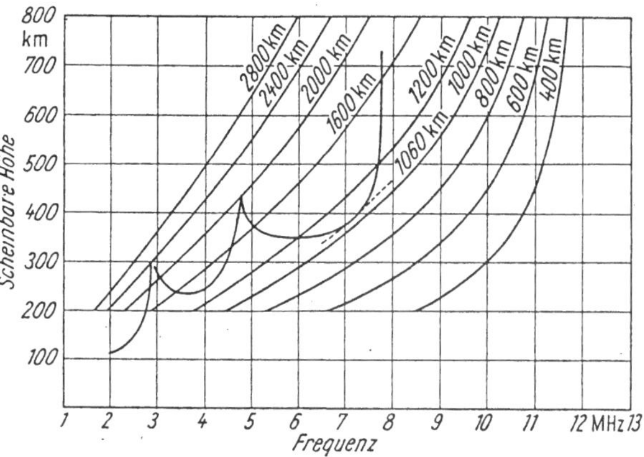

Abb. 140. Echolotungskurve sowie Übertragungskurven für feste Übertragungsfrequenz (12 MHz) und verschiedene Entfernungen [152].

$\log(\cos\varphi_0)$ auf durchsichtigem Papier dargestellt. Dieses Blatt wird auf die beobachtete Kurve gelegt und in Richtung der Frequenzachse verschoben (Abb. 141). Die Anordnung hat die Funktion eines Rechenschiebers, sie bildet $\log f_0 = \log f + \log(\cos\varphi_0)$. Infolge der logarithmischen Skala gehen die Übertragungskurven für verschiedene Frequenzen durch Parallelverschiebung ineinander über. Die zu jeder Lage der $\cos\varphi_0$-Kurve gehörende Übertragungsfrequenz ist an der Stelle $\cos\varphi_0 = 1$ abzulesen (f_1 in Abb. 141). Verschiebt man die Übertragungskurve so weit nach rechts, daß sie die beobachtete Kurve gerade tangiert, so liest man an der Stelle $\cos\varphi_0 = 1$ die Sprungfrequenz ab. Diese Methode wird im National Bureau of Standards benutzt. Ein Vorteil der Methode der Übertragungskurven gegenüber der Methode der parabolischen Ersatzschicht ist

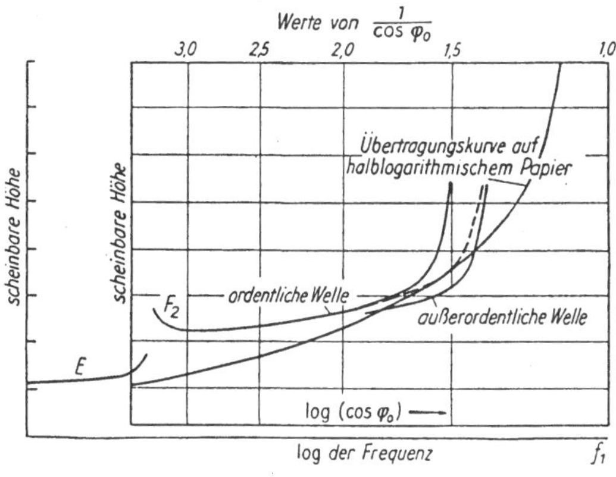

Abb. 141. Logarithmische Übertragungskurve [221], [222], [223].

darin zu sehen, daß die Einflüsse unterer Schichten automatisch mitberücksichtigt werden, da die Echolotungskurven diese Einflüsse in sich einschließen. Zusätzliche Betrachtungen beim Vorhandensein mehrerer Schichten sind im Gegensatz zu oben (S. 158) hier nicht notwendig.

β) *Berücksichtigung der Erdkrümmung und des Erdmagnetfeldes.* Für eine gekrümmte Erde und Ionosphäre gelten das sec-Gesetz Gl. (290) und der Satz

168   Die Ionosphärenforschung.

Gl. (296a) nicht mehr. Man berechnet die Übertragungskurven nach einer Formel [152]

$$f = k f_0 \sec \varphi_0 .   \tag{298}$$

Der Korrektionsfaktor k hängt von der Entfernung und dem Verlauf der Trägerdichte ab. Da die exakte Berechnung schwierig ist, wird er nach einem Näherungsverfahren bestimmt. Abb. 142 zeigt in halblogarithmischer Darstellung Übertragungskurven für verschiedene Entfernungen als Parameter, die entsprechend Abb. 141 anzuwenden sind.

Die genaue Berücksichtigung des Erdmagnetfeldes ist nicht möglich, da die Verhältnisse zu kompliziert sind. Um eine Annäherung zu erhalten, nimmt man

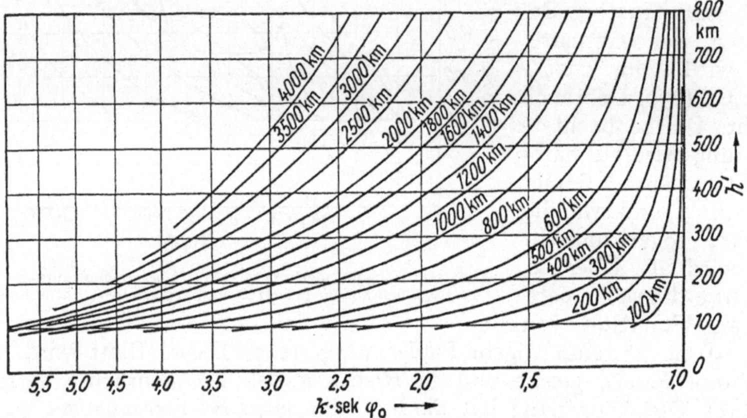

Abb. 142. Logarithmische Übertragungskurven für verschiedene Entfernungen als Parameter. Die Erd- und Ionosphärenkrümmung ist berücksichtigt [152].

an, daß im wesentlichen die Verhältnisse in der Nähe der Reflexionsstelle maßgebend sind, und man setzt demnach in Gl. (37) für ω_L und ω_T die Werte im Scheitelpunkt des Strahlenweges an. Setzt man $n = \sin \varphi_0$, so erhält man mit Hilfe von Gl. (37) für Parameterfrequenzen f eine Beziehung zwischen f_0 und φ_0. Der Winkel φ_0 läßt sich durch h' ausdrücken, f_0 durch die äquivalente Frequenz für senkrechten Einfall $f_\perp$ (für die a.o. Welle gilt $f_0^2 = f_\perp (f_\perp - f_H)$, für die o. Welle ist $f_0 = f_\perp$). Auf diese Weise erhält man eine Beziehung zwischen $f_\perp$ und h', d. h. die Übertragungskurve.

Die Methode der halblogarithmischen Darstellung läßt sich, strenggenommen, nicht anwenden, da die Form der Übertragungskurven sich mit der Frequenz ändert, diese also in der halblogarithmischen Darstellung nicht durch Parallelverschiebung ineinander übergehen. Man erhält jedoch genügend genaue Resultate, wenn man für beide Wellen die $\log (\cos \varphi_0)$-Kurve anwendet und eine Frequenzkorrektur hinzufügt [221, 222, 223].

c) Diskussion und Ergebnisse.

Der Grenzfrequenz f_D entspricht für die zugehörige Entfernung ein bestimmter Ausstrahlungswinkel. Bei diesem Ausstrahlungswinkel werden auch noch etwas höhere Frequenzen in der Ionosphäre reflektiert, denen jedoch immer größere Reichweiten entsprechen, wie wir z. B. aus Abb. 43 ersehen können. Für diese höheren Frequenzen liegt die gegebene Entfernung innerhalb der

Sprungentfernung. Die zu dem genannten Ausstrahlungswinkel gehörende Grenzfrequenz f_g nach Gl. (291) ist jedoch nur wenig höher als die Sprungfrequenz f_D nach Abschn. 6a bzw. b.

Für eine Schicht von gegebener Trägerdichte wächst die Sprungfrequenz mit wachsender Entfernung immer weiter an, da die Einfallswinkel in der Ionosphäre immer größer werden. In größeren Entfernungen sind also höhere Frequenzen für die Übertragung brauchbar als in kleinen. Die größte Entfernung, die bei einmaliger Reflexion an der Ionosphäre überbrückt wird, ist etwa 2400 km für die E-Schicht und etwa 3500 bis 4500 km für die F_2-Schicht, je

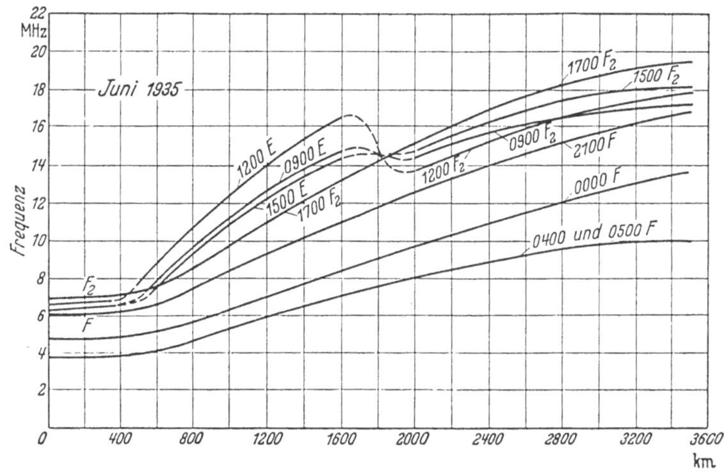

Abb. 143. Grenzfrequenzen in Abhängigkeit von der Entfernung, berechnet aus Reflexionsbeobachtungen bei senkrechtem Einfall. Juni 1935 [80].

nach der Höhe dieser Schicht. Diese Reichweiten entsprechen dem Abstrahlungswinkel 0°. Praktisch kommen aber wegen der Absorption durch den Erdboden nur Strahlen in Betracht, die eine gewisse Erhebung, sagen wir etwa mindestens 3 bis 4°, vom Erdboden haben. Dies ergibt dann für die E-Schicht etwa 1700 km, für die F_2-Schicht 3000 bis 3500 km als größte Reichweite bei einmaliger Reflexion. Infolge der magnetischen Doppelbrechung ergeben sich zwei Sprungfrequenzen, und zwar ist die Sprungfrequenz für den außerordentlichen Strahl größer als für den ordentlichen Strahl. Bei senkrechter Inzidenz beträgt der Unterschied der beiden entsprechenden Grenzfrequenzen etwa 750 kHz (vgl. Abb. 135). In nicht zu kleinen Entfernungen ist aber der Unterschied der beiden Sprungfrequenzen nicht groß, und er nimmt mit wachsender Frequenz und Entfernung ab. Man wird deshalb für den praktischen Bedarf mit genügender Genauigkeit die Berechnung für den ordentlichen Strahl machen können. Die Abb. 143 und 144 zeigen als Beispiel die Grenzfrequenzen für Entfernungen bis zu 3200 km, wie sie aus den Beobachtungen bei senkrechtem Einfall berechnet wurden. (Die Kurven galten für verschiedene Tageszeiten im Juni und Dezember 1935 [80].) Diese Kurven ergeben, umgekehrt gelesen, auch die Sprungentfernung in Abhängigkeit von der Frequenz. Die Kurven in Abb. 143 u. 144 sind monatliche Mittelwerte. Sie entsprechen einer einmaligen Reflexion an der Ionosphäre in der Breite von Washington. Die an den Kurven angegebene Zeit ist die Ortszeit dort, wo die Wellen reflektiert werden. Für eine Übertragung mit zwei Reflexionen ist die Entfernung mit 2 zu multiplizieren. In den Kurven für

Juni (Abb. 143), die etwa für die mittleren Sommermonate gelten, bestimmen die E- und die F-Schicht die Sprungfrequenz, obwohl die Grenzfrequenz der F-Schicht bei senkrechtem Einfall immer größer ist als die der E-Schicht. Zum Beispiel ist mittags die F-Schicht bis zu Entfernungen von etwa 500 km bestimmend, und zwar wegen der höheren Grenzfrequenz. Dann ist die

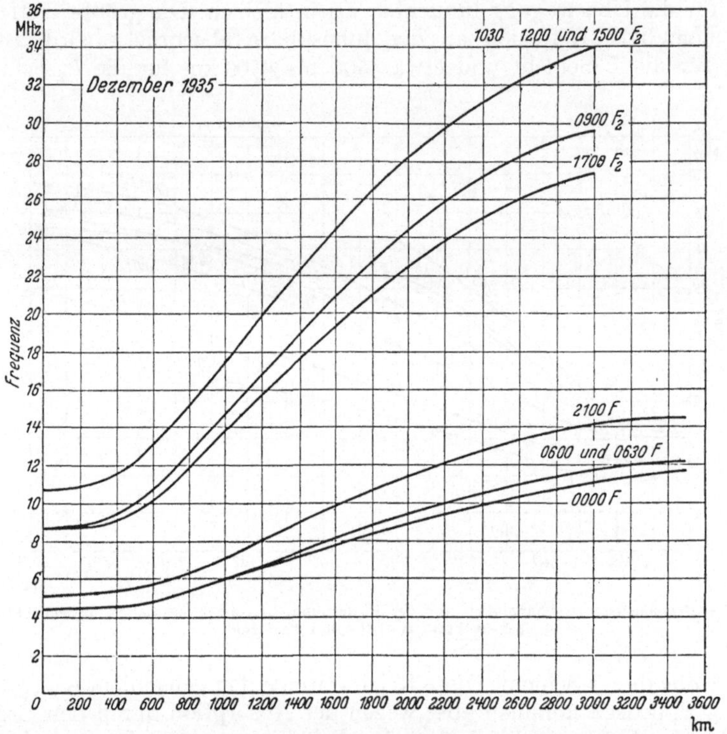

Abb. 144. Grenzfrequenzen in Abhängigkeit von der Entfernung, berechnet aus Reflexionsbeobachtungen bei senkrechtem Einfall. Dezember 1935 [80].

E-Schicht bis zu etwa 1600 km wirksam, da sie eine niedrigere Höhe 'hat und sich deshalb große Einfallswinkel ergeben. Über 1600 km Entfernung entspricht die Sprungfrequenz einer Reflexion an der F-Schicht. Hier ist aber auch z. B. eine Übertragung mit zweimaliger Reflexion an der E-Schicht möglich. Daß die E-Schicht sich bemerkbar macht, ist darauf zurückzuführen, daß im Sommer die Ionisation der E-Schicht besonders hoch, die der F-Schicht aber besonders niedrig ist. Im Winter wird die Sprungfrequenz nur durch die F-Schicht bestimmt (Abb. 144). Die Kurven stellen mittlere Werte der Sprungfrequenz dar. In Zeiten starker Störungen, die gewöhnlich im Zusammenhang mit magnetischen Störungen auftreten, treten starke Abweichungen auf. Die scheinbare Höhe der F-Schicht ist größer, die Grenzfrequenz kleiner, so daß sich niedrigere Sprungfrequenzen ergeben.

3. Voraussage von Ionosphärendaten und Grenzfrequenzen (MUF).

Die Daten der Ionosphäre sind von Tag zu Tag unregelmäßigen Schwankungen unterworfen, auch treten entsprechende lokale Unterschiede auf. Die Voraussage bezieht sich deshalb auf Mittelwerte für einen Monat, und es werden

z. B. die kritischen Frequenzen der ordentlichen Welle für die E-, F_1-, F_2-Schicht angegeben, sowie der Grenzfrequenzfaktor bei einer festen Entfernung (etwa 3 000 km) für die F_2-Schicht angegeben.

Im folgenden beschreiben wir die von der CRPL (Central Radio Prop. Lab.) des Nat. Bur. of Standards benutzte Methode für die F_2-Schicht. Als wesent-

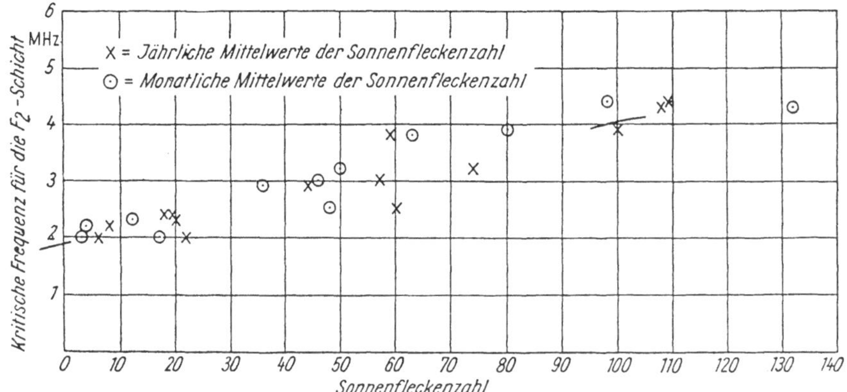

Abb. 145. Kritische Frequenz der F_2-Schicht für Washington, 0 Uhr Ortszeit, Januar, aufgetragen über der Sonnenfleckenzahl für 1934—1946 [152].

licher Faktor wird die Sonnentätigkeit berücksichtigt, und die Voraussage bezieht sich zunächst darauf, daß die Sonnenfleckenzahlen vorausgesagt werden. Man erhält diese Voraussage, indem man den bisherigen Verlauf der Sonnentätigkeit extrapoliert, was mit genügender Sicherheit nur etwa bis zu einem Jahr im voraus möglich ist.

Wie die Beobachtung ergeben hat, besteht nun eine annähernd lineare Beziehung zwischen der mittleren Sonnenfleckenzahl und der kritischen Frequenz [132, 152], die für jede Station, jede Stunde des Tages und jeden Monat eine andere ist und gesondert dargestellt wird. Abbildung 145 zeigt eine solche Darstellung für Washington, den Monat Januar und 00 Uhr Ortszeit(F_2-Schicht). Die Werte der kritischen Frequenz für die Sonnenfleckenzahlen 0 und 100 werden abgelesen und Tageskurven dieser Werte für jeden Monat und jede Station gezeichnet. Durch Ver-

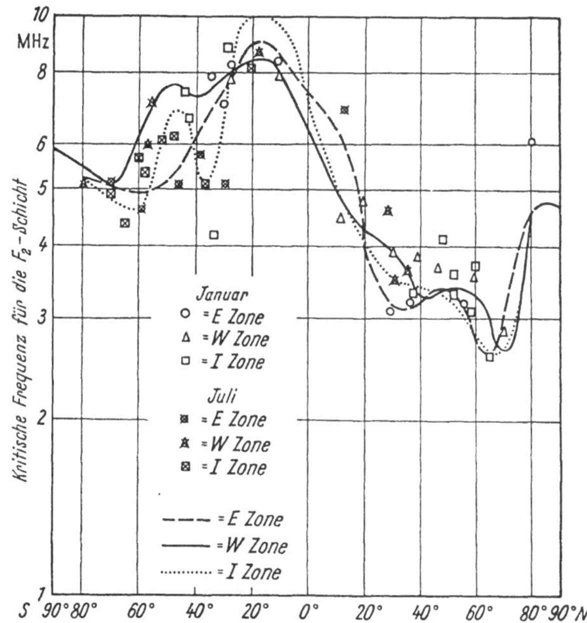

Abb. 146. Voraussage der Breitenverteilung der kritischen Frequenz der F_2-Schicht für Januar 1947, 0 Uhr Ortszeit [152].

gleich mit früheren Kurven werden diese Tageskurven ausgeglichen und die
Werte in ein Nomogramm eingezeichnet, welches einem bestimmten Monat
entspricht und die wesentliche Grundlage für die Vorhersage bildet. Man kann

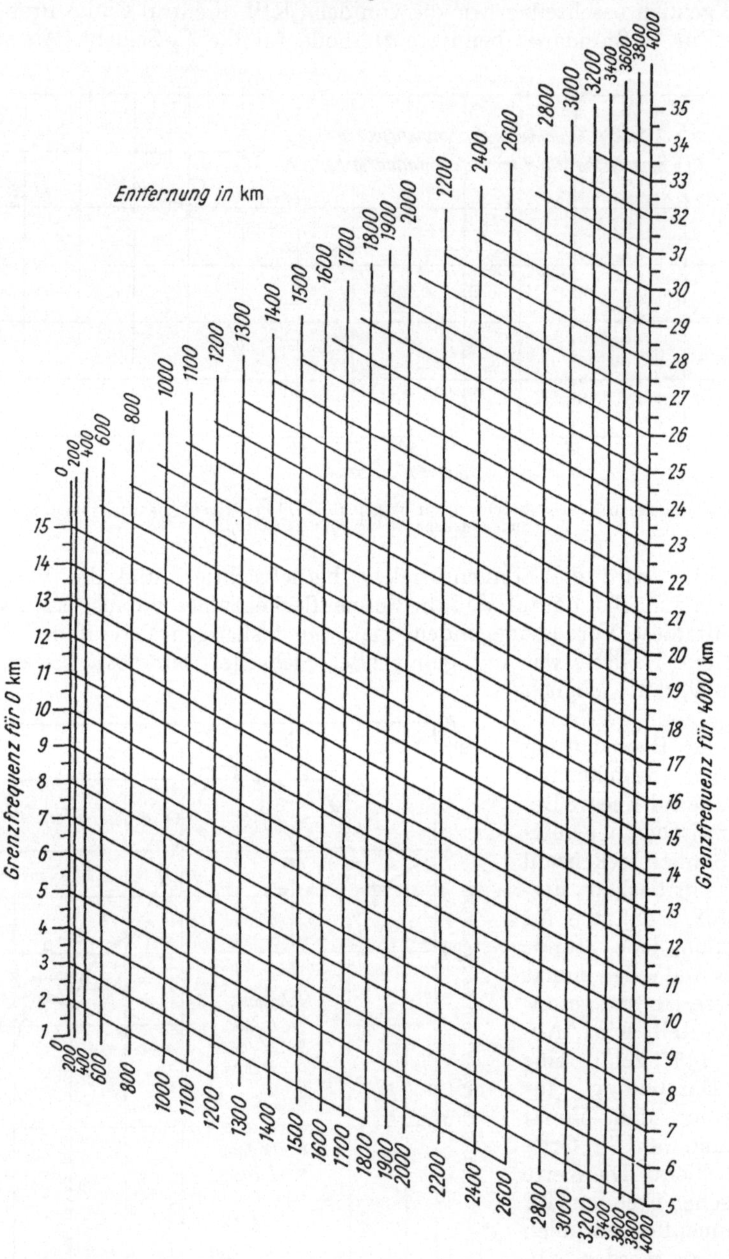

Abb. 147. Nomogramm für die Grenzfrequenzfaktoren in Entfernungen von 0 bis 4000 km [152].

die Werte für die Vorhersage (Tagesverlauf der kritischen Frequenz der F_2-
Schicht) sofort ablesen, wenn man die für den betreffenden Monat vorhergesagte Sonnenfleckenzahl anwendet.

Weiterhin zeichnet man Kurven, welche für eine bestimmte Stunde eines bestimmten Monats die Breitenverteilung der kritischen Frequenz der F_2-Schicht voraussagt. Abb. 146 zeigt eine solche Voraussagekurve für Januar 1947, 00 Uhr Ortszeit. Die Bezeichnungen E-, W-, I-Zone entsprechen der Einteilung der Erde in drei Zonen (East, West, Intermediate,), die näherungsweise den Einfluß der geomagnetischen Lage berücksichtigen sollen. (Eine weitere Darstellung, in der insbesondere auch die Werte bei den verschiedenen Schichten behandelt werden, findet man in [189].)

Voraussage der Grenzfrequenzen (MUF). Nach der Methode der Übertragungskurven bestimmt man eine große Zahl von Grenzfrequenzfaktoren für verschiedene Entfernungen, und man erhält auf diese Weise empirisch mittlere Frequenzfaktoren für Entfernungen bis zu 4000 km. Man bezieht sich hierbei auf die kritische Frequenz der außerordentlichen Welle. In der praktischen Durchführung bedient man sich eines Nomogramms nach Abb. 147. Die mit Entfernungen bezifferten Striche haben den empirischen Frequenzfaktoren entsprechende Abstände. Man verbindet die in der oben beschriebenen Weise vorhergesagte Grenzfrequenz für die Entfernung Null (= kritische Frequenz der a.o. Welle) mit derjenigen für 4000 km oder eine mittlere Entfernung (z. B. 3000 km) durch eine gerade Linie. Die Schnittpunkte mit den Entfernungsgeraden ergeben die Grenzfrequenz für alle anderen Entfernungen.

4. Horizontale Variation der Ionosphärendaten. Grenzfrequenz für große Entfernungen.

Bisher wurde die Kurzwellenausbreitung in kleinen und mittleren Entfernungen bis zu etwa 4000 km betrachtet, die in einem Sprung überbrückt

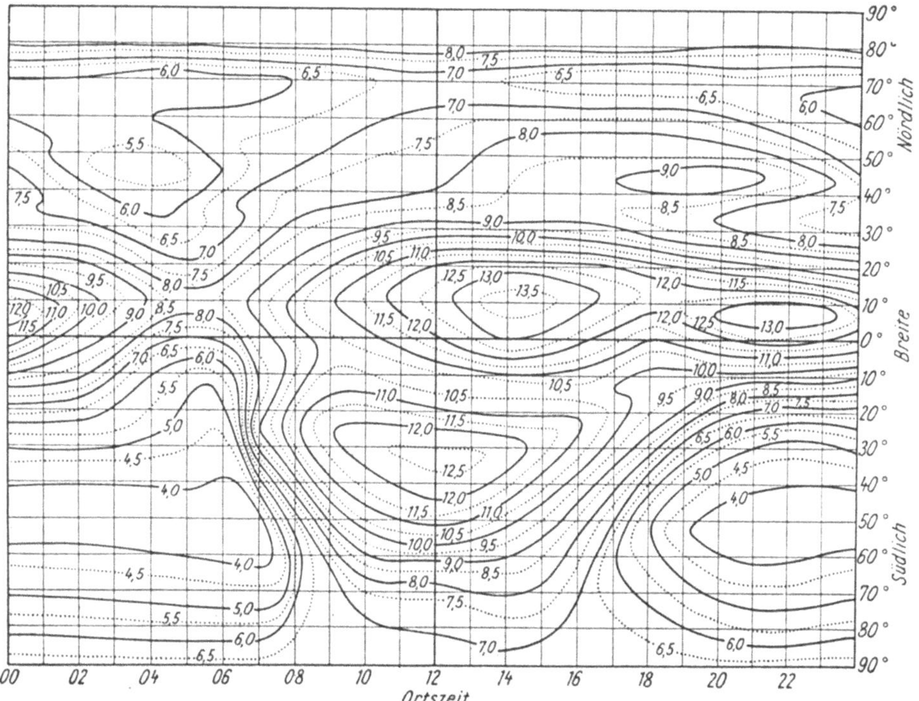

Abb. 148. Voraussagekarte für die kritische Frequenz (in MHz) der F_2-Schicht. W-Zone, Juni 1947 [152].

werden können. Hierbei werden die Ionosphärendaten etwa in der Mitte des Weges maßgebend für die Grenzfrequenz sein. Die Ausbreitung in großen Entfernungen erfolgt in mehreren Sprüngen, so daß die Ionosphärenverhältnisse in jedem Reflexionspunkt in Rechnung gestellt werden müssen. Die Grenzfrequenz wird durch die Daten im ungünstigsten Reflexionspunkt bestimmt sein. Betrachtet man die Reflexion an der E-Schicht, so ist dies der Reflexionspunkt mit dem niedrigsten Sonnenstand, da die Ionisation mit dem Sonnenstand parallel geht. Bei Ausbreitung in großen Entfernungen erfolgt die praktisch wichtige Reflexion an der F_2-Schicht, wo jedoch kompliziertere Verhältnisse vorliegen.

Hier ist die Anwendung von Ionisationskarten üblich geworden, in denen mit den Koordinaten geographische Breite und mittlere Orzseit Linien gleicher kritischer Frequenz (Monatsmittel) gezeichnet sind, je für die Bereiche E, I, W (s. oben). Abb. 148 zeigt eine für Juni 1947 vorausgesagte Ionisationskarte (kritische Frequenz der F_2-Schicht) für die W-Zone. Nach den Erfahrungen des CRPL braucht man nicht alle auf dem Großkreis zwischen Sender und Empfänger liegenden Reflexionspunkte zu berücksichtigen. Es genügt offenbar, wenn man die beiden je 2000 km vom Sender und Empfänger entfernten Punkte berücksichtigt (erste und letzte Reflexionsstelle).

C. Die Ergebnisse der Ionosphärenbeobachtung.

Der Zustand der Ionosphäre ist starken, zum Teil unregelmäßigen Schwankungen unterworfen. Die Beobachtungen ergaben deshalb erst dann übersichtliche Resultate, als man dazu überging, Messungen mit automatischer Daueraufzeichnung auszuführen. Hierbei wird fast ausschließlich das Echolotungsverfahren angewendet (vgl. S. 149). Man beobachtet entweder mit konstanter Wellenlänge den Verlauf der scheinbaren Höhe mit der Tageszeit oder den Verlauf der scheinbaren Höhe mit der Frequenz, indem man in bestimmten Zeitabständen einen ganzen Wellenbereich durchläuft (vgl. S. 156). Man benutzt hauptsächlich Wellen mit Frequenzen über 2 MHz, die bei senkrechtem Einfall in die Ionosphäre eindringen und deshalb geeignet sind, die Struktur der Ionosphäre klarzulegen. Wellen niedrigerer Frequenz werden an der unteren Grenze der Schicht reflektiert und geben über das Innere keinen Aufschluß.

Mehrere Schichten. Die Beobachtungen haben als allgemeines Resultat ergeben, daß die Ionosphäre eine Unterteilung in mehrere Schichten aufweist. Man erkennt in der Hauptsache eine untere Schicht in etwa 100 km Höhe (*E-Schicht*) und eine Schicht größerer Dicke in Höhen über 200 km (*F-Schicht*). Während in der Nacht nur *eine* F-Schicht (F_2-Schicht) vorhanden ist, findet am Tage eine Aufspaltung in eine F_2- und eine zusätzliche F_1-Schicht statt.

1. Scheinbare Höhe im Verlauf mit der Tageszeit und der Frequenz.
Doppelbrechung.

Abb. 149 zeigt eine Registrierung der scheinbaren Höhe in den Morgenstunden im Oktober bei der konstanten Frequenz 3,57 MHz (84 m) [*199*]. Der Sonnenaufgang am Boden ist um 7.15 Uhr. Bereits vorher wird die Welle in 500 km Höhe zunächst schwach, dann immer stärker reflektiert, wobei die scheinbare Höhe abnimmt (Ast AB). Später erscheint ein zweiter Ast CB, beide vereinigen sich in einer Höhe von etwa 230 km. Die weiteren Kurven in großen Höhen entsprechen einer doppelten und dreifachen Reflexion an der Ionosphäre. Der geschilderte Vorgang wird als *Aufgang* bezeichnet. Der Ast A

entspricht der außerordentlichen, der Ast C der ordentlichen Welle. Die Reflexion erfolgt in der F-Schicht, und hierbei tritt ganz allgemein *Doppelbrechung* auf. Der Verlauf entspricht dem im theoretischen Teil berechneten, so daß die dort gemachten Annahmen in großen Zügen dem wirklichen Vorgang entsprechen werden

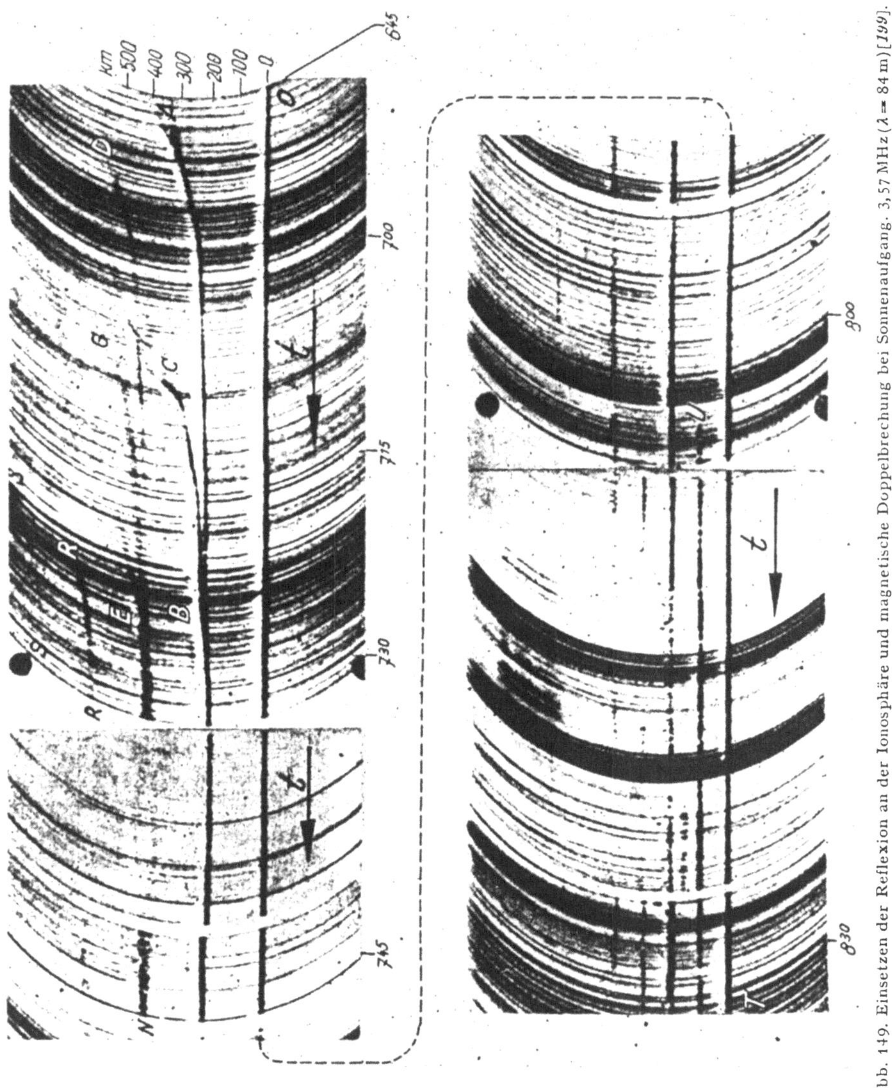

Abb. 149. Einsetzen der Reflexion an der Ionosphäre und magnetische Doppelbrechung bei Sonnenaufgang. 3,57 MHz ($\lambda = 84$ m) [199].

(vgl. Abb. 130). Wir weisen besonders darauf hin, daß die Schicht für die Berechnung als ruhend angenommen wurde. Die veränderte Höhe entspricht einem mehr oder weniger tiefen Eindringen der Wellen in die Schicht, wobei sie um so weniger tief eindringen, je stärker (mit wachsender Sonnenhöhe) die Ionisation ist. Das Absinken der scheinbaren Höhe in den Morgenstunden ist also weniger eine Folge einer wirklichen Höhenänderung der Schicht, sondern in der Hauptsache durch die zunehmende Trägerdichte bedingt. Die Doppelbrechung ist besonders ausgeprägt bei großen scheinbaren Höhen, d. h. bei tieferem Eindringen der

Wellen in die Schicht. Entsprechend Gl. (286) werden die beiden Komponenten
an Stellen mit verschiedener Trägerdichte reflektiert. In größeren Höhen, in
der Höhe des Maximums, haben wir eine langsame Änderung der Trägerdichte
mit der Höhe. Die Reflexionsstellen liegen deshalb weiter auseinander, und dies
entspricht der stärkeren Aufspaltung, d. h. dem größeren Unterschied in den

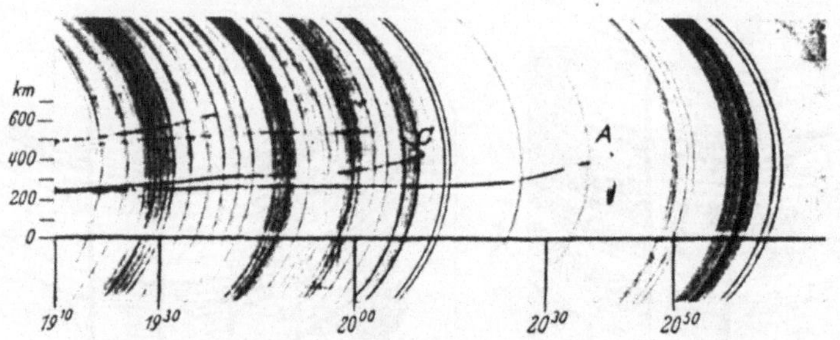

Abb. 150. Ansteigen der scheinbaren Höhe in den Abendstunden. 3,57 MHz ($\lambda = 84$ m). Bei größeren scheinbaren Höhen tritt die magnetische Doppelbrechung in Erscheinung [252].

scheinbaren Höhen der beiden Komponenten. Mit zunehmender Ionisation
werden die beiden durch Doppelbrechung entstehenden Wellen in der Nähe
der unteren Grenze der Schicht reflektiert. Ihre Reflexionshöhen sind dann so
wenig voneinander verschieden, daß sie nicht mehr aufgelöst werden. Abends

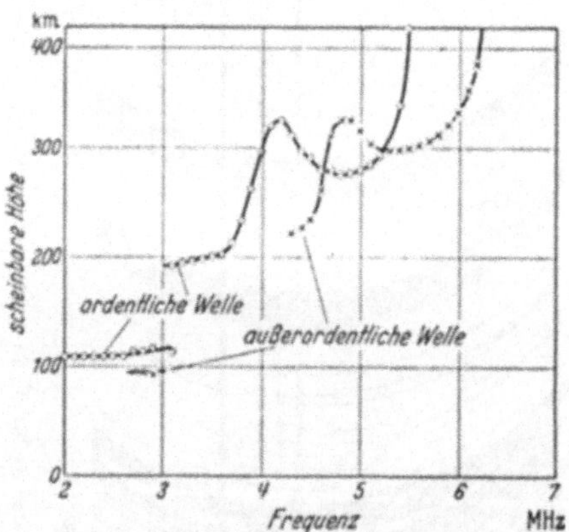

Abb. 151. Scheinbare Höhe in Abhängigkeit von der
Frequenz. April, mittags. Reflexion mit Doppelbrechung in der E- und F-Schicht [8].

findet der umgekehrte Vorgang statt
(*Untergang*). Abb. 150 zeigt eine entsprechende Aufnahme im März. Die
Erscheinung beginnt etwa eine Stunde
nach Sonnenuntergang und geht langsamer vor sich als morgens. Auch dies
steht mit der Theorie in Übereinstimmung (Abb. 130). Im Sommer kann es
vorkommen, daß infolge der stärkeren
Ionisierung und kürzeren Nacht eine
oder beide Komponenten während der
ganzen Nacht reflektiert werden. In
Abb. 149 beobachten wir nach 8 Uhr
auch das Einsetzen einer Reflexion in
etwa 100 km Höhe (*E*-Schicht). Abb. 151
zeigt eine Messung im April mittags,
bei der in der heute vorwiegend üblichen Weise die Frequenz zu einer

gegebenen Zeit von kleinen Werten an bis über die kritische Frequenz hinaus
geändert wird (Methode der Frequenzänderung, vgl. S. 156). Die Doppelbrechung
zeigt sich hierbei in gleicher Weise. Dieses Verfahren ergibt sofort direkt die
kritische Frequenz als diejenige, bei welcher die Reflexion nach steilem Anstieg
der scheinbaren Höhe verschwindet (vgl. S. 162). Bis zu Frequenzen von etwa
3,1 MHz findet die Reflexion an der *E*-Schicht in etwa 100 km Höhe statt.
Besonders bemerkenswert ist das Auftreten der magnetischen Doppelbrechung
auch in der unteren Schicht. Das bedeutet, daß auch in der unteren Schicht
freie Elektronen als wirksame Träger vorhanden sind. Die Doppelbrechung in
der unteren Schicht wird in vielen Fällen nicht gefunden. Dies ist darauf zurückzuführen, daß die a.o. Welle in Übereinstimmung mit der Theorie stärker ab-

sorbiert wird und deshalb im allgemeinen eine schwache Intensität besitzt. Mit wachsender Frequenz geht zunächst die o. Welle, dann die a.o. Welle durch die E-Schicht hindurch. In der F-Schicht bemerken wir wieder eine starke Doppelbrechung. Die scheinbare Höhe hat für die a.o. Welle denselben Verlauf wie für die o. Welle, die Kurve ist aber um etwa 0,7 MHz nach höheren Frequenzen verschoben. Es ist dies die Differenz zwischen der kritischen Frequenz für die F-Schicht der a. o. Welle (6,2 MHz) und der o. Welle (5,5 MHz). Dieses Verhalten stimmt mit der Theorie überein und ist eine Bestätigung der Annahme, daß die Aufspaltung durch magnetische Doppelbrechung zustande kommt (vgl. S. 162).

Das Maximum der scheinbaren Höhe bei 4,3 MHz in Abb. 151 wird auf das Vorhandensein einer Zwischenschicht zurückgeführt (F_1-Schicht), die nur am Tage auftritt. Die großen scheinbaren Höhen bei Frequenzen oberhalb der kritischen Frequenz der unteren Schicht sind durch die starke Verzögerung gegeben, welche die Wellen beim Durchgang durch diese Schicht in der Nähe der kritischen Frequenz erleiden (vgl. S. 159). Abb. 152 zeigt eine (h', f)-Kurve, wie sie am Wintermittag beobachtet wird [21]. Die kritische Frequenz der E-Schicht liegt bei 2,75 MHz. Für wenig höhere Frequenzen ergeben sich erhöhte Werte der scheinbaren Höhe der F-Schicht, die in gleicher Weise auf die Verzögerung in der E-Schicht zurückzuführen sind.

Die außerordentlich große Zahl beobachteter (h', f)-Kurven zeigen eine große Mannigfaltigkeit von Erscheinungen, auf die hier nicht näher eingegangen werden kann. Es sei darauf hingewiesen, daß das National Bureau of Standards zur Orientierung und Förderung der Zusammenarbeit einen Atlas typischer Ionosphärenregistrierungen herausgebracht hat [167]. An verschiedenen Stellen wird neben den zeitlichen Veränderungen auch das Verhalten der Ionosphäre, insbesondere der F_2-Schicht, in bezug auf die geographische Verteilung untersucht, wobei ein *Längeneffekt* festgestellt wird [11, 12].

Abb. 153 u. 154 zeigen die beobachteten scheinbaren Höhen der E-, F_1- und F_2-Schicht über 24 Stunden nach Messungen in Washington [79]. In der Nacht ist nur eine obere Schicht vorhanden, die als F-Schicht bezeichnet wird. Es sind die niedrigsten jeweils gemessenen Höhen angegeben, welche man bei niedrigen Frequenzen erhält. Sie entsprechen der unteren Grenze der Schicht.

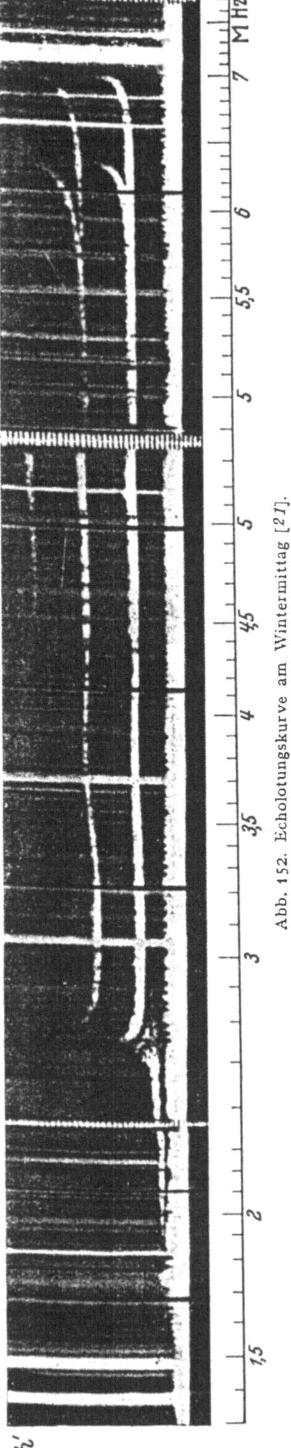

Abb. 152. Echolotungskurve am Wintermittag [21].

Die Werte sind Monatsmittelwerte für jede Stunde, so daß sich für jeden Monat
eine Darstellung ergibt. Die Höhe der E-Schicht ändert sich verhältnismäßig
wenig mit der Tageszeit, sie liegt zwischen 100 und 130 km. Am Tage spaltet
sich die in der Nacht vorhandene F-Schicht in eine F_1- und F_2-Schicht, und zwar

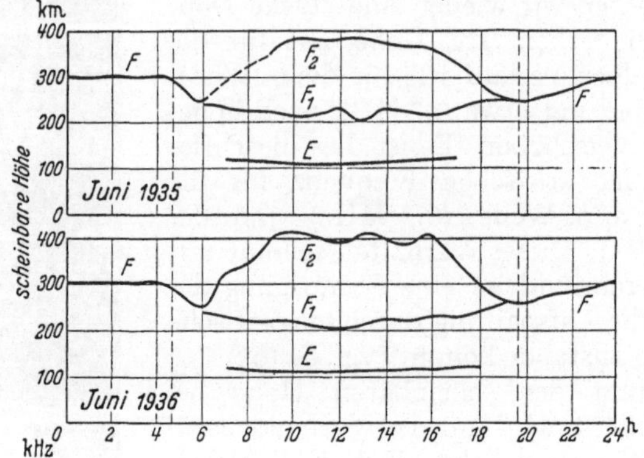

Abb. 153. Scheinbare Höhen der unteren Grenze der E-, F_1-, F_2- und nächtlichen F-Schicht
im Juni 1935 und 1936 [79].

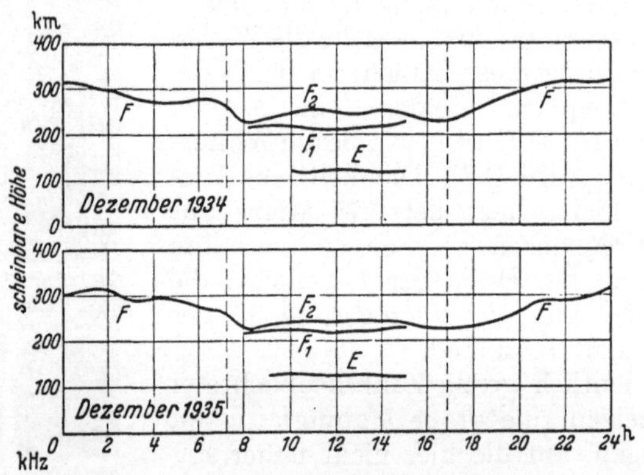

Abb. 154. Scheinbare Höhen der unteren Grenze der E-, F_1-, F_2- und nächtlichen F-Schicht
im Dezember 1934 und 1935 [79].

besonders stark im Sommer. Die F_1-Schicht verhält sich ähnlich wie die E-Schicht
am Tage. Ihre Höhe ändert sich wenig, etwa von 200 bis 240 km. Die F_1-Schicht
ist im Sommer stärker ausgeprägt. Ein völlig anderes Verhalten zeigt die
F_2-Schicht. Die scheinbare Höhe der F_2-Schicht und die der F-Schicht in der
Nacht verändern sich in weiten Grenzen. Im Sommer und Winter wächst die
Höhe der F-Schicht in der Nacht erheblich an. Im Sommer (Abb. 153) zeigt
die F_2-Schicht am Tage im Vergleich zum Winter ein bemerkenswertes Verhalten, indem ihre Höhe am Tage ebenfalls stark anwächst (vgl. hierzu das
anomale Verhalten der kritischen Frequenz bzw. Trägerdichte, S. 183).

2. Der Polarisationszustand der Luftwelle.

Die bei der Reflexion an der F-Schicht auftretende Aufspaltung der Echosignale ist eindeutig auf magnetische Doppelbrechung zurückzuführen. In Übereinstimmung hiermit zeigen die an der F-Schicht reflektierten Komponenten

im allgemeinen elliptische Polarisation mit entgegengesetztem Umlaufssinn. Bei
den meisten Messungen ist der Winkel zwischen der Ausbreitungsrichtung und
dem Erdmagnetfeld nicht sehr groß, und der beobachtete Polarisationszustand
ist annähernd zirkular. Die Komponente mit geringerer scheinbarer Höhe (außerordentliche Welle) ist auf der nördlichen Halbkugel für Wellen unter 200 m im
Uhrzeigersinn, die zweite Komponente (ordentliche Welle) entgegen dem Uhrzeigersinn polarisiert [186]. Am Äquator sind beide Komponenten linear polarisiert. Der elektrische Vektor der außerordentlichen Komponente liegt ostwest-
lich, der ordentlichen Komponente nordsüdlich (vgl. S. 18f.).

Bei Reflexionen an der E-Schicht ist eine Aufspaltung der Echosignale nur
gelegentlich gefunden worden, und man könnte im Zweifel sein, ob dies nicht
auf andere Ursachen, z. B. unterteilte Schichtung, zurückzuführen ist. Die
Polarisationsbeobachtungen ergeben im allgemeinen am Tage auf der nördlichen
Halbkugel eine linkszirkular polarisierte Welle. Dies ist so zu deuten, daß Doppelbrechung stattfindet, daß aber die außerordentliche Welle wegen der größeren
Dämpfung absorbiert wird. Bei $\lambda = 100$ m wird auf der südlichen Halbkugel
am Tage eine annähernd rechtszirkular polarisierte Welle empfangen, und dies
entspricht der von der Theorie geforderten Umkehr des Umlaufssinns. Beobachtungen beim Übergang der Reflexion von der E-Schicht zur F-Schicht und umgekehrt lassen sich ebenfalls nur durch die Annahme einer magnetischen Doppelbrechung in der E-Schicht erklären (vgl. [140]). So beobachtet man z. B. auf der
südlichen Halbkugel beim Übergang der Reflexion von der F- auf die E-Schicht
infolge zunehmender Trägerdichte in der E-Schicht am Abend zunächst die
außerordentliche Komponente mit linksdrehender, annähernd zirkularer Polarisation. Daß diese Komponente von der E-Schicht reflektiert wird, ist auf die
geringe Dämpfung am Abend und in der Nacht zurückzuführen. Bei weiterer
Zunahme der Trägerdichte wird der Polarisationszustand der an der E-Schicht
reflektierten Welle schwankend, während die F-Reflexion der ordentlichen
Welle verschwindet. Dies muß man so erklären, daß nun beide Komponenten
an der E-Schicht reflektiert werden und miteinander zur Interferenz kommen
Die Beobachtung, daß beim Übergang der Reflexion von der F- auf die E-Schicht
über längere Zeit gleichzeitig die außerordentliche Komponente von der
E-Schicht, die ordentliche Komponente von der F-Schicht reflektiert werden, läßt
sich nur durch eine durch freie Elektronen in der E-Schicht bedingte Doppelbrechung erklären. Man muß also annehmen, daß auch in der E-Schicht freie Elektronen als wirksame Träger vorhanden sind. Dies ist zunächst nicht zu erwarten,
da in den entsprechenden Höhen nach unseren Annahmen ein erheblicher
Sauerstoffdruck herrscht und Sauerstoff eine große Elektronenaffinität besitzt.

3. Die Trägerdichte in Abhängigkeit von der Tages- und Jahreszeit.

E-Schicht. Abb. 155 zeigt die kritische Frequenz der E-Schicht im Dezember 1950 (a) und im Juni 1951 (b) in Abhängigkeit von der Tageszeit in Freiburg (48,1° N, 7,8° O) [215, 216]. Es sind alle stündlich vorgenommenen Messungen dargestellt. Von Tag zu Tag ist eine Streuung der Werte vorhanden.
Im Mittel hat die kritische Frequenz im Winter und im Sommer einen regelmäßigen Gang mit der Tageszeit. Sie steigt nach Sonnenaufgang an bis zum
Mittag und fällt dann wieder ab; sie folgt somit dem Sonnenstand. Aus Gl. (287)
u. (153) folgt ($\vartheta =$ Zenitwinkel der Sonne)

$$f_k \sim \sqrt[4]{\cos\vartheta}\,, \tag{299}$$

und dieses Gesetz gibt annähernd die Beobachtungen wieder. In bezug auf die
Änderung mit der Jahreszeit entnehmen wir aus Abb. 155 das Verhältnis der

kritischen Frequenzen am Mittag im Juni und Dezember zu etwa $f_S/f_W = 1{,}38$. Für das Verhältnis der maximalen Trägerdichten folgt also $N_S/N_W = 1{,}9$. Für den Beobachtungsort Freiburg (geographische Breite 48,1° N, d. h. $\Theta = 41{,}9°$) folgt aus Gl. (157) auf S. 55 der theoretische Wert 1,98. Zu derselben Übereinstimmung gelangt man bei Messungen in England [21]. Hier ist die Breite 51,5° N, der theoretische Wert $N_S/N_W = 1{,}84$. Beobachtet wird der Wert 1,8.

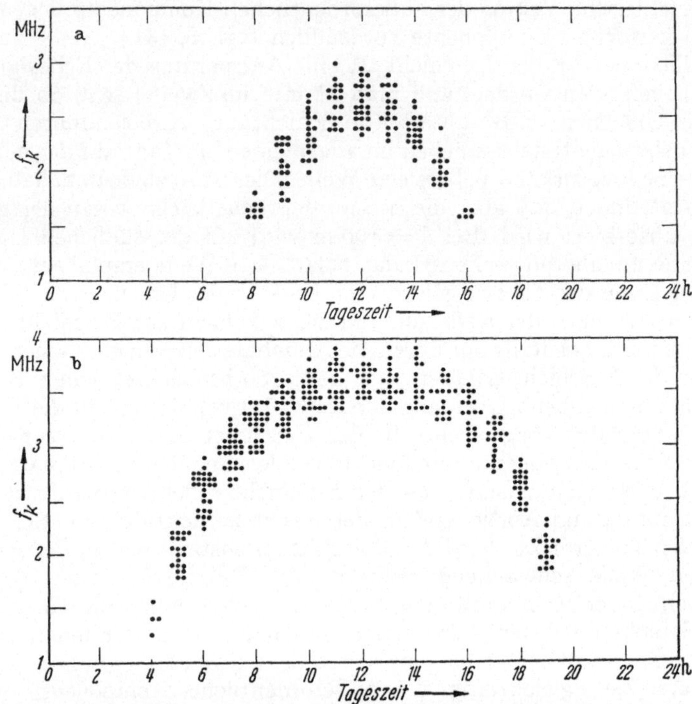

Abb. 155. Kritische Frequenz der E-Schicht in Abhängigkeit von der Tageszeit a) im Dezember 1950, b) im Juni 1951 [215], [216].

Der Verlauf der Trägerdichte mit der Tages- und Jahreszeit ist durch die Annahme zu erklären, daß die Ionisierung der E-Schicht durch eine von der Sonne kommende vom Erdmagnetfeld nicht ablenkbare Strahlung erfolgt. Die verhältnismäßig geringen Unterschiede der beobachteten Höhen zeigt eine Schicht von geringer Dicke an. Die Absorption des ultravioletten Lichtes der Sonne in der Stickstoff-Sauerstoff-Atmosphäre ergibt eine solche Schicht kurz oberhalb 100 km, und es ist sehr wahrscheinlich, daß das ultraviolette Licht der regelmäßige Ionisator der E-Schicht ist. Dies wird durch Beobachtungen bei Sonnenfinsternissen bestätigt [18]. An anderer Stelle wird nachgewiesen, daß auch weiche Röntgenstrahlung aus der Sonnenkorona der Ionisator der E-Schicht sein könnte [60]. Die Übereinstimmung mit den oben benutzten theoretischen Formeln bedeutet, daß für die Trägerbilanz die Wiedervereinigung von positiven und negativen Ladungen eine vorherrschende Rolle spielt. Da der Verlauf der Trägerdichte der Trägererzeugung unmittelbar folgt, wird offenbar der dem jeweiligen Sonnenstand entsprechende stationäre Zustand rasch erreicht. In der Nacht nimmt die Trägerdichte in der E-Schicht entsprechend rasch ab. Bei einigen nächtlichen Beobachtungen wurde die kritische Frequenz zu 0,6 bis

1 MHz (500 bis 300 m) gefunden, also etwa zu $^1/_4$ des Tageswertes. Die niedrigsten Werte findet man naturgemäß gegen Ende der Nacht [20].

F_1-*Schicht*. Am Tage spaltet sich die in der Nacht vorhandene F-Schicht in eine niedrigere F_1-Schicht und eine höhere F_2-Schicht. Die F_1-Schicht ist

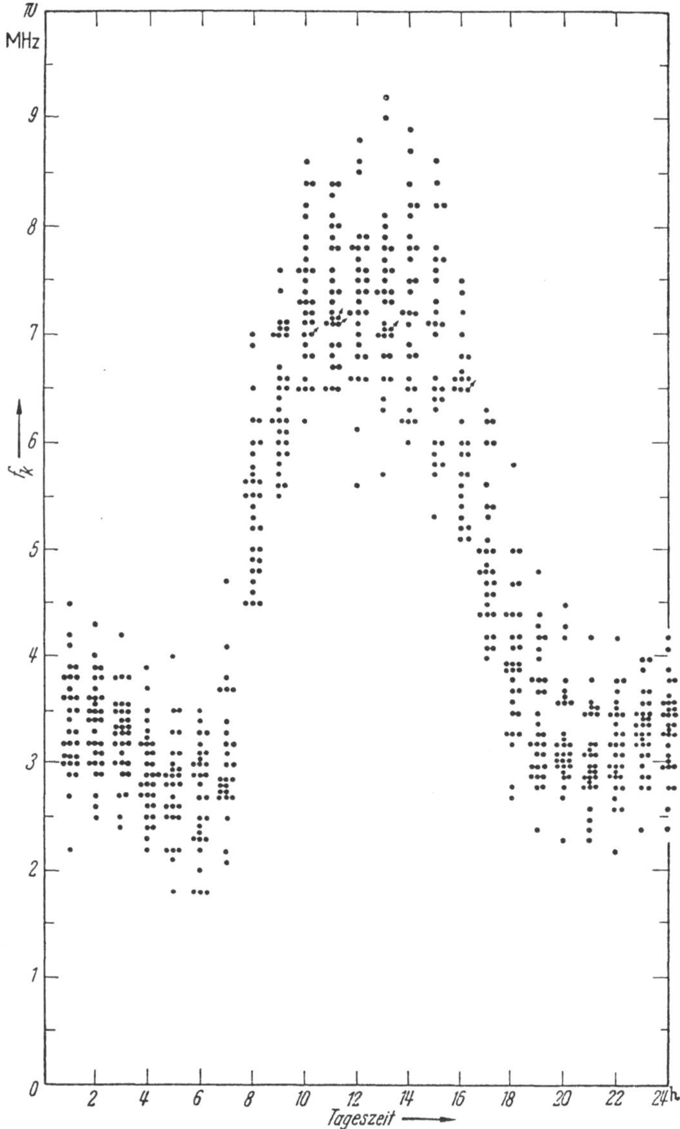

Abb. 156. Kritische Frequenz (o. Welle) der F_2-Schicht in Abhängigkeit von der Tageszeit im Winter. Dezember 1950, Freiburg [215].

nicht isoliert wie die E- oder F-Schicht, sie stellt vielmehr einen mehr oder weniger ausgeprägten Absatz im unteren Verlauf der F_2-Schicht dar (vgl S. 184, Abb. 161). Sie ist im Sommer stärker ausgeprägt als im Winter. Die kritische Frequenz befolgt das Sonnenstandsgesetz Gl. (299), und wir führen die Ionisierung auch auf das ultraviolette Licht der Sonne zurück.

F₂-Schicht. Abb. 156 zeigt die kritische Frequenz (o. Welle) der F_2-Schicht in Abhängigkeit von der Tageszeit im Monat Dezember 1950 in Freiburg [*215*]. Es sind alle stündlich vorgenommenen Messungen dargestellt. Es zeigt sich eine starke Streuung der Meßwerte von Tag zu Tag, und dies ist charak-

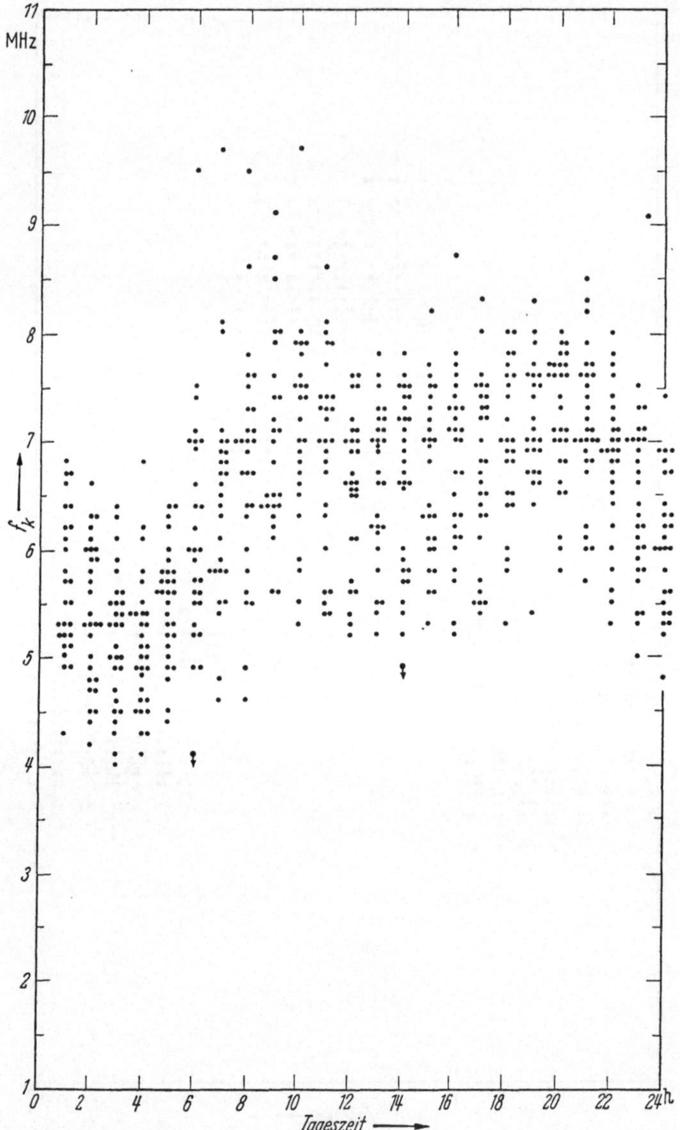

Abb. 157. Kritische Frequenz (o. Welle) der F_2-Schicht in Abhängigkeit von der Tageszeit im Sommer. Juni 1951, Freiburg [*216*].

teristisch für die F_2-Schicht. Die kritische Frequenz und damit auch die maximale Elektronendichte erreicht ein Maximum am Tage, das gegenüber dem höchsten Sonnenstand etwas verzögert ist. Die naheliegende Deutung ist die, daß die F_2-Schicht durch das ultraviolette Licht der Sonne ionisiert wird. Infolge des geringen Druckes in den großen Höhen wird der durch Gl. (152) gegebene Gleichgewichtszustand am Tage nicht erreicht, wodurch die Verzögerung gegeben ist. Die Grenzfrequenz nimmt im gezeigten Beispiel in der Nacht auf weniger als die Hälfte des Tageswertes ab. Im Sommer zeigt die F_2-Schicht ein ganz anderes und unerwartetes Verhalten, wie aus Abb. 157 hervorgeht [216]. Hier sieht man um 10 Uhr herum ein Maximum und ein zweites am Abend kurz vor Sonnenuntergang. Das *Abendmaximum* wurde zuerst bei Daueraufnahmen mit konstanter Frequenz entdeckt. Abb. 158 zeigt die Registrierungen der scheinbaren Höhe für $f = 5$ MHz am 31. 8. 32, dem Tage einer Sonnenfinsternis. Während vorher keine Reflexionen stattfinden, sehen wir gegen 19 Uhr einen Aufgang, anschließend Reflexion bis 21 Uhr und dann einen Untergang. Dies entspricht dem Abendmaximum. Als zweites anomales Verhalten ergibt sich, daß die kritische Frequenz im Sommer niedrigere Werte hat als im Winter. Dies steht in Analogie zu dem Minimum am Sommermittag. Man kommt zu der Vorstellung, daß zwar eine von der Sonne herrührende Strahlung (ultraviolettes Licht) als Ionisator wirkt, daß aber bei hohem Sonnenstand eine zweite Wirkung hinzukommt, welche bewirkt, daß die Trägerdichte nicht nur nicht anwächst, sondern im Gegenteil abnimmt. Zur Erklärung wurde u. a. angenommen, daß die obere Atmosphäre durch die Sonnenstrahlung stark erwärmt wird und sich entsprechend ausdehnt, so daß dadurch die Elektronendichte vermindert wird [21, 158].

Zur Klärung des Verhaltens der F_2-Schicht kann man zweckmäßig die Gesamtzahl der Elektronen in einer Säule vom Einheitsquerschnitt heranziehen. Wir bestimmen diese Gesamtzahl für die parabolische Ersatzschicht, und zwar für die halbe Schichtdicke (untere Hälfte der Schicht). Mit Gl. (172) folgt für die Gesamtzahl der Elektronen

$$Q = N_m \int_0^C \left(2\frac{z}{C} - \frac{z^2}{C^2}\right) dz = \frac{2}{3} C N_m. \qquad (300)$$

C, die halbe Schichtdicke, ergibt sich mit Hilfe der auf S. 156ff. beschriebenen Auswertungsmethoden aus den beobachteten (h', f)-Kurven. Bei Messungen in Washington [184] wurde festgestellt, daß die Schwankungen der maximalen Elektronendichte von Tag zu Tag auch dann auftreten, wenn es sich um magnetisch ungestörte Tage handelt. Demgegenüber ergibt sich eine nur geringe Schwankung des Mittagswertes von Q von Tag zu Tag, auch wenn gestörte Tage mit einbezogen werden. Der Tagesverlauf von Q zeigt an so verschiedenen Orten wie Watheroo (Australien), Huancayo (Peru), College (Alaska) einen normalen Verlauf mit einem Maximum am Tage, das im allgemeinen gegenüber dem höchsten Stand der Sonne etwas verzögert ist. Auch in bezug auf die jahreszeitliche Änderung zeigt Q ein normales Verhalten, indem Q mit abnehmendem Zenitwinkel zunimmt. Das normale Verhalten von Q ist eine Stütze für die Annahme, daß das anomale Verhalten

Abb. 158. Vorübergehendes Einsetzen der Ionosphärenreflexion der 60-m-Welle in den Abendstunden. „Abendmaximum" [158].

der F_2-Schicht in bezug auf den zeitlichen Verlauf der maximalen Trägerdichte durch eine Dickenänderung der Schicht zu erklären ist.

E_2-*Schicht.* Vielfach wird am Tage zwischen der E- und F-Schicht eine Zwischenschicht in etwa 150 km Höhe beobachtet. Man spricht dann von einer E_1-Schicht (bisher E-Schicht genannt) und einer E_2-Schicht. Die Trägerdichte ist wenig größer als die der E_1-Schicht. Die E_2-Schicht wird im Winter häufiger beobachtet als im Sommer.

4. Wahre Höhe und Dicke der Schichten.

Nicht nur für die Wellenausbreitung, sondern auch für die Theorie der Ionosphäre ist es von Bedeutung, die wahre Höhe und die Dicke der einzelnen Schichten zu kennen. Diese können nach den auf S. 156ff. beschriebenen Auswertungsmethoden aus den beobachteten

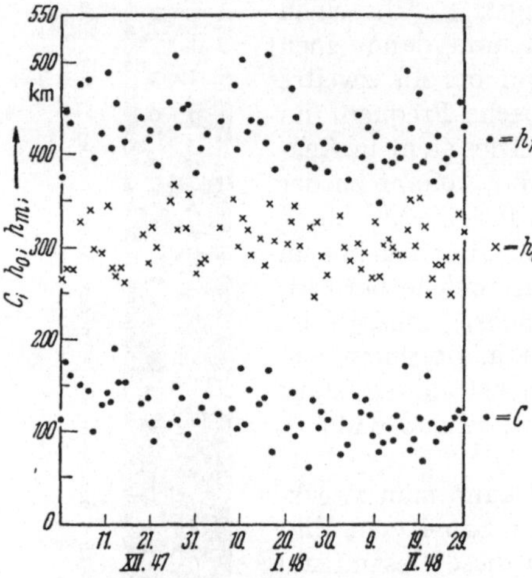

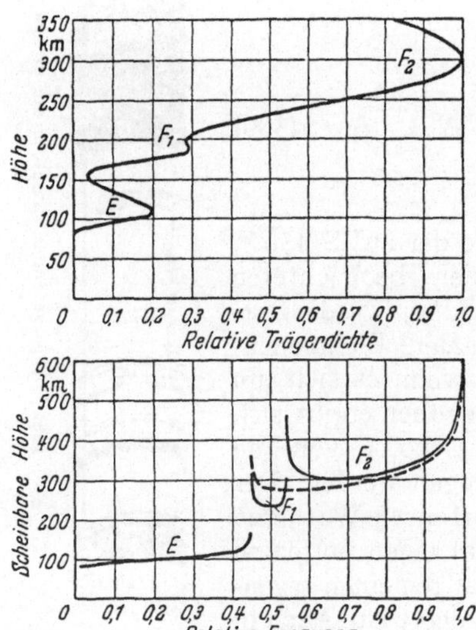

Abb. 159. Schwankungen der Schichtdaten der F_2-Schicht von Tag zu Tag um Mitternacht im Winter 1947/48 [*229*].

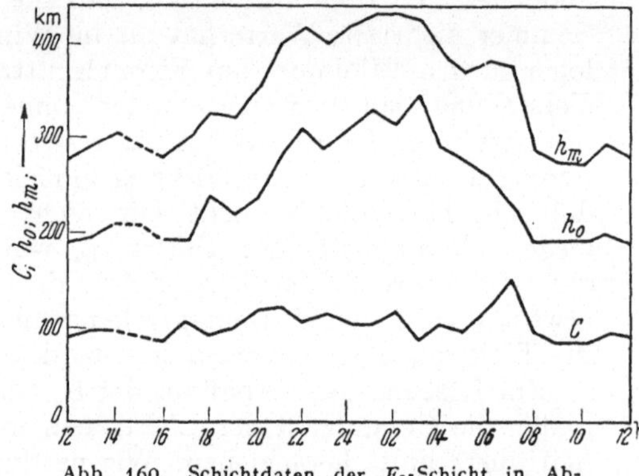

Abb. 160. Schichtdaten der F_2-Schicht in Abhängigkeit von der Tageszeit (Monatsmittel im Winter) [*229*].

(h', f)-Kurven abgeleitet werden. Es liegt eine Fülle von Beobachtungsmaterial vor, und es sind an einzelnen Stellen auch Auswertungen veröffentlicht worden.

F_2-*Schicht.* Abb. 159 zeigt die mit Hilfe der Methode der parabolischen Ersatzschicht bestimmten Höhen h_0 (untere Grenze), h_m (Maximum) und die Dicke C (von der unteren Grenze bis zum Maximum) in den Wintermonaten 1947/48 in Freiburg um Mitternacht [*229*]. Die Dicke C schwankt stark von Tag zu Tag. Bei mittleren Werten von 100 bis 120 km kommen einzelne Werte von 60 und 190 km vor. Die Höhe der unteren Grenze liegt im Mittel etwas oberhalb 300 km, die des Maximums oberhalb 400 km mit ähnlich großen Schwankungen von Tag zu Tag. Im Winter mittags ergeben sich für C bzw. h_0 etwa Mittelwerte von 100 bzw. 200 km. Die Werte streuen weniger stark.

Abb. 161. Ionosphäre aus drei Normalschichten und dafür berechnete (h', f)-Kurve. Die gestrichelte Kurve ergibt sich bei fehlender F_1-Schicht [*169*].

Abb. 160 zeigt den tageszeitlichen Verlauf der Schichtdicke und -höhe im Winter

(Monatsmittel). Die Schichthöhe ändert sich während des größten Teiles des Tages verhältnismäßig wenig, sie steigt während der Nacht um etwa 100 km an, was auch im Sommer der Fall ist. Bereits um 2 Uhr nachts beginnt das Absinken der Schichthöhen zu den niedrigeren Tageswerten. Es besteht eine gewisse Beziehung zwischen der Höhe h_m zu der Dicke C, indem im Mittel größeren Dicken auch größere Höhen entsprechen. Dieser Zusammenhang ist im Winter deutlicher.

Über lange Zeiten beobachtet zeigen die Höhen und die Dicke der Schicht eine Änderung parallel mit der Sonnenfleckenzahl. Sie erreichen ein Minimum zur Zeit des Sonnenfleckenminimums Ende 1943 und steigen dann wieder an.

Die *E-Schicht* oberhalb etwa 100 km und die F_1-*Schicht* oberhalb etwa 200 km weisen offenbar gegenüber der F_2-Schicht eine erheblich geringere Dicke auf. Abb. 161 soll eine Vorstellung von der Struktur der Ionosphäre am Tage vermitteln. Diese Ionosphäre wurde unter der Annahme von folgenden drei Normalschichten berechnet:

E-Schicht	F_1-Schicht	F_2-Schicht
$h_m = 110$ km	$h_m = 185$ km	$h_m = 3C0$ km
$H = 10$ km	$H = 10$ km	$H = 50$ km
$N_m = 0{,}2\, N_0$	$N_m = 0{,}28\, N_0$	$N_m = N_0$

In der gleichen Abbildung sind die ebenfalls berechneten scheinbaren Höhen in Abhängigkeit von der relativen Frequenz $f/f_{k,\,F_2}$ dargestellt.

5. Die Änderung der Trägerdichte
(bzw. kritischen Frequenz) mit der 11jährigen Sonnenfleckenperiode.

Die Sonnenfleckenzahl hatte ein Minimum im Jahre 1933/34 und ein Maximum im Jahre 1937/38. Seit etwa 1931 liegen systematische Beobachtungen der kritischen Frequenz vor, und es hat sich ein ausgesprochener Zusammenhang der kritischen Frequenz und damit der Trägerdichte in der Ionosphäre mit der Sonnenfleckenperiode ergeben [22, 109], wie er bereits aus den Erfahrungen der Kurzwellentelegraphie geschlossen wurde (S. 129). Dieser Zusammenhang wird in folgender Weise dargestellt. Für die E- und F_1-Schicht können wir annehmen, daß die Wiedervereinigung für das Trägergleichgewicht maßgebend ist, so daß (S. 54) im stationären Zustand, etwa mittags,

$$q_m = \alpha\, N_m^2.$$

Für die kritische Frequenz der ordentlichen Welle gilt (S. 162)

$$N_m = K\, f_k^2,$$

wo K eine bekannte Konstante ist. Die maximale Ionisierungsstärke q_m an einem Ort auf der Erde ist vom Zenitabstand der Sonne ϑ abhängig:

$$q_m = q_{m\perp} \cos\vartheta,$$

wo q_m die maximale Ionisierungsstärke bei senkrechtem Einfall der Sonnenstrahlen ist. Aus diesen drei Gleichungen folgt

$$\frac{f_k^4}{\cos\vartheta} = \frac{q_{m\perp}}{\alpha\, K^2}. \tag{301}$$

Wir betrachten den Ausdruck auf der linken Seite als charakteristische Größe. Nehmen wir an, daß der Wiedervereinigungskoeffizient α vom Luftdruck unabhängig ist, dann muß diese Größe an allen Beobachtungsorten denselben Wert haben und der Ionisierungsstärke und damit auch der Intensität der ionisierenden Strahlen proportional sein. In Abb. 162 sind die Sommerwerte dieser Größe nach Messungen in England (51,5° N) dargestellt. Wir sehen, daß die Ionisierungsstärke 1933/34 ein Minimum und 1937/38 ein Maximum hat. Beachtenswert ist der große Betrag der Änderung, welcher der Ionisierungsschwankung eine praktische Bedeutung gibt. Aus Abb. 162 können wir entnehmen, daß das Verhältnis der Ionisierungsstärken im Maximum und Minimum für die E- bzw. F-Schicht den Wert 2,25 : 1 bzw. 2,45 : 1 hat (130 bis 150%). Die entsprechende Änderung der Trägerdichte beträgt demnach etwa 50 bis 60%. Die tägliche regelmäßige Schwankung des erdmagnetischen Feldes zeigt ebenfalls eine Änderung um 50 bis 60% vom Sonnenfleckenminimum bis zum -maximum. Dies entspricht unserer Auffassung, daß diese tägliche Schwankung durch die Leitfähigkeit der Ionosphärenschichten bedingt ist. Die

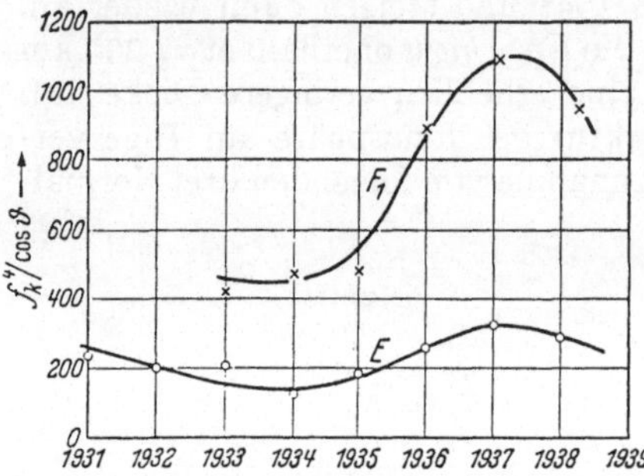

Abb. 162. Änderung der Ionisation von 1931 bis 1939 [22].

Ionisierung der E- und F_1-Schicht führen wir auf das ultraviolette Licht der Sonne zurück, und wir müssen demnach annehmen, daß die Intensität des ultravioletten Lichtes der Sonne von 1933/34 bis 1937/38 um 130 bis 150% angewachsen ist. Dies ist eine außerordentlich viel größere Änderung, als für die Sonnenstrahlung in der Nähe des Erdbodens beobachtet wird.

In noch stärkerem Maße ändert sich die Trägerdichte in der F_2-Schicht. Sie ist vom Sonnenfleckenminimum bis zum -maximum 1937/38 um etwa 300% angewachsen. Hieraus folgt nebenbei, daß die Ströme, welche die tägliche Schwankung des Erdmagnetfeldes hervorrufen, nicht in der F_2-Schicht fließen, da für das Erdmagnetfeld nur eine Änderung von 50 bis 60% festgestellt wird. Die Änderung der Trägerdichte ist besonders groß bei den Winterwerten, wo die Grenzfrequenz für horizontale Abstrahlung vom Wert 21 MHz im Jahre 1933 auf den Wert 43 MHz im Jahre 1937 ansteigt ($\lambda = 14,3$ bzw. 7 m) [109].

Es besteht eine annähernd lineare Beziehung zwischen der mittleren Sonnenfleckenzahl und der kritischen Frequenz, welche für die Voraussagen benutzt wird (vgl. S. 171).

6. Ionosphärenstörungen durch solare Korpuskularstrahlen.

Häufig auftretende Veränderungen der Ionosphäre, die im Zusammenhang mit den erdmagnetischen Störungen stehen, machen sich wie diese besonders in den höheren Breiten bemerkbar. Während des internationalen Polarjahres 1932/33 wurden Ionosphärenmessungen in Tromsö ausgeführt [23, 244]. Es wurde ganz allgemein festgestellt, daß die Echoerscheinungen hier verwickelter sind als in niedrigeren Breiten. In Zeiten magnetischer Störungen ist keine klare Trennung der Echos von der E- und F-Schicht mehr vorhanden, es ergibt sich ein breites Echo aus den Höhen über 100 km. Die Echowelle ist in der Intensität stark geschwächt und bei starken Störungen zeitweise nicht mehr wahrnehmbar. Man nimmt an, daß dann die Korpuskularstrahlen, welche als gemeinsame

Ursache des Nordlichts, der magnetischen und Ionosphärenstörungen angesehen werden, besonders tief in die Ionosphäre eindringen und unter der normalen E-Schicht eine absorbierende Schicht bilden. Diese Erscheinung wird als Nordlicht-E-Schicht bezeichnet.

In niedrigeren Breiten beobachtet man im allgemeinen während der magnetischen Störungen eine größere Höhe der F_2-Schicht und niedrigere Werte der Grenzfrequenz [79]. In der E-Schicht zeigen sich dagegen geringe Änderungen. Bei starken Störungen sind die Reflexionen von der F-Schicht stark geschwächt. Beim Auftreten von Nordlicht in den niedrigen Breiten treten in der

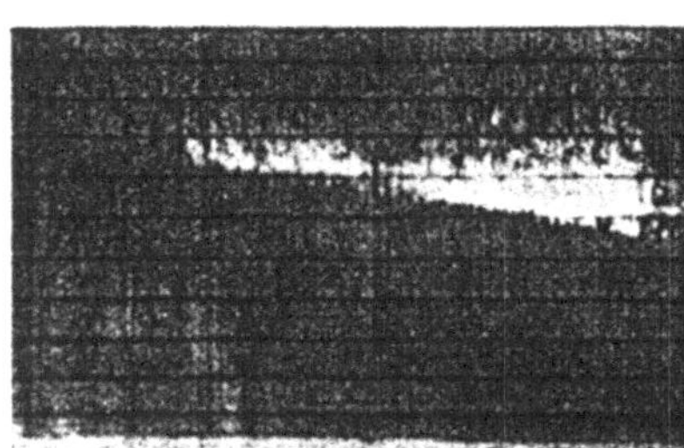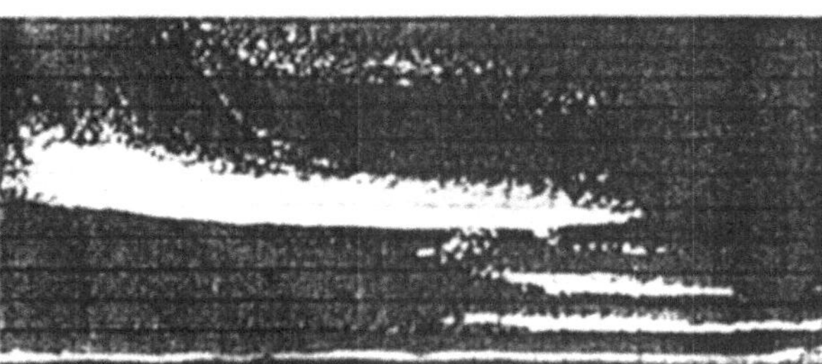

Abb. 163. Reflexionsmessungen an der Ionosphäre in der Nähe von München während des Nordlichtes in der Nacht vom 25. zum 26. Januar 1938. Der Abstand der dunklen horizontalen Striche entspricht 100 km [67].

Ionosphäre ähnliche Erscheinungen auf, wie sie in den höheren Breiten beobachtet werden (s. oben). Die sonst scharfen Reflexionen an den Ionosphärenschichten werden mehr oder weniger überdeckt von breiten, verwaschenen Reflexionen, die sich über einen großen Höhenbereich ausdehnen [55]. Die Ionosphärenstörungen sind von starken magnetischen Störungen begleitet. Abb. 163 zeigt eine Echobeobachtung in der Nähe von München während eines von einer sehr heftigen magnetischen Störung begleiteten Nordlichts am 25. und 26. 1. 1938 [67]. Hierbei wurde die Frequenz kontinuierlich von 6 bis 1 MHz geändert. Zwischen den Frequenzen 5 bis 1,75 MHz treten verwaschene Reflexionen langer Laufzeit auf, zwischen 1,75 bis 1 MHz dazu ein- oder auch mehrmalige Reflexionen an einer Schicht in ungefähr 140 km Höhe.

Als Ursache der Schwächung der Kurzwellenübertragung während der magnetischen Störungen müssen wir auf Grund solcher Beobachtungen außer der Ausbildung einer absorbierenden Schicht in niedrigen Höhen die Zerstörung der regelmäßigen, geschichteten Struktur der oberen Atmosphäre ansehen, wodurch sich ungünstige Reflexionsbedingungen ergeben. Vielleicht werden die Wellen infolge einer sehr langsamen Änderung der Trägerdichte in der F-Schicht absorbiert.

7. Die sporadische E-Schicht (E_S).

Von den unregelmäßigen Erscheinungen in der E-Schicht hat die sporadische E-Schicht wegen ihres häufigen Vorkommens eine erhebliche Bedeutung für die Wellenausbreitung. Sie besteht in einer Verstärkung der Trägerdichte in der E-Schicht, welche am Tage und in der Nacht mit gleicher Häufigkeit vorkommt. Die scheinbaren Höhen sind gewöhnlich etwas größer als die der normalen E-Schicht. Charakteristische Merkmale sind [212]:

Es wird unter Umständen ein großes Frequenzgebiet von z. B. 1 bis 10 MHz gleichzeitig reflektiert, und es muß geschlossen werden, daß der Gradient der Trägerdichte an der unteren Grenze sehr stark ist.

Beim Übergang der Reflexionen von der E_s-Schicht zur F-Schicht und umgekehrt zeigt sich weder an der einen noch anderen Schicht eine Änderung der Reflexionshöhe, wie wir sie z. B. in Abb. 151 bei den normalen Schichten beobachten. Es können außerdem längere Zeit gleichzeitig an der E_s- und an der F-Schicht Reflexionen auftreten. Dies kann so gedeutet werden, daß die E_s-Schicht verhältnismäßig dünn ist.

E_s-Reflexionen werden bei niedrigeren Frequenzen häufiger beobachtet als bei höheren. Sie treten etwa in 30 % der Zeit auf und bevorzugen keine Tageszeit. Besonders bemerkenswert ist, daß die E_s-Schicht günstige Reflexionsbedingungen ergibt, so daß für Frequenzen bis zu 15 MHz eine Kurzwellenübertragung während eines großen Teiles der Zeit über die E_s-Schicht möglich sein wird. Hierbei ist allerdings entscheidend zu berücksichtigen, daß die E_s-Schicht an entfernten Orten in der Regel nicht gleichzeitig vorhanden ist [46].

Das ultraviolette Licht der Sonne kommt als Ionisator nicht in Frage, da die Erscheinung ebensogut auch in der Nacht auftritt. Auch wird kein Zusammenhang mit den erdmagnetischen Störungen festgestellt, und die Ursache der E_s-Ionisierung kann zunächst nicht angegeben werden.

8. Rasche Schwankungen.

In systematischen Beobachtungen (z. B. [54]) werden häufig rasche Schwankungen des Zustandes der Ionosphäre registriert. Hierbei ändert sich die beobachtete Höhe in wenigen Sekunden merklich. Die Schwankungen erstrecken sich im allgemeinen nicht über die ganze Höhe, sondern sind meistens nur in einer Höhe vorhanden. Sie entsprechen einer plötzlichen Vermehrung oder Verminderung der Trägerdichte, wobei das letztere häufiger vorkommt. In horizontaler Richtung haben die Störgebiete ebenfalls geringe Abmessungen (1 km und darunter). Es ergibt sich somit eine wolkige Struktur der Ionosphäre, und es wird eine Wanderung dieser Wolken mit Geschwindigkeiten von der Größenordnung 1 km/sec festgestellt. Teilweise scheint ein Zusammenhang mit dem Eindringen kosmischer Staubmassen zu bestehen. Eine Beziehung zu den erdmagnetischen Störungen konnte nicht mit Sicherheit festgestellt werden. Dies schließt aber nicht aus, daß bei diesen Schwankungen Korpuskularstrahlen der Art mitwirken, wie wir sie als Ursache der erdmagnetischen Störungen ansehen. Es ist möglich, daß die erdmagnetischen Registrierapparate entsprechenden raschen Schwankungen nicht zu folgen vermögen oder daß infolge der geringen räumlichen Ausdehnung der Störung diese keine magnetisch meßbare Störamplitude ergibt.

Auch die Feldstärke ist raschen Schwankungen unterworfen, und es werden auch hier Wanderungserscheinungen mit Geschwindigkeiten bis zu einigen 100 m/sec festgestellt [116]. Die Messungen lassen sich durch Interferenz der an verschiedenen inhomogenen Stellen der Schicht reflektierten Wellen deuten. Von anderer Seite werden als Ursache der Feldstärkeschwankungen sowohl bei F- als auch bei E-Reflexionen Störungen im unteren Teil der E-Schicht angenommen [135].

9. Die Absorption in der Ionosphäre. D-Schicht.

Das an der Ionosphäre reflektierte Frequenzband ist nach höheren Frequenzen hin begrenzt durch die Grenzfrequenz. Am Tage ist auch nach unten hin eine Grenze vorhanden, welche durch die Absorption in der Ionosphäre bedingt ist, die mit abnehmender Frequenz stark zunimmt. Die untere Frequenzgrenze wird etwas von der Stärke des Senders und der Empfindlichkeit des Empfängers abhängig sein. Es besteht eine regelmäßige Absorption, welche mit dem Sonnenstand parallel läuft und am Mittag und im Sommer am größten ist. Unter günstigen Umständen treten mehrfache Reflexionen an der Ionosphäre und Erde auf. Das Einsetzen der Absorption macht sich morgens in einem Aufhören der mehrfachen Reflexionen bemerkbar und weiter in einem Verschwinden der Reflexion überhaupt.

Abb. 164 zeigt den Verlauf der Feldstärke eines 200 km entfernten Senders [51]. Der Empfang rührt von der Luftwelle her, eine merkliche Bodenfeldstärke ist nicht vorhanden. Die 40-m-Welle wird nicht regelmäßig reflektiert. Die 80-m-Welle wird

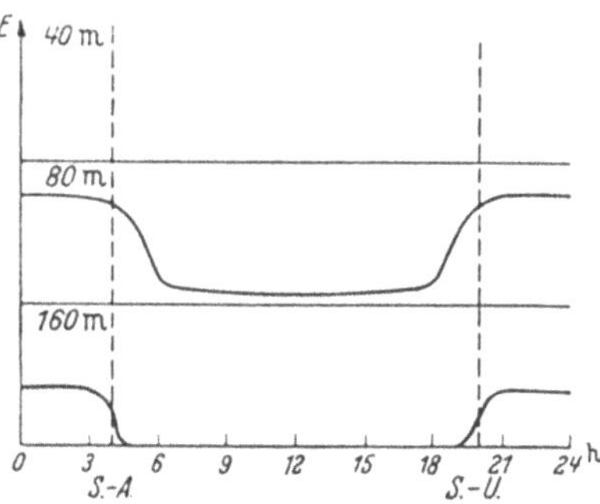

Abb. 164. Verlauf der Feldstärke der Wellen 40, 80 und 160 m während 24 Stunden in 200 km Entfernung [51].

über 24 Stunden empfangen, jedoch ist die Feldstärke am Tage durch Absorption stark geschwächt. Die 160-m-Welle fällt am Tage vollkommen aus, erst recht die längeren Wellen. Es ergibt sich also bei der Übertragung in kleinen Entfernungen dasselbe Bild wie bei der Übertragung mit kurzen Wellen, daß die Absorption der Luftwelle mit wachsender Wellenlänge stark zunimmt. Dies ist in qualitativer Übereinstimmung mit der Theorie. Der durch Gl. (194) gegebene Dämpfungsfaktor nimmt mit der Wellenlänge quadratisch zu. Man muß als günstigste Wellenlänge eine solche bezeichnen, welche gerade so weit von der unteren Grenze entfernt ist, daß sie noch mit Sicherheit reflektiert wird. In dem durch Abb. 164 dargestellten Beispiel würde dies etwa eine

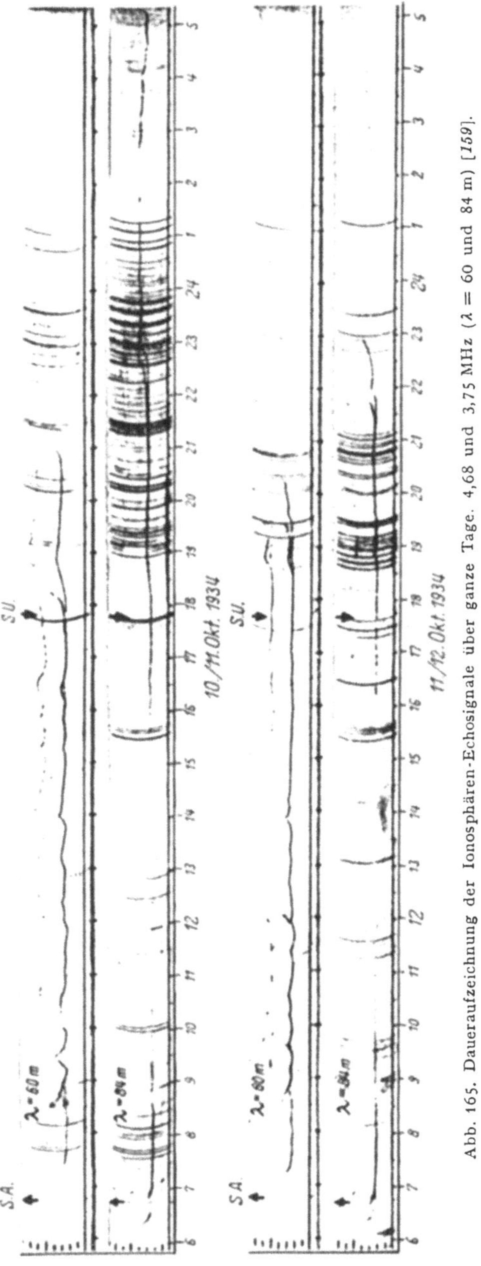

Abb. 165. Daueraufzeichnung der Ionosphären-Echosignale über ganze Tage. 4,68 und 3,75 MHz ($\lambda = 60$ und 84 m) [159].

Wellenlänge von 60 m sein. Bei Senkrechtlotungen mit einer Wellenlänge von 84 m findet man, daß die Reflexion im Sommer teilweise ganz aussetzt [*252*]. Charakteristisch ist, daß die Reflexionen ohne Höhenänderung verschwinden. Abb. 165 zeigt eine Daueraufnahme mit 60 und 84 m Wellenlänge gleichzeitig über einige Tage im Oktober [*159*]. Die 84-m-Welle verschwindet am Tage, bei der 60-m-Welle ist die außerordentliche Komponente stark geschwächt. Abends nimmt die Intensität der Echozeichen wieder zu, und die Mehrfachreflexionen treten wieder auf.

Da am Tage bereits die 160-m-Welle vollkommen absorbiert wird, ist eine Reflexion der längeren Rundfunkwellen an der Ionosphäre nicht zu erwarten. Dies steht in Übereinstimmung mit der Erfahrung, daß am Tage bei den Rundfunkwellen nur die Bodenwelle auftritt. Nach den in Abb. 78 dargestellten Messungen tritt bei Fernübertragung bereits bei 100 m Wellenlänge keine Luftwelle mehr auf. Daß aber im Rundfunkwellengebiet in der Nacht die Absorption der Luftwelle in der Ionosphäre praktisch verschwindet, zeigen die Echomessungen, welche mit 530 m Wellenlänge dreifache Echos von der E-Schicht ergeben [*83, 88*].

Die Messung der Absorption in der Ionosphäre kann durch Messung der Amplitude der Echozeichen geschehen. Hierbei muß berücksichtigt werden, daß der Zustand der Ionosphäre raschen zeitlichen Schwankungen unterworfen ist. Die Struktur der Ionosphäre ist dadurch jeweilig eine andere (zum Teil zeitlich veränderliche Welligkeit oder Wolkenbildung), und dies sowie die Schwunderscheinungen durch Änderung des Polarisationszustandes (vgl. S. 123) haben ebenfalls einen Einfluß auf die Echoamplitude. Bei der Messung muß man deshalb über eine genügend große Zahl von Echoamplituden mitteln, wobei die Beobachtungsdauer im einzelnen Fall mindestens 15 Minuten sein sollte.

Man kann die Absorption in der Ionosphäre messen, indem man das Verhältnis der Amplitude der Luftwelle L zu der der Bodenwelle B bestimmt. Bei der Auswertung der Messung hat man zu setzen

$$\frac{L}{B} = \varrho \, \varrho'. \tag{302}$$

ϱ ist die zu messende Größe, es ist der auf S. 74 behandelte, durch die Absorption bedingte scheinbare Reflexionskoeffizient. Der Faktor ϱ' entspricht dem Amplitudenverhältnis bei fehlender Absorption. Er ist durch die räumlichen Ausbreitungsverhältnisse und durch die Richtdiagramme der Sende- und Empfangsantenne gegeben. Eine Berechnung von ϱ' dürfte nur schwer möglich sein. Man könnte ϱ' angenähert bestimmen, indem man eine Messung zu einer Zeit durchführt, in der die Dämpfung gering ist, z. B. abends oder morgens. Man kann den Faktor ϱ' eliminieren, indem man das Verhältnis zweier Echozeichen mißt, die ein- und zweimal an der Ionosphäre reflektiert werden. Bei einmaliger Reflexion ist

$$L_1 = \varrho \, \varrho' B.$$

Bei zweimaliger Reflexion erhalten wir mit Hilfe von Gl. (191)

$$L_2 = \tfrac{1}{2} \varrho \, |\mathfrak{r}| \, L_1.$$

Also folgt

$$\frac{L_2}{L_1} = \frac{1}{2} \varrho \, |\mathfrak{r}|; \tag{303}$$

$|\mathfrak{r}|$ ist der Reflexionskoeffizient für die Reflexion an der Erdoberfläche. Man kann $|\mathfrak{r}|$ abschätzen, indem man in der Nacht, bei schwacher Absorption in der Ionosphäre, mehrfache Echos beobachtet. Man erhält über dem Meer mehr als 10 Reflexionen, so daß der Verlust bei einer Reflexion nicht größer als 1 Dezibel sein kann. Bei einer Landstation (Freiburg) erhält man in der Nacht mindestens 5 bis 6 Echos, so daß der Verlust mit 1 bis 2 Dezibel angenommen werden kann [*190*]. Bei Messungen über ebenem Boden von guter Leitfähigkeit wird man deshalb annähernd $|\mathfrak{r}| = 1$ setzen können. Wenn man dies tut, wird man im allgemeinen einen zu kleinen Wert für ϱ erhalten.

Trotz der großen Bedeutung für die Wellenausbreitung werden nur an wenigen Stellen systematische Messungen durchgeführt. Abb. 166 zeigt die jahreszeitliche Änderung der Absorption am Mittag nach Messungen, die in England (Station Slough) von 1934 bis 1947 durchgeführt wurden [*9, 188*]. Dargestellt sind die monatlichen *Mittelwerte* einer Größe A im Verhältnis zum Jahresmittelwert. Diese Größe ist gegeben durch die Beziehung [vgl. Gl. (202)]

$$\delta = \frac{A}{(f + f_L)^2}. \qquad (304)$$

Im Sommer ist die jahreszeitliche Änderung proportional $(\cos\vartheta)^{3/4}$ (ϑ = Zenitwinkel der Sonne). Messungen in Washington ergeben vorwiegend ein $\cos\vartheta$-Gesetz [*132*]. Die an aufeinanderfolgenden Tagen gemessenen Werte der Absorption streuen beträchtlich. Insgesamt ist zu sagen, daß die Absorption zwar, wie theoretisch zu erwarten ist, sich mit dem Sonnenstand ändert, daß aber die Gesetzmäßigkeiten für den tages- und jahreszeitlichen Verlauf noch nicht genügend genau bekannt sind. Messungen über mehrere Jahre ergeben eine Parallelität mit der Sonnentätigkeit.

Abb. 167 zeigt die Abhängigkeit der Absorption der ordentlichen Welle in der Ionosphäre von der Frequenz [*152*]. Dargestellt ist der Absorptionskoeffizent

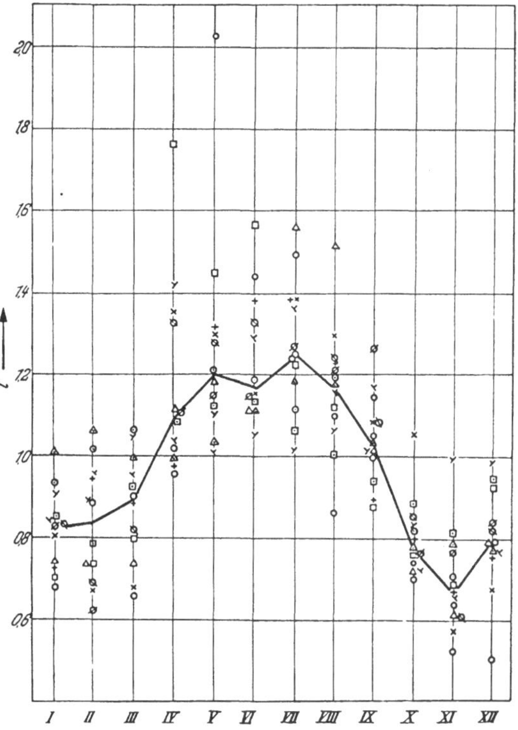

Abb. 166. Abhängigkeit der Absorption am Mittag von der Jahreszeit. Slough, 1934/47. i ist das Verhältnis der monatlichen Mittelwerte zum Jahresmittelwert des Faktors A in Gl. (304) [*190*].

$$\alpha = \lg \frac{E_0}{E}. \qquad (305)$$

E_0 ist die Feldstärke der reflektierten Welle bei fehlender Absorption, E die beobachtete Feldstärke, welche infolge der Absorption kleiner ist als E_0. In den Frequenzgebieten in der Umgebung der kritischen Frequenzen der F- und E-Schicht ($f_{k,F}$ bzw. $f_{k,E}$) steigt der Absorptionskoeffizient steil an. In der Gl. (194) ist in diesem Fall n_a eine kleine Größe, und der Dämpfungsfaktor wächst steil an (*selektive Absorption*). Anschaulich ausgedrückt können wir sagen, daß in diesen Frequenzgebieten die Verzögerung der Wellen in der Ionosphäre so groß ist, daß sich hieraus eine zeitlich bedingte vergrößerte Absorption ergibt. Oberhalb von 1000 kHz nimmt die Absorption mit wachsender Frequenz ab. Die Wellen dringen in die Ionosphäre ein und erleiden eine Dämpfung, welche mit wachsender Frequenz kleiner wird (vgl. S. 73). Unterhalb von 1000 kHz dringen die Wellen mit abnehmender Frequenz immer weniger tief in die absorbierende Schicht ein, so daß die Absorption nach niedrigeren Frequenzen hin immer geringer wird. Dazwischen liegt etwa bei 1000 kHz ein Maximum der Absorption. Ein Absorptionskoeffizient 2 bedeutet, daß die Feldstärke auf ein Hundertstel, die Empfangsleistung auf ein Zehntausendstel geschwächt wird.

Die D-Schicht. Die am Tage auftretende starke Dämpfung der elektrischen Wellen in der Ionosphäre ist eines der wichtigsten und ältesten Probleme der Wellenausbreitung über die Erde. Es ist bemerkenswert, daß die Frage, wo diese Dämpfung erfolgt, noch nicht in voller Klarheit beantwortet wurde. Eine unter der E-Schicht liegende D-Schicht wird als wesentlich mitwirkend angesehen. Die normale Echomethode gibt über diese Schicht keine Auskunft. Die bei der Untersuchung der anderen Schichten angewendeten kurzen Wellen gehen ohne Reflexion hindurch. Im Mittelwellenbereich (Rundfunkwellen) erhält man keine Reflexionen; diese Wellen werden absorbiert. Mit einem Impulssender von 200 kW Leistung und einer Frequenz von 50 kHz ($\lambda = 6$ km) hat man

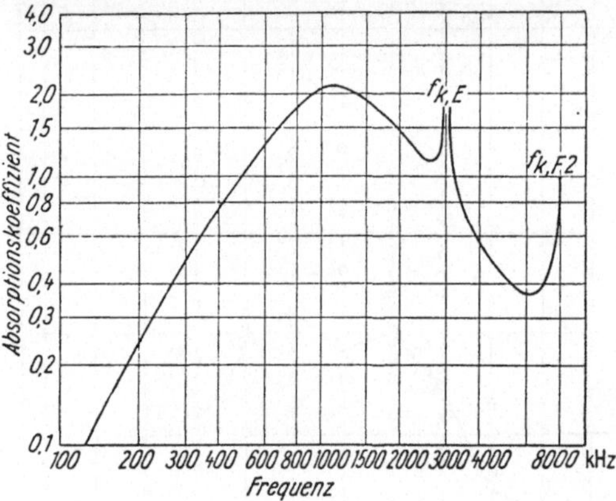

Abb. 167. Frequenzabhängigkeit des Absorptionskoffizienten nach Gl. (305) für die o. Welle. Mittag, Januar 1952, Washington [152].

Reflexionen erhalten [*36*]. Die gemessene scheinbare Höhe ist 80 km, wobei kleine Abweichungen vorkommen. Daß diese langen Wellen in einer unter der E-Schicht gelegenen Höhe reflektiert werden, hat man schon früher aus der räumlichen Ausmessung des Interferenzfeldes in der Umgebung eines Langwellensenders geschlossen ($\lambda = 18,8$ km) [*30*]. Man beoachtet in Abhängigkeit von der Entfernung Maxima und Minima der Feldstärke, welche durch Interferenz der Boden- und Luftwelle zustande kommen. Die Höhenbestimmung der reflektierenden Schicht enthält eine Unsicherheit, da die Ordnung des Maximums oder Minimums nicht eindeutig bekannt ist. Als wahrscheinlicher Wert am Tage wird 74 km angenommen, er kann aber auch 84 km sein. Nachts sind die Reflexionshöhen größer (etwa 90 km). Weitere Aufschlüsse erhält man durch die oszillographische Beobachtung von atmosphärischen Störungen, die von elektrischen Entladungen in der Atmosphäre herrühren [*120, 209*]. Solchen Störungen kann man eine mittlere Frequenz von 10^4 Hz zuordnen. Die beobachteten Oszillogramme müssen in einzelnen Teilen durch Mehrfachwege infolge der Reflexion an die Ionosphäre gedeutet werden. Die sich hieraus ergebenden Höhen liegen ebenfalls in der Umgebung von 80 km. Die genannten Versuche sind kein Nachweis dafür, daß eine besondere Schicht vorhanden ist. Man kann zunächst die D-Schicht als einen Ausläufer der E-Schicht nach unten hin ansehen.

Es gibt experimentelle Gründe für die Annahme, daß für die Wellen, welche die E-Schicht durchsetzen, die Absorption in der E-Schicht die in der D-Schicht übertrifft. Bei Messungen mit zwei verschiedenen Frequenzen (2 und 4 MHz) hat sich ergeben, daß die Dämpfung vergleichsweise bei der niedrigen Frequenz geringer ist als für die höhere, wenn die theoretische Abhängigkeit der Dämpfung von der Frequenz berücksichtigt wird. Die Welle niedrigerer Frequenz wurde hierbei an der unteren E-Schicht reflektiert, diejenige höherer Frequenz passiert die E-Schicht und wurde an der F-Schicht reflektiert [132].

10. Echomessungen und Fernübertragung.

Die Echomessungen untersuchen im allgemeinen den Zustand der Ionosphäre über dem Beobachter, d. h., es wird nur ein kleines Gebiet der Ionosphäre beobachtet. Wie zu erwarten, werden, abgesehen von der durch die verschiedene Lage auf der Erdkugel gegebenen Abänderung, überall auf der Erde ähnliche Erscheinungen beobachtet. Für die Praxis ist es nun zunächst von Bedeutung zu wissen, welche örtliche Ausdehnung eine bestimmte Erscheinung hat. Für die

regelmäßige Änderung der Ionosphäre mit der Tageszeit ist der Vorgang zweifellos stetig über die Erdkugel verteilt und in der Phase durch den jeweiligen Sonnenstand gegeben. Bei den unregelmäßigen Erscheinungen ist die örtliche Ausdehnung nicht von vornherein bekannt. Wir haben oben erfahren, daß diese Erscheinungen sich teils über begrenzte, teils über sehr große Gebiete erstrecken. Die drahtlose Telegraphie wird sich in erster Linie dafür interessieren, welche Folgerungen sich für die praktische Wellenausbreitung ergeben. In dieser Hinsicht sind die Messungen von großem Wert, bei denen an mehreren Orten, die eine geeignete Entfernung voneinander haben, gleichzeitig beobachtet wird. Bei Versuchen mit Wellen von 46 bis 81 m, bei denen gleichzeitig unter Benutzung synchronisierter Meßapparaturen an zwei um 560 km entfernten Orten (Adlershof und Kochel) Echomessungen und außerdem gegenseitige Fernübertragungsbeobachtungen ausgeführt wurden, erhielt man

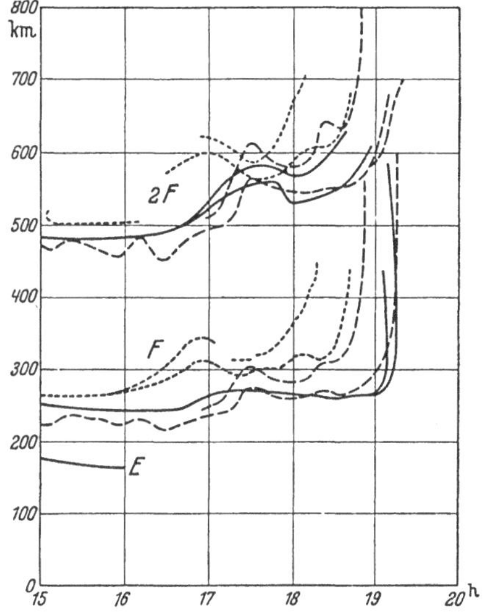

Abb. 168. Gleichzeitige Registrierung der scheinbaren Höhe in Adlershof und Kochel. 5,77 MHz ($\lambda = 52$ m). Punktierte Kurven: Zenitreflexion in Adlershof, gestrichelte Kurven: Zenitreflexion in Kochel, ausgezogene Kurven: Fernübertragung [46].

zu gleicher Zeit einen Einblick in die Verhältnisse an den beiden Beobachtungsorten bei senkrechtem Einfall und im Zwischengebiet bei schrägem Einfall der Wellen [46]. Nach den vorliegenden Beobachtungsergebnissen ist im allgemeinen der Verlauf der Ionisierung, soweit er sich in einer regelmäßigen Zu- und Abnahme der scheinbaren Höhe, der magnetischen Doppelbrechung oder dem Aufhören der Reflexion äußert, an beiden Stationen entsprechend. Es zeigt sich jedoch das interessante Ergebnis, daß in Berlin die Reflexionsfähigkeit der Ionosphäre etwas früher aufhört als in Kochel. Auch werden im allgemeinen in Berlin etwas größere scheinbare Höhen gemessen. Die Trägerdichte scheint also in Berlin etwas geringer zu sein, und man kann hier an einen Einfluß der geographischen Breite denken. Abb. 168 zeigt den zeitlichen Verlauf der scheinbaren Höhen am 21. 1. 1936 für $\lambda = 52$ m.

Die kurz dauernden Schwankungen sind häufig an den drei Reflexionsstellen verschieden, auch die sporadische E-Ionisierung ist in der Regel nicht an beiden Stationen gleichzeitig vorhanden.

Bei der Fernübertragung werden Mehrfachreflexionen an der E- und F-Schicht beobachtet, wie sie auch in der Bildtelegraphie mit kürzeren Wellen und in großen Entfernungen auftreten und die wir als eine der Ursachen der Schwunderscheinungen ansehen. Abb. 169 zeigt eine Aufnahme in Kochel kurz vor dem Verschwinden der Fernübertragung. Es verschwinden zunächst die Zenitreflexionen F' und F''. Dann verschwinden bei der Fernübertragung der Reihe

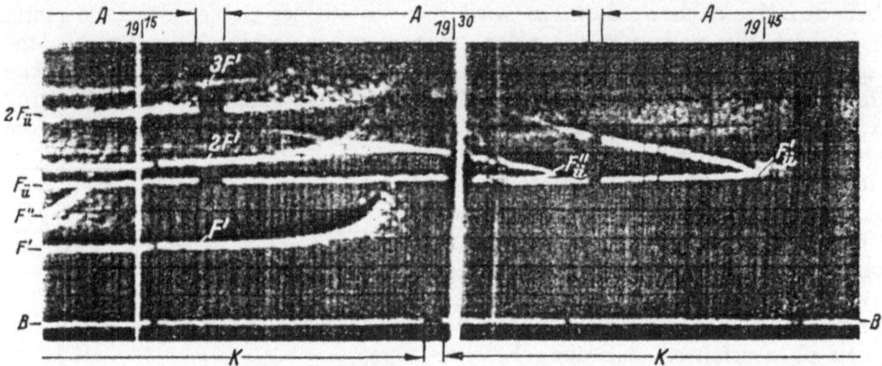

Abb. 169. Ionosphärenreflexion bei Fernübertragung ($F_{\ddot{u}}$) kurz vor dem Verschwinden der Übertragung [46].

nach die ordentliche Komponente $F''_{\ddot{u}}$ und die außerordentliche Komponente $F'_{\ddot{u}}$. Hierbei sieht man bei jeder Komponente zwei Laufwege, die immer näher zusammenrücken und sich kurz vor dem Verschwinden vereinigen. Diese Erscheinung wird regelmäßig, wenn auch nicht immer gleich deutlich, beobachtet. Die Erklärung ergibt sich aus Abb. 43 u. 44. Wir sehen hier außerhalb der toten Zone für jeden Ort zwei Strahlenwege, die um so mehr voneinander verschieden sind, je weiter man sich von Rande der toten Zone entfernt. Mit abnehmender Trägerdichte rückt umgekehrt die tote Zone immer näher an den Empfänger heran. Die beiden Strahlenwege rücken immer näher zusammen und vereinigen sich am Rande der toten Zone. Diese Beobachtung ist eine Bestätigung unserer allgemeinen Vorstellung über die Wellenausbreitung in der inhomogenen Ionosphäre. Sie zeigt, daß die geometrisch optische Strahlenvorstellung die Kurzwellenausbreitung auch in Einzelheiten wiederzugeben vermag.

IV. Atmosphärische und extraterrestrische Störstrahlungen.

Wir wollen annehmen, daß man Störungen des Funkempfangs, die durch das Empfängerrauschen und durch äußere technische Störquellen verursacht werden, weitgehend unterdrücken kann, so daß sie praktisch keine Rolle spielen. Als unbeeinflußbar bleiben dann noch die Störungen atmosphärischen und extraterrestrischen Ursprungs.

A. Atmosphärische Störungen.

1. Ursache der Luftstörungen.

Für Frequenzen unterhalb von etwa 20 MHz ($\lambda > 15$ m) sind nur die *atmosphärischen* oder *Luftstörungen* (in der englischen Literatur „atmospherics" oder „sferics" genannt) wirksam. Die Luftstörungen gehen im allgemeinen von elektrischen Entladungen in der Atmosphäre aus. Neben den elektrischen Entladungen, die vor allem als Blitze bei Gewittern auftreten, können auch noch andere Vorgänge in der Atmosphäre als mögliche Ursache der Luftstörungen in Frage kommen (z. B. verschiedene meteorologische Erscheinungen, Turbulenzen in der Ionosphäre). Diese zusätzlichen Einflüsse sind jedoch sicherlich von untergeordneter Bedeutung, und wir wollen daher hier die Luftstörungen nur im Zusammenhang mit der Gewittertätigkeit betrachten.

Es ist zweckmäßig, zu unterscheiden zwischen Luftstörungen, die von einem in der Nähe des Empfängers vorüberziehenden örtlichen Gewitter verursacht werden, und solchen, die von den in größeren Entfernungen ständig irgendwo auf der Erde herrschenden Gewittern herrühren. Da örtliche Gewitter nur relativ seltene und rasch vorübergehende Erscheinungen sind, ist vor allem die dauernde Gewittertätigkeit auf der Erde als Ursache der Luftstörungen in Betracht zu ziehen. Im Mittel herrschen auf der ganzen Erde gleichzeitig 1000 bis 2000 Gewitter, und in jeder Sekunde erfolgen durchschnittlich 20 bis 100 Blitzentladungen.

Im Empfangsgerät machen sich die Luftstörungen als Krachen oder Prasseln bemerkbar, wenn sie von einem Gewitter in der Nähe des Empfangsortes herrühren. Die von der dauernden Gewittertätigkeit in größeren Entfernungen ausgehenden Störungen haben Rauschcharakter, d. h., sie überdecken einen kontinuierlichen Spektralbereich. Die Störintensität ΔS ist demnach der Empfängerbandbreite Δf proportional. Als Intensitätsmaß benutzen wir die Größe $I_s = \Delta S/\Delta f$, die wir als *spektrale Intensität* bezeichnen und in der Einheit $\mathrm{W/(m^2\,Hz)}$ messen. Es ist ebenfalls üblich, unter Zugrundelegung einer bestimmten Bandbreite die Feldstärke E der Störungen, meistens in der Einheit $\mu\mathrm{V/m}$, anzugeben.

2. Mittlere Verteilung der Luftstörungen über die Erde.

Die Intensität der an verschiedenen Orten beobachtbaren Luftstörungen hängt einerseits ab von der jeweiligen Stärke und Verteilung der Gewittertätigkeit auf der Erde und andererseits von den mehr oder weniger günstigen Ausbreitungsverhältnissen für elektrische Wellen, d. h. vom Zustand der Ionosphäre. Beide Bedingungen sind in wechselhafter Weise den Einflüssen des Wetters und der Vorgänge in der höheren Atmosphäre unterworfen. Die aus langen Beobachtungsreihen gewonnenen Durchschnittswerte und Regelmäßigkeiten können daher im Einzelfall erhebliche Schwankungen aufweisen.

In großen Zügen ist die Verteilung der Gewittertätigkeit über die Erde dadurch charakterisiert, daß in den Tropen mehr und heftigere Gewitter auftreten als in höheren Breiten und daß über dem Festland die Gewitterhäufigkeit und -stärke größer ist als über den Ozeanen. Dadurch ergeben sich drei Hauptzentren für die Gewittertätigkeit auf der Erde: Zentralafrika, Hinterindien und das nördliche Südamerika. Die Gewitterverteilung verändert sich mit den Jahreszeiten, und zwar wandern die drei Gewitterzentren im Nord-Sommer etwas nach Norden, im Nord-Winter nach Süden; außerdem bildet sich im Nord-Sommer über Südosteuropa ein viertes, allerdings schwächeres Gewitterzentrum aus.

13*

Um einen Überblick über die Verteilung der Luftstörungen auf der Erde zu gewinnen, hat man eine Reihe von *Störzonen* festgelegt und in Karten eingetragen [152]. Die Zonen sind mit 1, $1^1/_2$, ..., $4^1/_2$, 5 bezeichnet, wobei in den

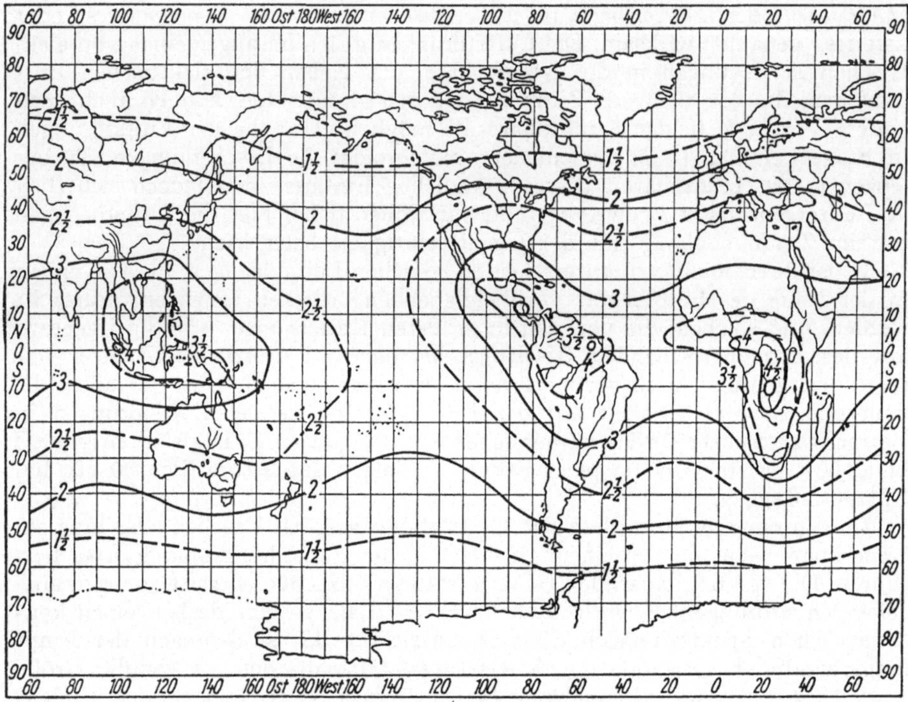

Abb. 170. Störzonen in den Monaten September, Oktober und November [152].

Zonen $4^1/_2$ und 5 die stärkste Gewittertätigkeit und damit auch die größten Störintensitäten vorhanden sind, während die Zonen 1 und $1^1/_2$ am weitesten von den Gewitterzentren entfernt sind. Im Laufe der Jahreszeiten verlagern sich die Störzonen; Abb. 170 zeigt die Lage der Zonen für die Monate September, Oktober und November. Deutschland liegt im Frühjahr in der Zone $2^1/_2$, im Sommer in der Zone 3, im Herbst in der Zone $2^1/_2$ und im Winter in der Zone 2.

Tab. 9 soll einen ungefähren Anhalt für die Größe der Störintensität bzw. -feldstärke in den verschiedenen Zonen geben. Es sind die im Frühjahr und Herbst zu beobachtenden Mitternachtswerte bei der Frequenz $f = 2\,\text{MHz}$ ($\lambda = 150$ m) angegeben.

Tabelle 9. *Mitternachtswerte der Intensität und Feldstärke der Luftstörungen im Frühjahr und Herbst für $f = 2\,\text{MHz}$ ($\lambda = 150$ m) (nach Angaben aus [152] berechnet).*

Zone:	1	2	3	4	5
Störintensität $(\text{W}/(\text{m}^2\,\text{Hz}))$ . . .	$4,4 \cdot 10^{-18}$	$1,7 \cdot 10^{-17}$	$6,9 \cdot 10^{-17}$	$2,8 \cdot 10^{-16}$	$1,1 \cdot 10^{-15}$
Störfeldstärke $(\mu\text{V/m})$ für $\Delta f = 6\,\text{kHz}$	3,2	6,5	13	26	52

3. Zeitliche Veränderlichkeit der Luftstörungen.

Eine zeitliche Veränderung der Intensität der Luftstörungen, soweit sie im wesentlichen durch die jahreszeitlich wechselnde Verteilung der Gewittertätigkeit auf der Erde zustande kommt, ist bereits bei der Festlegung der Zonen berücksichtigt worden. Der so entstehenden jährlichen Periode überlagern sich nun noch eine tägliche und eine weitere jährliche Periode, die durch die im

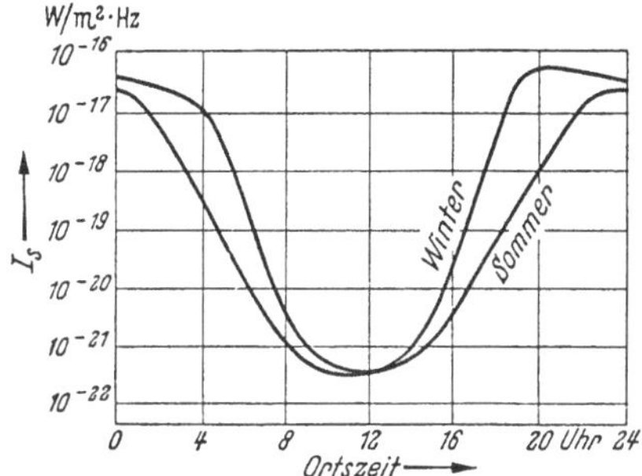

Abb. 171. Täglicher Gang der Störintensität im Winter und im Sommer in der Störzone 2¹/₂. $f = 2$ MHz. Nach Angaben aus [152] berechnet.

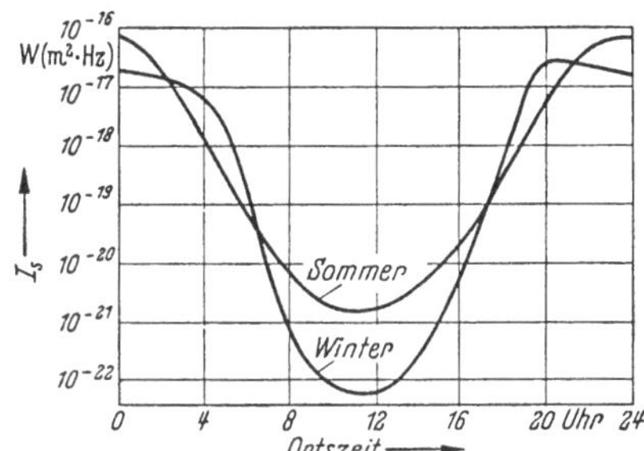

Abb. 172. Täglicher Gang der Störintensität im Winter und im Sommer in Deutschland. $f = 2$ MHz. Nach Angaben aus [152] berechnet.

Tages- bzw. Jahresablauf wechselnden Ausbreitungsbedingungen für elektrische Wellen bedingt sind. Es zeigt sich, daß die Störintensität kurz vor Mitternacht ein Maximum und kurz vor Mittag ein Minimum hat und daß es für eine bestimmte Störzone im Winter mehr Luftstörungen gibt als im Sommer [152]. Wegen der Verlagerung der Störzonen kann es sich ergeben, daß für bestimmte Orte auf der Erde das jährliche Maximum nicht im Winter, sondern im Sommer auftritt. In Abb. 171 ist der tägliche Gang der Störintensität in einer bestimmten Störzone (2¹/₂) skizziert, und zwar für die Frequenz $f = 2$ MHz ($\lambda = 150$ m). Abb. 172 zeigt für dieselbe Frequenz die Verhältnisse an einem bestimmten Ort (Deutschland).

Neben der täglichen und jährlichen Periode läßt sich bei den Luftstörungen auch noch eine 11jährige Periode feststellen, die mit dem Zyklus der Sonnenaktivität einhergeht. Zwischen der Störintensität und der Sonnenfleckenzahl besteht eine gegenläufige Korrelation [242]. Es ist kaum anzunehmen, daß die Gewittertätigkeit auf der Erde durch die Sonnenaktivität beeinflußt wird. Daher ist die bei größerer Sonnenaktivität bekanntlich verstärkte Absorption der Luftwellen allein für den Rückgang der Störintensität verantwortlich zu machen.

4. Spektrum der Luftstörungen.

Das Spektrum der Luftstörungen überdeckt das ganze Frequenzgebiet unterhalb von etwa 20 MHz ($\lambda > 15$ m). Die spektrale Intensitätsverteilung ist in großen Zügen durch ein Anwachsen der Intensität mit abnehmender Frequenz charakterisiert. Während man in der Nacht eine durchweg monotone Zunahme der Intensität mit abnehmender Frequenz beobachten kann, findet man am Tage ein relatives Minimum bei etwa 2 MHz ($\lambda = 150$ m). Zwei typische Kurven für die spektrale Intensitätsverteilung (Zone 2¹/₂, Frühjahr und Herbst) in der Nacht (0 Uhr Ortszeit) und am Tage (12 Uhr Ortszeit) sind in Abb. 173 dargestellt.

Die spektrale Verteilung der Störintensität ist bedingt durch das Spektrum der einzelnen Blitzentladungen und durch die von der Frequenz abhängigen Ausbreitungsbedingungen. Es gilt angenähert, daß für Frequenzen über 10 bis 20 kHz ($\lambda < 30$ bis 15 km) die von einem einzelnen Blitz ausgestrahlte Leistung dem Quadrat der Frequenz umgekehrt proportional ist [152]. Demnach beobachtet man in der Nacht im Spektrum der Luftstörungen eine Zunahme der Intensität mit $1/f^2$ bzw. eine Zunahme der Feldstärke mit $1/f$. Am Tage werden bei Frequenzen in der Größenordnung von 1 MHz die Wellen besonders stark gedämpft (vgl. S. 189), und so erklärt sich das Minimum der spektralen Störintensität für diese Frequenzen. Die Frequenz $f \approx 20$ MHz ($\lambda \approx 15$ m), unterhalb der die Luftstörungen einsetzen, stimmt ungefähr mit der Grenzfrequenz für die Luftwellenausbreitung überein (vgl. S. 109).

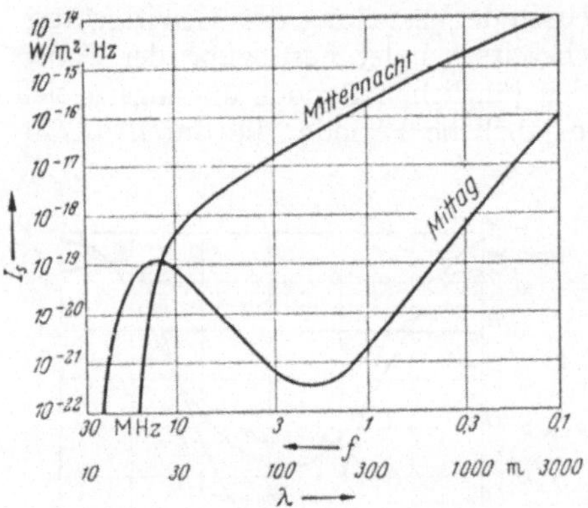

Abb. 173. Spektrale Verteilung der Störintensität am Mittag und um Mitternacht. Frühjahr und Herbst, Störzone $2^{1}/_{2}$. Nach Angaben aus [152] berechnet.

5. Zeitlicher Verlauf einzelner Luftstörungen.

Bei örtlichen Gewittern oder bei besonders heftigen Blitzentladungen in größeren Entfernungen ist es möglich, den zeitlichen Verlauf einzelner Luftstörungen mit Hilfe eines Elektronenstrahl-Oszillographen zu beobachten und zu registrieren. In der Nähe des Empfangsortes, d. h. in Entfernungen bis zu etwa 100 km, hat man Störungsverläufe gefunden, wie sie in Abb. 174a, b, c für drei verschiedene Entfernungen wiedergegeben

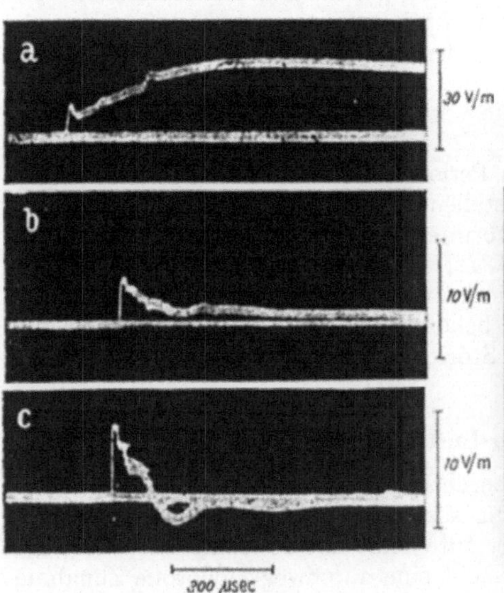

Abb. 174. Zeitlicher Verlauf von Luftstörungen in a) 16 km, b) 53 km, c) 100 km Entfernung vom Ursprungsort [150].

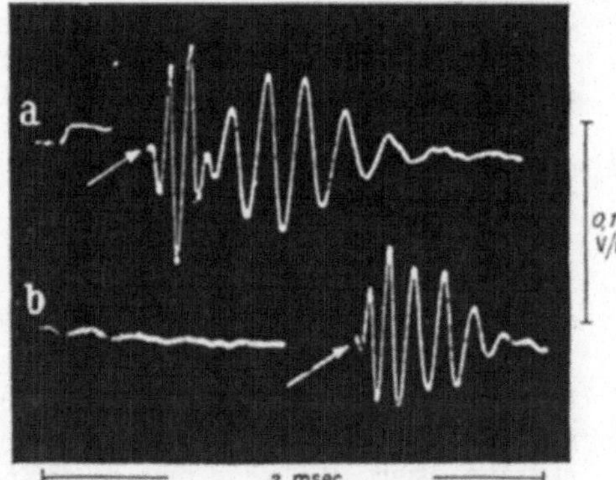

Abb. 175. Zeitlicher Verlauf von Luftstörungen in a) über 2500 km, b) über 4000 km Entfernung vom Ursprungsort [43].

sind [150]. In Entfernungen von der Größenordnung 1000 km zeigen die Registrierungen häufig einen typischen oszillatorischen Verlauf der Störungen (Abb. 175) [43].

Der zeitliche Verlauf einzelner Störungen und seine Veränderung mit der Entfernung infolge der frequenzabhängigen Ausbreitungsverhältnisse ist Gegenstand theoretischer Untersuchungen gewesen [39, 40, 213, 214], auf die hier nicht näher eingegangen werden kann.

B. Solare und kosmische Radiostrahlung. Radioastronomie.

1. Entdeckung und Bedeutung der extraterrestrischen Radiostrahlung.

Eine Radiostrahlung extraterrestrischen Ursprungs wurde zum erstenmal im Jahre 1932 beobachtet [105]. Im Empfangsgerät wird ein Rauschen wahrgenommen, d. h., die Strahlung hat ein kontinuierliches Spektrum. Sie stammte, wie später nachgewiesen wurde, aus einer am Fixsternhimmel festliegenden Himmelsgegend [106]. Radioamateure entdeckten 1936/37 eine von der Sonne herrührende Radiostrahlung. Während des Krieges wurden in England mit Radargeräten weitere Beobachtungen der solaren Radiostrahlung gemacht [104]. Die Erforschung extraterrestrischer Radioquellen entwickelte sich nach dem Kriegsende rasch zu einem neuen, wichtigen Teilgebiet der Astrophysik, das als *Radioastronomie* bezeichnet wird.

Das Wellenlängengebiet, in welchem extraterrestrische Radiostrahlung zur Erdoberfläche gelangen kann, ist begrenzt; es liegt etwa zwischen den Wellenlängen 1 cm und 15 m. Die kurzwellige Grenze ist durch die Wasserdampfabsorption, die langwellige durch die Ionosphäre bedingt. Gegenüber dem sichtbaren Licht besteht der Vorteil, daß Wolken und Sonnenstreulicht die Beobachtung nicht behindern.

Im Zusammenhang mit der drahtlosen Nachrichtentechnik stellt die extraterrestrische Radiostrahlung eine Störung dar und muß als solche unser Interesse beanspruchen, wenn auch die so hervorgerufenen Störungen im allgemeinen von geringerer Bedeutung sind als etwa die atmosphärischen Störungen. Wir erinnern uns ferner daran, daß die Ionosphäre ihre Entstehung verschiedenen von der Sonne kommenden Strahlungen verdankt (ultraviolettes Licht, Korpuskularstrahlen). Diese Strahlungen sind auf der Erde nicht beobachtbar, da sie in der Atmosphäre absorbiert werden. Von um so größerer Bedeutung ist die Beobachtung von Vorgängen auf der Sonne, welche mit der Entstehung der ionisierenden Strahlungen im Zusammenhang stehen. Solche Beobachtungen sind im sichtbaren Gebiet mit dem Fernrohr möglich und mit großem Erfolg durchgeführt worden. Die Entdeckung der solaren Radiostrahlen hat uns ein weiteres wichtiges Hilfsmittel zur Erforschung der für die Ionosphäre wichtigen Vorgänge auf der Sonne in die Hand gegeben. Man ist daher seit einigen Jahren dazu übergegangen, mit Hilfe radioastronomischer Beobachtungsmethoden eine vom Wetter unabhängige Überwachung der Sonnenaktivität durchzuführen, indem für einige charakteristische Wellenlängen die solare Radiostrahlung laufend registriert wird.

2. Temperaturstrahlung.

Als eine mögliche Ursache der extraterrestrischen Radiostrahlen kommt die thermische Ausstrahlung in Frage. Wir nehmen an, daß es sich um Strahlung eines schwarzen Körpers handelt. Im Gebiet der Radiofrequenzen ist im PLANCKschen Strahlungsgesetz $hv/kT \ll 1$, und wir erhalten für den Energiestrom durch die Flächeneinheit (Energiestromdichte oder Intensität) am Empfänger im Frequenzintervall Δf

$$\Delta S = \frac{2kT}{\lambda^2}\,\Omega\,\Delta f \quad \left(\frac{\mathrm{W}}{\mathrm{m}^2}\right). \tag{306}$$

Ω ist hierin der als klein angenommene räumliche Winkel, unter dem die Strahlungsquelle vom Empfänger aus erscheint. Für die *spektrakle Intensität* (vgl. S. 195) erhalten wir

$$I_s = \frac{\Delta S}{\Delta f} = \frac{2kT}{\lambda^2}\,\Omega \quad \left(\frac{\mathrm{W}}{\mathrm{m^2\,Hz}}\right). \tag{306a}$$

Es ist üblich, die mittels dieser Gleichung berechnete „*Äquivalenttemperatur*" T als Intensitätsmaß zu verwenden, auch dann, wenn es sich nicht um die Strahlung eines schwarzen Körpers handelt.

Wir berechnen als Beispiel die Temperaturstrahlung von der Sonne ($T = 6000°$ K, $r =$ Sonnenradius, $R =$ Entfernung Sonne—Erde). Es folgt [10, 19]

$$\Delta S = \frac{2kT}{\lambda^2}\,\frac{\pi r^2}{R^2}\,\Delta f = \left(10^{-23}\,\frac{\mathrm{W}}{\mathrm{Hz}}\right)\frac{\Delta f}{\lambda^2}. \tag{307}$$

Von einem einfachen Dipol wird die Leistung

$$\Delta N = \frac{3}{16\pi}\,\lambda^2\,\Delta S \tag{308}$$

aufgenommen. Dies ergibt in unserem Fall

$$\Delta N = \left(7 \cdot 10^{-25}\,\frac{\mathrm{W}}{\mathrm{Hz}}\right)\Delta f. \tag{308a}$$

Die Rauschleistung des Empfängers ist

$$\Delta N_0 = n\,k\,T_0\,\Delta f, \tag{309}$$

wobei T_0 die Empfängertemperatur und n der Rauschfaktor ist, dessen Wert für unsere Wellenlängen etwa zwischen 2 und 50 liegt. Setzen wir $T_0 = 300°$ K, $n = 10$, so ergibt sich

$$\Delta N_0 = \left(4 \cdot 10^{-20}\,\frac{\mathrm{W}}{\mathrm{Hz}}\right)\Delta f. \tag{309a}$$

Als Störabstand finden wir angenähert

$$\frac{\Delta N}{\Delta N_0} = 2 \cdot 10^{-5}. \tag{310}$$

Wird an Stelle des einfachen Dipols eine Richtantenne mit dem Gewinn G benutzt, so vergrößern sich die Empfangsleistung und der Störabstand um den Faktor G:

$$\Delta N = G\left(7 \cdot 10^{-25}\,\frac{\mathrm{W}}{\mathrm{Hz}}\right)\Delta f, \tag{308b}$$

$$\frac{\Delta N}{\Delta N_0} = G\,2 \cdot 10^{-5}. \tag{310a}$$

Die Rechnung ergibt also, daß man Antennen mit hohem Gewinn braucht, um einen genügend großen Störabstand in bezug auf das Empfängerrauschen zu erreichen.

3. Beobachtungsgeräte.

Radioteleskope. Ein Empfangssystem für extraterrestrische Radiostrahlung besteht im einfachsten Fall aus

a) einer Richtantenne mit hohem Gewinn (Paraboloidreflektor, Tannenbaumantenne u. a.),

b) einem empfindlichen und rauscharmen Empfänger und

c) einem Registrierapparat.

Die Dimensionen der Radioteleskope werden vorgeschrieben durch die Forderung nach großer *Empfindlichkeit*, d. h. hohem Gewinn, und zugleich gutem *Auflösungsvermögen*. Die Empfindlichkeit der Radioteleskope liegt etwa in der Größenordnung der besten Lichtteleskope. Es können noch Intensitäten nachgewiesen werden, die der Lichtintensität eines Sternes der 22. Größenklasse entsprechen. Ein so schwacher Stern befindet sich an der Grenze der photographischen Wahrnehmbarkeit mit dem 5-m-Spiegel des Palomar-Observatoriums

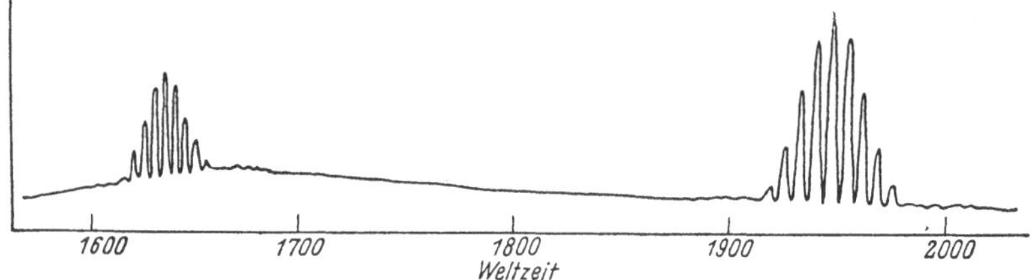

Abb. 176. Interferometrische Registrierung zweier isolierter Radioquellen [202].

[*219*]. Auf die mit der Empfindlichkeit zusammenhängenden Empfängerprobleme sei hier nicht näher eingegangen [*53, 205*]. Wegen der viel größeren Wellenlänge der Radiostrahlung haben die Radioteleskope aber andererseits ein relativ schlechtes Auflösungsvermögen. Der Winkelabstand zwischen dem Hauptmaximum und dem ersten Minimum der Richtcharakteristik eines Paraboloidreflektors ist annähernd gegeben durch $\gamma = 70° \lambda/d$, wo d der Durchmesser des Reflektors ist. Als Beispiel seien die Daten des Funkmeßgerätes „Würzburg-Riese" angegeben: Der Paraboloidreflektor hat den Durchmesser 7 m; bei 50 cm Wellenlänge ist $\gamma = 5°$, und der Gewinn beträgt $G = 200$. In Jodrell Bank in England ist ein drehbarer Paraboloidreflektor im Bau, dessen Durchmesser 80 m betragen wird. Wollte man mit einem Radioteleskop dasselbe Auflösungsvermögen erreichen, wie mit einem bescheidenen 5-cm-Fernrohr, so müßte für $\lambda = 50$ cm der Antennendurchmesser 50 km betragen ($\lambda/d = 10^{-5}$).

Radiointerferometer. Der Wunsch, eine größere Genauigkeit der Orts- und Größenbestimmung von extraterrestrischen Radioquellen zu erreichen, hat zur Konstruktion von Radiointerferometern geführt. Während die Radioteleskope im allgemeinen drehbar sind, so daß man eine Radioquelle so lange verfolgen kann, wie sie sich über dem Horizont befindet, sind Interferometeranordnungen meist fest aufgestellt. Man kann daher die Radioquelle nur täglich einmal beobachten, nämlich dann, wenn die Erde bei ihrer Drehung das Interferometer in die geeignete Lage zur Radioquelle bringt. Das gebräuchlichste Radiointerferometer ist dem MICHELSONschen Sterninterferometer nachgebildet [*38, 144, 203, 204*]. An den beiden Enden einer in Ost-West-Richtung verlaufenden Standlinie der Länge d sind zwei Richtantennen aufgestellt, die mittels gleich langer Leitungen an einen gemeinsamen Empfänger angeschlossen sind. Bewegt sich eine Radioquelle durch den Meridian, so entstehen durch Interferenz der von beiden Antennen aufgefangenen Wellen im Empfänger nacheinander Maxima und Minima (Abb. 176). Die Halbwertsbreite des Hauptmaximums ist $\gamma = 29° \lambda/d$, der Winkelabstand des ersten Nebenmaximums $\delta = 57° \lambda/d$. Für $d = 100\,\lambda$ wird z. B. $\gamma = 17'$ und $\delta = 34'$. Durch eine genaue Analyse des aufgezeichneten Interferenzvorgangs läßt sich unter günstigen Bedingungen eine Genauigkeit von $1'$ erzielen. Beim Durchgang der Radioquelle durch das Hauptmaximum steht die Radioquelle im Meridian, und damit ist die Rektaszension bestimmt. Die Deklination läßt sich aus dem zeitlichen Abstand zweier Interferenzmaxima ableiten.

Ein Radiointerferometer, das Ähnlichkeit mit einem optischen Gitter hat, wurde neuerdings bei Sidney in Australien konstruiert [44]. Es besteht aus $n = 32$ Paraboloidantennen von je 1,8 m Durchmesser, die in Ost-West-Richtung auf eine Gesamtstrecke von $d = 210$ m äquidistant verteilt sind (Abb. 177); alle Antennen sind durch gleich lange Leitungen mit einem gemeinsamen Emp-

Abb. 177. Gitterinterferometer, bestehend aus 32 Paraboloid-reflektoren, in Potts Hill bei Sidney [44].

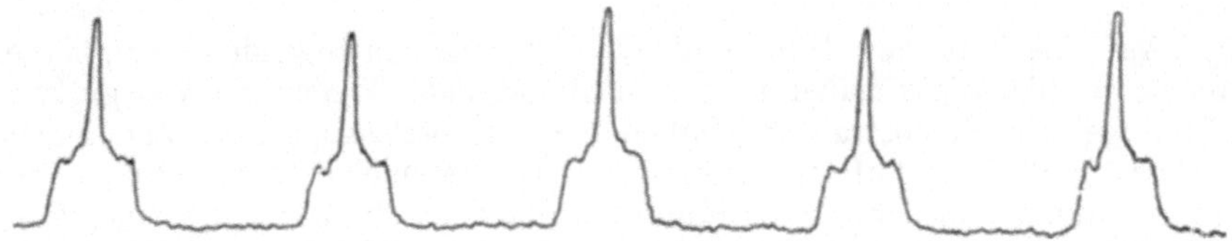

Abb. 178. Registrierung der Sonne mit dem Gitterinterferometer. Die Sonne passiert nacheinander die einzelnen Maxima der Richtcharakteristik [44].

fänger verbunden. Die Richtcharakteristik der gesamten Anordnung zeigt scharfe Interferenzmaxima, die, verglichen mit der Breite eines einzelnen Maximums, einen relativ großen Winkelabstand voneinander haben. Die Halbwertsbreite des Maximums 0. Ordnung ist durch $\gamma = 50° \lambda/d$, der Winkelabstand zwischen den Maxima 0. und 1. Ordnung durch $\delta = 57° (n - 1)\,\lambda/d$ gegeben; bei den angegebenen Dimensionen und für $\lambda = 21$ cm ergibt sich $\gamma = 3'$ und $\delta = 1,8°$. Da der Winkelabstand der Maxima der Richtcharakteristik mehr als das 3fache des Winkeldurchmessers der Sonne $(30')$ beträgt, ist das Gitterinterferometer für Sonnenbeobachtungen besonders gut geeignet (Abb. 178).

4. Solare Radiostrahlung.

Um die Verteilung der Strahlungsdichte über die Sonnenscheibe zu studieren, braucht man normalerweise Antennensysteme mit hohem Auflösungsvermögen. Mit nur schwach auflösenden Geräten kann man auskommen, wenn man die Gelegenheit von Sonnenfinsternissen benutzt, um die Intensitätsverminderung der solaren Radiostrahlung zeitlich zu verfolgen, während der Mond wechselnde Teile der Sonnenscheibe abschattet. Tatsächlich wurden auf diese Weise die ersten interessanten Aufschlüsse über die Verteilung der Strahlungsdichte auf der Sonne gewonnen. 1946 konnte bei einer Sonnenfinsternis festgestellt werden, daß die Intensität der solaren Radiostrahlung (für $\lambda = 11$ cm) schon vor der Bedeckung eines Teils der sichtbaren Sonnenscheibe merklich schwächer wurde,

und zwar war im Augenblick des ersten Kontakts eine Verminderung um 8% erfolgt; es wurde ferner gefunden, daß die Intensität jedesmal eine ruckartige Ab- oder Zunahme zeigte, wenn der Mond eine Sonnenfleckengruppe bedeckte oder wieder freigab [45].

Nach den vorliegenden Beobachtungsergebnissen muß man drei Komponenten der solaren Radiostrahlung unterscheiden:

a) Eine konstante Strahlung, die von der ungestörten Sonne ausgeht,

b) eine langsam veränderliche

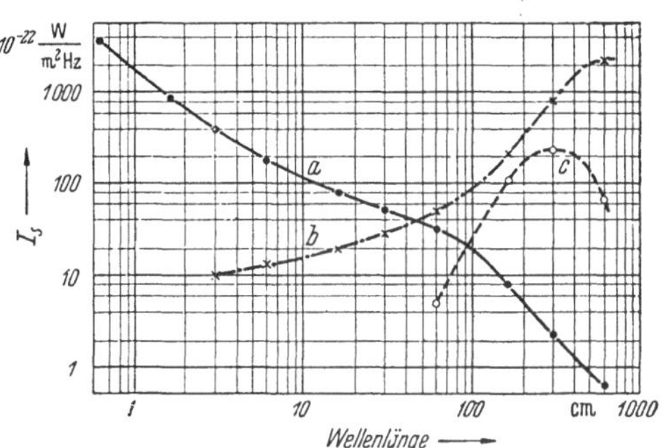

Abb. 179. Spektrale Verteilung der drei Komponenten der solaren Radiostrahlung. a) Strahlung der ungestörten Sonne, b) Fleckenstrahlung, c) eruptive Störstrahlung [121].

Störstrahlung, die von der Sonnenfleckenzahl und -größe abhängt, und

c) eine stark und rasch veränderliche Störstrahlung, die als Begleiterscheinung chromosphärischer Eruptionen auftritt.

Abb. 179 zeigt die spektrale Verteilung dieser drei Komponenten. Die zeitlich stark veränderlichen Komponenten b und c können jeweils sehr verschiedene Intensitäten und Intensitätsverteilungen besitzen, so daß die Kurven b und c nur einen orientierenden Wert in bezug auf die spektrale Lage haben.

Die Radiostrahlung der ungestörten Sonne ist nur sehr selten der direkten Beobachtung zugänglich, fast immer ist sie von der Störstrahlung überlagert. Von zahlreichen Beobachtungen der gestörten Sonne ausgehend, kann man aber die Verhältnisse für die ungestörte Sonne durch eine Art Limesbildung erschließen (Abb. 180). Der spektrale Verlauf der ungestörten Strahlung zeigt eine Abnahme der Intensität mit wachsender Wellenlänge; für $\lambda = 1$ cm ist beispielsweise $I_s = 10^{-19}$ W/(m²Hz), für $\lambda = 4$ m ergibt sich $I_s = 10^{-22}$ W/(m²Hz). Bei Sonnenfinsternisbeobachtungen und interferometrischen Messungen findet man, daß die „Radiosonne" größer ist als die sichtbare Sonne.

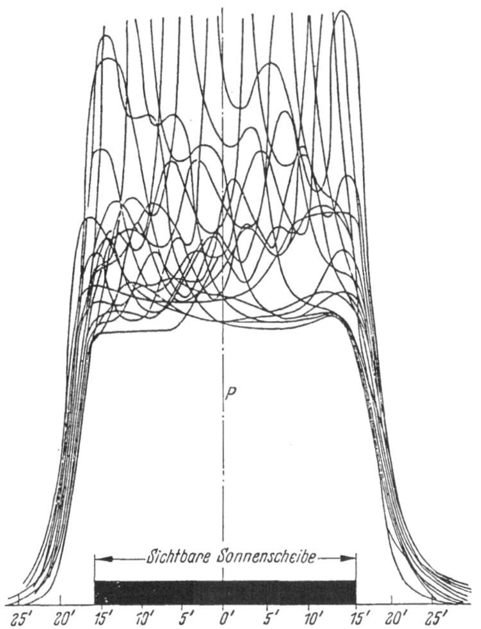

Abb. 180. Übereinander gezeichnete Registrierungen der gestörten Sonne. Die untere Einhüllende ergibt die Winkelverteilung der ungestörten Strahlung. P = Empfangsleistung [44].

Der Winkeldurchmesser der Radiosonne hängt von der Wellenlänge ab, und zwar ist er für längere Wellen am größten, während er für kürzere Wellen mit dem der sichtbaren Sonne übereinstimmt; für $\lambda = 60$ cm z. B. hat die Radiosonne etwa den 1,5 fachen Winkeldurchmesser der sichtbaren Sonne. Bei der Beobachtung mit längeren Wellen zeigt die Radiosonne keinen scharfen Rand, sondern die Strahlungsdichte nimmt nach außen allmählich ab [225].

Man erklärt die Radiostrahlung der ungestörten Sonne durch thermische Emission der Chromosphäre und der Sonnenkorona, die durch Frei-frei-Übergänge in den Feldern der Atomkerne zustande kommt [114, 138, 232]. Die Berechnung ergibt, daß uns im Zentimeterwellenbereich ($\lambda < 3$ cm) praktisch nur Strahlung aus der Chromosphäre erreicht, während im Wellenlängenbereich $\lambda > 50$ cm nur noch Strahlung aus der Korona zu uns kommt. Aus der für $\lambda = 1$ cm beobachteten Intensität folgt eine Äquivalenttemperatur von $T = 6000°$ K in Übereinstimmung mit dem bekannten Wert für die Temperatur der Chromosphäre; für $\lambda = 4$ m ergibt sich $T = 10^6°$ K, und auch dieser Wert stimmt größenordnungsmäßig mit der aus optischen Messungen erschlossenen Temperatur in der Korona überein. Die Herkunft der zu uns gelangenden Strahlung ist wesentlich bedingt durch die Absorption in der Korona; diese ist nur für die kurzen Zentimeterwellen gering und nimmt analog wie in der Ionosphäre mit wachsender Wellenlänge rasch zu.

Solare Störstrahlung. Die wichtigsten Merkmale der solaren Störstrahlung sind

a) die zeitweilig sehr viel größere Intensität im Vergleich zur Radiostrahlung der ungestörten Sonne,

b) die starke Veränderlichkeit der Intensität,

c) der Zusammenhang mit der Sonnenaktivität (Sonnenflecken und Eruptionen) und

d) das Auftreten von Begleiterscheinungen in der Erdatmosphäre (MÖGELsche Kurzstörungen, auffallende Polarlichter, magnetische Stürme).

Die Intensität der solaren Störstrahlung zeigt eine enge Korrelation mit der Sonnenfleckenzahl bzw. mit der Gesamtfläche der Flecken; dies ist besonders ausgeprägt im Dezimeterwellengebiet (Abb. 181) [168]. Während sich die Intensität der Dezimeterwellenstrahlung in demselben Maße ändert wie die Sonnenfleckenfläche, also relativ langsam, beobachtet man bei Meterwellen sehr starke Intensitätsspitzen, die eine Lebensdauer von nur einigen Sekunden oder Minuten haben. In extremen Fällen kann die Intensität auf das 10^6-fache der ungestörten Strahlung ansteigen, und die Strahlung ist dann sogar mit einer einfachen Dipolantenne nachweisbar.

Eine umfassende und allgemein befriedigende Theorie über die Entstehung der beiden Störkomponenten der solaren Radiostrahlung konnte bisher noch nicht entwickelt werden. Die langsam veränderliche Komponente läßt sich im Dezimeterwellenbereich auf eine thermische Emission „koronaler Kondensationen“, das sind Gebiete mit erheblich vergrößerter Elektronenkonzentration oberhalb von Sonnenflecken, zurückführen (Abb. 182) [245, 246]. Für die eruptive Komponente kommt dagegen ein thermischer Ursprung sicherlich nicht in Frage. Bei der 10^6-fachen Verstärkung der Gesamtstrahlung beträgt die Äquivalenttemperatur der ganzen Sonne $T = 10^{12}°$ K, und unter der Annahme, daß das ausstrahlende Fleckengebiet 1 % der Sonnenscheibe bedeckt, muß man diesem sogar die Äquivalenttemperatur $T = 10^{14}°$ K zuschreiben. Man nimmt z. B. an, daß die eruptive Strahlung von gewaltigen „elektrischen Gewittern“ auf der Sonne ausgeht [160] oder daß Plasmaschwingungen an der Entstehung der eruptiven Störstrahlung beteiligt sind [139]. Ein anderer Erklärungsversuch geht von der Vorstellung aus, daß in den Magnetfeldern der Sonnenflecken Elektronen und Protonen auf Kreisbahnen umlaufen mit der LARMOR-Frequenz

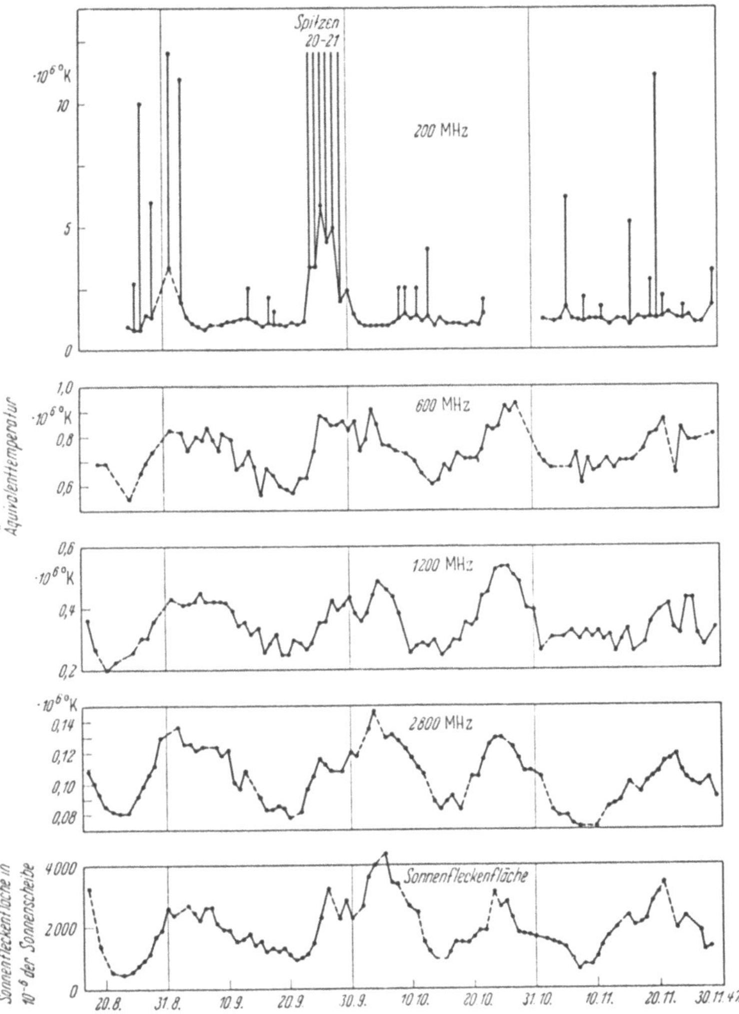

Abb. 181. Zeitliche Änderung der Sonnenstrahlung vom 18. 8. bis 30. 11. 1947 bei 200, 600, 1200 und 2800 MHz im Vergleich zum Verlauf der Kurve der Sonnenflecken-Flächen [168].

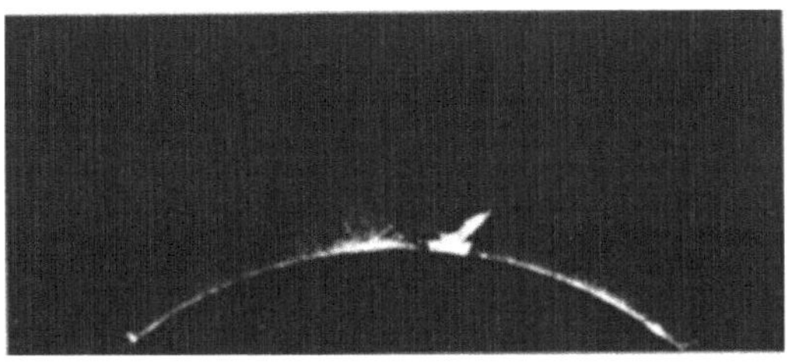

Abb. 182. Koronale Kondensation (Mitte) und aktive Protuberanz (rechts davon) bei der Sonnenfinsternis vom 25. Februar 1952 [245].

$f = e B/(2 \pi m)$, wobei sie die ihrer Temperatur entsprechenden Geschwindig-keiten haben [*113*]. Schließlich wird das Problem der solaren Störstrahlung in Zusammenhang gebracht mit der Frage nach der Herkunft der solaren Komponente der Höhenstrahlung, indem die Theorie aufgegriffen wird, derzufolge geladene Partikeln in den veränderlichen Magnetfeldern der Sonnenflecken wie in einem Betatron beschleunigt werden [*226, 233*]. In günstigen Fällen können die Teilchen bis zur Höhenstrahlenenergie (etwa 10^{10} eV) beschleunigt werden, und in der Tat kann ein plötzliches Anwachsen der Höhenstrahlung nach intensiven solaren Strahlungsausbrüchen registiert werden [*73*]. Teilchen, die in derselben Weise beschleunigt werden, aber nur geringere Energien erreichen, treffen später auf der Erde ein und verursachen Polarlichter und magnetische Stürme. Es ist in diesem Zusammenhang interessant zu vermerken, daß sich bei einem Strahlungsausbruch aus der zeitlichen Verschiebung der Intensitätsspitze nach längeren Wellen hin auf eine Bewegung der Strahlungsquelle in der Korona von unten nach oben schließen läßt, wobei sich eine Wanderungsgeschwindigkeit in der Größenordnung der Geschwindigkeit der ausgeschleuderten Partikeln ergibt.

5. Kosmische Radiostrahlung.

Die Beobachtungsergebnisse über kosmische Radiostrahlung führen zur Unterscheidung

a) einer von isolierten Quellen („Radiosternen") ausgehenden Strahlung und

b) einer diffusen Strahlung, deren Quellen kontinuierlich über den ganzen Himmel verteilt erscheinen.

Bisher konnten etwa 100 Radiosterne aufgefunden und ihre Positionen und Intensitäten gemessen werden [*220*]. Es ist zu erwarten, daß sich die Zahl der

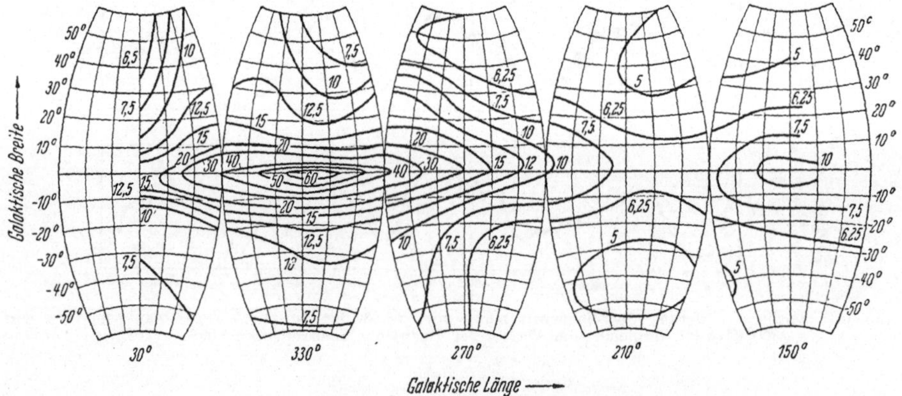

Abb. 183. Verteilung der Intensität der diffusen kosmischen Radiostrahlung über die Sphäre bei 100 MHz ($\lambda = 3$ m) in Einheiten von 100° K Äquivalenttemperatur [*32*].

bekannten Radiosterne, insbesondere nach Fertigstellung der im Bau befindlichen Riesenteleskope, in Zukunft noch erheblich vermehren wird. Der intensivste Radiostern, der sich im Sternbild Kassiopeia befindet, hat für $\lambda = 3,7$ m die Intensität $I_s = 2,2 \cdot 10^{-22}$ W/(m² Hz); sie ist also für diese Wellenlänge etwa doppelt so groß wie die Intensität der ungestört strahlenden Sonne. Die schwächsten der bis jetzt aufgefundenen Radiosterne haben eine Intensität von etwa $I_s = 5 \cdot 10^{-26}$ W/(m² Hz).

Keiner der hellsten Fixsterne sendet eine nachweisbare Radiostrahlung aus, und umgekehrt konnten an den Örtern der intensivsten Radiosterne keine sichtbaren Sterne aufgefunden werden, die heller als von der 12. Größenklasse sind [185]. Als einzige sichtbare Objekte lassen sich zur Zeit fünf Gasnebel innerhalb des Milchstraßensystems und acht extragalaktische Spiralnebel mit bekannten Radioquellen identifizieren [220]. Die Bezeichnung „Radiosterne" für die isolierten kosmischen Radioquellen scheint nach alldem nicht besonders treffend gewählt zu sein.

Die Untersuchung der Richtungsverteilung der diffusen kosmischen Radiostrahlung ergibt, daß die größten Intensitäten aus der Milchstraßenebene empfangen werden (Abb. 183) [192, 193]. Das Hauptmaximum liegt für alle Wellenlängen im Sternbild Schütze; die auf die Raumwinkeleinheit bezogene Intensität für $\lambda = 3$ m beträgt dort $I_s/\Omega = 6 \cdot 10^{-24}$ W/(m² Hz (°)²). Aus der entgegengesetzten Richtung und von den galaktischen Polen her erreicht uns eine etwa um eine Größenordnung geringere Intensität. Die spektrale Verteilung der Intensität zeigt einen Anstieg mit wachsender Wellenlänge; beim galaktischen Zentrum ist z. B. $I_s/\Omega = 2{,}5 \cdot 10^{-24}$ W/(m² Hz (°)²) für $\lambda = 10$ cm und $I_s/\Omega = 10^{-23}$ W/(m² Hz (°)²) für $\lambda = 10$ m. In manchen Bereichen der Milchstraße beobachtet man, daß dem kontinuierlichen Radiospektrum eine Emissionslinie bei $\lambda = 21{,}2$ cm überlagert ist, die dem interstellaren Wasserstoff zugeschrieben wird [220].

Auf die noch im Fluß befindliche Theorie der kosmischen Radiostrahlung soll hier nicht eingegangen werden [37, 100, 220, 233].

Einheiten.

In den rein theoretischen Ableitungen werden absolute (cgs-)Einheiten verwendet. Diese sind dem GAUSSschen Maßsystem entnommen. Im Abschnitt C und D von Teil I werden jedoch im Anschluß an die zugrunde liegenden Originalarbeiten rationelle Einheiten benutzt. Die Längen werden in Zentimetern gemessen. Die Endresultate sind in praktischen Einheiten angegeben. Eine Ausnahme macht die Leitfähigkeit, die, wie weitgehend üblich, in absoluten el.-magn. Einh. angegeben wird. Wir unterscheiden also

1. das GAUSSsche Maßsystem,
2. das rationelle (LORENTZsche) Maßsystem,
3. das el.-magn. Maßsystem und
4. das praktische Maßsystem.

Das GAUSSsche Maßsystem mißt die elektrischen Größen in absoluten el.-stat., die magnetischen in el.-magn. Einh. Die Einheiten des rationellen Maßsystems unterscheiden sich zum Teil um den Faktor 4π oder $\sqrt{4\pi}$ von denen des GAUSSschen Maßsystems. Die folgende Tabelle gestattet, in den Gleichungen die Größen in jedem Maßsystem gemessen einzusetzen.

Die Bezeichnung der einzelnen Größen, wie $\mathfrak{E}$, $\mathfrak{H}$..., stellt in jeder Spalte den Zahlenwert dieser Größe im GAUSSschen Maßsystem dar. Es ist also z. B. in der dritten Spalte zu lesen: $c\,\mathfrak{E}_{\text{Gauß}}$, in der vierten: $c \cdot 10^{-8}\,\mathfrak{E}_{\text{Gauß}}$ usw. Ist als Beispiel in einer Gleichung σ in rationellen Einheiten gegeben und wollen wir σ in GAUSSschen Einheiten messen, so haben wir nach Spalte 2 zu setzen

$$\sigma_{\text{rat}} = 4\pi\,\sigma_{\text{Gauß}}.$$

Ist σ in el.-magn. Einh. gegeben und soll es in rationellen Einheiten ausgedrückt werden, so haben wir aus der dritten Spalte

$$\sigma_{\text{el.-magn.}} = \frac{\sigma_{\text{Gauß}}}{c^2}$$

und aus der zweiten

$$\sigma_{\mathrm{rat}} = 4\pi\,\sigma_{\mathrm{Gauß}}$$

und aus diesen beiden Beziehungen

$$\sigma_{\text{el.-magn.}} = \sigma_{\mathrm{rat}}\,\frac{1}{4\pi c^2}\,.$$

Aus $\sigma_{\text{el.-magn.}} = \sigma_{\mathrm{Gauß}}/c^2$ folgt z. B., daß 1 el.-magn. Einh. $= 9\cdot 10^{20}$ el.-stat. Einh. der Leitfähigkeit. Als weiteres Beispiel schreiben wir die erste Feldgleichung (S. 3) im GAUSSschen Maßsystem:

$$\frac{\varepsilon}{c}\,\frac{\partial\mathfrak{E}}{\partial t} + \frac{4\pi\sigma}{c}\,\mathfrak{E} = \operatorname{rot}\mathfrak{H} \quad \text{(Gauß)}.$$

Indem wir hierin $\mathfrak{E}_{\mathrm{Gauß}} = \sqrt{4\pi}\,\mathfrak{E}_{\mathrm{rat}}$, $\mathfrak{H}_{\mathrm{Gauß}} = \sqrt{4\pi}\,\mathfrak{H}_{\mathrm{rat}}$, $\sigma_{\mathrm{Gauß}} = \sigma_{\mathrm{rat}}/4\pi$ setzen, erhalten wir dieselbe Gleichung im rationellen Maßsystem:

$$\frac{\varepsilon}{c}\,\frac{\partial\mathfrak{E}}{\partial t} + \frac{\sigma}{c}\,\mathfrak{E} = \operatorname{rot}\mathfrak{H} \quad \text{(rat)}.$$

Im rationellen Maßsystem verschwindet also der Faktor 4π in den Feldgleichungen.

Die Feldstärke wird in den Endformeln im allgemeinen nicht in V/cm, sondern in mV/m oder μV/m angegeben. Es ist

$$1\,\frac{\mathrm{V}}{\mathrm{cm}} = 10^5\,\frac{\mathrm{mV}}{\mathrm{m}} = 10^8\,\frac{\mu\mathrm{V}}{\mathrm{m}}$$

oder

$$\mathfrak{E}_{\frac{\mathrm{V}}{\mathrm{cm}}} = 10^{-5}\,\mathfrak{E}_{\frac{\mathrm{mV}}{\mathrm{m}}} = 10^{-8}\,\mathfrak{E}_{\frac{\mu\mathrm{V}}{\mathrm{m}}}\,.$$

Tabelle 10. *Zahlenwert der Größen in den verschiedenen Maßsystemen.*

	GAUSS	Rationell	El-magn.	Praktisch	Prakt. Einheit
Elektrische Feldstärke	$\mathfrak{E}$	$\dfrac{\mathfrak{E}}{\sqrt{4\pi}}$	$c\,\mathfrak{E}$	$c\cdot 10^{-8}\mathfrak{E}$	$\dfrac{\text{Volt}}{\text{cm}}$
Magnetische Feldstärke	$\mathfrak{H}$	$\dfrac{\mathfrak{H}}{\sqrt{4\pi}}$	$\mathfrak{H}$	$\dfrac{10}{4\pi}\mathfrak{H}$	$\dfrac{\text{Ampere}}{\text{cm}}$
Dielektrizitätskonstante	ε	ε	$\dfrac{\varepsilon}{c^2}$	$\dfrac{10^9}{4\pi c^2}\varepsilon = \varepsilon_0\,\varepsilon$	
Permeabilität	μ	μ	μ	$4\pi\cdot 10^{-9}\mu = \mu_0\,\mu$	
Ladung	Q	$\sqrt{4\pi}\,Q$	$\dfrac{Q}{c}$	$\dfrac{10}{c}Q$	Coulomb
Elektrische Leitfähigkeit	σ	$4\pi\,\sigma$	$\dfrac{\sigma}{c^2}$	$\dfrac{10^9}{c^2}\sigma$	$\dfrac{1}{\text{Ohm cm}}$
Dielektrische Verschiebung	$\mathfrak{D}$	$\dfrac{\mathfrak{D}}{\sqrt{4\pi}}$	$\dfrac{\mathfrak{D}}{c}$	$\dfrac{10}{4\pi c}\mathfrak{D}$	$\dfrac{\text{Coulomb}}{\text{cm}^2}$
Spannung	U	$\dfrac{U}{\sqrt{4\pi}}$	$c\,U$	$c\,10^{-8}U$	Volt
Strom	I	$\sqrt{4\pi}\,I$	$\dfrac{I}{c}$	$\dfrac{10}{c}I$	Ampere
Widerstand	R	$\dfrac{R}{4\pi}$	c^2R	$c^2\cdot 10^{-9}R$	Ohm

$$c = 2{,}998\cdot 10^{10}\ \mathrm{cm/sec}$$

Wir übernehmen an verschiedenen Stellen aus englisch-amerikanischen Zeitschriften Angaben über die Feldstärke, bei denen die Einheit Dezibel angewendet wird. Diese Einheit ist so definiert, daß das Verhältnis zweier Größen in einer logarithmischen Skala mit der Basis 10 angegeben wird, und zwar bezieht sich die Angabe auf die Leistung. Zwei Leistungen N_1 und N_2 entsprechen einem Unterschied von

$$10 \lg \frac{N_1}{N_2} \quad \text{Dezibel (db).}$$

Setzen wir die Feldstärke ein, so haben wir zu schreiben

$$20 \lg \frac{\mathfrak{E}_1}{\mathfrak{E}_2} \quad \text{db.}$$

In Abb. 24 sehen wir z. B. die Dezibelskala neben der absoluten Skala in $\mu V/m$. $1\,\mu V/m$ ist hier als Bezugsfeldstärke gewählt. $10\,\mu V/m$ entsprechen $20\,db$ (hundertfache Leistung), $0{,}1\,\mu V/m$ entspricht $-20\,db$. Eine Angabe z. B., daß die Schwundamplitude $40\,db$ beträgt, bedeutet eine Feldstärkenschwankung im Verhältnis $1:100$. Allgemein entsprechen A db einem Feldstärkenverhältnis

$$\frac{\mathfrak{E}_1}{\mathfrak{E}_2} = 10^{\frac{A}{20}} \, .$$

In Deutschland ist teilweise noch die Einheit Neper gebräuchlich. Gegenüber dem Dezibel besteht der Unterschied, daß man mit natürlichen Logarithmen rechnet und für die Definition das Feldstärkenverhältnis zugrunde legt:

$$\ln \frac{\mathfrak{E}_1}{\mathfrak{E}_2} \quad \text{Neper (np).}$$

Indem wir die Leistung einführen, bekommen wir

$$\frac{1}{2} \ln \frac{N_1}{N_2} \quad \text{np.}$$

B np sind gleichbedeutend mit dem Feldstärkenverhältnis

$$\frac{\mathfrak{E}_1}{\mathfrak{E}_2} = e^{B} \, .$$

Die Maßangaben A db und B np für das gleiche Feldstärken- oder Leistungsverhältnis können mit Hilfe der Beziehungen

$$A = 8{,}686 \cdot B,$$
$$B = 0{,}1151 \cdot A$$

ineinander umgerechnet werden.

Schrifttum.

[1] Abild, B.: Tech. Hausmitt. Nordwestdtsch. Rdfunks Bd. 4 (1952) S. 4.
[2] Abild, B., H. Wensien, E. Arnold u. W. Schikorski: Tech. Hausmitt. Nordwestdtsch. Rdfunks Bd. 4 (1952) S. 85.
[3] American Meteorological Society: „Compendium of Meteorology", Boston 1951.
[4] Anderson, L. J., J. P. Day, C. H. Freres u. A. P. D. Stokes: Proc. Inst. Radio Engrs Bd. 35 (1947) S. 351.
[5] Angenheister, G., in [251], S. 665.
[6] —: Terrest. Magn. atmos. Elect. Bd. 37 (1932) S. 431.
[7] Appleton, E. V.: Proc. Phys. Soc. [London] Bd. 42 (1930) S. 321.
[8] —: Proc. Phys. Soc. [London] Bd. 45 (1933) S. 673.
[9] —: Proc. Roy. Soc. A Bd. 162 (1937) S. 451.

[10] —: Nature [London] Bd. 156 (1945) S. 534.
[11] —: Nature [London] Bd. 157 (1946) S. 691.
[12] —: J. atmos. terrest. Phys. Bd. 1 (1951) S. 106.
[13] APPLETON, E. V., u. M. A. F. BARNETT: Nature [London] Bd. 115 (1925) S. 333.
[14] APPLETON, E. V., u. M. A. F. BARNETT: Proc. Roy. Soc. A Bd. 109 (1925) S. 621.
[15] APPLETON, E. V., u. M. A. F. BARNETT: Proc. Roy. Soc. A Bd. 113 (1927) S. 450.
[16] APPLETON, E. V., u. W. J. G. BEYNON: Proc. Phys. Soc. [London] Bd. 52 (1940) S. 518.
[17] APPLETON, E. V., u. W. J. G. BEYNON: Proc. Phys. Soc. [London] Bd. 59 (1947) S. 58.
[18] APPLETON, E. V., u. S. CHAPMAN: Proc. Inst. Radio Engrs Bd. 23 (1935) S. 658.
[19] APPLETON, E. V., u. J. S. HEY: Phil. Mag. Bd. 37 (1946) S. 73.
[20] APPLETON, E. V., u. R. NAISMITH: Proc. Roy. Soc. A Bd. 137 (1932) S. 36.
[21] APPLETON, E. V., u. R. NAISMITH: Proc. Roy. Soc. A Bd. 150 (1935) S. 685.
[22] APPLETON, E. V., u. R. NAISMITH: Phil. Mag. Bd. 27 (1939) S. 144.
[23] APPLETON, E. V., R. NAISMITH u. J. INGRAM: Phil. Trans. A Bd. 236 (1937) S. 191.
[24] AUSTIN, L. W.: Jahrb. drahtl. Telegr. Bd. 5 (1912) S. 75.
[25] —: Jahrb. drahtl. Telegr. Bd. 20 (1922) S. 306 u. 372.
[26] —: Proc. Inst. Radio Engrs Bd. 20 (1932) S. 280.
[27] BARTELS, J.: Elekt. Nachrichtentech. Bd. 10 Sonderheft (1933).
[28] BECKMANN, B., in [243], S. 116.
[29] BERKNER, L. V., u. H. W. WELLS: Terrest. Magn. atmos. Elect. Bd. 42 (1937) S. 138 u. 301.
[30] BEST, J. A., J. A. RATCLIFFE u. M. W. WILKES: Proc. Roy. Soc. A Bd. 156 (1936) S. 614.
[31] BÖHM, O.: Telefunken Ztg Bd. 12, Nr. 57 (1931) S. 20.
[32] BOLTON, J. G., u. K. C. WESTFOLD: Austral. J. sci. Res. A Bd. 3 (1950) S. 19.
[33] BOOKER, H. G., u. S. L. SEATON: Phys. Rev. Bd. 57 (1940) S. 87.
[34] BOWN, R., D. K. MARTIN u. R. K. POTTER: Proc. Inst. Radio Engrs Bd. 14 (1926) S. 57.
[35] BREIT, G., u. M. A. TUVE: Phys. Rev. Bd. 28 (1926) S. 554.
[36] BROWN, J. N., u. J. M. WATTS: J. geophys. Res. Bd. 55 (1950) S. 179.
[37] BROWN, R. H., u. C. HAZARD: Phil. Mag. Bd. 44 (1953) S. 939.
[38] BROWN, R. H., R. C. JENNISON u. M. K. DAS GUPTA: Nature [London] Bd. 170 (1952) S. 1061.
[39] BUDDEN, K. G.: Phil. Mag. Bd. 42 (1951) S. 1.
[40] —: Phil. Mag. Bd. 43 (1952) S. 1179.
[41] BURROWS, C. R., u. S. S. ATWOOD: „Radio Wave Propagation", New York 1949.
[42] BURROWS, C. R., A. DECINO u. L. E. HUNT: Proc. Inst. Radio Engrs Bd. 26 (1938) S. 516.
[43] CATON, P. G. F., u. E. T. PIERCE: Phil. Mag. Bd. 43 (1952) S. 393.
[44] CHRISTIANSEN, W. N.: Nature [London] Bd. 171, (1953) S. 831.
[45] COVINGTON, A. E.: Nature [London] Bd. 159 (1947) S. 405.
[46] CRONE, W., K. KRÜGER, G. GOUBAU u. J. ZENNECK: Hochfrequenztech. u. Elektroakust. Bd. 48 (1936) S. 1.
[47] CRAWFORD, A. B.: Proc. Inst. Radio Engrs Bd. 37 (1949) S. 404.
[48] DE GROOT, W.: Phil. Mag. Bd. 10 (1930) S. 521.
[49] DELLINGER, J. H.: Terrest. Magn. atmos. Elect. Bd. 42, (1937) S. 49.
[50] —: Proc. Inst. Radio Engrs Bd. 25 (1937) S. 1253.
[51] DIEMINGER, W.: Hochfrequenztech. u. Elektroakust. Bd. 46 (1935) S. 109.
[52] —: Ergeb. exakt. Naturwiss. Bd. 17 (1938) S. 282.
[53] —: Arch. elekt. Übertragung Bd. 7 (1953) S. 421.
[54] DIEMINGER, W., G. GOUBAU u. J. ZENNECK: Hochfrequenztech. u. Elektroakust. Bd. 44 (1934) S. 2.
[55] DIEMINGER, W., u. H. PLENDL: Hochfrequenztech. u. Elektroakust. Bd. 51 (1938) S. 117.
[56] DOWSETT, H. M.: Marconi Rev. 1928/29, Nr. 13, S. 14.
[57] ECKERSLEY, P. P.: Proc. Inst. Radio Engrs Bd. 18 (1930) S. 1160.
[58] ECKERSLEY, T. L.: J. Inst. Elect. Engrs [London] Bd. 67 (1929) S. 992.
[59] —: Proc. Inst. Radio Engrs Bd. 18 (1930) S. 106.
[60] ELWERT, G.: J. atmos. terrest. Phys. Bd. 4 (1953) S. 68.
[61] „Enzyklopädie der mathematischen Wissenschaften", Bd. 5, 2. Teil, Leipzig 1904 bis 1922.
[62] ENGLUND, C. R., A. B. CRAWFORD u. W. W. MUMFORD: Proc. Inst. Radio Engrs Bd. 21 (1933) S. 464.
[63] ENGLUND, C. R., A. B. CRAWFORD u. W. W. MUMFORD: Bell Syst. tech. J. Bd. 14 (1935) S. 369.
[64] ENGLUND, C. R., A. B. CRAWFORD u. W. W. MUMFORD: Bell Syst. tech. J. Bd. 17 (1938) S. 489.
[65] ESAU, A., u. W. KÖHLER: Hochfrequenztech. u. Elektroakust. Bd. 41 (1933) S. 153.

[66] Espenschied, L., C. N. Anderson u. A. Bailey: Proc. Inst. Radio Engrs Bd. 14 (1926) S. 7.

[67] Eyfrig, R., G. Goubau, T. Netzer u. J. Zenneck: Hochfrequenztech. u. Elektroakust. Bd. 51 (1938) S. 149.

[68] Fassbender, H.: „Hochfrequenztechnik in der Luftfahrt", Berlin 1932.

[69] Försterling. K.: „Lehrbuch der Optik", Leipzig 1928.

[70] Försterling, K., u. H. Lassen: Z. tech. Phys. Bd. 12 (1931) S. 453 u. 502.

[71] Försterling, K., u. H. Lassen: Ann. Phys. [Leipzig] Bd. 18 (1933) S. 26.

[72] Försterling, K., u. H. Lassen: Hochfrequenztech. u. Elektroakust. Bd. 42 (1933) S. 158.

[73] Forbush, S. E.: Phys. Rev. Bd. 70 (1946) S. 771.

[74] Fränz, K.: Hochfrequenztech. u. Elektroakust. Bd. 55 (1940) S. 141.

[75] Frank, P., u. R. von Mises: „Die Differential- und Integralgleichungen der Mechanik und Physik", 2. Teil, 2. Aufl., Braunschweig 1935.

[76] Friis, H. T.: Proc. Inst. Radio Engrs Bd. 35 (1947) S. 35.

[77] Friis, H. T., u. C. B. Feldmann: Proc. Inst. Radio Engrs Bd. 25 (1937) S. 841.

[78] Friis, H. T., C. B. Feldmann u. W. M. Sharpless: Proc. Inst. Radio Engrs Bd. 22 (1934) S. 47.

[79] Gilliland, T. R., S. S. Kirby, N. Smith u. S. E. Reymer: Proc. Inst. Radio Engrs Bd. 25 (1937) S. 823 u. fortlaufend monatl.

[80] Gilliland, T. R., S. S. Kirby, N. Smith u. S. E. Reymer: Proc. Inst. Radio Engrs Bd. 26 (1938) S. 1347.

[81] Goldstein, H., in [111], S. 671.

[82] Gothe, A., u. O. Schmidt: Telefunken Ztg Bd. 10, Nr. 53 (1929) S. 39.

[83] Goubau, G.: Ann. Phys., [Leipzig] Bd. 10 (1931) S. 329.

[84] —: Hochfrequenztech. u. Elektroakust. Bd. 44 (1934) S. 17 u. 139.

[85] —: Hochfrequenztech. u. Elektroakust. Bd. 45 (1935) S. 179.

[86] —: Hochfrequenztech. u. Elektroakust. Bd. 46 (1935) S. 37.

[87] —: Z. angew. Phys. Bd. 3 (1951) S. 103.

[88] Goubau, G., u. J. Zenneck: Jahrb. drahtl. Telegr. Bd. 37 (1931) S. 207.

[89] Gould, W. B.: Proc. Inst. Radio Engrs Bd. 35 (1947) S. 1105.

[90] Grawert, G., u. H. Lassen: Z. angew. Phys. Bd. 6 (1954) S. 136.

[91] Grosskopf, J.: Telegr.-Fernspr.-Funk- u. Fernsehtech. Bd. 26 (1937) S. 181.

[92] —: Telegr.-Fernspr.-Funk- u. Fernsehtech. Bd. 29 (1940) S. 127.

[93] —: Hochfrequenztech. u. Elektroakust. Bd. 58 (1941) S. 163.

[94] —: Fernmeldetech. Z. Bd. 2 (1949) S. 211.

[95] —: Fernmeldetech. Z. Bd. 4 (1951) S. 411.

[96] Hann-Süring: „Lehrbuch der Meteorologie", 5. Aufl., Leipzig 1937.

[97] Harang, L.: „Das Polarlicht", Leipzig 1940.

[98] Heightmann, D. W.: J. Brit. Instn Radio Engrs Bd. 10 (1950) S. 295.

[99] Heising, R. A., J. C. Schelleng u. G. C. Southworth: Proc. Inst. Radio Engrs Bd. 14 (1926) S. 613.

[100] Henyey, L. G., u. P. C. Keenan: Astrophys. J. Bd. 91 (1940) S. 625.

[101] Herath, F.: Ber. Dtsch. Wetterdienst. US-Zone Nr. 9 (1949).

[102] Hess, H. A.: Z. Naturforsch. Bd. 1 (1946) S. 499.

[103] —: Funk u. Ton Bd. 2 (1948) S. 57.

[104] Hey, J. S., u. F. J. M. Stratton: Nature [London] Bd. 157 (1946) S. 47.

[105] Jansky, K. G.: Proc. Inst. Radio Engrs Bd. 20 (1932) S. 1920.

[106] —: Nature [London] Bd. 132 (1933) S. 66.

[107] Jones, L. F.: Proc. Inst. Radio Engrs Bd. 21 (1933) S. 349.

[108] Joos, G.: „Lehrbuch der theoretischen Physik", 8. Aufl., Leipzig 1954.

[109] Judson, E. B.: Proc. Inst. Radio Engrs Bd. 25 (1937) S. 38.

[110] Kaufmann, W.: Elekt. Nachrichtentech. Bd. 6 (1929) S. 349.

[111] Kerr, D. E.: „Propagation of Short Radio Waves", New York 1951.

[112] Kerr, D. E., u. A. E. Bent in [111], S. 626.

[113] Kiepenheuer, K. O.: Nature [London] Bd. 158 (1946) S. 340.

[114] —: Phys. Bl. Bd. 2 (1946) S. 225.

[115] Kirby, S. S., u. K. A. Norton: Proc. Inst. Radio Engrs Bd. 20 (1932) S. 841.

[116] Krautkrämer, J.: Arch. elekt. Übertragung Bd. 4 (1950) S. 133.

[117] Krüger, K., u. H. Plendl: Jahrb. drahtl. Telegr. Bd. 33 (1929) S. 85.

[118] Krüger, K., u. H. Plendl: Z. tech. Phys. Bd. 12 (1931) S. 673.

[119] Krüger, K., u. H. Plendl in [68].

[120] Laby, T. H., J. J. McNeill, F. G. Nicholls u. A. F. B. Nickson: Proc. Roy. Soc. A Bd. 174 (1945) S. 140.

[121] Laffineur, M.: Onde élect. Bd. 33 (1953) S. 173.

212   Schrifttum.

[122] LANDOLT-BÖRNSTEIN: „Zahlenwerte und Funktionen aus Physik, Chemie, Astronomie, Geophysik und Technik", Bd. 1, 1. Teil, S. 211 u. Bd. 1, 3. Teil, S. 359, Berlin 1950/51.
[123] LANE, J. A., u. J. A. SAXTON: Proc. Roy. Soc. A Bd. 213 (1952) S. 400.
[124] LASSEN, H.: Jahrb. drahtl. Telegr. Bd. 28 (1926) S. 109 u. 139.
[125] —: Elekt. Nachrichtentech. Bd. 4 (1927) S. 324.
[126] —: Ann. Phys. [Leipzig] Bd. 1 (1947) S. 415.
[127] —: Funk u. Ton Bd. 2 (1948) S. 420.
[128] LENARD, P.: S.B. Heidelberg. Akad. Wiss., math.-nat.. Kl., 1911, 12. Abh.
[129] LENARD, P., u. C. RAMSAUER: S.B. Heidelberg. Akad. Wiss., math.-nat. Kl., 1911, 24. Abh.
[130] LIGDA, M. G. H., in [3], S. 1265.
[131] LORENTZ, H. A., in [61], S. 145.
[132] McNISH, A. G.: Advances in Electronics Bd. 1 (1948) S. 317.
[133] McPETRIE, J. S., B. STARNECKI, H. JARKOWSKI u. L. SICINSKI: Proc. Inst. Radio Engrs Bd. 37 (1949) 342.
[134] McPHERSON, W. I., u. E. H. ULLRICH: J. Instn Elect. Engrs [London] Bd. 78 (1936) S. 629.
[135] MALSCH, J.: Arch. elekt. Übertragung Bd. 2 (1948) S. 58.
[136] MANNING, L. A.: Proc. Inst. Radio Engrs Bd. 35 (1947) S. 1203.
[137] —: Proc. Inst. Radio Engrs Bd. 37 (1949) S. 599.
[138] MARTYN, D. F.: Nature [London] Bd. 158 (1946) S. 632.
[139] —: Nature [London] Bd. 159 (1947) S. 26.
[140] MARTYN, D. F., I. H. PIDDINGTON u. G. H. MUNRO: Proc. Roy. Soc. A Bd. 158 (1937) S. 536.
[141] „Micro Radio Waves", Electrician Bd. 110 (1933) S. 3.
[142] MIE, G.: Ann. Phys., [Leipzig] Bd. 25 (1908) S. 377.
[143] MILLER, W.: J. appl. Phys. Bd. 22 (1951) S. 55.
[144] MILLS, B. Y.: Nature [London] Bd. 170 (1952) S. 1063.
[145] MITRA, S. K.: „The Upper Atmosphere", Kalkutta 1952.
[146] MÖGEL, H.: Telefunken Ztg Bd. 11, Nr. 56 (1930) S. 14.
[147] —: Telefunken Ztg Bd. 12, Nr. 58 (1931) S. 34.
[148] —: Telefunken Ztg Bd. 13, Nr. 60 (1932) S. 32.
[149] MORITA, K.: Nippon elect. Commun. Engng, Sept. 1936, S. 332.
[150] MORRISON, R. B.: Phil. Mag. Bd. 44 (1953) S. 980.
[151] MUELLER, G. E.: Proc. Inst. Radio Engrs. Bd. 34 (1946) S. 181.
[152] National Bureau of Standards: „Ionospheric Radio Propagation", Nat. Bur. Stand. Circular 462, Washington 1948.
[153] NEUMANN, G.: Gerlands Beitr. Geophys. Bd. 59 (1942) S. 1.
[154] NIESSEN, K. F.: Ann. Phys. [Leipzig] Bd. 29 (1937) S. 585.
[155] NOETHER, F.: Elektr. Nachrichtentech. Bd. 10 (1933) S. 160 — vgl. auch [75], S. 932.
[156] NORTON, K. A.: Phys. Rev. Bd. 52 (1937) S. 132.
[157] OTT, H.: Z. angew. Phys. Bd. 3 (1951) S. 123.
[158] PAUL, H. E.: Hochfrequenztech. u. Elektroakust. Bd. 41 (1933) S. 81.
[159] —: Hochfrequenztech. u. Elektroakust. Bd. 50 (1937) S. 121.
[160] PAWSEY, J. L., R. PAYNE-SCOTT u. L. L. McCREADY: Nature [London] Bd. 158 (1946) S. 158.
[161] PEDERSEN, P. O.: „The Propagation of Radio Waves", Kopenhagen 1927.
[162] PEKERIS, C. L.: Terrest. Magn. atmos. Elect. Bd. 45 (1940) S 205.
[163] PENNDORF, R.: Meteorol. Z. Bd. 58 (1941) S. 1.
[164] —: Gerlands Beitr. Geophys. Bd. 59 (1942) S. 175.
[165] —: Ann. Meteorol. Bd. 2 (1949) S. 91.
[166] Physical Society u. Royal Meteorological Society: „Meteorological Factors in Radio-Wave Propagation", London 1946.
[167] PICKLE, C. B.: „Atlas of Ionosphere Records", Nat. Bur. Stand. Report 1106, Washington 1951.
[168] PIDDINGTON, J. H., u. H. C. MINETT: Austral. J. sci. Res. A Bd. 4 (1951) S. 131.
[169] PIERCE, J. A.: Phys. Rev. Bd. 71 (1947) S. 698.
[170] PLENDL, H.: Hochfrequenztech. u. Elektroakust. Bd. 38 (1931) S. 89.
[171] PLENDL, H., u. G. ECKART: Ergeb. exakt. Naturwiss. Bd. 17 (1938) S. 334.
[172] POEVERLEIN, H.: S.B. math.-nat. Kl. Bayer. Akad. Wiss. 1948, S. 175.
[173] —: Z. angew. Phys. Bd. 1 (1949) S. 517.
[174] —: Z. angew. Phys. Bd. 2 (1950) S. 152.
[175] —: Z. angew. Phys. Bd. 3 (1951) S. 135.
[176] —: Z. angew. Phys. Bd. 5 (1953) S. 15.

[177] POLKINGHORN, F. A.: Proc. Inst. Radio Engrs Bd. 28 (1940) S. 157.
[178] POTTER, R. K.: Proc. Inst. Radio Engrs Bd. 18 (1930) S. 581.
[179] PRESCOTT, M. L.: Proc. Inst. Radio Engrs Bd. 18 (1930) S. 1797.
[180] QUÄCK, E.: Jahrb. drahtl. Telegr. Bd. 28 (1926) S. 177.
[181] —: Jahrb. drahtl. Telegr. Bd. 30 (1927) S. 147.
[182] QUÄCK, E., u. H. MÖGEL: Elekt. Nachrichtentech. Bd. 5 (1928) S. 542.
[183] QUÄCK, E., u. H. MÖGEL: Elekt. Nachrichtentech. Bd. 6 (1929) S. 45.
[184] RATCLIFFE, J. A.: J. geophys. Res. Bd. 56 (1951) S. 463 u. 487.
[185] —: Nature [London] Bd. 169 (1952) S. 348.
[186] RATCLIFFE, J. A., u. E. L. C. WHITE: Phil. Mag. Bd. 16 (1933) S. 125.
[187] RAWER, K.: Rev. sci. [Paris] Bd. 86 (1948) S. 585.
[188] —: Rapport du Service de Prévision Ionosphérique de la Marine, SPIM-R 5, Jan. 1949.
[189] —: Arch. elekt. Übertragung Bd. 5 (1951) S. 154.
[190] —: J. atmos. terrest. Phys. Bd. 2 (1952) S. 38.
[191] —: „Die Ionosphäre", Groningen 1953.
[192] REBER, G.: Astrophys. J. Bd. 91 (1940) S. 621.
[193] —: Astrophys. J. Bd. 100 (1944) S. 279.
[194] REGENER, E.: Naturwissenschaften Bd. 29 (1941) S. 479.
[195] „Report of Comittee on Radio Wave Propagation", Proc. Inst. Radio Engrs Bd. 26 (1938) S. 1193.
[196] ROBERTSON, S. D., u. A. P. KING: Proc. Inst. Radio Engrs Bd. 34 (1946) S. 178.
[197] RUKOP, H.: Jahrb. drahtl. Telegr. Bd. 28 (1926) S. 41.
[198] —: Elekt. Nachrichtentech. Bd. 3 (1926) S. 316.
[199] RUKOP, H., u. P. WOLF: Z. tech. Phys. Bd. 13 (1932) S. 132.
[200] RYDBECK, O.: Phil. Mag. Bd. 30 (1940) S. 282.
[201] RYDE, I. W., in [166], S. 169.
[202] RYLE, M.: Rep. Progr. Phys. Bd. 13 (1950) S. 184.
[203] —: Proc. Roy. Soc. A Bd. 211 (1952) S. 351.
[204] RYLE, M., u. D. D. VONBERG: Nature [London] Bd. 158 (1946) S. 339.
[205] RYLE, M., u. D. D. VONBERG: Proc. Roy Soc. A Bd. 193 (1948) S. 98.
[206] SCHELLENG, I. C., C. R. BURROWS u. E. B. FERRELL: Proc. Inst. Radio Engrs Bd. 21 (1933) S. 427.
[207] SCHNEIDER, E. G.: J. opt. Soc. Amer. Bd. 30 (1940) S. 128.
[208] SCHOLZ, W.: Elekt. Nachrichtentech. Bd. 12 (1935) S. 3.
[209] SCHONLAND, B. F. J., J. S. ELDER, J. W. VAN WYK u. G. A. CRUICKSHANK: Nature [London] Bd. 143 (1939) S. 893.
[210] SCHRÖTER, F.: Elekt. Nachrichtentech. Bd. 8 (1931) S. 431.
[211] SCHÜTTLÖFFEL, E., u. G. VOGT: VDE-Fachber. Bd. 11 (1939) S. 48.
[212] SCHULTHEISS, F.: Hochfrequenztech. u. Elektroakust. Bd. 48 (1936) S. 7.
[213] SCHUMANN, W. O.: Z. angew. Phys. Bd. 4 (1952) S. 474.
[214] —: Nuovo Cimento Bd. 9 (1952) S. 1116.
[215] Service de Prévision Ionosphérique Militaire: Observations Ionosphériques, Station de Fribourg, Décembre 1950, SPIM-O-54 F, Febr. 1951.
[216] —: Observations Ionosphériques, Station de Fribourg, Juin 1951, SPIM-O-60 F, Aug. 1951.
[217] SHEPPARD, P. A., in [166], S. 37.
[218] SHINN, D. H., u. H. A. WHALE: J. atmos. terrest. Phys. Bd. 2 (1952) S. 85.
[219] SIEDENTOPF, H.: „Grundriß der Astrophysik", Stuttgart 1950.
[220] —: Arch. elekt. Übertragung Bd. 7 (1953) S. 507.
[221] SMITH, N.: J. Res. Nat. Bur. Stand. Bd. 19 (1937) S. 89.
[222] —: J. Res. Nat. Bur. Stand. Bd. 20 (1938) S. 683.
[223] —: Proc. Inst. Radio Engrs Bd. 27 (1939) S. 332.
[224] SOMMERFELD, A., in [75], S. 756.
[225] STANIER, H. M.: Nature [London] Bd. 165 (1950) S. 354.
[226] SWANN, W. F. G.: Phys. Rev. Bd. 43 (1933) S. 217.
[227] TAYLOR, A. H.: Proc. Inst. Radio Engrs Bd. 19 (1931) S. 103.
[228] TAYLOR, A. H., u. E. O. HULBURT: Phys. Rev. Bd. 27 (1926) S. 189.
[229] THEISSEN, E.: Rapport du Service de Prévision Ionosphérique Militaire, SPIM-R 10, Juni 1950.
[230] TREVOR, B., u. R. W. GEORGE: Proc. Inst. Radio Engrs Bd. 23 (1935) S. 461.
[231] ULLER, K.: Diss., Rostock 1902.
[232] UNSÖLD, A.: Naturwissenschaften Bd. 34 (1947) S. 194.
[233] —: Z. Astrophys. Bd. 26 (1949) S. 176.
[234] VAN DER POL, B.: Hochfrequenztech. u. Elektroakust. Bd. 37 (1931) S. 152.
[235] VAN DER POL, B., u. H. BREMMER: Phil. Mag. Bd. 24 (1937) S. 141 u. 825.

[236] Van der Pol, B., u. H. Bremmer: Phil. Mag. Bd. 25 (1938) S. 817.
[237] Van der Pol, B., u. H. Bremmer: Hochfrequenztech. u. Elektroakust. Bd. 51 (1938) S. 181 — Zusammenfassender Bericht.
[238] Van der Pol, B., u. H. Bremmer: Phil. Mag. Bd. 27 (1939) S. 261.
[239] Van Vleck, J. H., in [111], S. 646.
[240] Vegard, L.: Ergeb. exakt. Naturwiss. Bd. 17 (1938) S. 229.
[241] Vegard, L., u. E. Tönsberg: Gerlands Beitr. Geophys. Bd. 57 (1941) S. 289.
[242] Vilbig, F.: „Lehrbuch der Hochfrequenztechnik", Bd. 1, 4. Aufl., Leipzig 1945.
[243] Vilbig, F., u. J. Zenneck: „Fortschritte der Hochfrequenztechnik", Bd. 1, Leipzig 1941.
[244] Wagner, K. W.: Elekt. Nachrichtentech. Bd. 11 (1934) S. 37.
[245] Waldmeier, M.: Z. Astrophys. Bd. 32 (1953) S. 116.
[246] Waldmeier, M., u. H. Müller: Z. Astrophys. Bd. 27 (1950) S. 58.
[247] Watson, G. N.: Proc. Roy. Soc. A Bd. 95 (1919) S. 546.
[248] Weyl, H.: Ann. Phys. [Leipzig] Bd. 60 (1919) S. 481.
[249] Whale, H. A.: J. atmos. terrest. Phys. Bd. 1 (1951) S. 244.
[250] Whale, H. A., u. J. P. Stanley: J. atmos. terrest. Phys. Bd. 1 (1951) S. 82.
[251] Wien, W., u. F. Harms: „Handbuch der Experimentalphysik", Bd. 25, 1. Teil, Leipzig 1928.
[252] Wolf, P.: Hochfrequenztech. u. Elektroakust. Bd. 41 (1933) S. 44.
[253] Zenneck, J.: Ann. Phys. [Leipzig] Bd. 23, (1907) S. 846.
[254] Zenneck, J., u. H. Rukop: „Lehrbuch der drahtlosen Telegraphie", Stuttgart 1925.
[255] Zinke, O.: Frequenz Bd. 1 (1947) S. 16.

Folgende Veröffentlichung wurde dem Verfasser erst nach Fertigstellung des Druckes bekannt: „The Physics of the Ionosphere", The Physical Society, London 1955.

Ausstrahlung und Aufnahme elektromagnetischer Wellen.

Von Professor **Dr. K. Fränz**, San Isidro (Argentinien).

I. Theoretische Grundlagen.

Die Grundlage für die theoretische Behandlung der Aussendung, der Ausbreitung und des Empfanges elektrischer Wellen bilden die Maxwellschen Gleichungen, aus welchen sich letzten Endes alle Erscheinungen der makroskopischen Elektrodynamik herleiten lassen. Um durch Experimente die Maxwellschen Gleichungen zu beweisen und andere Differentialgleichungen zu widerlegen, die man schon vor Maxwell zur Beschreibung der Eigenschaften elektrischer und magnetischer Felder herangezogen hatte, suchte bekanntlich H. Hertz nach den elektrischen Wellen, deren Existenz Maxwell vorhergesagt hatte. Die etwas einfacheren Vormaxwellschen Gleichungen, die noch nicht den von Maxwell zugefügten Verschiebungsstrom enthalten, genügen durchaus, um diejenigen Felder darzustellen, welche etwa in Spulen, Kondensatoren oder elektrischen Maschinen auftreten; sie enthalten aber gerade nicht die elektromagnetischen Wellen, die wesentlich für die Aussendung und den Empfang elektromagnetischer Energie durch Antennen sind. Ein Geräte bauender Hochfrequenztechniker mit praktischer Erfahrung und Kenntnis theoretischer Methoden wird also weitere Begriffe und Ergebnisse der Theorie der Wellen und Strahlung benutzen, wenn er auch Antennen baut. Dazu gehören der Poyntingsche Satz über die Strahlungsenergie, allgemeine Reziprozitätsbeziehungen zwischen Sendung und Empfang, die Berechnung der Felder von Antennen durch Superposition der Strahlung von Elementardipolen oder durch Superposition von Elementarwellen nach dem Huyghensschen Prinzip und manches andere.

Da ein Teil dieser Grundlagen in der Literatur wenig zugänglich ist, sollen sie im ersten Kapitel in knapper Form abgeleitet werden. In den späteren Teilen des Buches werden dann nur noch die Ergebnisse dieses einleitenden Kapitels benötigt, auf die wir uns bequem beziehen können. Leser, welche keine Neigung zur deduktiven Theorie haben, können die Resultate des Abschn. I als voneinander mehr oder weniger unabhängige Erfahrungstatsachen hinnehmen.

1. Die Maxwellschen Gleichungen.

Die Maxwellschen Gleichungen für isotrope Medien schreiben wir in technischen Einheiten[1]:

$$\operatorname{rot}\mathfrak{H} = \frac{\partial}{\partial t}\mathfrak{D} + i; \tag{1a}$$

$$\operatorname{rot}\mathfrak{E} = -\frac{\partial\mathfrak{B}}{\partial t}; \tag{1b}$$

$$\operatorname{div}\mathfrak{D} = 0; \tag{1c}$$

$$\operatorname{div}\mathfrak{B} = 0; \tag{1d}$$

$$\mathfrak{D} = \varepsilon\,\varepsilon_0\,\mathfrak{E}; \tag{1e}$$

$$\mathfrak{B} = \mu\,\mu_0\,\mathfrak{H}; \tag{1f}$$

$$i = \sigma\,\mathfrak{E}. \tag{1g}$$

---

[1] Es ist üblich und zweckmäßig, in der Theorie der Antennen das technische Maßsystem zu verwenden, während in Veröffentlichungen über Ausbreitung vielfach el. magn. und CGS-Einheiten verwendet werden.

Darin bedeuten die Vektoren $\mathfrak{E}$ das elektrische Feld in Volt/m, $\mathfrak{H}$ das magnetische Feld in Amp/m, $\mathfrak{D}$ die dielektrische Verschiebung in Amp sec/m² und $\mathfrak{B}$ die magnetische Induktion in Volt sec/m²; unter den Materialkonstanten ist σ die elektrische Leitfähigkeit in Ω^{-1}m $^{-1}$, ε die dimensionslose Dielektrizitätskonstante und μ die dimensionslose Permeabilität; außerdem treten die beiden absoluten Konstanten

$$\varepsilon_0 = 8{,}859 \cdot 10^{-12} \; \frac{\text{A sec}}{\text{V m}} \quad \text{und} \quad \mu_0 = 1{,}256 \cdot 10^{-6} \; \frac{\text{V sec}}{\text{A m}}$$

auf. Der Term $\dfrac{\partial \mathfrak{D}}{\partial t}$ in Gl. (1a) stellt den MAXWELLschen Verschiebungsstrom dar[1].

2. Grenzbedingungen.

Zu den MAXWELLschen Gl. (1) treten als Grenzbedingungen an Unstetigkeitsflächen der Materialkonstanten die Forderungen nach Stetigkeit der Tangentialkomponenten von $\mathfrak{E}$ und $\mathfrak{H}$ und der Normalkomponenten von $\mathfrak{D}$ und $\mathfrak{B}$ hinzu.

Die Metallteile der Antennen werden wir häufig zur Vereinfachung unserer Überlegungen als ideale Leiter vom spezifischen Widerstand $\varrho = 0$ ansehen ($\sigma \to \infty$). In diesem Grenzfall müssen wir die obigen Grenzbedingungen modifizieren. Die richtige Idealisierung ergibt sich auf natürliche Weise aus der Theorie des Skineffektes. Das elektrische Feld steht senkrecht auf dem Leiter, auf dem in einer infinitesimalen Haut ein Strom fließt. Das Innere des Leiters ist feldfrei, das Magnetfeld an der Oberfläche ist tangential, senkrecht zum Strom und dem Betrage nach gleich der Stromdichte bezogen auf die Längeneinheit.

Das elektrische Feld im Innern und seine Tangentialkomponente an der Oberfläche verschwinden, weil sich sonst unendliche Stromdichte und unendliche Dichte der magnetischen Energie ergäben.

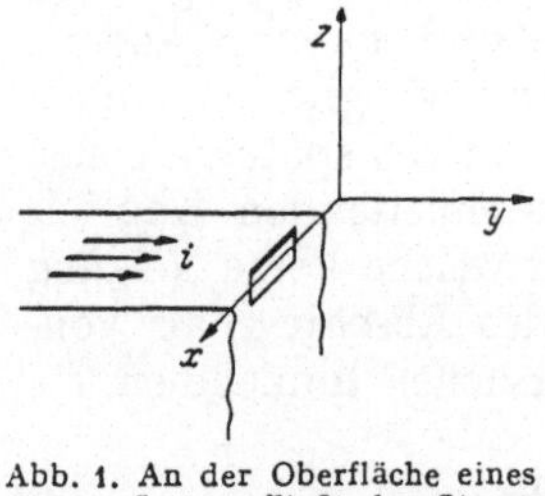

Dann folgt aber aus Gl. (1b) (s. Abb. 1)

mit $\qquad \mathfrak{E} = 0, 0, E_z,$

$$\mu\, \mu_0 \frac{\partial \mathfrak{H}}{\partial t} = -\operatorname{rot} \mathfrak{E} = - \begin{vmatrix} e_x, & e_y, & e_z \\ \dfrac{\partial}{\partial x}, & \dfrac{\partial}{\partial y}, & \dfrac{\partial}{\partial z} \\ 0, & 0, & E_z \end{vmatrix},$$

$$H_z = 0,$$

daß die z-Komponente, die Normalkomponente von $\mathfrak{H}$ verschwindet.

Abb. 1. An der Oberfläche eines idealen Leiters fließt der Strom in einer Haut infinitesimaler Dicke.

Da nach Gl. (1a) das Linienintegral des Magnetfeldes auf dem angedeuteten Rechteckweg gleich dem umschlossenen Strom ist und nur der dick gezeichnete Teil des Weges zum Integral beiträgt, folgt auch der Zusammenhang zwischen Strom und Magnetfeld in der Oberfläche.

$$|\mathfrak{H}|_{\frac{\text{A}}{\text{m}}} = |i|_{\frac{\text{A}}{\text{m}}} . \tag{3}$$

3. Die Strahlungsdichte.

Wir haben uns im folgenden beständig mit der Ausstrahlung und dem Empfang elektromagnetischer Energie zu befassen, so daß der auf POYNTING zurückgehende Term des Energiesatzes für elektromagnetische Felder, welcher die

---

[1] Für eine Begründung dieser Gleichungen an Hand der Erfahrung vergleiche man R. W. POHL: Elektrizitätslehre. 15. Aufl. Berlin/Göttingen/Heidelberg: Springer 1955.

Strahlungsleistung darstellt, unser besonderes Interesse beansprucht. Besteht im Volumen V das elektromagnetische Feld $\mathfrak{E}$, $\mathfrak{H}$, so enthält V bekanntlich die elektrische Energie $T_e = \frac{1}{2} \int \mathfrak{D}\, \mathfrak{E}\, dv$ und die magnetische Energie $T_m = \frac{1}{2} \int \mathfrak{B}\mathfrak{H}\, dv$, ferner entsteht in V die JOULEsche Wärme $Q = \int \mathfrak{E}\, i\, dv$.[1] Wie wir gleich zeigen werden, gilt für alle Felder, welche den MAXWELLschen Gl. (1 a) u. (1 b) genügen, die Gleichung:

$$\frac{d}{dt}(T_e + T_m) = -(Q + S) \quad \text{mit} \quad S = \int \mathfrak{E} \times \mathfrak{H}\, do. \tag{4}$$

Das Oberflächenintegral S ist dabei über die Oberfläche des Volumens V zu erstrecken. Die Bilanz Gl. (4) ergibt also, daß man S als die gesamte durch die Oberfläche von V abgestrahlte Leistung ansehen muß und den sogenannten POYNTINGschen Vektor $\mathfrak{S} = \mathfrak{E} \times \mathfrak{H}$ Watt/m² als die Strahlungsdichte. Zur Ableitung der Gl. (4) multiplizieren wir die Gl. (1 a) u. (1 b) mit den angegebenen Faktoren und subtrahieren:

$$\operatorname{rot} \mathfrak{H} = \varepsilon\, \varepsilon_0 \frac{\partial \mathfrak{E}}{\partial t} + i \quad \Big| \quad \mathfrak{E} \tag{1 a}$$

$$\operatorname{rot} \mathfrak{E} = -\mu\, \mu_0 \frac{\partial \mathfrak{H}}{\partial t} \quad \Big| \quad \mathfrak{H} \tag{1 b}$$

$$\mathfrak{E} \operatorname{rot} \mathfrak{H} - \mathfrak{H} \operatorname{rot} \mathfrak{E} = \varepsilon\, \varepsilon_0 \frac{1}{2} \frac{\partial}{\partial t} \mathfrak{E}^2 + \mu\, \mu_0 \frac{1}{2} \frac{\partial}{\partial t} \mathfrak{H}^2 + \mathfrak{E}\, i.$$

Die linke Seite läßt sich nach einer bekannten Vektoridentität als Divergenz schreiben:

$$\mathfrak{E} \operatorname{rot} \mathfrak{H} - \mathfrak{H} \operatorname{rot} \mathfrak{E} = -\operatorname{div} \mathfrak{E} \times \mathfrak{H}. * \tag{4 a}$$

Integrieren wir nun über V und ersetzen das Volumintegral der linken Seite nach dem GAUSSschen Satz durch das ihm gleiche Oberflächenintegral, so ergibt sich im wesentlichen die Gl. (4).

$$-\int [\mathfrak{E} \times \mathfrak{H}]\, do - \int \mathfrak{E}\, i\, dv = \frac{d}{dt} \left[\frac{1}{2} \int \mathfrak{D}\, \mathfrak{E}\, dv + \frac{1}{2} \int \mathfrak{B}\, \mathfrak{H}\, dv \right].$$

4. Die Wellen.

Die wichtigsten Lösungen der MAXWELLschen Gleichungen sind für uns die ebenen und die Kugelwellen und unter diesen wieder die sinusförmig von der Zeit abhängigen. In komplexer Schreibweise wird diese Zeitabhängigkeit durch den Faktor $e^{j\omega t}$ ausgedrückt; unter einer ebenen in Richtung positiver z fortschreitenden, monochromatischen, ungedämpften und homogenen Welle verstehen wir ein Feld, das von den Koordinaten und der Zeit nur durch den Faktor $e^{j\omega\left(t - \frac{z}{v}\right)}$ abhängt. Den Exponenten nennen wir ihre Phase und v ihre Phasengeschwindigkeit. Die Welle nennen wir linear polarisiert, wenn das elektrische Feld die Form hat

$$\mathfrak{E} = \mathfrak{E}_0\, e^{j\omega\left(t - \frac{z}{v}\right) + j\varphi}, \tag{5}$$

wobei $\mathfrak{E}_0$ ein konstanter, reeller Vektor und φ eine reelle Zahl ist. Durch Einsetzen von Gl. (5) in die MAXWELLschen Gleichungen ergibt sich, daß die Welle transversal polarisiert ist ($E_z = H_z = 0$), daß die Phasengeschwindigkeit der Beziehung

$$v = \frac{1}{\sqrt{\varepsilon\, \mu\, \varepsilon_0\, \mu_0}} = \frac{c}{\sqrt{\varepsilon\, \mu}} \quad \begin{array}{l} (c = \text{Vakuumlichtgeschwindigkeit} \\ \quad 3 \cdot 10^8 \text{ m/sec}) \end{array} \tag{6}$$

---

[1] Vgl. R. W. POHL: Elektrizitätslehre 15. Aufl. Berlin/Göttingen/Heidelberg 1955.
* Vgl. A. SOMMERFELD: Vorlesungen über theoretische Physik. Leipzig. Akad. Verlags-Ges. 1945. II, 21 und III, 27.

genügt und daß gleichzeitig ein zu $\mathfrak{E}_0$ und der Fortpflanzungsrichtung senkrechtes Magnetfeld von der Form

$$\mathfrak{H} = \mathfrak{H}_0\, e^{\,j\omega\left(t-\frac{z}{v}\right)+j\varphi} \qquad (\mathfrak{H}_0 \text{ ist ein reeller Vektor}) \qquad (5\,\text{a})$$

mit Gl. (7)

$$|\mathfrak{H}_0| = \sqrt{\frac{\varepsilon\,\varepsilon_0}{\mu\,\mu_0}}\,|\mathfrak{E}_0|$$

besteht.

Die Transversalität ($E_z = 0$) folgt durch Einsetzen in

$$\operatorname{div}\mathfrak{E} = \frac{\partial E_z}{\partial z} = 0. \qquad (1\,\text{c})$$

Damit ungedämpfte Wellen überhaupt existieren, muß die Leitfähigkeit $\sigma = 0$ sein. Um die Aussage über die Phasengeschwindigkeit herzuleiten, müssen wir aus den beiden Gl. (1a) u. (1b) das Magnetfeld eliminieren:

$$\operatorname{rot}\mathfrak{H} = \varepsilon\,\varepsilon_0\,\frac{\partial \mathfrak{E}}{\partial t} \;\Bigg|\; -\mu\,\mu_0\,\frac{\partial}{\partial t} \qquad (1\,\text{a})$$

$$\operatorname{rot}\mathfrak{E} = -\mu\,\mu_0\,\frac{\partial \mathfrak{H}}{\partial t} \;\Bigg|\; \operatorname{rot} \qquad (1\,\text{b})$$

$$\operatorname{rot}\operatorname{rot}\mathfrak{E} = -\mu\,\varepsilon\,\mu_0\,\varepsilon_0\,\frac{\partial^2 \mathfrak{E}}{\partial t^2}; \qquad \varepsilon_0\,\mu_0 = \frac{1}{c^2}.$$

Es gilt die Vektoridentität

$$\operatorname{rot}\operatorname{rot}\mathfrak{E} = \operatorname{grad}\operatorname{div}\mathfrak{E} - \Delta\,\mathfrak{E}*$$

und wegen Gl. (1c)

$$\Delta\,\mathfrak{E} - \frac{\varepsilon\,\mu}{c^2}\,\frac{\partial^2 \mathfrak{E}}{\partial t^2} = 0. \qquad (8)$$

Diese Gleichung heißt Wellengleichung; auch das Magnetfeld $\mathfrak{H}$ genügt Gl. (8), wie man ganz analog zeigt. Alle den MAXWELLschen Gleichungen genügenden Felder genügen auch der Wellengleichung, wie wir gerade gesehen haben. Das Umgekehrte gilt aber nicht, denn zu den Lösungen der Wellengleichung Gl. (8) gehören auch longitudinale Wellen. Dieser Umstand wird bei der Formulierung des HUYGHENSschen Prinzips noch eine Rolle spielen. Daß die ebene Welle Gl. (5), falls auch noch Gl. (6) gilt, eine Lösung der Wellengleichung ist, bestätigt man leicht durch Einsetzen. Orientiert man ein kartesisches Koordinatensystem so, daß $\mathfrak{E}_0$ in die x-Richtung fällt, so gilt

$$\mathfrak{E}_0 = E_x, 0, 0.$$

Durch Einsetzen in die Gl. (1b) findet man

$$-\mu\,\mu_0\,\frac{\partial \mathfrak{H}}{\partial t} = \operatorname{rot}\mathfrak{E} = \begin{vmatrix} e_x, & e_y, & e_z \\ \dfrac{\partial}{\partial x}, & \dfrac{\partial}{\partial y}, & \dfrac{\partial}{\partial z} \\ E_x, & 0, & 0 \end{vmatrix}$$

oder

$$\mathfrak{H} = 0,\ \sqrt{\frac{\varepsilon\,\varepsilon_0}{\mu\,\mu_0}}\,E_x, 0.$$

Die häufig auftretende Konstante $Z_0 = \sqrt{\dfrac{\mu_0}{\varepsilon_0}} = 377\,\Omega \approx 120\,\pi\,\Omega$ nennt man den Wellenwiderstand des freien Raumes. Eine ebene Welle besitzt im Zeitmittel

---

* Siehe Fußnote 2, S. 217.

überall im freien Raum die Strahlungsdichte

$$|\overline{\mathfrak{S}}| = |\overline{\mathfrak{E} \times \mathfrak{H}}| = \frac{\mathfrak{E}_{eff}^2}{Z_0}.$$

Man bestätigt durch Einsetzen, daß auch die Funktion

$$\frac{1}{r}\, e^{\,j\,\omega\left(t-\frac{r}{v}\right)},$$

wobei

$$r = \sqrt{x^2 + y^2 + z^2}$$

der Abstand vom Nullpunkt des Koordinatensystems ist, eine Lösung der Wellengleichung (8) ist. Diese Lösung ist die einfachste divergente Kugelwelle. Sie gehört jedoch nicht zu den Lösungen der Maxwellschen Gleichungen. Ähnliche Lösungen der Maxwellschen Gleichungen werden wir erst in der Theorie des Hertzschen Elementardipols kennenlernen.

5. Das Prinzip der linearen Superposition.

Man bestätigt sofort, daß mit den beiden Feldern $\mathfrak{E}_1$, $\mathfrak{H}_1$ und $\mathfrak{E}_2$, $\mathfrak{H}_2$ auch das Summenfeld $\mathfrak{E}_1 + \mathfrak{E}_2$, $\mathfrak{H}_1 + \mathfrak{H}_2$ eine Lösung der Maxwellschen Gl. (1) ist. So trivial diese Bemerkung ist, so wichtig sind ihre Anwendungen. Nicht nur, daß wir wie immer in der Schaltungstheorie zeitlich beliebig veränderliche Felder durch lineare Superposition sinusförmiger darstellen, wir berechnen alle Antennenfelder durch lineare Superposition der Beiträge von Elementardipolen oder durch Superposition von Kugelwellen nach dem Huyghensschen Prinzip.

6. Der Hertzsche Elementardipol.

Wir suchen nunmehr die einfachste Lösung der Maxwellschen Gleichungen, welche als Modell einer Strahlungsquelle im freien Raum dienen kann. Verlangen wir, daß die Strahlungsquelle punktförmig und ruhend ist, so werden wir auf den Hertzschen Elementardipol geführt; denn eine ruhende zeitlich konstante Punktladung besitzt nur ein statisches Feld und das ist, wie der Energiesatz zeigt, strahlungsfrei. Wegen des Erhaltungssatzes der Ladung ist eine ruhende zeitlich veränderliche Ladung eine unbrauchbare Idealisierung. Also ist der Dipol aus zwei Ladungen im Abstand l von gleicher Größe q und entgegengesetzten Vorzeichens das nächst einfache Gebilde. Um zur Punktquelle überzugehen, bilden wir den Grenzwert $l \to 0$, $q \to \infty$ derart, daß das sogenannte Dipolmoment $m = q\,l$ konstant bleibt. Wir vervollständigen es zu einem Vektor, dessen Richtung in die Verbindungslinie der beiden Ladungen fällt (vgl. Abb. 2). Das Dipolmoment kann sich sinusförmig mit der Zeit ändern, indem sich l ändert, ohne daß gegen das Gesetz von der Erhaltung der Ladung verstoßen würde,

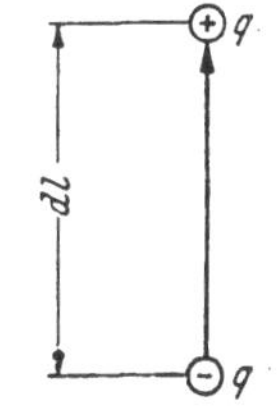

Abb. 2. Zwei gleich große Ladungen entgegengesetzten Vorzeichens bilden einen elektrischen Dipol, dessen Moment den Betrag $m = q\,dl$ hat.

$$m = m_0\, e^{j\,\omega\,t}.$$

Der Vergleich mit dem endlichen Dipol zeigt, daß dann am Ort des Dipols ein Stromelement gleicher Richtung entsteht

$$i\,dl = q\,\frac{dl}{dt} = \frac{dm}{dt} = j\,\omega\,m.$$

Was können wir über das von einem solchen oszillierenden Dipol erzeugte Feld zunächst ohne Rechnung aussagen?

In seiner Nähe muß das aus der Elektrostatik bekannte elektrische und das aus der Theorie der quasi stationären Ströme bekannte Biot-Savartsche magnetische Feld bestehen. Das elektrostatische Dipolfeld nimmt mit der reziproken dritten Potenz des Abstandes ab, das Biot-Savartsche Magnetfeld mit der reziproken zweiten. Wenn der Dipol überhaupt ausstrahlt, dann verlangt der Energiesatz, daß die Strahlungsdichte $\mathfrak{S} = \mathfrak{E} \times \mathfrak{H}$ mit wachsendem Abstand von der Quelle wie $\frac{1}{r^2}$ abnimmt, nämlich ebenso wie die Kugeloberfläche vom

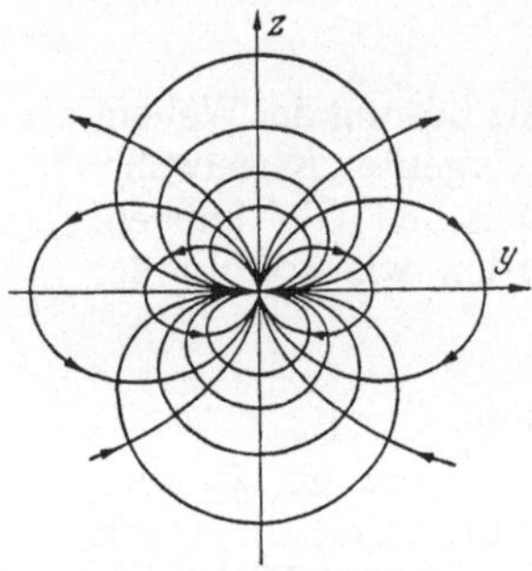

Abb. 3. Lage des Dipols im benutzten Polarkoordinatensystem.

Radius r zunimmt. Wenn die Ausstrahlung in Form von transversalen, in kleinen Teilen einer fernen Kugelfläche ebenen Wellen erfolgt, gilt $|\mathfrak{E}| = Z_0 |\mathfrak{H}|$. Also nehmen $\mathfrak{E}$ und $\mathfrak{H}$ in großer Entfernung nur wie $\frac{1}{r}$ ab; das Fernfeld besitzt eine ganz andere Struktur als das Nahfeld. Eine transversale Strahlung muß in Achsrichtung des Dipoles verschwinden, denn sonst würde aus Symmetriegründen in der Achse die Polarisationsrichtung unbestimmt. Führen wir Polarkoordinaten r, ϑ, φ ein, deren Achse $\vartheta = 0$ mit der Dipolachse zusammenfällt, vgl. Abb. 3, so hängen $\mathfrak{E}$ und $\mathfrak{H}$ von r und ϑ ab, wie wir eben gesehen haben, aber aus Symmetriegründen nicht von φ. Das für uns wichtigste Resultat der Berechnung des Feldes wird folgendes sein: Zu einem Strom $i = i_0\, e^{j\omega t}$ auf dem Längenelement dl gehört ein Fernfeld

$$\mathfrak{E} = E_\vartheta = -j\, \frac{\sin\vartheta}{2\lambda r}\, Z_0\, i_0\, dl\, e^{j\omega\left(t - \frac{r}{c}\right)}, \tag{9a}$$

$$\mathfrak{H} = H_\varphi = j\, \frac{\sin\vartheta}{2\lambda r}\, i_0\, dl\, e^{j\omega\left(t - \frac{r}{c}\right)}. \tag{9b}$$

Das Fernfeld überwiegt die statischen Felder in Entfernungen $2\pi r \gg \lambda$.

Wenn die Stromverteilung auf einer Antenne bekannt ist, können wir durch Integration über alle Stromelemente auf Grund des Satzes von der linearen Superposition mit Hilfe dieser Formeln das Fernfeld ausrechnen.

Wenn die Antenne außer den metallischen Leitern auch dielektrisches Material enthält, müssen wir außer den Beiträgen der Leitungsströme, d. h. der freien Leitungselektronen des Metalls auch die Beiträge der Polarisationsströme im Dielektrikum zum Fernfeld berücksichtigen. Die Polarisationsströme werden von im Dielektrikum gebundenen, um ihre Ruhelage schwingenden Elektronen erzeugt. Die Polarisationsströme erzeugen das Feld der in VII, 5 behandelten Antennen.

Nach diesen Vorbereitungen suchen wir diejenige Lösung der Maxwellschen Gleichungen auf, welche sich im Ursprung des Koordinatensystems wie ein elektrischer Dipol und wie ein quasi stationäres Stromelement verhält und im Unendlichen wie divergente Wellen. Aus der Elektrostatik wissen wir, daß das elektrostatische Potential Φ und Feld $\mathfrak{E}$ eines Dipols vom Moment m im Aufpunkt P den Gleichungen

$$\Phi = \frac{m}{4\pi\varepsilon_0}\, \frac{\cos\vartheta}{r^2}, \qquad \mathfrak{E} = -\operatorname{grad}\Phi = -\operatorname{grad}_p \frac{m}{4\pi\varepsilon_0}\, \frac{\cos\vartheta}{r^2} \tag{10}$$

genügt (Abb. 4). Das Biot-Savartsche Gesetz ordnet dem Stromelement $i\, dl$ das Vektorpotential $\mathfrak{A}$ und das Magnetfeld $\mathfrak{H}$ zu:

$$\mathfrak{A} = \frac{i\, dl}{4\pi r}, \qquad \mathfrak{H} = \operatorname{rot}\mathfrak{A} = 0, 0, H_\varphi, \qquad H_\varphi = \frac{i\, dl}{4\pi}\, \frac{\sin\vartheta}{r^2}. \tag{11}$$

Den Übergang von den statischen Feldern zu den zeitlich veränderlichen Feldern kann man am besten an Hand der Wellengleichung vollziehen. Wir spezialisieren sie auf mit der Zeit sinusförmig veränderliche Größen:

$$\Delta u - \frac{1}{v^2}\frac{\partial^2 u}{\partial t^2} = 0 \qquad (12)$$

geht mit

$$u = u_0\, e^{j\,\omega t}$$

über in

$$\Delta u_0 + \frac{\omega^2}{v^2}\, u_0 = 0. \qquad (13)$$

$\dfrac{\omega}{v} = \dfrac{2\pi}{\lambda} = k$ gesetzt gibt

$$\Delta u_0 + k^2\, u_0 = 0. \qquad (14)$$

Diese Gleichung geht für $k = \omega = 0$ in die Potentialgleichung über, der dann Φ und die Komponenten von $\mathfrak{A}$ außerhalb der stromführenden oder geladenen Leiter genügen. Die Grundlösung der Potentialgleichung, welche nur im Ursprung $r = 0$ singulär ist, lautet $u_0 = \dfrac{1}{r}$; ihr entspricht die schon verifizierte Lösung $u = \dfrac{1}{r}\, e^{j\,\omega\left(t - \frac{r}{v}\right)}$ der Wellengleichung oder nach Abspaltung des Faktors $e^{j\,\omega t}$

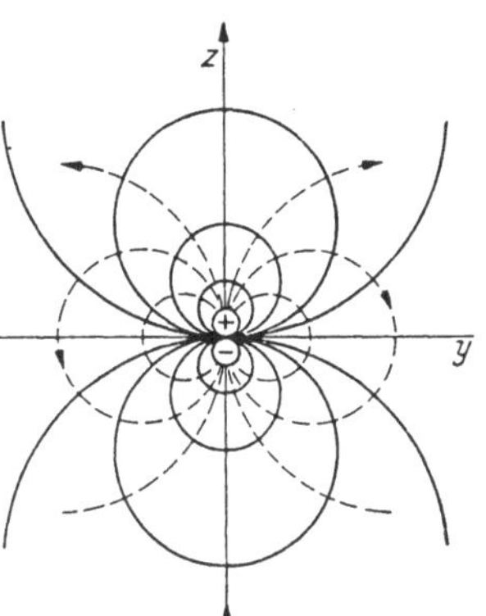

Abb. 4. Feldlinien und Linien konstanten Potentials eines zeitlich konstanten elektrischen infinitesimalen Dipols.

$$u_0 = \frac{e^{-j\,\frac{\omega r}{v}}}{r} = \frac{e^{-jkr}}{r}, \qquad (15)$$

welche in der Grenze $\omega = k = 0$ in die Grundlösung $\dfrac{1}{r}$ der Potentialgleichung übergeht. Ist die zeitlich konstante Stromverteilung in einer Leiterkonfiguration gegeben, so berechnet sich bekanntlich das von diesen Strömen erzeugte magnetische Feld mit Hilfe des Vektorpotentials $\mathfrak{A}$ zu

$$\mathfrak{A} = \frac{1}{4\pi}\int \frac{i\,dl}{r}, \qquad \mathfrak{H} = \operatorname{rot}\mathfrak{A}. \qquad (16)$$

Dies ist ja nichts anderes als das Biot-Savartsche Gesetz. Um zu zeitlich veränderlichen Feldern überzugehen, brauchen wir in der Tat nur unter dem Integral für $\mathfrak{A}$ von der Grundlösung $\dfrac{1}{r}$ der Potentialgleichung zur Grundlösung $\dfrac{e^{-jkr}}{r}$ der Wellengleichung überzugehen. Das so modifizierte Vektorpotential nennt man retardiertes Potential. Fügen wird den Zeitfaktor $e^{j\,\omega t}$ wieder hinzu

$$\frac{i\, e^{j\,\omega t - jkr}}{r} = \frac{i\, e^{j\,\omega\left(t - \frac{r}{v}\right)}}{r},$$

so ist für die vom Strom $i\, e^{j\,\omega t}$ im Abstand r zur Zeit t erzeugten Felder nicht der Augenblickswert des Stromes, sondern sein Wert zur früheren Zeit $t - \dfrac{r}{v}$ maßgeblich. Die Wirkungen breiten sich im Vakuum mit der endlichen Lichtgeschwindigkeit $v = c = 3 \cdot 10^8$ m/sec aus.

Um dies alles zu zeigen, müssen wir nun versuchen, das gesamte System Gl. (1) der Maxwellschen Gleichungen für sinusförmige Felder im freien Raum mit Hilfe des Vektorpotentials zu integrieren. Wir weisen der Einfachheit halber nicht jedesmal ausdrücklich darauf hin, daß es sich um retardierte Potentiale handelt.

$$\operatorname{rot}\mathfrak{H} = j\,\omega\,\varepsilon_0\,\mathfrak{E}, \tag{1a}$$

$$\operatorname{rot}\mathfrak{E} = -\,j\,\omega\,\mu_0\,\mathfrak{H}, \tag{1b}$$

$$\operatorname{div}\mathfrak{E} = 0, \tag{1c}$$

$$\operatorname{div}\mathfrak{H} = 0. \tag{1d}$$

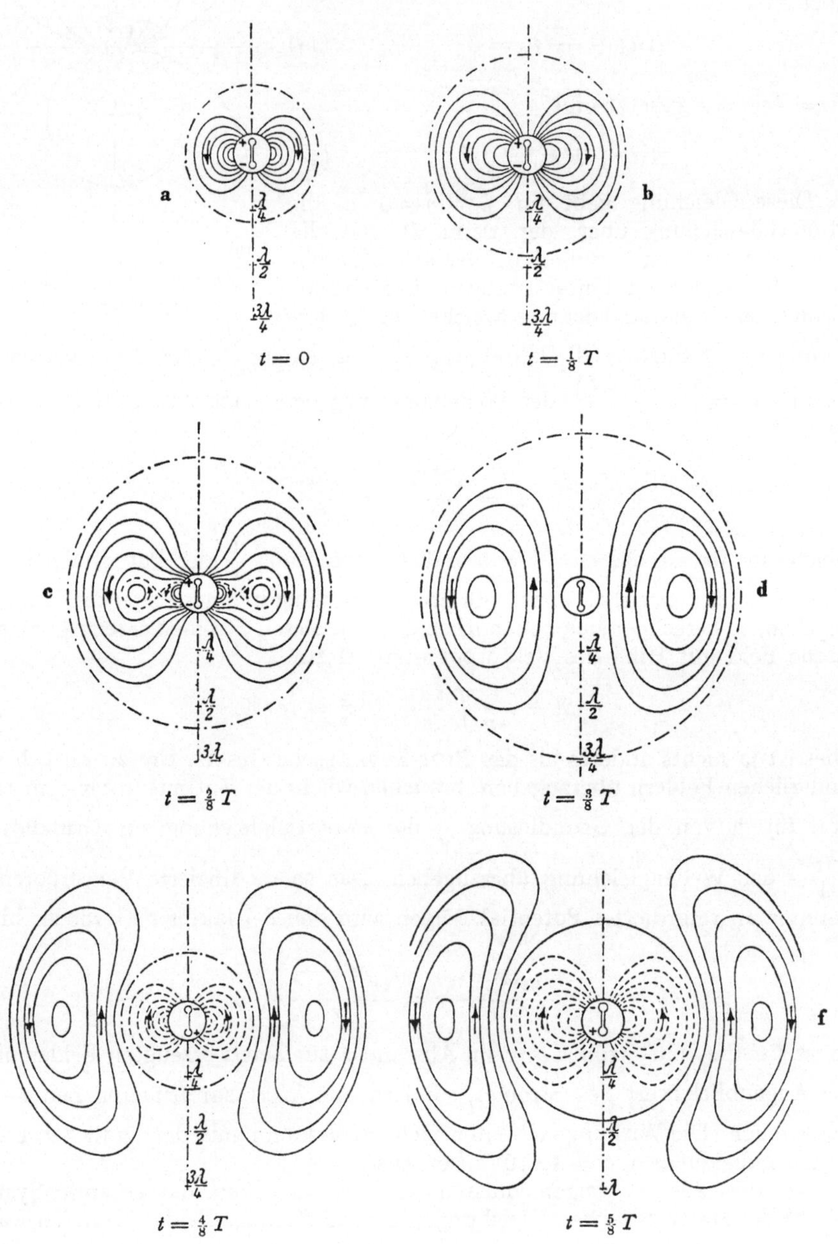

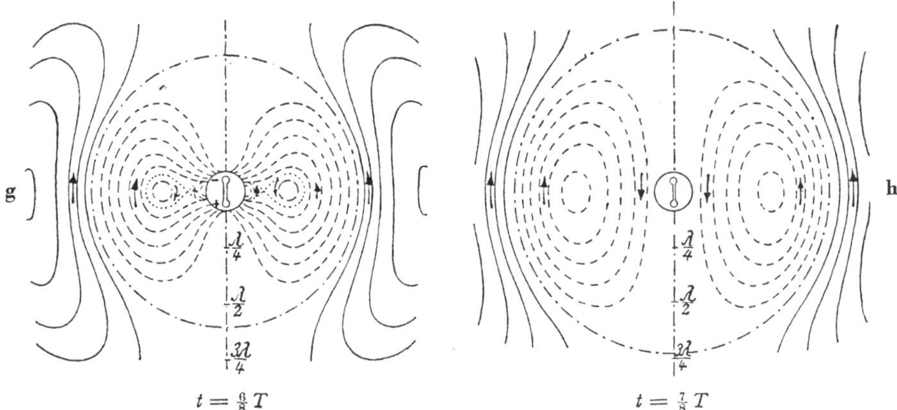

Abb. 5a bis h. Entwicklung des elektrischen Feldes eines Hertzschen infinitesimalen Dipols während einer Periode T seiner Schwingung.

Gl. (1 d) befriedigen wir mit beliebigem Vektor $\mathfrak{A}$, indem wir $\mathfrak{H} = \operatorname{rot} \mathfrak{A}$ setzen, weil $\operatorname{div}\operatorname{rot}\mathfrak{A} \equiv 0$. Gl. (1 b) geht über in $\operatorname{rot}(\mathfrak{E} + j\,\omega\,\mu_0\,\mathfrak{A}) = 0$.

Diese Gleichung erfüllen wir durch den Ansatz

$$\mathfrak{E} + j\,\omega\,\mu_0\,\mathfrak{A} = -\operatorname{grad}\Phi,$$

weil $\operatorname{rot}\operatorname{grad}\Phi = 0$.

Daraus folgt $\mathfrak{E} = -j\,\omega\,\mu_0\,\mathfrak{A} - \operatorname{grad}\Phi$.

Gl. (1 a) geht über in

$$\operatorname{rot}\operatorname{rot}\mathfrak{A} = \omega^2\,\varepsilon_0\,\mu_0\,\mathfrak{A} - j\,\omega\,\varepsilon_0\,\operatorname{grad}\Phi$$

oder

$$\operatorname{grad}\operatorname{div}\mathfrak{A} - \Delta\mathfrak{A} = k^2\mathfrak{A} - j\,\omega\,\varepsilon_0\,\operatorname{grad}\Phi.$$

Wir setzen nun noch

$$\Phi = -\frac{\operatorname{div}\mathfrak{A}}{j\,\omega\,\varepsilon_0}. \tag{17}$$

Wenn dann $\mathfrak{A}$ der Wellengleichung

$$\Delta\mathfrak{A} + k^2\mathfrak{A} = 0 \tag{18}$$

genügt, ist auch Gl. (1 a) erfüllt. Gl. (1 c) geht über in

$$\operatorname{div}\mathfrak{E} = -j\,\omega\,\mu_0\,\operatorname{div}\mathfrak{A} - \operatorname{div}\operatorname{grad}\Phi = -k^2\,\Phi - \Delta\Phi = 0,$$

was wegen Gl. (17) u. (18) schon erfüllt ist.

Wir haben also in der Tat von einem beliebigen Vektorpotential $\mathfrak{A}$ ausgehend, das nur der Wellengleichung zu genügen hat, alle Maxwellschen Gleichungen durch den Ansatz

$$\mathfrak{H} = \operatorname{rot}\mathfrak{A}, \tag{19}$$

$$\mathfrak{E} = -j\,\omega\,\mu_0\,\mathfrak{A} + \frac{1}{j\,\omega\,\varepsilon_0}\operatorname{grad}\operatorname{div}\mathfrak{A} \tag{20}$$

erfüllt; obendrein kennen wir schon ein spezielles, der Wellengleichung genügendes Vektorpotential, das einem Stromelement $i\,dl$ im Ursprung entspricht:

$$\mathfrak{A} = \frac{i\,dl}{4\,\pi}\,\frac{e^{-jkr}}{r}. \tag{21}$$

Um das zugehörige elektromagnetische Feld auszurechnen, können wir entweder die Differentialoperatoren rot und graddiv auf Polarkoordinaten umrechnen oder in $\mathfrak{A}$ den Abstand r durch kartesische Koordinaten ausdrücken und die Operatoren in kartesischen Koordinaten beibehalten. Das Ergebnis der elementaren Ausrechnung lautet in Polarkoordinaten

$$\left.\begin{array}{l} \mathfrak{E} = E_r,\, E_\vartheta,\, 0, \\ \mathfrak{H} = 0,\, 0,\, H_\varphi, \end{array}\right\} \tag{22}$$

$$\left.\begin{array}{l} E_r = \left[\dfrac{i_0\,d\,l}{j\,\omega\,2\,\pi\,\varepsilon_0}\,\dfrac{\cos\vartheta}{r^3} + \dfrac{i_0\,d\,l}{2\,\pi}\,Z_0\,\dfrac{\cos\vartheta}{r^2} \right] e^{-jkr}, \\[2ex] E_\vartheta = \left[-\dfrac{i_0\,d\,l}{j\,\omega\,4\,\pi\,\varepsilon_0}\,\dfrac{\sin\vartheta}{r^3} - \dfrac{i_0\,d\,l}{4\,\pi}\,Z_0\,\dfrac{\sin\vartheta}{r^2} - j\,\dfrac{i_0\,d\,l}{2\,\lambda}\,Z_0\,\dfrac{\sin\vartheta}{r} \right] e^{-jkr}, \\[2ex] H_\varphi = \left[\dfrac{i_0\,d\,l}{4\,\pi}\,\dfrac{\sin\vartheta}{r^2} + j\,\dfrac{i_0\,d\,l}{2\,\lambda}\,\dfrac{\sin\vartheta}{r} \right] e^{-jkr}. \end{array}\right\} \tag{23}$$

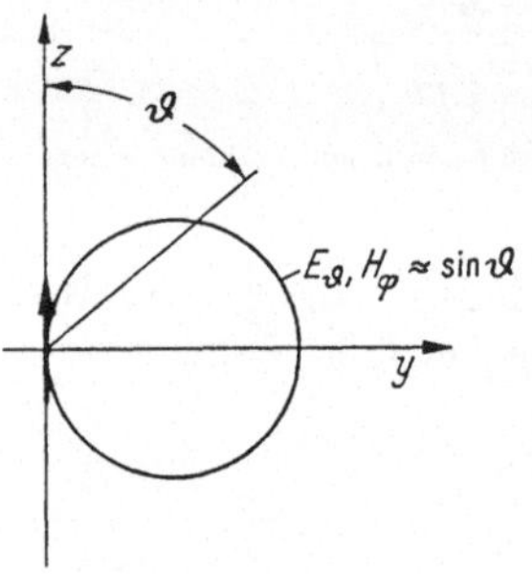

Abb. 6. Das räumliche, torusförmige Diagramm des Fernfeldes eines HERTZschen Dipols entsteht durch Drehung der Figur um die Dipolachse (z-Achse).

Man bestätigt, daß die für kleine Abstände dominierenden Terme mit $\dfrac{1}{r^3}$ dem elektrostatischen Feld eines Dipols vom Moment $m = \dfrac{i_0\,d\,l}{j\,\omega}\,e^{j\omega t}$ entsprechen und daß das Fernfeld, die Terme mit $\dfrac{1}{r}$ die in Gl. (9) angegebene Form divergenter transversaler Wellen hat, ebenso daß der Übergang etwa bei $kr = \dfrac{2\,\pi\,r}{\lambda} \sim 1$ stattfindet. Der Ausdruck für das elektrische Feld enthält noch einen Term mit $\dfrac{1}{r^2}$, der in der Literatur als Übergangsfeld bezeichnet wird.

In Abb. 5 sind die berühmten der HERTZschen Arbeit[1] entnommenen Kraftlinienbilder für einige Phasen der Dipolschwingung wiedergegeben. Die relative Amplitude des Fernfeldes, das torusförmige Strahlungsdiagramm des Elementardipoles, ist in Abb. 6 dargestellt.

7. Das HUYGHENSsche Prinzip.

Bei manchen Flächenantennen wie Linsen oder Parabolspiegeln kennt man zwar nicht die Stromverteilung auf den Leitern, wohl aber mit brauchbarer Annäherung die Feldverteilung in der Antennenöffnung. Dann kann man also die Ergebnisse des letzten Paragraphen nicht benutzen, um das Fernfeld der Antenne zu berechnen. In diesem Fall pflegt man ganz wie in der Optik das HUYGHENSsche Prinzip heranzuziehen, welches eine brauchbare Annäherung des Hauptmaximums des Strahlungsdiagramms und seiner nächsten Umgebung wenigstens für in Wellenlängen große und daher scharf bündelnde Antennen ergibt. Nach dem HUYGHENSschen Prinzip berechnet man das Fernfeld aus der Annahme, daß von jedem Flächenelement der Antennenöffnung eine sekundäre Kugelwelle ausgeht, deren komplexe Amplitude der ebenfalls komplexen Amplitude des Feldes auf dem Flächenelement proportional ist. Das Feld in der Antennenöffnung kennt man nur näherungsweise, insbesondere kann man über das Feld in der Nähe des Antennenrandes kaum noch etwas aussagen.

Ist A die Amplitude einer Feldkomponente in der Antennenöffnung, so wird dieselbe Komponente U des Fernfeldes proportional folgendem Ausdruck angesetzt:

$$U \sim \int A\,\frac{e^{-jkr}}{r}\,d\sigma; \tag{24}$$

---

[1] HERTZ, H.: Wied. Ann. Bd. 36 (1888) S. 1.

dabei ist r der Abstand zwischen dem Flächenelement $d\sigma$ und dem fernen Aufpunkt, das Integral ist über die Antennenöffnung zu erstrecken. Im Vergleich zur Exponentialfunktion ist $\frac{1}{r}$ eine so wenig von der Lage der Flächenelemente $d\sigma$ abhängige Größe, daß man $\frac{1}{r}$ vor das Integral ziehen kann

$$U \sim \frac{1}{r} \int A\, e^{-jkr}\, d\sigma. \tag{25}$$

Trotz vieler Bemühungen ist es nicht gelungen, diese erfahrungsgemäß bei großen Antennen und in der optischen Beugungstheorie sehr brauchbare Formel in einer völlig befriedigenden Weise zu begründen. Wir wollen uns daher mit einigen Andeutungen begnügen. KIRCHHOFF hat zur Begründung des HUYGENSschen Prinzips darauf hingewiesen, daß jede Lösung der Wellengleichung, also auch jede Komponente des elektromagnetischen Feldes, in einem geschlossenen Gebiet durch ihre Randwerte und die ihrer Normalableitung dargestellt werden kann, wenn u und die ersten und zweiten Ableitungen von u einschließlich des Randes stetig sind. Das leistet folgendes Integral[1]

$$u_p = -\frac{1}{4\pi} \int \left\{ u\, \frac{\partial}{\partial v} \frac{e^{-jkr}}{r} - \frac{e^{-jkr}}{r}\, \frac{\partial u}{\partial v} \right\} d\sigma, \tag{26}$$

und aus diesem Integral läßt sich mit einigen weiteren Annäherungen die HUYGENSsche Formel ableiten. Leider aber können wir in diese Formel nur angenähert richtige Werte von u in der Antennenöffnung einsetzen; außerdem sind sie an der seitlichen Begrenzung der Antennenöffnung gar nicht stetig, so daß das Integral auch nicht bei stetiger Annäherung an die Antennenöffnung die Randwerte u annimmt, die wir eingesetzt haben. Das Integral stellt zwar eine Lösung der Wellengleichung dar, aber nicht notwendig eine Lösung der MAXWELLschen Gleichungen. Das müßte sich zwangsläufig nur dann ergeben, wenn wir von den richtigen und obendrein stetigen Randwerten eines Problems ausgehen könnten.

Man kann mit KOTTLER von einer anderen vektoriellen Integralformel an Stelle der obigen skalaren KIRCHHOFFschen Integralformel ausgehen und erhält dann wenigstens immer Lösungen der MAXWELLschen Gleichungen. — Diese KOTTLERschen Formeln sind in neuerer Zeit auch auf Antennenprobleme angewandt worden. Vielleicht kann man sogar bis zu etwas kleineren Antennen brauchbare numerische Ergebnisse erhalten. Dafür sind die Rechnungen aber auch umständlicher, ohne daß das Verfahren wirklich völlig durchsichtig geworden wäre, ohne daß man derzeit vorhersagen könnte, ob und wieviel besser die Resultate in einem konkreten Fall sein werden[2].

8. Das Reziprozitätstheorem.

Wir werden aus dem Reziprozitätstheorem eine Anzahl wichtiger Folgerungen ziehen, z. B. ohne weitere Rechnung herleiten, daß das Richtdiagramm einer Antenne unabhängig davon ist, ob man sie zum Senden oder Empfangen benutzt.

Das zunächst von KIRCHHOFF für Schaltungen aus OHMschen Widerständen bewiesene Reziprozitätstheorem lautet für einen beliebigen Vierpol aus Wider-

---

[1] Vgl. M. BORN: Optik. Berlin: Springer 1933, S. 141, 147.
[2] Einen Überblick über die derzeitigen Kenntnisse geben B. B. BAKER und E. T. COPSON in „The mathematical theory of Huygens Principle", Oxford: Clarendon Press 2. Aufl. 1950. — C. J. BOUWKAMP: Rep. on Progr. in Phys. Bd. 17 (1954) S. 35.

ständen, Kondensatoren, Spulen und Transformatoren nach Abb. 7: Wenn bei
sinusförmiger Erregung des Vierpols am Klemmenpaar *1* mit der EMK $u_1 = E$
am kurzgeschlossenen Klemmenpaar *2* der Strom $i_2 = i$ entsteht, so entsteht
auch bei Erregung am Klemmenpaar *2* mit der
EMK $u_2' = E$ am kurzgeschlossenen Klemmenpaar *1*
der Strom $i_1' = i$ oder allgemeiner

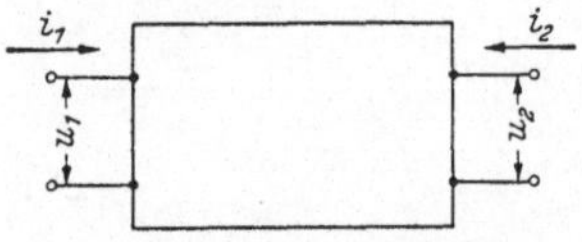

$$u_1\, i_1' = u_2'\, i_1, \tag{27}$$

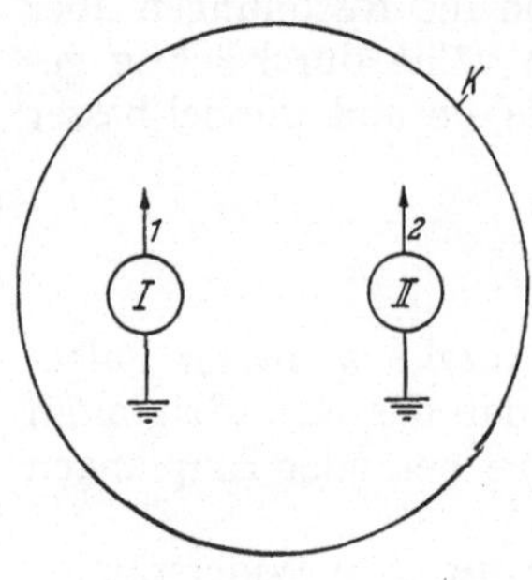

Abb. 7. Spannungen und Ströme
an den Klemmen eines Vierpols.

wobei sich die gestrichenen Größen wieder auf die
Erregung am Klemmenpaar *2* beziehen und die
Spannungen und Ströme sinusförmig und von gleicher Frequenz sind. Das
Theorem läßt sich in diesem Umfang in wenigen Zeilen elementar beweisen.
Da der Vierpol aus konzentrierten Schaltelementen beliebig kompliziert sein
darf, wird man vermuten, daß das Theorem auch noch richtig bleibt, wenn
man beliebige elektromagnetische Felder von Leitungen oder Antennen zuläßt, sofern nur an den Klemmenpaaren die Begriffe Potentialdifferenz und
Gesamtstrom ihren Sinn behalten und solange es außer den beiden EMK keine
weiteren Energiequellen im Vierpol gibt. Genau in diesem Umfang wollen wir
es auch beweisen. Zunächst leiten wir das sogenannten LORENTZsche Reziprozitätstheorem her, das sich auf zwei beliebige, den MAXWELLschen Gleichungen
genügende sinusförmige Felder gleicher Frequenz bezieht. $\mathfrak{E}$, $\mathfrak{H}$ und $\mathfrak{E}'$, $\mathfrak{H}'$ mögen
den MAXWELLschen Gleichungen

$$\operatorname{rot} \mathfrak{H} = j\,\omega\,\varepsilon\,\varepsilon_0\,\mathfrak{E} + \sigma\,\mathfrak{E} \tag{1a}$$

$$\operatorname{rot} \mathfrak{E} = -j\,\omega\,\mu\,\mu_0\,\mathfrak{H} \tag{1b}$$

genügen. Nach LORENTZ gilt dann

$$\operatorname{div}\{\mathfrak{E} \times \mathfrak{H}' - \mathfrak{E}' \times \mathfrak{H}\} = 0. \tag{28}$$

   Das ist der von uns gewünschten, technisch anwendbaren Form Gl. (27) des
Reziprozitätstheorems schon ähnlich, die sich aus der LORENTZschen ergeben
wird. Um Gl. (28) zu beweisen, bilden wir die vier skalaren Produkte der folgenden Formel, deren Summe mit den angegebenen Vorzeichen auf Grund der
MAXWELLschen Gl. (1a) u. (1b) verschwindet.

$$\mathfrak{H}'\operatorname{rot}\mathfrak{E} - \mathfrak{E}\operatorname{rot}\mathfrak{H}' - (\mathfrak{H}\operatorname{rot}\mathfrak{E}' - \mathfrak{E}'\operatorname{rot}\mathfrak{H}) = 0.$$

Wenden wir auf diese Gleichung, die schon
beim POYTINGschen Satz benutzte Vektoridentität
Gl. (4a) an, so ergibt sich die LORENTZsche Gl. (28).
Um zur technischen Form des Reziprozitätstheorems
überzugehen, trennen wir die Antenne *1* mit dem
Klemmenpaar *1* von der Energiequelle durch eine
geschlossene Fläche *I* ab, auf der also die beiden
Klemmen des Paares *1* liegen (Abb. 8). Ebenso verfahren wir mit der Antenne *2*. Wir umgeben beide
Antennen noch mit einer Kugel in sehr großer Entfernung. Im Volumen *V* zwischen der Kugel und
den beiden Flächen *I* und *II* genügen die an der
Antenne *1* oder *2* erzeugten Felder $\mathfrak{E}$, $\mathfrak{H}$ bzw. $\mathfrak{E}'$, $\mathfrak{H}'$

Abb. 8. Integrationsgebiete für das
Integral Gl. (29).

also den MAXWELLschen Gleichungen und der LORENTZschen Gl. (28). Wir
integrieren die LORENTZsche Gleichung über das Volumen *V* und ersetzen das
Volumintegral durch das ihm auf Grund des GAUSSschen Satzes entsprechende

Oberflächenintegral

$$\int\limits_{K+I+II} \{\mathfrak{E} \times \mathfrak{H}' - \mathfrak{E}' \times \mathfrak{H}\}_n \, do = 0. \tag{29}$$

Wir zeigen nun, daß auf der fernen Kugel ($\varepsilon = \mu = 1$; $\sigma = 0$) der Integrand verschwindet. Wie wir wissen, verhalten sich dort die beiden Felder in kleinen Bezirken do wie nach außen gerichtete ebene Wellen: Sei also ein lokales kartesisches Koordinatensystem mit den Einheitsvektoren e_{s_1} und e_{s_2} in do und e_n normal auf do gegeben, so wird

$$\mathfrak{E} = E_{s_1}, E_{s_2}, 0\,; \qquad \mathfrak{H} = -\sqrt{\frac{\varepsilon_0}{\mu_0}}\, E_{s_2}, \sqrt{\frac{\varepsilon_0}{\mu_0}}\, E_{s_1}, 0$$

und

$$\mathfrak{E}' = E'_{s_1}, E'_{s_2}, 0\,, \qquad \mathfrak{H}' = -\sqrt{\frac{\varepsilon_0}{\mu_0}}\, E'_{s_2}, \sqrt{\frac{\varepsilon_0}{\mu_0}}\, E'_{s_1}, 0\,,$$

$$[\mathfrak{E} \times \mathfrak{H}']_n = \sqrt{\frac{\varepsilon_0}{\mu_0}}\, (E_{s_1} E'_{s_1} + E_{s_2} E'_{s_2}) = [\mathfrak{E}' \times \mathfrak{H}]_n.$$

Die ferne Kugel K trägt also tatsächlich nichts bei zum Integral Gl. (29), und es gilt

$$\int\limits_{I} \{\mathfrak{E} \times \mathfrak{H}' - \mathfrak{E}' \times \mathfrak{H}\}_n \, do = -\int\limits_{II} \{\mathfrak{E} \times \mathfrak{H}' - \mathfrak{E}' \times \mathfrak{H}\}_n \, do. \tag{29a}$$

Bei Erregung am Klemmenpaar *1* wird das Klemmenpaar *2* kurzgeschlossen. Wir denken uns daher in diesem Falle *II* als idealen Leiter; dann verschwindet dort $\mathfrak{E}$, analog verschwindet $\mathfrak{E}'$ auf *I*.

$$\int\limits_{I} \{\mathfrak{E} \times \mathfrak{H}'\}_n \, do = \int\limits_{II} \{\mathfrak{E}' \times \mathfrak{H}\}_n \, do. \tag{29b}$$

Nunmehr führen wir auf einem Flächenelement do von *I* ein lokales kartesisches Koordinatensystem ein derart, daß d_{s_2} in die Richtung des Magnetfeldes $\mathfrak{H}'$ fällt mit $do = ds_1 \, ds_2$. Dann wird

$$\{\mathfrak{E} \times \mathfrak{H}'\}_n \, do = E_{s_1} H'_{s_2} \, ds_1 \, ds_2.$$

$H_{s_2} ds_2$ ist nach Gl. (3) gleich dem senkrecht durch ds_2 tretenden Oberflächenstrom di'_1 und $E_{s_1} ds_1$ ist gleich dem Potentialzuwachs $d\varphi$ des Feldes $\mathfrak{E}$ beim Fortschreiten um ds_1; also gilt

$$\int\limits_{I} [\mathfrak{E} \times \mathfrak{H}']_n \, do = \int\limits_{I} d\varphi \, di' = u_1 i'_1.$$

Analoges gilt für *II* und damit ist das Reziprozitätstheorem in der Form Gl. (27) bewiesen[1].

Das Reziprozitätstheorem gilt nicht mehr für gewisse anisotrope Medien, wie z. B. die Ionosphäre. Doch brauchen wir darauf nicht weiter einzugehen. Für solche Medien gelten die MAXWELLschen Gleichungen nicht mehr in der einfachen Form Gl. (1).

---

[1] Man vergleiche die ähnliche Darstellung von D. KERR in Propagation of Short Radio Waves in Radiation Laboratory Series. MacGraw Hill, New York 1951. S. 633. Der Beweis in der obigen Form scheint zum erstenmal von R. GANS in den Publicaciones de la facultad de ciencias fisico-matematicas de la universidad nacional de La Plata Bd. 4 (1947) S. 52 veröffentlicht zu sein.

9. Die Impedanz einer Antenne.

Nachdem wir oben die Gültigkeit des Reziprozitätstheorems für Vierpole mit Antennen und allgemeinen elektromagnetischen Feldern bewiesen haben, wollen wir auch die Begriffe passiver und aktiver Zweipol auf Antennen anwenden.

Ein passiver, linearer Zweipol, an dessen Klemmen die sinusförmige Spannung u und der Strom i definiert sind, hat eine Impedanz

$$Z_p = \frac{u}{i}, \qquad (30)$$

welche von den Amplituden von u oder von i unabhängig ist, da Spannung und Strom einander proportional sind. Dies ist ja nichts anderes als die Aussage der Linearität. Die MAXWELLschen Gleichungen sind linear. Damit stellt auch die Sendeantenne für den Sender eine Belastung durch einen passiven, linearen Zweipol dar und es besteht eine Gl. (30) auch für die Sendeantennen.

Ein aktiver, linearer Zweipol aus konzentrierten Schaltelementen liefert bei Belastung mit einer Impedanz Z einen Strom i, welcher einer Gleichung der Form

$$i = \frac{E}{Z_a + Z}$$

genügt. Dabei ist E die Ersatz-EMK des Zweipoles und Z_a sein Innenwiderstand. Wenn man alle seine inneren EMK verschwinden läßt, wird er zu einem passiven Zweipol, der einen Innenwiderstand Z_p hat. Es gilt nun

$$Z_p = Z_a,$$

so daß man nur von einem Innenwiderstand

$$Z_i = Z_a = Z_p$$

schlechthin zu sprechen braucht.

Bei Antennen ist das genauso. Nach Abb. 9 nehmen wir an, daß ein beliebiges Empfangsfeld, von dem wir nicht einmal voraussetzen wollen, daß es eine ebene Welle sei, im Abschlußwiderstand Z der Antenne den Empfangsstrom i_e erzeugt. Durch eine widerstandsfreie konzentrierte EMK erzeugen wir einen entgegengesetzt gleichen Strom i_s, so daß im Abschlußwiderstand der Strom $i_e + i_s = 0$ resultiert. Ändern wir jetzt willkürlich den Abschlußwiderstand Z, so bleibt der Strom Null, weil an seinen Enden keine Potentialdifferenz besteht, er feldfrei ist und eine Änderung seines Wertes überhaupt keine Wirkungen hervorrufen kann. Auf Grund des Satzes von der linearen Superposition wissen wir aber, daß der Anteil i_s einer Gleichung

$$i_s = \frac{E}{Z_p + Z}$$

für passive Zweipole genügt; also gilt für *alle* Belastungswiderstände Z

$$i_e = \frac{-E}{Z_p + Z},$$

was zu beweisen war[1].

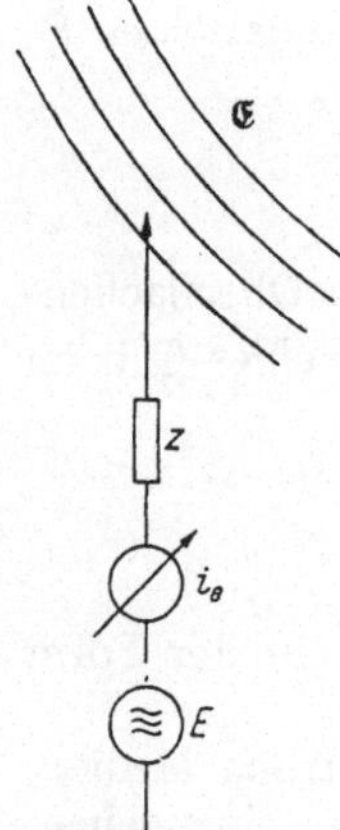

Abb. 9. Empfangsantenne mit einfallender Welle $\mathfrak{E}$ und konzentrierter EMK E an den Klemmen.

---

[1] Die Unabhängigkeit des Innenwiderstandes von der Erregung der Antenne ist in der Literatur öfter angezweifelt worden, da die Stromverteilung auf der Antenne bei Sendung und Empfang sehr verschieden sein kann. Das ist jedoch kein Gegenbeweis, vgl. K. FRÄNZ, Z. f. Hochfr. Bd. 56 (1940) S. 118 und R. E. BURGESS, Wireless Engr. Bd. 21 (1944) S. 154.

10. Das Richtdiagramm.

Wir werden sehen, daß die Energiebilanz der drahtlosen Übertragung zwischen zwei Antennen durch die Richtdiagramme der Sende- und Empfangsantenne bestimmt wird, sofern wir von Verlusten in Leitern und Isolatoren der Antennen absehen.

Unter Strahlungsdiagramm einer Sendeantenne verstehen wir die Richtungsabhängigkeit des von ihr erzeugten Fernfeldes. Dabei bleibt zunächst ein Proportionalitätsfaktor frei, den wir meist so festlegen werden, daß die Maximalfeldstärke gleich Eins wird. Wir sprechen je nach der uns interessierenden Größe vom Feldstärkendiagramm oder vom Leistungsdiagramm. Der HERTZsche Elementardipol hat also das Feldstärkediagramm $\sin \vartheta$ nach Abb. 6 und das Leistungsdiagramm $\sin^2 \vartheta$. Um das Strahlungsdiagramm einer Sendeantenne zu messen, müssen wir sie schwenken und die Änderungen der in einer fernen festen Empfangsantenne induzierten EMK als Funktion der Orientierung der Sendeantenne registrieren.

Unter dem Richtdiagramm einer Empfangsantenne verstehen wir die Richtungsabhängigkeit der in ihren Klemmen von einer einfallenden ebenen Welle induzierten EMK. Um das Richtdiagramm zu messen, können wir mit Hilfe einer fernen festen Sendeantenne die einfallende ebene Welle erzeugen und die in der Empfangsantenne induzierte EMK als Funktion ihrer Orientierung registrieren. Da eine Antenne einen von der Erregung unabhängigen Innenwiderstand Z_i hat, könnten wir statt der EMK E ebensogut den Kurzschlußstrom i registrieren. $i = \dfrac{E}{Z_i}$.

Wir werden nun zeigen, daß bei diesen Definitionen das Richtdiagramm gar nicht davon abhängt, ob man eine einschließlich ihrer Klemmen gegebene Antenne zum Senden oder Empfangen benutzt. Um das zu beweisen, denken wir uns einen aus einer festen Antenne *1* und einer schwenkbaren Antenne *2* bestehenden Vierpol. Wir speisen zunächst die feste Antenne *1* mit der EMK E_1 und richten die schwenkbare Antenne auf maximalen Empfang aus. Den dabei in ihr induzierten Kurzschlußstrom nennen wir $i_2(o)$. Sodann schwenken wir sie in eine neue Richtung α und beobachten den Kurzschlußstrom $i_2(\alpha)$. Das Empfangsdiagramm der Antenne *2* hat in der Richtung α den Wert $\dfrac{i_2(\alpha)}{i_2(o)}$.

Nunmehr speisen wir die Antenne *2* mit der EMK E_2 und empfangen mit der Antenne *1*. Bei der Orientierung o der Antenne *2* beobachten wir in der Antenne *1* den Kurzschlußstrom $i_1'(o)$ und bei der Orientierung α den Kurzschlußstrom $i_1'(\alpha)$.

Auf Grund des Reziprozitätstheorems Gl. (27) gilt

$$E_1\, i_1'(o) = E_2'\, i_2(o),$$
$$E_1\, i_1'(\alpha) = E_2'\, i_2(\alpha),$$
$$\frac{i_1'(\alpha)}{i_1'(o)} = \frac{i_2(\alpha)}{i_2(o)}.$$

Also ist das Sendediagramm $\dfrac{i_1'(\alpha)}{i_1'(o)}$ der Antenne *2* gleich ihrem Empfangsdiagramm.

11. Zusammenfassung.

Die Grundlage aller Antennentheorie bilden die MAXWELLschen Gl. (1) mit ihren Grenzbedingungen. Für ideale Leiter verlangen die Grenzbedingungen das Verschwinden der Tangentialkomponente des elektrischen Feldes an der

Leiteroberfläche und eine infinitesimale Stromhaut, deren Stromdichte gleich dem Magnetfeld $|\mathfrak{H}_{A/m}|$ an der Leiteroberfläche ist.

Ein elektrisches Feld $\mathfrak{E}_{V/m}$ und ein zusammen mit ihm bestehendes magnetisches Feld $\mathfrak{H}_{A/m}$ transportieren die Strahlungsleistung

$$\mathfrak{S} = \mathfrak{E} \times \mathfrak{H} \ \frac{W}{m^2}.$$

Bei ebenen linear polarisierten Wellen im freien Raum stehen die Vektoren $\mathfrak{E}$ und $\mathfrak{H}$ aufeinander und auf der Fortpflanzungsrichtung senkrecht. Zwischen ihren Amplituden besteht die Beziehung $|\mathfrak{E}| = Z_0 |\mathfrak{H}|$, $Z_0 = 377\ \Omega$. Sie pflanzen sich mit Vakuumlichtgeschwindigkeit $c = 3 \cdot 10^8$ m/s fort und transportieren eine mittlere Leistung

$$|\overline{\mathfrak{S}}| = \frac{\mathfrak{E}^2_{eff}}{Z_0} \ \frac{W}{m^2}.$$

Das Prinzip der linearen Superposition erlaubt uns, Fern- und Nahfeld einer Antenne mit bekannter Stromverteilung in Strenge durch Überlagerung der den Stromelementen entsprechenden HERTZschen Dipolfelder zu berechnen. Das gesamte von einem HERTZschen Elementardipol erzeugte Feld wird durch die Gl. (22) u. (23) dargestellt. Die divergenten Kugelwellen des Fernfeldes genügen den Gl. (9) und sind in den Abb. 5 u. 6 veranschaulicht; das elektrische und magnetische Nahfeld genügt den Gl. (10) bzw. (11).

Kennen wir statt der Stromverteilung auf den Leitern die Feldverteilung einer gut bündelnden Flächenantenne, etwa eines Parabolspiegels, in der Antennenöffnung, so können wir das Fernfeld mit guter Näherung in der Umgebung seines Hauptmaximums auf Grund des HUYGENSschen Prinzips nach Gl. (25) berechnen.

Das Reziprozitätstheorem gilt für Antennen wie für gewöhnliche Vierpole. Die Belastung eines Senders durch eine Sendeantenne läßt sich durch einen der Antenne äquivalenten passiven Zweipol darstellen. Der Strom in den Klemmen einer Empfangsantenne läßt sich an Hand eines der Antenne äquivalenten aktiven Zweipols berechnen. Eine einschließlich ihrer Klemmen gegebene Antenne hat einen festen Innenwiderstand und ein festes Richtdiagramm unabhängig davon, ob wir sie zum Senden oder Empfangen benutzen.

II. Die einfachsten Antennen für lange Wellen.

Wir wollen zunächst die beiden ältesten Langwellenantennen behandeln, die linearen, kapazitiven Antennen und die induktiven Rahmenantennen und vorläufig annehmen, daß bei beiden Antennenarten die Drahtlängen klein gegen die Viertelwellenlänge sind. Am einfachsten ist die Theorie der kleinen Rahmenantenne, weil bei ihr unabhängig von der Form des Rahmens kein Zweifel über die Stromverteilung bestehen kann, während man bei den kleinen kapazitiven Antennen erst die Stromverteilung analysieren muß, ehe man ihre Eigenschaften nach den Methoden des ersten Kapitels ermitteln kann.

Wir wollen in diesem Abschnitt für beide Antennenarten das Richtdiagramm, die Amplitude des Fernfeldes bei gegebenem Antennenstrom, die gesamte Strahlungsleistung, den ihr entsprechenden Anteil der Antennenimpedanz, den sogenannten Strahlungswiderstand und die im Empfangsfall von einer ebenen Welle induzierte EMK berechnen.

1. Die kleine Rahmenantenne.

Eine kleine Rahmenantenne ist nichts weiter als eine Spule. Der Einfachheit halber nehmen wir an, daß alle ihre Windungen praktisch in einer Ebene liegen. Zunächst berechnen wir ihr Richtdiagramm. Am schnellsten geht das an Hand des Empfangsfalles; denn die elementare elektrotechnische Erfahrung besagt, daß die in einer Spule induzierte EMK gleich der zeitlichen Änderung des sie durchsetzenden Induktionsflusses Φ ist.

$$E = -\frac{d\Phi}{dt}. \tag{31}$$

Eine einfallende ebene Welle der elektrischen Feldstärke $\mathfrak{E}$ erzeugt ein homogenes Magnetfeld $|\mathfrak{H}| = \sqrt{\dfrac{\varepsilon_0}{\mu_0}}\,|\mathfrak{E}|$ und eine magnetische Induktion

$$|\mathfrak{B}| = \mu_0\,|\mathfrak{H}| = \sqrt{\varepsilon_0\,\mu_0}\,|\mathfrak{E}| = \frac{1}{c}\,|\mathfrak{E}|.$$

Wenn die Spule die Windungszahl n und eine Windung die mittlere Fläche F hat und der Winkel zwischen Rahmenebene und Magnetfeld gleich ϑ' ist, so wird sie vom Fluß

$$\Phi = \frac{\sin\vartheta'\, n\, F}{c}\,|\mathfrak{E}| \tag{32}$$

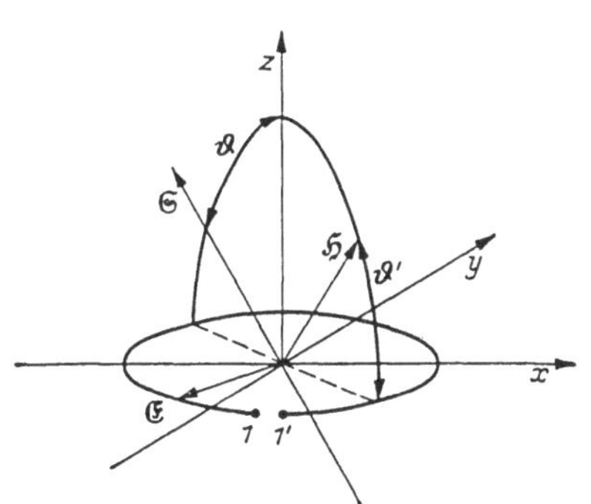

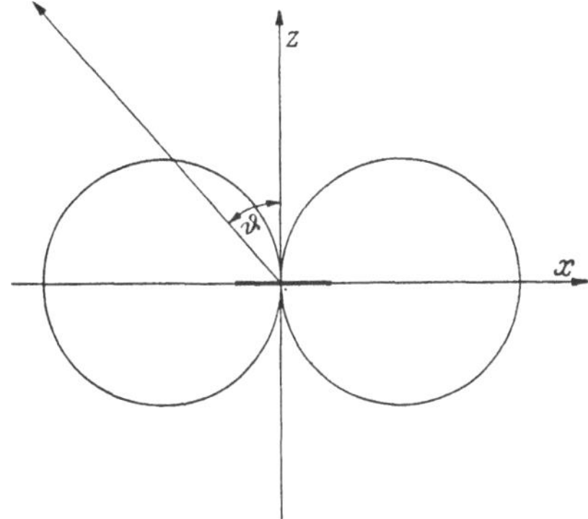

Abb. 10a. Rahmenwindung mit den Klemmen *1,1'* im elektromagnetischen Feld $\mathfrak{E}$, $\mathfrak{H}$.

Abb. 10b. Richtdiagramm eines in der xy-Ebene liegenden Rahmens.

(vgl. Abb. 10a) durchsetzt. Es kommt also nur auf die Größe der Windungsfläche, nicht aber auf die Form des Rahmens an. Wenn die einfallende Welle die Kreisfrequenz ω hat, induziert sie die EMK

$$E_{\text{eff}} = \frac{\omega}{c}\sin\vartheta'\, n\, F\,|\mathfrak{E}_{\text{eff}}|.$$

Man pflegt nun das Richtdiagramm nicht auf den magnetischen Vektor, sondern auf die Wellennormale zu beziehen. Nehmen wir an, daß der elektrische Vektor stets parallel zur Rahmenebene liegt, so wird mit dem Winkel $\vartheta = \vartheta'$ zwischen Wellennormale und Normale zur Rahmenfläche

$$E_{\text{eff}} = \sin\vartheta\,\frac{2\pi\, n\, F}{\lambda}\,|\mathfrak{E}_{\text{eff}}|, \tag{33}$$

und das Richtdiagramm des kleinen Rahmens ist $\sin\vartheta$; es ist also dasselbe wie das eines HERTZschen Elementardipols, dessen Achse auf der Rahmenebene senkrecht steht; nur die Polarisation ist verschieden, wir haben gegenüber dem

HERTZschen Dipol die Vektoren $\mathfrak{E}$ und $\mathfrak{H}$ miteinander vertauscht. Man bezeichnet den kleinen Rahmen daher auch als „magnetischen Dipol".

Den Proportionalitätsfaktor zwischen dem Höchstwert der induzierten EMK bei optimaler Orientierung einer Empfangsantenne und der Feldstärke der einfallenden Welle nennt man die effektive Höhe der Antenne.

$$E_{\max} = h_{\text{eff}} \, |\mathfrak{E}|. \tag{34}$$

Für den kleinen Rahmen ($\sin \vartheta \leqq 1$) ergibt sich nach Gl. (33)

$$h_{\text{eff}} = \frac{2\pi n F}{\lambda}. \tag{35}$$

Es ist nützlich, die eben gegebene Ableitung noch einmal vom Standpunkt der MAXWELLschen Theorie zu betrachten. Die Gl. (31) gilt auch für beliebig große Rahmen. Denn für den in Abb. 11 gezeichneten kreisförmigen Weg gilt auf Grund der MAXWELLschen Gl. (1 b)

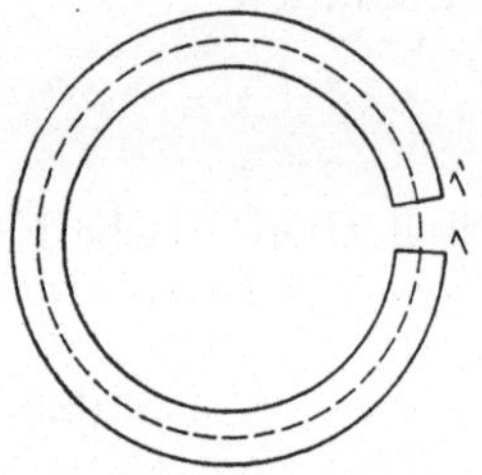

$$\oint \mathfrak{E}_s \, ds = - \frac{\partial}{\partial t} \int \mathfrak{B}_n \, d\sigma = - \frac{d\Phi}{dt}.$$

Dabei ist ds ein Element des Kreisumfanges und $d\sigma$ ein Element der Kreisfläche. Das elektrische Feld verschwindet innerhalb des Rahmens; also wird

$$\oint \mathfrak{E}_s \, ds = \int_{1}^{1'} \mathfrak{E}_s \, ds = E,$$

Abb. 11. Zum Linienintegral des elektrischen Feldes längs des gestrichelt gezeichneten Integrationsweges trägt das feldfreie Innere der Rahmenwindung nichts bei, so daß man nur den komplementären Teil des Weges zwischen den Klemmen *1, 1'* zu berücksichtigen hat.

und das ist Gl. (31) äquivalent. Damit sich nun der Fluß Φ nach Gl. (32) berechnet, muß erstens das Magnetfeld der einfallenden Welle in der Rahmenebene praktisch gleichphasig sein — das verlangt $\frac{2\pi d}{\lambda} \ll 1$ — und zweitens muß der bei offenen Klemmen von dem auf dem Rahmen fließenden Strom erzeugte sekundäre Fluß klein gegen den von der einfallenden Welle erzeugten Fluß sein, den wir in Gl. (32) allein berücksichtigt haben. Natürlich verschwindet der Strom immer an den offenen Klemmen; aber schon wenn die Drahtlänge in die Größe einer Viertelwellenlänge kommt, fließt auf dem Draht auch bei offenen Klemmen ein merklicher Strom mit einem Maximum an der Stelle größter Entfernung von den Klemmen, welcher die „verteilten Kapazitäten" auflädt. Der von der einfallenden Welle erzeugte Fluß läßt sich auch bei beliebig großen Rahmen leicht angeben; aber die Berechnung des bei offenen Klemmen fließenden Stromes ist im allgemeinen schwierig. Wenn die Drahtlänge klein gegen die Viertelwellenlänge ist, ist erstens das Magnetfeld in der Rahmenebene praktisch gleichphasig und zweitens fließt bei offenen Klemmen nirgends auf dem Draht ein merklicher Strom. Auf diesen Fall bezieht sich die elementare elektrotechnische Erfahrung, und dann gelten auch die praktisch wichtigen Gl. (33) u. (35).

Als nächstes berechnen wir die Amplitude des Fernfeldes bei gegebenem Antennenstrom i; da wir das Richtdiagramm schon kennen, brauchen wir den fehlenden Proportionalitätsfaktor nur für eine feste Richtung ($\sin \vartheta = 1$) auszurechnen. Da auf einer Spule, deren Drahtlänge klein gegen die Viertelwellenlänge ist, der Strom überall dieselbe Amplitude wie an den Klemmen hat, können wir das gesamte Fernfeld $\mathfrak{E}$ durch Überlagerung der bekannten Beiträge aller Stromelemente $i \, dl$ auf Grund der HERTZschen Gl. (9) berechnen

$$|\mathfrak{E}| = \frac{1}{2\lambda r} Z_0 \, i \left| \oint e^{-j\frac{2\pi r}{\lambda}} \sin \psi \, dl \right|.$$

Dabei ist das Integral über die gesamte Drahtlänge zu erstrecken; r ist der Abstand zwischen dem fernen Aufpunkt P und dem Längenelement dl, und ψ ist der Winkel zwischen dl und r. Wenn im Empfangsfall die Amplitude der induzierten EMK unabhängig von der Form des Rahmens ist, so muß es im Sendefall auf Grund des Reziprozitätstheorems auch die gesuchte Amplitude des Fernfeldes sein. Wir dürfen daher annehmen, daß der Rahmen nach Abb. 12 quadratisch ist, was die Rechnung ver

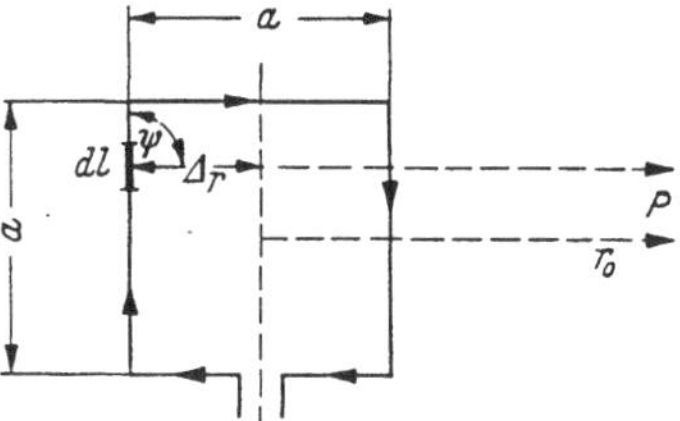

Abb. 12. Zur Berechnung des von einem quadratischen Senderahmen erzeugten Fernfeldes bei gleichmäßiger Stromverteilung auf dem Rahmen.

einfacht. Zum Fernfeld in der angenommenen Richtung zum Aufpunkt P tragen dann nur die auf r_0 senkrechten Kanten bei, für die $\sin \psi = 1$ wird. Also ergibt sich

$$|\mathfrak{E}| = \frac{n Z_0}{2 \lambda r_0} i a \left| e^{\frac{-2\pi j \left(r_0 + \frac{a}{2}\right)}{\lambda}} - e^{\frac{-2\pi j \left(r_0 - \frac{a}{2}\right)}{\lambda}} \right| = \frac{n Z_0 i a}{\lambda r} \sin \frac{\pi a}{\lambda},$$

und das geht für kleine Rahmen $\left(\frac{\pi a}{\lambda} \ll 1\right)$ über in

$$|\mathfrak{E}| = \frac{\pi Z_0}{\lambda^2 r} n F i \quad \text{oder} \quad |\mathfrak{H}| = \frac{\pi}{\lambda^2 r} n F i. \tag{36}$$

Die Beiträge der beiden Kanten zum Fernfeld würden sich genau aufheben, wenn nicht zwischen den von ihren entgegengesetzt gleichen Strömen erzeugten Fernfeldern die kleine Phasendifferenz $2\pi a/\lambda$ bestünde, welche dem Weglängenunterschied a von den beiden Kanten zum fernen Aufpunkt entspricht.

Durch Einsetzen von Gl. (35) erhält man

$$|\mathfrak{E}| = \frac{i Z_0}{2 \lambda r} h_{\text{eff}}; \tag{36a}$$

Diese Formel entspricht völlig der Gl. (9a) für den HERTZschen Elementardipol, nur erscheint an Stelle des Längenelementes dl die effektive Höhe h_{eff}.

Die Strahlungsdichte $\overline{|\mathfrak{S}_0|}$ in der optimalen Richtung ergibt sich mit Gl. (36) im Zeitmittel zu

$$\overline{|\mathfrak{S}|} = |\mathfrak{E} \times \mathfrak{H}| = \frac{\pi^2 n^2 F^2}{\lambda^4 r^2} Z_0 i_{\text{eff}}^2,$$

und die gesamte Strahlungsleistung erhält man durch Integration der Strahlungsdichte über eine ferne Kugel vom Radius r unter Berücksichtigung des Leistungsdiagrammes $\sin^2 \vartheta$ zu

$$P_s = \int \overline{|\mathfrak{S}_0|} \sin^2 \vartheta \, r^2 \, d\Omega = \frac{\pi^2 n^2 F^2}{\lambda^4} Z_0 i_{\text{eff}}^2 \int \sin^2 \vartheta \, d\Omega.$$

Man findet leicht $\int \sin^2 \vartheta \, d\Omega = \frac{8\pi}{3}$, also

$$P_s = \frac{8 \pi^3}{3} \frac{n^2 F^2}{\lambda^4} Z_0 i_{\text{eff}}^2. \tag{37}$$

Diese Leistung muß vom Sender aufgebracht werden, wenn der Strom i_{eff} in der Antenne fließt, und die Strahlungsrückwirkung läßt sich entsprechend der Gleichung

$$P_s = R_s i_{\text{eff}}^2 \tag{38}$$

durch einen Beitrag

$$R_s = \frac{8\pi^3}{3}\,\frac{n^2 F^2}{\lambda^4}\, Z_0 \tag{39}$$

zum Realteil der Antennenimpedanz darstellen; diesen Anteil nennt man Strahlungswiderstand. Setzen wir näherungsweise $Z_0 = 377\,\Omega = 120\,\pi\,\Omega$, so ergibt sich

$$R_s = 320\,\pi^4\,\frac{n^2 F^2}{\lambda^4} = 80\pi^2 \left(\frac{h_{\text{eff}}}{\lambda}\right)^2. \tag{39a}$$

Es ist nützlich, Zahlenwerte in die Beziehungen Gl. (35) u. (39) einzusetzen. Ein Rahmen mit einer Windungsfläche von 1 m² hat bei einer Wellenlänge $\lambda = 1000$ m eine effektive Höhe von etwa 6 mm; d. h. eine Welle von der Feldstärke 1 V/m induziert höchstens eine EMK von 6 mV. Der Strahlungswiderstand beträgt $R_s = 32\cdot 10^{-9}\,\Omega$, und ein Strom von 1 A erzeugt eine Leistung von 0,032 μW. Dies zeigt, daß die Strahlungsleistung gegen die Verluste im Draht und Isoliermaterial des Rahmens verschwindet. Man benutzt daher des schlechten Wirkungsgrades wegen einen kleinen Rahmen kaum zum Senden; wohl aber kann man ihn ohne Nachteil zum Empfangen benutzen, wenn es nur auf das Verhältnis von atmosphärischen Störungen zum Empfängereigenrauschen ankommt und der Pegel der atmosphärischen Störungen hoch genug ist.

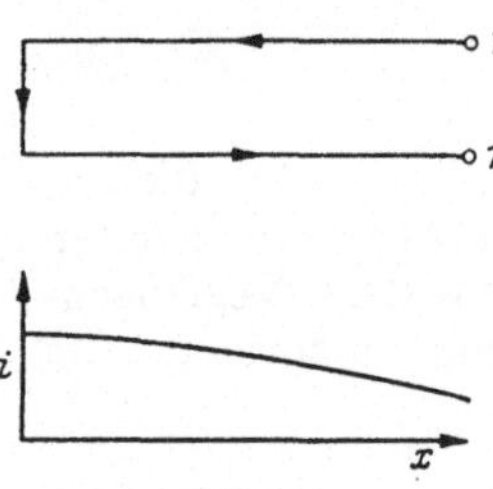

Abb. 13.
Ungleichmäßige Stromverteilung auf einem zur einseitig kurzgeschlossenen Doppelleitung entarteten Rahmen mit den Klemmen 1 1,', welcher nicht klein gegen die Viertelwellenlänge ist.

Wenn wir uns eine gewisse Vorstellung von der Inhomogenität des Stromes bei nicht mehr ganz kleinen Rahmen machen wollen, so gelingt das leicht nur für einen rechteckigen Einwindungsrahmen mit sehr unterschiedlichem Seitenverhältnis nach Abb. 13a, der ja nichts anderes als eine am einen Ende kurzgeschlossene Doppelleitung ist. Die Stromverteilung wird bei Vernachlässigung der kleinen Strahlungsdämpfung

$$i(x) = i_0 \cos\frac{2\pi x}{\lambda} \sim i_0 \left[1 - \frac{1}{2}\left(\frac{2\pi x}{\lambda}\right)^2\right];$$

dabei ist i_0 der Strom am kurzgeschlossenen Ende der Leitung und x der Abstand vom Kurzschluß. Wenn man eine Abnahme der Stromamplitude auf 10 % ihres Maximalwertes zulassen will, darf die Drahtlänge $l = 2x$ höchstens den Wert

$$l = \frac{\lambda}{\pi\sqrt{5}}$$

annehmen. Ähnliche Abweichungen von der gleichförmigen Stromverteilung werden auch entstehen, wenn man die Drähte der betrachteten Doppelleitung zu einem quadratischen oder kreisförmigen Rahmen aufbiegt.

Daraus folgen für einen Kreisrahmen vom Umfang l die Ungleichungen

$$F \leqq \frac{\lambda^2}{600}, \qquad h_{\text{eff}} \leqq \frac{\lambda}{100}, \qquad R_s \leqq 0{,}1\,\Omega.$$

2. Kleine kapazitive Antennen.

Eine kleine lineare Antenne, sie mag gerade sein oder eine andere der in Abb. 14 angegebenen Formen haben, ist praktisch ein Kondensator, wenn die gesamte Länge von den Klemmen bis zu einem Drahtende klein gegen die Viertelwellenlänge ist. Wenn es uns gelingt, die Stromverteilung auf der Antenne oder damit äquivalent die Ladungsverteilung zu ermitteln, können wir nach dem Vorbild des letzten Abschnitts das Richtdiagramm, die Amplitude des Fernfeldes, den Strahlungswiderstand und die effektive Höhe der Antenne berechnen.

Wir beginnen mit der Berechnung der Amplitude des Fernfeldes bei bekanntem Strom $i(s)$ auf der Antenne; s sei die Länge des Antennendrahtes von den Klemmen bis zum Längenelement ds. Der Strom $i(s)$ hat überall die Richtung des Drahtes, seine Amplitude hängt vom Ort s ab, alle Stromelemente sind wie immer auf einem Kondensator gleichphasig. Auf Grund der HERTZ-schen Gl. (9) und des Superpositionsprinzips berechnet sich das Fernfeld zu:

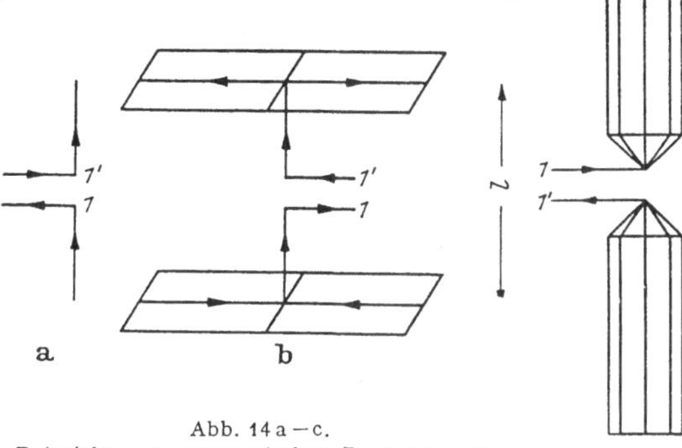

Abb. 14 a—c.
Beispiele von symmetrischen Dipolantennen.

$$|\mathfrak{E}| = \frac{Z_0}{2\lambda} \left| \int \frac{e^{-j\frac{2\pi r}{\lambda}}}{r} i(s)\, d\mathfrak{z}_n \right|$$

(s. Abb. 15). Das Integral ist über den gesamten stromführenden Antennendraht zu erstrecken, $d\mathfrak{z}_n$ ist die auf der Richtung zum fernen Aufpunkt normale Komponente des Vektors $d\mathfrak{z}$, also ein zweidimensionaler Vektor. Der Abstand zwischen den Klemmen und dem Aufpunkt sei r_0; wir setzen $r = r_0 + \varDelta r$

$$|\mathfrak{E}| = \frac{Z_0}{2\lambda} \left| \int \frac{e^{-\frac{2\pi j \varDelta r}{\lambda}}}{r} i(s)\, d\mathfrak{z}_n \right|.$$

Wegen der vorausgesetzten Kleinheit der Antenne ist $\dfrac{2\pi \varDelta r}{\lambda} \ll 1$ und näherungs-

weise $e^{-\frac{2\pi j \varDelta r}{\lambda}} \approx 1$, also gilt

$$|\mathfrak{E}| = \frac{Z_0}{2r\lambda} \left| \int i(s)\, d\mathfrak{z}_n \right|.$$

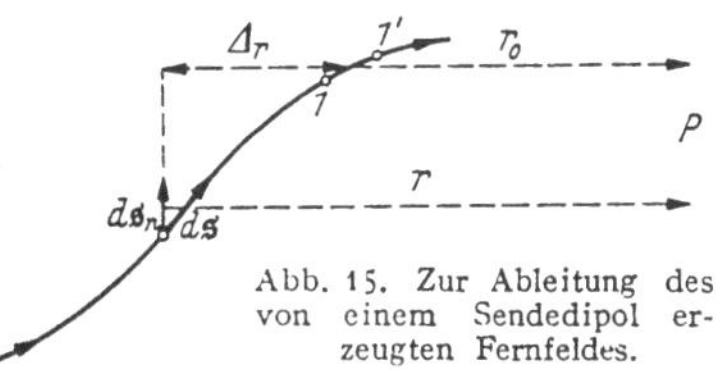

Abb. 15. Zur Ableitung des von einem Sendedipol erzeugten Fernfeldes.

Bei der Ableitung der entsprechenden Gl. (36) für die Rahmenantenne verschwindet $\left| i \oint d\mathfrak{z}_n \right|$, so daß wir in der Annäherung der Exponentialfunktion bis zu dem in

$$\frac{2\pi \varDelta r}{\lambda} = \frac{\pi a}{\lambda}$$

linearen Glied gehen mußten. Das liegt daran, daß erstens die Stromamplitude $i(s) \equiv i$ auf dem Rahmen konstant ist und zweitens für jede geschlossene Kurve $\oint d\mathfrak{z}_n = 0$ wird. Bei einem quadratischen oder kreisförmigen Rahmen ist es ja evident, daß zu jedem Stromelement ein symmetrisch gelegenes mit entgegengesetzt gleichem Strom existiert, so daß sich die von symmetrisch gelegenen Stromelementen erzeugten Fernfelder näherungsweise kompensieren. Das tritt bei offenen Antennen nach Abb. 14 nicht ein.

Das Integral $\left| \int i(s)\, d\mathfrak{z}_n \right|$ kann man leicht anschaulich deuten; denn $i(s)\, d\mathfrak{z}_n$ ist die zu $\mathfrak{r}$ senkrechte Komponente des Vektors $i(s)\, d\mathfrak{z}$, so daß das Integral die Summe aller dieser Komponenten darstellt. Man kann nun den Summenvektor

$\int i\, d\mathfrak{z}$ einführen und dessen zu $\mathfrak{r}$ normale Komponente berechnen:

$$\left|\int i(s)\, d\mathfrak{z}_n\right| = \sin\vartheta \left|\int i(s)\, d\mathfrak{z}\right|.$$

Dabei ist ϑ der Winkel zwischen den Vektoren $\int i(s)\, d\mathfrak{z}$ und $\mathfrak{r}$. Das Fernfeld einer kleinen, kapazitiven, linearen Antenne wird damit

$$|\mathfrak{E}| = \frac{Z_0}{2r\lambda}\sin\vartheta \left|\int i(s)\, d\mathfrak{z}\right|. \tag{40}$$

Die Antenne hat demnach das Richtdiagramm $\sin\vartheta$. Der Vergleich mit den Gl. (9) ergibt, daß eine kleine kapazitive Antenne das gleiche Fernfeld erzeugt wie ein HERTZscher Elementardipol mit dem Stromelement

$$i\, dl = \left|\int i(s)\, d\mathfrak{z}\right|.$$

Man kann nun zeigen, daß für die kleine lineare Antenne

$$\left|\int i(s)\, d\mathfrak{z}\right| = i\, h_{\text{eff}} \tag{41}$$

wird, wobei $i = i(0)$ der Klemmenstrom und h_{eff} die an Hand des Empfangsfalles durch Gl. (34) definierte effektive Höhe ist. Damit erhält man

$$|\mathfrak{E}| = \frac{Z_0\, h_{\text{eff}}\, i}{2\lambda r}\sin\vartheta, \tag{40a}$$

$$|\mathfrak{H}| = \frac{h_{\text{eff}}\, i}{2\lambda r}\sin\vartheta.$$

Für die maximale Strahlungsdichte $\mathfrak{S}_0$ findet man im Zeitmittel mit $\sin\vartheta = 1$

$$\overline{|\mathfrak{S}_0|} = \overline{|\mathfrak{E}\times\mathfrak{H}|} = \frac{h_{\text{eff}}^2\, i_{\text{eff}}^2}{4\,\lambda^2\, r^2}\, Z_0,$$

und für die gesamte Strahlungsleistung P_s ergibt sich durch Integration über eine ferne Kugel mit dem Radius r

$$P_s = \int \overline{|\mathfrak{S}_0|}\sin^2\vartheta\, r^2\, d\Omega = \frac{2\pi}{3}\, \frac{h_{\text{eff}}^2}{\lambda^2}\, Z_0\, i_{\text{eff}}^2 = 80\,\pi^2 \left(\frac{h_{\text{eff}}}{\lambda}\right)^2 i_{\text{eff}}^2.$$

Auf Grund der Definition Gl. (38) des Strahlungswiderstandes R_s finden wir wie bei der Rahmenantenne

$$R_s = 80\,\pi^2 \left(\frac{h_{\text{eff}}}{\lambda}\right)^2. \tag{42}$$

Wir müssen nun noch die Beziehung Gl. (41) für die effektive Höhe ableiten; dazu benutzen wir das Reziprozitätstheorem. Wir bilden einen Vierpol, welcher aus einer kleinen linearen Antenne und einer Rahmenantenne in hinreichend großem Abstand r voneinander besteht. Zunächst senden wir mit der kapazitiven Antenne und empfangen mit der Rahmenantenne. Die Stromverteilung auf der kapazitiven Antenne sei $i(s)$ und der Klemmenstrom $i(0) = i$. Dann ergibt sich bei passender Orientierung beider Antennen auf Grund der Gl. (40) u. (35) eine maximale im Rahmen induzierte EMK

$$E_{\max} = \frac{2\pi n F}{\lambda}\, \frac{Z_0}{2r\lambda} \left|\int i(s)\, d\mathfrak{z}\right|. \tag{43a}$$

Nunmehr betreiben wir umgekehrt den Rahmen als Sendeantenne mit dem Strom $i' = i$ und finden bei gleicher Orientierung beider Antennen auf Grund der Beziehung Gl. (36) und der allgemeingültigen Definition Gl. (34) für die effektive Höhe h_{eff} der kapazitiven Antenne und die in ihr induzierte maximale EMK E'_{max}

$$E'_{\text{max}} = h_{\text{eff}} \frac{\pi Z_0}{\lambda^2 r} n F i' = h_{\text{eff}} i \frac{\pi Z_0 n F}{\lambda^2 r}. \tag{43b}$$

Auf Grund des Reziprozitätstheorems gilt

$$E_{\text{Max}} = E'_{\text{Max}}.$$

und der Vergleich von Gl. (43a u. b) ergibt unmittelbar die gesuchte Beziehung

$$\left| \int i(s)\, d\mathfrak{z} \right| = i\, h_{\text{eff}}. \tag{41}$$

Dabei haben wir davon Gebrauch gemacht, daß es beim Reziprozitätstheorem nicht darauf ankommt, ob der Vierpol von der EMK oder vom Strom erregt wird.

Da bei kleinen kapazitiven Antennen die Gesamtladung über die Klemmen fließt, über jedes andere Leiterstück aber nur ein Teil der Ladung, hat die Strombelegung $i(s)$ an den Klemmen ihren Maximalwert $i \geqq i(s)$, und die effektive Höhe ist kleiner als die geometrische Antennenlänge.

Die Erfahrung zeigt, daß sich in vielen Fällen die Stromverteilung auf Drahtantennen mit ausreichender Genauigkeit aus Sinusstücken zusammensetzen läßt. Das ist jedoch gar nicht leicht abzuleiten. Wir behandeln daher einstweilen nur eine besonders übersichtliche Anordnung. Bei einer Antenne nach Art der Abb. 14b kann man es erreichen, daß die Ladung auf dem vertikalen Draht vernachlässigbar gegen die Ladung auf den horizontalen Teilen ist; dann muß also der gesamte Ladestrom des von den beiden horizontalen Teilen gebildeten angenähert ebenen Kondensators über den vertikalen Draht abfließen, und der Strom auf dem vertikalen Draht ist praktisch konstant. Da auf den beiden Hälften des vertikalen Drahtes der Strom gleichsinnig fließt, summieren sich die entsprechenden Fernfelder; auf den horizontalen Teilen fließen entgegengesetzt gleiche Ströme, also erzeugen sie ein Fernfeld, welches gegen das vertikal polarisierte verschwindend klein ist. Da der vertikale Draht gerade und seine Strombelegung konstant ist, ergibt sich sofort, daß die effektive Höhe gleich der Länge l des vertikalen Drahtes ist.

$$i\, h_{\text{eff}} = \left| \int i\, d\mathfrak{z} \right| = i \int ds = i\, l.$$

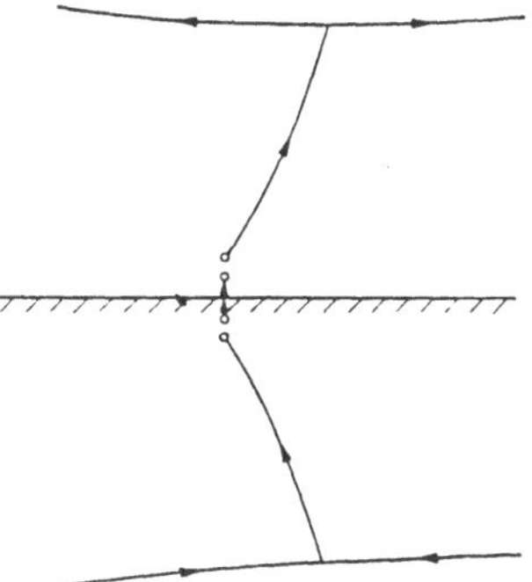

Abb. 16. Unsymmetrische, geerdete Antenne und ihr Spiegelbild. Die Pfeile geben die Stromrichtungen an.

Die kleinen kapazitiven Antennen interessieren hauptsächlich für Aussendung und Empfang langer Wellen; man benutzt dann nur eine Hälfte der in Abb. 14 gezeichneten symmetrischen Antennen gegen Erde. Für lange Wellen kann man in erster Näherung die Erdoberfläche in der Nähe der Antenne als einen ebenen idealen Leiter ansehen, und auf diesen Fall lassen sich die bisherigen Ergebnisse fast ohne Rechnung übertragen. Denn auf der Symmetrieebene der spiegelbildlich ergänzten Antenne steht das elektrische Feld zu allen Zeiten senkrecht. Wir brauchen also nur nach Abb. 16 den Erdboden mit der Symmetrieebene zusammenfallen zu lassen und erfüllen damit die Grenzbedingung für den idealen Leiter.

Mit der alten Definition Gl. (34) für die effektive Höhe ergibt sich, daß die effektive Höhe halb so groß wie für die spiegelbildlich symmetrisch ergänzte Antenne ist.

$$\int_0^1 \mathfrak{E}\, dz = \tfrac{1}{2} \int_{1'}^1 \mathfrak{E}\, dz = E.$$

Also gilt auch noch Gl. (41) $i\,h_{\text{eff}} = \left|\int i(s)\,dz\right|$, wobei das Integral nur über die wirkliche Antenne oberhalb des Erdbodens zu erstrecken ist und dz die Vertikalkomponente des Längenelementes ds ist. Es interessiert nur noch die Vertikalkomponente, weil das von der Horizontalkomponente erzeugte Fernfeld von dem ihres Spiegelbildes kompensiert wird. Da wieder $i(s) \leqq i(0)$ gilt, ist die effektive Höhe kleiner oder gleich der geometrischen Antennenhöhe und ihr nur dann gleich, wenn durch ein großes Dach $i(s) = i$ wird.

Wenn im Sendefall der Klemmenstrom i fließt, besteht oberhalb des Erdbodens genau das gleiche Feld wie bei spiegelbildlich symmetrischer Ergänzung im ganzen Raum; demnach gilt für das Fernfeld am Erdboden ($\sin \vartheta = 1$)

$$|\mathfrak{E}| = \frac{Z_0}{\lambda\,r} \int\limits_0^1 i(s)\,ds = \frac{Z_0}{\lambda\,r}\,h_{\text{eff}}\,i. \tag{44}$$

Die Strahlungsleistung P_s ist nur halb so groß wie im symmetrischen Fall; also wird

$$P_s = \frac{1}{2}\,80\,\pi^2\left(\frac{2\,h_{\text{eff}}}{\lambda}\right)^2 i_{\text{eff}}^2,$$

und der Strahlungswiderstand beträgt

$$R_s = 160\,\pi^2\left(\frac{h_{\text{eff}}}{\lambda}\right)^2. \tag{45}$$

Wir werden später die Voraussetzung fallen lassen, daß die Drahtlänge klein gegen die Viertelwellenlänge ist, und dann finden, daß für nicht mehr ganz kleine Antennen sich ein Korrekturfaktor für den Strahlungswiderstand von der Größe

$$1 - \frac{1}{10}\left(\frac{\pi\,h_{\text{eff}}}{\lambda}\right)^2 + \cdots$$

ergibt.

Vielfach benötigt man an Stelle von Gl. (44) die folgende Beziehung zwischen der Strahlungsleistung und der Amplitude des Fernfeldes über ebener, ideal leitender Erde

$$\mathfrak{E}_{\text{eff}}\left[\frac{\text{V}}{\text{m}}\right] = 9{,}5\,\frac{\sqrt{P_{s\,[\text{Watt}]}}}{r_{[\text{m}]}}, \tag{46}$$

die sich aus Gl. (44) u. (45) ergibt.

3. Zusammenfassung.

Die Begriffe effektive Höhe Gl. (34) und Strahlungswiderstand Gl. (38) einer Antenne werden eingeführt.

Das Fernfeld Gl. (36), die effektive Höhe Gl. (35) und der Strahlungswiderstand Gl. (39a) einer kleinen Rahmenantenne werden in Abhängigkeit von der Rahmenfläche berechnet.

Das Fernfeld Gl. (40) oder Gl. (40a), die effektive Höhe Gl. (41) und der Strahlungswiderstand Gl. (42) einer kleinen linearen Antenne im freien Raum werden in Abhängigkeit von der als bekannt vorausgesetzten Strombelegung der Antenne berechnet.

Für kleine lineare geerdete Antennen über ideal leitender Erde ergibt sich die gleiche Beziehung Gl. (41) zwischen effektiver Höhe und Strombelegung, während in den Gleichungen für den Strahlungswiderstand Gl. (45) und das Fernfeld Gl. (44) gegenüber den für den freien Raum geltenden nur ein Faktor 2 hinzutritt. Das Fernfeld am Erdboden berechnet sich bei gegebener Strahlungsleistung nach Gl. (46).

Die effektive Höhe einer kleinen kapazitiven Drahtantenne ist stets kleiner als die Drahtlänge; bei einer geerdeten Antenne ist sie kleiner als die Höhe des höchsten Leiterteiles über Erde und ihr nur genähert gleich, wenn mittels eines sehr großen horizontalen Daches eine gleichmäßige Strombelegung des vertikalen Leiters erzielt wird.

III. Die Energiebilanz der drahtlosen Übertragung.

Man kann nur einen sehr kleinen Bruchteil P_e der gesamten von einer Sendeantenne ausgestrahlten Leistung P_s dem Empfänger mittels der Empfangsantenne zur Verfügung stellen. Den Quotienten

$$\eta = \frac{P_e}{P_s} \tag{47}$$

nennen wir den Übertragungswirkungsgrad. Bei zweckmäßiger Definition der angebotenen Empfangsleistung P_e hängt er bei gegebener Wellenlänge, soweit Antenneneigenschaften eingehen, nur von der Schärfe des Richtdiagrammes der Sende- wie der Empfangsantenne ab. In diesem Kapitel wollen wir den Einfluß der Richtdiagramme auf den Übertragungswirkungsgrad und damit auf die Reichweite untersuchen. Daß eine stärkere Konzentration der Strahlungsleistung auf die Empfangsantenne den Übertragungswirkungsgrad verbessert, ist evident; daß der gleiche Leistungsgewinn eintritt, wenn man zu einem schärfer gerichteten Empfangsdiagramm übergeht, kann man mit Hilfe des Reziprozitätstheorems leicht zeigen.

Es genügt für unsere Zwecke, die Ausbreitung im freien Raum zu untersuchen. Zunächst werden wir des Vergleichs halber den Übertragungswirkungsgrad zwischen zwei Elementardipolen berechnen und danach die Übertragung zwischen zwei beliebigen Antennen behandeln.

1. Die Übertragung zwischen zwei Elementardipolen.

Statt uns bei der Definition des Übertragungswirkungsgrades auf die Strahlungsleistung P_s zu beziehen, könnten wir auch die an die Klemmen der Sendeantenne abgegebene Leistung P einführen, welche sich aus der Strahlungsleistung P_s und der in unvollkommenen Leitern und Isolatoren der Antenne in Wärme umgesetzten Leistung P_v zusammensetzt.

$$P = P_s + P_v.$$

Es ist jedoch zweckmäßig, die beiden völlig verschiedenen Erscheinungen zu trennen und den Antennenwirkungsgrad

$$\eta_a = \frac{P_s}{P_s + P_v} \tag{48}$$

unabhängig neben dem Übertragungswirkungsgrad zu untersuchen. Der Zerlegung in Strahlungs- und Verlustleistung entspricht die Zerlegung des Wirkanteils R_i der Antennenimpedanz in Strahlungswiderstand R_s und Verlustwiderstand R_v.

$$R_i = R_s + R_v,$$

$$\eta_a = \frac{R_s}{R_s + R_v}. \tag{48a}$$

Die angebotene Empfangsleistung P_e wollen wir analog so definieren, daß sie weder von Empfängereigenschaften noch von Verlusten in unvollkommenen

Materialien der Empfangsantenne abhängt. Für die Empfangsantenne ist der Empfänger ein Belastungswiderstand Z. Unter Empfangsleistung verstehen wir nicht die tatsächlich an den Empfänger, an Z, abgegebene Leistung, sondern die der Antenne maximal entnehmbare Leistung, die dem Empfänger „angebotene" Leistung. Um sie tatsächlich dem Empfänger zuzuführen, müßte man den Empfänger an den Innenwiderstand $Z_i = R_i + jX_i$ der Antenne anpassen, d. h. den Lastwiderstand $Z = R_i - jX_i$ wählen, und auf diesen Zustand bezieht sich unsere Definition unabhängig davon, ob der Empfänger tatsächlich angepaßt ist oder nicht. Die angebotene Empfangsleistung P_e ist mit dieser Definition unabhängig von Empfängereigenschaften.

Sei nun $S = \overline{|\mathfrak{S}|}$ das Zeitmittel der Strahlungsdichte der einfallenden Welle am Empfangsort, so genügt die Feldstärke der Gleichung

$$\mathfrak{E}_{\text{eff}}^2 = Z_0\,S.$$

Die Empfangsantenne richten wir auf maximalen Empfang aus; für die maximal induzierte EMK gilt

$$E_{\text{max}}^2 = h_{\text{eff}}^2\,\mathfrak{E}_{\text{eff}}^2 = h_{\text{eff}}^2\,Z_0\,S.$$

Einem Zweipol mit dem Innenwiderstand $Z_i = R_i + jX_i$ und der EMK E kann man die Maximalleistung

$$P = \frac{E^2}{4R_i}$$

entnehmen, und zwar nur bei Anpassung der Last. Die an den Antennenklemmen angebotene Empfangsleistung wird

$$P = \frac{h_{\text{eff}}^2\,Z_0}{4R_i}\,S.$$

Diese Leistung hängt noch von Verlusten im Antennenmaterial ab, die wir ganz wie beim Sendefall abtrennen wollen. Wir beziehen daher die angebotene Empfangsleistung P_e endgültig auf den Strahlungswiderstand

$$P_e = \frac{h_{\text{eff}}^2\,Z_0}{4R_s}\,S.$$

Die an den Antennenklemmen tatsächlich dem Empfänger angebotene Leistung P ergibt sich zu

$$P = \eta_a\,P_e = P_e\,\frac{R_s}{R_s + R_v},$$

so daß wie im Sendefall für ideale Materialien der Antenne $P = P_e$ ist.

Den Proportionalitätsfaktor zwischen Empfangsleistung und Strahlungsdichte nennen wir die Absorptions- oder Wirkfläche F_a der Antenne

$$F_a = \frac{h_{\text{eff}}^2\,Z_0}{4R_s}, \tag{49}$$

$$P_e = F_a\,S. \tag{50}$$

Die Beziehung Gl. (50) gilt wie alle reinen Leistungsbeziehungen auch noch, wenn bei Mikrowellen die herkömmlich definierten Begriffe Klemmenpaar, Spannung, Impedanz und effektive Höhe ihren Sinn verloren haben, also z. B. für eine mittels eines Hohlleiters gespeiste Antenne. Nach Gl. (50) transportiert eine ebene Welle durch eine Fläche von der Größe der Wirkfläche einer Antenne gerade soviel Leistung, wie man ihr höchstens mittels der verlustfreien Antenne im Empfangsfall entziehen kann.

Durch Einsetzen des Wertes Gl. (42) für den Strahlungswiderstand eines kleinen Dipols in die Beziehung Gl. (49) erhalten wir die Wirkfläche F_d des

Elementardipols

$$F_d = \frac{3}{8\pi}\,\lambda^2 \,.^1 \tag{51}$$

Für einen kleinen Dipol, der die Strahlungsleistung P_s mit dem Leistungsdiagramm $\sin^2\vartheta$ aussendet und in der Entfernung r die maximale Strahlungsdichte S_0 erzeugt, besteht die Gleichung

$$P_s = \int S_0 \sin^2\vartheta\, r^2\, d\Omega = \frac{8\pi}{3}\,S_0\,r^2,$$

die man durch Integration über die Kugel mit dem Radius r erhält. Also besteht für die Übertragung zwischen zwei Elementardipolen im freien Raum die Energiebilanz

$$P_e = F_d\,S_0 = \frac{3}{8\pi}\,\frac{F_d}{r^2}\,P_s = \frac{F_d^2}{\lambda^2\,r^2}\,P_s. \tag{52}$$

2. Der Übertragungswirkungsgrad zwischen zwei beliebigen Antennen.

Wir ersetzen nunmehr den Sendedipol durch eine Richtantenne mit dem Fernfeld $\mathfrak{E}(\vartheta, \varphi)$ und der maximalen Feldstärke $\mathfrak{E}_0$. Die Antenne hat also das Leistungsdiagramm

$$\frac{\mathfrak{E}^2(\vartheta, \varphi)}{\mathfrak{E}_0^2},$$

und zwischen Strahlungsleistung P_s und maximaler Strahlungsdichte S_0 besteht die Beziehung

$$P_s = \int S_0\,\frac{\mathfrak{E}^2(\vartheta, \varphi)}{\mathfrak{E}_0^2}\,r^2\, d\Omega = \Omega\,S_0\,r^2. \tag{53}$$

Die Größe

$$\Omega = \int \frac{\mathfrak{E}^2(\vartheta, \varphi)}{\mathfrak{E}_0^2}\,d\Omega \tag{54}$$

nennen wir den äquivalenten Raumwinkel des Diagramms; man kann die Größe Ω anschaulich als denjenigen Raumwinkel deuten, welchen man bei gegebener Strahlungsleistung gleichmäßig mit der maximalen Strahlungsdichte S_0 des wirklichen Richtdiagramms ausleuchten könnte. Je kleiner der äquivalente Raumwinkel ist, desto weniger Strahlungsleistung braucht man, um die Strahlungsdichte S_0 zu erzeugen. Die Einsparung an Strahlungsleistung bei gegebener maximaler Strahlungsdichte und Empfangsleistung oder die Erhöhung der maximalen Strahlungsdichte und Empfangsleistung bei gegebener Strahlungsleistung, welche beim Übergang vom Elementardipol zur Richtantenne eintritt, nennen wir den Gewinn g der Richtantenne.

Für den Elementardipol ergibt sich

$$\Omega_d = \int \sin^2\vartheta\, d\Omega = \frac{8\pi}{3} \tag{55}$$

und für eine Antenne mit dem Fernfeld $\mathfrak{E}(\vartheta, \varphi)$ und dem äquivalenten Raumwinkel Ω

$$g = \frac{\Omega_d}{\Omega} = \frac{8\pi}{3}\,\frac{1}{\displaystyle\int \frac{\mathfrak{E}^2(\vartheta, \varphi)}{\mathfrak{E}_0^2}\,d\Omega}. \tag{56}$$

Wir definieren nun die Wirkfläche F_a einer beliebigen Antenne durch die Beziehung

$$F_a = \frac{\lambda^2}{\Omega}, \tag{57}$$

was für den Dipol auf die RÜDENBERGsche Gl. (51) führt. Äquivalenter Raumwinkel und Wirkfläche hängen also nur vom Richtdiagramm der Antenne ab.

---

[1] Der Begriff der Absorptionsfläche wurde von R. RÜDENBERG für den Empfang mit Elementardipolen schon im Jahre 1908 eingeführt. Ann. Phys. Bd. 25 (1908) S. 446.

Für den Zusammenhang zwischen Strahlungsleistung P_s und maximaler Strahlungsdichte S_0 im Abstand r von der Antenne erhalten wir durch Einsetzen in Gl. (53)

$$S_0 = \frac{1}{\Omega\,r^2}\,P_s = \frac{F_a}{r^2\,\lambda^2}\,P_s = \frac{3}{8\pi}\,g\,\frac{1}{r^2}\,P_s. \tag{58}$$

Wie wir anschließend zeigen werden, besteht bei einer beliebigen Empfangsantenne zwischen der angebotenen Empfangsleistung P_e und der Strahlungsdichte S einer einfallenden ebenen Welle mit der Definition Gl. (57) der Wirkfläche die Beziehung

$$P_e = F_a\,S. \tag{50}$$

Damit ergibt sich endgültig die Reichweitengleichung (59) für den freien Raum

$$P_e = \frac{F_s\,F_e}{r^2\,\lambda^2}\,P_s,* \tag{59}$$

in der F_s bzw. F_e die Wirkfläche der Sende- bzw. Empfangsantenne, r der Antennenabstand und λ die Wellenlänge ist. Wir können natürlich in die Reichweitengleichung auch die entsprechenden Größen Ω_s und Ω_e oder g_s und g_e einführen

$$P_e = \frac{1}{\Omega_s\,\Omega_e}\,\frac{\lambda^2}{r^2}\,P_s = g_s\,g_e\left(\frac{3}{8\pi}\right)^2\frac{\lambda^2}{r^2}\,P_s. \tag{59a}$$

In der Langwellentechnik ist es zweckmäßig, mit Spannungen, Feldstärken und effektiven Höhen zu rechnen; in der Kurzwellentechnik benutzt man besser die Begriffe Leistung, Strahlungsdichte und Wirkfläche.

Wir werden im nächsten Abschnitt sehen, daß für große querstrahlende Richtantennen, wie Tannenbaumantennen, Parabolspiegel und Hornstrahler, die Wirkfläche ungefähr so groß wie die geometrische Antennenfläche ist.

Wir müssen nun noch zeigen, daß tatsächlich die Definition Gl. (57) der Wirkfläche auf die Beziehung Gl. (50) für die Empfangsleistung führt, wozu wir das Reziprozitätstheorem heranziehen. Wir wissen bereits, daß beim Senden mit der Richtantenne vom Antennenwirkungsgrad η_a und Empfang mit dem verlustfreien Elementardipol wegen Gl. (58) und der speziellen RÜDENBERG-schen Gl. (51) der Übertragungswirkungsgrad

$$\eta = \frac{F_a\,F_d}{r^2\,\lambda^2}$$

und zwischen den beiden Klemmenpaaren der Gesamtwirkungsgrad $\eta_a\eta$ besteht. Wenn wir zeigen können, daß sich derselbe Gesamtwirkungsgrad auch für die Übertragung in der umgekehrten Richtung ergibt — Sendung mit dem Dipol und Empfang mit der Richtantenne —, so ist für den Empfang dieselbe Wirkfläche Gl. (57) $F_a = \dfrac{\lambda^2}{\Omega}$ wie für die Sendung maßgeblich. Wir nennen sie mit Recht im Empfangsfall Absorptionsfläche, und eine Richtantenne liefert denselben Gewinn unabhängig davon, ob sie sendet oder empfängt.

In der Tat ist für jeden rückwirkungsfreien Vierpol der Quotient zwischen der an einem Klemmenpaar angebotenen Leistung und der am anderen Klemmenpaar aufgenommenen Leistung unabhängig von der Richtung der Übertragung, wenn das Reziprozitätstheorem gilt, die Begriffe Klemmspannung und Klemmstrom ihren Sinn behalten und der Eingangswiderstand unabhängig von der Last am Ausgang ist. Sei G_1 die Wirkkomponente des Leitwertes am Klemmenpaar *1* und G_2 der am Klemmenpaar *2* gemessene Wirkleitwert, so wird bei Erregung am Klemmenpaar *1* mit der EMK E die aufgenommene Wirk-

---

* Vgl. K. FRÄNZ, Z. f. Hochfr. Bd. 59 (1942) S. 105 und H. T. FRIIS, Proc. Inst. Rad. Eng. Bd. 34 (1946) S. 254.

leistung $P_1 = E^2 G_1$; wenn dann am Klemmenpaar *2* der Kurzschlußstrom i entsteht, wird die am Klemmenpaar *2* angebotene Leistung $P_2 = i^2/4\,G_2$, also

$$\eta = \frac{\dfrac{i^2}{4\,G_2}}{E^2 G_1}\,.$$

Erregen wir den Vierpol statt dessen am Klemmenpaar *2* mit der EMK E, so entsteht jetzt am Klemmenpaar *1* der Kurzschlußstrom i, und der Wirkungsgrad η' in der umgekehrten Richtung wird

$$\eta' = \frac{\dfrac{i^2}{4\,G_1}}{E^2 G_2} = \eta\,,$$

was zu beweisen war.

In den Ergebnissen des Abschnittes, den Beziehungen Gl. (53) bis (59), treten nur Größen auf, welche auch für Mikrowellenantennen ohne weiteres ihren Sinn behalten und gültig bleiben. Nur bei dem letzten Beweis haben wir von Klemmenpaaren, Klemmenspannungen und Strömen gesprochen. In der heute schon einigermaßen erkennbaren Theorie der Mikrowellenschaltungen werden sicher mit angepaßten neuen Begriffen, etwa Feldstärken an Stelle der nicht mehr verwendbaren Spannungen und Ströme, die wesentlichen formalen Beziehungen der klassischen Vierpoltheorie erhalten bleiben.

Die Richtungsunabhängigkeit des Übertragungswirkungsgrades und die Gültigkeit der Beziehung Gl. (57) im Empfangsfall kann man übrigens auch mit thermodynamischen Methoden aufzeigen, bei denen die oben erwähnten mehr formalen Komplikationen gar nicht erst auftreten. Man muß dazu nur die Energiebilanz einer Last, welche an die Antenne angekoppelt ist und über sie mit schwarzer Strahlung im Temperaturgleichgewicht steht, erst für einen Dipol und dann für eine beliebige Richtantenne untersuchen.

Die Definitionen des Abschn. III, 2 entsprechen dem Gebrauch der deutschen und der älteren amerikanischen Literatur. Die neuere amerikanische Literatur benutzt die Größen F_a und Ω wie wir, nur wird der Gewinn statt auf das Feldstärkendiagramm $\sin\vartheta$ des Elementardipols auf einen hypothetischen Kugelstrahler bezogen. Man muß die neueren amerikanischen Gewinnzahlen durch 1,5 dividieren, um auf den unserer Definition entsprechenden Gewinn zu kommen. Für die Praxis dürfte der Gewinn gegen den Elementardipol interessanter sein als der gegen den Kugelstrahler[1].

3. Zusammenfassung.

Die Begriffe Übertragungswirkungsgrad Gl. (47), Antennenwirkungsgrad Gl. (48), Wirkfläche einer Antenne Gl. (57), angebotene Empfangsleistung Gl. (50), äquivalenter Raumwinkel des Diagramms Gl. (54) und Gewinn der Richtantenne Gl. (56) gegenüber dem Elementardipol werden eingeführt. Mit diesen Begriffen erfaßt man den Einfluß der Bündelung des Richtdiagrammes auf den Übertragungswirkungsgrad und damit auf die Reichweite.

Die maximal erzielbare Strahlungsdichte bei gegebener Strahlungsleistung ergibt sich aus Gl. (58), die Empfangsleistung bei gegebener Strahlungsleistung aus Gl. (59). Diese Beziehungen gelten für Ausbreitung im freien Raum und für alle Wellenlängen und sind vor allem für die Kurzwellentechnik wichtig, in der man mit scharf gerichteten Diagrammen arbeiten kann.

---

[1] Vgl. K. Fränz, E. T. Z. Bd. 65 (1944) S. 229 — A. E. U. Bd. 1 (1947) S. 205. — G. C. Southworth, Proc. Inst. Rad. Eng. Bd. 18 (1930) S. 1572; die neuen amerikanischen Definitionen finden sich in Standards of the Institute of Radio Engineers.

IV. Richtdiagramme.

Ehe wir uns damit befassen, näher zu untersuchen, welche Richtdiagramme sich mit den üblichen Antennen erzeugen lassen, wollen wir überlegen, nach was für Gesichtspunkten man Richtdiagramme den denkbaren Anwendungen entsprechend beurteilen sollte.

Wir haben bereits eingehend im vorigen Abschnitt gesehen, wie die Energiebilanz der drahtlosen Übertragung vom Richtdiagramm abhängt. Beim Empfang interessiert nun nicht die angebotene Leistung an sich, sondern ihr Verhältnis zur Störleistung. Bei sehr kurzen Wellen ($\lambda < 1$ m) ist entsprechend dem derzeitigen Stand der Technik der äußere Störpegel vernachlässigbar gegen das Empfängereigenrauschen. Das Verhältnis von Signalleistung zu Störleistung ist dann um so besser, je größer die von der Antenne angebotene Nutzleistung im Vergleich zu dem von der Antenne unabhängigen Eigenstörpegel des Empfängers ist, und das Maß für die Verbesserung des Störquotienten durch die Richtwirkung der Empfangsantenne ist ihr Gewinn nach Gl. (56). Wenn umgekehrt der innere Störpegel des Empfängers vernachlässigbar gegen den äußeren, über die Antenne aufgenommenen ist, kommt es auf die Richtungsabhängigkeit der Störungen an. Wenn die Störleistung gleichmäßig über alle räumlichen Richtungen verteilt ist, ist das Maß für die Verbesserung des Störquotienten durch die räumliche Selektionswirkung des Empfangsdiagramms wieder der Gewinn nach Gl. (56). Wenn im anderen Extremfall etwa ein Störsender aus einer bestimmten Richtung einfällt, kann man ihn ausblenden, indem man dem Empfangsdiagramm eine Nullstelle gibt und die Empfangsantenne entsprechend zum Störsender orientiert.

Wenn man Antennen für Ortung und Navigation benutzt, kann man Richtdiagramme verwenden, welche besonders genau eine ausgezeichnete Richtung festlegen. Man verwendet z. B. ein Diagramm, welches ein besonders scharfes Hauptmaximum hat (Maximumpeilung), ein Diagramm mit einer scharfen Nullstelle (Rahmen- und Adcockpeiler) oder die Schnittlinie zweier Diagramme, für die Feldstärkengleichheit besteht (Leitstrahlverfahren); vgl. Abb. 17. Es kommt dann nicht nur auf eine möglichst große Empfangsleistung an, sondern zugleich darauf, daß sich die Empfangsleistung

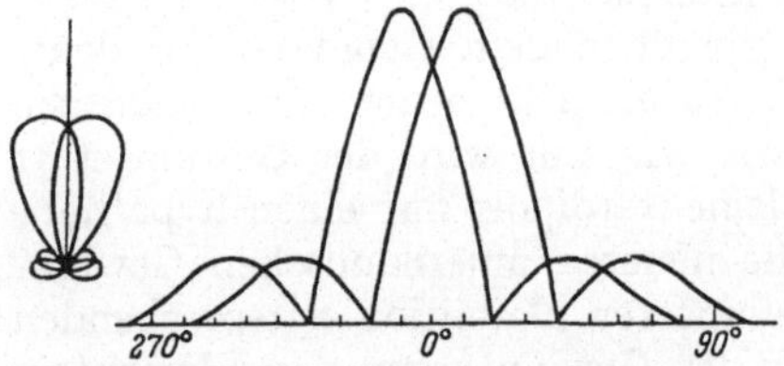

Abb. 17. Erzeugung eines Leitstrahls durch zwei abwechselnd gesendete Diagramme. Der Leitstrahl ist durch Feldstärkengleichheit der beiden Diagramme bestimmt. (Die Antennenbreite beträgt zwei Wellenlängen.)

möglichst schnell bei Abweichungen aus der ausgezeichneten Richtung ändert. Außerdem ist Eindeutigkeit der Anzeige erwünscht; beim Rahmenpeiler (vgl. Abb. 10b) muß man die beiden Nullstellen $\vartheta = 0$ und $\vartheta = \pi$ des Diagramms unterscheiden können, während beim Leitstrahlverfahren nicht mehrere Schnittpunkte der Diagramme auftreten sollen, welche durch Seitenzipfel der Diagramme entstehen können.

Wenn man viele Mikrowellenrichtverbindungen auf engem Raum gleichzeitig betreiben will, wird man dafür garantieren müssen, daß die Nebenzipfel des Diagrammes einen bestimmten Wert nicht überschreiten, damit die gegenseitigen Störungen der Anlagen klein bleiben.

Für Rundfunk- oder Fernsehsendeantennen ist eine Vertikalbündelung erwünscht, während das Horizontaldiagramm im allgemeinen ein Kreis sein sollte.

Nachdem wir uns an Hand dieser Beispiele einige qualitative Vorstellungen über Anforderungen an Richtdiagramme verschafft haben, wollen wir im

Abschn. IV uns einen Überblick über die Fülle der in der Technik verwendeten Richtdiagramme verschaffen, indem wir unabhängig von der Erzeugung des Richtdiagramms durch spezielle Antennen davon ausgehen, daß alle Antennenfelder sich sowohl nach HERTZ durch Überlagerung der Beiträge Gl. (9) aller Stromelemente zum Fernfeld als auch formal ganz gleich nach HUYGENS durch Überlagerung der sekundären Kugelwellen Gl. (25) einer die Antenne umhüllenden Fläche darstellen lassen.

1. Der λ/2-Strahler als Element der Dipolrichtantennen.

Wir werden zunächst Richtantennen behandeln, welche aus Einzelstrahlern zusammengesetzt sind. Das Strahlerelement ist dann meist ein Dipol, dessen Länge ungefähr eine halbe Wellenlänge beträgt, weil sich eine aus solchen Dipolen zusammengesetzte Antenne bequem erregen läßt. Wir wollen zeigen, daß auch ein λ/2-Dipol noch fast das sin-Diagramm eines sehr kurzen Dipols hat und daß sein Diagramm wenig empfindlich gegen kleinere Änderungen der Stromverteilung ist. Außerdem wollen wir den Gewinn eines λ/2-Dipols berechnen, der sich zu ungefähr 1,1 ergeben wird.

Wie wir im nächsten Abschnitt noch sehen werden, ist der Strom auf dem Halbwellendipol ungefähr sinusförmig und gleichphasig. Wir werden Diagramm und Gewinn für einige gleichphasige Stromverteilungen ausrechnen, die in Abb. 18a dargestellt sind, und sehen, daß selbst für so unterschiedliche Amplitudenverteilungen auf dem λ/2-Dipol Diagramm und Gewinn ungefähr gleich denen des sehr kurzen Dipols und also untereinander gleich werden. Sei

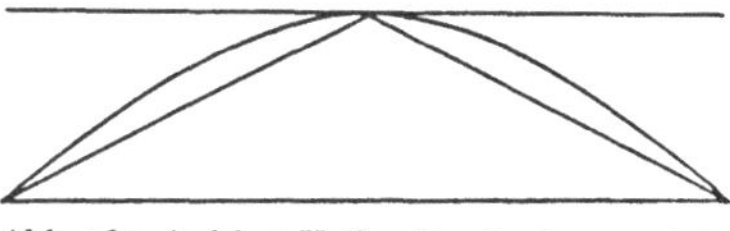

Abb. 18a. Auf dem Halbwellendipol angesetzte hypothetische Stromverteilungen.

$i(z)$ der Strom auf dem Dipol der Länge l, so erhalten wir auf Grund der HERTZschen Gl. (9) das Fernfeld

$$|\mathfrak{E}| = \frac{Z_0 \sin\vartheta}{2\lambda} \left| \int_{-l/2}^{l/2} \frac{i(z)\, e^{\frac{2\pi j r}{\lambda}}}{r}\, dz \right|.$$

Im Vergleich zur Exponentialfunktion ist $1/r$ so wenig von der Lage des Elementes dz abhängig, daß wir $1/r$ vor das Integral ziehen können. Wenn r_0 der Abstand der Klemmen vom Aufpunkt ist und $r = r_0 + z\cos\vartheta$, so gilt

$$|\mathfrak{E}| = \frac{Z_0 \sin\vartheta}{2 r \lambda} \left| \int_{-l/2}^{l/2} i(z)\, e^{\frac{2\pi j z \cos\vartheta}{\lambda}}\, dz \right|.$$

Das Integral nimmt bei gleichphasigem Strom $i(z)$ sein Maximum für $\cos\vartheta = 0$ an, das Maximum der Strahlung liegt also querab zum Dipol bei $\vartheta = \dfrac{\pi}{2}$. Man sieht das sofort ein, wenn man das Integral als Summe der Vektoren $i\, e^{\frac{2\pi j z \cos\vartheta}{\lambda}}\, dz$ deutet; denn wenn sie alle gleichgerichtet sind ($\cos\vartheta = 0$), nimmt der Summenvektor sein Maximum als Funktion von ϑ bei gegebenen Längen $i\, dz$ der Einzelvektoren an. Wenn wir das Feldstärkendiagramm $f(\vartheta, \varphi)$ auf Eins normieren, erhalten wir

$$f(\vartheta, \varphi) = \frac{\sin\vartheta \left| \displaystyle\int_{-l/2}^{l/2} i(z)\, e^{\frac{2\pi j z \cos\vartheta}{\lambda}}\, dz \right|}{\displaystyle\int_{-l/2}^{l/2} i(z)\, dz}. \tag{60}$$

Da die uns interessierenden Stromverteilungen auf dem Dipol symmetrisch sind, können wir auch schreiben

$$f(\vartheta, \varphi) = \frac{\sin\vartheta \left| \int_{-l/2}^{l/2} i(z) \cos\left(\frac{2\pi z}{\lambda} \cos\vartheta\right) dz \right|}{\int_{-l/2}^{l/2} i(z)\, dz}. \tag{61}$$

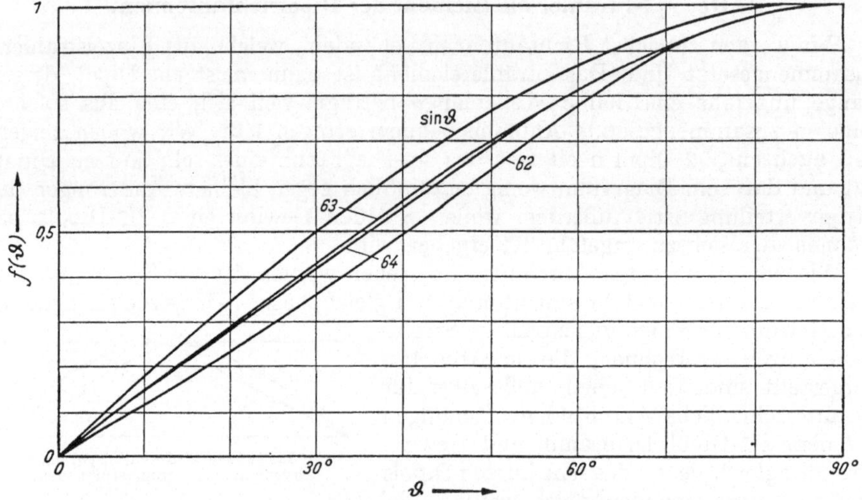

Abb. 18b. Die zu den Stromverteilungen der Abb. 18a gehörenden Richtdiagramme.

Für die gleichmäßige Stromverteilung $i(z) \equiv i$ ergibt sich in elementarer Rechnung

$$f(\vartheta, \varphi) = \sin\vartheta \, \frac{\sin\left(\frac{\pi l}{\lambda} \cos\vartheta\right)}{\frac{\pi l}{\lambda} \cos\vartheta}, \tag{62}$$

für die dreieckige Stromverteilung $i(z) = i\left(1 - \left|\frac{2z}{l}\right|\right)$ erhält man

$$f(\vartheta, \varphi) = \sin\vartheta \, \frac{\sin^2\left(\frac{\pi l}{2\lambda} \cos\vartheta\right)}{\left(\frac{\pi l}{2\lambda} \cos\vartheta\right)^2} \tag{63}$$

und für die sinusförmige Stromverteilung $i(z) = i \cos\frac{\pi z}{l}$

$$f(\vartheta, \varphi) = \sin\vartheta \, \frac{\cos\left(\frac{\pi l}{\lambda} \cos\vartheta\right)}{\cos\frac{\pi l}{\lambda}} \, \frac{\left(\frac{\pi l}{\lambda}\right)^2 - \frac{\pi^2}{4}}{\left(\frac{\pi l}{\lambda} \cos\vartheta\right)^2 - \frac{\pi^2}{4}}, \tag{64}$$

insbesondere also für $l = \lambda/2$

$$f(\vartheta, \varphi) = \frac{\cos\left(\frac{\pi}{2} \cos\vartheta\right)}{\sin\vartheta}. \tag{64a}$$

Für den Halbwellendipol $l = \lambda/2$ sind diese Diagramme in Abb. 18b dargestellt, und zwar in cartesischen Koordinaten, bei denen man das Verhalten der Diagramme bei kleinen Amplituden besser erkennt als in Polarkoordinaten. Die drei Diagramme sind nur wenig vom Diagramm $\sin\vartheta$ des kurzen Dipols verschieden, was wir ja zeigen wollten.

Analog können wir die äquivalenten Raumwinkel der Diagramme nach Gl. (54) ausrechnen. Die entsprechenden Integrale lassen sich durch die tabulierten Funktionen $Si(x)$ und $Ci(x)$ ausdrücken[1]. Doch sieht man den so entstehenden Ausdrücken die Abhängigkeit des Gewinnes vom Verhältnis l/λ nicht an, während das folgende Näherungsverfahren übersichtliche Resultate liefert. Wir ersetzen in Gl. (61) den cos durch seine TAYLOR-Reihe und erhalten:

$$f(\vartheta, \varphi) = \frac{\sin\vartheta \int\limits_{-l/2}^{l/2} i(z) \sum\limits_{0}^{\infty} \frac{(-)^n}{(2n)!} \left(\frac{2\pi z}{\lambda}\cos\vartheta\right)^{2n} dz}{\int\limits_{-l/2}^{l/2} i(z)\,dz}.$$

Ferner führen wir den Mittelwert des Stromes auf dem Dipol durch die Beziehung

$$\int\limits_{-l/2}^{l/2} i(z)\,dz = \bar{i}\,l$$

ein, und damit ergibt sich:

$$f(\vartheta, \varphi) = \sin\vartheta \sum\limits_{0}^{\infty} \frac{(-)^n}{(2n)!} \cos^{2n}\vartheta \left(\frac{2\pi l}{\lambda}\right)^{2n} \left[\frac{1}{\bar{i}\,l} \int\limits_{-l/2}^{l/2} \left(\frac{z}{l}\right)^{2n} i(z)\,dz\right]. \tag{65}$$

Wenn die Strombelegung auf dem Draht gleichförmig ist $\big(i(z) = i\big)$, findet man durch Einsetzen

$$f(\vartheta, \varphi) = \sin\vartheta \sum\limits_{0}^{\infty} \frac{(-)^n}{(2n+1)!} \left(\frac{\pi l}{\lambda}\right)^{2n} \cos^{2n}\vartheta$$

und insbesondere für den $\lambda/2$-Dipol

$$f(\vartheta, \varphi) = \sin\vartheta\,(1 - 0{,}37\cos^2\vartheta + 0{,}04\cos^4\vartheta - \cdots).$$

Die Reihe konvergiert numerisch um so schneller, je kürzer der Dipol ist und je schneller die Stromamplitude von den Klemmen $z = 0$ zu den Enden $z = \pm\dfrac{l}{2}$ abnimmt. Die entsprechende Reihe für den Gewinn konvergiert noch schneller, weil das Quadrat der unendlichen Reihe in Gl. (65) mit $\sin^3\vartheta$ multipliziert und danach über ϑ integriert wird. Zum Integral tragen also vorwiegend die Winkelbereiche mit $\cos\vartheta \sim 0$ bei, für welche die Reihe gut konvergiert. Man darf daher die Reihe Gl. (65) mit dem quadratischen Glied abbrechen und erhält für den äquivalenten Raumwinkel Gl. (54):

$$\Omega = 2\pi \int\limits_{0}^{\pi} \sin^3\vartheta \left[1 - \cos^2\vartheta \left(\frac{2\pi l}{\lambda}\right)^2 \frac{1}{\bar{i}\,l} \int\limits_{-l/2}^{l/2} \frac{z^2}{l^2} i(z)\,dz\right] d\vartheta$$

$$= \frac{8\pi}{3} \left[1 - \frac{1}{5} \left(\frac{2\pi l}{\lambda}\right)^2 \frac{1}{\bar{i}\,l} \int\limits_{-l/2}^{l/2} \frac{z^2}{l^2} i(z)\,dz + \cdots\right]. \tag{66}$$

---

[1] Vgl. JAHNKE-EMDE: Funktionentafeln, S. 1. Leipzig u. Berlin: B. G. Teubner 1938.

Berechnen wir nunmehr das restliche Integral für die drei Stromverteilungen der Abb. 18a, so erhalten wir für den Gewinn des $\lambda/2$-Dipols mittels

$$g = \frac{\Omega_d}{\Omega} = \frac{8\pi}{3\Omega}. \tag{56}$$

Strombelegung	$\dfrac{\Omega}{\Omega_d}$	g für $l = \dfrac{\lambda}{2}$ nach (66)	exakt
gleichmäßig	$1 - \dfrac{1}{60}\left(\dfrac{2\pi l}{\lambda}\right)^2$	1,20	1,167
sinusförmig	$1 - \dfrac{1}{108}\left(\dfrac{2\pi l}{\lambda}\right)^2$	1,105	1,094
dreieckig	$1 - \dfrac{1}{120}\left(\dfrac{2\pi l}{\lambda}\right)^2$	1,09	

Sicher können wir auch ohne genaue Kenntnis der Einzelheiten der Stromverteilung auf dem Dipol aussagen, daß der Strom $i(z)$ an den Enden $z = \pm\dfrac{l}{2}$ verschwindet; wenn·also die sinusförmige und die dreieckige Stromverteilung fast denselben Gewinn geben, so dürfen wir diesen Wert als endgültig ansehen[1]. Auch kleine Abweichungen des Stromes von der Gleichphasigkeit haben einen sehr kleinen Einfluß auf das Diagramm und damit auf den Gewinn; denn das Diagramm haben wir durch Summation von Vektoren in der komplexen Zahlenebene erhalten, wie wir bei der Ableitung der Beziehung Gl. (60) zeigten, und die Länge des Summenvektors ist wenig empfindlich gegen kleine Drehungen der Einzelvektoren, wenn diese fast gleichgerichtet sind wie für die Hauptausstrahlungsrichtung $(f(\vartheta, \varphi) \sim 1;\ \cos\vartheta \approx 0)$.

2. Die Dipolzeile aus Strahlern gleicher Amplitude und Phase.

Eine gerade Reihe von gleichartigen Dipolen im Abstand d voneinander, die senkrecht zu ihrer Verbindungslinie polarisiert sind, nennen wir Dipolzeile (vgl. Abb. 19a).

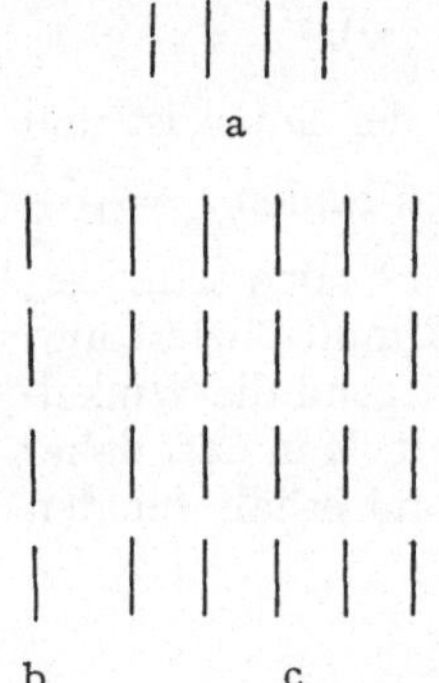

Abb. 19a—c. Zur Definition der Dipolzeile (a), der Dipolspalte (b) und der Dipolwand (c).

In den kurzen kapazitiven Antennen haben wir Strahler behandelt, bei denen die Beiträge aller Stromelemente zum Fernfeld sich in allen Richtungen praktisch gleichphasig überlagern, weil die Weglängendifferenzen von verschiedenen Teilen der Antenne zum fernen Aufpunkt klein gegen die Viertelwellenlänge sind. Auch bei dem eben behandelten $\lambda/2$-Strahler sind die Phasendifferenzen der Beiträge aller Stromelemente für alle Richtungen im Mittel noch so klein, daß das Richtdiagramm sich nur unwesentlich vom Diagramm $\sin\varphi$ des infinitesimalen Dipols unterscheidet. Wenn dagegen die Weglängendifferenzen groß gegen die Viertelwellenlänge und damit die Phasendifferenzen groß gegen $\pi/2$ werden, können sich die Beiträge der Stromelemente zum Fernfeld in manchen räumlichen Richtungen ad-

---

[1] In der Literatur wird oft als Gewinn des $\lambda/2$-Dipols der Quotient aus dem nach Gl. (42) u. (116) berechneten Wert des Strahlungswiderstandes angegeben, also

$$g = \frac{80}{73,13} = 1,09.$$

dieren und in anderen kompensieren; dann entstehen starke Richtwirkungen und Diagramme, welche keine Ähnlichkeit mehr mit dem einfachen $\sin\vartheta$-Diagramm haben.

Besonders leicht übersieht man das Zustandekommen der Richtwirkung bei einer Dipolzeile nach Abb. 20, welche nur aus zwei parallelen Strahlern im Abstand d besteht. In der Symmetrieebene zwischen den beiden Strahlern ($\varepsilon = \pi/2$) sind die beiden Wege von beiden Strahlern zum fernen Aufpunkt gleich lang; also überlagern sich die Fernfelder in dieser Ebene gleichphasig und addieren

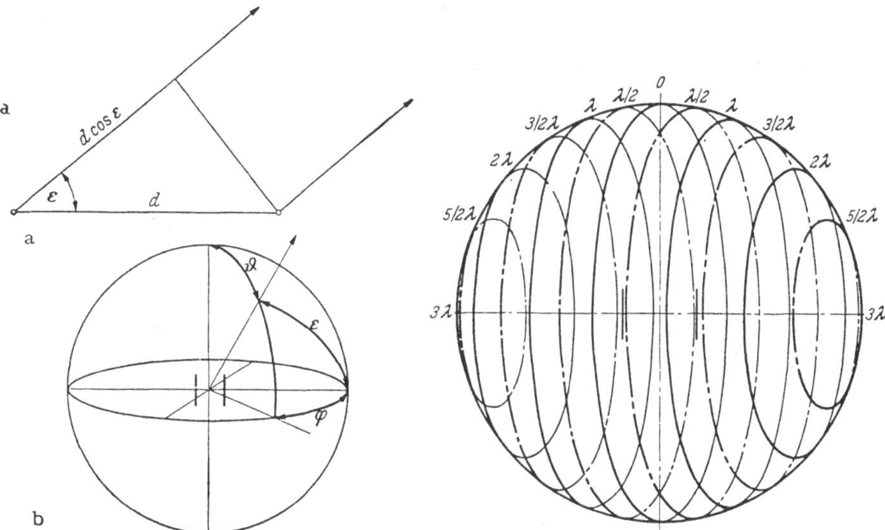

Abb. 20a u. b. Lage der Winkel ε, ϑ und φ zu den zwei Dipolen der einfachsten Dipolzeile.

Abb. 21. Richtungen konstanter Phasendifferenz für die Beiträge der beiden in Abb. 20 dargestellten Dipole zum Fernfeld ($d = 3\,\lambda$). Ausgezogene Linien entsprechen ganzen Vielfachen der Wellenlänge und Addition der Beiträge, unterbrochene Linien entsprechen ungeraden Vielfachen der halben Wellenlänge und Richtungen verschwindender Feldstärke.

sich. In der Verbindungslinie nimmt die Weglängendifferenz ihr Maximum d, die Phasendifferenz den Wert $\dfrac{2\pi d}{\lambda}$ an; für einen unendlich fernen Aufpunkt in beliebiger Richtung mit dem Winkel ε gegen die Verbindungslinie erhält man die Weglängendifferenz durch Projektion des Abstandes d auf diese Richtung zu

$$d \cos\varepsilon = d \sin\vartheta \cos\varphi$$

(vgl. Abb. 20b), sie nimmt also alle Werte zwischen 0 und d an. Wenn die Wege sich um eine ganze Wellenlänge oder ein ganzes Vielfaches davon unterscheiden, addieren sich die Beiträge zum Fernfeld; wenn die Wege sich um ein ungerades Vielfaches einer halben Wellenlänge unterscheiden, heben sie sich auf. In Abb. 21 sind für $d = 3\,\lambda$ die Richtungen maximaler Feldstärke und die Richtungen der Feldstärke Null dargestellt.

Zur vollständigen Berechnung des Diagramms überlagern wir unter Anwendung des Prinzips der linearen Superposition die Beiträge beider Dipole, die jeder für sich die Felder $\mathfrak{E}_1 = \mathfrak{A}\sin\vartheta\,e^{\frac{-2\pi j r_1}{\lambda}}$ bzw. $\mathfrak{E}_2 = \mathfrak{A}\sin\vartheta\,e^{\frac{-2\pi j r_2}{\lambda}}$ erzeugen würden oder doch für sich mit guter Annäherung das Diagramm $\sin\vartheta$ haben, wie sich im vorigen Abschnitt ergeben hat.

Mit dem Abstand r_0 vom Mittelpunkt der Verbindungslinie zum Aufpunkt ergibt sich

$$|\mathfrak{E}| = |\mathfrak{E}_1 + \mathfrak{E}_2| = |\mathfrak{A}|\sin\vartheta \left| e^{-j\frac{\pi d}{\lambda}\cos\varepsilon} + e^{j\frac{\pi d}{\lambda}\cos\varepsilon} \right|$$

$$= 2|\mathfrak{A}|\sin\vartheta \left| \cos\left(\frac{\pi d}{\lambda}\sin\vartheta\cos\varphi\right) \right|$$

und bei Normierung des Maximums auf Eins

$$\mathfrak{E}(\vartheta,\varphi) = \sin\vartheta \left| \cos\left(\frac{\pi d}{\lambda}\sin\vartheta\cos\varphi\right) \right|. \tag{67}$$

Da man Diagramme räumlich nicht gut darstellen kann, verwendet man ebene Schnitte. In der Ebene $\vartheta = \pi/2$ ergibt sich ein Schnitt durch das räumliche

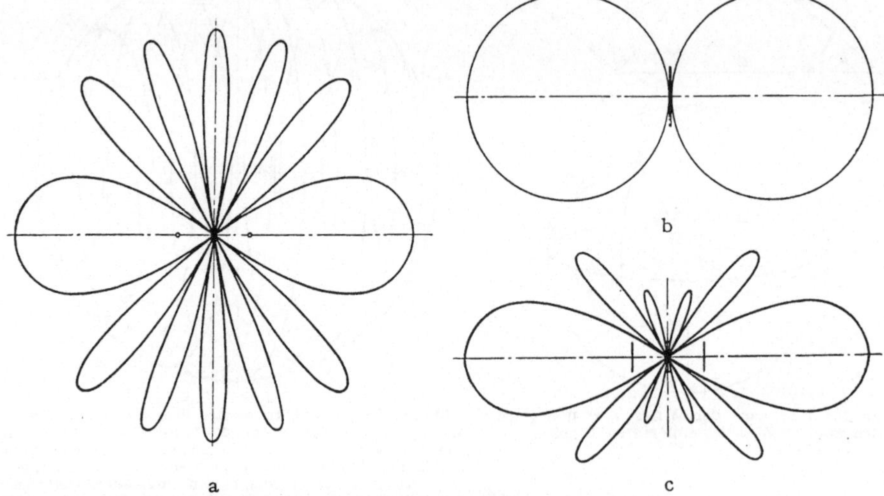

Abb. 22a—c. Ebene Schnitte durch das räumliche Richtdiagramm der Antenne der Abb. 20 für $d = 3\,\lambda$ in den Ebenen $\vartheta = \dfrac{\pi}{2}$ (a), $\varphi = \pm\dfrac{\pi}{2}$ (b) und $\varphi = 0$ (c).

Diagramm, der in Abb. 22a dargestellt ist. In den Ebenen $\varphi = \pi/2$ und 0 ergeben sich die Diagramme der Abb. 22b u. c.

Wenn die Dipolzeile aus mehr als zwei Strahlern besteht, sind für Richtungen der Symmetrieebene $\varphi = \pm\dfrac{\pi}{2}$ die Wege von allen Strahlern zum unendlich fernen Aufpunkt wieder gleich lang, und die Fernfelder der Einzelstrahler addieren sich gleichphasig zum Gesamtfeld. Wählt man den Abstand d kleiner als eine Wellenlänge, so gibt es keine weiteren Richtungen, in denen das stattfindet, so daß nur zwei Hauptmaxima und eine Anzahl wesentlich kleinerer Nebenmaxima entstehen. Das zeigt die folgende Rechnung.

Wir überlagern die Felder $\mathfrak{E}_n$ der Einzelstrahler

$$|\mathfrak{E}| = \left| \sum_1^N \mathfrak{E}_n \right| = A\sin\vartheta \left| \sum_1^N e^{-j\frac{\pi d}{\lambda}\cos\varepsilon(N+1-2n)} \right|.$$

Die Summe ist eine geometrische Reihe mit dem Quotienten $q = \dfrac{2\pi j d}{\lambda}\cos\varepsilon$; man kann sie als Summe von N Einheitsvektoren in der GAUSSschen Ebene der komplexen Zahlen deuten, die jeder gegen den vorhergehenden um den Winkel

$\alpha = \dfrac{2\pi d}{\lambda}\cos\varepsilon \leqq \dfrac{2\pi d}{\lambda}$ gedreht sind (vgl. Abb. 23). Alle Vektoren sind gleich-

gerichtet, wenn $\dfrac{d\cos\varepsilon}{\lambda} = m$ ist mit $m = 0,\ \pm 1,\ \pm 2\cdots$ usw. Wenn $d < \lambda$ ist,

tritt das nur für $m = 0$, also $\varepsilon = \pm\dfrac{\pi}{2}$ ein. Wenn alle N Einheitsvektoren

gleichgerichtet sind, nimmt der Summenvektor seine größte Länge N an, wäh-

rend er für alle anderen Richtungen $\dfrac{d}{\lambda}\cos\varepsilon \neq m$ kleiner ist. Wenn $p\lambda < d <$

$(p+1)\lambda$ gilt (p eine nicht negative ganze Zahl), gibt es $2p+1$ Winkel ε_m, für
welche die geometrische Reihe das Maximum N annimmt. Für
$|\mathfrak{E}|$ erhält man durch Summation der geometrischen Reihe

$$|\mathfrak{E}| = A\sin\vartheta\left|\frac{e^{j\frac{\pi N d}{\lambda}\cos\varepsilon} - e^{-j\frac{\pi N d}{\lambda}\cos\varepsilon}}{e^{j\frac{\pi d}{\lambda}\cos\varepsilon} - e^{-j\frac{\pi d}{\lambda}\cos\varepsilon}}\right|;$$

nach Normierung auf Eins ergibt sich das Diagramm der
Dipolzeile

$$f(\vartheta,\varphi) = \sin\vartheta\left|\frac{\sin\left(\dfrac{N\pi d}{\lambda}\sin\vartheta\cos\varphi\right)}{N\sin\left(\dfrac{\pi d}{\lambda}\sin\vartheta\cos\varphi\right)}\right|. \qquad (68)$$

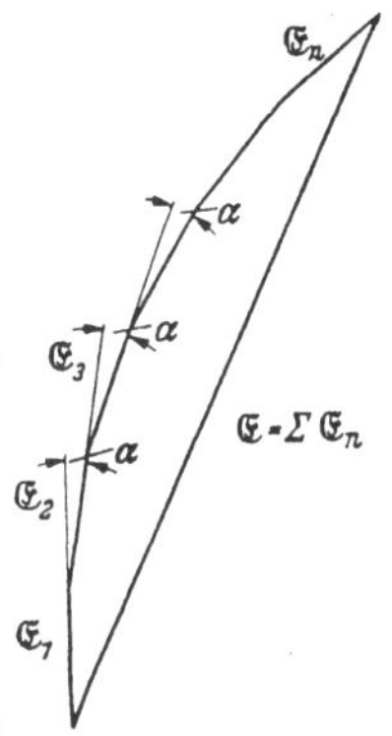

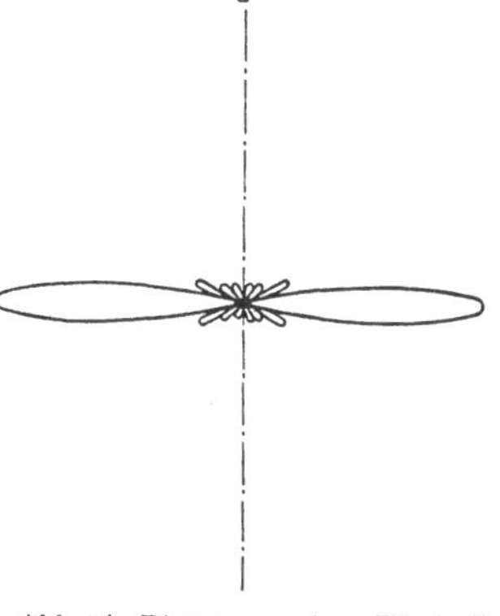

Abb. 23. Summation
der Einheitsvektoren
$\mathfrak{E}_n$ in der GAUSSschen
Zahlenebene.

Für eine Dipolzeile aus $N = 8$ Strahlern im Abstand einer
halben Wellenlänge $d = \lambda/2$ ist das Diagramm in der Ebene
$\vartheta = \pi/2$ in Abb. 24 dargestellt. Die ersten Nullstellen zu beiden Seiten eines Hauptmaximums in der Symmetrieebene

$\varphi = \pm\dfrac{\pi}{2}$ entstehen, wenn $\dfrac{N\pi d}{\lambda}\cos\varepsilon = \dfrac{N\pi d}{\lambda}\sin\vartheta\cos\varphi = \pi$ ist. Wenn N eine

große Zahl ist, darf man also in der Umgebung des Hauptmaximums $\sin\left(\dfrac{\pi d}{\lambda}\cos\varepsilon\right)$

$\approx \dfrac{\pi d}{\lambda}\cos\varepsilon = x$ setzen und erhält für $|x| \ll 1$

$$f(\vartheta,\varphi) \approx \sin\vartheta\left|\frac{\sin N x}{N x}\right|. \qquad (69)$$

Die im folgenden häufig auftretende Funktion $\dfrac{\sin x}{x}$
ist in Abb. 25 dargestellt.

Man entnimmt ihr, daß die Nebenmaxima des
Diagramms im Gültigkeitsbereich der Näherung
$x \ll 1$ folgende Werte in bezug auf das Hauptmaximum Eins annehmen: $0{,}21_7$; $0{,}12_8$; $0{,}91_3$;
$0{,}70_9$; $0{,}58_0$. Wegen $(|\sin x| \leqq |x|)$ sind die wirklichen Nebenmaxima nach Gl. (68) etwas größer
als diese Werte. Für endliche Werte von N wird
die Höhe des n-ten Nebenmaximums in sehr guter

Näherung durch $\dfrac{1}{N\left|\sin\dfrac{(2n+1)\pi}{2N}\right|}$ gegeben. Die

Abb. 24. Diagramm einer Dipolzeile
von 8 Strahlern im gegenseitigen
Abstand $d = \lambda/2$.

ersten Nullstellen zu beiden Seiten des Haupt-
maximums liegen bei $x = \pi$; damit wird der Winkel zwischen den beiden

ersten Nullstellen des Diagramms $2\varepsilon = \dfrac{\lambda}{Nd}\,120°$. Wir bemerken noch ein-

mal, daß $N \gg 1$ und $d < \lambda$ sein muß, damit ein Diagramm vom Typ der

Abb. 25 entsteht. Bequeme Speisungen für genähert gleich starke und gleichphasige Erregung der Strahler ergeben sich bei dem meist benutzten Abstand $d = \lambda/2$.

Hätten wir an Stelle eines Einzelstrahlers mit dem Diagramm $f_0(\vartheta, \varphi) = \sin\vartheta$ in der gleichen Anordnung der Dipolzeile eine Strahlergruppe aus N Strahlern mit dem beliebigen Einzeldiagramm $f_0(\vartheta, \varphi)$ zu untersuchen, so könnten wir

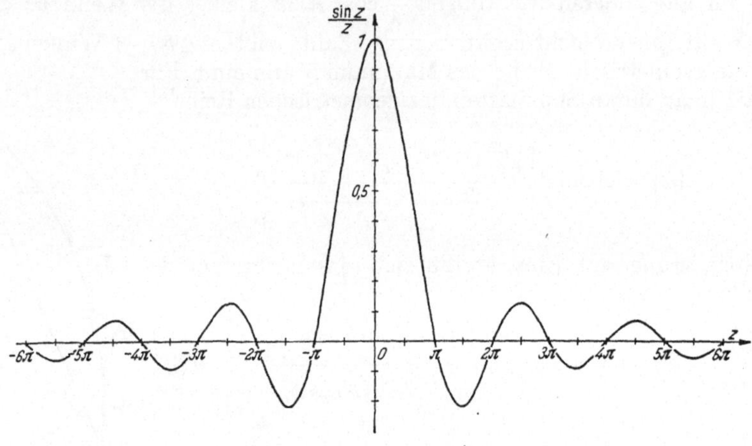

Abb. 25. Die Funktion $\dfrac{\sin z}{z}$.

bei der Ableitung des resultierenden Diagramms alle Schritte wiederholen, die uns zur Gl. (69) geführt haben. An Stelle von Gl. (68) ergäbe sich das Diagramm

$$f(\vartheta, \varphi) = f_0(\vartheta, \varphi) \left| \frac{\sin\left(\dfrac{N\pi d}{\lambda}\sin\vartheta\cos\varphi\right)}{N\sin\left(\dfrac{\pi d}{\lambda}\sin\vartheta\cos\varphi\right)} \right|,$$

das wir noch auf Eins normieren müßten, wenn das Maximum des Einzeldiagramms f_0 nicht mit dem Maximum des Gruppendiagramms $\left(\vartheta = \dfrac{\pi}{2}, \; \varphi = \pm\dfrac{\pi}{2}\right)$ zusammenfällt.

Wir wollen den Sachverhalt gleich allgemein darstellen, ohne dabei auf die Dipolzeile Bezug zu nehmen. Wir denken uns eine Gruppe aus N identischen Strahlern, deren jeder das Diagramm $f_0(\vartheta, \varphi)$ hat. Die Strahler können einen beliebigen Abstand voneinander haben und mit nach Betrag und Phase verschiedenen Amplituden A_n erregt werden; sie sollen aber untereinander parallel orientiert sein, damit sie alle in bezug auf ein festes Koordinatensystem das Einzeldiagramm $f_0(\vartheta, \varphi)$ erzeugen. Wenn $r_n = r_n(\vartheta, \varphi)$ die Entfernung vom n-ten Strahler zu einem festen Aufpunkt in der Richtung ϑ, φ ist, berechnet sich das gesamte Fernfeld durch Überlagerung der Einzelfelder

$$|\mathfrak{E}| = \left| \sum_1^N \mathfrak{E}_n \right| \sim f_0(\vartheta, \varphi) \left| \sum_1^N A_n e^{-\frac{j2\pi r_n}{\lambda}} \right|,$$

und nach Division durch das Maximum der rechten Seite erhalten wir das resultierende Richtdiagramm

$$f(\vartheta, \varphi) = \frac{f_0(\vartheta, \varphi) \left| \sum\limits_1^N A_n e^{-\frac{j2\pi r_n}{\lambda}} \right|}{\mathrm{Max}\left\{ f_0 \left| \sum\limits_1^N \right| \right\}}.$$

Man pflegt den nur von der Anordnung der Einzelstrahler und den Amplituden und Phasen ihrer Erregung abhängigen, von der Art des Einzelstrahlers aber unabhängigen Faktor das Gruppendiagramm f_g zu nennen

$$f_g(\vartheta, \varphi) = \frac{\left| \sum\limits_1^N A_n e^{-\frac{j\,2\,\pi\,r_n}{\lambda}} \right|}{\mathrm{Max}\left\{ \left| \sum\limits_1^N \right| \right\}}. \tag{70}$$

Damit ergibt sich

$$f(\vartheta, \varphi) = \frac{f_0(\vartheta, \varphi)\, f_g(\vartheta, \varphi)}{\mathrm{Max}\{f_0\, f_g\}}. \tag{71}$$

Das Gruppendiagramm einer Zeile von N gleich stark und gleichphasig erregten Strahlern ist

$$f_g(\vartheta, \varphi) = \left| \frac{\sin\left(\dfrac{N\,\pi\,d}{\lambda} \sin\vartheta \cos\varphi \right)}{N \sin\left(\dfrac{\pi\,d}{\lambda} \sin\vartheta \cos\varphi \right)} \right|, \tag{72}$$

wie man aus Gl. (68) unmittelbar abliest.

Eine kontinuierliche Strombelegung, wie wir sie beim $\lambda/2$-Strahler untersucht haben, entspricht einer kontinuierlichen Belegung mit Elementardipolen. Der Gl. (62) entnehmen wir, daß eine kontinuierlich, gleich stark und gleichphasig belegte Zeile das Gruppendiagramm

$$f_g = \left| \frac{\sin\left(\dfrac{\pi\,l}{\lambda} \cos\varepsilon \right)}{\dfrac{\pi\,l}{\lambda} \cos\varepsilon} \right| = \left| \frac{\sin\left(\dfrac{\pi\,l}{\lambda} \sin\vartheta \cos\varphi \right)}{\dfrac{\pi\,l}{\lambda} \sin\vartheta \cos\varphi} \right| \tag{73}$$

hat.

Die Beziehung zwischen Gl. (68) und (69) können wir dann so formulieren: In der Umgebung des Hauptmaximums des Gruppendiagramms erzeugen die kontinuierlich, gleich stark und gleichphasig mit Einzelstrahlern des Diagramms $f_0(\vartheta, \varphi)$ belegte Zeile der Länge l und die diskret belegte Zeile dasselbe Fernfeld, wenn die N Einzelstrahler auch das Einzeldiagramm $f_0(\vartheta, \varphi)$ haben, sie alle gleich stark und gleichphasig erregt werden, ihr gegenseitiger Abstand $d < \lambda$ und $Nd = l$ ist.

Wir haben uns bisher damit begnügt, dasjenige Diagramm unserer Antennen zu berechnen, welches sich asymptotisch in großer Ferne einstellt (wenn wir von der Berechnung des Nahfeldes des HERTZschen Dipols absehen). Bei unseren Berechnungen von Diagrammen haben wir daher immer die von den Stromelementen auf der Antenne zum fernen Aufpunkt gehenden Strahlen als praktisch parallel angesehen. In der Antennentechnik interessiert der Unterschied zwischen dem Diagramm in unendlichem und endlichem Abstand von der Antenne bisher wohl nur bei Antennenmessungen, wenn man das Ferndiagramm aufnehmen will und zu diesem Zweck den Meßabstand von der Antenne nicht größer als nötig wählen möchte. Es reicht daher für unsere Zwecke, nachzurechnen, bis zu welchem kleinsten Abstand man praktisch das asymptotische Diagramm des Fernfeldes vorfindet.

Sei nach Abb. 26 r_n der Abstand vom n-ten Strahler der Zeile zum Aufpunkt und $l = (N-1)\,d$ ihre Länge. Es gilt dann

$$r_n = \sqrt{r_1^2 + (n-1)^2\,d^2 - 2(n-1)\,d\,r_1 \cos\varepsilon}\;.$$

Da $r_n \gg d$ ist, entwickeln wir die Wurzel bis zu dem in d quadratischen Glied

$$r_n = r_1 - (n-1)\,d\cos\varepsilon + \frac{1}{2}\,\frac{(n-1)^2\,d^2}{r_1}\sin^2\varepsilon\,.$$

Die Weglängedifferenz wird also

$$r_n - r_1 = -(n-1)\,d\cos\varepsilon + \frac{1}{2}\,\frac{(n-1)^2\,d^2}{r_1}\sin^2\varepsilon\,.$$

Bisher haben wir mit parallelen Strahlen gerechnet, was einer Entwicklung bis zu dem in d linearen Glied entspricht. Wenn die Phasendifferenzen, mit denen sich die Felder am Aufpunkt überlagern, von denen der linearen Näherung nicht wesentlich abweichen sollen, müssen wir fordern

$$\frac{2\pi}{\lambda}\,\frac{1}{2}\,\frac{(N-1)^2\,d^2}{r} = \frac{\pi\,l^2}{r\,\lambda} \ll \pi\,,$$

$$r \gg \frac{l^2}{\lambda}\,. \tag{74}$$

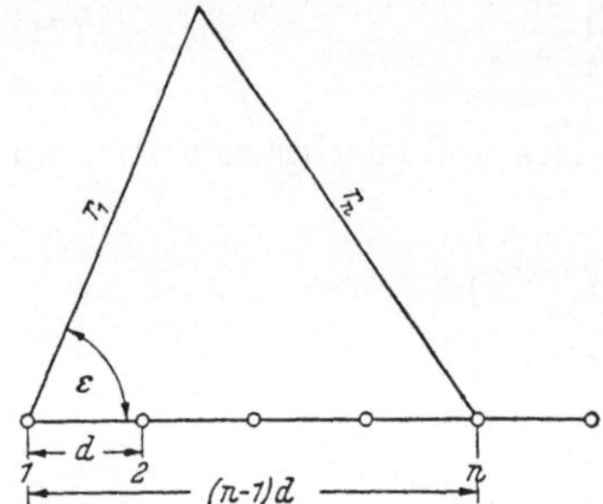

Abb. 26. Zur Berechnung des Feldes in der Wellenzone in endlichem Abstand von einer Antenne.

Es ist natürlich gleichgültig, ob die Phasendifferenzen von einer kontinuierlich oder diskret erregten Antenne der Länge l herrühren. Wenn die Bedingung Gl. (74) eingehalten wird und die Erregung auf der Antenne selbst gleichphasig ist, sind sicher die Abweichungen des Diagramms im Abstand r von der Antenne von denen des asymptotischen Diagramms verschwindend klein gegen die Amplitude des Hauptmaximums. Wenn man eine 1 m breite Antenne bei einer Wellenlänge von 1 cm betreibt, stellt sich nach Gl. (74) erst in einer Entfernung von mehreren 100 m das Ferndiagramm ein[1].

Nachdem wir uns eingehend mit dem Strahlungsdiagramm einer Dipolzeile befaßt haben, wollen wir jetzt ihren äquivalenten Raumwinkel und damit ihren Gewinn und ihre Absorptionsfläche berechnen. Dazu müssen wir ihr Diagramm Gl. (68) in die Beziehung Gl. (54) für den äquivalenten Raumwinkel einsetzen.

$$\Omega = \int \sin^2\vartheta\,\frac{\sin^2\left(\dfrac{N\pi d}{\lambda}\sin\vartheta\cos\varphi\right)}{N^2\sin^2\left(\dfrac{\pi d}{\lambda}\sin\vartheta\cos\varphi\right)}\,d\Omega\,.$$

Um die Integration auszuführen, gehen wir wieder auf die geometrische Reihe zurück, aus der wir Gl. (68) erhalten hatten.

$$\frac{\sin^2\left(\dfrac{N\pi d}{\lambda}\sin\vartheta\cos\varphi\right)}{N^2\sin^2\left(\dfrac{\pi d}{\lambda}\sin\vartheta\cos\varphi\right)} = \frac{1}{N^2}\left\{\sum_1^N e^{-j\frac{\pi d}{\lambda}\sin\vartheta\cos\varphi\,(N+1-2n)}\right\}^2$$

$$= \frac{1}{N^2}\sum_{n,\,m}^N e^{-\frac{2\pi j d}{\lambda}\sin\vartheta\cos\varphi\,(N+1-n-m)} = \frac{1}{N}\sum_0^{N-1}\varepsilon_n\left(1-\frac{n}{N}\right)\cos\left(\frac{2\pi n d}{\lambda}\sin\vartheta\cos\varphi\right)$$

$$\text{mit } \varepsilon_n = \begin{cases} 2 \\ 1 \end{cases} \text{ für } n \begin{cases} > 0 \\ = 0 \end{cases}.$$

---

[1] Für die Berechnung von Diagrammen in endlichem Abstand von der Antenne gibt es in der Optik natürlich viele Vorbilder, da in der Optik die Abbildung in endlicher Entfernung eine sehr große praktische Bedeutung hat. Man vgl. z. B. M. BORN: Optik. S. 190 u. 195. Berlin: Springer 1933, und J. PICHT: Optische Abbildung. Braunschweig: Vieweg 1931.

Also wird

$$N \Omega = \int \sin^2 \vartheta \sum_0^{N-1} \varepsilon_n \left(1 - \frac{n}{N}\right) \cos \left(\frac{2 \pi n d}{\lambda} \sin \vartheta \cos \varphi\right) d\Omega.$$

Führen wir nun ein anders orientiertes Polarkoordinatensystem α, ψ ein, dessen Achse $\alpha = 0$ in die Richtung der Zeile fällt, so ergibt sich nach elementarer Rechnung unter Benutzung der Umrechnungsformeln

$$\sin \vartheta \cos \varphi = \cos \alpha$$
$$\sin \alpha \cos \psi = \cos \vartheta$$

und der Integrationsvariablen $s = \cos \alpha$

$$N \Omega = \frac{8 \pi}{3} \left\{ 1 + 3 \sum_1^{N-1} \left(1 - \frac{n}{N}\right) \left[\frac{\sin \dfrac{2 \pi n d}{\lambda}}{\dfrac{2 \pi n d}{\lambda}} + \frac{\cos \dfrac{2 \pi n d}{\lambda}}{\left(\dfrac{2 \pi n d}{\lambda}\right)^2} - \frac{\sin \dfrac{2 \pi n d}{\lambda}}{\left(\dfrac{2 \pi n d}{\lambda}\right)^3} \right] \right\}. \quad (75)$$

Diese Gleichung ist für numerische Rechnungen brauchbar, wenn die Anzahl N der Dipole klein ist. Für den meist benutzten Abstand $d = \lambda/2$ fallen überdies viele Terme fort.

$$N \Omega = \frac{8 \pi}{3} \left\{ 1 + 3 \sum_1^{N-1} \left(1 - \frac{n}{N}\right) \frac{(-)^n}{(\pi n)^2} \right\}. \quad (76)$$

Wenn N groß ist, kann man in Gl. (75) zur Grenze $N \to \infty$ übergehen, und es entsteht die folgende unstetige Funktion von d/λ

$$N \Omega \to \frac{8 \pi}{3} (1 + 2 p) \left[\frac{3 \lambda}{8 d} + \frac{p (1 + p) \lambda^3}{d^3} \right],$$
$$p \lambda < d < (p + 1) \lambda; \quad p = 0, 1, 2 \ldots \quad (77)$$

Diese Funktion ist in Abb. 27 graphisch dargestellt. Das Resultat beweist man leicht durch Berechnung der FOURIER-Koeffizienten der Funktionen x, x^2 und x^3 für das Intervall $(0,2\pi)$ und Vergleich mit Gl. (75). Für den meist benutzten Abstand $d = \lambda/2$ ergibt sich $p = 0$ und

$$N \Omega \to 2 \pi, \quad (78)$$
$$g = \frac{\Omega_d}{\Omega} \to \frac{4}{3} N.$$

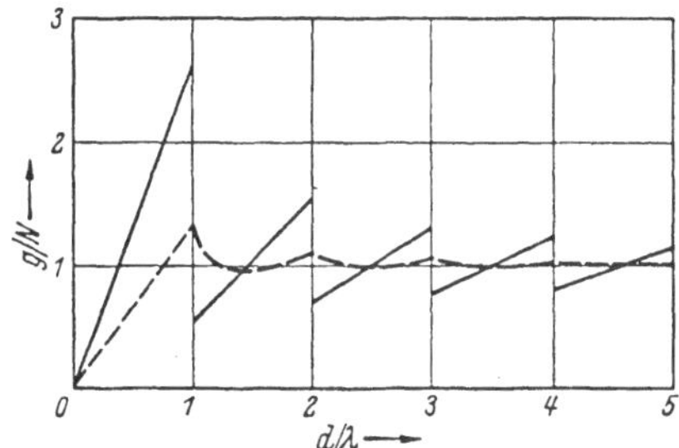

Abb. 27. Gewinn je Dipol g/N für unendlich lange Dipolzeilen (ausgezogen) und Spalten (gestrichelt) als Funktion des Abstandes d benachbarter Dipole. Die Werte gelten bis auf die unmittelbare Umgebung der Unstetigkeitsstellen auch für endlich große Antennen ($N d \gg \lambda$).

In der Nähe der Unstetigkeitsstellen $d = p \lambda$ liefert Gl. (77) natürlich keine brauchbare Näherung für endliche Werte von N.

Man kann übrigens aus Gl. (76) noch eine bessere Näherung für große N erhalten, indem man rechts alle Glieder der Ordnung $1/N$ beibehält.

$$\frac{N}{g} = \frac{3}{4} - \frac{3}{\pi^2 N} \sum_1^\infty \frac{(-)^n}{n} + \cdots \sim \frac{3}{4} + \frac{3 \ln 2}{\pi^2 N} = \frac{3}{4} + \frac{0,21}{N}. * \quad (79)$$

---

* Analoge Formeln unter Beibehaltung des Diagramms $\dfrac{\cos \left(\dfrac{\pi}{2} \cos \vartheta\right)}{\sin \vartheta}$ für den einzelnen $\lambda/2$-Dipol finden sich bei E. SIEGEL u. J. LABUS: Z. f. Hochfr. Bd. 27 (1932) S. 88.

Die wesentlichen Resultate für *große* Dipolzeilen sind: Der Gewinn ist der Anzahl der Dipole proportional. Für $d = \frac{\lambda}{2}$ gilt $g \sim \frac{4}{3} N$. Für Abstände unterhalb einer Wellenlänge $0 < d < \lambda$ ist der Gewinn $g \sim \frac{8}{3} \frac{Nd}{\lambda}$, also nur von der Gesamtlänge $l \sim Nd$ abhängig und nicht davon, wie dicht die Zeile mit Dipolen belegt ist. Daß für Abstände $d < \lambda$ der Proportionalitätsfaktor kleiner als $\frac{8}{3} \frac{Nd}{\lambda}$ wird, liegt daran, daß das Diagramm bei $d > \lambda$ mehrere Maxima besitzt, die alle dieselbe Amplitude wie das Maximum bei $\vartheta = \varphi = \frac{\pi}{2}$ haben.

3. Die Dipolspalte aus Strahlern gleicher Amplitude und Phase.

Eine gerade Reihe von gleichartigen Dipolen im Abstand d voneinander, die in der Richtung ihrer Verbindungslinie polarisiert sind, nennen wir eine Dipolspalte (vgl. Abb. 19b).

Wir können die Argumentation des vorigen Abschnittes ohne wesentliche Änderungen übernehmen. Das Richtdiagramm einer Dipolspalte von N Strahlern mit dem Einzeldiagramm $f_0 = \sin \vartheta$ und dem schon bekannten Gruppendiagramm

$$f_\nu = \left| \frac{\sin \left(\frac{N\pi d}{\lambda} \cos \vartheta \right)}{N \sin \left(\frac{\pi d}{\lambda} \cos \vartheta \right)} \right|$$

ergibt als resultierendes Richtdiagramm

$$f(\vartheta, \varphi) = \sin \vartheta \left| \frac{\sin \left(\frac{N\pi d}{\lambda} \cos \vartheta \right)}{N \sin \left(\frac{\pi d}{\lambda} \cos \vartheta \right)} \right| . \tag{80}$$

Dabei ist ein Polarkoordinatensystem ϑ, φ verwendet, dessen Achse $\vartheta = 0$ in die Richtung der Dipolspalte fällt.

Für den äquivalenten Raumwinkel der Dipolspalte finden wir durch Einsetzen von Gl. (80) in Gl. (54)

$$\Omega = \int \sin^3\vartheta \, \frac{\sin^2 \left(\frac{N\pi d}{\lambda} \cos \vartheta \right)}{N^2 \sin^2 \left(\frac{\pi d}{\lambda} \cos \vartheta \right)} \, d\vartheta \, d\varphi$$

und nach elementarer Rechnung analog der im vorigen Abschnitt durchgeführten

$$N\Omega = \frac{8\pi}{3} \left\{ 1 + 6 \sum_{1}^{N-1} \left(1 - \frac{n}{N} \right) \left[\frac{\sin \frac{2\pi nd}{\lambda}}{\left(\frac{2\pi nd}{\lambda} \right)^3} - \frac{\cos \frac{2\pi nd}{\lambda}}{\left(\frac{2\pi nd}{\lambda} \right)^2} \right] \right\} . \tag{81}$$

Diese Formel ist für numerische Rechnungen brauchbar, wenn die Anzahl der Dipole klein ist. Wenn N sehr groß ist, kann man rechts zur Grenze $N \to \infty$ übergehen. Auf der rechten Seite entsteht dann die folgende stetige Funktion von d/λ

$$N\Omega \to \frac{8\pi}{3} (1 + 2p) \left[\frac{3}{8} \frac{\lambda}{d} - \frac{p(1+p)\lambda^3}{d^3} \right]$$
$$p\lambda < d < (p+1)\lambda; \quad p = 0, 1, 2 \ldots, \tag{82}$$

die in Abb. 27 dargestellt ist. Für den meist benutzten Abstand $d = \lambda/2$ ergibt sich $p = 0$ und

$$N\Omega \to 4\pi, \qquad g = \frac{\Omega_d}{\Omega} \to \frac{2}{3}N, \tag{83}$$

und in höherer Näherung

$$\frac{N}{g} = \frac{3}{2} - \frac{6\ln 2}{\pi^2 N} + \cdots = \frac{3}{2} - \frac{0{,}42}{N}. \tag{84}$$

Gegenüber den Dipolzeilen ergibt sich also bei Dipolspalten ein wesentlicher Unterschied: Der Gewinn einer großen Dipolspalte ist nur halb so groß wie der einer gleich großen Dipolzeile.

4. Dipolwände aus gleich stark und gleichphasig erregten Dipolen.

Unter einer Dipolwand von $N = N_s N_z$ Dipolen verstehen wir eine rechteckige ebene Anordnung nach Abb. 19c, welche aus N_z Spalten beziehungsweise N_s Zeilen besteht.

Das Richtdiagramm der Dipolwand ergibt sich also durch Multiplikation des Einzeldiagramms $f_0 = \sin\vartheta$ mit zwei Gruppendiagrammen zu

$$f(\vartheta, \varphi) = \sin\vartheta \left| \frac{\sin\left(\dfrac{N_z \pi d_z}{\lambda} \sin\vartheta \cos\varphi\right)}{N_z \sin\left(\dfrac{\pi d_z}{\lambda} \sin\vartheta \cos\varphi\right)} \; \frac{\sin\left(\dfrac{N_s \pi d_s}{\lambda} \cos\vartheta\right)}{N_s \sin\left(\dfrac{\pi d_s}{\lambda} \cos\vartheta\right)} \right|. \tag{85}$$

Für den äquivalenten Raumwinkel finden wir ganz analog zur Ableitung der Beziehungen Gl. (75) oder Gl. (81)

$$N\Omega = \sum_{n,m} \varepsilon_n \varepsilon_m \left(1 - \frac{n}{N_s}\right)\left(1 - \frac{m}{N_z}\right) S(n, m) \tag{86}$$

mit

$$S(n, m) = \int \sin^2\vartheta \cos\left(\frac{2\pi m d_z}{\lambda}\sin\vartheta\cos\varphi\right)\cos\left(\frac{2\pi n d_s}{\lambda}\cos\vartheta\right) d\Omega$$

$$= \frac{\sin z}{z} + \frac{\left[\left(\dfrac{2\pi n d_s}{\lambda}\right)^2 - \dfrac{1}{2}\left(\dfrac{2\pi m d_z}{\lambda}\right)^2\right]\left[(3 - z^2)\sin z - 3z\cos z\right]}{z^5}$$

und

$$z = \frac{2\pi}{\lambda}\sqrt{n^2 d_s^2 + m^2 d_z^2}.\text{*}$$

Diese Formel ist für numerische Rechnungen brauchbar, wenn die Anzahl N der Dipole klein ist.

Wenn die Anzahlen N_s und N_z der Dipole groß sind und zugleich $d_s = d_z = \lambda/2$ ist, kann man leicht zeigen, daß der Gewinn einer großen Dipolwand gleich der Anzahl N der Dipole ist.

Wir wissen bereits nach Gl. (69), daß für große Antennen mit $d_s < \lambda$ und $d_z < \lambda$ das exakte Diagramm in der Nähe eines Hauptmaximums $\vartheta = \pi/2$, $\varphi = \pm\dfrac{\pi}{2}$ durch

$$f(\vartheta, \varphi) \sim \sin\vartheta \left| \frac{\sin\left(\dfrac{N_z \pi d_z}{\lambda}\sin\vartheta\cos\varphi\right)}{\dfrac{N_z \pi d_z}{\lambda}\sin\vartheta\cos\varphi} \; \frac{\sin\left(\dfrac{N_s \pi d_s}{\lambda}\cos\vartheta\right)}{\dfrac{N_s \pi d_s}{\lambda}\cos\vartheta} \right|$$

---

* Für die wohl nicht mehr elementar durchführbare Berechnung von $S(n, m)$ vgl. K. Fränz: ENT Bd. 16 (1939) S. 24.

ersetzt werden kann. In gleicher Näherung können wir weiter vereinfachen, indem wir den sinus eines kleinen Winkels dem Winkel selber gleich setzen

$$\sin\vartheta \sim 1, \qquad \cos\vartheta = \sin\tau \sim \tau, \qquad \cos\varphi = \sin\psi \sim \psi$$

und erhalten

$$f(\vartheta,\varphi) \sim \left| \frac{\sin\dfrac{N_z\,\pi\,d_z}{\lambda}\,\psi}{\dfrac{N_z\,\pi\,d_z}{\lambda}\,\psi} \quad \frac{\sin\dfrac{N_s\,\pi\,d_s}{\lambda}\,\tau}{\dfrac{N_s\,\pi\,d_s}{\lambda}\,\tau} \right|.$$

und

$$\Omega = \int f^2\,d\Omega \sim 2 \int\limits_{-\infty}^{\infty} \int\limits_{-\infty}^{\infty} \frac{\sin^2\dfrac{N_z\,\pi\,d_z}{\lambda}\,\psi}{\left(\dfrac{N_z\,\pi\,d_z}{\lambda}\,\psi\right)^2} \; \frac{\sin^2\dfrac{N_s\,\pi\,d_s}{\lambda}\,\tau}{\left(\dfrac{N_s\,\pi\,d_s}{\lambda}\,\tau\right)^2}\, d\tau\, d\psi.$$

Daß wir die Integration von $-\infty$ bis $+\infty$ erstrecken dürfen, liegt daran, daß bei großen $|\tau|$ oder $|\psi|$ der Integrand sowieso verschwindend klein ist. Der Faktor 2 entspricht den beiden Hauptmaxima $\varphi = \pm\dfrac{\pi}{2}$. Man findet leicht

$$\Omega = 2\frac{\lambda}{N_z\,\pi\,d_z}\,\frac{\lambda}{N_s\,\pi\,d_s}\left[\int\limits_{-\infty}^{\infty}\frac{\sin^2 z}{z^2}\,dz\right]^2 = \frac{2}{N_s\,N_z}\,\frac{\lambda^2}{d_s\,d_z}.$$

$$g = \frac{\Omega_d}{\Omega} = \frac{4\,\pi}{3}\,N_s\,N_z\frac{d_s\,d_z}{\lambda^2}. \tag{87}$$

Daraus ergibt sich für den meist benutzten Abstand $d_s = d_z = \dfrac{\lambda}{2}$ mit $\dfrac{\pi}{3} \sim 1$

$$g \sim N_s\,N_z = N. \tag{88}$$

5. Diskussion und Zusammenfassung der Abschnitte IV, 1 bis 4.

Eine gleichphasig erregte Dipolantenne muß groß gegen die halbe Wellenlänge sein, wenn sie stark bündeln soll. Ebene gleichphasige Anordnungen haben Hauptmaxima quer zur Antenne. Mit ebenen gleichphasig und gleich stark erregten großen Dipolantennen kann man Diagramme erzeugen, die sich in guter Näherung durch die Funktion $\sin z/z$ darstellen lassen; außer den querabliegenden Hauptmaxima entstehen nur wesentlich kleinere Nebenmaxima, deren größte die relative Amplitude 0,21 haben. In besserer und praktisch vollkommener Näherung erhält man für das n-te Nebenmaximum des Diagramms einer Zeile von N Dipolen die Amplitude

$$\frac{1}{N\left|\sin\dfrac{(2\,n+1)\,\pi}{2\,N}\right|}.$$

Der Winkel zwischen den ersten Nullstellen zu beiden Seiten eines Hauptmaximums wird $2\,\varepsilon = \dfrac{\lambda}{N\,d}\,120°$; dabei ist d der Abstand der Dipole in der Ebene, in der das Diagramm gemessen wird (z. B. Horizontal- oder Vertikalebene), und N die Anzahl der Dipole in dieser Ebene, also $N\,d$ bei großen Antennen praktisch die Antennenbreite in der Diagrammebene. Mit einer vertikalen Dipolspalte kann man ein horizontales Runddiagramm bei großer vertikaler Bündelung erzielen, die ausgestrahlte Energie also wesentlich auf die Horizontalebene konzentrieren. Mit einer großen horizontalen Dipolzeile kann man bei geringer vertikaler Bündelung das Diagramm auf eine Vertikalebene konzentrieren. Mit einer Dipolwand kann man die Energie auf zwei diametrale Richtungen konzentrieren, von denen man eine übrigens mittels eines Reflektors unterdrücken kann, wie wir noch sehen werden.

Der Gewinn je Dipol in einer *großen* Dipolwand ist Eins, in der Zeile $\frac{1}{3}$ und in der Spalte $\frac{2}{3}$, wenn man den Abstand zwischen benachbarten Dipolen gleich einer halben Wellenlänge wählt. Solange der Abstand kleiner als eine Wellenlänge ist, wird der Gewinn unabhängig von der Dichte der Belegung mit Dipolen. In Abb. 28 ist für die feste Gesamtanzahl $N = N_s N_z = 36$ der Dipole der Einfluß des Seitenverhältnisses $N_s : N_z$ der rechteckigen Dipolwand auf den Gewinn dargestellt.

Die den abgeleiteten Formeln für Diagramme und Gewinne zugrunde liegenden Annahmen entsprechen erheblichen Vereinfachungen der Wirklichkeit; z. B. bestehen wirkliche Dipolwände nicht aus Elementardipolen, sondern aus etwa $\lambda/2$ langen Strahlern, deren Stromverteilung genähert sinusförmig ist. Die Dipole sind in der Praxis auch wegen der Wechselwirkung be-

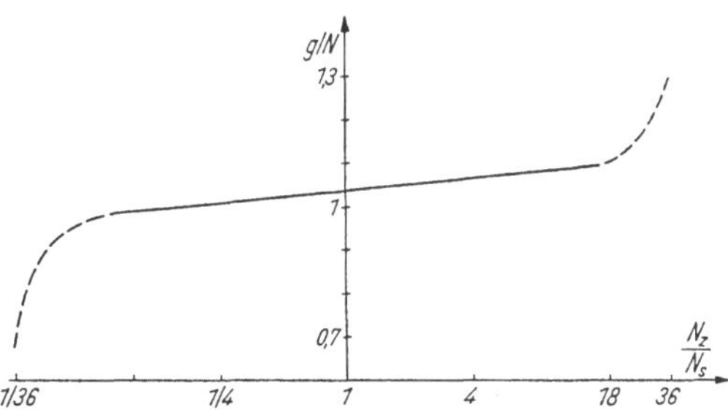

Abb. 28. Gewinn je Dipol G/N in einer rechteckigen Dipolwand mit $N = N_z N_s = 36$ Dipolen als Funktion der Form des Rechteckes (N_z Dipole in der Zeilenrichtung, N_s in der Spaltenrichtung) nach Zahlenwerten von G. SOUTHWORTH.[1]

nachbarter Strahler weder genau gleichphasig noch genau gleich stark erregt. Doch besteht sehr gute Übereinstimmung zwischen unseren Formeln für Diagramme und Gewinne und der Praxis; nur die höheren Nebenmaxima und überhaupt die Reststrahlung weitab vom Hauptmaximum sind empfindlich gegen viele Sekundäreffekte und daher einer theoretischen Erfassung wenig zugänglich.

6. Ebene Antennen mit gleichphasiger, sonst beliebiger Amplitudenverteilung.

Wir haben bisher ebene gleichphasig und gleich stark erregte Antennen behandelt und waren jedenfalls, wenn die Antennen in Wellenlängen gemessen groß waren, auf Diagramme gestoßen, die sich durch die Funktion $\frac{\sin x}{x}$ darstellen lassen. Damit ergaben sich zwangsläufig Beziehungen zwischen der Antennengröße und dem Gewinn und andere für die Diagrammbreite zwischen den ersten Nullstellen zu beiden Seiten des Hauptmaximums und für die Größe der Nebenmaxima.

Nunmehr verzichten wir auf die Forderung der Amplitudenkonstanz, halten aber an der Gleichphasigkeit noch fest und untersuchen, welche allgemeineren Diagramme sich unter diesen weniger einschränkenden Bedingungen realisieren lassen. Im wesentlichen wird sich herausstellen, daß man im Vergleich zur homogenen Belegung die Nebenzipfel auf Kosten des Gewinnes herabsetzen kann. Damit dies eintritt, muß die Erregung von der Antennenmitte zum Rand hin abfallen.

---

[1] G. C. SOUTHWORTH: Proc. Inst. Rad. Engr Bd. 18 (1930) S. 1572.

Da man ungleichmäßige Amplitudenverteilungen in der Praxis meist nicht mit Dipolantennen, sondern mit Hornstrahlern, Parabolen und anderen kontinuierlichen Belegungen erzeugt, wollen wir für die unmittelbar folgenden Betrachtungen das Fernfeld mittels des HUYGENSschen Prinzips darstellen.

Man kann für in Wellenlängen gemessen große Antennen leicht zeigen, daß unter allen kontinuierlichen Belegungen, die in Bereichen von einer Wellenlänge noch genähert homogen sind, im großen aber nach Amplitude und Phase beliebig variieren, die gleichmäßige und gleichphasige Belegung zur größten Absorptionsfläche führt; wenn die Belegung der Antennenöffnung nach Amplitude und Phase homogen ist und die Antennenöffnung nach allen Richtungen groß gegen die Wellenlänge ist, so wird die Absorptionsfläche gerade gleich der geometrischen Antennenfläche. Im Empfangsfall wandert also die gesamte auf eine solche Antennenöffnung einfallende Leistung einer ebenen Welle in den angepaßten Abschlußwiderstand der Antenne. Wenn Amplitude und Phase in einem Bereich der Größe λ^2 noch angenähert konstant sind, so hat das Feld in ihm ungefähr die Struktur einer ebenen Welle; es ist wohl verständlich, daß sich dann besonders übersichtliche Aussagen über die Richtdiagramme machen lassen.

Ein Beispiel einer Antenne, deren Absorptionsfläche gerade gleich ihrer geometrischen Fläche ist, kennen wir übrigens bereits in der Dipolwand des Abschnittes IV, 4, der wir allerdings noch eine Reflektorwand zufügen müssen, damit das Diagramm einseitig wird. Der Gewinn g einer großen ebenen Wand gleich starker und gleichphasiger Dipole ohne Reflektor ist nach Gl. (87)

$$g = \frac{4\pi}{3} N_s N_z \frac{d_s d_z}{\lambda^2},$$

wobei wir noch voraussetzen müssen, daß die Dipolabstände d_s und d_z kleiner als eine Wellenlänge sind. Die Absorptionsfläche ohne Reflektor wird also

$$F_a = g F_d = \tfrac{1}{2} N_s d_s N_z d_z = \tfrac{1}{2} F_{\text{geom}};$$

mit Reflektor wird sie doppelt so groß, weil die Hälfte der zum äquivalenten Raumwinkel Ω beitragenden Strahlung unterdrückt wird. Bei einer großen ebenen Dipolwand mit Reflektor sind also tatsächlich Absorptionsfläche und geometrische Fläche gleich groß[1].

Wir geben uns nunmehr eine komplexe Belegung $A(\xi, \eta)$ der Antennenöffnung, des Parabolspiegels, Hornstrahlers oder was es sonst sei, vor. Sie darf nach Phase und Amplitude als Funktion des Ortes $P(\xi, \eta)$ in der Öffnung mit dem Flächenelement $d\sigma = d\xi\, d\eta$ variieren, also z. B. sinusförmig oder dreieckig sein. Bei gegebener Belegung berechnen wir die Absorptionsfläche als Funktion der Wellenlänge. Als wesentliches Ergebnis erhalten wir folgenden einfachen Ausdruck für den Grenzwert der Absorptionsfläche bei gegen Null gehender Wellenlänge:

$$F_a \to \frac{\int A(P)\, d\sigma \int A^*(P)\, d\sigma}{\int A(P)\, A^*(P)\, d\sigma} * \tag{89}$$

für $\lambda \to 0$.

---

[1] Vgl. K. FRÄNZ: Z. f. Hochfr. Bd. 54 (1939) S. 198.
* FRÄNZ, K.: A. E. Ü. Bd. 1 (1947) S. 205 und G. F. KOCH: Telefunkenzeitung Bd. 26 (1953) S. 292.

Auf Grund der „SCHWARZschen Ungleichung"[1] gilt

$$\int A(P)\,d\sigma \int A^*(P)\,d\sigma \le \int d\sigma \int A(P)\,A^*(P)\,d\sigma = F_{\text{geom}} \int A(P)\,A^*(P)\,d\sigma,$$

und das Gleichheitszeichen gilt nur für die nach Amplitude und Phase konstante Belegung $A = \text{const}$.

Im Grenzfall $\lambda \to 0$ gilt also

$$F_a \le F_{\text{geom}}, \tag{90}$$

und nur bei homogener Belegung wird die Absorptionsfläche gleich der geometrischen Fläche.

Die Gl. (89) erlaubt einem in vielen Fällen, die Absorptionsfläche einer Antenne direkt anzugeben, ohne daß es nötig wäre, erst das Diagramm und dann daraus durch Integration den äquivalenten Raumwinkel zu berechnen.

Statt die Stromverteilung festzuhalten und die Wellenlänge zu variieren, kann man die Wellenlänge konstant lassen und die Stromverteilung variieren. Dann ergeben sich jedoch viel kompliziertere Verhältnisse. Wir werden noch sehen, daß bei gegebener geometrischer Antennenfläche und Wellenlänge und variabler Stromverteilung die Absorptionsfläche im Prinzip beliebig groß werden kann. Dies ist aber nur möglich, wenn man zuläßt, daß die Phase der Belegung sich in beliebig kleinen Bereichen der Antennenfläche beliebig schnell ändert.

Die in der Beziehung (89) auftretenden Größen haben eine einfache physikalische Bedeutung, welche die Gl. (89) verständlich machen: $\int A(P)\,d\sigma$ ist proportional zur Amplitude des Fernfeldes querab zur Antenne. $AA^*d\sigma$ ist proportional zur durch das Flächenelement $d\sigma$ der Antennenöffnung abgestrahlten Leistung, falls im Element $d\sigma$ das elektromagnetische Feld näherungsweise die Struktur einer ebenen Welle hat und man den POYNTINGschen Vektor in der Form

$$|\mathfrak{S}| \equiv |\mathfrak{E} \times \mathfrak{H}| = \frac{\mathfrak{E}^2}{Z_0}$$

schreiben kann. Die Absorptionsfläche ist danach dem Quotienten (89) proportional. Daß der noch unbekannte dimensionslose Proportionalitätsfaktor gerade gleich Eins ist, sieht man sofort durch Einsetzen von $A = \text{const}$ in Gl. (89).

Die Grenzwertbeziehung (89) läßt sich streng beweisen. Daß sie praktisch schon erfüllt ist, wenn die Belegung in Bereichen von einer Wellenlänge noch genähert homogen ist, entnimmt man Beispielen.

Wir beweisen Gl. (89) für den eindimensionalen Fall, also einen geraden Draht mit gegebener Strombelegung $A(\xi)$, die eine komplexwertige Funktion des Ortes ξ auf dem Draht ist. Das Fernfeld wird nach Gl. (25)

$$\mathfrak{E} \sim \int A(\xi)\, e^{\frac{-2\pi j \xi \cos\vartheta}{\lambda}}\, d\xi$$

und damit der äquivalente Raumwinkel

$$\Omega = \frac{\int \mathfrak{E}^2\, d\Omega}{\left|\int A(\xi)\,d\xi\right|^2}.$$

Den Nenner müssen wir zur Normierung des Feldes querab hinzufügen, entsprechend der Bedingung

$$\mathfrak{E}_{\vartheta = \frac{\pi}{2}} = 1.$$

---

[1] COURANT-HILBERT: Methoden der mathematischen Physik. Berlin: Springer 1931 S. 2.

Man findet

$$\Omega = \frac{\int A(\xi_1)\, A^*(\xi_2)\, e^{\frac{-2\pi j(\xi_1-\xi_2)\cos\vartheta}{\lambda}}\, d\xi_1\, d\xi_2\, \sin^3\vartheta\, d\vartheta\, d\varphi}{\int A(\xi_1)\, A^*(\xi_2)\, d\xi_1\, d\xi_2}$$

$$= \frac{2\pi \int A(\xi_1)\, A^*(\xi_2)\, e^{-2\pi j(\xi_1-\xi_2)\frac{s}{\lambda}}\, (1-s^2)\, ds\, d\xi_1\, d\xi_2}{\int A(\xi_1)\, A^*(\xi_2)\, d\xi_1\, d\xi_2}$$

$$\approx \frac{4\pi \int A(\xi_1)\, A^*(\xi_2)\, \dfrac{\sin\dfrac{2\pi}{\lambda}(\xi_1-\xi_2)}{\dfrac{2\pi}{\lambda}(\xi_1-\xi_2)}\, d\xi_1\, d\xi_2}{\int A(\xi_1)\, A^*(\xi_2)\, d\xi_1\, d\xi_2}\,.$$

Den Faktor $1-s^2$ konnten wir unterdrücken, weil in der Grenze $\lambda \to 0$ nur diejenigen Intervalle von ξ_1, ξ_2 und s zum Integral beitragen, für die der Exponent verschwindet

$$(\xi_1 - \xi_2)\, s \approx 0\,.$$

Aus der Theorie der Fourier-Reihen oder Integrale[1] entnimmt man die Beziehung

$$\int\limits_{-l}^{l} A(\xi_1)\, \frac{\sin\dfrac{2\pi}{\lambda}(\xi_1-\xi_2)}{\dfrac{2\pi}{\lambda}(\xi_1-\xi_2)}\, d\xi_1 \to \frac{\lambda}{2\pi}\, A(\xi_2) \int\limits_{-\infty}^{\infty} \frac{\sin x}{x}\, dx = \frac{\lambda}{2}\, A(\xi_2)$$

für $\lambda \to 0$, also

$$\Omega \to \frac{2\pi\lambda \int A(\xi)\, A^*(\xi)\, d\xi}{\int A(\xi)\, d\xi \int A^*(\xi)\, d\xi}\,. \tag{91}$$

Der zweidimensionale Fall der Antennenfläche läßt sich ganz analog behandeln[2].

Um zu sehen, von welcher Antennengröße an man die Gl. (89) bzw. (91) benutzen kann oder wie groß die noch praktisch homogenen Bereiche auf der Antenne sein müssen, berechnen wir den Gewinn des schon im Abschn. IV, 1 behandelten geraden Drahtes. Wenn die Belegung gleichförmig ist, ergibt sich nach Gl. (62) das Diagramm

$$f(\vartheta, \varphi) = \sin\vartheta \left| \frac{\sin\left(\dfrac{l\pi}{\lambda}\cos\vartheta\right)}{\dfrac{l\pi}{\lambda}\cos\vartheta} \right|$$

und durch Einsetzen des Diagramms in Gl. (54) der äquivalente Raumwinkel

$$\Omega = \int \sin^2\vartheta\, \frac{\sin^2\left(\dfrac{\pi l}{\lambda}\cos\vartheta\right)}{\left(\dfrac{\pi l}{\lambda}\cos\vartheta\right)^2}\, d\Omega$$

$$= 8\pi \left[\frac{Si\,\dfrac{2\pi l}{\lambda}}{\dfrac{2\pi l}{\lambda}} - \frac{2-\cos\dfrac{2\pi l}{\lambda}}{\left(\dfrac{2\pi l}{\lambda}\right)^2} + \frac{\sin\dfrac{2\pi l}{\lambda}}{\left(\dfrac{2\pi l}{\lambda}\right)^3} \right], \tag{92}$$

---

[1] Vgl. R. Courant: Vorlesungen über Differential- und Integralrechnung. 2. Aufl. S. 373. Berlin: Springer.

[2] Vgl. das Kapitel Multiple Integrals in Watson: Bessel Functions. Cambridge University Press 1922, S. 450.

während die Grenzwertformel für $A = \text{const}$

$$\Omega \to \frac{2\pi\lambda}{l}$$

ergibt.

Der Vergleich mit der graphischen Darstellung von Gl. (92) in Abb. 29 zeigt, daß der Grenzwert praktisch bei $l = \lambda$ erreicht ist.

Man kann sich an Hand der Gl. (62), (63) u. (64) überzeugen, daß die Nebenmaxima bei der dreieckigen oder sinusförmigen Verteilung schneller abnehmen als bei der gleichmäßigen Belegung. Es ist sogar möglich, Amplitudenverteilungen anzugeben, bei denen überhaupt keine Nebenmaxima auftreten, vielmehr das Diagramm monoton zu beiden Seiten des Hauptmaximums abnimmt.

Eine quantitative Diskussion des Zusammenhangs zwischen Gewinn und Nebenzipfelhöhe bei gegebener Antennengröße und Wellenlänge scheint jedoch bisher nur für Antennen möglich zu sein, die aus Dipolen bestehen, und nicht für kontinuierliche Belegungen, genauer gesagt, man kann leicht zeigen, welche Amplitudenverteilung bei gegebener Seitenzipfelhöhe

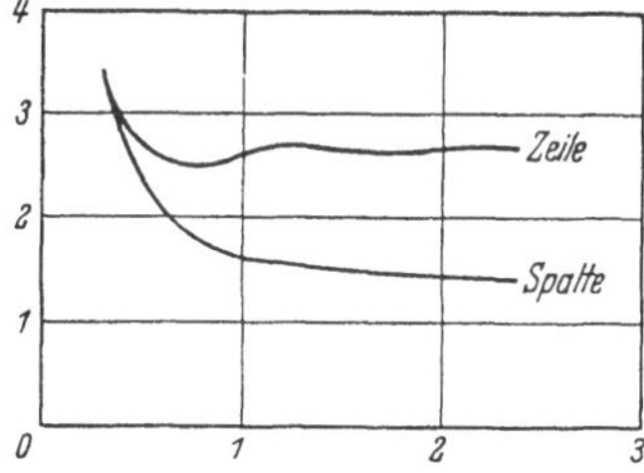

Abb. 29. Gewinn von kontinuierlich erregten Zeilen und Spalten als Funktion der Länge. Abszisse ist l/λ, Ordinate ist $g\lambda/l$.

des Diagramms, gegebener Dipolzahl und Wellenlänge und gegebenem Abstand $d \geqq \dfrac{\lambda}{2}$ benachbarter Dipole zum schmalsten Hauptzipfel, zum kleinsten Winkel zwischen den beiden ersten Nullstellen führt.

Bei homogener Amplitudenbelegung hatte sich das Diagramm $\dfrac{\sin z}{z}$ ergeben und damit Nebenzipfel von ungleicher Amplitude. Es ist von vornherein plausibel, daß Diagramme mit lauter gleich hohen Nebenzipfeln resultieren, wenn man die geringste mit gegebener Breite des Hauptmaximums und gegebenem Verhältnis Antennenbreite zur Wellenlänge verträgliche Nebenzipfelhöhe fordert oder umgekehrt schmalsten Hauptzipfel bei gegebenem größten Nebenzipfel; denn wenn einige Nebenmaxima größer sind als die übrigen, wird man sie auf Kosten dieser andern verkleinern, bis alle gleich hoch sind.

Die Diagramme von symmetrisch zur Antennenmitte erregten Dipolzeilen lassen sich nicht nur, wie wir das bisher taten, durch trigonometrische Funktionen darstellen, sondern nach einigen Umformungen auch als Polynome. Nun sind diejenigen Polynome, deren sämtliche Maxima gleich hoch sind, bekannt. Es sind die TSCHEBYSCHEFFschen Polynome

$$T_n(z) = \cos(n \operatorname{arc} \cos z). \tag{93}$$

Daß T_n wirklich ein Polynom n-ten Grades ist, kann man leicht zeigen, indem man $\cos n\,z$ durch die Potenzen von $\cos z$ ausdrückt[1].

Es ist plausibel, daß die Antennendiagramme mit kleinsten Nebenzipfeln sich durch die $T_n(z)$ darstellen lassen; wir werden das jetzt nach dem Vorgang von DOLPH beweisen[2].

Der Strom im n-ten Dipol, der in Abb. 30 dargestellten Zeile von N-Dipolen sei i_n; symmetrische Erregung ergibt $i_n = i_{N-n+1}$. Zwei symmetrisch gelegene

---

[1] COURANT-HILBERT: Methoden der mathematischen Physik. Berlin: Springer 1931, S. 75.

[2] DOLPH, C. L.: Proc. Inst. Rad. Engr. Bd. 34 (1946) S. 335. — RIBLET, J.: ibid. Bd. 35 (1947) S. 489.

Dipole würden für sich in der gezeichneten Horizontalebene nach Gl. (67) das Diagramm

$$i_n \cos\left[\frac{\pi(N-2n+1)\,d}{\lambda}\cos\varphi\right]$$

erzeugen. Die Beiträge aller Dipole ergeben durch lineare Superposition ein Diagramm

$$\sum_1^N i_n \cos\left[\frac{\pi(N-2n+1)\,d}{\lambda}\cos\varphi\right].$$

Setzen wir $\dfrac{\pi d}{\lambda}\cos\varphi = x$, so erhalten wir für das noch nicht auf Eins normierte Diagramm

$$\sum_1^N i_n \cos[(N-2n+1)\,x].$$

Nun kann man durch Umkehrung der Beziehungen

$$\cos^n x = \left[\frac{e^{jx}+e^{-jx}}{2}\right]^n = \frac{1}{2^{n-1}}\left[\cos n x + \binom{n}{1}\cos(n-2)\,x + \cdots\right]$$

$$n = N,\ N-2,\ \ldots$$

das Diagramm auch durch die Potenzen von $\cos x$ ausdrücken:

$$\sum_1^{N-2n+1\gtrless 0} a_n(\cos x)^{N-2n+1},$$

und indem wir $z_0\cos x = z$ setzen, erhalten wir schließlich bei beliebigen Strömen i_n eine Darstellung des Diagramms durch ein Polynom $(N-1)$-ten Grades in z

$$\sum a_n \left(\frac{z}{z_0}\right)^{N-2n+1}.$$

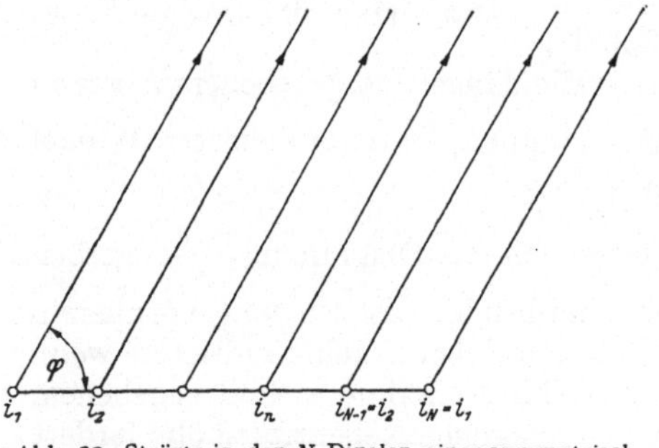

Abb. 30. Ströme in den N Dipolen einer symmetrisch erregten Dipolzeile.

Wenn φ von 0 bis π wächst, nimmt x alle Werte im Intervalle $\left(-\dfrac{\pi d}{\lambda},\ \dfrac{\pi d}{\lambda}\right)$ an. Wenn $d = \lambda/2$ ist, entsprechen einander die Werte

φ	x	z
0	$\dfrac{\pi}{2}$	0
$\dfrac{\pi}{2}$	0	z_0
π	$-\dfrac{\pi}{2}$	0

Wir behaupten nunmehr: Das auf Eins normierte gesuchte Diagramm mit gegebener Nebenzipfelhöhe $q < 1$ und schmalstem damit verträglichem Hauptzipfel ist das Diagramm

$$f(\varphi) = q\,T_{N-1}\left[z_0\cos\left(\frac{\pi d}{\lambda}\cos\varphi\right)\right] \qquad (94)$$

mit

$$T_{N-1}(z_0) = \frac{1}{q} > 1$$

oder

$$z_0 = \mathfrak{Cof}\left(\frac{1}{N-1}\,\mathfrak{ArCof}\,\frac{1}{q}\right). \qquad (95)$$

Den Beweis holen wir gleich nach.

In Abb. 31 ist als Beispiel das Polynom $T_5(z)$ gezeichnet; der ausgezogene Teil ist also eine etwas ungewöhnliche Darstellung des Richtdiagramms einer Zeile von 6 Dipolen als Funktion von z an Stelle der üblichen Winkelvariablen φ.

Die Breite des Hauptzipfels ergibt sich aus der dem Punkt z_0 nächst gelegenen Nullstelle $z_1 < 1$, welche der Gl. (96) genügt.

$$T_{N-1}(z_1) \equiv \cos\left[(N-1)\arccos z_1\right] = 0$$

$$z_1 = \cos\frac{\pi}{2(N-1)}\,. \tag{96}$$

Der zugehörige Winkel φ_1 ist

$$\varphi_1 = \arccos\left[\frac{\lambda}{\pi d}\arccos\left(\frac{1}{z_0}\cos\frac{\pi}{2(N-1)}\right)\right]. \tag{97}$$

In Abb. 32 ist die Gewinnherabsetzung beim Übergang von der gleichmäßigen Amplitudenverteilung auf die DOLPHsche als Funktion der Nebenzipfelhöhe für Dipolzeilen mit 8, 12 und 24 Dipolen dargestellt. Die numerischen Werte sind der Arbeit von DOLPH entnommen, der sie unter Vernachlässigung der gegenseitigen Strahlungskopplung zwischen den Dipolen berechnet hat. In Abb. 33 sind die Stromverteilungen in einer Antenne mit $N = 8$ Dipolen als Funktion der Nebenzipfelhöhe q dargestellt, welche zu den Diagrammen der Formel (94) gehören.

Wir müssen nun noch den Beweis nachholen, daß die Polynome $T_n(z)$ tatsächlich unser Extremalproblem lösen. Dazu genügt der Hinweis, daß jedes andere Polynom vom selben Grad $N-1$, welches wie die Zahl $N-1$ gerade oder ungerade ist, mit T_{N-1} den Punkt $(z_0, 1/q)$ und die Nullstelle z_1 gemeinsam hat und zwischen 0 und z_1 überall dem Betrage nach kleiner als T_{N-1} bleibt, mindestens N gemeinsame Punkte mit T_{N-1} hat und daher mit T_{N-1} identisch ist.

Wenn $d < \dfrac{\lambda}{2}$ ist, nimmt z einen Wertebereich um $z = 0$ nicht an, wenn der Winkel φ von 0 auf π wächst, und unser Beweis ist nicht mehr stichhaltig. Die Bedingung $d \geqq \dfrac{\lambda}{2}$, die sich so ergibt, schließt die Möglichkeit aus, daß die Phase der Erregung zu schnell von Ort zu Ort wechselt; die Ströme benachbarter Dipole i_n und i_{n+1} könnten ja entgegengesetzte Vorzeichen haben. Wir werden noch vielfach sehen, wie wichtig für die Gültigkeit unserer bis-

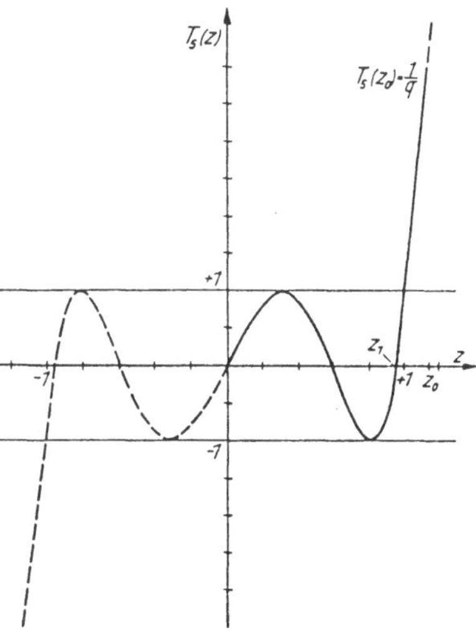

Abb. 31. Das TSCHEBYSCHEFsche Polynom fünften Grades $T_5(z)$. Der ausgezogene Teil der Kurve entspricht dem Wertebereich von T_5, welches das Richtdiagramm einer Dipolzeile von 6 Dipolen mit $d = \lambda/2$ annimmt, wenn man die Dipole mit den von C. L. DOLPH vorgeschlagenen Amplituden so erergt, daß alle Nebenmaxima gleich hoch werden.

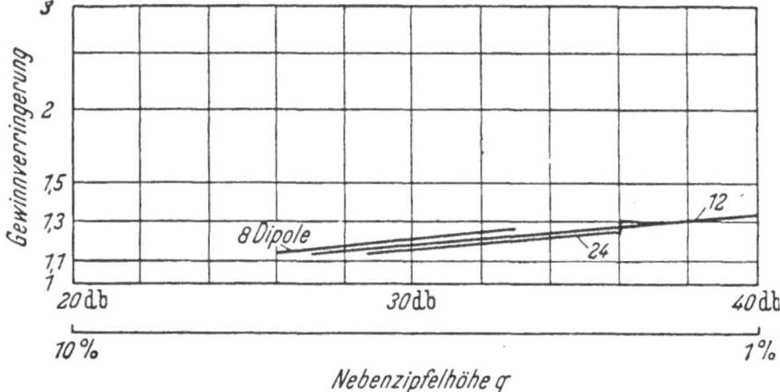

Abb. 32. Gewinn und Nebenzipfelhöhe bei DOLPH-TSCHEBYSCHEF-Erregung einer Dipolzeile. Ordinate ist die Gewinnherabsetzung beim Übergang von der gleichmäßigen Erregung auf die DOLPHsche. (Numerische Werte von DOLPH unter Vernachlässigung der gegenseitigen Strahlungskopplung der Dipole berechnet.)

herigen Ergebnisse über Richtdiagramme die Voraussetzung ist, daß die Phase der Erregung nicht zu schnell von Ort zu Ort wechselt.

Wenn wir die Nebenzipfel im Vergleich zum Diagramm $\dfrac{\sin z}{z}$ herabsetzen wollen, werden wir in der Praxis mit kontinuierlichen Belegungen statt mit Dipolzeilen arbeiten, für die allein quantitativ die optimale Relation zwischen Nebenzipfelhöhe und Breite des Hauptmaximums bekannt ist. Die kontinuierlichen gleichphasigen Belegungen umfassen als Grenzfall die eben behandelten diskontinuierlichen; im allgemeinen kontinuierlichen Fall muß das Optimum also mindestens so gut liegen wie die Gl. (95) und (97) entsprechenden Werte von q und φ_1. Wir können also jedes gemessene oder errechnete Diagramm mit diesem Optimum vergleichen, um festzustellen, ob es sich noch nenneswert verbessern läßt.

Es bleibt uns nun noch zu zeigen, wie die Amplitudenverteilungen beschaffen sind, die zu kleinen Nebenzipfeln führen. Alle Beispiele zeigen, daß eine von der Mitte zu den Rändern abnehmende Erregung der Antenne kleinere Nebenzipfel ergibt als die gleichmäßige Amplitudenverteilung, während umgekehrt stärkere Erregung der Ränder zu stärkeren Nebenzipfeln führt. Als Beispiele können wir die Diagramme nach Gl. (62), (63) u. (64) anführen, welche sich für homogene, dreieckige und sinusförmige Strombelegung eines geraden

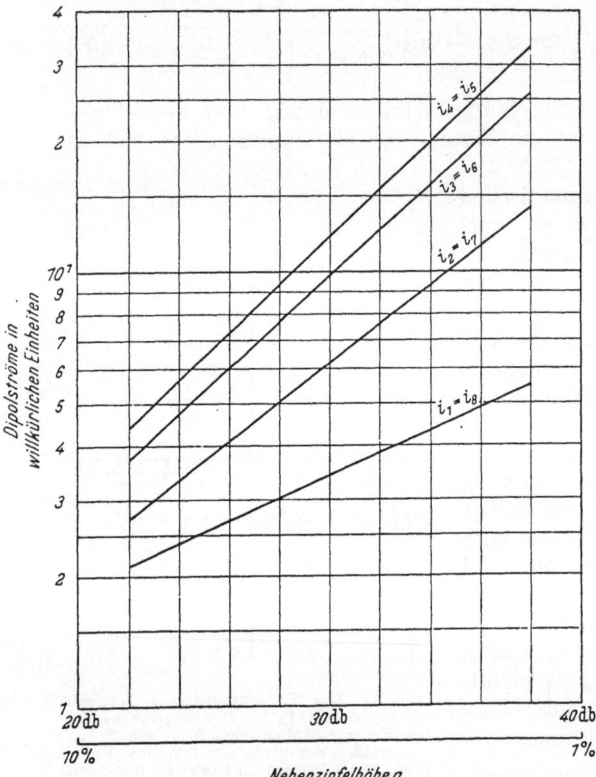

Abb. 33. Ungleichmäßige Stromverteilung einer Dipolzeile mit 8 Dipolen nach DOLPH, welche dazu führt, daß alle Nebenzipfel des Diagramms gleich hoch werden.

Drahtes ergeben, oder die Amplitudenverteilungen der Abb. 33, welche zu den eben behandelten DOLPH-TSCHEBYSCHEFF schen Diagrammen gehören[1].

Ferner können wir in einer Dipolzeile mit N-Dipolen im Abstand d die gesamte Erregung auf die beiden äußersten Dipole konzentrieren; dann ergibt sich nach Gl. (67) ein Diagramm $f(\varphi) = \left| \cos\left[(N-1)\dfrac{\pi d}{\lambda} \cos\varphi \right] \right|$ mit lauter gleich hohen Maxima und bei genügendem Abstand der äußersten Dipole $(N-1)\,d \gg \lambda$ der Gewinn 2. Bei gleicher Erregung aller N Dipole wird das Diagramm nach Gl. (69)

$$f(\varphi) \approx \left| \frac{\sin\left(\dfrac{N\pi d}{\lambda} \cos\varphi \right)}{\dfrac{\pi d}{\lambda} \cos\varphi} \right| \tag{98}$$

[1] DOLPH, L. C.: Siehe Fußnote 2, S. 263.

und für $d = \lambda/2$, $Nd \gg \lambda$ der Gewinn nach Gl. (78) $g = \tfrac{1}{3} N$. Bei Erregung der Dipolzeile nach der Binomialverteilung mit den Strömen $i_n = \binom{N}{n}$, welche in der Mitte $n \approx \dfrac{N}{2}$ sehr große Werte $N!\big/\big(\dfrac{N}{2}!\big)^2$ im Vergleich zum Rand mit $i_1 = i_n = 1$ annimmt, ergibt sich ein Diagramm Gl. (98) $f(\varphi) = \cos^N\!\left(\dfrac{\pi d}{\lambda}\cos\varphi\right)$, das für $d \leq \dfrac{\lambda}{2}$ keine Nebenmaxima hat und bei $N \gg 1$ und $d = \dfrac{\lambda}{2}$ den Gewinn $g \approx \tfrac{2}{3}\sqrt{\pi N}$ hat. (Die einfache Berechnung des Gewinns unterdrücken wir.)

Konzentriert man die Erregung völlig auf die Antennenmitte, so daß überhaupt nur noch ein Dipol erregt wird, so ergibt sich ein Runddiagramm und der Gewinn Eins. Dieses Verhalten von Nebenzipfeln und Gewinn beim allmählichen Übergang von der ausschließlichen Erregung der Ränder zur ausschließlichen Erregung der Antennenmitte illustriert noch einmal, was wir schon in allgemeingültiger Form in den bisherigen Abschnitten des Kapitels IV abgeleitet haben.

Wenn auch eine vollständige und zugleich quantitative Erfassung des Zusammenhangs zwischen Amplitudenverteilung und Nebenzipfelhöhe nicht vorzuliegen scheint, so ist wenigstens die Beziehung zu einem bekannten Satz über FOURIER-Integrale evident, wonach eine unstetige Stromverteilung (also z. B. die homogene, die am Antennenrand auf Null springt) zu einem Diagramm führt, das asymptotisch wie $\dfrac{1}{z}$ $\left(\text{also z. B. } \dfrac{\sin z}{z}\right)$ abnimmt, während zu einer stetigen Erregung (etwa einer dreieckigen oder sinusförmigen) ein asymptotisches Verhalten wie $1/z^2$ gehört; allgemeiner ergibt sich bei Stetigkeit aller Ableitungen der Erregung einschließlich der $(n-1)$-ten asymptotisches Verhalten des Diagramms wie $1/z^n$. Man vergleiche noch einmal die Diagramme (62), (63) u. (64)[1].

7. Zusammenfassung.

Gleichphasige ebene Antennen mit variabler Amplitudenbelegung sind Querstrahler; d. h., das Hauptmaximum des Diagramms liegt querab zur Antennenebene unabhängig davon, wie sich die Erregung über die Antennenebene verteilt. Im Vergleich zur homogenen Amplitudenbelegung, welche auf Diagramme vom Typ $\dfrac{\sin z}{z}$ führt, kann man Diagramme mit erheblich kleinerer Nebenstrahlung erzeugen, freilich auf Kosten des Gewinns, welcher bei homogener Erregung sein Maximum hat. Die Absorptionsfläche einer allseitig gegen die Wellenlänge großen, gleichphasigen und ebenen Antenne mit Reflektor kann höchstens gleich der geometrischen Antennenfläche sein. Der Zusammenhang zwischen Amplitudenbelegung und Absorptionsfläche großer gleichphasiger Antennen ist im wesentlichen durch die Beziehungen Gl. (89) u. (91) gegeben. Zur Abschätzung der Beziehung zwischen maximaler Nebenzipfelhöhe und Gewinn können in vielen Fällen die Gl. (95) u. (97) herangezogen werden, die in den Abb. 32 u. 33 veranschaulicht sind. Damit die Nebenzipfel kleiner ausfallen als bei homogener Erregung, muß die Erregung der Antenne von der Mitte nach den Rändern hin abnehmen.

8. Antennen mit beliebigen Amplituden und Phasen der Belegung.

Wenn wir nicht mehr fordern, daß die Phase der Erregung einer Antenne konstant sei, werden die meisten Resultate über mögliche Richtdiagramme, die wir in den Abschn. IV, 1 bis IV, 6 abgeleitet haben, hinfällig. Eine ebene Antenne

---

[1] COURANT-HILBERT: Methoden der mathematischen Physik. Berlin: Springer 1931, S. 62.

braucht dann kein Querstrahler zu sein; das Hauptmaximum des Diagramms kann vielmehr in jede beliebige Richtung fallen, die Antenne kann ein Längsstrahler sein, querab kann eine Nullstelle des Diagramms liegen. Während bei gleichphasiger Erregung eine ebene Antenne ohne Reflektor immer ein symmetrisches Diagramm und also querab zwei gleich hohe Hauptmaxima auf beiden Seiten hat, kann bei geeigneter ungleichphasiger Erregung eine einseitig gerichtete Strahlung in der Längsrichtung entstehen; alle diese Möglichkeiten werden auch technisch ausgenutzt.

Darüber hinaus gilt wenigstens im Prinzip, daß man mit einer beliebig kleinen Antenne bei beliebig großer Wellenlänge jedes beliebige Richtdiagramm erzeugen kann, insbesondere auch beliebig scharfe Bündelung, so daß also keine einfache Beziehung mehr zwischen der Antennengröße und der Absorptionsfläche besteht, etwa nach Art der im Abschn. IV, 6 besprochenen. Diese im Prinzip vorhandenen Möglichkeiten der kleinen Antennen kann man jedoch in der Praxis nur sehr begrenzt ausnutzen, und Antennen mit praktisch homogener Erregung oder mit ungleichmäßiger Amplitudenbelegung, aber praktisch konstanter Phase, wie wir sie bisher besprochen haben, besitzen eine sehr große technische Bedeutung, so daß wir uns eingehend mit ihnen befassen mußten.

Wir werden in den nächsten Abschnitten zeigen, wie man Längsstrahler, Reflektoren, Diagramme mit scharfen Nullstellen und schwenkbare Diagramme dimensionieren kann. Außerdem müssen wir uns mit eben jener merkwürdigen Tatsache auseinandersetzen, daß man im Prinzip mit beliebig kleinen Antennen eine beliebig scharfe Bündelung erhalten kann.

9. Zwei mit gleicher Amplitude und beliebiger Phase erregte Strahler.

Um zunächst an einem möglichst einfachen Beispiel den Einfluß der Erregerphase auf das Diagramm zu untersuchen, behandeln wir eine Antenne nach Abb. 34 aus zwei vertikalen, gleich stark erregten Dipolen im Abstand d voneinander; die Ströme i_1 und i_2 haben die Phasendifferenz ψ, etwa

$$i_1 = i\,e^{\,j\frac{\psi}{2}} \qquad i_2 = i\,e^{\,-j\frac{\psi}{2}}.$$

Das Diagramm als Funktion des Aufpunktes $P(\vartheta, \varphi)$ ergibt sich durch lineare Superposition zu

$$f = i\left(e^{\,j\frac{\psi}{2}+j\frac{\pi d}{\lambda}\sin\vartheta\cos\varphi} + e^{\,-j\frac{\psi}{2}-j\frac{\pi d}{\lambda}\sin\vartheta\cos\varphi}\right)\sin\vartheta \qquad (99\,\mathrm{a})$$

oder nach Unterdrückung unwesentlicher Proportionalitätsfaktoren

$$f = \left|\cos\left(\frac{\psi}{2} + \frac{\pi d}{\lambda}\sin\vartheta\cos\varphi\right)\right|\sin\vartheta; \qquad (99)$$

insbesondere erhalten wir für einen Aufpunkt in der Horizontalebene $\vartheta = \pi/2$

$$f = \left|\cos\left(\frac{\psi}{2} + \frac{\pi d}{\lambda}\cos\varphi\right)\right|.$$

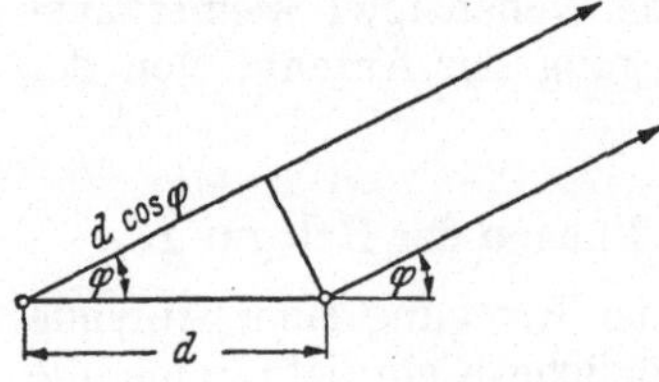

Abb. 34. Dipolzeile mit zwei Dipolen.

Wenn die Phasendifferenz $\psi = 0$ und der Abstand $d \ll \lambda$ ist, erhalten wir in der Horizontalebene ein Runddiagramm, weil der cos einer kleinen Zahl fast gleich Eins ist. Wenn wir dagegen über die Phasendifferenz ψ frei verfügen, können wir offensichtlich für jede beliebige Richtung φ_0 in der Horizontalebene eine Phase ψ angeben, so daß in dieser Richtung eine Nullstelle oder auch ein Maximum des Diagramms entsteht.

Dazu brauchen wir nur

$$\frac{\psi}{2} + \frac{\pi d}{\lambda}\cos\varphi_0 = \frac{\pi}{2} \quad \text{bzw. } 0$$

zu setzen.

In der Abb. 35 sind einige typische Diagramme für Phasen $0 \leqq \psi \leqq \pi$ und die Abstände $d \ll \lambda$, $d = \lambda/4$ und $d = \lambda/2$ gezeichnet.

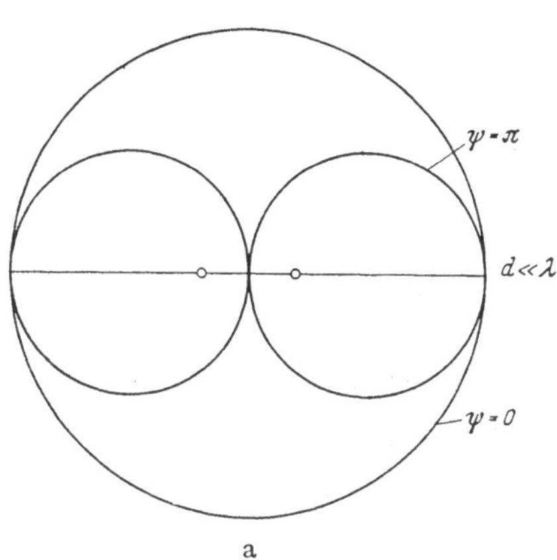

a

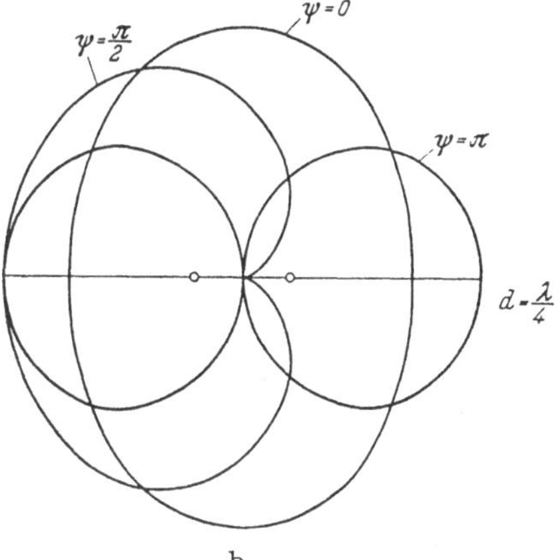

b

Bemerkenswert sind vor allem folgende Fälle:

Bei Gegenphasigkeit ($\psi = \pm\pi$) ergibt sich für alle Abstände d ein Null querab zur Antenne ($\varphi = \pi/2$)

$$f = \sin\vartheta \left|\left[\sin\left(\frac{\pi d}{\lambda}\sin\vartheta\cos\varphi\right)\right]\right|. \quad (100)$$

Der Ausdruck in der eckigen Klammer ist das Gruppendiagramm für zwei gleiche und gleich orientierte, gleich stark und gegenphasig gespeiste, sonst beliebige Strahler. Bei kleinem Abstand $d \ll \lambda$ heben sich die von den beiden Einzelstrahlern erzeugten Felder bei der Superposition in allen Richtungen (ϑ, φ) nahezu auf, in der Ebene $\varphi = \pm\dfrac{\pi}{2}$ genau; in der Abb. 35 tritt das natürlich nicht in

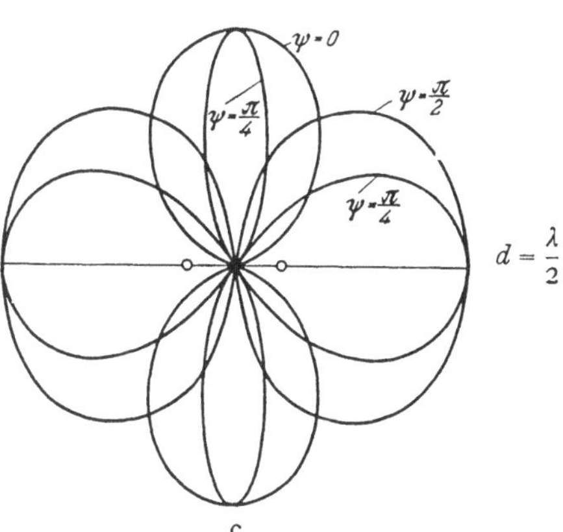

c

Abb. 35 a—c. Diagramme der Dipolantenne nach Abb. 34 für verschiedene Abstände d und verschiedene Phasen ψ zwischen den Strömen der beiden Dipole.

Erscheinung, weil wir alle Diagramme auf eins normiert gezeichnet haben. Wenn nach der Superposition in allen Richtungen die Feldstärken klein sind, obgleich die Ströme in den Strahlern sich nicht geändert haben, muß der Strahlungswiderstand des gleich stark und gegenphasig gespeisten Dipolpaares bei kleinem Abstand ($d \ll \lambda$) klein sein im Vergleich zum Strahlungswiderstand des Einzeldipols.

Wenn dagegen der Abstand eine halbe Wellenlänge ($d = \lambda/2$) beträgt, so sind die Einzelfelder in Richtung der Verbindungslinie $\vartheta = \dfrac{\pi}{2}$, $\varphi = \begin{cases} 0 \\ \pi \end{cases}$ gleichphasig, wie die Gl. (99a) zeigt, und die Superposition führt in diesen Richtungen zur Feldstärkenverdopplung. Für $d = \lambda/2$ wird der Strahlungswiderstand des gegen-

phasig gespeisten Dipolpaares also keineswegs klein gegen den eines Einzeldipols werden.

Wären die Ströme in den beiden Dipolen ungleich, so könnte das Diagramm
in keiner Richtung eine exakte Nullstelle haben; denn zwei Felder ungleicher
Amplitude können sich für keine Phasendifferenz genau aufheben.

Bei einem Abstand unserer beiden Strahler von einer
Viertelwellenlänge $\left(d = \dfrac{\lambda}{4}\right)$ und einer Phasenverschiebung
der Ströme von $90°$ $\left(\psi = \pm \dfrac{\pi}{2}\right)$ ergibt sich das einseitig
richtende Kardioidendiagramm der Abb. 36

$$f = \sin \vartheta \left|\left[\cos \frac{\pi}{4}\,(1 \pm \sin \vartheta \cos \varphi)\right]\right|. \tag{101}$$

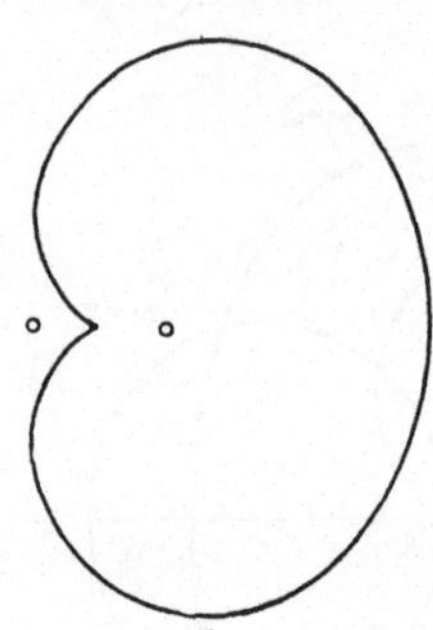

Abb. 36. Das Kardioiden-
diagramm (101).

Der Faktor in der eckigen Klammer ist das Gruppendiagramm für zwei gleiche und gleich orientierte Strahler
im Abstand einer Viertelwellenlänge, die gleich stark mit
einer Phasenverschiebung von $\pm 90°$ gespeist werden. Wir
können also z. B. durch diese Gruppenanordnung das
Diagramm eines jeden ebenen Querstrahlers, etwa einer Dipolwand aus gleichphasigen Dipolen, einseitig machen; dazu setzen wir hinter sie eine gleiche
Wand als Reflektor im Abstand einer Viertelwellenlänge und speisen sie mit
gleicher Amplitude und der Phase $+90°$. Dabei verdoppelt sich der Gewinn
des Querstrahlers. Das Diagramm $f(\vartheta, \varphi)$ des ebenen Querstrahlers ist symmetrisch in bezug auf die Antennenebene, gegen die wir jetzt den Winkel φ
rechnen wollen, so daß die Richtung der Verbindungslinie der beiden Strahler
nunmehr $\varphi = \pi/2$ wird.

$$f(\vartheta, \varphi) = f(\vartheta, -\varphi).$$

Der äquivalente Raumwinkel des Querstrahlers ohne Reflektor ist

$$\Omega_0 = \int f^2 \, d\Omega.$$

Mit Reflektor erhält man

$$\Omega = \int f^2(\vartheta, \varphi) \cos^2 \frac{\pi}{4}\,(\sin \vartheta \sin \varphi - 1)\, d\Omega$$

$$= \frac{1}{2} \int f^2(\vartheta, \varphi) \left[1 + \sin \left(\frac{\pi}{2} \sin \vartheta \sin \varphi\right)\right] d\Omega = \frac{1}{2} \int f^2 \, d\Omega = \frac{1}{2}\,\Omega_0.$$

Der Gewinn ist also tatsächlich verdoppelt.

10. Scharf bündelnde Längsstrahler.

Scharf bündelnde Längsstrahler kann man sowohl durch Aufreihen von
Einzelstrahlern als auch bei kontinuierlicher Erregung erhalten, ganz analog zu
den Querstrahlern; Zeilen von Einzelstrahlern speist man am bequemsten abwechselnd gegenphasig, während man kontinuierlich erregte Längsstrahler mit
Hilfe von fortschreitenden Wellen realisiert.

Betrachten wir zunächst das Gruppendiagramm, das man mit einer Reihe
von N Einzelstrahlern im gegenseitigen Abstand d erzeugen kann, die alle gleich
stark, aber mit der Phasendifferenz ψ zwischen benachbarten Strahlern gespeist werden. Der Strom i_n im n-ten Strahler ist dann

$$i_n = i_1\, e^{j(n-1)\psi},$$

und für das Gruppendiagramm im Aufpunkt $P(\alpha)$, der unter dem Winkel α gegen die Verbindungslinie der Strahler liegt, finden wir durch lineare Superposition der Beiträge aller Einzelstrahler zum Fernfeld

$$i_1 \sum_1^N e^{\, j(n-1)\psi + j\,\frac{2(n-1)\pi d}{\lambda}\cos\alpha} \, .$$

Die Summe ist eine endliche geometrische Reihe, die wir ganz analog zu Gl. (68) summieren können.

$$f(\alpha) = \left| \frac{\sin N\left(\dfrac{\psi}{2} + \dfrac{\pi d}{\lambda}\cos\alpha\right)}{N\sin\left(\dfrac{\psi}{2} + \dfrac{\pi d}{\lambda}\cos\alpha\right)} \right| , \tag{102}$$

wobei wir im Nenner wieder den Faktor N hinzugefügt haben.

Wenn $\dfrac{\pi d}{\lambda} \geqq \dfrac{\psi}{2}$ ist, ergibt sich das Maximum von f gleich Eins für den Winkel α_0, der folgender Gleichung genügt

$$\frac{\psi}{2} + \frac{\pi d}{\lambda}\cos\alpha_0 = 0 \, .$$

Ganz wie bei den Querstrahlern betrachten wir zunächst Reihen von Strahlern im gegenseitigen Abstand einer halben Wellenlänge $d = \lambda/2$. Damit sich ein Maximum in der Längsrichtung $\alpha = \begin{cases} 0 \\ \pi \end{cases}$ ergibt, muß die Speisung benachbarter Strahler gegenphasig sein $\psi = \pm\pi$; durch Einsetzen in Gl. (102) erhalten wir das Diagramm

$$f(\alpha) = \left| \frac{\sin\left(N\pi\sin^2\dfrac{\alpha}{2}\right)}{N\sin\left(\pi\sin^2\dfrac{\alpha}{2}\right)} \right| . \tag{103}$$

Wenn $N \gg 1$ ist, kann man in der Nähe eines Hauptmaximums ($\alpha = 0$) im Nenner den sin durch das Argument ersetzen

$$f(\alpha) \approx \left| \frac{\sin\left(N\pi\dfrac{\alpha^2}{4}\right)}{N\pi\dfrac{\alpha^2}{4}} \right| \tag{103a}$$

und ist erneut auf ein Diagramm vom Typ $\dfrac{\sin z}{z}$ gestoßen; damit werden die Amplituden der Nebenmaxima wieder der Reihe nach 0,21; 0,13; 0,091 usw.; genau genommen etwas größer, da wir im Nenner den sinus durch sein etwas größeres Argument ersetzt haben. Das n-te Nebenmaximum wird nach Gl. (103) praktisch gleich

$$\frac{1}{N\left|\sin\dfrac{2n+1}{2}\dfrac{\pi}{N}\right|} \, .$$

Dagegen ist das Hauptmaximum wesentlich breiter als beim gleich großen Querstrahler: An Stelle des beim Querstrahler gültigen Wertes für den Winkel 2ε zwischen den ersten Nullstellen zu beiden Seiten des Hauptmaximums $2\varepsilon \approx \dfrac{4}{N}$ finden wir beim Längsstrahler

$$2\varepsilon \approx \frac{4}{\sqrt{N}}; \qquad \text{gültig für} \quad N \gg 1 \, . \tag{104}$$

Man vergleiche in Abb. 37a und b das Diagramm eines Längsstrahlers von 8 Dipolen mit dem des entsprechenden Querstrahlers.

Wenn wir beim gleichphasig gespeisten Querstrahler die Dichte der Belegung etwas variierten, hatte das auf das Diagramm in der Nähe des Hauptmaximums keinen nennenswerten Einfluß; wir mußten nur die Gesamtlänge $Nd \gg \lambda$ konstant halten und außerdem die Bedingung $0 < d < \lambda$ für den Abstand benachbarter Strahler beachten. Beim Längsstrahler ergeben sich dagegen neue Diagrammtypen, wenn wir die Dichte der Belegung der Antenne mit abwechselnd gegenphasig gespeisten Strahlern variieren.

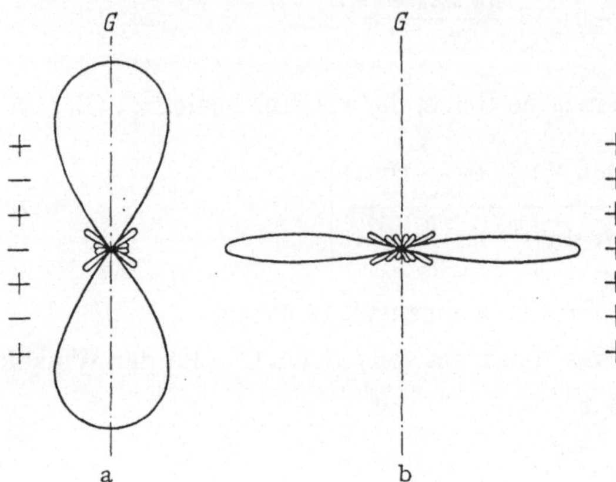

Abb. 37a u. b. Vergleich des Diagrammes einer querstrahlenden Dipolzeile (b) mit 8 gleich stark und gleichphasig erregten Dipolen im Abstand $d = \lambda/2$ mit dem Diagramm einer abwechselnd gegenphasig gespeisten, sonst gleichen Zeile (a).

Interessant ist insbesondere der Fall der dichteren Belegung mit abwechselnd gegenphasig gespeisten Strahlern $\left(d < \dfrac{\lambda}{2}; \ \psi = \pm\pi\right)$; dann erreicht wegen

$$0 < \left|\frac{\psi}{2} + \frac{\pi d}{\lambda}\cos\alpha\right| = \left|\frac{\pi}{2}\left(1 + \frac{2d}{\lambda}\cos\alpha\right)\right| < \pi$$

der Ausdruck Gl. (102) für das Diagramm den Wert Eins nicht, sondern bleibt stets kleiner. Man überzeugt sich leicht, daß bei fester Länge Nd des Längsstrahlers und dichterer Belegung $\left(d < \dfrac{\lambda}{2}\right)$ mit abwechselnd gegenphasigen Strahlern schmalere Hauptzipfel, aber zugleich höhere Nebenmaxima als bei $d = \lambda/2$ entstehen[1].

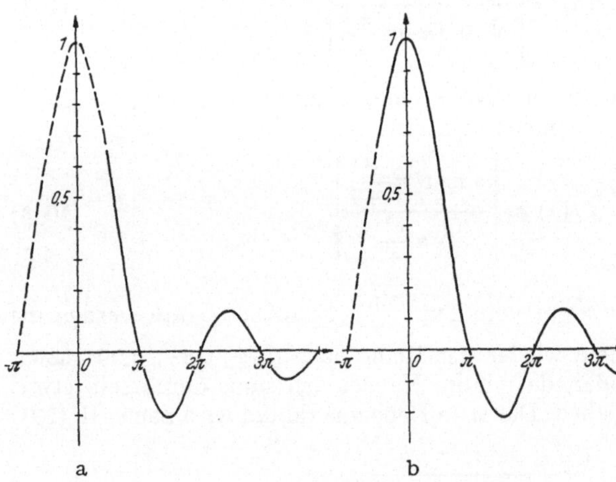

Abb. 38a u. b. Wertebereiche der Funktion $\dfrac{\sin z}{z}$, welche das Richtdiagramm eines Längsstrahlers annimmt in den Fällen a: $d < \dfrac{\lambda}{2}$, $\psi = \pm\pi$, bzw. bei kontinuierlicher Erregung nach (108) $v < c$ und b: $d > \dfrac{\lambda}{2}$, $\psi = \pm\pi$ bzw. $v > c$. Die entsprechenden Richtdiagramme sind als Funktion des Azimuts α in den Abb. 39 und 40 dargestellt.

Nehmen wir wieder an, daß $N \gg 1$ ist, so daß wir für nicht zu große Werte von

$$\left|\frac{\psi}{2} + \frac{\pi d}{\lambda}\cos\alpha\right| \ll 1$$

den sinus im Nenner von Gl. (102) durch sein Arugment ersetzen dürfen; das Diagramm läßt sich dann immer noch durch die Hilfsfunktion $\dfrac{\sin z}{z}$

---

[1] HANSEN, W. W., u. J. R. WOODYARD: Proc. Inst. Rad. Eng. Bd. 26 (1938) S. 333.

darstellen, nur wird ein gewisser Wertebereich um $z = 0$ nicht durchlaufen. Die Abb. 38a zeigt, daß für $d < \dfrac{\lambda}{2}$ die Nebenmaxima im Vergleich zum Hauptmaximum gestiegen sind; denn in der Darstellung der Abb. 38a behalten alle Nebenmaxima ihren Wert, während das Hauptmaximum abgenommen hat. Zugleich ist das Hauptmaximum schmaler geworden, da man den Teil der $\dfrac{\sin z}{z}$-Kurve mit langsamster Änderung, eben das Maximum bei $z = 0$ gar nicht mehr durchläuft. In Abb. 39 sind in üblicher cartesischer Darstellung zwei Diagramme mit $N\,d = 4\,\lambda$ und $N = 8$ bzw. $N = 9$ gezeichnet.

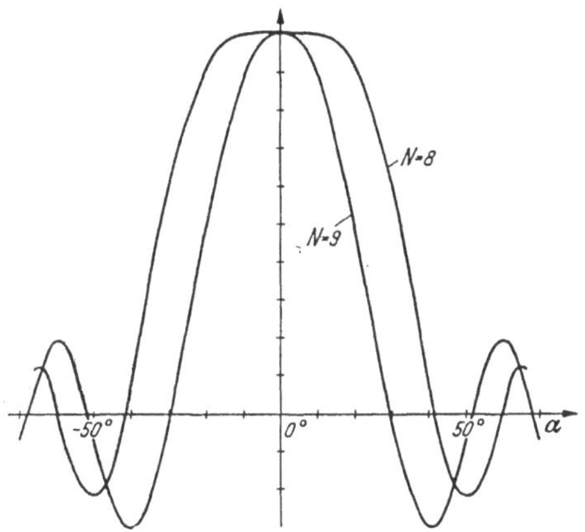

Abb. 39. Richtdiagramme eines Längsstrahlers mit abwechselnd gegenphasig gespeisten Dipolen. Die Länge $N\,d$ des Strahlers beträgt in beiden Fällen vier Wellenlängen, die Anzahl N der Dipole 8 bzw. 9.

Abb. 40. Richtdiagramm eines Längsstrahlers der Länge $N\,d = 4\,\lambda$, dessen abwechselnd gegenphasig gespeiste Strahler einen Abstand $d > \dfrac{\lambda}{2}$ von ihren Nachbarn haben ($N = 7$).

Das Maximum des Diagramms wird für $d \leqq \dfrac{\lambda}{2}$ beim Wert $z = \dfrac{\pi}{2}\left(1 - \dfrac{2\lambda}{d}\right)$ angenommen. Im Vergleich zur Belegung mit $d = \lambda/2$ haben also alle Nebenmaxima um denselben Faktor

$$\frac{N\,\dfrac{\pi}{2}\left(1 - \dfrac{2d}{\lambda}\right)}{\sin N\,\dfrac{\pi}{2}\left(1 - \dfrac{2d}{\lambda}\right)} \tag{105}$$

zugenommen. Der Winkel zwischen den beiden ersten Nullstellen hat auf den Betrag

$$2\varepsilon = 2\arccos\left(1 - \dfrac{2}{N}\right)\dfrac{\lambda}{2d} \approx 2\sqrt{2\left[1 - \dfrac{\lambda}{2d} + \dfrac{\lambda}{N\,d}\right]} \tag{106}$$

abgenommen.

Belegen wir umgekehrt den Längsstrahler sparsamer mit Strahlern $\left(\dfrac{\psi}{2} < \dfrac{\pi\,d}{\lambda}\right)$, so entstehen die Hauptmaxima nicht mehr genau in der Längsrichtung, sondern symmetrisch auf beiden Seiten nach Art der Abb. 40.

Das Diagramm (103) eines Längsstrahlers mit dem Abstand $d = \lambda/2$ und der Phase $\psi = \pm\pi$ ist symmetrisch in bezug auf die zum Strahler senkrechte Symmetrieebene $\alpha = \pm\dfrac{\pi}{2}$, hat also insbesondere je ein Hauptmaximum in der positiven und negativen Längsrichtung $\alpha = \begin{cases}\pi\\0\end{cases}$. Wir können es nach den Ergebnissen des Abschn. IV, 9 einseitig machen und eines der beiden Hauptmaxima unterdrücken, indem wir einen zweiten gleichartigen Längsstrahler in der Anordnung der Abb. 41 einfügen und ihn mit derselben Amplitude, jedoch mit $\pm 90°$ Phasenverschiebung speisen. Dann multipliziert sich das Diagramm (103) mit dem Kardioidendiagramm (101), und es entsteht:

$$f = \cos\left(\frac{\pi}{2}\sin^2\frac{\alpha}{2}\right)\left|\frac{\sin\left(N\pi\sin^2\frac{\alpha}{2}\right)}{N\sin\left(\pi\sin^2\frac{\alpha}{2}\right)}\right|\sin\vartheta. \tag{107}$$

Die Abb. 41 zeigt, daß die Strahler eine solche Phasenverschiebung gegeneinander haben, wie sie auch in einer mit Lichtgeschwindigkeit fortschreitenden Welle an Orten im Abstand einer Vier-

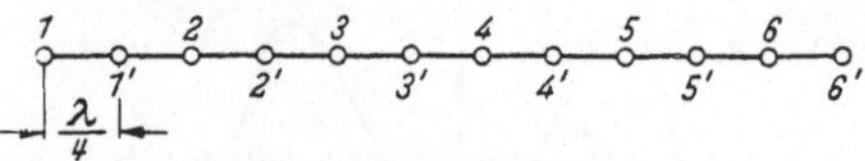

Abb. 41. Zwei ineinandergeschachtelte Längsstrahler ergeben bei Speisung mit 90° Phasenverschiebung ein einseitig gerichtetes Diagramm.

telwellenlänge entstehen. In der Tat ergeben sich bei kontinuierlicher Erregung einer Antenne mit fortschreitenden Wellen ganz ähnliche Diagramme.

Wir nehmen an, daß ein linearer Strahler der Länge l nach Abb. 42 kontinuierlich mit konstanter Amplitude und ortsabhängiger Phase erregt wird, wobei die Phasenverteilung einer mit der Phasengeschwindigkeit v in Richtung positiver Werte $z(\alpha = 0)$ fortschreitenden Welle entspricht. Der Winkel zwischen Strahler und Richtung zum Aufpunkt P sei wieder α. Die Strahlererregung $i(z)$ am Ort z kann gleich

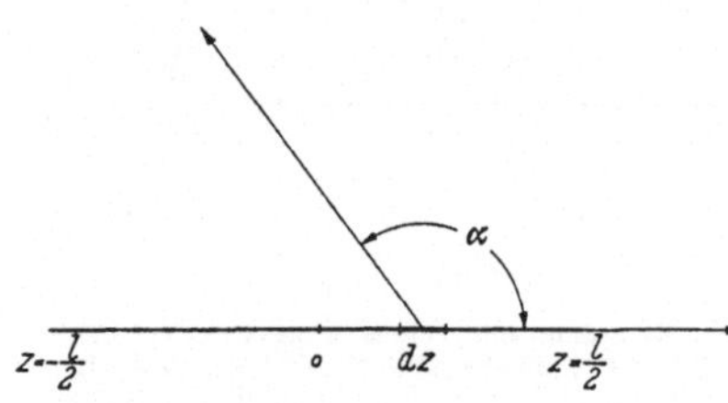

Abb. 42. Zur kontinuierlichen Erregung eines linearen Strahlers mit fortschreitender Welle.

$$i(z) = i_0\, e^{-j\frac{2\pi z}{\lambda}\frac{c}{v}}$$

gesetzt werden, wobei λ die Vakuumwellenlänge und c die Vakuumlichtgeschwindigkeit ist. Das Richtdiagramm ergibt sich durch lineare Superposition der Beiträge aller Strahlerelemente unter Berücksichtigung der Weglängendifferenzen zu

$$\int_{-l/2}^{l/2} i(z)\, e^{\frac{2\pi j z}{\lambda}\cos\alpha}\, dz.$$

Man findet durch Berechnung des Integrals nach Hinzufügung eines Proportionalitätsfaktors für das Gruppendiagramm eines mit fortschreitender Welle erregten linearen Strahlers

$$f(\alpha) = \left|\frac{\sin\frac{\pi l}{\lambda}\left(\frac{c}{v}-\cos\alpha\right)}{\frac{\pi l}{\lambda}\left(\frac{c}{v}-\cos\alpha\right)}\right|. \tag{108}$$

Dieselbe Formel hätten wir auch durch einen Grenzübergang $N \to \infty$, $Nd = l$, $N\psi = $ const aus Gl. (102) erhalten können. Alle unsere Betrachtungen über Diagramme vom Typ Gl. (102) lassen sich auf Gl. (108) übertragen, wobei den drei Fällen $d \lessgtr \frac{\lambda}{2}$, $\psi = \pi$ die Werte $v \lessgtr c$ entsprechen.

Wir müssen nun noch den Gewinn der Längsstrahler untersuchen. Am einfachsten wird das für das Diagramm (103); damit wir das Ergebnis mit den entsprechenden Resultaten für den einfachsten Querstrahler, die Dipolzeile gleicher Länge mit demselben Abstand $d = \lambda/2$ zwischen benachbarten Dipolen

(s. Abb. 37) vergleichen können, wollen wir annehmen, daß die Einzelstrahler des Längsstrahlers wieder Dipole sind, welche senkrecht zur Verbindungslinie der Dipole polarisiert sind. Das vollständige Richtdiagramm ergibt sich also durch Multiplikation des Gruppendiagramms (103) mit dem Dipoldiagramm $\sin \vartheta$

$$f(\vartheta, \varphi) = \left| \frac{\sin N \dfrac{\pi}{2} (1 - \sin \vartheta \cos \varphi)}{N \sin \dfrac{\pi}{2} (1 - \sin \vartheta \cos \varphi)} \right| \sin \vartheta .$$

Da wir schon wissen, daß für $d = \lambda/2$ das Hauptmaximum des Längsstrahlers breiter ist als das des Querstrahlers, werden wir annehmen, daß der Gewinn des Längsstrahlers kleiner ist als der des Querstrahlers gleicher Länge, also bei großen Antennen mit $d = \lambda/2$ kleiner als $\frac{4}{3}$ je Dipol. Er wird sich in der Tat zu $\frac{2}{3}$ je Dipol ergeben und ist damit gerade so groß wie bei der entsprechenden querstrahlenden Dipolspalte (s. Abb. 37).

Der äquivalente Raumwinkel Ω des Diagramms wird

$$\Omega = \int \frac{\sin^2 \left(N \pi \sin^2 \dfrac{\alpha}{2}\right)}{N^2 \sin^2 \left(\pi \sin^2 \dfrac{\alpha}{2}\right)} (1 - \sin^2 \alpha \cos^2 \beta)\, d\Omega$$

und läßt sich ganz analog zu Gl. (75) als endliche Summe darstellen. Der Einfachheit halber berechnen wir direkt den Grenzwert für $N \to \infty$. Dann trägt nur die unmittelbare Umgebung der beiden Hauptmaxima $\alpha = 0$ bzw. π zu Ω bei.

$$\lim_{N = \infty} \Omega = \lim 2\pi \int_0^\pi \frac{\sin^2 \left(N \pi \sin^2 \dfrac{\alpha}{2}\right)}{N^2 \sin^2 \left(\pi \sin^2 \dfrac{\alpha}{2}\right)} d\alpha = \lim 4\pi \int_0^1 \frac{\sin^2 N \pi z}{N^2 \sin^2 \pi z} dz$$

$$= \frac{8}{N} \int_0^\infty \frac{\sin^2 z}{z^2} dz = \frac{4\pi}{N} .$$

Durch Vergleich mit dem äquivalenten Raumwinkel des Dipols $\Omega_d = \dfrac{8\pi}{3}$ erhält man den gesuchten Gewinn

$$g = \frac{\Omega_d}{\Omega} \to \frac{2}{3} N .$$

Sodann wollen wir den Gewinn des senkrecht zur Ausdehnung polarisierten großen Längsstrahlers ($l \gg \lambda$) mit kontinuierlicher Erregung für beliebige Phasengeschwindigkeit v berechnen. Der äquivalente Raumwinkel wird vom Verhalten des Diagramms (108) in der Umgebung des Hauptmaximums bei $\alpha = 0$ bestimmt.

$$\Omega = \int \left[\frac{\sin \dfrac{\pi l}{\lambda} \left(\dfrac{c}{v} - \cos \alpha\right)}{\dfrac{\pi l}{\lambda} \left(\dfrac{c}{v} - \cos \alpha\right)}\right]^2 (1 - \sin^2 \alpha \cos^2 \beta)\, d\Omega ,$$

$$\lim_{\frac{l}{\lambda} = \infty} \Omega = \lim 2\pi \int_0^\pi \left[\frac{\sin \dfrac{\pi l}{\lambda} \left(\dfrac{c}{v} - \cos \alpha\right)}{\dfrac{\pi l}{\lambda} \left(\dfrac{c}{v} - \cos \alpha\right)}\right]^2 \sin \alpha\, d\alpha$$

$$= \frac{2\lambda}{l} \int_{\frac{\pi l}{\lambda}\left(\frac{c}{v}-1\right)}^\infty \frac{\sin^2 z}{z^2} dz = \frac{2\lambda}{l} - S i\, 2u + \frac{\sin^2 u}{u}$$

mit

$$u = \frac{\pi l}{\lambda} \left(\frac{c}{v} - 1\right) .$$

In Abb. 43 ist die Abhängigkeit der Wirkfläche und der Nebenzipfelhöhe bezogen auf die Werte für $v = c$ dargestellt.

Wir haben schon gesehen, daß man bei einem ebenen Strahler durch Wahl der Erregungsphase das Maximum des Strahlungsdiagrammes in jede beliebige Richtung legen kann; man muß also nicht notwendig die Antenne drehen, um das Strahlungsbündel in eine gewünschte Richtung zu drehen. Insbesondere kann man bei einem scharfbündelnden, gleichphasig erregten, ebenen Strahler, also einem Querstrahler, durch zusätzliche kleine Phasendrehungen der Erregung das Hauptmaximum des Diagramms und seine nähere Umgebung ohne nennenswerte Verformung schwenken; allerdings kann man ohne Diagrammverformung nur relativ kleine Drehungen erzielen.

Nach Gl. (102) wird das Diagramm einer ebenen Antenne, deren N Einzelstrahler mit der Phasendifferenz ψ zwischen benachbarten Strahlern erregt werden,

$$f(\varphi) = \frac{\sin N \left(\dfrac{\psi}{2} + \dfrac{\pi d}{\lambda} \sin \varphi \right)}{N \sin \left(\dfrac{\psi}{2} + \dfrac{\pi d}{\lambda} \sin \varphi \right)},$$

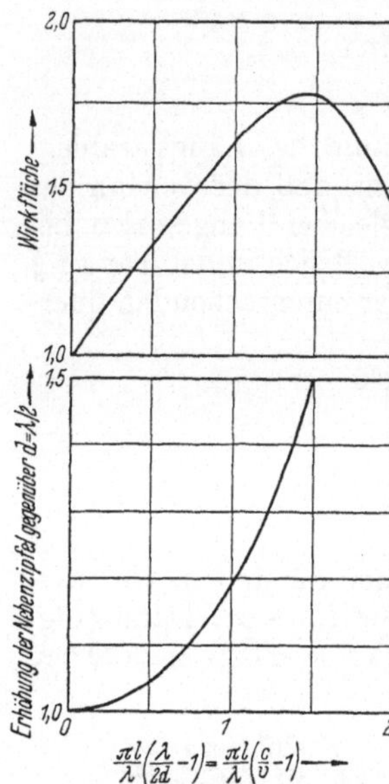

$$\frac{\pi l}{\lambda}\left(\frac{\lambda}{2d} - 1\right) = \frac{\pi l}{\lambda}\left(\frac{c}{v} - 1\right) \longrightarrow$$

Abb. 43. Wirkfläche und Nebenzipfelhöhe von Längsstrahlern. Abszisse ist für diskrete Erregung die Belegungsdichte $\lambda/2\,d$ mit Einzelstrahlern, für kontinuierliche Erregung mit fortschreitender Welle der Phasengeschwindigkeit v die entsprechende Größe c/v.

wobei der Winkel φ gegen die Normale auf der Antenne zählt. In dem Bereich querab zur Antenne ($\varphi \approx 0$), in dem man $\sin \varphi \approx \varphi$ setzen darf, wird das Diagramm also ohne Verformung um den Winkel $\psi \dfrac{\lambda}{2 \pi d}$ gedreht. Bei einem Längsstrahler, dessen Hauptmaximum in die Richtung $\varphi = \pi/2$ fällt, führen kleine Phasendrehungen zu merklichen Diagrammverformungen, denen wir schon in den Abb. 39 u. 40 begegnet sind.

11. Zusammenfassung der Abschnitte IV 9 und 10.

Wenn Amplitude und Phase der Erregung auf der Antenne variieren, können Maxima und Nullstellen des Diagramms in jede Richtung fallen. Technisch wichtig ist unter anderm das einfachste Reflektordiagramm, das Kardioidendiagramm (101), das in Abb. 36 dargestellt ist; bei den meisten ebenen Antennen (mit symmetrischem Diagramm) kann man durch Hinzufügen einer Reflektorantenne das Diagramm einseitig machen und den Gewinn verdoppeln. Die einfachste Möglichkeit, eine scharfe Nullstelle des Diagramms zu erzeugen, ergibt sich beim gegenphasig und gleich stark gespeisten Strahlerpaar nach Gl. (100) und Abb. 35a. Scharfbündelnde Längsstrahler lassen sich sowohl durch Aufreihen von Einzelstrahlern mit passender Phasenverteilung nach Gl. (102) und Abb. 37a, 39 u. 40, als auch bei kontinuierlicher Erregung mit fortschreitenden Wellen nach Gl. (108) darstellen. Der Gewinn eines Längsstrahlers ist kleiner als der eines gleich großen Querstrahlers. Die Beziehung zwischen Gewinn und Nebenzipfelhöhe für Strahler mit fortschreitenden Wellen ist in Abb. 43 veranschaulicht. Bei Querstrahlern kann man durch Beeinflussung der Erregungsphase das Diagramm um mäßig große Winkel schwenken, ohne die Antenne drehen zu müssen.

12. Kleine scharfbündelnde Antennen.

Die bisher behandelten scharf bündelnden Antennen waren groß gegen die Wellenlänge; man kann nun auch mit gegen die Wellenlänge beliebig kleinen Antennen beliebig scharfe Bündelungen und damit beliebig große Absorptionsflächen erzielen[1]. Je höher man jedoch die Bündelung der kleinen Antennen treibt, desto kleiner wird ihr Strahlungswiderstand, so daß der Antennenwirkungsgrad abnimmt. Er nimmt bei fester Antennengröße schließlich so rapide mit wachsender Bündelung ab, daß der Gesamtwirkungsgrad, der ja vom Produkt aus Gewinn und Antennenwirkungsgrad abhängt, dabei abnimmt. Zugleich nimmt die Antennendämpfung ab und damit die Breite des Frequenzbandes, das man über die Antenne übertragen kann, ohne nachzustimmen. Bei scharfbündelnden, gegen die Wellenlänge genügend großen Antennen ist dagegen im allgemeinen der Antennenwirkungsgrad gut und die eben erwähnten Schwierigkeiten treten nicht auf.

Die Zusammenhänge übersieht man am einfachsten an Hand eines Beispiels: Ein gegenpolig und gleich stark erregtes Dipolpaar, eine „Adcockantenne", hat nach Gl. (100) ein Strahlungsdiagramm:

$$f = \sin \vartheta \left[\sin \left(\frac{\pi d}{\lambda} \sin \vartheta \cos \varphi \right) \right].$$

Schaltet man nun wieder zwei gleich stark erregte Adcockantennen gegenphasig zusammen, so hat die neue Antenne das Diagramm

$$f = \sin \vartheta \left[\sin \left(\frac{\pi d}{\lambda} \sin \vartheta \cos \varphi \right) \right]^2,$$

und nach n-maliger Wiederholung des gegenphasigen Zusammenschaltens entsteht nach dem Satz vom Gruppendiagramm

$$f = \sin \vartheta \left[\sin \left(\frac{\pi d}{\lambda} \sin \vartheta \cos \varphi \right) \right]^n;$$

eine solche Antenne enthält 2^n Dipole.

Wenn der Abstand $d \ll \lambda$ ist, ergibt sich einfach

$$f = \sin \vartheta \left(\frac{\pi d}{\lambda} \right)^n (\sin \vartheta \cos \varphi)^n.$$

Je größer n ist, um so mehr konzentriert sich das Diagramm auf die Richtungen, in denen $\sin \vartheta \cos \varphi = \pm 1$ gilt; ferner sieht man, daß die Form des Diagramms unabhängig von d/λ ist. Die Bündelung kann also wirklich mit wachsendem n bei beliebig kleiner Antenne beliebig groß werden.

Für den äquivalenten Raumwinkel des Diagramms ergibt sich

$$\Omega = \int \sin^{2n+3} \vartheta \cos^{2n} \varphi \, d\vartheta \, d\varphi = \frac{8\pi(n+1)}{(2n+3)(2n+1)} \rightarrow \frac{2\pi}{n} \quad \text{für} \quad n \rightarrow \infty.*$$

Bei großen Werten n wächst also der Gewinn g proportional mit n.

Um nun den Strahlungswiderstand bezogen auf den Strom im Speisepunkt eines der 2^n gleich stark erregten Dipole zu berechnen, berechnen wir das resultierende Fernfeld bezogen auf das von einem Einzeldipol für sich erzeugte Fernfeld. Würden sich in einer Richtung alle 2^n-Einzelfelder gleichphasig überlagern,

---

[1] FRÄNZ, K.: Z. f. Hochfr. Bd. 54 (1939) S. 198 u. Bd. 61 (1943) S. 51. — SCHELKUNOFF, S. A.: Bell. Syst. techn. J. Bd. 22 (1943) S. 80.

* WHITAKER, E. T., u. G. N. WATSON: A course of modern analysis. Cambridge University Press 1927, S. 256.

so ergäbe sich dort das Feld 2^n; also ist das resultierende Fernfeld bezogen au das des Einzeldipols bei gleichen Strömen

$$f' = 2^n \sin \vartheta \left[\sin \left(\frac{\pi d}{\lambda} \sin \vartheta \cos \varphi \right) \right]^n \approx \left(\frac{2\pi d}{\lambda} \right)^n \sin^{n+1} \vartheta \cos^n \varphi .$$

Der Strahlungswiderstand R_s wird also gleich dem des Einzeldipols multipliziert mit dem Faktor

$$\frac{\int f'^2 \, d\Omega}{\int \sin^2 \vartheta \, d\Omega} = \left(\frac{2\pi d}{\lambda} \right)^n \frac{\Omega}{\Omega_d} = \left(\frac{2\pi d}{\lambda} \right)^n \frac{1}{g} .$$

Er nimmt danach tatsächlich bei einer kleinen Antenne $(d \ll \lambda)$ rapide mit n ab. Der Antennenwirkungsgrad wird beim Zusammenschalten der Einzeldipole zur scharf bündelnden Antenne unter der zu günstigen Annahme, daß der Verlustwiderstand R_v bezogen auf den Speisepunkt nicht größer ist als der eines Einzeldipols, schließlich abnehmen wie

$$\frac{R_s}{R_s + R_v} \to \frac{R_s}{R_v} \quad \text{wegen} \quad R_s \to 0$$

und das Produkt aus Antennenwirkungsgrad und Gewinn wie

$$\left(\frac{2\pi d}{\lambda} \right)^n .$$

Wenn man die auch wieder zu günstige Annahme macht, daß die im Antennennahfeld gespeicherte Blindleistung nur so groß ist wie die eines Einzeldipols, so muß auch die Antennendämpfung, der Quotient aus Wirkleistung und Blindleistung, sehr klein sein und damit, wie wir noch sehen werden, die Breite des Frequenzbandes, das sich ohne Nachstimmen übertragen läßt. Die beiden Nachteile, welche scharfe Bündelung bei kleinen Antennen zur Folge hat, haben dazu geführt, daß nur die Adcockantenne $(n = 1)$, aber keine stärker bündelnde kleine Antenne eine erhebliche praktische Bedeutung erlangt hat. Die im Vergleich zur Wellenlänge kleine Adcockantenne kann deswegen bei langen Wellen gut als Empfangsantenne benutzt werden, weil wegen des bei Langwellen sehr hohen äußeren Störpegels das mit dem schlechten Antennenwirkungsgrad verbundene hohe Eigenrauschen des Empfängers so lange nicht interessiert, als es noch klein gegen den äußeren Störpegel bleibt. Es mag sein, daß es gelegentlich bei praktischen Problemen nicht auf große Reichweite ankommt, wohl aber auf Kleinheit der Antenne und Richtwirkung und daß dann eine sehr kleine, mäßig bündelnde Antenne in Frage kommt[1].

Man kann nicht nur zeigen, daß sich mit einer beliebig kleinen Antenne beliebig scharfe Bündelungen, sondern bis auf die durch die Transversalität und Polarisation des elektromagnetischen Feldes bedingten Einschränkungen im Prinzip beliebige Diagramme erzeugen lassen. Man kann also zwar keinen Kugelstrahler, wohl aber im Prinzip ein ihm beliebig nahekommendes Diagramm realisieren. Der Zusatz „im Prinzip" bezieht sich darauf, daß man leicht die Stromverteilung berechnen kann, die ein vorgegebenes Feld ausstrahlen würde; offen bleibt, wie man diese Stromverteilung erzeugen könnte und welche sonstigen technischen Schwierigkeiten sich vielleicht einstellen würden.

Beim gegenphasigen Zusammenschalten zweier gleich stark erregter, symmetrisch und parallel in kleinem Abstand $(d \ll \lambda)$ angeordneter Dipole entsteht

---

[1] SCHELKUNOFF, S., u. H. T. FRIIS: Antennas New York: Wiley 1952, S. 496.

eine Antenne oder allgemeiner Strahlungsquelle, die man Quadrupol nennt;
verfährt man analog mit zwei Quadrupolen, so entsteht ein Octupol; so fort-
fahrend erhält man beliebige Multipole. Ihre Bedeutung für die Theorie beruht
darauf, daß sich die von gegen die Wellenlänge kleinen Strahlern erzeugten
Felder durch rasch konvergente Reihen von Multipolen darstellen lassen[1]. Davon
haben wir, ohne das ausdrücklich zu erwähnen, in der Reihe Gl. (65) für die
Strahlung eines geraden Drahtes Gebrauch gemacht; jeder Term der Reihe
entspricht einem Multipol. In diesem Falle liegen alle Dipole, aus denen man
sich die Multipole durch gegenphasiges Zusammenschalten entstanden denken
kann, in der Drahtachse. Wenn die Drahtlänge klein gegen die Wellenlänge ist,
ist die numerische Konvergenz der Reihe Gl. (65) in der Tat gut.

V. Theorie der Impedanz von Antennen.

Wir haben in den Abschnitten über die kleinen induktiven und kapazitiven
Antennen schon einiges über deren Impedanz erfahren. Ganz allgemein kann
man sagen, daß es nicht besonders schwierig ist, die Impedanz von gegen die
Wellenlänge kleinen Antennen mit der in der Technik interessierenden Genauigkeit zu berechnen. Es ist dagegen beim derzeitigen Stand der Theorie unver-
hältnismäßig komplizierter, die Impedanz einer Antenne zu berechnen, deren
Dimensionen mit der Wellenlänge vergleichbar sind. Wir beschäftigen uns zunächst noch einmal mit den kleinen Antennen.

1. Impedanz einer kleinen Rahmenantenne.

Ein gegen die Wellenlänge kleiner Rahmen ist eine Spule, und seine Impedanz
ist in erster Näherung gleich der Reaktanz seiner Induktivität. Sein gegen den
Blindwiderstand kleiner Wirkwiderstand R setzt sich aus einem Verlustanteil R_v,
der den Kupferverlusten und dielektrischen Verlusten entspricht, und dem
Strahlungswiderstand R_s zusammen, den wir für einen Rahmen im freien Raum
bereits berechnet haben Gl. (39a).

$$R = R_v + R_s.$$

Die Ein- oder Mehrwindungsrahmen der Technik unterscheiden sich so wenig
von üblichen Spulen, daß man in der Literatur sehr vollständige Unterlagen
über die Berechnung der Induktivität und der Kupferverluste aus der Geometrie
des Rahmens findet[2]. Wir geben nur ohne Ableitung die Induktivität des kreisförmigen Einwindungsrahmens vom Rahmendurchmesser D und Drahtdurch-
messer d an:

$$L = \frac{\mu_0 D}{2}\left(\ln \frac{8D}{d} - 2\right) = 0{,}628 D_{[\text{m}]}\left(\ln \frac{8D}{d} - 2\right)\mu H. \tag{109}$$

Ebenso findet man in der angegebenen Literatur Abschätzungen der Eigenfrequenz ω_0 von Rahmen, d. h. der tiefsten Frequenz, bei der der Rahmen sich
wie ein Parallelresonanzkreis verhält. In zweiter Näherung ist die Reaktanz X
eines Rahmens

$$X = \omega L \left(1 - \frac{\omega^2}{\omega_0^2}\right)^{-1}.$$

[1] BORN, M.: Optik. Berlin: Springer 1933, S. 274
[2] HAK, J.: Eisenlose Drosselspulen. Leipzig: K. L. Köhler 1938. Siehe auch F. E. TER-
MAN: Radio Engineers Handbook. New York. MacGraw Hill 1943.

2. Die Impedanz einer kleinen kapazitiven Antenne.

Die Impedanz einer kleinen kapazitiven Antenne läßt sich auch leicht berechnen; da jedoch technische Antennen keine besondere Ähnlichkeit mit üblichen Kondensatoren haben, wollen wir die entsprechende Aufgabe etwas eingehender behandeln, als wir das eben beim Rahmen taten.

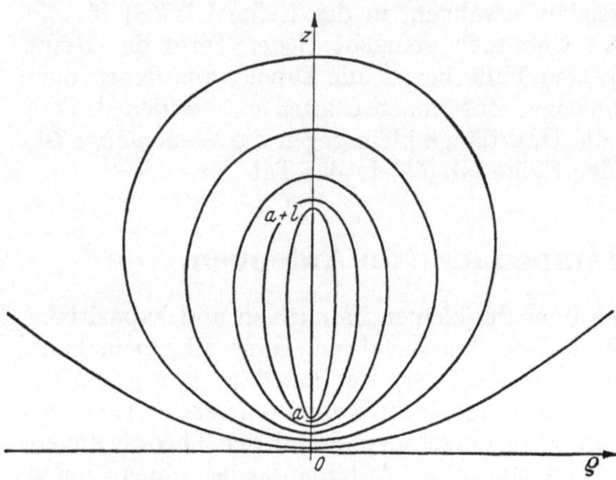

Abb. 44. Äquipotentialflächen, welche von zwei gleichmäßig mit Ladungen entgegengesetzten Vorzeichens belegten Linien $a \leqq z \leqq a + l$ und $-a \geqq z \geqq -a - l$ erzeugt werden. Gezeichnet sind nur die Potentialflächen im Halbraum $z > 0$; die Potentialflächen mit $z < 0$ liegen spiegelbildlich.

Die statische Kapazität einer zylindrischen Antenne, eines Drahtes, eines Rohres und vieler ähnlicher Antennen ist nicht allzu empfindlich gegen Änderungen des Verhältnisses von Länge zu Durchmesser der Antenne. Es kommt nicht besonders auf die Form der Antenne an. Man behandelt daher am zweckmäßigsten ein Antennenmodell, für das die Rechnungen einfach werden. Eine Schar von geeigneten Rotationskörpern erhalten wir, indem wir die elektrostatischen Felder von zwei gleichmäßig mit Ladungen entgegengesetzten Vorzeichens belegten Linien nach Abb. 44 untersuchen.

Das Potential Φ, welches von diesen Ladungen erzeugt wird, berechnet sich durch Integration über die Ladungsverteilung zu

$$\Phi = \frac{1}{4 \pi \varepsilon_0} \int\limits_a^{a+l} \frac{q}{r} \, ds - \frac{1}{4 \pi \varepsilon_0} \int\limits_{-a-l}^{-a} \frac{q}{r} \, ds \, .$$

Darin ist q die Dichte der Linienladung und r die Entfernung vom Linienelement ds zum Aufpunkt. In Zylinderkoordinaten ϱ, φ, z wird das Potential

$$\Phi = \Phi(\varrho, z)$$

$$= \frac{q}{4 \pi \varepsilon_0} \left[\ln \frac{z - a + \sqrt{\varrho^2 + (z-a)^2}}{z - a - l + \sqrt{\varrho^2 + (z-a-l)^2}} - \ln \frac{z + a + l + \sqrt{\varrho^2 + (z+a+l)^2}}{z + a + \sqrt{\varrho^2 + (z+a)^2}} \right] . \quad (110)$$

Jede Fläche $\Phi = \text{const}$ kann man als die Oberfläche einer Antenne ansehen. Eine Schar solcher Flächen ist in Abb. 44 dargestellt. Alle Dipole dieser Schar haben das gleiche Dipolmoment $|m| = q l (2 a + l)$ und damit die effektive Höhe $h = 2 a + l$ und denselben Strahlungswiderstand, der ja nur von h abhängt. Die Kapazität ist natürlich von Fläche zu Fläche verschieden, da sie gleich dem Quotienten aus der Gesamtladung $q l$ und der Spannung 2Φ zwischen den beiden symmetrischen Teilen der Antenne ist.

$$C = \frac{q l}{2 \Phi} \, .$$

Die Kapazität ist um so größer, je kleiner Φ, je dicker die Antenne ist. Die Beziehung zwischen der Kapazität und dem Verhältnis Länge zu Dicke der Antenne läßt sich also mit Hilfe von graphischen Darstellungen nach Art der

Abb. 44 berechnen. Wenn die Antenne nicht sehr dick ist, ergibt sich ein einfacher analytischer Ausdruck für die Antennenkapazität, weil in der Nähe der Antennenfläche jeweils einer der beiden Quotienten der Potentialformel (110) sehr groß und der andere gleich 3 wird. Die Antennenoberflächen werden dann praktisch Rotationsellipsoide, deren Hauptachsen $\approx \dfrac{l}{2}$ und $\dfrac{d}{2}$ seien.

Für die Kapazität findet man

$$C = \frac{\pi\,\varepsilon_0\,l}{\ln\dfrac{l + \sqrt{l^2 + d^2}}{d} - \dfrac{1}{2}\ln\dfrac{3l + 4a + \sqrt{d^2 + (3l + 4a)^2}}{l + 4a + \sqrt{d^2 + (l + 4a)^2}}} \tag{111}$$

und mit $a \to 0$ und $d \to 0$ folgt $C \approx \dfrac{28\,l_{[\mathrm{m}]}}{\ln\dfrac{2l}{\sqrt{3}\,d}}\,pF.$* $\tag{111a}$

Sie hängt daher bei schlanken Antennen gegebener Länge logarithmisch von der Dicke ab. Dies gilt nicht nur für Ellipsoide, sondern auch für Zylinder und alle entfernt ähnlichen Antennenkörper. Für einen schlanken Zylinder an Stelle des Rotationskörpers nach Abb. 44 muß man in Gl. (111a) nur den Faktor $\sqrt{3}$ durch die Zahl $\sqrt{e}$ ersetzen.

Daß die Kapazität wenig von Einzelheiten der Antennenform abhängt, kann man mit dem sogenannten THOMSONschen Prinzip der Elektrostatik begründen[1]. Das richtige elektrostatische Feld gehört danach zu derjenigen Ladungsverteilung auf der Antenne, welche die Feldenergie T bei gegebener Gesamtladung Q zum Minimum macht. Wegen

$$T = \frac{Q^2}{2\,C}$$

nimmt dann auch die Kapazität einen Extremalwert an. Gehen wir von einer angenähert richtigen Ladungsverteilung mit dem Fehler ε aus, so erhalten wir einen Kapazitätswert, dessen Fehler nur von der Ordnung ε^2 ist.

3. Impedanz von Dipolen bis zur ersten Resonanz $\left(2\,l \approx \dfrac{\lambda}{2}\right)$.

Man kann beweisen, daß die Stromverteilung auf einem schlanken Dipol bei Erregung durch eine EMK im Speisepunkt, also im Sendefall, in erster Näherung sinusförmig, genauer ein Abschnitt einer Sinuskurve, ist. Allerdings ist dieser Beweis nicht ganz einfach. Wenn wir sein Ergebnis zunächst als Erfahrungstatsache hinnehmen, so können wir leicht den Wirkwiderstand eines solchen Dipols für alle diejenigen Frequenzen berechnen, für die nicht gerade eine Nullstelle der angesetzten sinusförmigen Stromverteilung genau oder angenähert mit dem Speisepunkt der Antenne zusammenfällt. Die Experimente sowie genauere Theorien zeigen, daß man so befriedigende Werte des Strahlungswiderstandes bis zur ersten Resonanzfrequenz erhält, bei der der Dipol genähert gleich einer halben Wellenlänge ist.

Die Stromverteilung auf einem zylindrischen Dipol von der Länge $2\,l \leqq \dfrac{\lambda}{2}$ und vom Durchmesser d nach Abb. 45 sei also

$$i(z) = i_0\,\frac{\sin 2\pi\,\dfrac{l - |z|}{\lambda}}{\sin\dfrac{2\pi\,l}{\lambda}}.$$

---

* Vgl. A. SOMMERFELD: Elektrodynamik 1948, S. 68.

[1] COURANT-HILBERT: Meth. d. math. Phys. Berlin: Springer. Bd. 1, 1931, S. 227. SCHELKUNOFF-FRIIS: Antennas. New York. Wiley 1952, S. 318. — POLYA-SZEGÖ: Isoperimetric Inequalities in Mathematical Physics. Princeton University Press. 1951.

Wenn der Dipol sehr kurz ist $\left(l \ll \dfrac{\lambda}{4}\right)$, entsteht in der Grenze eine dreieckige Stromverteilung

$$i(z) = i_0 \frac{l - |z|}{l} . \tag{112}$$

Dies muß sich natürlich auch mit den Methoden des vorangehenden Abschnitts ergeben. Wir hatten für einen kurzen schlanken Dipol eine konstante Ladungsdichte erhalten. Im Abstand $|z|$ vom Speisepunkt fließt demnach ein Strom, dessen Größe der zwischen z und dem Antennenende gespeicherten Ladung proportional ist. Bei homogener Ladungsdichte ist er proportional $l - |z|$, und die Stromverteilung ist in der Tat dreieckig. Den Wirkwiderstand des verlustfreien Dipols erhalten wir wie in Abschn. II, 2 durch Integration der im Fernfeld ausgestrahlten Leistung. Zur Stromverteilung Gl. (112) gehört das Fernfeld

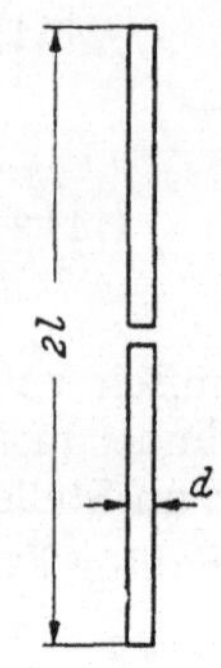

Abb. 45.
Zylindrischer
Dipol der Länge
$2\,l$ mit dem
Durchmesser d.

$$|E_\vartheta| = \frac{Z_0 \sin \vartheta}{2 \lambda r} \int\limits_{-l}^{l} i(z)\, e^{\frac{2\pi j z \cos \vartheta}{\lambda}}\, dz$$

$$= \frac{Z_0\, i_0}{2\pi r} \frac{\cos\left(\dfrac{2\pi l}{\lambda} \cos \vartheta\right) - \cos \dfrac{2\pi l}{\lambda}}{\sin\left(\dfrac{2\pi l}{\lambda} \sin \vartheta\right)} \tag{113}$$

und die Strahlungsleistung P, die wir durch Integration des POYNTINGschen Vektors über eine große Kugel berechnen.

$$P = \int \frac{E_\vartheta^2}{Z_0} r^2\, d\Omega = \frac{Z_0\, i_0^2}{2\pi \sin^2 \dfrac{2\pi l}{\lambda}} \left\{ \left(1 + \cos \frac{4\pi l}{\lambda}\right)\left[C + \ln \frac{4\pi l}{\lambda} - C i\, \frac{4\pi l}{\lambda}\right] - \right.$$

$$\left. - \sin \frac{4\pi l}{\lambda}\left[S i\, \frac{4\pi l}{\lambda} - \frac{1}{2} S i\, \frac{8\pi l}{\lambda}\right] - \frac{1}{2} \cos \frac{4\pi l}{\lambda}\left[C + \ln \frac{8\pi l}{\lambda} - C i\, \frac{8\pi l}{\lambda}\right] \right\}. \tag{114}$$

Darin ist $C = 0{,}577$ die EULERsche Konstante. Der Strahlungswiderstand R_s selber wird $(Z_0 = 120\,\pi\,\Omega)$.

$$R_s = \frac{60}{\sin^2 \dfrac{2\pi l}{\lambda}}\ \{\cdots\}. \tag{115}$$

Insbesondere erhalten wir für die $\lambda/2$-Antenne

$$R_s = 30[C + \ln 2\pi - C i\, 2\pi] = 73{,}2\,\Omega. \tag{116}$$

Wenn man sich nur für Antennenlängen $2\,l \leq \dfrac{\lambda}{2}$ interessiert, ist es offensichtlich einfacher, an Stelle der Gl. (114) die Reihenentwicklung Gl. (66) nach Multipolen zu benutzen, in der wir ja bis auf unwesentliche Faktoren schon das in Gl. (114) auftretende Integral ausgewertet haben.

Bei der Ableitung der Beziehung Gl. (115) für den Strahlungswiderstand sind wir von der angenähert zutreffenden Voraussetzung ausgegangen, daß die Stromverteilung auf dem schlanken Dipol sinusförmig sei. Die Gesamtstrahlungsleistung ist bei festem mittlerem Strom auf der Antenne wenig empfindlich gegen kleine Änderungen der Stromverteilung; davon hatten wir uns ja bei der Auswertung von Gl. (66) für verschiedene Stromverteilungen und Antennenlängen $2\,l \leqq \dfrac{\lambda}{2}$ überzeugt. Dasselbe gilt für den aus

$$R_s = \frac{P}{i_0^2}$$

berechneten Strahlungswiderstand, solange das Strommaximum auf der Antenne im Speisepunkt liegt. Denn wenn die Stromverteilung genähert sinusförmig ist und zugleich der Strommittelwert festgehalten wird, kann das Strommaximum und damit bei $2\,l \leqq \dfrac{\lambda}{2}$ auch i_0 nur wenig variieren.

Für $2\,l = \lambda$ würde nun die sinusförmige Stromverteilung $i_0 = 0$ und $R_s = \infty$ geben; sie ist offensichtlich als Näherungswert zur Berechnung von R_s unbrauchbar, weil ein Stromknoten auf den Speisepunkt fällt $(i_0 \approx 0)$. Wir können einstweilen nur sagen, daß der Wirkwiderstand große Werte annimmt, und werden sehen, daß es nicht leicht ist, sie zu berechnen.

Die Dicke des Strahlers kann für $2\,l \leqq \dfrac{\lambda}{2}$ keinen großen Einfluß auf den Strahlungswiderstand haben; sie wird die genähert sinusförmige Stromverteilung etwas modifizieren, aber wir wissen ja, daß das wenig Einfluß auf den Strahlungswiderstand hat, solange das Strommaximum im Speisepunkt liegt.

Wir werden den Beweis nachholen, daß die Stromverteilung tatsächlich ungefähr sinusförmig ist, und damit erhärten, daß die Beziehung Gl. (115), die in Abb. 46 veranschaulicht ist, eine gute Näherung des Strahlungswiderstandes eines Dipols im Bereich $2\,l \leqq \dfrac{\lambda}{2}$ darstellt.

Zur Berechnung des Strahlungswiderstandes durften wir den tatsächlich auf der Antenne fließenden Strom durch einen Stromfaden infinitesimaler Dicke ersetzen; denn es kam nur darauf an, aus dem Strom die durch das Fernfeld allein bestimmte Strahlungsleistung zu berechnen. Wenn wir jetzt zur Berechnung des Blindwiderstandes übergehen, müssen wir berücksichtigen, daß die Blindleistung im Nahfeld gespeichert

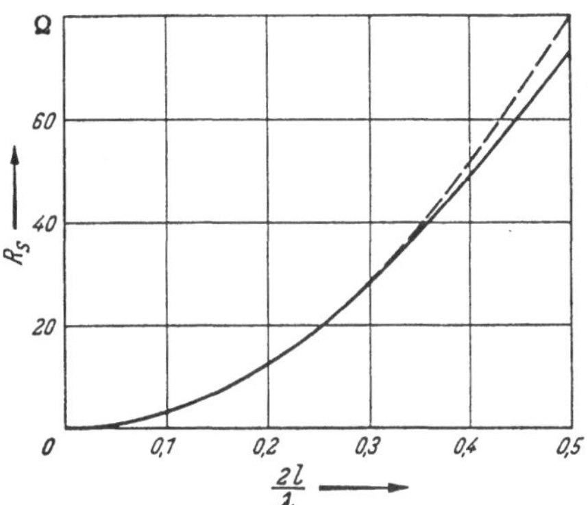

Abb. 46. Strahlungswiderstand R_s eines schlanken Dipoles der Länge $2\,l$, berechnet nach den Formeln (42) (gestrichelt) und (115) bzw. (66) (ausgezogen).

ist; bei seiner Berechnung müssen wir für alle Dipollängen und Wellenlängen die endliche Dicke der Antenne berücksichtigen, wie wir das im Grenzfall langer Wellen schon getan haben.

Konsequente Theorien der Antennenimpedanz sind erst verhältnismäßig spät aufgestellt worden. Ehe sie vorlagen, hat man durch geschickte, wenn auch etwas gewaltsame Anwendung der Leitungstheorie auf Antennen recht brauchbare Resultate erhalten; durch Vergleich mit den heute vorliegenden theoretischen und experimentellen Werten kann man sich überzeugen, daß bis zu Antennenlängen $2\,l = \lambda$ die Ergebnisse der älteren Theorie recht gut waren[1]. Doch hat man wohl immer die einzelnen Schritte der Ableitungen der provisorischen Theorien wenig überzeugend gefunden. Sie laufen auf einen Vergleich des Dipols der Länge $2\,l$ mit einer am Ende offenen Doppelleitung der Länge l hinaus.

[1] BRÜCKMANN, H.: Antennen. Leipzig: S. Hirzel 1939. — HEILMANN, A.: Fortschr. d. Hochfr. Bd. 2 (1943) S. 85. — LABUS, J.: Z. f. Hochfr. Bd. 41 (1934) S. 1. — SIEGEL, E., u. J. LABUS: Z. f. Hochfr. Bd. 42 (1934) S. 166.

Beide haben ungefähr übereinstimmende Stromverteilung, im Grenzfall langer Wellen eine kapazitive Impedanz, eine erste Stromresonanz bei $2\,l = \lambda/2$ und eine erste Spannungsresonanz bei $2\,l = \lambda$, d. h. sie verhalten sich bei $2\,l \approx \dfrac{\lambda}{2}$ wie ein Serienresonanzkreis, bei $2\,l \approx \dfrac{\lambda}{2}$ wie ein Parallelresonanzkreis. Man kann den Wellenwiderstand Z_0 der Vergleichsleitung so wählen, daß Leitung und Antenne bei langen Wellen dieselbe Kapazität C_a haben. Dazu muß gelten:

$$-j\,Z_0 \operatorname{ctg} \frac{2\pi\,l}{\lambda} \;\rightarrow\; \frac{1}{j\,\omega\,C_a} \quad \text{für} \quad \lambda \rightarrow \infty$$

oder

$$Z_0 = \frac{l}{c\,C_a} \quad (c = \text{Vakuumlichtgeschwindigkeit}).$$

Setzen wir den uns schon bekannten Wert der Antennenkapazität nach Gl. (111) ein, so finden wir

$$Z_0 = 120\ln \frac{2\,l}{\sqrt{3}\,d}\,\Omega. \tag{117}$$

Dies entspricht bei üblichen Werten $\dfrac{2\,l}{d}$ einer Doppelleitung, deren Drähte einen im Vergleich zu ihrem gegenseitigen Abstand a ziemlich kleinen Durchmesser Φ haben $\left(\dfrac{2\,l}{\sqrt{3\,d}} = \dfrac{2\,a}{\Phi}\right)$. Natürlich hat der so eingeführte Wellenwiderstand Z_0 keine Bedeutung für die Anpassung einer Speiseleitung an die Antenne; er ist vielmehr eine reine Rechengröße.

Die Reaktanz $j\,X$ der Doppelleitung stimmt in der Grenze langer Wellen und bei der ersten Resonanz $2\,l \approx \dfrac{\lambda}{2}$ mit der Reaktanz der Antennen überein; sie wird auch zwischen diesen beiden Grenzen $\infty > \dfrac{\lambda}{2} \geqq 2\,l$ eine brauchbare Interpolation liefern. Wir erhalten somit für die Antennenreaktanz die Näherung

$$j\,X_A = -j\,120\ln \frac{2\,l}{\sqrt{3}\,d} \operatorname{ctg} \frac{2\pi\,l}{\lambda} \quad \text{für} \quad 2l \leqq \frac{\lambda}{2}. \tag{118}$$

Später werden wir diese Formel verbessern, insbesondere berücksichtigen, daß die Resonanz in Wirklichkeit bei $2\,l < \dfrac{\lambda}{2}$, etwas verschoben gegen den Gl. (118) entsprechenden Wert $2\,l = \lambda/2$ auftritt.

Die Beziehung Gl. (118) ist gut brauchbar, wenn man die Antennendämpfung d_a oder ihren reziproken Wert $Q_a = 1/d_a$ berechnen will. Wir verstehen darunter die Dämpfung desjenigen Serienresonanzkreises, der bei der Antennenresonanzfrequenz ω_0 denselben Wirkwiderstand wie die Antenne und die gleiche Änderung des Blindwiderstandes mit der Frequenz hat.

Die Antennendämpfung bestimmt die maximale Breite des Frequenzbandes, innerhalb dessen man die Antenne durch einen verlustfreien Vierpol ohne veränderliche Abstimmittel an eine Speiseleitung anpassen kann. Wir gehen darauf später genauer ein.

Unserer Definition von d_a entspricht die Gleichung

$$d_a = \frac{1}{Q_a} = \frac{2R_a}{\omega_0\left(\dfrac{\partial X}{\partial\omega}\right)_{\omega_0}}; \tag{119}$$

denn für die Serienschaltung der Induktivität L mit der Kapazität C gilt

$$\omega_0^2\,L\,C = 1;\quad \left(\frac{\partial X}{\partial\omega}\right) = \frac{\partial}{\partial\omega}\left(\omega L - \frac{1}{\omega C}\right)_{\omega=\omega_0} = 2L;\quad d = \frac{R}{\omega_0 L}.$$

Setzen wir in Gl. (119) die Beziehungen Gl. (116) u. (118) ein, so folgt für die Antennendämpfung bei $2\,l = \lambda/2$

$$d_a = \frac{1}{Q_a} = \frac{4R_a}{\pi Z_0} = \frac{0,78}{\ln \dfrac{2\,l}{\sqrt{3}\,d}} .\tag{120}$$

4. Impedanz eines Dipols bis zur Spannungsresonanz $(2\,l \approx \lambda)$.

Ehe wir uns mit Theorien der Antennenimpedanz befassen, welche nicht ganz einfache mathematische Hilfsmittel erfordern, wollen wir die Ergebnisse

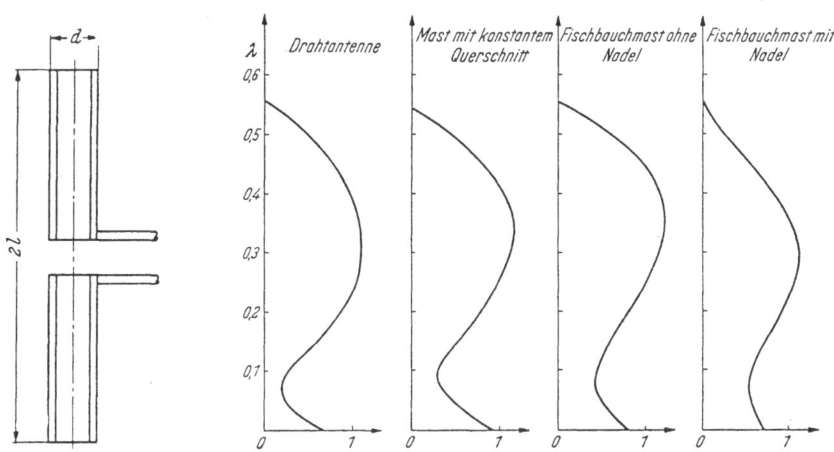

Abb. 47.
Dicker, über eine Doppelleitung gespeister Dipol.

Abb. 48.
Von GOTHE und BERNDT auf vier verschiedenen nahezu gleich langen, unsymmetrischen Antennen gemessene Stromverteilungen. $l \approx 0,55\,\lambda$.[1]

von Experiment und Theorie besprechen. Die Schwierigkeiten sind jedoch nicht nur mathematischer Natur; wir können nicht erwarten, daß verschiedene Autoren, sagen wir, für die Impedanz eines zylindrischen Dipols gegebener Länge und gegebenen Durchmessers exakt gleiche Werte messen oder berechnen; denn, wie ein Blick auf Abb. 47 zeigt, ist ein solcher Dipol durch seine Länge und seinen Durchmesser noch nicht völlig festgelegt. Er kann ein offener Hohlzylinder oder mit einem Deckel verschlossen sein; vor allem aber wird der Übergang des Zylinders in die am Speisepunkt angeschlossene Meß- oder Erregerleitung eine Rolle spielen oder entsprechende, vielleicht nur schwer erkennbar in die Theorie eingeführte Annahmen über die Antennenspeisung. Plausibel ist, daß die genaue Gestalt der freien Zylinderenden wie der Speisestelle um so weniger ins Gewicht fällt,

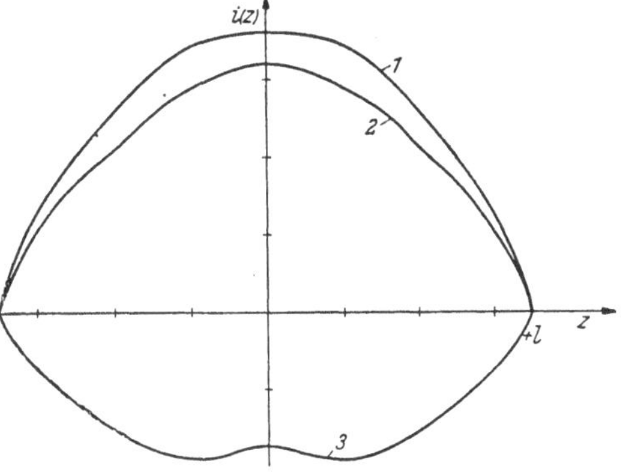

Abb. 49. Von GANS und BEMPORAD berechnete Stromverteilungen auf einem Dipol der genauen Länge $2\,l = \lambda/2$ beim Schlankheitsgrad $\dfrac{2\,l}{d} = 100$. Zur Berechnung der Stromverteilung wurde die HALLÉNsche Integralgleichung (144) mittels einer cos-Entwicklung des Stromes von vier Termen numerisch gelöst.[2]

[1] BERNDT, W., und A. GOTHE: Telefunkenztg. Bd. 17 (1936) S. 5.
[2] GANS, R., u. M. BEMPORAD: AEÜ. Bd. 7 (1953) S. 169.

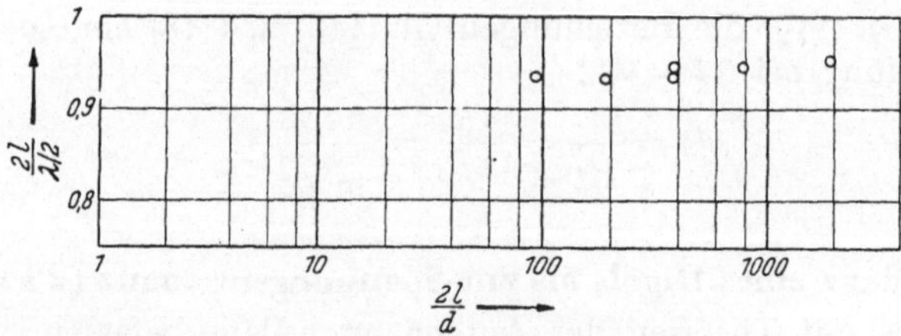

Abb. 50. Meßwerte des Verkürzungsfaktors $\frac{2l}{\lambda/2}$ des Halbwellendipols als Funktion des Schlankheitsgrades $\frac{2l}{d}$.

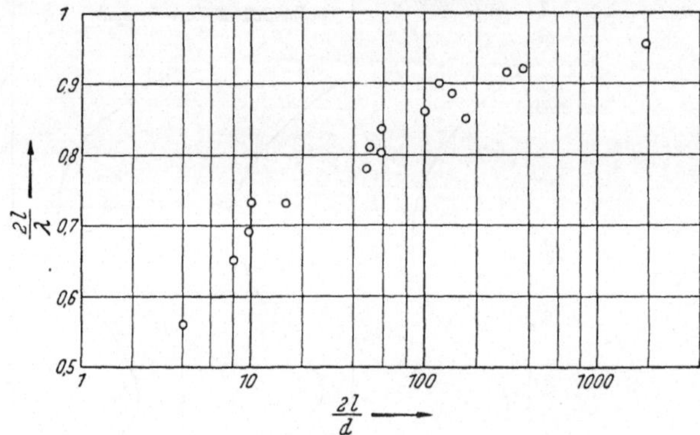

Abb. 51. Meßwerte des Verkürzungsfaktors $\frac{2l}{\lambda}$ des Ganzwellendipols als Funktion des Schlankheitsgrades $\frac{2l}{d}$.

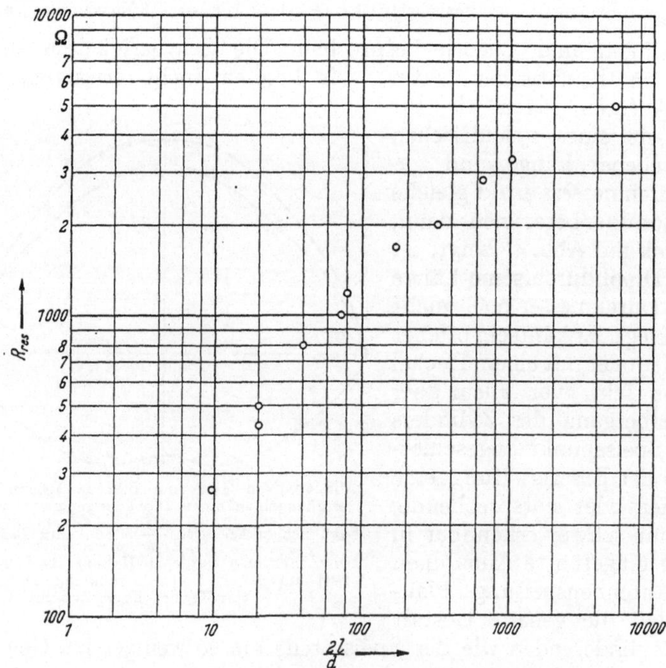

Abb. 52. Meßwerte der Impedanz des Ganzwellendipols bei der Spannungsresonanz $(2\,l \approx \lambda)$ als Funktion des Schlankheitsgrades $\frac{2l}{d}$.

je schlanker der Dipol ist; ebenso, daß die Gestalt der Speisestelle auf die hohe Impedanz in der Nähe der Spannungsresonanz mehr Einfluß hat als auf die etwa 70 Ω der Serienresonanz, der gegenüber Serieninduktivitäten wie Parallelkapazitäten der Übergangsfelder an der Speisestelle nicht allzusehr ins Gewicht fallen.

Wesentlich für alle Theorien der Impedanz ist die Berechnung der Stromverteilung auf den Dipolen. Man kann beweisen, daß die sinusförmige Näherung der Stromverteilung, die wir im Abschn. V, 2 benutzt haben, der Grenzwert der Stromverteilung auf Dipolen von infinitesimaler Dicke ist. In der Abb. 48 reproduzieren wir einige gemessene Stromverteilungen auf zylindrischen Dipolen, in der Abb. 49 gerechnete Stromverteilungen. Die Abbildungen zeigen, daß wir mit Ausnahme der Umgebung der Stromknoten die Sinusabschnitte als gute Näherung der tatsächlichen Stromverteilung ansehen dürfen, insbesondere gilt das bei schlanken Dipolen.

In den Abb. 50 und 51 reproduzieren wir Meßwerte der Resonanzfrequenz des Halbwellen- und des Ganzwellendipols als Funktion des Schlankheitsgrades $2l/d$. Die Verschiebung der Resonanzfrequenz gegen $2\,l = \lambda/2$ bzw. $2\,l = \lambda$ nach kleineren Werten von l/λ ist um so ausgeprägter, je dicker der Dipol ist, und beim Ganzwellendipol stärker als beim Halbwellendipol.

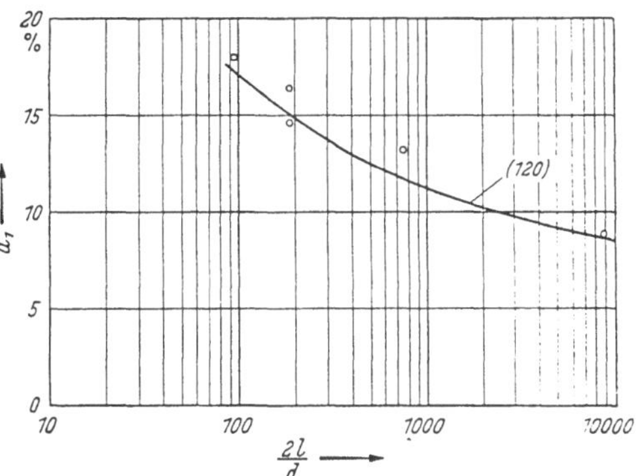

Abb. 53. Meßwerte der Dämpfung eines Dipols der Länge $2\,l$ bei der Stromresonanz als Funktion des Schlankheitsgrades $\dfrac{2l}{d}$.

In der Abb. 52 reproduzieren wir Meßwerte der Impedanz bei der zweiten Resonanzfrequenz. Der Resonanzwiderstand ist um so kleiner, je dicker der Dipol ist. Der Schlankheitsgrad hat auf den Widerstand des Halbwellendipols nur einen geringen Einfluß, einen großen dagegen auf den Resonanzwiderstand des Ganzwellendipols.

In der Abb. 53 reproduzieren wir Meßwerte der Dämpfung

$$d_1 = \frac{2R}{\omega_0 \dfrac{\partial X}{\partial \omega}}$$

bei der ersten Resonanz. Die Dämpfung ist um so größer, je dicker der Dipol ist. Bei demselben Schlankheitsgrad $2l/d$ ist die Dämpfung des Ganzwellendipols d_2 größer als die des Halbwellendipols d_1. Man kann also über den Ganzwellendipol breitere Frequenzbänder übertragen. Die in der Literatur veröffentlichten Impedanzkurven ergeben für die Dämpfung d_2 bei der Spannungsresonanz sehr stark streuende Werte; bei festem Schlankheitsgrad ist etwa $d_2 = 1,3 \cdots 1,4\,d_1$.

5. Schelkunoffs Theorie des konischen Dipols.

Eine Theorie der Dipolimpedanz aufzustellen, welche von den Maxwellschen Gleichungen ausgeht, ist nur in drei Fällen von größerem Interesse gelungen. Hallén hat die zylindrische Antenne behandelt und Schelkunoff den Doppelkegel nach Abb. 54; Stratton und Chu haben die Impedanz eines in der Mitte gespeisten Ellipsoids berechnet. In allen andern Fällen sind die mathematischen Schwierigkeiten einstweilen unüberwindlich. Die Theorie von Strat-

TON und CHU wollen wir wegen der wenig bekannten von ihnen benutzten mathematischen Formulierung nicht darstellen. Wir behandeln zunächst SCHELKUNOFFS Theorie[1], weil seine Endresultate sich in Anlehnung an die Leitungstheorie leicht verständlich machen lassen.

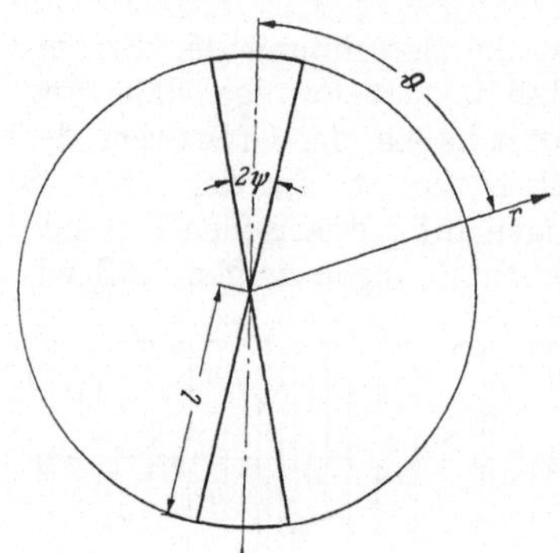

Abb. 54. Doppelkegelantenne der Länge $2\,l$ mit dem Öffnungswinkel $2\,\psi$.

SCHELKUNOFF beweist, daß in der Nähe der Speisestelle, der beiden Spitzen des Doppelkegels, Strom und Spannung sich je durch Überlagerung einer zu den Kegelenden fortlaufenden und einer von ihnen reflektierten ungedämpften Welle darstellen lassen. Genau wie bei einer gewöhnlichen Leitung breiten sich diese Wellen mit Vakuumlichtgeschwindigkeit aus, ihr elektromagnetisches Feld ist transversal und das Amplitudenverhältnis zwischen elektrischem und magnetischem Vektor ist

$$\frac{|\mathfrak{E}|}{|\mathfrak{H}|} = \sqrt{\frac{\mu_0}{\varepsilon_0}} = 120\pi\,\Omega.$$

Das Verhältnis zwischen Spannung und Strom einer solchen Welle, der Wellenwiderstand Z_k des Doppelkegels vom Öffnungswinkel 2ψ ist

$$Z_k = 120\ln\left(\mathrm{ctg}\,\frac{\psi}{2}\right)\Omega. \tag{121}$$

Die Wellen sind natürlich nicht eben, sondern sphärisch. In einiger Entfernung von der Speisestelle ist die Struktur des Feldes komplizierter. Die Eingangsimpedanz Z_1 der Antenne muß sich wie die einer ungedämpften Leitung in der Form

$$Z_1 = Z_k\,\frac{Z_2\cos k\,l + j\,Z_k\sin k\,l}{j\,Z_2\sin k\,l + Z\,k\cos k\,l} \tag{122}$$

darstellen lassen: Z_2 ist eine fiktive Last der äquivalenten Leitung vom Wellenwiderstand Z_k und der elektrischen Länge $k\,l$. Wenn man Z_2 berechnen kann, ist die Eingangsimpedanz Z_1 des Doppelkegels bekannt. Mit $Z' = Z_k^2/Z_2$ läßt sich Gl. (122) umschreiben in eine für das Folgende bequemere Form

$$Z_1 = Z_k\,\frac{Z_k\cos k\,l + j\,Z'\sin k\,l}{Z'\cos k\,l + j\,Z_k\sin k\,l}. \tag{123}$$

Wenn am Leitungsende praktisch ein Stromknoten liegt — und das wird sich bestätigen — so ist Z' die auf den Strombauch bezogene Impedanz.

Wenn der Doppelkegel schlank ist, kann man für $Z' = R' + j\,X'$ durch Ansetzen einer sinusförmigen Stromverteilung mit dem Strommaximum i_0 einen guten Näherungswert erhalten. Man berechnet wie immer aus dem Fernfeld die Strahlungsleistung $P_r = R'i_0^2$; die Blindleistung $j\,P_x$ berechnet man aus dem Volumenintegral

$$j\,P_x = j\,\omega\int(\mu_0\,\mathfrak{H}\,\mathfrak{H}^* - \varepsilon_0\,\mathfrak{E}\,\mathfrak{E}^*)\,dv = j\,X'\,i_0^2,$$

das über den ganzen Raum außerhalb des Doppelkegels und eines die Speisestelle einschließenden beliebig kleinen Volumens zu nehmen ist. Der Integrand ist gleich der Differenz der maximalen instantanen magnetischen und elektri-

[1] SCHELKUNOFF, S.: Advanced Antenna Theory. New York 1952. J. Wiley and Sons.

schen Energiedichte im Volumelement dv, welche im Strahlungsfeld asymptotisch gleich groß werden; der Integrand nimmt in großer Entfernung r von der Antenne ($r \gg \lambda$) wie r^{-4} ab, so daß nur die nähere Umgebung der Antenne zur Blindleistung beiträgt.

Man kann $P_r + j\,P_x$ mittels des komplexen POYNTINGschen Vektors $\mathfrak{E} \times \mathfrak{H}^*$ zusammenfassen und durch ein Oberflächenintegral darstellen. Für $Z' = R' + j\,X'$ findet SCHELKUNOFF auf diese Weise:

$$R' = \sin^2 \frac{2\pi l}{\lambda}\, R_s, \qquad (124\,\mathrm{a})$$

wobei R_s nach Gl. (115) einzusetzen ist.

$$X' = 60\left\{ S\,i\,\frac{4\pi l}{\lambda} + \frac{1}{2}\cos\frac{4\pi l}{\lambda}\,S\,i\,\frac{8\pi l}{\lambda} - \frac{1}{2}\sin\frac{4\pi l}{\lambda}\left(\ln\frac{2\pi l}{\lambda} + C - C\,i\,\frac{8\pi l}{\lambda}\right)\right\}$$

$$(C = 0{,}577 \text{ ist die EULERsche Konstante}). \qquad (124\,\mathrm{b})$$

Beide Größen sind in Abb. 55 dargestellt.

Wir sind von einer ersten sinusförmigen Annäherung für den Antennenstrom ausgegangen und haben auf dem Wege der Berechnung der Wirk- und Blindleistung und des Einsetzens in die Impedanzformel (123) implizite eine zweite bessere Näherung für den Strom in den Antennenklemmen erhalten, so daß sich auch für $2\,l \approx \lambda$ kein Stromnull mehr ergibt.

Daß nicht nur die Strahlungsleistung, sondern auch die Blindleistung mit guter Näherung herauskommt, läßt sich damit plausibel machen, daß in dem größten Teil des Volumens, in dem die Blindleistung gespeichert ist, die Annäherung des wahren Feldes durch unseren Ansatz gut ist.

Wir führen nunmehr die einzelnen Schritte des eben skizzierten Verfahrens durch. SCHELKUNOFF unterteilt den gesamten Raum in das Innere und Äußere der den Doppelkegel enthaltenden Kugel vom Radius $r = l$ nach Abb. 54, weil sich in den beiden Teilräumen die MAXWELLschen Gleichungen nebst Randbedingungen leicht erfüllen lassen; die wesentlichen mathematischen Schwierigkeiten ergeben sich aus der Notwendigkeit, auf der Kugeloberfläche die beiden Teilfelder aneinander anzupassen. Für schlanke Kegel kann man sie jedoch umgehen und, wie wir gerade gesehen haben, direkt Z' berechnen.

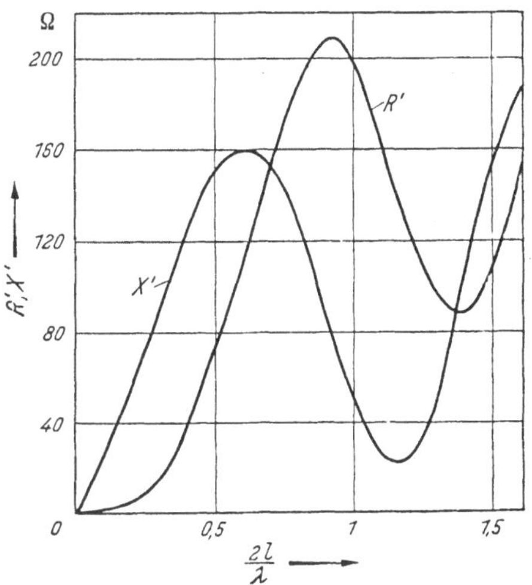

Abb. 55. SCHELKUNOFFS Hilfsimpedanz Z' nach (124).

Das zu berechnende Antennenfeld muß folgende Bedingungen erfüllen: Es genügt den MAXWELLschen Gleichungen und ist mit Ausnahme der Kegelspitzen außerhalb der Leiter überall stetig, endlich und eindeutig. In der Gegend der Kegelspitzen hat das Feld eine Struktur, wie es der Erregung durch eine angelegte EMK entspricht; insbesondere besitzt dort das Linienintegral des elektrischen Feldes einen vom Weg unabhängigen Wert. Im Unendlichen hat das Feld die Eigenschaften einer divergenten Kugelwelle.

Bei Erregung der Antenne durch eine EMK zwischen den Kegelspitzen fließt aus Symmetriegründen (s. Abb. 54) der Strom in Meridianebenen $\varphi = $ const; das elektrische Feld hat keine φ-Komponente, das Magnetfeld hat nur eine φ-Komponente, und alle Feldkomponenten sind von φ unabhängig. Ferner ist die Ebene $\vartheta = \pi/2$ eine Symmetrieebene (z. B. $H_\varphi(\vartheta) = H_\varphi(\pi - \vartheta)$).

Schreiben wir die MAXWELLschen Gleichungen in Polarkoordinaten für die nicht verschwindenden Feldkomponenten E_ϑ, E_r, H_φ und $\dfrac{\partial}{\partial \varphi} \equiv 0$, so finden wir:

$$\frac{\partial}{\partial \vartheta} (\sin \vartheta \, H_\varphi) = j\, \omega\, \varepsilon_0\, r \sin \vartheta \, E_r, \tag{125a}$$

$$\frac{\partial}{\partial r} (r\, H_\varphi) = -j\, \omega\, \varepsilon_0\, r\, E_\vartheta, \tag{125b}$$

$$\frac{\partial}{\partial r} (r\, E_\vartheta) - \frac{\partial E_r}{\partial \vartheta} = -j\, \omega\, \mu_0\, r\, H_\varphi, \tag{125c}$$

$$\sin \vartheta \, \frac{\partial}{\partial r} (r^2\, E_r) + r\, \frac{\partial}{\partial \vartheta} (\sin \vartheta \, E_\vartheta) = 0. \tag{125d}$$

Bekanntlich kann man diesen Feldtyp, der bei vielen Problemen auftritt, bequem aus einem Skalar $\Pi(r, \vartheta)$ ableiten[1]:

$$r\, H_\varphi = -\frac{\partial \Pi}{\partial \vartheta}, \tag{126a}$$

$$j\, \omega\, \varepsilon_0\, r\, E_\vartheta = -\frac{\partial^2 \Pi}{\partial r\, \partial \vartheta}, \tag{126b}$$

$$j\, \omega\, \varepsilon_0\, r^2 \sin \vartheta \, E_r = -\frac{\partial}{\partial \vartheta} \left(\sin \vartheta \, \frac{\partial \Pi}{\partial \vartheta}\right). \tag{126c}$$

Man bestätigt durch Einsetzen, daß Funktionen Π, welche der Gleichung

$$\frac{\partial^2 \Pi}{\partial r^2} + \frac{1}{r^2 \sin \vartheta} \, \frac{\partial}{\partial \vartheta} \left(\sin \vartheta \, \frac{\partial \Pi}{\partial \vartheta}\right) + k^2 \Pi = 0, \tag{127}$$

$$k^2 = \omega^2\, \varepsilon_0\, \mu_0 = \left(\frac{2\pi}{\lambda}\right)^2$$

genügen, Lösungen der MAXWELLschen Gleichungen ergeben. Die Gl. (127) separiert man durch den Ansatz $\Pi(r, \vartheta) = R(r)\, T(\vartheta)$ in die gewöhnlichen Differentialgleichungen

$$\frac{d}{d\vartheta} \left(\sin \vartheta \, \frac{dT}{d\vartheta}\right) + \nu(\nu + 1) \sin \vartheta \, T = 0, \tag{128a}$$

$$\frac{d^2 R}{dr^2} + \left[k^2 - \frac{\nu(\nu + 1)}{r^2}\right] R = 0. \tag{128b}$$

Die erste Gleichung ist die Differentialgleichung der LEGENDREschen Kugelfunktionen, die zweite geht durch den Ansatz $R = \sqrt{r}\, Z(r)$ in die BESSELsche Differentialgleichung über.

Um einen Ansatz für das Feld außerhalb der Kugel $r \geqq l$ aufzustellen, muß man aus der Gesamtheit der Lösungen von Gl. (128) a u. b diejenigen aussuchen, welche zu divergenten Kugelwellen führen und außerhalb der Kugel überall endlich, eindeutig und stetig sind. Es sind Multipolstrahlungen der Form $\sqrt{r}\, H_n(kr)\, P_n(\cos \vartheta)$, Produkte von HANKEL-Funktionen H_n mit LEGENDREschen Kugelfunktionen P_n vom ganzzahligen Index n, von denen uns jedoch nur die zu symmetrischen Feldern $H(\vartheta) = H(\pi - \vartheta)$ führenden mit ungeradem Index interessieren. Für das Teilfeld Π_a im Äußern der Kugel $r \geqq l$ erhalten wir

---

[1] DEBYE, P.: Ann. d. Phys. (4) Bd. 30 (1909) S. 57.

somit durch Superposition aller in Frage kommenden Multipolstrahlungen:

$$\Pi_a = \sum_0^\infty B_n \sqrt{\frac{r}{l}} \; \frac{H_{2n+1}(k\,r)}{H_{2n+1}(k\,l)} \; P_{2n+1}(\cos\vartheta). \tag{129}$$

Um zu einem ähnlichen Feldansatz für das Innere der Kugel $r \leqq l$ zu gelangen, suchen wir zunächst alle Lösungen von Gl. (128a), die zu verschwindender Tangentialkomponente des elektrischen Feldes E_r auf dem Kegelmantel führen. Damit $E_r(\psi) = 0$ ist, muß nach Gl. (126c) und (128a) entweder $v = 0$ bzw. -1 oder $T(\psi) = 0$ sein. Der Fall $v = 0$ liefert einen Wellentyp, wie er auf gewöhnlichen Leitungen auftritt. Offensichtlich gibt $v = -1$ dasselbe.

Für $v = 0$ lautet die allgemeine Lösung von Gl. (128a)

$$T = \alpha_1 + \alpha_2 \ln \mathrm{ctg} \frac{\vartheta}{2}$$

und die allgemeine Lösung von Gl. (128b)

$$R = \beta_1 \, e^{j\,k\,r} + \beta_2 \, e^{-j\,k\,r}.$$

Man findet durch Einsetzen in Gl. (126) für die nach wachsenden r fortschreitende Welle

$$E_r(\vartheta) \equiv 0, \qquad H_\varphi = -\frac{\alpha_2\,\beta_2}{r\sin\vartheta}\, e^{j\,k\,r},$$

$$E_r = \sqrt{\frac{\mu_0}{\varepsilon_0}} \; H_\varphi.$$

Diese Welle ist also transversal in $\mathfrak{E}$ und $\mathfrak{H}$ und liefert nicht nur in der Gegend der Kugelspitzen, sondern auf allen Kugelflächen $r = \mathrm{const}$ bis auf einen Phasenfaktor denselben Wert für das Integral des elektrischen Feldes zwischen den beiden Dipolarmen $\vartheta = \psi$ bzw. $\vartheta = \pi - \psi$, wie wir gleich sehen werden. Der Strom auf einem Dipolarm im Abstand r von der Spitze ist

$$I(r) = \int_0^{2\pi} H_\varphi(\psi)\,r\sin\psi\,d\varphi \;=\; -2\pi\,\alpha_2\,\beta_2\, e^{-j\,k\,r} = I(o)\, e^{-j\,k\,r}. \tag{130}$$

Das Linienintegral des elektrischen Feldes wird

$$V(r) = \int_\psi^{\pi-\psi} E_\vartheta(r)\,r\,d\vartheta = \frac{I_0\, e^{-j\,k\,r}}{2\pi} \sqrt{\frac{\mu_0}{\varepsilon_0}} \int_\psi^{\pi-\psi} \frac{d\vartheta}{\sin\vartheta} = I(r)\,120\ln\mathrm{ctg}\frac{\psi}{2}\,. \tag{131}$$

Strom und Spannung, magnetisches und elektrisches Feld dieses Wellentyps verhalten sich also ganz wie auf einer Leitung vom Wellenwiderstand

$$Z_k = 120\ln\left(\mathrm{ctg}\frac{\psi}{2}\right)\Omega. \tag{132}$$

Die übrigen Lösungen von Gl. (128a), welche die Randbedingungen $E_r(\psi) = 0$ erfüllen, gehören zu nicht ganzen Werten v. In diesem Fall lautet die allgemeine Lösung von Gl. (128a)

$$T = \alpha_1 P_v(\cos\vartheta) + \alpha_2 P_v(-\cos\vartheta).$$

Damit $H(\vartheta) = H(\pi - \vartheta)$, also $\dfrac{d\,T}{d\,\vartheta}$ eine Funktion von $\sin\vartheta$ wird, muß T eine ungerade Funktion von $\cos\vartheta$ sein. Das erfordert

$$T = \tfrac{1}{2}\left[P_v(\cos\vartheta) - P_v(-\cos\vartheta)\right] = M_v(\vartheta) \quad \text{ges.}$$

Gesucht sind alle Wurzeln v_n der Gleichung

$$M_v(\psi) = 0; \tag{133}$$

denn diese Lösungen führen zu auf dem Dipol verschwindender Tangentialkomponente E_r. Wie bei allen Eigenwertproblemen dieser Art muß eine unendliche Folge von Wurzeln ohne Häufungspunkt im Endlichen existieren.

Aus der allgemeinen Lösung von Gl. (128b) müssen wir diejenigen Anteile ausscheiden, die zu Feldern führen würden, welche mit $r \to 0$ schneller als r^{-1} wachsen, also die NEUMANNschen Funktionen; denn sonst wäre in der Gegend der Antennenklemmen $r \approx 0$ das Integral der elektrischen Feldstärke nicht endlich. Somit erhalten wir für das Innere der Kugel

$$\Pi_i = \Pi_0 + \Pi_i' = \alpha_2 \ln \left(\operatorname{ctg} \frac{\vartheta}{2} \right) \left(\beta_1 \, e^{jkr} + \beta_2 \, e^{-jkr} \right) +$$

$$+ \sum_0^\infty A_n \sqrt{\frac{r}{l}} \, \frac{J_{\nu_n}(k\,r)}{J_{\nu_n}(k\,l)} \, M_{\nu_n}(\cos \vartheta). \tag{134}$$

Die Koeffizienten A_n und B_n ergeben sich im Prinzip aus der Stetigkeit von Π und $\dfrac{\partial \Pi}{\partial r}$ auf der Kugeloberfläche $r = l$. Im Fall schlanker Dipole können wir jedoch die entsprechenden, ziemlich komplizierten Rechnungen umgehen. Zunächst wollen wir noch zeigen, daß die Summe $\sum$ in Gl. (134) mit $\nu_n \neq 0$ weder zum Strom noch zur Spannung in den Antennenklemmen beiträgt. Der Strom ergibt sich durch Integration des Magnetfeldes

$$I(r) = \int_0^{2\pi} H_\varphi(\psi) \, r \sin \psi \, d\varphi = 2 \pi \, r \sin \psi \, H_\varphi \to -2 \pi \sin \psi \, \frac{\partial \Pi_0}{\partial \vartheta} \tag{135a}$$

wegen
$$\sqrt{r} \, I_{\nu_n}(k\,r) \to 0, \qquad \frac{\partial \Pi_i'}{\partial \vartheta} \to 0$$

mit
$$r \to 0$$

und die Klemmenspannung durch Integration von E_ϑ

$$V(r) = \int_\psi^{\pi - \psi} E_\vartheta \, r \, d\vartheta = -\frac{1}{j \, \omega \, \varepsilon_0} \int \frac{\partial^2 \Pi_i}{\partial r \, \partial \vartheta} \, d\vartheta$$

$$= -\frac{1}{j \, \omega \, \varepsilon_0} \left| \frac{\partial \Pi_i}{\partial r} \right. = -\frac{1}{j \, \omega \, \varepsilon_0} \left. \right|_\psi^{\pi - \psi} \frac{\partial_0 \Pi}{\partial r} \tag{135b}$$

wegen
$$M_{\nu_n}(\psi) = M_{\nu_n}(\pi - \psi) = 0.$$

Damit haben wir alle diejenigen, eingangs aufgestellten Behauptungen bewiesen, welche sich auf die Struktur des Feldes in den Antennenklemmen beziehen, und also die Beziehung Gl. (123) abgeleitet. Es bleibt noch die auf das Strommaximum bezogene Impedanz Z' aus Gl. (123) zu berechnen. Bei Ansatz eines Stromfadens $i(z) = i_0 \sin 2 \pi \dfrac{l - |z|}{\lambda}$ in der Achse des Doppelkegels können wir leicht durch Superposition HERTZscher Elementarfelder einen Näherungsausdruck für das gesamte Feld bekommen. Durch Integration des POYNTINGschen Vektors über eine ferne die Antenne einschließende Kugel erhalten wir bis auf den Faktor $\sin^2 2 \pi \dfrac{l}{\lambda}$ für die Strahlungsleistung P_r wieder den Ausdruck Gl. (114); der Faktor berücksichtigt den Unterschied zwischen Klemmenstrom und maximalem Strom. Die Blindleistung $j \, P_x$ ergibt sich wie bei Schaltungen mit konzentrierten Elementen aus dem Überschuß der magnetischen über die elektrische Feldenergie

$$j \, P_x = j \, \omega \int \left(\mu_0 \, \mathfrak{H} \, \mathfrak{H}^* - \varepsilon_0 \, \mathfrak{E} \, \mathfrak{E}^* \right) dv. \tag{136}$$

Magnetische und elektrische Feldenergie sind für sich unendlich, weil bei monochromatischer Strahlung die Antenne schon unendlich lange vor jedem Zeitpunkt t ausgestrahlt hat, und $\mathfrak{E}\mathfrak{E}^*$ und $\mathfrak{H}\mathfrak{H}^*$ nehmen im Unendlichen nur wie r^{-2} ab. Das Einsetzen der HERTZschen Elementarfelder zeigt jedoch, daß der Überschuß der magnetischen über die elektrische Energiedichte wie r^{-4} abnimmt, so daß sich eine endliche Gesamtblindleistung ergibt, die in der näheren Umgebung der Antenne konzentriert ist. Sowohl die Strahlungsleistung als auch die Blindleistung lassen sich durch ein Oberflächenintegral darstellen; denn beide werden von der an die Antennenklemmen gelegten EMK, d. h. Leistungsquelle, geliefert. Die Umwandlung von Gl. (136) in ein Oberflächenintegral gelingt mit Hilfe des komplexen POYNTINGschen Vektors $\mathfrak{E} \times \mathfrak{H}^*$. Auf Grund des GAUSSschen Satzes und der MAXWELLschen Gleichungen (1 a) u. (1 b) gilt:

$$\int \mathfrak{E} \times \mathfrak{H}^* \, do = - \int \operatorname{div} \mathfrak{E} \times \mathfrak{H}^* \, dv = - \int (\mathfrak{H}^* \operatorname{rot} \mathfrak{E} - \mathfrak{E} \operatorname{rot} \mathfrak{H}^*) \, dv$$

$$= j \, \omega \int (\mu_0 \, \mathfrak{H} \, \mathfrak{H}^* - \varepsilon_0 \, \mathfrak{E} \, \mathfrak{E}^*) \, dv,$$

wobei das Volumintegral über den gesamten Raum außerhalb der Antennenleiter und einer die Antennenklemmen einschließenden kleinen Kugel und das Oberflächenintegral über alle diese Flächen und die unendlich ferne Kugel zu erstrecken ist. Im Unendlichen sind $\mathfrak{E}$ und $\mathfrak{H}$ gleichphasig, der komplexe POYNTINGsche Vektor ist dort also reell, und bei passender Wahl der positiven Flächennormalen ist das Oberflächenintegral über die ferne Kugel gleich der negativen Strahlungsleistung. Das Oberflächenintegral über die im endlichen gelegenen Flächen ist also gleich der Summe von Wirk- und Blindleistung. Da der POYNTINGsche Vektor parallel zu den Leiterflächen liegt, braucht man das Oberflächenintegral sogar nur über eine kleine, die Klemmen einschließende Kugel zu nehmen. Dieser Tatbestand ist an sich selbstverständlich. Setzen wir jedoch an Stelle des wahren Feldes als Näherung das von einem Stromfaden erzeugte Feld ein, so erfüllt dieses neue Feld die Randbedingungen auf den Leitern nicht exakt, und auch die Antennenoberfläche trägt zum Oberflächenintegral bei.

Das von einem Stromfaden mit Sinusbelegung erzeugte Feld ergibt sich durch Superposition der HERTZschen Elementarfelder Gl. (23), wobei wir das Resultat dieser Integration zweckmäßig in Zylinderkoordinaten ϱ, φ, z angeben. (vgl. Abb. 56).

$$E_z = \frac{1}{4\pi} \sqrt{\frac{\mu_0}{\varepsilon_0}} \, j \, i_0 \left(2 \frac{e^{-jkr}}{r} \cos k \, l - \frac{e^{-jkr_1}}{r_1} - \frac{e^{-jkr_2}}{r_2} \right), \tag{137a}$$

$$\varrho \, E_\varrho = \frac{1}{4\pi} \sqrt{\frac{\mu_0}{\varepsilon_0}} \, j \, i_0 (e^{-jkr_1} \cos \vartheta_1 + e^{-jkr_2} \cos \vartheta_2 - 2 \cos k \, l \, e^{-jkr} \cos \vartheta), \tag{137b}$$

$$\varrho \, H_\varrho = \frac{1}{4\pi} \, j \, i_0 (e^{-jkr_1} + e^{-jkr_2} - 2 e^{-jkr} \cos k \, l). \tag{137c}$$

Auf der kleinen Kugel vom Radius $r = \varepsilon$ gilt

$$\varepsilon \sin \vartheta \, E_\vartheta \to - \frac{j}{2\pi} \sqrt{\frac{\mu_0}{\varepsilon_0}} \, i_0 \cos k \, l,$$

$$2\pi \, \varepsilon \sin \vartheta \, H_\varphi \to i_0 \sin k \, l.$$

Die Kugel liefert also zum Oberflächenintegral den rein imaginären Beitrag

$$\int\limits_{\psi}^{\pi-\psi} \int\limits_{0}^{2\pi} E_\vartheta H_\varphi^* \, \varepsilon^2 \sin \vartheta \, d\vartheta \, d\varphi = - \tfrac{1}{2} j \, Z_k \sin k \, l \cos k \, l \, i_0 \, i_0^*.$$

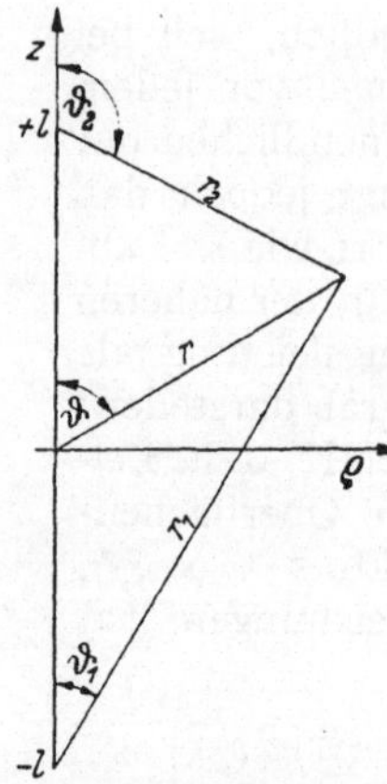

Abb. 56. Koordinaten der Formeln (137) für das vom Stromfaden der Länge $2\,l$ erzeugte Nah- und Fernfeld.

Die beiden Kegeloberflächen liefern für schlanke Kegel mit $\sin\psi = \psi$, $\cos\psi = 1$

$$E_r = \frac{j\,i_0}{4\,\pi}\sqrt{\frac{\mu_0}{\varepsilon_0}}\left[\frac{e^{-j\,k\,(l+r)} - e^{-j\,k\,(l-r)}}{r} - \right.$$

$$\left. - \frac{e^{-j\,k\,(l+r)}}{l+r} - \frac{e^{-j\,k\,(l-r)}}{l-r}\right],$$

$$r\sin\psi\,H_\varphi \approx i_0\sin k\,(l-r)$$

$$\int\limits_{\psi}^{l}\int\limits_{0}^{2\pi} E_r\,H_\varphi^*\,r\sin\psi\,r\,dr\,d\varphi = \tfrac{1}{2}Z'\,i_0\,i_0^*,$$

wobei sich $Z' = R' + j\,X'$ gleich dem Ausdruck Gl. (124) ergibt. Daß dieses Integrationsresultat gleich der Größe Z' aus Gl. (123) ist, was wir ja zeigen müssen, sieht man so ein: Die von der Antenne gelieferte Leistung wird einerseits

$$P_r + j\,P_x = \tfrac{1}{2}(Z' - j\,Z_k\sin k\,l\cos k\,l)\,i_0\,i_0^*; \qquad (138)$$

denn das haben wir gerade abgeleitet. Andererseits wird sie nach Gl. (123)

$$P_r + j\,P_x = \tfrac{1}{2}Z_1\,i_0\,i_0^*\sin^2 k\,l. \qquad (139)$$

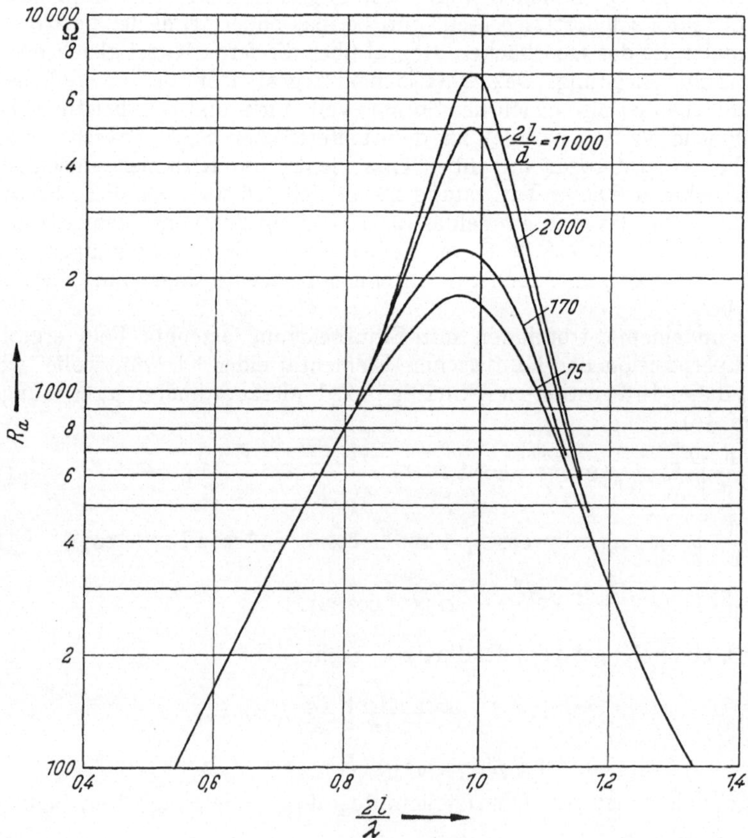

Abb. 57a Impedanz der Doppelkegelantenne nach der Formel (123) der Schelkunoffschen Theorie als Funktion von $\frac{2l}{\lambda}$ für verschiedene Schlankheitsgrade $\frac{2l}{d}$.

Für schlanke Antennen mit in der Grenze unendlich großem Z_k gilt die Entwicklung von Gl. (123) nach Potenten von $1/Z_k$

$$Z_1 = -j Z_k \operatorname{ctg} k\, l + \frac{Z'}{\sin^2 k\, l} + \frac{A}{Z_k} + \cdots \tag{140}$$

Einsetzen in Gl. (139) ergibt erneut Gl. (138), so daß die Identität der Größe Z' aus Gl. (123) mit dem Integrationsresultat Gl. (124) bewiesen ist. Damit sind

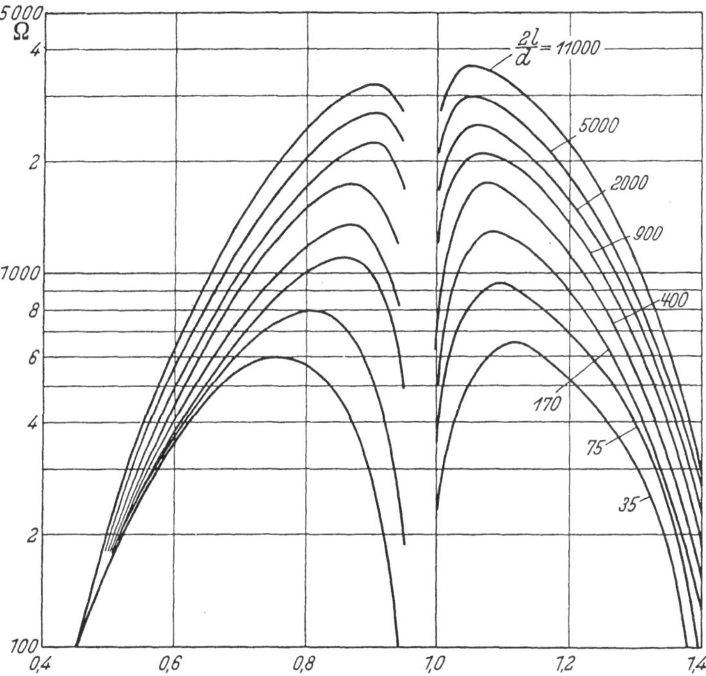

Abb. 57b. Impedanz der Doppelkegelantenne nach der Formel (123) der SCHELKUNOFFschen Theorie als Funktion von $\frac{2l}{\lambda}$ für verschiedene Schlankheitsgrade $\frac{2l}{d}$.

die SCHELKUNOFFschen Ergebnisse für schlanke Kegel dargestellt. Durch weitere Näherungsverfahren lassen sich diese Resultate auf dickere Kegel und auch auf zylindrische Dipole erweitern[1].

In Abb. 57 stellen wir SCHELKUNOFFs numerische Resultate für den konischen Dipol dar, die er durch Auswertung von Gl. (121), (123) u. (124) erhalten hat.

6. HALLÉNs Theorie des zylindrischen Dipols.

HALLÉN berechnet die Impedanz des in der Mitte gespeisten Dipols nach Abb. 58, indem er eine Integralgleichung für den Strom $i(z)$ auf der Antenne aufstellt, die er in einem Approximationsverfahren lösen kann[2]. Es gelingt ihm, die ersten Glieder einer asymptotischen Reihe numerisch zu berechnen, mit denen man für alle Wellenlängen die Impedanz um so genauer darstellt, je schlanker der Dipol ist. GANS löst die HALLÉNsche Integralgleichung in der

---

[1] SCHELKUNOFF, S.: Advanced Antenna Theory. New York 1952. Wiley and Sons. — C. T. TAI: Journ. Appl. Phys. Bd. 20 (1949) S. 1076.
[2] HALLÉN, E.: Nov. Acta Reg. Soc. Sci. Upsaliensis Bd. 1 (1938) S. 11.

Nähe der Stromresonanz $\left(2\,l \approx \dfrac{\lambda}{2}\right)$ durch Zurückführung auf ein System linearer Gleichungen mit unendlich vielen Unbekannten, das gut konvergente Näherungen gibt[1].

Wir leiten zunächst nach HALLÉN eine Integralgleichung für den Strom auf der Antenne ab. Nach Gl. (21) erzeugt der Antennenstrom ein Vektorpotential:

$$A_z = \frac{1}{8\,\pi^2} \int i(\zeta)\,\frac{e^{-j\,k\,r}}{r}\,do;\qquad (141)$$

r ist der Abstand zwischen dem Aufpunkt mit den Koordinaten ϱ, φ, z und dem Flächenelement do mit den Koordinaten $d/2$, ψ, ζ. Aus A_z erhalten wir die z-Komponente des elektrischen Feldes mittels Gl. (20)

$$E_z = \frac{1}{j\,\omega\,\varepsilon_0}\left(\frac{\partial^2 A_z}{\partial z^2} + k^2\,z\right);$$

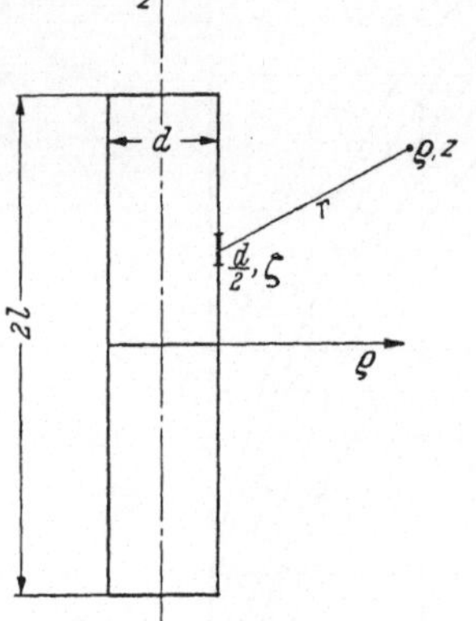

Abb. 58. Zylindrischer Dipol der Länge $2\,l$ mit den Koordinaten für die Aufstellung der HALLÉNschen Integralgleichung.

daß an der Speisestelle $z = 0$ die erste Ableitung $\dfrac{\partial A_z}{\partial z}$ unstetig ist und $\dfrac{\partial^2 A_z}{\partial z^2}$ für $z \to \pm 0$ verschiedene Grenzwerte annimmt, wird sogleich berücksichtigt werden. Da auf der Leiteroberfläche E_z verschwindet, gilt dort:

$$\frac{\partial^2 A_z}{\partial z^2} + k^2 A_z = 0.$$

Die Gleichung hat die allgemeine reguläre Lösung

$$A_z = C_1 \cos k\,z + C_2 \sin k\,z,$$

so daß wir auf folgende Integralgleichung stoßen

$$\frac{1}{8\,\pi^2} \int i(\zeta)\,\frac{e^{-j\,k\,r}}{r}\,do = C_1 \cos k\,z + C_2 \sin k\,z,$$

die wir den Bedingungen unseres Problems anpassen müssen. Wegen $i(z) = i(-z)$ gilt

$$A_z(z) = A_z(-z), \qquad \text{also für} \qquad -l \leqq z \leqq l$$
$$A_z = C_1 \cos k\,z + C_2 \sin k\,|z|.$$

Die Unstetigkeit der Ableitung von A_z bei $z = 0$ hängt mit der Speisung der Antenne durch die Klemmenspannung V zusammen. Nach Gl. (20) wird

$$V = \int\limits_{-0}^{+0} E_z\,dz = \frac{1}{j\,\omega\,\varepsilon_0}\left.\frac{\partial A_z}{\partial z}\right|_{-0}^{+0} = \frac{2\,k}{j\,\omega\,\varepsilon_0}\,C_2,$$

und wir erhalten

$$C_2 = \frac{j}{2}\,\sqrt{\frac{\varepsilon_0}{\mu_0}}\,V,$$

$$\frac{1}{8\,\pi^2} \int i(\zeta)\,\frac{e^{-j\,k\,r}}{r}\,do = C_1 \cos k\,z + \frac{j}{2}\,\sqrt{\frac{\varepsilon_0}{\mu_0}}\,V \sin k\,|z|.\qquad (142)$$

Diese Integralgleichung erster Art für i wandelt HALLÉN in eine andere Integralgleichung um, mit der sich besser rechnen läßt. Für $z = \zeta$, $\varphi = \psi$ wird $r = 0$ und damit der Integrand unendlich. Die Singularität trennen wir ab mittels:

$$\int i(\zeta)\,\frac{e^{-j\,k\,r}}{r}\,do = i(z) \int \frac{do}{r} + \int \frac{i(\zeta)\,e^{-j\,k\,r} - i(z)}{r}\,do.$$

[1] GANS, R., u. M. BEMPORAD: A. E. Ü. Bd. 7 (1953) S. 169.

In dem zweiten regulären Bestandteil setzen wir $r = |z - \zeta|$ und finden nach Integration über ψ

$$\frac{i(z)}{8\pi^2} \int \frac{do}{r} + \frac{1}{4\pi} \int_{-l}^{l} \frac{i(\zeta)\, e^{-jk|z-\zeta|} - i(z)}{|z-\zeta|} \cdot d\zeta = C_1 \cos k\,z + C_2 \sin k\,|z|.$$

Dieser Form der HALLÉNschen Gleichung sehen wir leicht an, daß die Stromverteilung in der Grenze beliebig dünner Dipole $d \to 0$ sinusförmig ist; denn mit $\int \frac{do}{r} \to \infty$ gehen i und das reguläre Integral gegen 0; C_1 bestimmt sich aus der Bedingung des Verschwindens von $i(l) = i(-l) = 0$

$$i(z) \to \frac{-\dfrac{j}{2} \sqrt{\dfrac{\varepsilon_0}{\mu_0}}\; V \dfrac{\sin k\,(l - |z|)}{\cos k\,l}}{\dfrac{1}{8\pi^2} \int \dfrac{do}{r}} . \tag{143}$$

Im Innern der Antenne ist $\int \frac{do}{r}$ als Potential praktisch konstant, so daß wir der Einfachheit halber $\varrho = 0$ setzen dürfen:

$$\frac{1}{8\pi^2} \int \frac{do}{r} \approx \frac{1}{4\pi} \int_{-l}^{l} \frac{d\zeta}{\sqrt{\dfrac{d^2}{4} + |\zeta - z|^2}}$$

$$= \frac{1}{4\pi} \left[\ln \frac{l + z + \sqrt{\dfrac{d^2}{4} + (l+z)^2}}{d} + \ln \frac{l - z + \sqrt{\dfrac{d^2}{4} + (l-z)^2}}{d} \right] \approx \mathrm{const}$$

$$= \frac{1}{4\pi} 2 \ln \frac{4l}{d} = \frac{\Omega}{4\pi} \; \mathrm{ges.}$$

Somit ergibt sich schließlich als speziellere HALLÉNsche Gleichung:

$$\frac{\Omega}{4\pi} i(z) + \frac{1}{4\pi} \int_{-l}^{l} \frac{i(\zeta)\, e^{-jk|z-\zeta|} - i(z)}{|z-\zeta|}\, d\zeta = C_1 \cos k\,z + C_2 \sin k\,|z|. \tag{144}$$

HALLÉN setzt Gl. (143) in das Integral von Gl. (144) ein und erhält damit eine erste Näherung für den Strom; diese setzt er erneut ein, was eine zweite Näherung ergibt. Wir wollen die Näherungen nicht weiter diskutieren und uns mit dem Hinweis auf die ausführlichen Untersuchungen des Schrifttums begnügen[1].

7. Strahlungskopplung von Dipolen.

Wenn man Antennen aus mehreren Dipolen aufbaut, hängt die an den Klemmen eines solchen Dipols meßbare Impedanz infolge der Strahlungskopplung mit seinen Nachbarn auch von deren Strömen ab. Wir behandeln der Einfachheit halber die Strahlungskopplung zwischen zwei Dipolen; die Ausdehnung der Resultate auf $n > 2$ Dipole ist trivial.

Wie bei jedem linearen Vierpol besteht zwischen den Klemmströmen i_1 und i_2 und Klemmspannungen u_1 und u_2 eine Beziehung der Form

$$u_1 = Z_{11} i_1 + Z_{12} i_2 , \qquad u_2 = Z_{21} i_1 + Z_{22} i_2. \tag{145}$$

---

[1] HALLÉN, E.: Admittance Diagrams for Antennas and the Relation between Antenna Theories. Cruft Laboratory Tech. Rep. Nr. 46. Harvard University 1948. — Für numerische Werte vgl. auch C. J. BOUWKAMP: Physica Bd. 9 (1942) S. 609.

Offensichtlich ist Z_{11} die Eigenimpedanz des ersten Dipoles $(i_2 = 0)$, Z_{22} die des zweiten $(i_1 = 0)$. Wir haben in den vorausgehenden Abschnitten verschiedene Verfahren kennengelernt, sie zu berechnen. Wir müssen also nur noch die Größen $Z_{12} = Z_{21}$ ermitteln, welche ein Maß für die Wechselwirkung zwischen den beiden Dipolen sind; daß sie einander gleich sind, ist eine unmittelbare Folge des Reziprozitätstheorems Gl. (27).

Im Prinzip erhalten wir die über die Klemmen *1* bzw. *2* gelieferte Wirk- und Blindleistung mittels desselben Verfahrens, das wir schon im Abschn. V, 5 zur Berechnung von Z' bei sinusförmigem Antennenstrom angewendet haben: Wir integrieren den komplexen POYNTINGschen Vektor über eine geschlossene kleine Fläche, welche die Klemmen *1* enthält, und eine weitere, welche die Klemmen *2* enthält. Geben wir dem von der Antenne *1* allein erzeugten Feld den Index *1* und dem von der Antenne *2* allein erzeugten den Index *2*, so gilt für die Eigenimpedanz wie früher

$$\int_1 \mathfrak{E}_1 \times \mathfrak{H}_1^* \, do = Z_{11} i_1 i_1^* \, ,$$

$$\int_2 \mathfrak{E}_2 \times \mathfrak{H}_2^* \, do = Z_{22} i_2 i_2^* \, .$$

Den Wechselwirkungsterm von Gl. (145) erhalten wir mittels

$$\int_1 \mathfrak{E}_2 \times \mathfrak{H}_1^* \, do = Z_{12} i_2 i_1^* \, .$$

Es ist wieder möglich, an Stelle der wahren Felder die Näherungsausdrücke Gl. (137) einzusetzen, welche von sinusförmigen Stromfäden erzeugt werden. Dann muß man allerdings wie in Abschnitt V, 5 die Integration über die gesamte Oberfläche der Antenne *1* erstrecken und nicht nur über eine kleine, die Klemmen enthaltende Fläche, weil für die Näherungsfelder der POYNTINGsche Vektor nicht genau parallel zu den Leitern ist. An der Begründung dieses Vorgehens ändert sich gegenüber Abschn. V, 5 gar nichts.

Das Resultat der Integration für zwei parallele Dipole im Abstand a voneinander ist folgendes

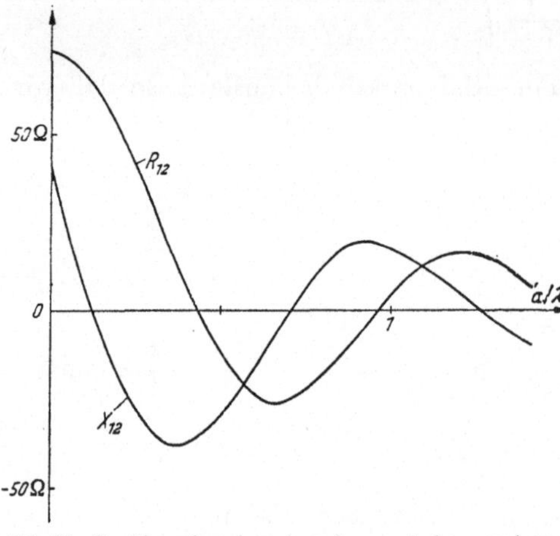

Abb. 59. Strahlungskopplungsimpedanz zwischen zwei parallelen schlanken Halbwellendipolen als Funktion ihres Abstandes a/λ.

$$Z_{12} = R_{12} + j X_{12}, \tag{146}$$

$$R_{12} = 30 \left\{ 2\, C\, i \left(\frac{2\pi a}{\lambda} \right) - C\, i \left[\frac{2\pi}{\lambda} \left(\sqrt{a^2 + 4l^2} + 2l \right) \right] - \right.$$

$$\left. - C\, i \left[\frac{2\pi}{\lambda} \left(\sqrt{a^2 + 4l^2} - 2l \right) \right] \right\},$$

$$X_{12} = -30 \left\{ 2\, S\, i \left(\frac{2\pi a}{\lambda} \right) - S\, i \left[\frac{2\pi}{\lambda} \left(\sqrt{a^2 + 4l^2} + 2l \right) \right] - \right.$$

$$\left. - S\, i \left[\frac{2\pi}{\lambda} \left(\sqrt{a^2 + 4l^2} - 2l \right) \right] \right\};$$

Numerische Werte für $2l = \lambda/2$ sind in Abb. 59 dargestellt.

BECHMANN[1] hat eine Tabelle von Klemmenwirkwiderständen der 6×6 Dipole einer Tannenbaumantenne berechnet. Seine Werte sind in Abb. 60 dargestellt; man sieht, daß wegen der Wechselwirkung zwischen den Dipolen ihre Beiträge zur gesamten Strahlungsleistung nicht genau gleich sind.

75,42	93	86	86	93	75,42
69,9	67,8	59,9	59,9	67,8	69,9
64	79	74,4	74,4	79	64
64	79	74,4	74,4	79	64
69,9	67,8	59,9	59,9	67,8	69,9
75,42	93	86	86	93	75,42

Abb. 60. Strahlungswiderstände der Dipole einer Dipolwand von 6×6 Dipolen nach Rechnungen von R. BECHMANN.

8. Bandbreite von Antennen.

Wenn man nicht zuläßt, daß Abstimmittel bedient werden, kann man eine gegebene Antenne nur in einem endlichen Frequenzintervall mit hohem Wirkungsgrad an einen festen OHMschen Widerstand anpassen. Um die Antenne an ein Kabel anzupassen, ohne dabei den Wirkungsgrad zu verschlechtern, muß man die Antennenimpedanz $Z_a = R_a + jX_a$ für alle Frequenzen ω des zu übertragenden Bandes (ω_1, ω_2) mittels eines verlustfreien Vierpols in den Wellenwiderstand Z_l des Kabels transformieren oder, was auf dasselbe hinauskommt, Z_l in den Eingangswiderstand $Z_1 = R_a - jX_a$ des Vierpols transformieren. Man kann nun zeigen, daß das nur in einem endlichen Frequenzintervall möglich ist,

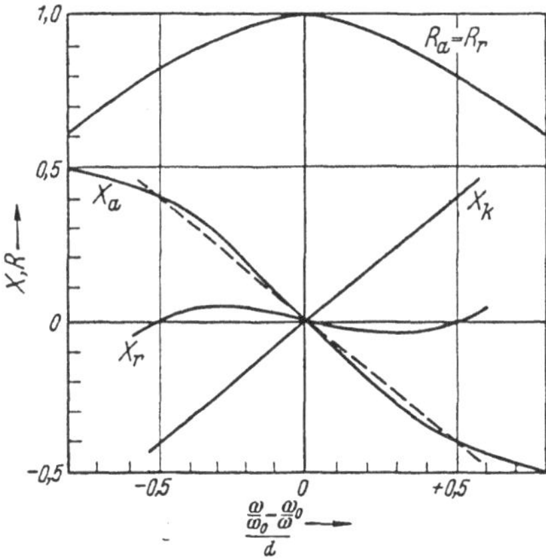
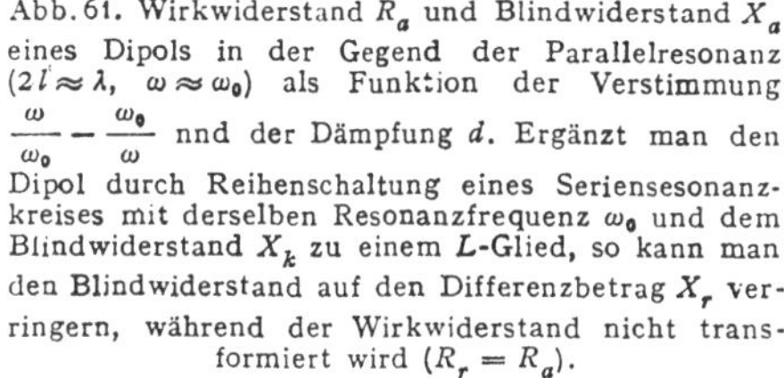

Abb. 61. Wirkwiderstand R_a und Blindwiderstand X_a eines Dipols in der Gegend der Parallelresonanz ($2l \approx \lambda$, $\omega \approx \omega_0$) als Funktion der Verstimmung $\dfrac{\omega}{\omega_0} - \dfrac{\omega_0}{\omega}$ und der Dämpfung d. Ergänzt man den Dipol durch Reihenschaltung eines Serienresonanzkreises mit derselben Resonanzfrequenz ω_0 und dem Blindwiderstand X_k zu einem L-Glied, so kann man den Blindwiderstand auf den Differenzbetrag X_r verringern, während der Wirkwiderstand nicht transformiert wird ($R_r = R_a$).

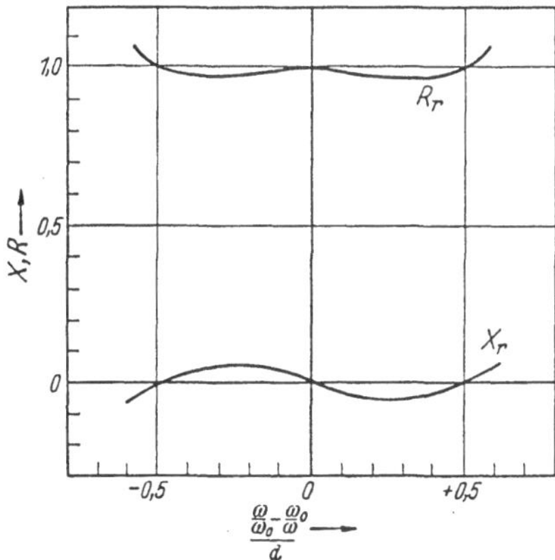

Abb. 62. Ergänzt man das zur Verbesserung der Anpassung nach Abb. 61 verwendete L-Glied durch einen weiteren Parallelresonanzkreis zu einem Π-Glied, so kann man auch noch den Wirkwiderstand R_r besser an einem konstanten Kabelwellenwiderstand anpassen. Nach Gl. (150) läßt sich auch bei beliebigem Aufwand an verlustfreien Schaltelementen eine gute Anpassung nur im Abszissenintervall $\pm \dfrac{2}{\pi} = \pm 0,64$ erreichen.

auch wenn man beliebig komplizierte, verlustfreie Transformationsvierpole zuläßt[2]. Die Zusammenhänge übersieht man leicht an Hand eines Beispiels. Nehmen wir etwa an, daß ein Dipol in der Umgebung seiner Spannungsresonanz $2l \approx \lambda$ angepaßt werden soll, wo sich seine Impedanz mit guter Näherung durch die eines Parallelresonanzkreises ersetzen läßt. In Abb. 61 ist die Antennenimpedanz

---

[1] BECHMANN, R.: Z. f. Hochfr. Bd. 36 (1930) S. 182.
[2] FRÄNZ, K.: ENT. Bd. 20 (1943) S. 113. Vgl. auch R. M. FANO: Proc. Nat. El. Conf. Bd. 3 (1948) S. 109.

als Funktion von $\dfrac{\left(\dfrac{\omega}{\omega_0} - \dfrac{\omega_0}{\omega}\right)}{d_a}$ dargestellt, wobei d_a die Dämpfung des Ersatz-

kreises ist. Den Blindwiderstand der Antenne kann man bis zu einem gewissen Grad kompensieren, indem man zwischen Antenne und Kabel einen geeigneten Serienresonanzkreis legt und die Antenne zu einem in der Filtertheorie L-Glied genannten Filter ergänzt. Dabei wird der Wirkwiderstandsverlauf natürlich nicht beeinflußt, aber die Blindwiderstandskomponenten werden in der in Abb. 61 dargestellten Weise kompensiert. Ergänzt man das L-Glied durch einen weiteren Parallelresonanzkreis zu einem Π-Glied, so werden sowohl der Wirk- als auch der Blindwiderstandsverlauf günstig beeinflußt. Am Ausgang des Π-Gliedes entsteht eine Impedanz, wie sie in Abb. 62 dargestellt ist. Man kann jedoch die Anpassung durch kompliziertere verlustfreie Schaltungen keineswegs beliebig verbessern. Der Leitwert $1/Z_a = G_a + j\,Y_a$ der Antenne hat eine in der Umgebung der Resonanzfrequenz mit der Frequenz wachsende Blindkomponente $\dfrac{\partial Y_a}{\partial \omega} > 0$. Nach einem bekannten Satz von FOSTER[1] gibt es überhaupt keinen verlustfreien Zweipol mit $\dfrac{\partial Y}{\partial \omega} < 0$, den man etwa zwecks Kompensation zur Antenne parallelschalten könnte. Es ist nun immer möglich, den Kabelwellenwiderstand Z_l in einen Eingangswirkleitwert $G_1 = G_a$ mit Hilfe eines Anpassungsvierpols zu transformieren; aber man kann nicht immer zugleich den Blindleitwert $j\,Y_1 = -j\,Y_a$ im gegebenen Frequenzband $(\omega_1,\ \omega_2)$ erzielen. Nehmen wir an, daß der Wirkleitwert in $(\omega_1,\ \omega_2)$ den vorgeschriebenen Verlauf $G_1 = G_a$ hat, so kann Y_1 nicht stärker als eine gewisse Vergleichsfunktion Y_0 mit der Frequenz fallen.

$$\frac{\partial Y_1}{\partial \omega} \gtreqless \frac{\partial Y_0}{\partial \omega}\,;$$

$$Y_0 = \frac{2\,\omega}{\pi} \int\limits_{\omega_1}^{\omega_2} G_a(\alpha)\,\frac{d\,\alpha}{\alpha^2 - \omega^2}\,. \tag{147}$$

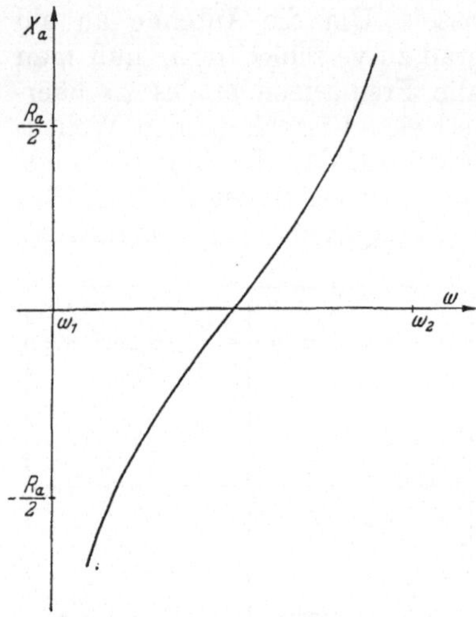

Abb. 63. Steigt in der Umgebung einer Stromresonanz einer Antenne vom Wirkwiderstand R_a ihr Blindwiderstand stärker mit der Frequenz als die dargestellte Funktion

$$-\frac{2\,\omega}{\pi} R_a \int\limits_{\omega_1}^{\omega_2} \frac{d\,\alpha}{\alpha^2 - \omega^2}\,,$$

so ist gleichzeitige Anpassung ihres Wirkwiderstandes und Kompensation ihres Blindwiderstandes im Intervall $(\omega_1,\ \omega_2)$ nicht möglich; man kann das nur in einem kleineren Bereich erzielen. Im Falle einer Spannungsresonanz muß man nur R_a durch G_a und X_a durch Y_a ersetzen, die Kurve ist dann die spezielle Funktion $-Y_0$ nach Gl. (148).

Für die Begründung dieses Resultats der Schaltungstheorie verweisen wir auf das Schrifttum[2]. Man kann jedenfalls, wenn man schon Übereinstimmung der Wirkleitwerke erreicht hat $(G_1 = G_a)$, keinen Antennenblindleitwert kompensieren, der stärker mit der Frequenz wächst als $-Y_0$. Die Vergleichsfunktion hängt von ω_1 und ω_2 ab, und zwar wächst $-Y_0$ umso rascher mit ω, je schmaler der Durchlaßbereich ist. Man bestätigt das beim folgenden Beispiel. Wenn wie beim Parallelresonanzkreis G_a konstant ist, ergibt sich ein einfacher geschlossener

[1] FOSTER, R.: Bell. Syst. Techn. J. Bd. 3 (1923) S. 259.

[2] Die Extremaleigenschaft der in Gl. (147) auftretenden Potentialfunktion ist in ENT Bd. 20 (1943) S. 113 abgeleitet. Die in Gl. (147) benutzte Integraldarstellung einer Potentialfunktion durch ihre Randwerte findet sich z. B. bei W. CAUER: ENT Bd. 17 (1940) S. 17.

Ausdruck für das Integral

$$\frac{\partial Y_1}{\partial \omega} \gtrless \frac{\partial}{\partial \omega}\left[\frac{G_a}{\pi}\ln\left|\frac{\omega_2-\omega}{\omega_1-\omega}\,\frac{\omega_1+\omega}{\omega_2+\omega}\right|\right] = \frac{\partial Y_0}{\partial \omega}\,. \tag{148}$$

Insbesondere gilt in der Bereichmitte

$$\frac{\partial Y_1}{\partial \omega} \gtrless \frac{G_a}{\pi}\left[\frac{-4}{\omega_2-\omega_1}+\frac{2}{2\,\omega_2+\omega_1}-\frac{2}{2\,\omega_2+\omega_1}\right] > \frac{-4\,G_a}{\pi\,(\omega_2-\omega_1)}\,. \tag{149}$$

Gute Anpassung ist also nur möglich, solange

$$\frac{4}{\pi}\,\frac{G_a}{\omega_2-\omega_1} > \frac{\partial Y_a}{\partial \omega}$$

oder

$$\frac{\omega_2-\omega_1}{\sqrt{\omega_1\,\omega_2}} \lesseqgtr \frac{2}{\pi}\,d_a \tag{150}$$

ist. Die relative Breite des übertragbaren Frequenzbandes hängt also nur von der Antennendämpfung ab. Genau in dieser Form besteht die Schranke in der Anpassung auch für die Serienresonanz des Halbwellendipols, was man leicht einsieht, wenn man alle Betrachtungen dieses Abschnitts für die dual entsprechenden Schaltungen wiederholt. In Abb. 63 ist die Funktion $-Y_0$ bzw. die ihr bei der Stromresonanz entsprechende Funktion dargestellt. Der Abb. 62 entnimmt man, daß man schon mit dem Π-Glied die theoretische Anpassungsgrenze praktisch erreicht hat.

9. Zusammenfassung.

Kleine Rahmenantennen sind in erster Näherung Spulen, kleine offene Antennen sind in erster Näherung Kondensatoren. Als Beispiele werden die Induktivität des Einwindungsrahmens Gl. (109) und die Kapazität Gl. (111) eines speziellen Dipols berechnet. Die Strahlungswiderstände dieser Antennen wurden schon früher in Gl. (39) u. (42) berechnet. Der Strahlungswiderstand eines Dipols bis zur ersten Resonanz $\left(2\,l\leqq\frac{\lambda}{2}\right)$ berechnet sich nach Gl. (114), und zwar durch Integration der Strahlungsleistung über eine ferne Kugel; man darf dazu als Näherung eine sinusförmige Stromverteilung auf dem Dipol ansetzen. Mit einfacher Begründung kann man die Kapazitätsformel (111) so modifizieren und erweitern, daß man in der Interpolationsformel (118) den Blindwiderstand des Dipols mit guter Näherung im Bereich $2\,l\leqq\frac{\lambda}{2}$ erhält. Damit ergibt sich auch die Antennendämpfung Gl. (120) bei der ersten Resonanz. Sie ist nach Gl. (150) ein Maß für das ohne Bedienung von Abstimmitteln maximal übertragbare Frequenzband. Die experimentellen und theoretischen Ergebnisse über den Verlauf der Impedanz von Dipolen bis zur zweiten Resonanz $(2\,l\leqq\lambda)$ sind im Abschn. V, 4 zusammengestellt. Besprochen werden insbesondere die Stromverteilung auf den Dipolen, die genauen Werte der Resonanzfrequenzen, der Wirkwiderstand bei den beiden ersten Resonanzen und die zugehörigen Antennendämpfungen. Der Abschn. V, 5 enthält eine eingehende Darstellung der SCHELKUNOFFschen Theorie der schlanken, konischen Dipole, der Abschn. V, 6 enthält eine knappe Darstellung der HALLÉNschen Integralgleichungstheorie des zylindrischen Dipols, zugleich einen Beweis dafür, daß die sinusförmige Stromverteilung der Grenzwert der wirklichen Stromverteilung für Dipole infinitesimaler Dicke ist. In Abschn. V, 7 wird die Strahlungskopplung zwischen Dipolen diskutiert, in Abschn. V, 8 das Zustandekommen einer oberen Grenze für das Frequenzband, das man ohne Bedienung von Abstimmitteln über eine Antenne übertragen kann.

VI. Antennenmessungen.

Die folgenden Abschnitte geben einen Überblick über die Verfahren zur Messung von Antennendiagrammen, Wirkflächen und Impedanzen.

1. Messung von Richtdiagrammen.

Zur Messung von Richtdiagrammen braucht man einen Sender, einen Empfänger mit Ausgangsspannungsmesser, eine Schwenkeinrichtung für die zu untersuchende Antenne, eine weitere feste Antenne und eine geeignete Meßstrecke. Die Aufnahme eines komplizierten Diagramms läßt sich sehr beschleunigen, wenn man die Empfängerausgangsspannung registriert. Statt mit variabler Empfängerausgangsspannung zu arbeiten, kann man natürlich auch die Empfängerausgangsspannung mittels eines geeichten Schwächungsgliedes konstant halten. Wenn man ohne Schwächungsglied arbeitet, muß die Empfängercharakteristik zwischen Empfängereingang und Ausgang bekannt sein, andernfalls die Charakteristik zwischen Empfängereingang und Schwächungsglied. Eine bekannte Charakteristik erzielt man am einfachsten bei Benutzung eines Überlagerungsempfängers und Messung der Z.F.-Ausgangsspannung nach Diodengleichrichtung bei großen Spannungsamplituden. Die Beziehung zwischen Eingangs- und Ausgangsspannung des Empfängers ist dann linear. Um Nebenzipfel des Diagramms bis herab zu 1 % der Amplitude des Hauptmaximums zu untersuchen, muß man Spannungsverhältnisse von 1 : 100 messen können. Bei Messung der Z.F.-Spannung braucht der Sender nicht moduliert zu werden. Wegen der hohen Selektivität des Z.F.-Verstärkers muß man sich überzeugen, daß während der Messung die Abstimmung zwischen Sender und Empfänger gewährleistet ist. Eine andere einfache Empfängercharakteristik, und zwar eine quadratische, erhält man durch Gleichrichtung der H.F.-Spannung bei kleinen Amplituden und nachfolgende N.F.-Verstärkung. In diesem Falle muß der Sender moduliert werden, der Empfänger ist einfacher und unselektiv. Um Nebenzipfel bis herab zu 1 % des Hauptmaximums zu untersuchen, muß man jedoch Ausgangsspannungsverhältnisse 1 : 10000 messen. In beiden Fällen empfiehlt es sich, die Ausgangsspannung zu registrieren, und zwar in logarithmischer Skala, etwa mit einem NEUMANN-Schreiber. Bei linearem Maßstab ist die Auswertung kleiner Nebenzipfel schwierig. Die Messung sehr großer Spannungsverhältnisse erfolgt am sichersten, aber nicht am bequemsten durch ein Schwächungsglied am Eingang des Z.F.-Verstärkers.

Eine mechanische Kopplung zwischen der Schwenkvorrichtung der zu untersuchenden Antenne und dem Vorschub des Registrierstreifens wird im allgemeinen nicht nötig sein. Wenn man mit konstanter Drehgeschwindigkeit der Antenne und konstantem Vorschub des Registrierstreifens arbeitet, genügt die Übertragung einiger Eichmarken vom Drehgestell auf die Registrierung, damit man den Schrieb in Winkelgraden lesen kann, und selbst darauf kann man verzichten, wenn die Konstanz von Drehgeschwindigkeit und Papiervorschub garantiert werden kann. Man läßt die Antenne um mehr als 360° umlaufen und erhält aus der Periodizität des Schriebes Bezugspunkte in 360° Abstand, zwischen denen man linear interpolieren muß.

Die Meßstrecke muß im wesentlichen zwei Anforderungen genügen. Erstens müssen die beiden Antennen in so großem Abstand zueinander stehen, daß man schon das Ferndiagramm mißt, und das erfordert nach Gl. (74) unter Umständen überraschend große Abstände[1]. Zweitens darf das Diagramm nicht durch Bodenreflexion oder andere Rückstrahlungen modifiziert werden. Aus diesem Grunde gibt man am besten auch der festen, nicht zu vermessenden Antenne eine starke Richtwirkung und stellt beide Antennen auf benachbarte Türme oder die Dächer einander gegenüberliegender Häuser. Rückstrahlungen aus der Umgebung werden leichter eine mit den Nebenzipfeln vergleichbare Amplitude annehmen, als das Hauptmaximum wesentlich beeinflussen.

Man kann in vielen Fällen bequemer mit maßstäblich verkleinerten Antennenmodellen statt mit Antennen in natürlicher Größe arbeiten; für die Messung muß die Wellenlänge um den gleichen Faktor herabgesetzt werden. Dieses Verfahren ist immer erlaubt, wenn die Materialkonstanten der Antennenmaterialien oder des Erdbodens keinen Einfluß auf das Richtdiagramm haben.

2. Messung von Wirkflächen.

Antennenwirkflächen lassen sich grundsätzlich auf zwei Weisen bestimmen:
Man kann entweder das gesamte räumliche Richtdiagramm ausmessen und durch numerische Integration den zugehörigen äquivalenten Raumwinkel Ω nach Gl. (56) und die Wirkfläche nach Gl. (57) berechnen, oder man mißt den Übertragungswirkungsgrad und errechnet die Wirkfläche aus Gl. (59). Das erste Verfahren ist außer bei ganz einfachen Richtdiagrammen sehr zeitraubend. Im übrigen darf man bei starker Bündelung sich nicht verführen lassen, die Integration in Gl. (54) auf das Hauptmaximum und seine nächste Umgebung zu beschränken; denn wenn auch die Nebenstrahlung im Vergleich zum Hauptmaximum kleine Amplituden hat, so erfüllt sie doch fast den ganzen Raumwinkel 4π, während das Hauptmaximum einen um so kleineren Raumwinkel einnimmt, je stärker die Bündelung ist. Eine Nebenstrahlung mit einer durchschnittlichen Amplitude von 1% des Hauptmaximums im Raumwinkel 4π ergibt einen Beitrag von $4\pi \cdot 10^{-4}$ zu Ω, während eine Antenne der Wirkfläche $1\ \mathrm{m}^2$ bei einer Wellenlänge von 1 cm einen äquivalenten Raumwinkel von 10^{-4} hat.

Bei dem zweiten oft bequemeren Verfahren der Messung des Übertragungswirkungsgrades zwischen zwei Antennen muß man einmal eine Absolutmessung vornehmen und hat dann im Wellenlängengebiet, in dem die Normalantenne brauchbar ist, nur noch Vergleichsmessungen zwischen der unbekannten Antenne und dem Normal durchzuführen. Eine Absolutmessung ist im Prinzip am einfachsten, wenn zwei gleiche Antennen zur Verfügung stehen. Die Wirkfläche ergibt sich dann aus dem Übertragungswirkungsgrad η und dem Abstand r zwischen den Antennen zu

$$F = \sqrt{\eta}\ r\,\lambda.\ *$$

Wenn nur zwei ungleiche Antennen mit den Wirkflächen F_1 und F_2 zur Verfügung stehen, ergibt die Messung von η das Produkt $F_1 F_2$ und eine Vergleichsmessung den Quotienten von F_1 und F_2, so daß man damit auch F_1 und F_2 getrennt errechnen kann.

---

[1] Bei nicht gleichphasig erregten Antennen, wie z. B. Hornstrahlern, muß man unter Umständen eine noch schärfere Bedingung als Gl. (74) einhalten. Vgl. E. H. BRAUN: Proc. Inst. Rad. Engrs. Bd. 41 (1953) S. 109.

* FRÄNZ, K.: Z. Hochfrequenztechn. Bd. 62 (1943) S. 129. — G. F. KOCH: Telefunkenztg. Bd. 26 (1953) S. 292. — CUTLER, C. C., A. P. KING u. KOCK, W. E.: Proc. Inst. Rad. Engrs. Bd. 35 (1947) S. 1462. — R. BECKER: A. E. Ü. Bd. 2 (1948) S. 120.

Zur Absolutmessung des Übertragungswirkungsgrades nach Abb. 64 benötigt man einen Sender, ein Transformationsglied, welches die Anpassung der Sendeantenne an den Wellenwiderstand Z_k des Kabels zwischen Sender und Antenne gestattet, ein Voltmeter, mit dem man die Spannung auf dem Kabel bei Anpassung in willkürlichen Einheiten mißt, ferner eine Meßleitung, welche die Anpassung zu kontrollieren gestattet. Als Spannungsmesser kann man z. B. einen Überlagerungsempfänger an die Meßleitungssonde anschließen und mit

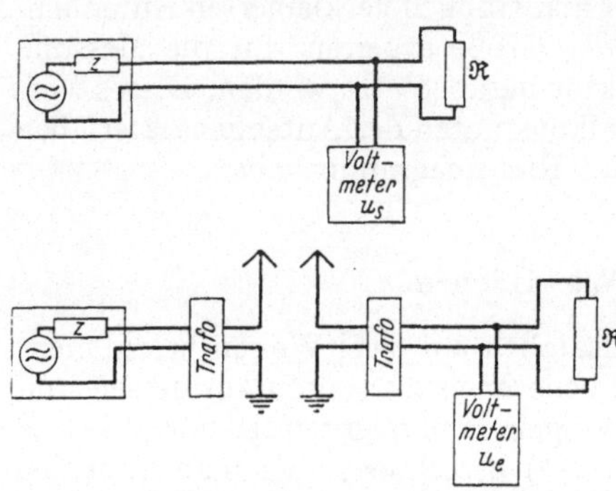

Abb. 64. Absolutmessung der Antennenwirkfläche durch Bestimmung des Übertragungswirkungsgrades.

einem geeichten Schwächungsglied am Eingang des Z.F-Verstärkers einen festen Wert der Ausgangsspannung des Z.F-Verstärkers einstellen. Man benötigt weiter die beiden zu vermessenden gleichartigen Richtantennen, eine Meßstrecke, welche wieder den in Abschn. VI, 1 besprochenen Anforderungen zu genügen hat, ein Transformationsglied, um die Empfangsantenne an den OHMschen Widerstand Z_k anzupassen, und einen Abschlußwiderstand vom Wert Z_k. Als Meßleitung und Voltmeter dienen auf der Empfangsseite die vorher auf der

Sendeseite benutzten Instrumente. Der Übertragungswirkungsgrad bestimmt sich aus der bei Anpassung auf der Sendeseite an Z_k gemessenen Spannung u_s und aus der auf der Empfangsseite bei Anpassung an Z_k gemessenen Spannung u_e zu

$$\eta = \left(\frac{u_e}{u_s}\right)^2.$$

Wenn ein Meßsender, der am besten auch den Innenwiderstand Z_k hat, zur Verfügung steht, kann man mit seiner Schwächungseinrichtung auf konstante Spannung an Z_k auf der Sende- und Empfangsseite einregeln und den Leistungsquotienten auch auf diese Weise messen.

Wenn eine Antenne mit bekannter Wirkfläche F_1 schon zur Verfügung steht, genügt es, bei konstanten Verhältnissen auf der Sendeseite nacheinander die bekannte und die unbekannte Antenne auf der Empfangsseite an denselben Lastwiderstand Z_k anzupassen und aus den Spannungen u_1 und u_2, welche sich mit den Antennen *1* und *2* an Z_k ergeben, die unbekannte Wirkfläche F_2 nach

$$F_2 = \left(\frac{u_2}{u_1}\right)^2 F_1$$

zu berechnen.

3. Messung von Antennenimpedanzen.

Zur Messung von Antennenimpedanzen benutzt man bei längeren Wellen Meßbrücken oder Substitutionsverfahren, bei kürzeren Wellen Meßleitungen. Darüber hinaus werden in der Antennentechnik spezielle Meßgeräte zur Anzeige der Fehlanpassung und Durchgangsleistung auf Speisekabeln verwendet, mit denen man diese Größen sehr viel schneller als nach den klassischen Verfahren ermittelt. Um Antenne und Speisekabel aneinander anzupassen, muß man nämlich mindestens zwei Glieder der Transformationsschaltung variieren, um den Betrag der transformierten Antennenimpedanz gleich dem Kabelwellenwiderstand und ihre Phase gleich Null zu machen. Das geht schnell, wenn der Betrag der Fehlanpassung direkt angezeigt wird, und ist mühsam, wenn man nach jeder Einstellung der Transformationsschaltung erst eine Meßbrücke abgleichen oder die Spannungsverteilung auf einer Meßleitung aufnehmen muß.

Von BUSCHBECK[1] wurde die Schaltung nach Abb. 65 angegeben, deren Kreuzzeigerinstrument gleichzeitig den Betrag der Fehlanpassung und die Durchgangsleistung auf einem Senderkabel anzeigt. Sie läßt sich bei allen Wellen verwenden, bei denen man die erforderlichen Stromwandler realisieren kann. Mit Hilfe der kapazitiven Ankopplung wird eine der Kabelspannung u proportionale Spannung erzeugt, und mittels der beiden statisch abgeschirmten Stromwandler, die über kleine Paralellwiderstände praktisch kurzgeschlossen sind, erzeugt man die dem Kabelstrom i proportionalen Spannungen $\pm iZ_k$; an den beiden Voltmetern entstehen also die Spannungen $|u-iZ_k|$ und $|u+iZ_k|$. Der Betrag des Reflexionskoeffizienten ϱ

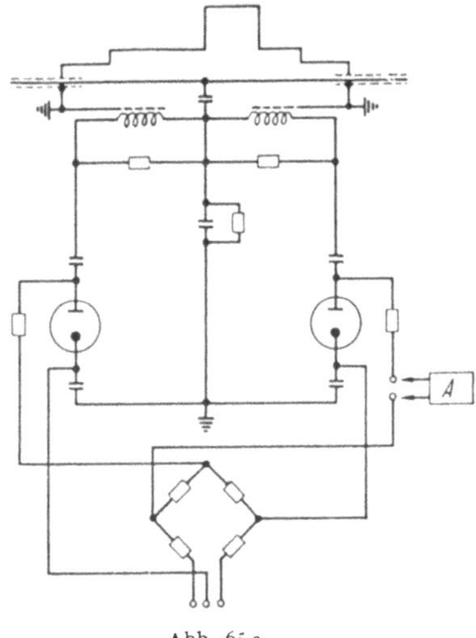

Abb. 65 a.

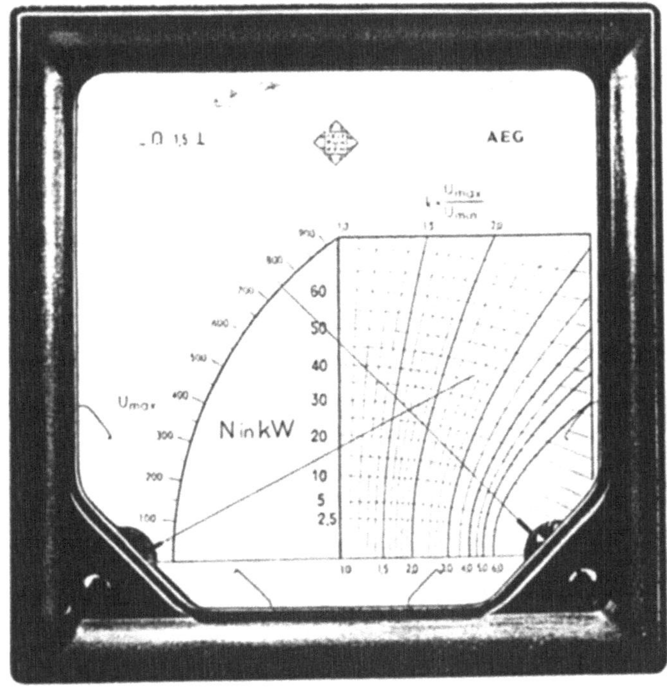

Abb. 65 b.

Abb. 65 a Schaltung und Abb. 65 b Kreuzzeigerinstrument einer neueren Ausführung des von BUSCHBECK angegebenen Durchgangsleistungsmessers.

---

[1] BUSCHBECK, W.: Z. Hochfrequenztechn. Bd. 61 (1943) S. 93. — W. BERNDT: Telefunkenztg. Bd. 23 (1950) Heft 87/88, S. 39.

auf dem Kabel wird gleich

$$|\varrho| = \left|\frac{u - i\,Z_k}{u + i\,Z_k}\right|.$$

Auch die auf dem Kabel transportierte Wirkleistung kann man aus den beiden Voltmeterspannungen unabhängig von der bestehenden Fehlanpassung errechnen. Denn die Differenz der Quadrate der beiden Voltmeter-Spannungen ist der Wirkleistung proportional.

Zeigt man die beiden Spannungen durch zwei sich überschneidende Kreuzzeiger an, so gehört zu jedem Schnittpunkt eine bestimmte Fehlanpassung und Wirkleistung, so daß man nicht eine Skala, sondern eine zweiparametrige Kurvenschar zur Ablesung benutzt. Damit die Werte einigermaßen gleichmäßig auf dem Instrument verteilt sind, werden ihm die von den Diodenvoltmetern gelieferten Spannungen nicht direkt, sondern über die Gleichstrombrücke der Abb. 65a zugeführt.

Eine besonders einfache Anzeige der Fehlanpassung auf einem Kabel ergibt die in Abb. 66 dargestellte Brücke mit drei gleichen OHMschen Widerständen, die man gleich dem Wellenwiderstand des Kabels macht; dann wird die Diagonalspannung der Brücke dem Betrag des Reflexionskoeffizienten auf dem Kabel proportional. Wenn man die Eingangsspannung der Brücke konstant hält, ergibt sich also wieder eine direkte Anzeige der Fehlanpassung. Derartige Brücken kann man noch für Dezimeterwellen benutzen.

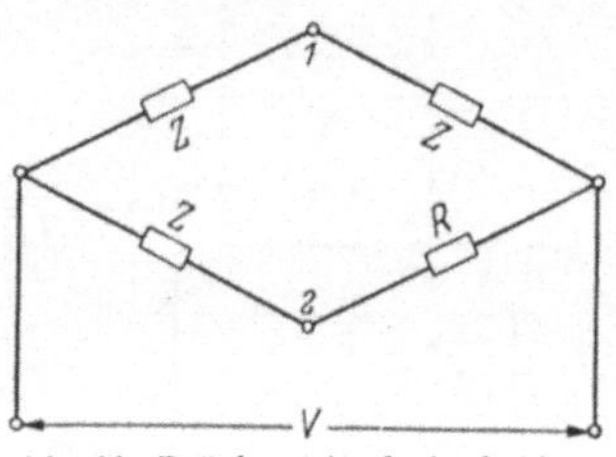

Abb. 66. Brücke mit drei gleichen OHMschen Widerständen zur Anzeige des Betrages der Fehlanpassung.

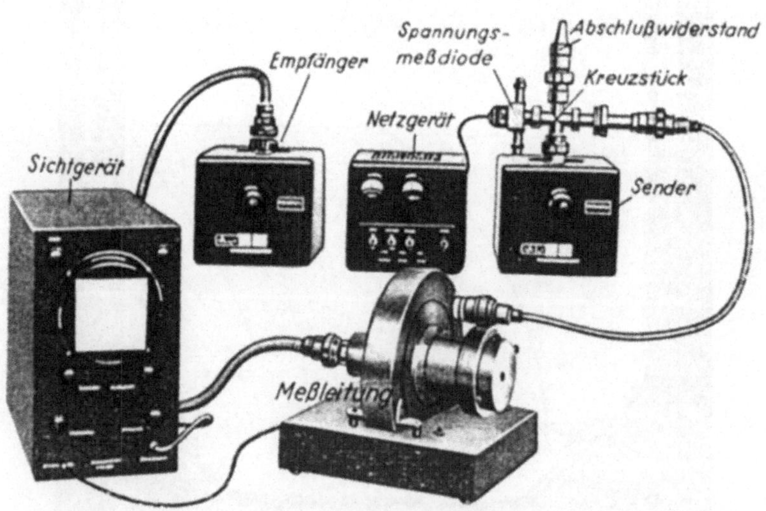

Abb. 67. Kreisförmige Meßleitung mit rotierender Sonde zur Darstellung von Betrag und Phase der Fehlanpassung auf dem BRAUNschen Rohr[1].

Wenn man die Spannungsverteilung auf einer Meßleitung direkt sichtbar machen will, muß man von der geraden Meßleitung zu einer kreisförmigen übergehen, auf der man etwa mit 50 Umdrehungen je sec die Sonde rotieren läßt.

[1] MEINKE, H. E.: FTZ Bd. 2 (1949) S. 197 u. 233.

Die Sondenspannung gibt man auf die Vertikalplatten eines BRAUNschen Rohres, dessen Horizontalablenkung man mit dem Sondenumlauf synchronisiert. Man macht also nicht nur den Betrag, sondern auch die Phase des Reflexionskoeffizienten auf dem Kabel sichtbar. Eine von MEINKE gebaute kreisförmige Meßleitung ist in Abb. 67 dargestellt[1].

VII. Spezielle Antennen.

Aus der sehr großen Fülle in die Technik eingeführter Antennen wollen wir einige auswählen, um jeweils auch für ihr Funktionieren wichtige Einzelheiten zu besprechen, während wir in den vorangehenden systematischen Abschnitten uns vorwiegend für die grundsätzlichen Zusammenhänge interessiert haben.

1. Rahmen- und Adcockpeiler.

Rahmen- und Adcockantennen werden hauptsächlich zum Peilen benutzt (vgl. Abb. 68 u. 72); beide Peilantennen sind klein gegen die Wellenlänge. Beim Peilen wird das sin-förmige Richtdiagramm entweder durch Drehen der Antenne oder durch Drehen eines Goniometers auf Empfangsnull ausgerichtet. Da das Diagramm zwei diametral gegenüberliegende Nullstellen hat, modifiziert man es durch Ankopplung einer Hilfsantenne, einer kleinen offenen Vertikalantenne, zum Kardioidendiagramm (101), das nur eine Nullstelle hat. Damit erhält man eine Seitenkennung. Die Nullstellen des sin-Diagramms sind infolge von Sekundäreffekten unscharf; die entsprechenden Störspannungen lassen sich wiederum durch Ausnutzung der Hilfsantennenspannung kompensieren, so daß bei passend angekoppelter Hilfsantenne scharfe Nullstellen entstehen. Man nennt diesen Vorgang enttrüben. Bei der Seitenkennung begnügt man sich mit einer für diesen Zweck ausreichenden rohen Annäherung des Kardioidendiagramms, z. B. mit einem Amplitudenverhältnis zwischen Maximum und Minimum von 8 : 1.

Rahmenantennen werden als Drehrahmen oder als feste Kreuzrahmen mit Goniometer nach Abb. 69 ausgeführt, als Ein- oder Mehrwindungsrahmen, als Luft- oder als Eisenrahmen. Adcockantennen, deren Abmessungen auch noch klein gegen die Wellenlänge, aber bei derselben Empfangswelle größer als die eines Rahmens zu sein pflegen, baut man nur bei UKW als Drehadcock, sonst

Abb. 68. Kreuzrahmen mit Hilfsantenne für Schiffspeiler[2].

als mechanisch feste Antennen mit Goniometer, als U- oder als H-Adcock, mit vier oder mehr Vertikalantennen.

In Abb. 68 ist ein Kreuzrahmen zu sehen, dessen zwei kreisförmige Rahmen einen Durchmesser von 1,1 m haben; die vertikale Hilfsantenne hat eine Länge von 2,60 m. In der Abbildung sieht man nur die Abschirmrohre, in deren Innern sich die eigentliche Rahmenantenne von zwei Windungen befindet, während die Abschirmrohre keine geschlossene Windung bilden dürfen und gut erkennbar an der oberen Kreuzung durch ein Isolierstück aufgetrennt sind. Dieser für Schiffe bestimmte Rahmen wird im Frequenzbereich von 200 bis 2500 KHz

---

[1] Siehe Fußn. 1, S. 306.
[2] RUNGE, W., M. STROHHACKER u. A. TROOST: Telefunkenztg. Bd. 24 (1951) S. 75. Juniheft.

benutzt. Die beiden Rahmen werden an je eine Statorwicklung des in Abb. 69 dargestellten Eisengoniometers angeschlossen, welche in dem von ihnen um-schlossenen Raum das Magnetfeld der ein-fallenden Welle nachbilden. Der Rotor des Goniometers, die Suchspule, gestattet eine Peilung mit sin-Diagramm, ganz wie ein großer Drehrahmen im wirklichen Feld. Die Kopp-lung zwischen Rotor und Stator des abgebil-deten Goniometers beträgt 0,85, die Winkel-treue des nachgebildeten Feldes ist besser als $\pm 0,2°$ (vgl. Abb. 70), die Dämpfung der Such-spule ist kleiner als 1%. Zwischen einer un-abgeschirmten Rahmenwicklung und Erde würde eine einfallende Welle eine uner-wünschte EMK induzieren von der gleichen Größe wie in einer offenen Vertikalantenne, deren effektive Höhe gleich dem Radius der Rahmenschleife ist; durch Abschirmung unter-drückt man weitgehend diesen „Antennen-effekt". Verdoppelt man die Windungszahl der Rahmenschleife, so verdoppelt man die Windungsfläche und damit die effektive Höhe; zugleich halbiert sich ungefähr die Spannungsübersetzung vom Rahmen-

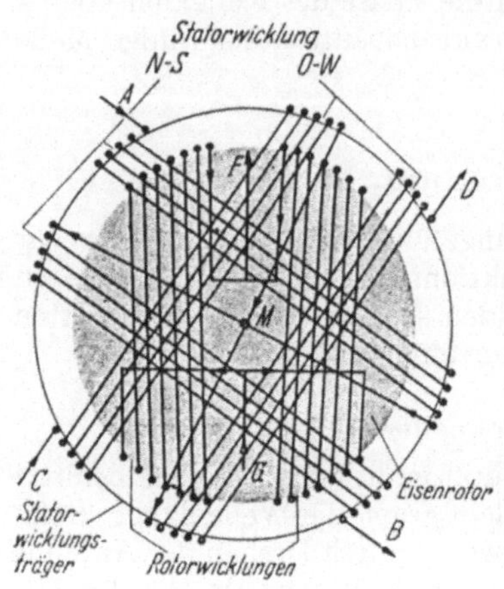

Abb. 69. Schema eines Eisengoniometers[1].

kreis auf den ersten Emp-fängerkreis wegen der In-duktivitätszunahme der Rahmenschleife, so daß die Empfängerempfind-lichkeit dabei nicht we-sentlich geändert wird.

Um für Flugzeuge Rahmen zu schaffen, deren Einbau keinen oder wenigstens nur einen sehr

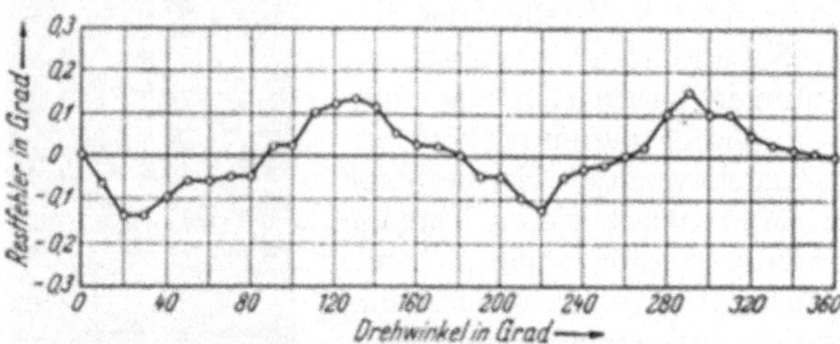

Abb 70. Restfehler des Goniometers nach Abb. 69[1].

kleinen zusätzlichen Luftwiderstand verursacht, hat man Eisenrahmen ent-wickelt (vgl. Abb. 71). Der abgebildete Rahmen von 4 kg Gewicht und einer Bauhöhe von 7 cm ergibt in eine Vertiefung der Flugzeug-außenhaut eingebaut bei glei-cher Induktivität die gleiche effektive Höhe wie ein Luft-rahmen von 35 cm im freien Raum. Der Eisenkern konzen-triert die magnetischen Feld-linien in seinem Innern, und die entsprechende Vergrößerung der effektiven Höhe des Rahmens ist wirksamer als die mit dem Einführen des Eisens verbun-dene Induktivitätserhöhung.

Abb. 71. Eisenrahmen von Telefunken für versenkten Einbau in Flugzeugen.

<hr>

[1] TROOST, A., u. R. JANKOVSKY: Telefunkenztg. Bd. 24 (1951) S. 81. Juniheft.

Sekundärströme, welche in Leitern in der Nähe des Rahmens fließen, verzerren das einfallende Feld abhängig vom Azimuth der Welle. Besonders stark sind diese Effekte auf Schiffen und Flugzeugen. Der so entstehende, vom Standort des Peilers und der Wellenlänge abhängige Peilfehler heißt Funkbeschickung; er kann, wenigstens teilweise, elektrisch kompensiert werden[1].

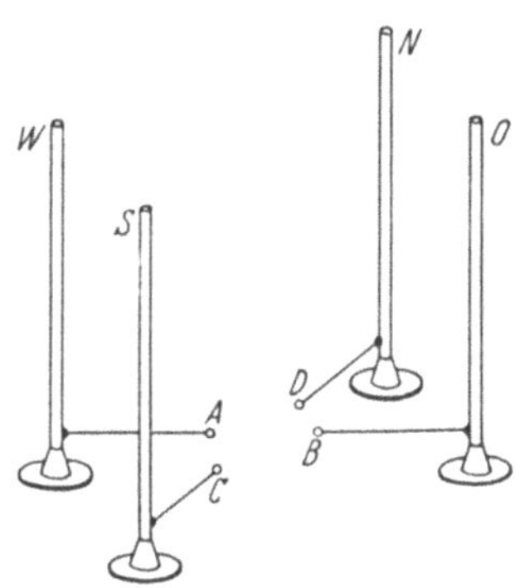
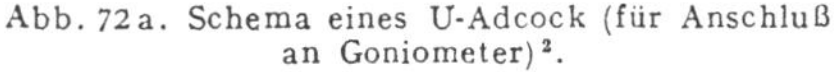

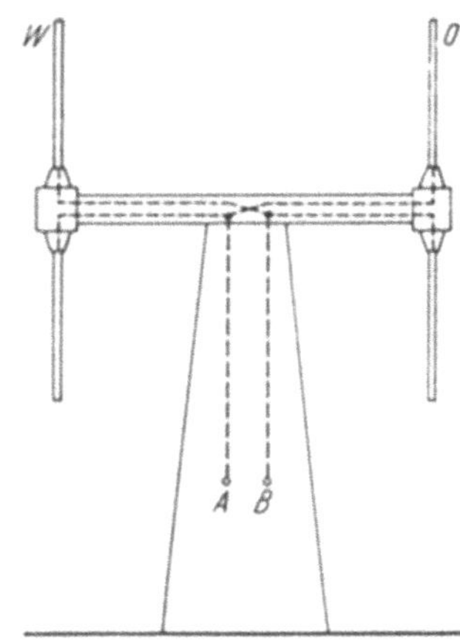

Abb. 72a. Schema eines U-Adcock (für Anschluß an Goniometer)[2].

Abb. 72b. Schema eines H-Adcock (Drehadcock)[2].

Mittels vertikaler Rahmen kann man linear polarisierte Wellen peilen, die sich längs der Erdoberfläche mit vertikaler Polarisation ($\mathfrak{E}$ vertikal, $\mathfrak{H}$ horizontal) fortpflanzen. Eine von einem Flugzeug ausgesandte Welle wird mit einem Winkel $\alpha > 0$ gegen die Erdoberfläche einfallen. Wenn nun das Flugzeug zwar linear polarisiert sendet, der magnetische Vektor jedoch nicht mehr parallel zum Erdboden liegt, sondern um den Winkel ψ (gemessen in einer zum POYNTING-Vektor normalen Ebene) dagegen verdreht ist, so ist die Horizontalkomponente des Magnetfeldes nicht mehr senkrecht zum Azimut des Flugzeuges, und damit entsteht ein Peilfehler δ

$$\delta = \operatorname{arc\,tg}(\sin\alpha\,\operatorname{tg}\psi).$$

An der Ionosphäre reflektierte Wellen sind im allgemeinen elliptisch polarisiert und lassen sich daher erst recht nicht fehlerfrei mit Rahmen peilen.

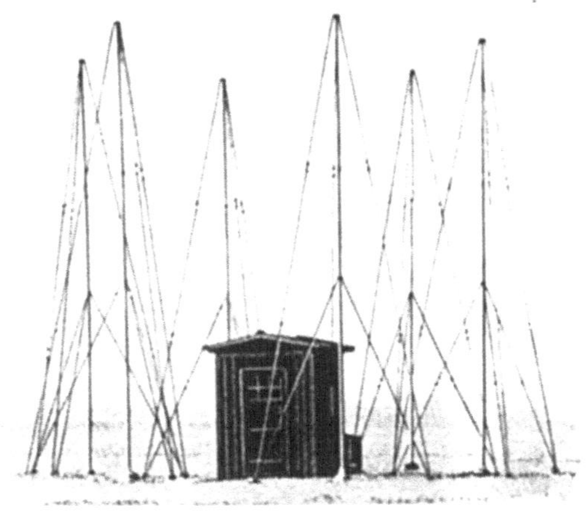

Abb. 73. Sechsmastadcock für den Frequenzbereich 4,5 bis 25 MHz[2].

Gegen Polarisationszustand und endliche Erhebungswinkel ist die Peilung mit H- oder U-Adcock nach Abb. 72a u. b weitgehend unempfindlich. Das Diagramm ist nach Gl. (100) für $d \ll \lambda$ wieder sinusförmig. Der Adcock nimmt

[1] RUNGE, W., M. STROHHACKER u. A. TROOST: Telefunkenztg. Bd. 24 (1951) S. 91.
[2] TROOST, A.: Telefunkenztg. Bd. 25 (1952) S. 16.

über die Vertikalantenne nur die Vertikalkomponente des elektrischen Feldes
auf, wenn man von unvollkommener Abschirmung der horizontalen Antennen-

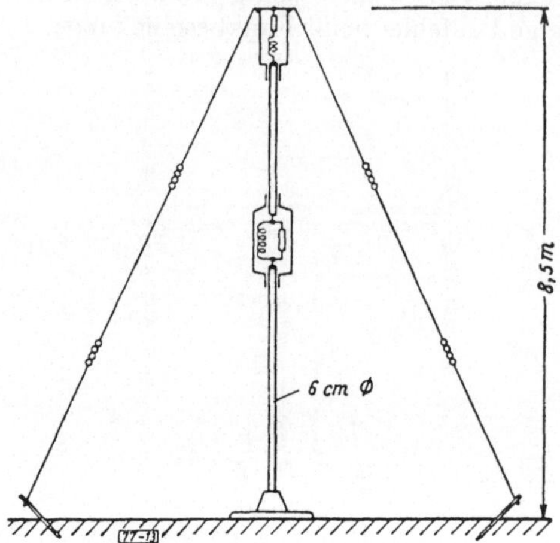

Abb. 74. Bedämpfung der Vertikalantennen des
Sechsmastadcocks nach Abb. 73 mit OHMschen
Widerständen zur Verbesserung des Breitband-
charakters der Antennenimpedanz[1].

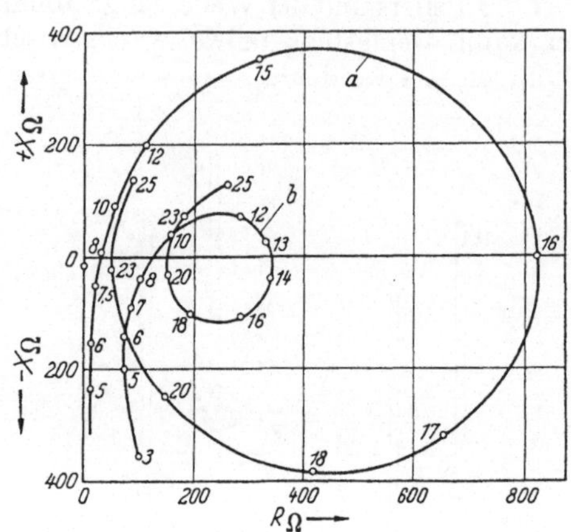

Abb. 75. Impedanz der Vertikalantenne nach Abb. 74
(Kurve b, zum Vergleich ist in Kurve a die Impedanz
der entsprechenden unbedämpften Vertikalantenne
dargestellt)[1].

kabel und ähnlich sich auswirkenden Sekundäreffekten absieht. Dreht man die
Antennenebene senkrecht zum Azimut der einfallenden Welle, so hat 'an

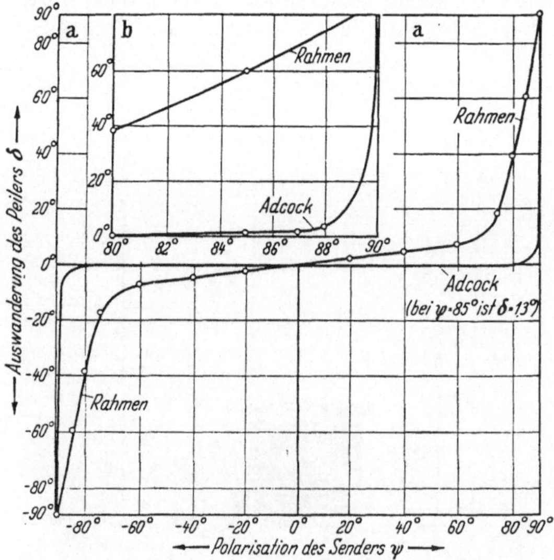

Abb. 76. Auswanderung eines modernen U-Adcockpeilers im
Vergleich zu einem Rahmenpeiler. Der Einfallswinkel der
Welle gegen den Erdboden war α = 3,6°; der Adcockstand
auf sandhaltigem Wiesenboden von mäßiger Feuchtigkeit[1].

den Orten der beiden Vertikalantennen aus Symmetriegründen die Vertikalkomponente des
einfallenden Feldes die gleiche
Phase unabhängig vom Polarisationszustand der Welle und
vom Winkel zwischen dem
POYNTINGschen Vektor und
dem Erdboden. Wegen der
gegenphasigen Zusammenschal-
tung der beiden Antennen zum
Adcock entsteht der Empfang
Null, und es tritt kein Peilfehler von der eben für den
Rahmen diskutierten Art auf.

Man kann ganz analog zum
Kreuzrahmen vier Vertikalantennen zu einem Viermastadcock mit Goniometer zu-
sammenschalten. Der Vergleich
der Sinusnäherung mit dem genauen Ausdruck Gl. (100) für
das Diagramm des gegenphasi-
gen Paares zeigt, daß ein Peilfehler bei der Nachbildung des Feldes im
Goniometer zu erwarten ist, bei der ja exakte Sinusförmigkeit unterstellt wird.
Bei unsern Betrachtungen über Goniometer für Rahmen waren wir auf diesen

[1] TROOST, A.: Telefunkenztg. Bd. 25 (1952) 16.

Fehler nur deswegen nicht gestoßen, weil wir von vornherein annahmen, daß der Rahmen vernachlässigbar klein gegen die Wellenlänge sei. Eine vollständige Theorie ergibt einen Peilfehler von 1° für einen Viermastadcock mit Goniometer, wenn der Antennenabstand $d = 0{,}2\,\lambda$ wird[1].

Nun möchte man, um eine hohe Empfindlichkeit zu erzielen, den Abstand d möglichst groß machen. Verwendet man 6 Antennen, die ein regelmäßiges Sechseck mit dem Abstand d zwischen diametralen Vertikalantennen bilden, und ein entsprechend komplizierteres Goniometer, so erhält man einen Adcock, dessen Durchmesser $d = 0{,}7\,\lambda$ betragen darf, wenn man wieder einen Peilfehler von 1° zuläßt. Ein praktisch ausgeführter Sechsmastadcock ist in Abb. 73 dargestellt. Damit in dem großen Frequenzbereich 4,5 bis 25 MHz die Impedanz der Vertikalantennen nicht zu stark variiert, sind sie nach Abb. 74 mit Zusatzwiderständen bedämpft. Ein Vergleich der Peilfehler zwischen Rahmen und Adcock an Hand von Meßwerten ist in Abb. 76 dargestellt.

2. Antennen für Großsender.

Bei Großsendern mit Rundstrahlantennen für Wellen zwischen vielen Kilometern bis herab zu etwa 200 m ergeben sich wegen der hohen Leistungen und der notwendig begrenzten Antennenabmessungen typische Probleme. Der Wirkungsgrad der Antenne sollte nahe bei 100% liegen. Das ist bei Längstwellen nur schwer erreichbar. Um einen möglichst großen Strahlungswiderstand zu erzielen, hat man z. B. für die Nauener Maschinensender in der Frühzeit der drahtlosen Telegraphie Antennenmasten bis zu 300 m Höhe gebaut; bei einer Wellenlänge von $\lambda = 18$ km ergibt sich nach Gl. (45) ein Strahlungswiderstand von weniger als 0,5 Ω. Um den Erdungswiderstand auf die Größenordnung von 0,1 Ω herabzudrücken, hat

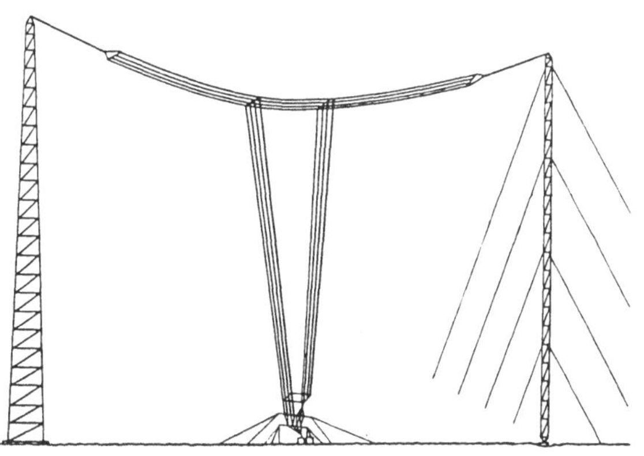

Abb 77. T-Antenne eines großen Rundfunksenders[2].

man die Nauener Antennen auf gut leitendem, feuchtem Wiesenboden errichtet und viel Sorgfalt auf den Bau des großen Erdungsnetzes verwendet. Für den Weitverkehr auf Längstwellen mit getauchten Unterseebooten wurde während des letzten Krieges das Antennenseil an einen Hubschrauber gehängt, dessen Luftschraube von einem Drehstrommotor angetrieben wurde; der Strom wurde ihm über das Antennenseil zugeführt.

Eine T-Antenne für einen 100 kW-Rundfunksender bei $\lambda = 1571$ m ist in Abb. 77 dargestellt. Die Antenne hängt zwischen einem freitragenden Turm von 230 m Höhe und einem verspannten Gittermast von 200 m Höhe. Das Antennendach dient dazu, die Stromverteilung auf den vertikalen Leitern möglichst gleichmäßig zu machen und damit den Strahlungswiderstand im Vergleich zur einfachen Vertikalantenne gleicher Höhe zu vergrößern. Für den Strahlungswiderstand wurden 15 Ω gemessen, für den Erdungswiderstand der auf Sand-

[1] TROOST, A.: Telefunkenztg. Bd. 25 (1952) 16, Heft 94.
[2] BERNDT, W.: Telefunkenztg. Bd. 23 (1950) Heft 87/88, S. 39.

boden stehenden Antenne 3 Ω, was einen Wirkungsgrad von 80% ergibt. Der reusenähnliche Vertikalleiter setzt den Blindwiderstand im Vergleich zu denjenigen Werten herab, die ein dünner Vertikalleiter ergeben würde. Der gemessene Blindwiderstand ist in Abb. 78 dargestellt. Mit einem gesamten Wirkwiderstand von 18 Ω erhält man dann nach Gl. (150) ein übertragbares Frequenzband von $\pm$7,5 KHz, das man bei einem Langwellensender als ausreichend für die Übertragung der Modulation ansieht[1].

Bei einem Rundfunksender ist eine Konzentration der Strahlung auf die Erdbodennähe erwünscht; damit steigt natürlich die Feldstärke der Bodenwelle, also die Signalfeldstärke in der schwundfreien Nahzone um den Sender.

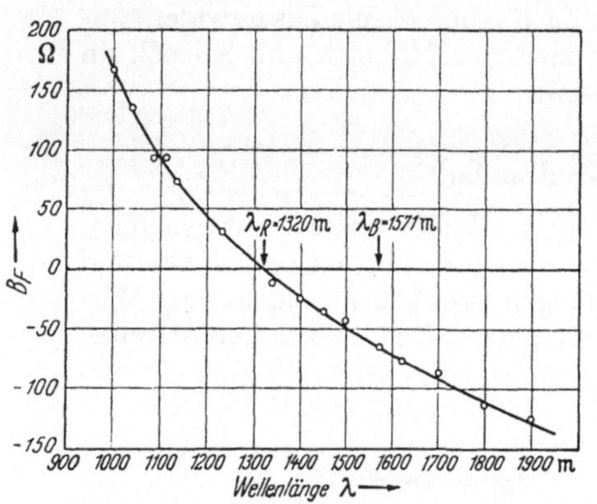

Abb. 78. Fußpunktsblindwiderstand der Antenne nach Abb. 77 als Funktion der Wellenlänge[1].

Abb. 79. Vertikaldiagramm $f(\vartheta)$ eines vertikalen Mastes bei sinusförmiger Strombelegung für einige Werte des Verhältnisses von Masthöhe h zur Wellenlänge λ[2].

Zugleich aber wird die Steilstrahlung der Antenne geschwächt, welche nach Reflexion an der Ionosphäre durch Interferenz mit der Bodenwelle das Fading an der Grenze der praktisch schwundfreien Nahzone hervorruft; der Durch-

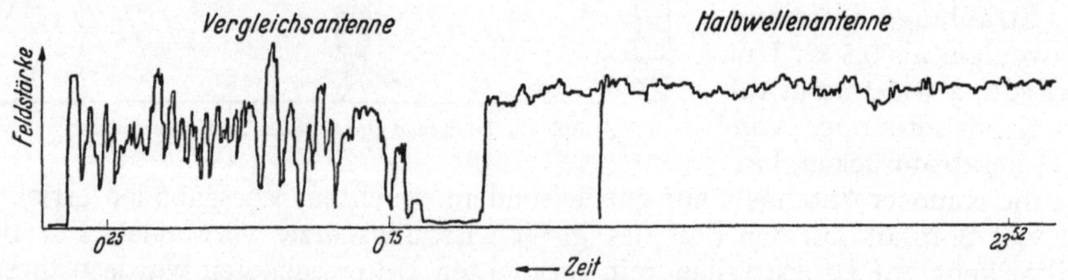

Abb. 80. Herabsetzung des Schwundes eines Rundfunksenders beim Übergang von einer λ/4-Antenne zur λ/2-Antenne[3].

messer dieser Zone wächst also mit zunehmender Vertikalbündelung. Bei Rundfunksendern im Mittelwellenbereich wird die erwünschte Verbesserung durch Übergang von der Viertelwellenlängenantenne zu etwa λ/2-hohen Antennen erreicht. Einen Überblick über die Abhängigkeit des Vertikaldiagramms von der Antennenhöhe gibt Abb. 79; in Abb. 80 ist eine Registrierung des Schwundes des Rundfunksenders Breslau ($\lambda = 325$ m) in 103 km Entfernung bei Benutzung seiner Halbwellenantenne wiedergegeben und zum Vergleich eine weitere Registrierung mit der λ/4-Vergleichsantenne.

---

[1] Siehe Fußn. 2, S. 311.
[2] TERMAN, F. E.: Radio Engineers Handbook. New York. MacGraw Hill (1943) S. 844.
[3] BÄUMLER, M.: TFT Bd. 24 (1935) S. 253.

3. Antennen mit symmetrischen Dipolen und deren Speisung.

Symmetrische Dipole der ungefähren Länge $2 \times \lambda/4$ oder $2 \times \lambda/2$ werden von Kurzwellen bis zu cm-Wellen in zahlreichen Varianten benutzt als Einzeldipole, als Erreger von Parabolen oder anderen großen Strahlern oder in Kombination mit weiteren Dipolen.

Zur Speisung der Dipole über LECHER-Leitungen oder konzentrische Kabel sind viele Anpassungsschaltungen entwickelt worden, von denen einige besprochen werden sollen. Zur Anpassung eines Einzeldipols der ungefähren Länge $2 \times \lambda/4$ an eine LECHER-Leitung beieiner festen Frequenz muß man den Strahlungswiderstand des Dipols von angenähert 70 Ω auf den einige hundert Ohm betragenden Wellenwiderstand der Doppelleitung transformieren; die Blindkomponente der Dipolimpedanz kann man durch Abgleich der Dipollänge zum Verschwinden bringen. Eine besonders einfache Art der Anpassung ergibt sich bei Faltung des Dipols nach Abb. 81; auf den beiden benachbarten Leitern gleichen Durchmessers fließen infolge der starken

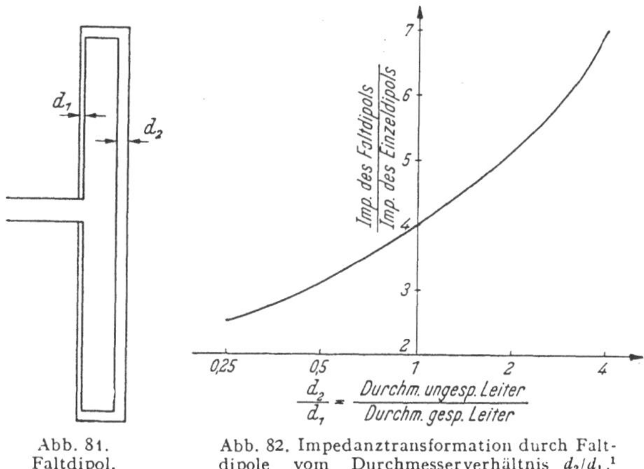

Abb. 81.
Faltdipol.

Abb. 82. Impedanztransformation durch Faltdipole vom Durchmesserverhältnis d_2/d_1.[1]

Strahlungskopplung erfahrungsgemäß gleich große Ströme desselben Vorzeichens. Die von einem gegebenen Strom in den Antennenklemmen erzeugte Feldstärke des Fernfeldes ist also beim gefalteten Dipol doppelt so groß wie bei einem Einzel-

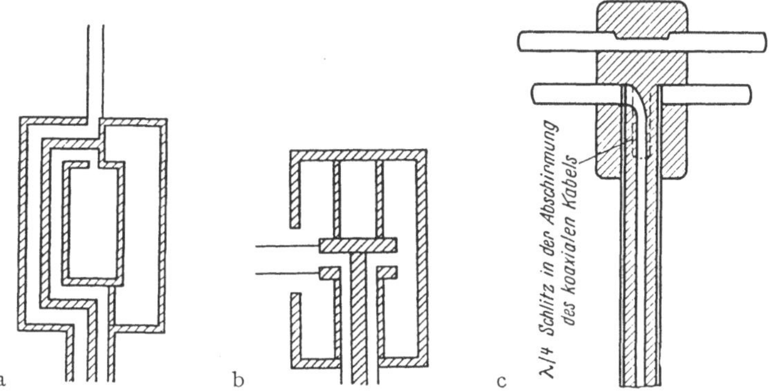

Abb. 83 a – c. Übergang Symmetrie/Unsymmetrie
a) mittels Symmetrierschleife[2]; b) mittels Symmetriertopf[2]; c) beim „britischen" Dipol[1].

dipol und der auf die Antennen bezogene Strahlungswiderstand viermal so groß; man erhält also Anpassung an Leitungen, deren Wellenwiderstand die leicht reali-

[1] SMITH, R. A.: Aerials for Meter and Decimeter Wavelengths Cambridge, University Press. 1949, S. 149. — R. GÜRTLER, Proc. Inst. Rad. Engrs. Bd. 38 (1950) S. 1042.
[2] BERNDT, W.: Telefunkenztg. Bd. 27 (1954) S. 104 u. 163. — A. RUHRMANN: Telefunkenztg. Bd. 24 (1951) S. 237.

sierbare Größenordnung von 300 Ω hat. Man kann das Amplitudenverhältnis der Ströme auf den beiden Leitern des gefalteten Dipols dadurch beeinflussen, daß man den Leitern verschiedene Durchmesser gibt. Auf dem dickeren der beiden Leiter fließt der größere Strom. Indem man den dickeren oder dünneren der beiden Leiter speist, kann man auch Anpassung an Widerstände erreichen, welche kleiner oder größer als das Vierfache des Strahlungswiderstandes des Einzeldipols sind. Werte des Transformationsverhältnisses als Funktion des Durchmesserverhältnisses nach R. A. Smith sind in Abb. 82 wiedergegeben[1].

Zum Übergang von konzentrischen Kabeln auf symmetrische Dipole braucht man Schaltungen, welche mit der Anpassung zugleich den Übergang Symmetrie-Unsymmetrie bewirken. In den Abb. 83 a, b und c sind drei Symmetrierschaltungen dargestellt: die Symmetrierschleife, der Symmetriertopf und der „britische Dipol". Bei allen diesen Schaltungen liegt parallel zu den Dipolklemmen ein Resonanzkreis, welcher nach V, 8 dazu benutzt werden kann, die Breitbandeigenschaften des Dipols zu verbessern[2].

Eine besonders einfache aus Dipolen aufgebaute Richtantenne, und zwar ein Längsstrahler, ist die Yagi-Antenne, welche außer dem gespeisten Dipol nur

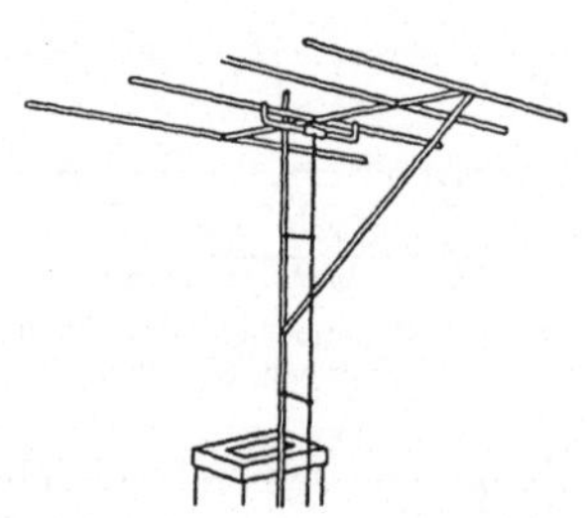

Abb. 84. Yagi-Fernsehempfangsantenne[3].

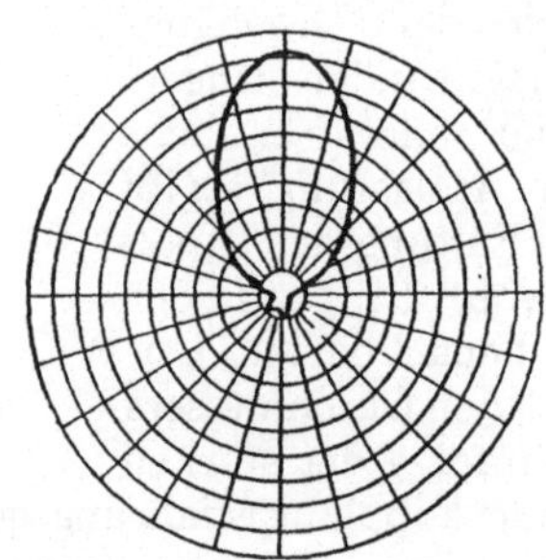

Abb. 85. Richtdiagramm der Yagi-Antenne
nach Abb. 84[3].

strahlungsgekoppelte Reflektoren und Direktoren enthält. Eine Yagi-Fernsehempfangsantenne ist in Abb. 84 dargestellt[3]. Sie besteht aus einem gespeisten Faltdipol, einem Reflektor und zwei Direktoren. Ihr Richtdiagramm ist in Abb. 85 wiedergegeben. Zur Erzielung optimaler Bündelung muß erfahrungsgemäß der Reflektor einen Abstand von 0,1 bis 0,25 λ vom gespeisten Dipol haben, und die beiden Direktoren folgen in Abständen von 0,1 bis 0,3 λ. Die Reflektorlänge ist $\geqq \lambda/2$, die Direktorlänge $< \lambda/2$. Der Realteil der Antennenimpedanz ist infolge der Strahlungskopplung merklich kleiner als 70 Ω, so daß der dünnere der beiden Leiter des Faltdipols gespeist wird. Alle Strahler mit Ausnahme des gespeisten Leiters des Faltdipols können in ihrer Mitte leitend mit dem Trägerrohr verbunden werden, auf dem sich Ströme aus Symmetriegründen nicht erregen können. Diese Antenne kann also ohne Isolatoren gebaut werden. Yagi-Antennen können Frequenzbänder bis zu 5% Breite übertragen.

Die ersten technischen Richtantennen mit großer Bündelung waren wohl querstrahlende Dipolwände, die für den transozeanischen Kurzwellenverkehr eingesetzt wurden. Eine solche Antenne, eine „Tannenbaumantenne", ist in Abb. 86 dargestellt. Die horizontalen Dipole, welche in $\lambda/2$-Abstand voneinander

---

[1] Siehe Fußn. 1, S. 313.
[2] Siehe Fußn. 2, S. 313.
[3] Kolbe u. Co.: ETZ-B Bd. 6 (1954) S. 391.

aufgehängt sind, werden im Stromknoten gespeist, so daß jede Dipolhälfte für sich etwa $\lambda/2$ lang ist. Damit sie sich gleichphasig erregen, müssen sie abwechselnd

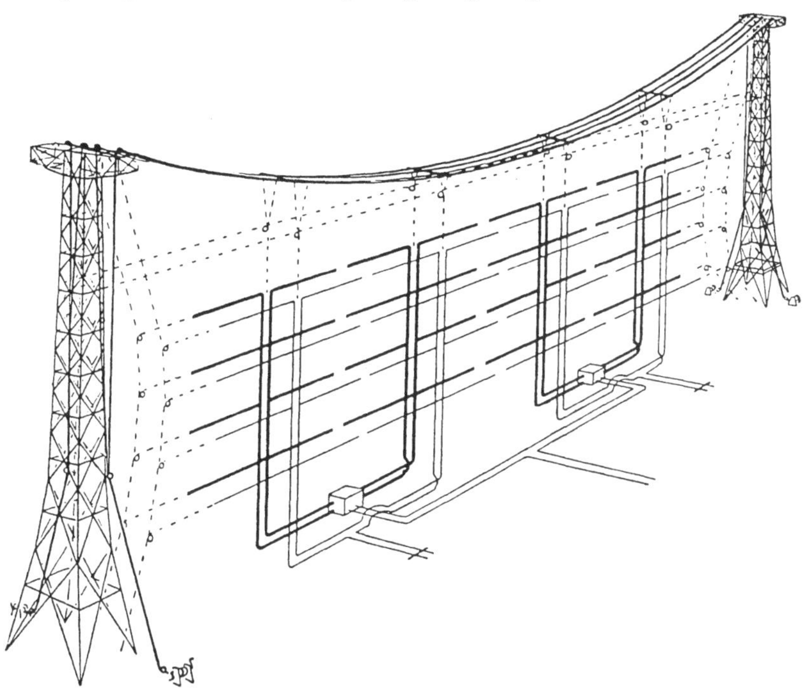

Abb. 86. Tannenbaumantenne für Kurzwellenempfang.

gepolt an die Speiseleitung angeschlossen werden, wie das in Abb. 87 zu erkennen ist. Diese einfache Speisungsart führt zu kleinen Bandbreiten, da bei Wellenänderungen die festen Leitungsabschnitte zwischen den Dipolen nicht die für Gleichphasigkeit erforderliche Länge $\lambda/2$ behalten können. Größere Bandbreiten ergeben sich, wenn nach Abb. 88 die Leitungslänge von den Antennenklemmen bis zu jeder Dipolspeisestelle stets dieselbe ist. Die Bandbreite steigt außerdem, wenn man an Stelle der Drahtdipole der Abb. 86 dicke oder breite Dipole wie bei der Dipolwand der Abb. 89 benutzt. Als Reflektoren benutzt man entweder strahlungsgekoppelte, abgestimmte Dipole in $\lambda/4$-Abstand von den gespeisten wie in Abb. 86 oder ebene Reflektoren aus Blech oder Drähten wie in Abb. 89. Die Antenne der Abb. 89a hat im Bereich von 170 bis 255 MHz ($\pm 22\%$) eine Fehlanpassung $\leqq 1,1$. Der Gewinn beträgt etwa 17, der gegen-

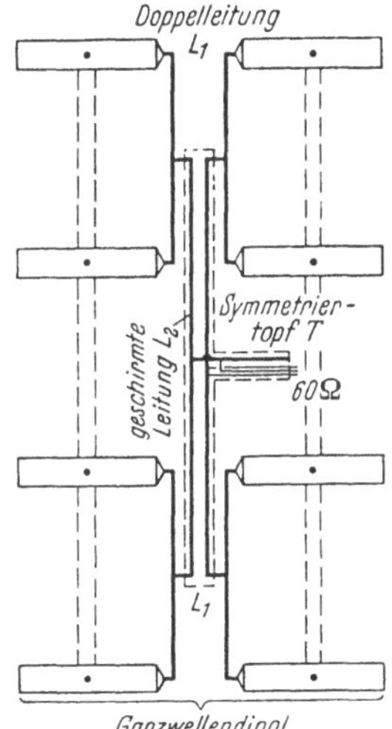

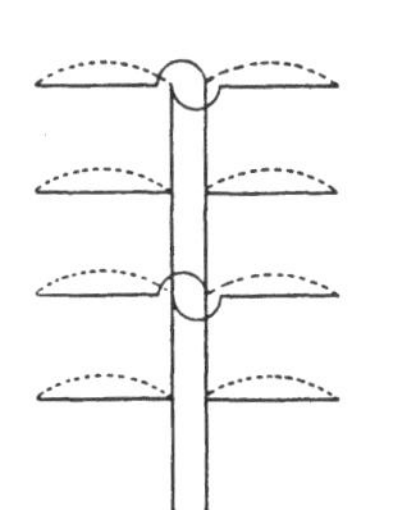

---

1 Körner, H.. u. W. Stöhr: Frequenz Bd. 6 (1952) S. 154.

Abb. 87. Schmalbandspeisung der Dipole der Tannenbaumantenne nach Abb. 86.

Abb. 88. Breitbandspeisung einer Dipolantenne [1].

seitige Abstand der im Strombauch metallisch leitend befestigten, im Stromknoten gespeisten Dipole beträgt für die Mitte des Frequenzbereiches $0,7\,\lambda$[1].

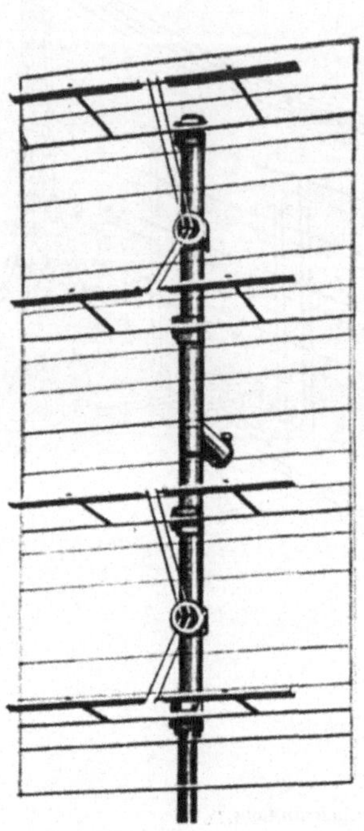

Abb. 89a. Breitbandantenne mit 8 Dipolen[1].

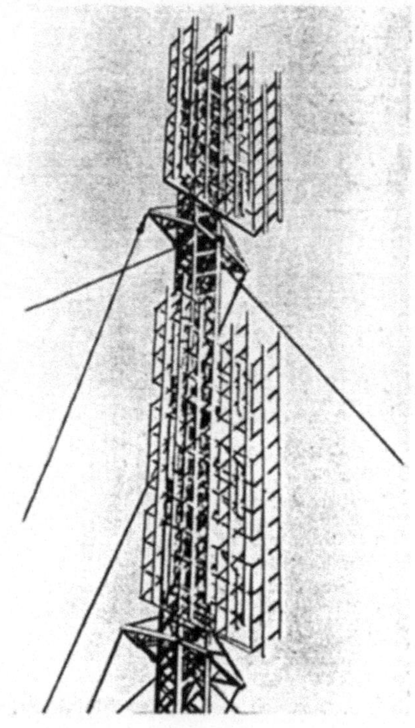

Abb. 89b. Zwei große Dipolantennen aus vier bzw. sechs Einheiten nach Abb. 89a[1].

4. Rhombusantennen.

Der Weitverkehr auf Kurzwellen erfordert eine Anpassung der Frequenzen an die mit der Tages- und Jahreszeit stark veränderlichen Übertragungsbedingungen der Ionosphäre. Die Erfahrung hat gezeigt, daß Änderungen der Betriebswellen im Verhältnis 1 : 2 bis 1 : 3 wünschenswert sind. Bei Antennen mit stehenden Wellen wie den im vorigen Abschnitt besprochenen Dipolantennen ändern sich Diagramm und Impedanz erheblich, wenn man die Frequenz in so weiten Grenzen variiert. Unselektive Antennen lassen sich viel leichter bei Erregung mit fortschreitenden Wellen bauen, wenn auch auf Kosten des Antennenwirkungsgrades. Eine solche Antenne ist die in Abb. 90 dargestellte Rhombusantenne. Typische Diagramme sind in Abb. 91 dargestellt. Auf einem Rhombus erzeugt man fortschreitende, durch Strahlung gedämpfte Wellen, indem man den Rhombus mit einem geeigneten OHMschen Wider

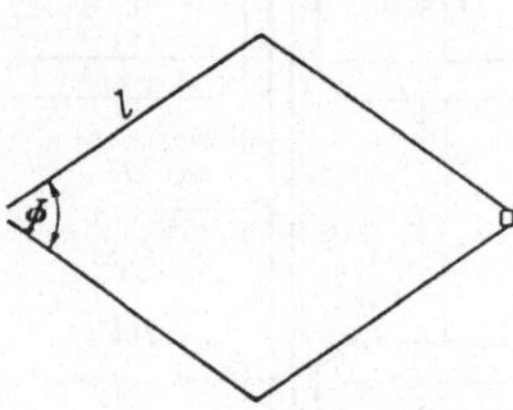

Abb. 90. Schema einer Rhombusantenne.

stand von 600 bis 800 Ω reflexionsfrei abschließt; dieser Widerstand ist etwa so groß wie der Wellenwiderstand einer Doppelleitung mit großem Drahtabstand. Würde man den Rhombus so lang machen, daß die Gesamtdämpfung der Welle bei ihrer Ausbreitung von der Speisestelle bis zum Abschlußwiderstand

---

[1] Siehe Fußnote 1, S. 315.

groß wäre, so würde wenig Energie in ihm vernichtet werden; aus demselben Grunde aber würden sich die der Speisestelle fernen Teile des Rhombus nur schwach erregen und entsprechend wenig zum Richtdiagramm beitragen. In der Praxis arbeitet man mit Antennenwirkungsgraden von 50 bis 70%. In einem Frequenzbereich von 1 : 3 kann man eine Gleichförmigkeit der Eingangsimpedanz von $\pm 15\%$ erreichen. Feste Rhombusantennen werden in Frequenzbereichen von etwa 1 : 2 betrieben.

Das Horizontaldiagramm einer Rhombusantenne im freien Raum hängt im wesentlichen vom Verhältnis Seitenlänge zur Wellenlänge und dem Öffnungswinkel des Rhombus ab, das Vertikaldiagramm über dem Erdboden auch noch

Draufsicht

Seitenansicht

Abb. 91. Berechnete Diagramme einer Rhombusantenne von Spreizwinkel $\Phi = 40°$, der Seitenlänge $l = 100\,\mathrm{m}$ und der Höhe $h = 25\,\mathrm{m}$ über dem Erdboden[1].

vom Verhältnis der Antennenhöhe über dem Erdboden zur Wellenlänge. Zeichnet man in der Rhombusebene die vier Richtdiagramme, die jede Rhombusseite für sich bei Erregung mit fortschreitenden, ungedämpften Wellen erregen würde (vgl. Abb. 92), so sieht man, daß man dem Rhombus einen solchen Öffnungswinkel geben sollte, daß vier Hauptzipfel parallel zur Hauptdiagonale des Rhombus zu liegen kommen. Im Ferndiagramm sollten sie sich gleichphasig addieren, während die übrigen vier Hauptzipfel durch Interferenz einander aufheben sollten. Die Höhe über dem Erdboden sollte so gewählt werden, daß sich infolge der am Erdboden gegenphasig reflektierten Strahlung derjenige Erhebungswinkel ergibt, den die Wellenausbreitung über die Ionosphäre erfordert; in Frage kommen etwa Erhebungswinkel von 10 bis 30°. Die entsprechenden Rechnungen lassen sich bei Vernachlässigung der Dämpfung der auf dem Rhom-

---

[1] Jachnow, W.: Telefunkenmitteilungen Bd. 21 (1940) S. 55. Maiheft.

bus fortschreitenden Wellen leicht durchführen[1]. In Abb. 93 ist der so erhaltene
Zusammenhang zwischen dem günstigsten Winkeldurchmesser zwischen der
Rhombusseite und der Hauptdiagonale als Funktion des Verhältnisses der
Seitenlänge l zur Wellenlänge λ dargestellt.

Eine brauchbare Annäherung für den Erhebungswinkel ε des Diagrammaxi-
mums gegen den Erdboden ergibt sich, wenn man das unterste Maximum des

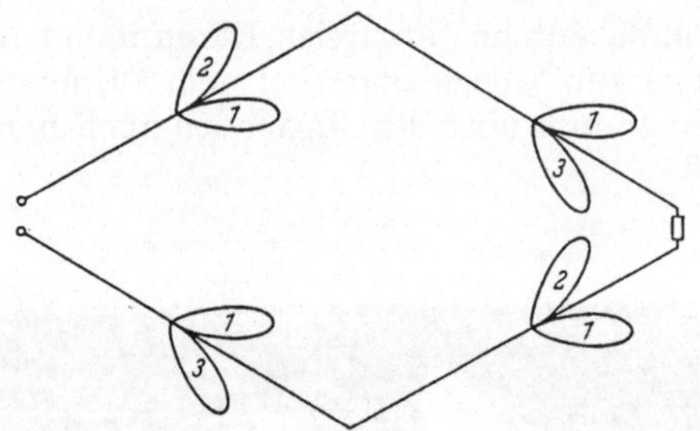

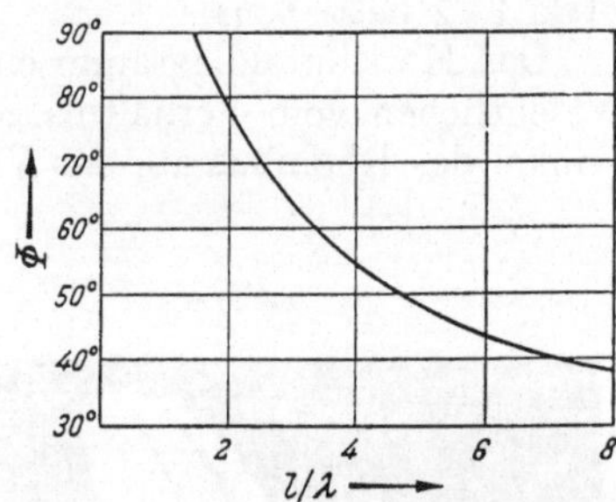

Abb. 92. Zur Überlagerung der von den Seiten eines
Rhombus erzeugten Einzeldiagramme. Die mit *1* bezeichneten vier Zipfel addieren sich bei richtiger Dimensionierung
gleichphasig, die mit *2* bzw. *3* bezeichneten kompensieren
sich paarweise.

Abb. 93. Günstigster Spreizwinkel Φ eines
Rhombus als Funktion der Länge l einer
Rhombusseite[1].

Gruppendiagramms für das gegenphasig erregte Paar nach Gl. (100) berechnet;
man findet so für die zugehörige Höhe des Rhombus über dem Erdboden

$$h = \frac{\lambda}{4\sin\varepsilon}\,.$$

Da man die Dämpfung der Wellen längs des Rhombus nicht gut berechnen kann,
wollen wir für weitere Formeln und Diagrammdiskussionen auf die Literatur
verweisen[2] und nur erwähnen, daß man bei Seitenlängen von 2 bis 4 Wellenlängen Gewinne von 20 bis 40 erreicht.

5. Dielektrische Antennen.

Nicht nur die eben besprochenen Rhombusantennen, sondern auch längsge-
schlitzte Hohlrohre, Wendel- (Helix-) Antennen und dielektrische Strahler werden
mit fortschreitenden Wellen erregt. Von diesen werden wir nur die während des
Krieges von MALLACH und ZINKE entwickelten dielektrischen Antennen behandeln. Die Ausstrahlung der Wellen wird in diesem Fall nicht von beschleunigten, im Metall frei beweglichen Leitungselektronen verursacht, sondern von
den im Dielektrikum an die ortsfesten Moleküle gebundenen, aber auch beweglichen und beschleunigten Polarisationselektronen.

Dielektrische Antennen bestehen aus leicht konischen Stäben von rundem
oder rechteckigem Querschnitt aus dielektrischem Material, deren eines Ende
mit einer Metallfläche als Reflektor abgeschlossen ist, vor der sich der Erreger-
dipol eingebettet in das Dielektrikum befindet. Ein Einzelstrahler und eine
Strahlergruppe sind in Abb. 94a dargestellt[3].

In einem unendlich langen dielektrischen Stab kann ganz wie in einem geschlossenen metallischen Hohlrohr Energie ohne seitliche Abstrahlung fort-
geleitet werden. Man macht sich das am einfachsten am Beispiel eines unendlich
ausgedehnten, zwischen zwei parallelen Ebenen liegenden Dielektrikums klar,

[1] BRUCE, E., A. C. BECK u. L. R. LOWRY: Proc. Inst. Rad. Engrs. Bd. 23 (1935) S. 24.
[2] Siehe Fußnote 1, S. 317.
[3] MALLACH, P.: FTZ Bd. 2 (1949) S. 36.

zwischen dessen Grenzflächen eine ebene Welle unter Totalreflexion strahlungsfrei im Zickzack fortschreiten kann, falls sie hinreichend flach auf die Grenzflächen trifft. Bezeichnen wir den Einfallswinkel, den Winkel zwischen Wellennormale und Grenzflächennormale, mit β, so muß der Sinus dieses Winkels
bekanntlich größer als der reziproke Brechungsindex $n = \sqrt{\varepsilon}$ des Dielektrikums
sein, damit Totalreflexion und
also strahlungslose Energie-
leitung längs der Grenzflächen
stattfindet (vgl. Abb. 95).

$$\sin \beta > 1/n.$$

Außerhalb des Dielektrikums
nimmt das Feld mit wachsendem Abstand z von der Grenzfläche exponentiell ab, und zwar
proportional zu

$$e^{-\dfrac{2\pi z}{\lambda}\sqrt{\varepsilon \sin^2 \beta - 1}} \quad *.$$

Je flacher also die Inzidenz, je
größer β, desto schneller erfolgt

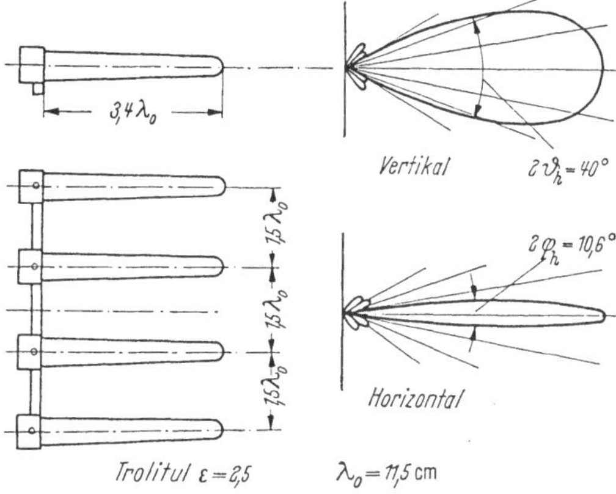

Abb. 94 a. Dielektrischer Strahler und Strahlergruppe [1].

Abb. 94 b. Diagramme der Strahler nach Abb. 94 a [1].

die Feldabnahme, desto mehr bleibt das Feld auf das Innere des Dielektrikums
und seine unmittelbare Nachbarschaft beschränkt.

Im Medium resultiert ganz wie im metallischen Rohr von rechteckigem Querschnitt aus der Überlagerung der an den beiden Grenzflächen reflektierten Felder
eine Welle, die längs der Grenzflächen mit
der Phasengeschwindigkeit v (Vakuumlichtgeschwindigkeit $= c$)

$$v = \frac{c}{n \sin \beta}$$

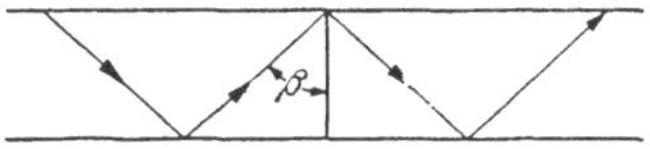

Abb. 95. Totalreflexion ebener Wellen an den Grenzflächen dielektrischer Stäbe.

fortschreitet. Wenn der Einfallswinkel von 90° auf den Grenzwinkel der Totalreflexion abnimmt, steigt die Phasengeschwindigkeit also gerade von dem für
unendliche Dicke des Dielektrikums geltenden Wert c/n auf den Wert der Vakuumlichtgeschwindigkeit c an. Den Zusammenhang zwischen v und der Schichtdicke errechnet man leicht aus den Grenzbedingungen für das elektromagnetische Feld an den beiden Grenzflächen und findet, daß für unendlich dicke
Schicht $v = c/n$ und für unendlich dünne Schicht $v = c$ wird, wie man das von
vornherein erwartet. Eine eigentliche Grenzwelle wie bei metallischen Hohlleitern gibt es dabei nicht. Bei runden Stäben ist der Zusammenhang zwischen
der Phasengeschwindigkeit, der dielektrischen Konstanten ε und dem Stab-
durchmesser d im Prinzip von HONDROS, numerisch von WEGENER berechnet
worden [1]. Seine mit den Messungen von MALLACH gut übereinstimmenden Werte
sind in Abb. 96 wiedergegeben. Sie beziehen sich auf den einfachsten Wellentyp,
den man mit einem Dipol erregen kann; er entspricht in der von den Hohlleitern
bekannten Terminologie der Überlagerung einer H- und E_1-Welle, die im Gegensatz zum Hohlleiter nicht getrennt existenzfähig sind.

Ein Stab endlicher Länge l strahlt Kugelwellen aus; sein Diagramm entspricht weitgehend dem einer Dipolzeile bei abwechselnd gegenphasiger Speisung

---

* Vgl. M. BORN: Optik. Berlin: Springer 1933, S. 41.
[1] Siehe Fußnote 3, S. 318.

der Dipole, wobei nur der Abstand benachbarter Dipole nicht gleich einer halben Vakuumwellenlänge, sondern um den Faktor v/c verkleinert ist. Es wurde bereits im Abschnitt über Dipolantennen besprochen Gl. (103) bzw. (108).

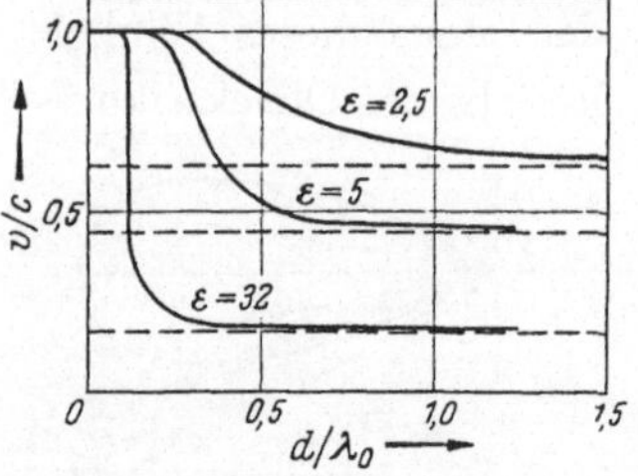

Abb. 96. Phasengeschwindigkeit v in dielektrischen Zylindern vom Durchmesser d für verschiedene Werte der dielektrischen Konstanten ε (λ_0 = Vakuumwellenlänge) nach Rechnungen von WEGENER[1].

$$f(\alpha) = \frac{\sin \frac{\pi l}{\lambda}\left(\frac{c}{v} - \cos \alpha\right)}{\frac{\pi l}{\lambda}\left(\frac{c}{v} - \cos \alpha\right)} . \qquad (108)$$

Der Winkel α rechnet dabei gegen die Stabachse. Damit in Stabrichtung $\alpha = 0$ ein Maximum eintritt, muß offensichtlich

$$\frac{l}{\lambda} \ll \left(\frac{c}{v} - 1\right)^{-1}$$

gelten, d. h., je länger die Antenne, je schärfer damit die Bündelung wird, desto weniger darf sich die Phasengeschwindigkeit von der Lichtgeschwindigkeit unterscheiden, desto geringer wird nach dem Beispiel des oben erörterten ebenen Problems auch die Führung des Feldes durch den Stab. Ferner zeigen die numerischen Resultate von WEGENER, daß bei großen dielektrischen Konstanten nur in einem relativ kleinen Wellenbereich die Phasengeschwindigkeit einigermaßen konstant ist. Daher wurden dielektrische Antennen vorwiegend mit einer ziemlich kleinen dielektrischen Konstanten von etwa $\varepsilon = 2{,}5$ ausgeführt (TROLITUL). Bei dieser dielektrischen Konstanten muß erfahrungsgemäß der Querschnitt der Stäbe größer als $0{,}1\,\lambda^2\,(\varepsilon - 1)^{-1}$ sein, damit noch eine Führung der Welle stattfindet.

Es hat sich ferner gezeigt, daß man die Stäbe leicht konisch gestalten muß, weil sonst am nicht gespeisten Ende eine erhebliche Reflexion der Welle auftritt, die starke Nebenzipfel und Rückstrahlung zur Folge hat. Von MALLACH und ZINKE wird empfohlen, den Querschnitt von $0{,}25$ auf $0{,}1\,\lambda^2(\varepsilon - 1)^{-1}$ zu verjüngen. Dann stimmen nach MALLACH die gemessenen Diagramme gut mit denen der Formel (108) überein, die ja unter der Annahme berechnet sind, daß nur eine fortschreitende und keine reflektierte Welle auftritt. Nach Rechnungen von WEGENER darf der Verlustwinkel des Dielektrikums bis zu 5% betragen, ohne daß sich ein schlechter Wirkungsgrad ergibt.

An Stelle des Stabes aus Vollmaterial kann man auch dielektrische dünnwandige Zylinder benutzen. Der Durchmesser des Zylinders muß erfahrungsgemäß zwischen einer und reichlich einer halben Vakuumwellenlänge liegen, also größer als beim Vollmaterial sein, die Wandstärke etwa $0{,}1\,\lambda(\varepsilon - 1)^{-1/2}$ betragen.

Zwar lassen sich größere Bündelungen mit einem einzelnen Strahler schlecht erreichen, doch kann man dielektrische Strahler ganz wie Dipole zu Gruppen zusammenschalten, wobei wegen der stärkeren Bündelung der Einzelelemente der gegenseitige Abstand größer als bei Dipolen sein kann.

6. Hornstrahler.

Läßt man einen Hohlleiter in einen Trichter, ein Horn münden, so kann man gut gebündelte Richtdiagramme erzeugen, deren Hauptmaximum in die Richtung der Hohlleiterachse fällt. Ein Beispiel eines Hornstrahlers und zwei typische Richtdiagramme sind in Abb. 97 und 98 wiedergegeben. Mit Hornstrahlern kann man erheblich kleinere Nebenzipfel des Richtdiagramms erreichen als mit Tan-

---

[1] MALLACH: Aus Theorie und Technik der Antennen II (1943) ZWB S. 90. — Vgl. ferner G. E. MUELLER and W. A. TYRREL: Bell. Syst. Techn. J. Bd. 26 (1947), S. 837.

nenbaumantennen; dagegen ist die Absorptionsfläche kleiner als die Trichteröffnung, die Flächenausnutzung läßt sich bei größeren Hornstrahlern auf 0,6 bis
0,7 bringen[1] und liegt demnach schlechter
als bei der Tannenbaumantenne. Beides
hängt damit zusammen, daß die Erregung
der Trichteröffnung ungleichmäßig ist.
Die zentralen Teile der Öffnung erregen
sich stärker als die Randgebiete, und das
hat nach IV, 6 gerade verringerte Flächen-

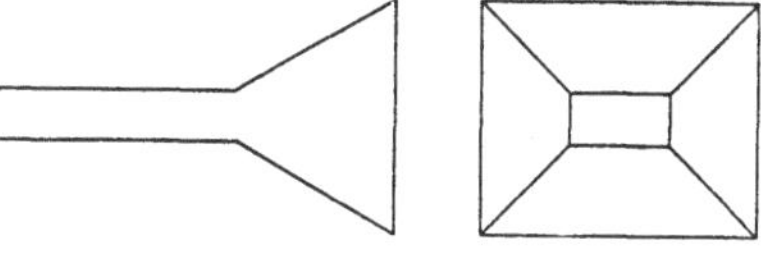

Abb. 97. Hornstrahler.

ausnutzung und kleine Nebenstrahlung zur Folge. Gleichmäßig kann die Erregung mit der erwünschten linearen Polarisation schon deswegen nicht sein,
weil das elektrische Feld auf
der metallischen Trichterwand keine Tangentialkom-
ponente haben kann. Ein
Hohlleiter wird so dimensio-
niert, daß in ihm nur ein
einziger Wellentyp existieren
kann, nämlich der mit der
längsten Grenzwelle. Dazu
muß etwa beim rechteckigen
Hohlleiter die längere Rechteckseite kleiner als eine ganze
Vakuumwellenlänge sein und
die kleinere Seite kleiner als
eine halbe Wellenlänge. Im
sich erweiternden Trichter
können dagegen um so mehr
verschiedene Wellentypen existieren, je größer die Öffnung
in Wellenlängen ist; sie muß
um so größer sein, je stärker
die Bündelung sein soll. Eine
Berücksichtigung der höheren
Wellentypen bei der Berechnung von Diagramm und
Wirkfläche ist jedoch schwierig. Man unterstellt daher
meist der Einfachheit halber,
daß in der Trichteröffnung die
Feldverteilung von der gleichen Art ist wie im Hohlleiter,
also z. B. beim Rechteckhohl-
leiter mit aufgesetztem Recht-
ecktrichter nach Abb. 97, daß
das elektrische Feld parallel
zur kleineren Seite und auf zu
dieser Seite parallelen Kreisbögen mit Mittelpunkt im
Trichterschlund konstant ist,

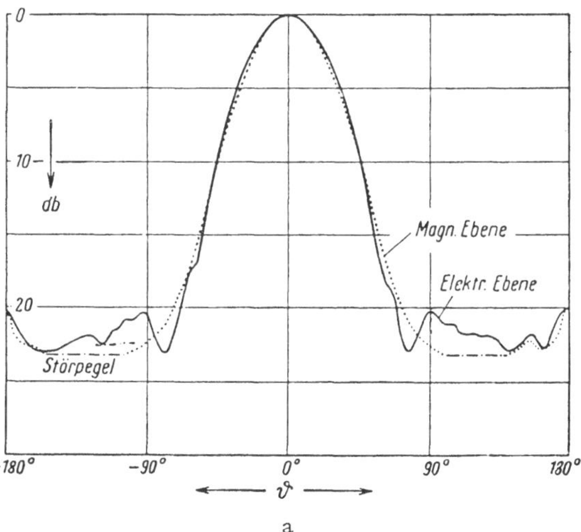

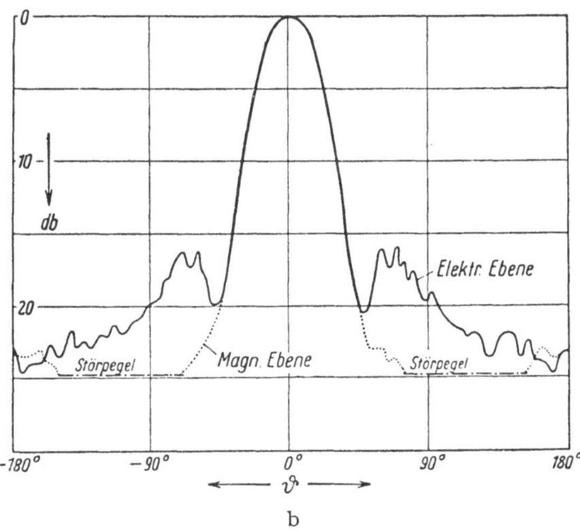

Abb. 98 a u. b. Diagramme zweier Hornstrahler, welche als Hilfsstrahler zur Erregung von Parabolspiegeln in deren Brennpunkten
angebracht werden[1].

____
[1] Vgl. z. B. G. F. Koch: Telefunkenztg. Bd. 26 (1953) Heft 101, S. 300. — J. D.
Kraus: Antennas. New York: MacGraw Hill (1950) S. 380.

während man auf dazu senkrechten Kreisbögen eine Verteilung ansetzt, die von ihrem Maximalwert in der Mitte der Öffnung sinusförmig bis zum Wert Null an der Trichterwand abnimmt. Wenn das Feld durch die Metallwände schlecht geführt würde, so ergäbe sich eine stärkere Konzentration der Erregung auf die zentralen Teile der Trichteröffnung, als den obigen Annahmen entspricht, und eine geringere Flächenausnutzung. Die Führung des Feldes durch die Metallwände ist sicher um so besser und die Ausleuchtung der Öffnung um so gleichmäßiger, je kleiner der Öffnungswinkel bei gegebener Öffnung und Wellenlänge ist. Die Öffnungsfläche ergibt sich bei der Dimensionierung der Antenne wohl meist aus der benötigten Absorptionsfläche unter Berücksichtigung der erreichbaren Flächenausnutzung von 0,6 bis 0,7. Wird ein Rechteck, dessen beide Seiten groß gegen die Wellenlänge sind, parallel zur einen Seite gleichmäßig, parallel zur anderen sinusförmig erregt, so kann die Flächenausnutzung nach Gl. (89) nicht größer als $8/\pi^2 \approx 0,8$ werden; dieser Wert würde nur erreicht werden, wenn die Phase der Erregung in der Öffnungsebene konstant wäre. Das ist sie nicht, weil vom Trichterschlund keine ebenen, sondern divergente Wellen ausgehen. Selbst wenn also die Führung des Feldes für alle Öffnungswinkel $2\,\psi$ des Trichters gleich gut wäre und die Feldverteilung in der Öffnungsebene unseren Annahmen entspräche, dürfte man den Öffnungswinkel nur so groß und die Baulänge des Trichters nur so klein machen, daß in der Öffnungsebene noch angenähert eine ebene Welle entsteht. Die zulässige Phasendifferenz zwischen Mitte und Randzonen des Rechtecks ist größer in demjenigen Schnitt des Rechtecks, in dem die Feldamplitude nach dem Rand hin abnimmt, also senkrecht zum elektrischen Feld. Eine genauere Analyse gemessener und berechneter Diagramme führt zu der Regel, daß im Schnitt senkrecht zum elektrischen Feld eine Wellenlängendifferenz von $0,4\,\lambda$ zulässig und zweckmäßig ist[1], im Schnitt parallel zum elektrischen Feld eine Weglängendifferenz von $\lambda/4$. Macht man die Trichter noch schlanker, so wächst die Bündelung nur wenig. Eine einfache Rechnung ergibt, daß parallel zur Rechteckseite der Länge b eine Weglängendifferenz δ

$$\delta = \frac{b}{2\sin\psi} - \frac{b}{2}\operatorname{ctg}\psi$$

entsteht; das ergibt folgende Bedingung für den Winkel

$$2\,\psi \leqq 4\arctan\frac{2\delta}{b}\,.$$

Den Phasenfehler kann man durch eine in die Trichteröffnung gesetzte Linse korrigieren, in deren Randgebieten die Phasengeschwindigkeit der Wellen größer als in der Mitte ist. Man kommt dann bei gegebener Wellenlänge und Öffnungsfläche mit erheblich kürzeren Trichtern aus.

7. Parabolspiegel.

Auf besonders einfache Weise kann man allseitige scharfe Bündelung mittels des rotationssymmetrischen Parabolspiegels erzeugen, weil er nur einen einzigen gespeisten Strahler erfordert. Die Bündelung kann im Prinzip beliebig scharf gemacht werden; natürlich muß der Spiegel um so größer sein, je stärker die Bündelung sein soll.

Leicht zu übersehen ist das Verhalten von Spiegeln, deren Durchmesser und Brennweite groß gegen die Wellenlänge sind. Bekanntlich wird jeder vom Brennpunkt ausgehende Strahl nach der dann geltenden geometrischen Optik am

---

[1] KRAUS, J. D.: Antennas 1950, S. 377.

Paraboloid parallel zur Parabelachse reflektiert (vgl. Abb. 99). In der Spiegelöffnung entsteht also eine ebene Welle, deren Phase in der Öffnungsebene konstant ist; bei Erregung mit einem Dipol, der parallel zur Öffnungsebene polarisiert ist, gilt das jedenfalls, solange der Brennpunkt außerhalb des Metallspiegels liegt, bei im Innern des Spiegels liegendem Strahler würde in der Öffnungsebene ein unerwünschter

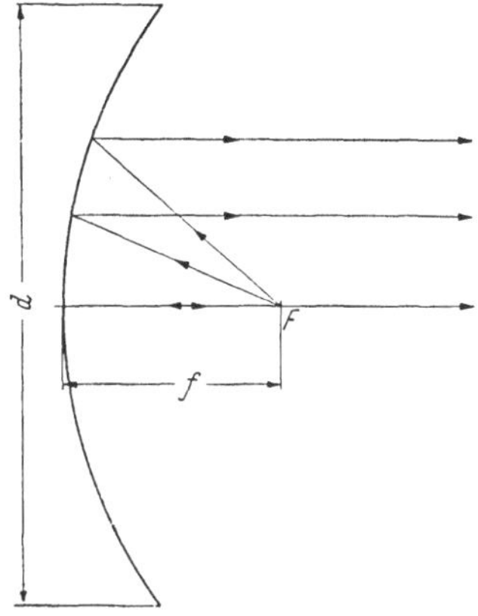

Abb. 99. Alle vom Brennpunkt F ausgehenden Strahlen werden am Parabolspiegel parallel zur Spiegelachse reflektiert.

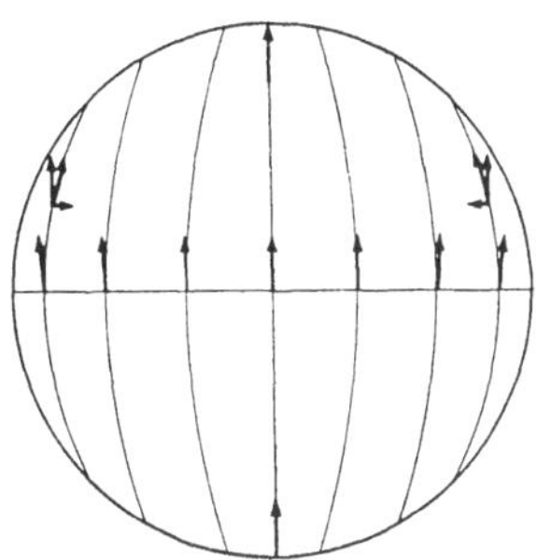

Abb. 100. Richtung des elektrischen Feldes in der Öffnungsebene eines Parabolspiegels[1].

Phasensprung der reflektierten ebenen Wellen entstehen. Die Amplitude der ebenen Welle ist nicht konstant, sie ist in der Spiegelmitte größer als am Rand. Die Richtung des elektrischen Vektors in der Öffnungsebene ist auch nicht konstant (vgl. Abb. 100). Aus der nach der geometrischen Optik berechneten Erregung der Spiegelöffnung kann man leicht mittels der skalaren KIRCHHOFFschen Beugungstheorie nach Gl. (25) das Fernfeld in der Umgebung der Spiegelachse berechnen. Die so erhaltenen Antennendiagramme sind also streng genommen die asymptotischen Diagramme für verschwindende Wellenlänge, gelten aber erfahrungsgemäß schon für ziemlich kleine Spiegel. Alle im folgenden dargestellten theoretischen Resultate sind mittels der skalaren Beugungsformel Gl. (25) berechnet worden.

Die Flächenausnutzung ist beim Parabolspiegel aus drei Gründen kleiner als 1, d. h. die Wirkfläche der Antenne ist kleiner als die Öffnungsfläche des Spiegels. Verwendet man als Strahler in der Nähe des Brennpunktes einen gespeisten Dipol mit einem strahlungsgekoppelten Reflektor, so ist die Flächen

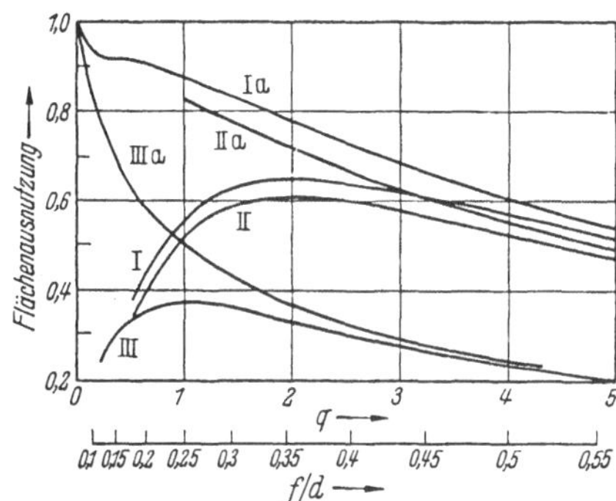

Abb. 101. Flächenausnutzung von Parabolspiegeln als Funktion des Verhältnisses der Brennweite f zum Spiegeldurchmesser d. Erregung durch Dipol und Reflektor im gegenseitigen Abstand $0{,}1\,\lambda$ Kurve I. Erregung durch Dipol und Reflektor im gegenseitigen Abstand $\lambda/4$ Kurve II. Erregung durch Einzeldipol Kurve III. Die übrigen Kurven geben jeweils den Bruchteil der gesamten von den Hilfsstrahlern abgestrahlten Leistung an, der auf den Spiegel trifft.

ausnutzung höchstens gleich 0,65. Dies rührt daher, daß erstens nur ein Teil der von der Kombination Dipol—Reflektor ausgesandten Strahlung auf den Spiegel fällt, vgl. Abb. 101. Zweitens ist die Erregung des Spiegels ungleichmäßig; in der Mitte der Spiegelöffnung herrscht eine höhere Strahlungsdichte, und diese führt im Vergleich zur gleichmäßigen Erregung zu kleineren Nebenzipfeln im Strahlungsdiagramm, aber eben auch zu einer Verringerung der Wirkfläche. Drittens

---

[1] KOCH, G. F.: Telefunkenztg. Bd. 26 (1953) S. 292.

ist die Polarisation der durch die Öffnung tretenden Strahlung nur in den beiden durch den Dipol bestimmten zueinander senkrechten Symmetrieebenen parallel zu der des Dipols, die auch in einem fernen Aufpunkt in der Spiegelachse herrscht. Die falsch polarisierte Komponente trägt zum Ferndiagramm nur außerhalb der Spiegelachse bei, und daraus ergibt sich auch wieder eine Verminderung der Wirkfläche. Die beiden letzten Effekte erklären den Unterschied zwischen den Kurven I und Ia usw. der Abb. 101.

Für einen aus Dipol und Reflektor bestehenden Hilfsstrahler läßt sich der Zusammenhang zwischen Spiegelform und Flächenausnutzung nach Gl. (25) leicht berechnen; er ist in Abb. 101 dargestellt.

Die günstigste Dimensionierung des Spiegels bei der mit der Kombination Dipol—Reflektor erreichbaren Vorbündelung erfordert ein Verhältnis von Spiegeldurchmesser zu Brennweite von $2\sqrt{2}$. Es kommt nicht sehr genau auf die Einhaltung dieses Wertes an, wie Abb. 101 zeigt. Verwendet man flachere Spiegel, so fällt zwar ein geringerer Bruchteil der gesamten Strahlungsleistung auf den

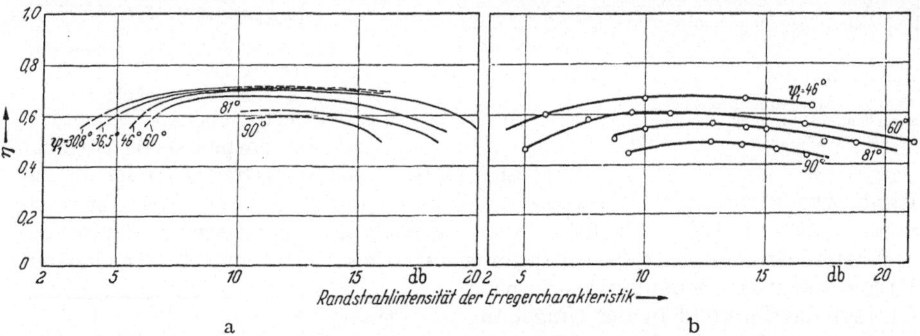

Abb. 102a berechnete und Abb. 102b gemessene Werte der Flächenausnutzung von Parabolspiegeln als Funktion der Schärfe der Vorbündelung bei Erregung mit Hornstrahlern. Abszisse ist die Randstrahlintensität der Erregercharakteristik bezogen auf ihren Maximalwert im Spiegelzentrum. Parameter ist der Öffnungswinkel, unter dem der Spiegel vom Brennpunkt gesehen wird[1].

Spiegel, dafür wird aber die Ausleuchtung gleichmäßiger und die falsch polarisierte Komponente schwächer; denn man nähert sich den Verhältnissen, die beim ebenen Spiegel vorliegen. Verwendet man tiefere Spiegel, so fällt ein größerer Bruchteil der Strahlungsleistung auf den Spiegel, aber seine Ausleuchtung wird schlechter[2].

Verwendet man schärfere Vorbündelung, als sich mit Dipol und Reflektor erreichen läßt, insbesondere auch Diagramme, die der Kegelform näherkommen als das bei der obigen Anordnung eintritt, so kann man zweckmäßig noch flachere Spiegel benutzen und bekommt dann Flächenausnutzungen über 0,65.

Verwendet man zur Vorbündelung nicht die obige Anordnung, sondern z. B. Hornstrahler, so ergibt sich die Frage, wie der Spiegel zum Diagramm der Vorbündelung liegen soll. Macht man es zu scharf, so trifft zwar fast die gesamte Strahlungsleistung auf den Spiegel, aber die Ausleuchtung wird ungleichmäßig. Wählt man eine zu geringe Vorbündelung, so kehrt sich das gerade um. Von KOCH gemessene und gerechnete Werte der Flächenausnutzung von Parabolspiegeln bei Erregung mit Hornstrahlern sind in Abb. 102a u. b wiedergegeben[1].

Gegen mäßige seitliche Defokussierung der Strahler, wie man sie zwecks Diagrammschwenkung einführt, ist die Wirkfläche recht unempfindlich.

[1] KOCH, G. F.: Telefunkenztg. Bd. 26 (1953) S. 292.
[2] FRÄNZ, K.: A. E. Ü. Bd. 1 (1947) S. 205.

Hat man nur einen Dipol im Brennpunkt und läßt man den Reflektor fort, so liegt die beste Flächenausnutzung bei 0,375, das zugehörige Verhältnis Durchmesser zu Brennweite ist gleich 4, der Brennpunkt liegt dann gerade in der Öffnungsebene des Spiegels, was schon durch eine Arbeit von DARBORD bekannt ist[1].

Alle diese Aussagen gelten wieder als Grenzgesetze für große Spiegel.

Bei sehr flachen Parabolen gleichmäßiger Leuchtdichte ergeben sich der Kreisform entsprechend die aus der Optik bekannten Diagramme vom Typ 2 $J_1(x)/x$; dabei ist J_1 die BESSELsche Funktion erster Ordnung. Das erste Nebenmaximum ist kleiner als bei gleichmäßiger Erregung und beträgt nur 0,13 vom Wert des Hauptmaximums. Das Diagramm ist etwas breiter als bei einer Zeile, deren Länge gleich dem Spiegeldurchmesser ist. Beide Diagramme sind in Abb. 103 dargestellt.

Die Diagramme, die sich für verschiedene Spiegeltiefen ergeben, wenn im Brennpunkt nur ein Dipol ohne Reflektor steht, sind in Abb. 104 u. 105 dargestellt. Im äquatorialen,

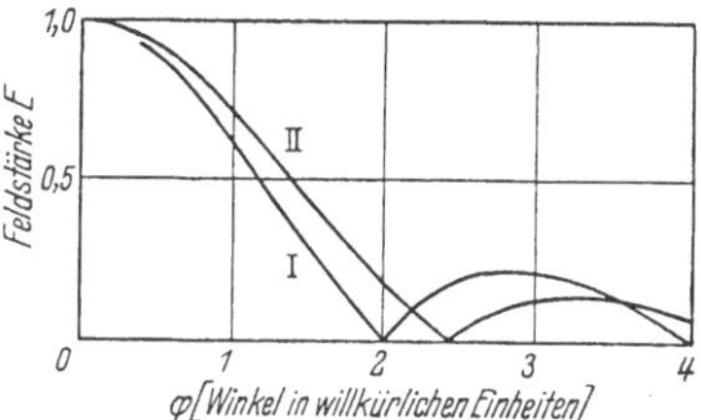

Abb. 103. Diagramm eines gleichmäßig erregten Parabolspiegels II und einer gleich großen, gleichmäßig erregten Dipolzeile I.

zur Polarisation senkrechten Diagramm ergeben sich nur bei sehr tiefen Spiegeln Abweichungen, und zwar kleinere Nebenzipfel von beispielsweise 5 % bei einem Spiegelparameter $q = 0,5$; dabei ist

$$q = \left(\frac{4 \times \text{Brennweite}}{\text{Spiegeldurchmesser}} \right)^2.$$

Im meridionalen Diagramm ergeben sich Nebenzipfel unter 10 %.

Vielfach interessiert die Möglichkeit, Diagramme durch radiale Defokussierung der Strahler zu schwenken. Bei sehr flachen Spiegeln schwenkt das

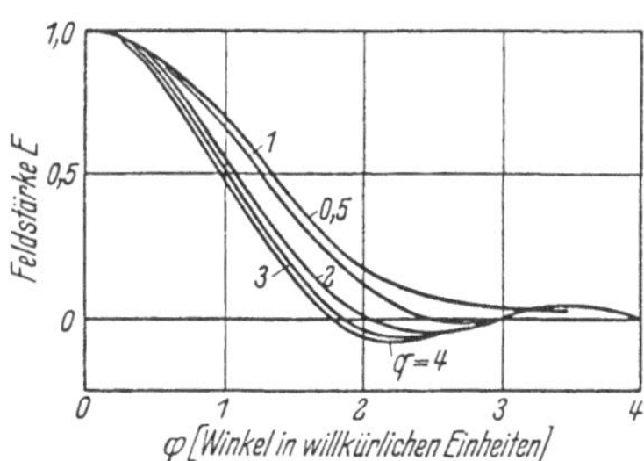

Abb. 104. Diagramme verschieden tiefer Parabolspiegel, welche durch Einzeldipole im Brennpunkt erregt werden, in der zum Dipol parallelen Symmetrieebene (Meridional).

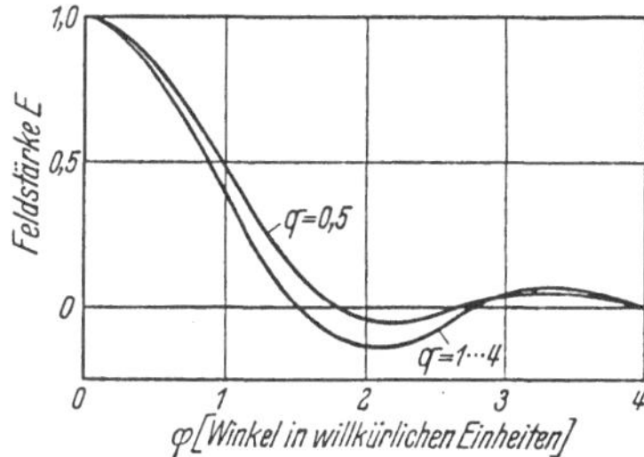

Abb. 105. Diagramme verschieden tiefer Parabolspiegel, welche durch Einzeldipole erregt werden, in der zum Dipol senkrechten Symmetrieebene (Äquatorial).

Diagramm um den gleichen Winkel, um den auch der Dipol defokussiert wird, einer Spiegelung von Lichtstrahlen an einem ebenen Spiegel entsprechend. Bei tieferen Spiegeln bleibt die Diagrammschwenkung gegen diesen Winkel um den Bruchteil $\dfrac{1}{2(1+q)}$ zurück; diese Formel gilt jedenfalls bei nicht zu großen Defokussierungen. Der auf der Seite der Spiegelachse liegende Nebenzipfel wächst bei radialer Defokussierung rasch. Dieser Fehler ist in der Optik als Koma bekannt. Der störende Nebenzipfel bleibt wieder um so

---

[1] DARBORD: L'onde électrique Bd 11 (1932) S. 53.

kleiner, je flacher der Spiegel ist. Bei Spiegelung an ebenen Spiegeln wird
ja das ganze Diagramm unter Erhaltung seiner Form, also auch der Nebenzipfelhöhe um den Spiegelungswinkel geschwenkt. Der störende Nebenzipfel ist ferner
bei Defokussierung in der Meridianebene kleiner als bei der gleichen Defokussierung in der Äquatorebene. Es empfiehlt sich, den Spiegel so flach zu machen,
wie das ohne Herabsetzung der Flächenausnutzung und ohne unbequem große
Brennweite möglich ist und etwa $q = 3$ zu wählen. Zwei Diagramme, die sich
bei Vorbündelung durch einen Dipol mit einem strahlungsgekoppelten Reflektor,
bei $q = 3$ und bei einer Strahlschwenkung um 3° in einem Spiegel von 80 Wellenlängen Durchmesser für die beiden Defokussierungsmöglichkeiten ergeben, sind

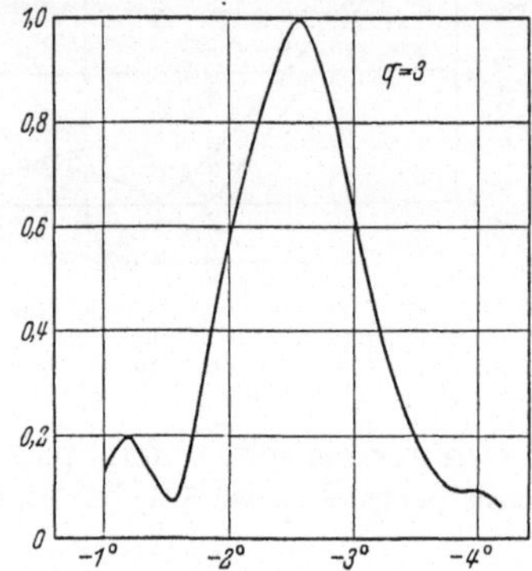

Abb. 106. Diagrammschwenkung bei Defokussierung
in der Polarisationsrichtung.

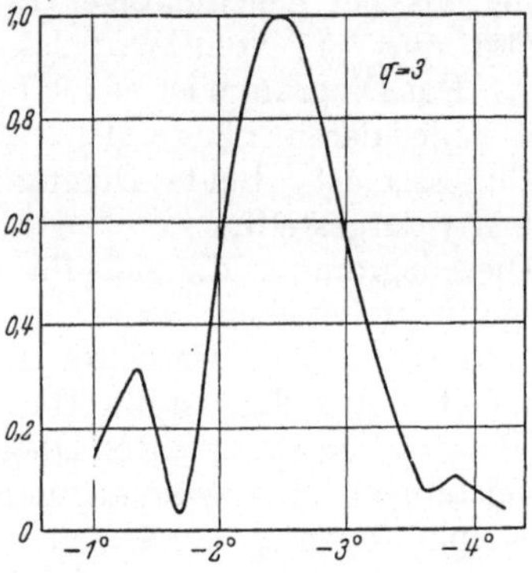

Abb. 107. Diagrammschwenkung bei Defokussierung
senkrecht zur Polarisationsrichtung.

in den Abb. 106 u. 107 dargestellt. Bei der günstigeren Defokussierung in der
Polarisationsebene erreicht der Nebenzipfel nur einen Wert von 20%.

Die Rückwirkung des Spiegels auf die Impedanz eines Dipols in der Nähe
des Brennpunktes wird durch die Formel

$$\frac{R'}{R_0} = 1 - 3j\,\frac{e^{-jkp}}{kp},$$

$$R_0 = \text{Widerstand ohne Spiegel},$$

$$k = \frac{2\pi}{\lambda}, \qquad p = 2\cdot\text{Brennweite}$$

wiedergegeben. Bei großen Spiegeln hat also sowohl das Diagramm als auch die
Impedanz Breitbandcharakter[1].

8. Linsen.

Es liegt nahe, aus der Optik nicht nur Spiegel, sondern auch Linsen zu übernehmen, um gerichtete Strahlung zu erzeugen, wie das ja schon H. HERTZ getan
hat. Ein zum Bau von Linsen geeignetes Dielektrikum ist Polystyrol, das eine
Dielektrizitätskonstante $\varepsilon \approx 2{,}5$ und damit einen Brechungsindex $n = \sqrt{\varepsilon} \approx 1{,}5$
hat. Die Absorption der Wellen ist in diesem Material bis zur Wellenlänge von
1 cm vernachlässigbar; das spezifische Gewicht liegt verhältnismäßig niedrig
(≈ 1). Da aber auch Linsen aus einem so leichten Material noch zu schwer sind,
baut man sie meist aus Hohlleitern auf, in denen die Phasengeschwindigkeit

[1] Vgl. ferner H. T. FRIIS u. W. D. LEWIS: Bell. Syst. Techn. Bd. 26 (1947) S. 219. —
H. T. FRIIS: Bell. Syst. Techn. J. Bd. 27 (1948) S. 183. — C. C. CUTLER : Proc. Inst. Rad.
Engrs. Bd. 35 (1947) S. 1284. — S. SILVER: Microwave Antenna Theory and Design.
Mac Graw Hill. New York. 1949.

größer als die Lichtgeschwindigkeit und damit der Brechungsindex kleiner als eins ist. Eine derartige Linse ist in Abb. 108 dargestellt. Sei λ_c die längste Grenzwelle des Hohlleiters und λ_0 die Vakuumwellenlänge des einfallenden Feldes, so gilt für den Brechungsindex n

$$n = \sqrt{1 - \left(\frac{\lambda_0}{\lambda_c}\right)^2}\,.$$

Wir beschränken uns auf Metallplattenlinsen, welche bei ebener Austrittsfläche eine von einem Punkt ausgehende divergente Kugelwelle in eine ebene

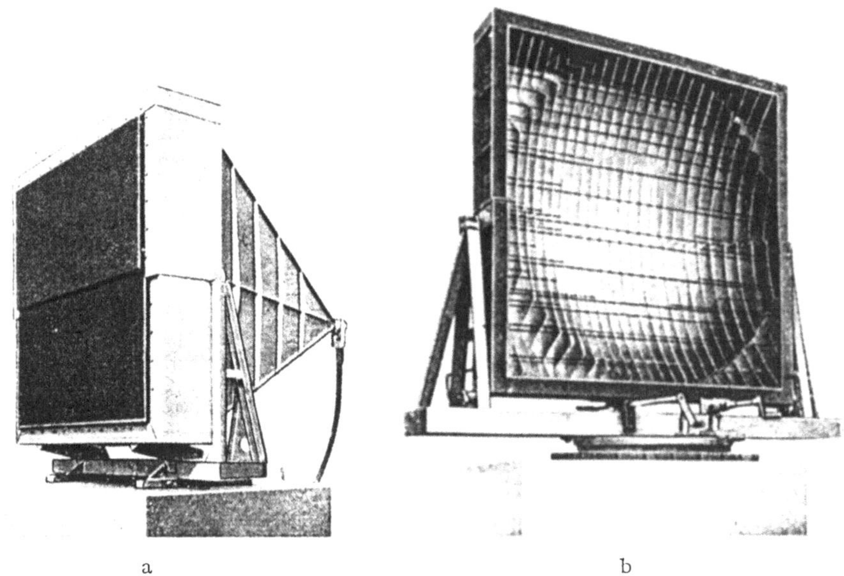

a   b

Abb. 108a u. b. Linse aus Hohlleitern in der Öffnung eines Hornstrahlers.[1]

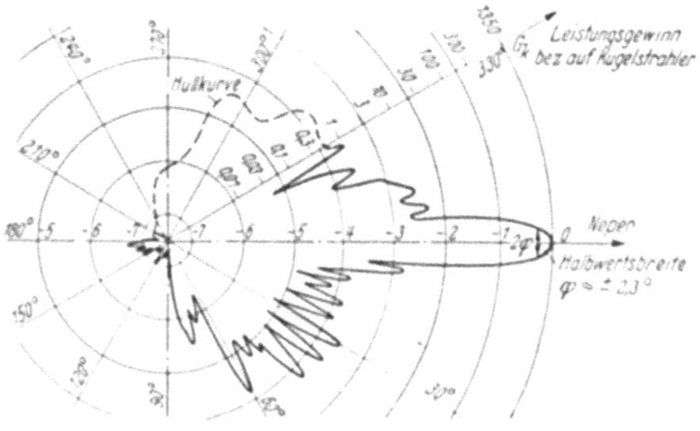

Abb. 109. Diagramm der Antenne nach Abb. 108.[1]

Welle umwandeln sollen. Die Linse muß wegen $n < 1$ plankonkav sein im Gegensatz zur entsprechenden plankonvexen dielektrischen Linse, damit die Laufzeit der Welle vom Brennpunkt zu allen Punkten der Austrittsebene dieselbe

---

[1] WILD, W., U. v. KIENLIN u. H. SIMON: FTZ Bd. 5 (1952) S. 460.

ist (vgl. Abb. 110). Seien x und y die Koordinaten eines Punktes der gekrümmten Linsenfläche, f die Brennweite, n der Brechungsindex und c die Vakuumlichtgeschwindigkeit, so erfordert die obige Laufzeitbedingung

$$\sqrt{(f - x)^2 + y^2} + n\,x = f$$

oder

$$x^2(1 - n^2) - 2f\,x(1 - n) + y^2 = 0.$$

Dies ist die Gleichung einer Ellipse. Legt die Welle in der Linse Wege von mehr als einer Hohlleiterwelle zurück, so kann man die Linsendicke zonenweise gegenüber der einfachen Ellipsenkontur verringern, indem man jeweils Wegabschnitte unterdrückt, die ein ganzes Vielfaches, ein m-faches der Wellenlänge

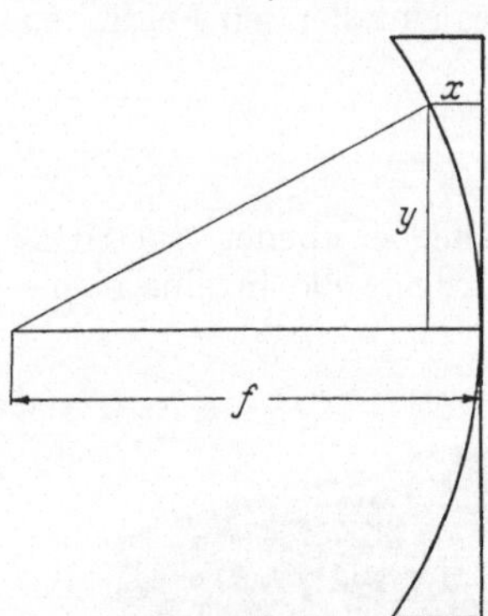

Abb. 108a. Zur Ableitung der Gleichung der elliptischen Oberfläche einer plankonkaven Linse.

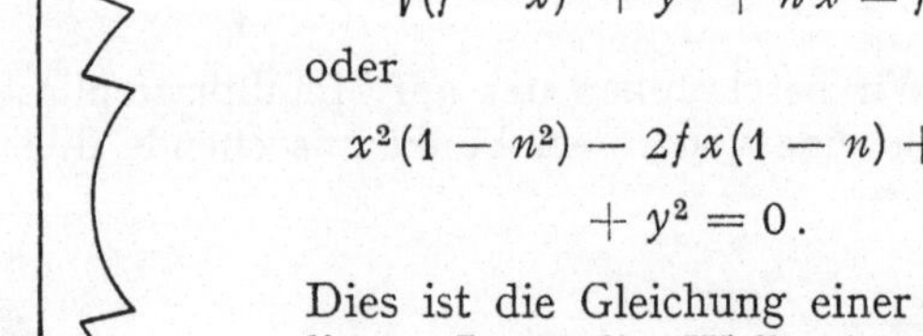

Abb. 110b. Schema einer FRESNELschen Stufenlinse mit Gangunterschieden von einer Wellenlänge zwischen benachbarten Stufen.

sind. Die Gleichung der Ellipsenzonen ergibt sich zu

$$x^2(1 - n^2) - 2f\,x\left(1 - n - n\,m\,\frac{\lambda}{f}\right) + y^2 = 2f\,m\,\lambda + m^2\,\lambda^2.$$

Je größer die Phasengeschwindigkeit in der Linse, je kleiner also der Brechungsindex ist, desto dünner und leichter wird die Linse. Da die Linse bei $n = 0$ jedoch erheblich selektiv wird wie alle Hohlleiter in der Nähe ihrer Grenzwellenlänge, wählt man meist einen Brechungsindex von 0,5 bis 0,6. Radiale Defokussierungen der Quelle führen ganz ähnlich, wie das im vorigen Paragraphen bei Parabolspiegeln besprochen wurde, zu Diagrammschwenkungen; es ist bei Linsen leichter als bei Spiegeln, den bei radialer Defokussierung auftretenden Comafehler klein zu halten oder in der in der Hochfrequenztechnik üblichen Ausdrucksweise, die Entstehung großer einseitiger Nebenzipfel des Diagramms zu vermeiden[1].

---

[1] Vgl. M. BORN: Optik. Berlin: Springer 1933, S. 89. In der Optik heißt die zwecks Unterdrückung der Coma einzuhaltende Bedingung die Abbésche Sinusbedingung. — W. E. KOCK: Proc. Inst. Rad. Engrs. Bd. 34 (1946) S. 828 und Bell. Syst. Techn. J. Bd. 27 (1948) S. 58. — H. T. FRIIS: Bell. Syst. Techn. J. Bd. 27 (1948) S. 183. — O. STÜTZER: Proc. Inst. Rad. Engrs. Bd. 38 (1950) S. 1053.

Namen- und Sachverzeichnis.

Berichtigung.

Abschnitt: Professor Dr. K. Fränz:

Ausstrahlung und Aufnahme
elektromagnetischer Wellen

S. 221: Abb. 4 ist durch Abb. 3 von S. 220 zu ersetzen.
S. 220: Als Abb. 3 ist folgendes Bild richtig:

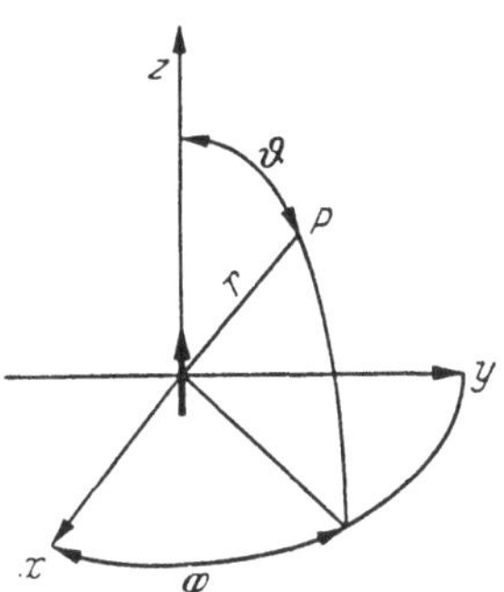

Lehrb. drahtl. Nachrichtentechnik II, 2. Aufl.